I0051404

FFT-Anwendungen

Von
Elbert Oran Brigham

Übersetzt von Seyed Ali Azizi

Mit 207 Bildern, 6 Tabellen, 41 Beispielen und
188 Aufgaben sowie Programmen in BASIC

Oldenbourg Verlag München

Original English language edition published by
Copyright © 1988 by Prentice Hall Inc
All Rights Reserved

Bibliografische Information der Deutschen Nationalbibliothek

Die Deutsche Nationalbibliothek verzeichnet diese Publikation in der Deutschen
Nationalbibliografie; detaillierte bibliografische Daten sind im Internet über
<http://dnb.d-nb.de> abrufbar.

© 2010 Oldenbourg Wissenschaftsverlag GmbH
Rosenheimer Straße 145, D-81671 München
Telefon: (089) 45051-0
oldenbourg.de

Das Werk einschließlich aller Abbildungen ist urheberrechtlich geschützt. Jede Verwertung
außerhalb der Grenzen des Urheberrechtsgesetzes ist ohne Zustimmung des Verlages unzulässig
und strafbar. Das gilt insbesondere für Vervielfältigungen, Übersetzungen, Mikroverfilmungen
und die Einspeicherung und Bearbeitung in elektronischen Systemen.

Lektorat: Kathrin Mönch
Herstellung: Sarah Voit
Coverentwurf: Kochan & Partner, München
Gedruckt auf säure- und chlorfreiem Papier
Gesamtherstellung: Books on Demand GmbH, Norderstedt

ISBN 978-3-486-21567-0

Inhalt

Vorwort

Die schnelle FOURIER-Transformation (fast Fourier transform FFT) ist ein weit verbreitetes Konzept der Signalverarbeitung und der Analysis. Die Verfügbarkeit anwendungsspezifischer Hardware für den kommerziellen und den militärischen Sektor ermöglichte die Herstellung sehr leistungsfähiger Signalverarbeitungssysteme, die auf Eigenschaften der FFT basieren. Die Implementierung der FFT auf Großrechnern machte bislang unerreichbare Problemlösungen realisierbar. Einen entscheidenden Beitrag zur Verbreitung von FFT-Anwendungen lieferte der Personal Computer (PC). Für Forscher, Ingenieure, Informatiker und Studenten hat sich die FFT als ein außerordentlich wertvolles Hilfsmittel der Problemlösung erwiesen.

Ein Zeugnis für die Beliebtheit der FFT gibt die breite Palette ihrer Anwendungsgebiete. Zu den konventionellen FFT-Anwendungsfeldern zählen die Radartechnik, Nachrichtentechnik, Schalltechnik und Sprachverarbeitung. Gegenwärtig umfaßt die FFT-Anwendungspalette außerdem noch die Gebiete Biomedizin, Bildverarbeitung, Börsenmarktanalyse, Spektroskopie, metallurgische Analyse, Simulation, Klangverarbeitung, Analyse nichtlinearer Systeme und Bestimmung von Gewichtsschwankungen in der Papierherstellung. Ein derart breites Spektrum von technischen Anwendungen läßt sich in einem einzigen Band verständlicherweise nicht im Detail behandeln. Ziel dieses Buches ist es vielmehr dem Leser durch Vermittlung fundamentaler Kenntnisse in der Lage zu versetzen, die FFT auf eigene Probleme anwenden zu können.

Leserfreundlichkeit stand bei der Konzeption des Buches im Vordergrund. Statt einer streng mathematischen, schwer verständlichen Themendarstellung haben wir es vorgezogen, die Themen weitgehend bildlich intuitiv zu behandeln und die Mathematik lediglich zur Unterstützung heranzuziehen. Jedes Schwerpunktthema behandeln wir in drei Schritten. Im ersten Schritt wird ein Thema mit Hilfe einer graphisch intuitiven Beschreibung eingeführt. Im zweiten wird die intuitive Argumentation durch eine zwar nicht strenge, dennoch theoretisch solide mathematische Behandlung untermauert. Der dritte Schritt umfaßt praktische Beispiele zur Wiederholung und Erweiterung des Konzeptes. Diese dreistufige Behandlung soll den grundlegenden Eigenschaften und Anwendungen der FFT *Sinngehalt* und zugleich mathematische Substanz verleihen. Ferner soll sie eine effiziente Umsetzung der Aussagen und Schlußfolgerungen des Textes für praktische Anwendungen ermöglichen.

Dieses Buch ist ein Folgeband zu dem Buch *The Fast Fourier Transform* (Die deutsche Übersetzung erschien im Oldenbourg Verlag mit dem Titel "FFT - die Schnelle Fourier-Transformation"). Schwerpunktthemen des früheren Bandes waren die FOURIER-Transformation, die diskrete FOURIER-Transformation und die FFT. Dort wurden die FFT-Anwendungen nur flüchtig behandelt. Mit einer eingehenden Beschreibung der grundlegenden Anwendungen der FFT erweitert der vorliegende Band den Themenumfang des früheren wesentlich. Die *Anwendungen* der FFT nutzen die besondere Eigenschaft der FFT, daß diese eine schnelle und effiziente Berechnung der FOURIER-Transformation, der inversen FOURIER-Transformation und der Laplace-Transformation gestattet. Aus diesem Grund behandeln wir die transformationsanalytischen Anwendungen der FFT und Methoden für die Interpretation deren Ergebnisse sehr ausführlich. Wir wenden uns dann der Anwendung der FFT zur Berechnung des Korrelations- und des Faltungsintegrals zu. Um die Themendarstellungen klar und verständlich zu gestalten, machen wir bei den Herleitungen reichlich Gebrauch von graphischen Erläuterungen und besprechen viele Beispiele. Basierend auf den behandelten Grundlagen erweitern wir die Palette der Basisanwendungen der FFT auf komplexere Anwendungen: die zweidimensionale FFT-Analyse, Filterentwurf mit Hilfe der FFT, FFT-Mehrkanal-Bandpaßfilterung, Signalverarbeitung mit der FFT, FFT- Systemanwendungen u.a.

Das Buch bietet eine solide Basis für einen fortgeschrittenen Kurs über digitale Signalverarbeitung im Rahmen eines Hochschulstudiums. Besonders interessant kann dieses Buch für Lehrgänge sein, in denen die FOURIER-Transformation intensiv und vorrangig behandelt wird. Studenten soll das hinzugefügte Material über FFT-Anwendungen helfen die nötige Erfahrung zur Anwendung der FFT in vielen Gebieten zu erwerben. Dazu ist die Benutzung eines Computers erforderlich. Das Buch kann ebenso gut als Begleittext für einen Lehrgang über Systemanalyse und Signalverarbeitung dienen. Es kann ferner für die auf dem Gebiet der Signalverarbeitung tätigen Ingenieure als Bezugsquelle interessant sein, da es nicht nur eine leicht verständliche Einführung in die FFT bereitstellt, sondern auch eine umfassende und einheitliche Beschreibung der Anwendungen der FFT auf allen wichtigen Gebieten. Ebensogut liefert das Buch Material für ein effizientes Selbststudium.

Der Band behandelt die folgenden fünf Schwerpunktthemen:

1. FOURIER-Transformation

In den Kapiteln 2 bis 6 legen wir das Fundament des ganzen Buches. Wir behandeln die FOURIER-Transformation, ihre inverse Beziehung und ihre wichtigsten Eigenschaften; graphische Erklärungen zu den Ausführungen ermöglichen Einsicht in das besprochene Konzept. Das Faltungsintegral und das Korrelationsintegral werden wegen ihrer außerordentlichen Bedeutung für die Anwendung der FFT ausführlich besprochen; zahlreiche Beispiele sollen das Verständnis erleichtern. Für Bezugnahme in späteren Kapiteln leiten wir die Konzepte der FOURIER-Reihe und der Signalabtastung aus der Theorie der FOURIER-Transformation her.

2. Diskrete FOURIER-Transformation

In den Kapiteln 6 und 7 wird die diskrete FOURIER-Transformation beschrieben. Auf graphischem Wege leiten wir die diskrete FOURIER-Transformation aus der kontinuierlichen FOURIER-Transformation her. Die graphische Darstellung wird durch eine theoretische Behandlung untermauert. Wir besprechen dann ausführlich den Zusammenhang zwischen der diskreten und der kontinuierlichen FOURIER-Transformation; mehrere Signalklassen werden anhand graphischer Beispiele untersucht. Die diskrete Faltung und die diskrete Korrelation werden vorgestellt und im Rahmen graphischer Beispiele mit den entsprechenden kontinuierlichen Beziehungen verglichen. Einer Diskussion über die Eigenschaften der diskreten FOURIER-Transformation folgt schließlich eine Reihe von Beispielen, die die Anwendungsmethoden der diskreten FOURIER-Transformation veranschaulichen sollen.

3. Schnelle FOURIER-Transformation

In Kapitel 8 entwickeln wir den FFT-Algorithmus und geben eine einfache Begründung für seine Effizienz an. Dann folgt die Entwicklung eines Signalflußgraphen für die graphische Darstellung der FFT. Aus diesem Signalflußgraphen leiten wir einige Regeln für die Erstellung von Flußdiagrammen und Computerprogrammen ab. Der Rest dieses Themengebietes ist der theoretischen Behandlung des FFT-Algorithmus und seinen zahlreichen Varianten gewidmet.

4. Basisanwendungen der FFT

In Kapitel 9, 10 und 11 werden die Basisanwendungen der FFT vorgestellt. Der Einsatz der FFT zur Berechnung der diskreten und der inversen diskreten FOURIER-Transformation wird erläutert und dabei der Begriff Auflösungsvermögen erklärt. Es werden die üblichen verfahrensbedingten Fehler in der FFT-Anwendung (Aliasing, Zeitbegrenzung, nichtkausale sowie periodische Funktionen) untersucht. Gewichtsfunktionen (Fensterfunktionen) behandeln wir ausführlich. Die Berechnung der Laplace-Transformation mit Hilfe der FFT wird erläutert und dazu werden graphische Beispiele besprochen. Bei der Behandlung der Implementierung der diskreten Korrelation sowie der diskreten Faltung mit Hilfe der FFT machen wir intensiv von graphischer Darstellung Gebrauch. Rechenprozeduren werden sorgfältig erstellt und Computerprogramme zur Verfügung gestellt. Die zweidimensionale FOURIER-Transformation, die zweidimensionale Faltung und Korrelation werden, wie in den entsprechenden eindimensionalen Fällen geschehen, auf graphischem Wege und mit Hilfe von Beispielen hergeleitet. Es wird die Anwendung der FFT auf die zweidimensionalen FOURIER-Transformation beschrieben und Computerprogramme hierfür bereitgestellt.

5. Signalverarbeitung mit der FFT und FFT-Systemanwendungen

Der Entwurf und die Anwendung digitaler Filter unter Einsatz der FFT werden aus einer praktischen Perspektive heraus entwickelt. Eine neue Anwendung der FFT zur Mehrkanal-Bandpaßfilterung wird vorgestellt und zwar in der Weise, daß der Leser die Ergebnisse selbständig verwerten und erweitern kann.

Da das Thema Signalabtastung für die Signalverarbeitung mit Hilfe der FFT eine zentrale Rolle spielt, werden die Konzepte der Bandpaß- und der Quadratur-Signalabtastung besonders ausführlich behandelt. Desweiteren stellen wir einige auf der FFT basierende Verfahren für die Bereiche Schalltechnik, Seismologie, Radar, Nachrichtentechnik, Medizintechnik, Optik, Systemanalyse, Antennentechnik vor. Die Palette der behandelten FFT-Anwendungen umfaßt Themen wie Erhöhung des Signal-Rauschabstandes, Entwurf von zugeschnittenen Filtern und Entfaltungsfiltern, Messung von Ankunftszeitdifferenzen, Phasen-Interferenzmessungen, Antennenmessungen, Systemsimulation, Leistungsmessung und Strahlbündelung.

Ich möchte hier allen danken, die einen Beitrag zur Entstehung dieses Buches geleistet haben. Besonderer Dank gilt Dr. PATTY PATTERSON für die Mitarbeit bei der Korrektur und Verbesserung des Manuskripts. CHARLENE RUSHING und NEIL ISHMAN haben Computer-Programme beigesteuert. Zu Dank verpflichtet bin ich meiner Frau VANGEE für ihre Geduld und für ihr Verständnis dafür, daß ich viele Stunden ihres Lebens für die Vorbereitung dieser Schrift in Anspruch nehmen mußte. Meine Tochter CAMI! Ich danke Dir für Deine Bemühungen, Hingabe und Begeisterung für Selbstverpflichtung zur hohen Qualität. Ich hoffe, einige Deiner Idealvorstellungen sind in diesem Buch verwirklicht.

E. Oran Brigham

1. Einführung

Die schnelle FOURIER-Transformation (FFT) ist ein universelles Werkzeug zur Problemlösung in den wissenschaftlichen, industriellen und militärischen Bereichen. Seit 1965 [1] expandiert die Anwendung der FFT mit enormen Tempo und neuerdings bereiten die Personal-Computer den Boden für eine Explosion weiterer Anwendungen. *Das zentrale Thema dieses Buches ist die FFT und ihre Anwendungen.*

In diesem Abschnitt möchten wir einen kurzen Überblick über die breitgefächerten FFT-Anwendungsfelder geben, um dem Leser ein Gefühl für die Universalität der FFT zu vermitteln. Es wird sich herausstellen, daß die FFT eine der grundlegenden Errungenschaften auf dem Wissensgebiet der digitalen Signalverarbeitung darstellt. Die unterschiedlichen Anwendungen der FFT basieren auf den Wurzeln der FFT, nämlich auf der diskreten FOURIER-Transformation und infolgedessen auch auf der kontinuierlichen FOURIER-Transformation. Unsere Überblickbeschreibung der FFT interpretiert sie in Bezug auf den Zeit- und den Frequenzbereich.

1.1 Die Allgegenwärtigkeit der FFT

Allgegenwärtigkeit bedeutet überall gleichzeitig präsent zu sein. Dank der breiten Palette der (scheinbar zusammenhanglosen) FFT-Anwendungsfelder können wir die FFT zweifellos als ein *universelles und allgegenwärtiges* Konzept bezeichnen. Es ist aber auch klar, daß die Entstehung von so unzähligen Anwendungen in so unterschiedlichen Bereichen dadurch zu erklären ist, daß sich die FFT-Anwendungen unter einem gemeinsamen Konzept, nämlich der FOURIER-Transformation vereinen lassen. Für lange Zeiten waren es die besonders *fähigen* theoretischen Mathematiker, die im Stande waren mit einem derartig breiten Wissensspektrum fertig zu werden. Mit der Einführung der FFT hat sich die FOURIER-Analyse jedoch als ein überall verfügbares und leicht einsetzbares Verfahren herausgebildet, das wir ohne intensives Training oder jahrelange Praxis mühelos anwenden können. Dank ihrer Nützlichkeit und generellen Verfügbarkeit hat sich die FFT zu einem *quasistandardisierten analytischen Modul* entwickelt.

Die FFT ist nicht mehr eine Neuigkeit in den Lehrbüchern. Bild 1-1 zeigt eine kurze Liste der typischen Anwendungen der FFT. Einschlägige Dokumentationen über diese FFT-Anwendungen sind in der Bibliographie im Anhang zu finden. Die FFT, einst eine Domäne von Ingenieuren und Wissenschaftlern, ist zu einem Werkzeug geworden, dessen Anwendungspalette von der Trendanalyse des Börsenmarktes bis hin zur Bestimmung von Gewichtsschwankungen bei der Herstellung von Papier reicht. Die Computer-Technologie, insbesondere die Technologie des Personal-Computers, hat die FFT zu einem handlichen und leistungsfähigen Analysewerkzeug werden lassen, das nicht mehr allein den Spezialisten der Signalverarbeitung zur Verfügung steht. Wie Bild 1-1 zu entnehmen ist, sind die Anwendungsfelder der FFT außerordentlich breit gefächert. In einer Zeit, in der es praktisch unmöglich ist, an allen Technologiefronten Schritt zu halten, ist

Angewandte Mechanik

• Dynamische Untersuchung an Gebäuden

• Unterdrückung von Schwingungen bei
  Flugzeugen

• Diagnose dynamischer Fehler bei
  Maschinen

• Modellierung von Kernkraftwerken

• Vibrationsanalysen

Schalltechnik, Akustik

• Gestaltung akustischer Felder

• Passive Schallübertragung

• Ultraschallwandler

• Array-Verarbeitung

• Akustische Messungen an Gebäuden

• Musiksynthese

Biomedizin

• Diagnose der Verengung von Atemwegen

• Überwachung von Muskelermüdung

• Diagnose von Herzgefäßerkrankungen

• Strukturelle Untersuchung an Geweben

• Untersuchung von Magenerkrankungen

• Untersuchung an Herzkranken

• EKG-Datenkompression

• Dynamikuntersuchung an Arterien

Numerische Verfahren

• Schnelle Interpolation

• Methode des konjugierten Gradienten

• Randwertprobleme

• Ricatti- und Dirichlet-Gleichungen

• Rayleighsches Integral

• Wiener-Hopf-Integralgleichungen

• Diffusionsgleichung

• Numerische Integration

• Karhunen-Loeve-Transformation

• Elliptische Differentialgleichungen

Signalverarbeitung

• Angepaßte Filter

• Entfaltung

• Echtzeit-Spektralanalyse

• Cepstrum-Analyse

• Schätzung der Koherenzfunktion

• Sprachsynthese, Spracherkennung

• Erzeugung von Zufallsprozessen

• Schätzung der Übertragungsfunktion

• Beseitigung von Echos und Hall

Meßtechnik

• Chromatographie

• Mikroskopie

• Spektroskopie

• Röntgenstrahl-Untersuchungen

• Elektrochronographie

Radartechnik

• Messung des Wirkungsquerschnitts

• Indikation bewegter Ziele

• Synthetische Apertur

• Doppler-Messung

• Puls-Kompression

• Clutter-Unterdrückung

Elektromagnetik

• Wellenausbreitung entlang Mikrostrip-
  Leitungen

• Streuung an leitenden Körpern

Bild 1-1: Überblick der FFT-Anwendungen.

- Strahlungsmuster von Antennen
- Kapazitätsmessung bei dielektrischen
  Substraten
- Analyse von Phased-Array-Antennen
- Zeitbereich-Reflektometrie
- Untersuchungen an Wellenleitern
- Netzwerkanalyse

Nachrichtentechnik

- Systemanalyse
- Transmultiplexer
- Demodulatoren
- Sprachverschlüsselung
- Mehrkanalfilterung
- M-ary-Signalisierung
- Signaldetektion

- Schnelle digitale Filter
- Sprachkodierung
- Video-Bandbreitenkompression

Verschiedenes

- Magnetotellurik
- Metallurgie
- Erzeugung elektrischer Energie
- Bildrestauration
- Analyse nichtlinearer Systeme
- Geophysik
- Untersuchung von Einschwingvorgängen
  bei GaAs-FFTs
- Modellierung integrierter Schalt-
  kreise
- Qualitätskontrolle

Bild 1-1: (Forts.)

es besonders motivierend, ein analytisches Konzept an der Seite zu haben, das einem erlaubt, unbekannten Wissensfeldern mit vertrauten Mitteln anzugehen. Die FFT ist ohne Zweifel eine fundamentale Errungenschaft auf dem Gebiet der digitalen Signalverarbeitung.

Wie bereits erwähnt, verbindet die FOURIER-Transformation wie eine Bande alle unterschiedlichen FFT-Anwendungen miteinander verbindet. Ein wesentliches Merkmal der FOURIER-Transformation ist, daß sie dem Anwender ermöglicht, eine Funktion (ein Signal) sowohl aus der Zeit- als auch aus der Frequenzperspektive zu betrachten. Die FOURIER-Transformation bildet das Fundament dieses Buches.

1.2 Grundkonzept der FOURIER-Transformation

Eine einfache Interpretation der FOURIER-Transformation liefert Bild 1-2. Wie gezeigt, besteht die Hauptaufgabe der FOURIER-Transformation eines Signals in der Zerlegung des Signals in eine Summe von Sinusfunktionen unterschiedlicher Frequenzen. Wenn durch Überlagerung dieser Sinusfunktionen das ursprüngliche Signal wiedergewonnen werden kann, dann hat man die FOURIER-Transformierte des Signals gefunden. Man stellt die FOURIER-Transformierte in einem Diagramm dar, in welchem Amplituden, Phasen und Frequenzen der sinusförmigen Komponenten des Signals aufgetragen werden.

Bild 1-2 zeigt ferner als Beispiel die FOURIER-Transformierte eines einfachen Signals. Die FOURIER-Transformierte besteht aus zwei sinusförmigen Signalen, die nach Überlagerung das ursprüngliche Signal wiedergeben. Wie gezeigt, stellt das Diagramm der FOURIER-Transformierten sowohl die Amplitude als auch die Frequenz der einzelnen sinusförmigen Signalkomponenten dar. Der konventionellen Darstellungsweise entsprechend, haben wir jede sinusförmige Signalkomponente durch eine positive und eine negative Frequenz charakterisiert und die zugehörigen Amplituden dementsprechend halbiert. Die FOURIER-Transformation zerlegt das Signal vom vorliegenden Beispiel in seine zwei sinusförmigen Komponenten.

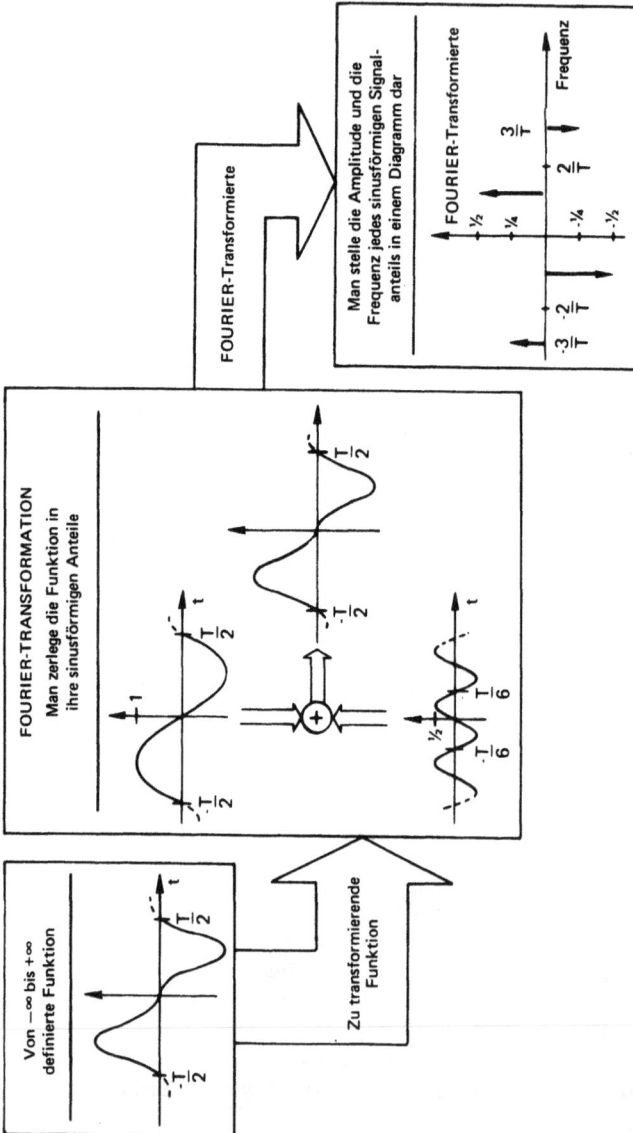

Bild 1-2: Interpretation der FOURIER-Transformation.

Die FOURIER-Transformation separiert bzw. identifiziert die Sinusfunktionen verschiedener Frequenzen und Amplituden, aus denen sich ein beliebiges Signal zusammensetzt. Der mathematische Ausdruck hierfür lautet:

$$(1\text{-}1) \qquad S(f) = \int_{-\infty}^{\infty} s(t)e^{-j2\pi ft}\, dt$$

wobei $s(t)$ das in seine sinusförmigen Komponenten zu zerlegende Signal, $S(f)$ die FOURIER-Transformierte von $s(t)$ und $j = \sqrt{-1}$ bedeuten. Als Beispiel zeigt Bild 1-3a die FOURIER-Transformierte einer Recheckimpulsfolge. Bild 1-3b liefert eine intuitive Rechtfertigung dafür, daß man eine Rechteckimpulsfolge in eine Menge von Sinusfunktionen zerlegen kann, die sich aus der FOURIER-Transformation ergeben.

Normalerweise analysieren wir periodische Funktionen, wie z.B. eine Rechteckimpulsfolge, mit der FOURIER-Reihenentwicklung und nicht mit der FOURIER-Transformation. Im Kapitel 5 werden wir jedoch zeigen, daß die FOURIER-Reihe lediglich einen Spezialfall der FOURIER-Transformation darstellt.

Wenn das Signal $s(t)$ nicht periodisch ist, ist seine FOURIER-Transformierte eine kontinuierliche Funktion von f, d.h. $s(t)$ wird durch Überlagerung von Sinusfunktionen aller Frequenzen repräsentiert. Zur Erläuterung betrachte man den einmaligen Rechteckimpuls und seine FOURIER-Transformierte von Bild 1-4. In diesem Beispiel ist eine sinusförmige Komponente der FOURIER-Transformierten von ihrer benachbarten nicht zu trennen, und folglich müssen alle Frequenzen in Betracht gezogen werden.

Die FOURIER-Transformation ist also eine Frequenzbereich-Repräsentation einer Funktion. Wie in den Bildern 1-3a und 1-4 gezeigt, enthält die FOURIER-Transformierte im Frequenzbereich exakt die gleiche Information wie das zugehörige Signal im Zeitbereich; die beiden Bereiche unterscheiden sich nur in der Art der Informationsdarstellung. Die FOURIER-Transformation ermöglicht die Betrachtung einer Funktion von einem anderen Gesichtspunkt aus, nämlich im transformierten Bereich. Wie wir in folgenden Diskussionen sehen werden, erweist sich die FOURIER-Transformation, angewendet wie in Bild 1-2 gezeigt, oft als Erfolgsschlüssel zur Lösung vieler Probleme.

1.3 Rechnergestützte FOURIER-Analyse

Wegen des breitgefächerten Problemkreises, der mit Hilfe der FOURIER-Transformation bearbeitet werden kann, war ein Übergreifen der FOURIER-Analyse auf den Computerbereich naheliegend. Die numerische Integration der Gleichung 1-1 führt zu der Beziehung

$$(1\text{-}2) \qquad S(f_k) = \sum_{i=0}^{N-1} s(t_i)e^{-j2\pi f_k t_i}(t_{i+1} - t_i) \qquad k = 0, 1, \ldots, N-1$$

(a)

(b)

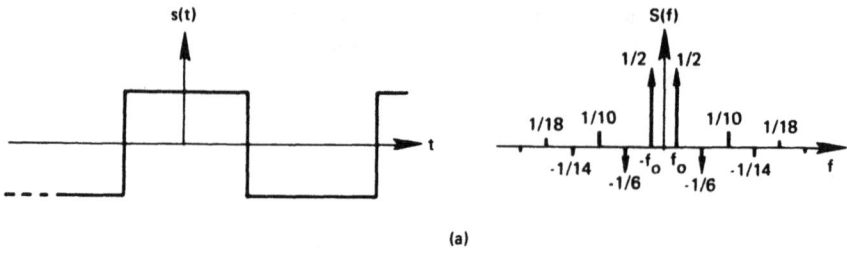

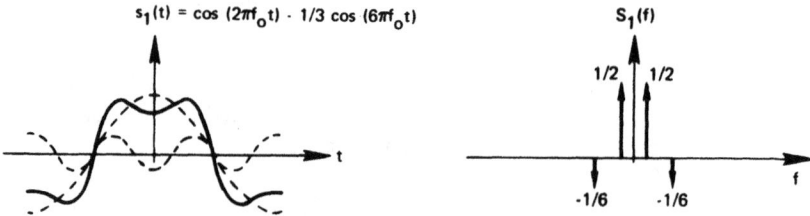

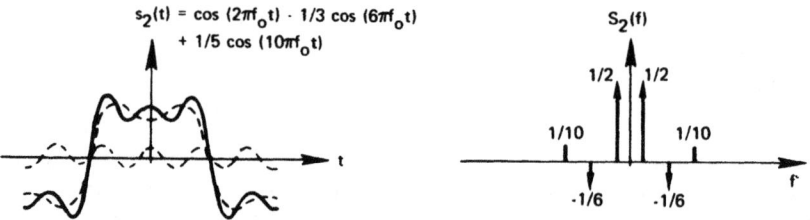

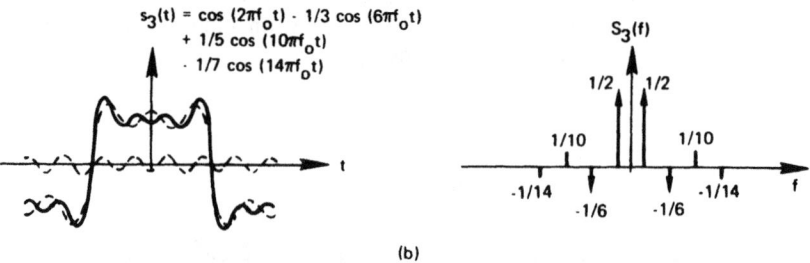

Bild 1-3: FOURIER-Transformation einer periodischen Rechteckfunktion.

Für solche Probleme, für die es keine geschlossene Lösung der FOURIER-Transformation gibt, bietet sich die diskrete FOURIER-Transformation (1-2) als möglicher Lösungsweg an. Allerdings zeigt eine genauere Betrachtung von (1-2), daß sich die Rechenzeit für die Berechnung der Amplituden der N sinusförmigen Komponenten aus den N Ab-

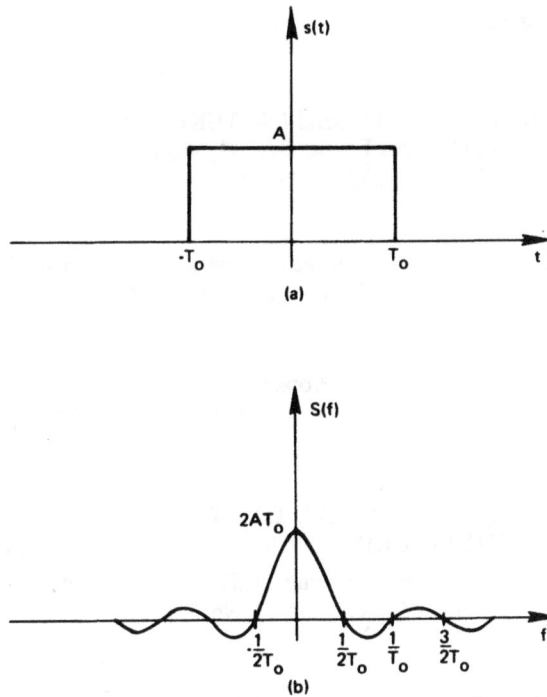

Bild 1-4: Rechteckimpuls und seine FOURIER-Transformierte.

tastwerten des Signals $s(t_i)$ proportional der Anzahl N^2 der notwendigen Multiplikationen, verhält. Bei größeren Werten von N aber brauchen selbst Computer mit hohen Rechengeschwindigkeiten extrem lange Rechenzeiten für die numerische Auswertung der diskreten FOURIER-Transformation.

Zweifelsohne benötigte man Verfahren zur Reduzierung der Rechenzeit der diskreten FOURIER-Transformation; das Bemühen der Wissenschaftler blieb jedoch wenig erfolgreich, bis schließlich COOLEY und TUKEY 1965 ihren mathematischen Algorithmus [1] veröffentlichten, der als "schnelle FOURIER-Transformation" (fast Fourier transform FFT) bekannt wurde. Die schnelle FOURIER-Transformation ist ein Rechenalgorithmus, der die Rechenzeit für die Gl. (1-2) auf eine Rechenzeit proportional $N \log_2 N$ herabsetzt. Der damit erzielbare Anstieg der Rechengeschwindigkeit hat seitdem viele Aspekte der wissenschaftlichen Forschung vollständig revolutioniert. Ein historischer Rückblick über die Entdeckung der FFT zeigt, daß diese wichtige Entwicklung früher fast ignoriert wurde [4,5].

Die FFT hat die Anwendungsmöglichkeiten der diskreten FOURIER-Transformation enorm erweitert. Für den Anwender ist es wichtig einzusehen, daß eine erfolgreiche Anwendung der FFT prinzipiell das Verständnis der diskreten FOURIER-Transformation, jedoch weniger des FFT-Algorithmus selbst voraussetzt. Aus diesem Grund behandelt dieses Textbuch die Grundlagen der FOURIER-Transformation und der diskreten FOURIER-Transformation mit besonderem Nachdruck.

Literatur

[1]   COOLEY, J.W. and J.W. TUKEY, "An Algorithm for the Machine Calculation of Complex Fourier Series", Mathematics of Computation (1965), Vol. 19, No.90, pp. 297-301.

[2]   BRACEWELL, Ron, The Fourier Transform and Its Applications. 2. Aufl., New York: McGraw-Hill, 1986.

[3]   PAPOULIS, A., Probability, Random Variables, and Stochastic Processes. 2. Aufl., New York: McGraw-Hill, 1984.

[4]   COOLEY, J.W., R.L. GARWIN, C.M. RADER, B.P. BOGERT, and T.C. STOCKHAM. "The 1968 Arden House Workshop of Fast Fourier Transform Processing." IEEE Trans. on Audio and Electroacoustics (June 1969), Vol. AU-17, No. 2, pp. 66-75.

[5]   COOLEY, J.W., P.W. LEWIS, and P.D. WELCH. "Historical Notes on the Fast Fourier Transform." IEEE Trans. on Audio and Electroacoustics (June 1967), Vol.Au-15, No.2, pp. 76-79.

[6]   IEEE Trans. on Audio and Electroacoustics, Special Issue on the Fast Fourier Transform (June 1969), Vol. AU-17, No. 2.

[7]   BRIGHAM, E.O. The Fast Fourier Transform. Englewood-Cliffs, NJ: Prentice Hall, 1974.

[8]   RAMIREZ, R.W. The FFT: Fundamentals and Concepts. Englewood-Cliffs, NJ: Prentice Hall, 1985

[9]   BURRIS, C.S., and T.W. PARKS. DFT-FFT & Convolution Algorithms & Implementation. New York, Wiley, 1985.

[10] ELLIOT, D.F., and K.R. RAO. Fast Transforms, Algorithms, Analyses, Applications. Orlando, FL: Academic Press, 1982.

2. Die FOURIER-Transformation

Ein fundamentales analytisches Instrument zur Lösung wissenschaftlicher Probleme ist die FOURIER-Transformation. Ihr bekanntester Anwendungsbereich ist möglicherweise die Analyse linearer und zeitinvarianter Systeme. Wie bereits in Kapitel 1 betont, ist die FOURIER-Transformation ein universelles Lösungsverfahren. Ihre Bedeutung basiert auf ihrer fundamentalen Eigenschaft, daß man mit ihrer Hilfe einen gegebenen Zusammenhang von einem völlig unterschiedlichen Aspekt her untersuchen kann. Das gleichzeitige Betrachten eines Signals und seiner FOURIER-Transformierten ist oft der Schlüssel zu erfolgreicher Problemlösung.

2.1 Das FOURIER-Integral

Das FOURIER-Integral ist definiert durch den Ausdruck

$$(2\text{-}1) \qquad H(f) = \int_{-\infty}^{\infty} h(t)e^{-j2\pi ft}\, dt$$

Wenn das Integral für alle Werte von f existiert, dann definiert Gl. (2-1) die FOURIER-Transformierte $H(f)$ von $h(t)$. $h(t)$ wird normalerweise als Funktion der Variablen Zeit und $H(f)$ als Funktion der Variablen Frequenz betrachtet. Diese Terminologie werden wir durch das gesamte Buch hindurch beibehalten; t steht für Zeit und f für Frequenz. Funktionssymbole mit Kleinbuchstaben repräsentieren Zeitfunktionen. Die FOURIER-Transformierte einer Zeitfunktion wird als Frequenzfunktion durch dasselbe Funktionssymbol wie für die Zeitfunktion, jedoch mit Großbuchstaben dargestellt.

Im allgemeinen ist die FOURIER-Transformierte eine komplexe Größe:

$$(2\text{-}2) \qquad H(f) = R(f) + jI(f) = |H(f)|\, e^{j\theta(f)}$$

wobei $R(f)$ der Realteil und $I(f)$ der Imaginärteil der FOURIER-Transformierten sind. $|H(f)|$ ist das *Amplituden*- oder das *FOURIER-Spektrum* von $h(t)$ und ist gegeben durch $\sqrt{R^2(f) + I^2(f)}$; $\theta(f)$ ist das Phasenspektrum der FOURIER-Transformierten und ist gleich $\arctan[I(f)/R(f)]$.

Beispiel 2-1 Exponentialfunktion

Zur Erläuterung der verschiedenen zur Definition der FOURIER-Transformation verwendeten Begriffe betrachte man die Zeitfunktion

(2-3) $h(t) = \beta e^{-\alpha t} \quad t > 0$

$\qquad\qquad = 0 \qquad\quad t < 0$

Aus (2-1) folgt

$$H(f) = \int_0^\infty \beta e^{-\alpha t} e^{-j2\pi ft}\, dt = \beta \int_0^\infty e^{-(\alpha + j2\pi f)t}\, dt$$

(2-4)

$$= \frac{-\beta}{\alpha + j2\pi f} e^{-(\alpha + j2\pi f)t}\, \Big|_0^\infty = \frac{\beta}{\alpha + j2\pi f}$$

$$= \frac{\beta\alpha}{\alpha^2 + (2\pi f)^2} - j\frac{2\pi f\beta}{\alpha^2 + (2\pi f)^2}$$

$$= \frac{\beta}{\sqrt{\alpha^2 + (2\pi f)^2}} e^{j\tan^{-1}[-2\pi f/\alpha]}$$

und hieraus

$$R(f) = \frac{\beta\alpha}{\alpha^2 + (2\pi f)^2}$$

$$I(f) = \frac{-2\pi f\beta}{\alpha^2 + (2\pi f)^2}$$

$$|H(f)| = \frac{\beta}{\sqrt{\alpha^2 + (2\pi f)^2}}$$

$$\theta(f) = \tan^{-1}\left[\frac{-2\pi f}{\alpha}\right]$$

Zur Verdeutlichung der unterschiedlichen Darstellungsformen der FOURIER-Transformierten sind diese Funktionen in Bild 2-1 zusammengestellt.

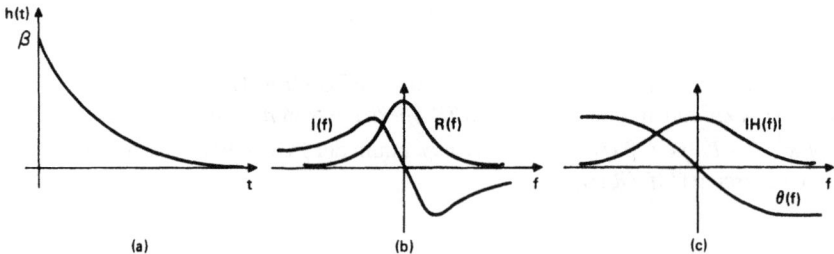

Bild 2-1: a) Beispiel einer Zeitfunktion, b) Real- und Imaginärteil, c) Betrag und Phase ihrer FOURIER-Transformierten.

2.2 Die inverse FOURIER-Transformation

Die inverse FOURIER-Transformation ist definiert durch

(2-5) $h(t) = \int_{-\infty}^{\infty} H(f)e^{j2\pi ft} \, df$

Die inverse Transformation (2-5) ermöglicht die Bestimmung einer Zeitfunktion aus ihrer FOURIER-Transformierten. Stehen $h(t)$ und $H(f)$ nach Gln. (2-1) und (2-5) zueinander in Beziehung, bilden diese beiden Funktionen ein *FOURIER-Transformationspaar*. Wir symbolisieren diese Beziehung durch

(2-6) $h(t) \; \circ\!\!-\!\!-\!\!\bullet \; H(f)$

Beispiel 2-2 Inverse FOURIER-Transformierte für Beispiel 2.1

Man betrachte die im vorangegangenen Beispiel ermittelte Frequenzfunktion

$$H(f) = \frac{\beta}{\alpha + j2\pi f} = \frac{\beta\alpha}{\alpha^2 + (2\pi f)^2} - j\frac{2\pi f\beta}{\alpha^2 + (2\pi f)^2}$$

Aus Gl. (2-5) folgt

$$h(t) = \int_{-\infty}^{\infty} \left[\frac{\beta\alpha}{\alpha^2 + (2\pi f)^2} - j\frac{2\pi f\beta}{\alpha^2 + (2\pi f)^2} \right] e^{j2\pi ft} \, df$$

Mit $e^{j2\pi ft} = \cos(2\pi ft) + j \sin(2\pi ft)$ erhält man hierfür

(2-7)
$$h(t) = \int_{-\infty}^{\infty} \left[\frac{\beta\alpha \cos(2\pi ft)}{\alpha^2 + (2\pi f)^2} + \frac{2\pi f\beta \sin(2\pi ft)}{\alpha^2 + (2\pi f)^2} \right] df$$
$$+ j \int_{-\infty}^{\infty} \left[\frac{\beta\alpha \sin(2\pi ft)}{\alpha^2 + (2\pi f)^2} - \frac{2\pi f\beta \cos(2\pi ft)}{\alpha^2 + (2\pi f)^2} \right] df$$

Das zweite Integral der Gl. (2-7) ist gleich Null, da die Terme unter dem Integral ungerade Funktionen sind. Dieser Punkt geht aus Bild 2-2 klar hervor; es zeigt den ersten Term unter dem zweiten Integral. Man sieht, daß die Funktion ungerade ist, d.h. es gilt $g(t) = -g(-t)$. Folglich ist die Fläche unter der Funktion, betrachtet von $-f_0$ bis $+f_0$, gleich Null. Also bleibt das Integral auch für den Grenzübergang f_0 gegen unendlich gleich Null; das unendliche Integral jeder ungeraden Funktion ist gleich Null. Gl. (2-7) vereinfacht sich somit zu

(2-8) $h(t) = \dfrac{\beta\alpha}{(2\pi)^2} \int_{-\infty}^{\infty} \dfrac{\cos(2\pi tf)}{(\alpha/2\pi)^2 + f^2} \, df + \dfrac{2\pi\beta}{(2\pi)^2} \int_{-\infty}^{\infty} \dfrac{f \sin(2\pi tf)}{(\alpha/2\pi)^2 + f^2} \, df$

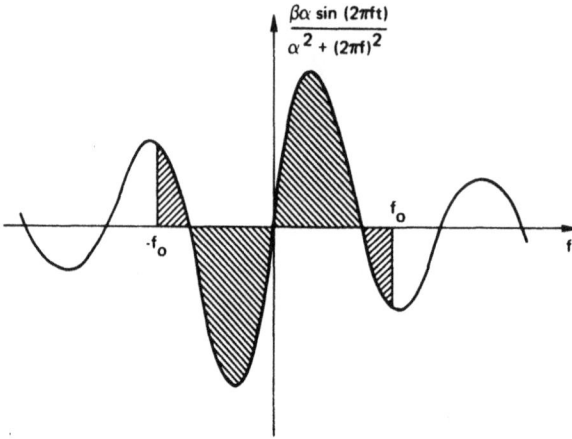

Bild 2-2: Integration einer ungeraden Funktion.

Aus einer Integral-Standardtabelle entnimmt man

$$\int_{-\infty}^{\infty} \frac{\cos(ax)}{b^2 + x^2}\, dx = \frac{\pi}{b}\, e^{-ab} \qquad a > 0$$

$$\int_{-\infty}^{\infty} \frac{x \sin(ax)}{b^2 + x^2}\, dx = \pi e^{-ab} \qquad a > 0$$

Damit ergibt sich für Gl. (2-8)

(2-9)
$$h(t) = \frac{\beta\alpha}{(2\pi)^2}\left[\frac{\pi}{(\alpha/2\pi)}\, e^{-(2\pi t)(\alpha/2\pi)}\right] + \frac{2\pi\beta}{(2\pi)^2}\left[\pi e^{-(2\pi t)(\alpha/2\pi)}\right]$$

$$= \frac{\beta}{2}\, e^{-\alpha t} + \frac{\beta}{2}\, e^{-\alpha t} = \beta e^{-\alpha t} \qquad t > 0$$

Die Zeitfunktion

$$h(t) = \beta e^{-\alpha t} \qquad t > 0$$

und die Frequenzfunktion

$$H(f) = \frac{\beta}{\alpha + j(2\pi f)}$$

stehen nach Gln. (2-1) und (2-5) miteinander in Zusammenhang und bilden daher ein FOURIER-Transformationspaar:

(2-10) $\qquad \beta e^{-\alpha t} \ (t > 0) \ \circ\!\!-\!\!\bullet \ \dfrac{\beta}{\alpha + j(2\pi f)}$

2.3 Existenz des FOURIER-Integrals

Bis jetzt haben wir die Gültigkeit der Gln. (2-1) und (2-5) noch nicht untersucht; die Integrale wurden für alle Funktionen als konvergent angenommen. Im allgemeinen sind die FOURIER-Transformation und ihre inverse Beziehung für die meisten Funktionen aus der wissenschaftlich-analytischen Praxis wohl existent. Wir beabsichtigen hier nicht, auf eine hochtheoretische Diskussion der Existenz der FOURIER-Transformation einzugehen, sondern erwähnen lediglich Bedingungen für ihre Existenz und geben hierfür Beispiele, wobei wir den Darstellungen von PAPOULIS [3] folgen.

Bedingung 1: Wenn $h(t)$ im Sinne

(2-11) $$\int_{-\infty}^{\infty} |h(t)|\, dt < \infty$$

absolut integrierbar ist, dann existiert die FOURIER-Transformierte von h(t) und erfüllt die Beziehung der inversen FOURIER-Transformation (2-5).

Man sollte beachten, daß die Bedingung 1 hinreichend, aber nicht notwendig ist. Es gibt Funktionen, die die Bedingung 1 nicht erfüllen und trotzdem eine FOURIER-Transformierte besitzen, die (2-5) erfüllt. Diese Funktionsklasse wird von der Bedingung 2 erfaßt.

Beispiel 2-3 Eine symmetrische Rechteckfunktion

Zur Erläuterung der Bedingung 1 betrachte man den im Bild 2-3 dargestellten Rechteckimpuls.

(2-12)
$$
\begin{aligned}
h(t) &= A & |t| &< T_0 \\
&= \frac{A}{2} & t &= \pm T_0 \\
&= 0 & |t| &> T_0
\end{aligned}
$$

Diese Funktion erfüllt die Gl. (2-11); folglich existiert ihre FOURIER-Transformierte und ist gegeben durch

$$H(f) = \int_{-T_0}^{T_0} A e^{-j2\pi ft}\, dt$$

$$= A \int_{-T_0}^{T_0} \cos(2\pi ft)\, dt - jA \int_{-T_0}^{T_0} \sin(2\pi ft)\, dt$$

Das zweite Integral verschwindet, da der Integrand ungerade ist;

(2-13)
$$H(f) = \frac{A}{2\pi f} \sin(2\pi ft) \Big|_{-T_0}^{T_0}$$

$$= 2AT_0 \frac{\sin(2\pi T_0 f)}{2\pi T_0 f}$$

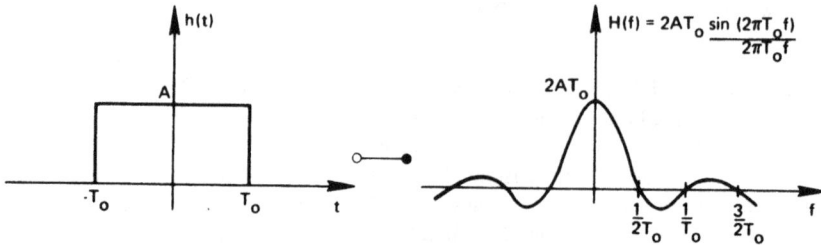

Bild 2-3: Rechteckimpuls und seine FOURIER-Transformierte.

Die Faktoren, die sich offensichtlich kürzen lassen, wurden beibehalten, um den $[\sin(af)/af]$-Charakter der FOURIER-Transformierten eines Rechteckimpulses, wie in Bild 2.3 zu sehen, hervorzuheben.

Da $h(t)$ in diesem Beispiel die Bedingung 1 erfüllt, muß $H(f)$, gegeben durch (2-13), die Gl. (2-5) erfüllen:

$$h(t) = \int_{-\infty}^{\infty} 2AT_0 \frac{\sin(2\pi T_0 f)}{2\pi T_0 f} e^{j2\pi f t}\, df$$

(2-14)

$$= 2AT_0 \int_{-\infty}^{\infty} \frac{\sin(2\pi T_0 f)}{2\pi T_0 f} [\cos(2\pi f t) + j\sin(2\pi f t)]\, df$$

Der imaginäre Integrand ist ungerade; daher folgt

(2-15) $$h(t) = \frac{A}{\pi} \int_{-\infty}^{\infty} \frac{\sin(2\pi T_0 f)\cos(2\pi f t)}{f}\, df$$

Mit der trigonometrischen Identitätsgleichung

(2-16) $$\sin(x)\cos(y) = \tfrac{1}{2}[\sin(x+y) + \sin(x-y)]$$

ergibt sich für $h(t)$

$$h(t) = \frac{A}{2\pi} \int_{-\infty}^{\infty} \frac{\sin[2\pi f(T_0 + t)]}{f}\, df + \frac{A}{2\pi} \int_{-\infty}^{\infty} \frac{\sin[2\pi f(T_0 - t)]}{f}\, df$$

$h(t)$ läßt sich wie folgt umschreiben:

$$h(t) = A(T_0 + t) \int_{-\infty}^{\infty} \frac{\sin[2\pi f(T_0 + t)]}{2\pi f(T_0 + t)}\, df$$

(2-17)

$$+ A(T_0 - t) \int_{-\infty}^{\infty} \frac{\sin[2\pi f(T_0 - t)]}{2\pi f(T_0 - t)}\, df$$

Mit

(2-18) $$\int_{-\infty}^{\infty} \frac{\sin(2\pi a x)}{2\pi a x}\, dx = \frac{1}{2\,|a|}$$

erhält man

(2-19) $\qquad h(t) = \dfrac{A}{2} \dfrac{T_0 + t}{|T_0 + t|} + \dfrac{A}{2} \dfrac{T_0 - t}{|T_0 - t|}$

(|| steht für den Betrag bzw. den Absolutwert.)

Bild 2-4 zeigt beide Terme der Gl. (2-19); es ist leicht ersichtlich, daß diese Terme sich zu

$$h(t) = A \qquad |t| < T_0$$

(2-20) $\qquad\quad = \dfrac{A}{2} \quad t = \pm T_0$

$$\qquad\quad = 0 \qquad |t| > T_0$$

zusammenfassen lassen.

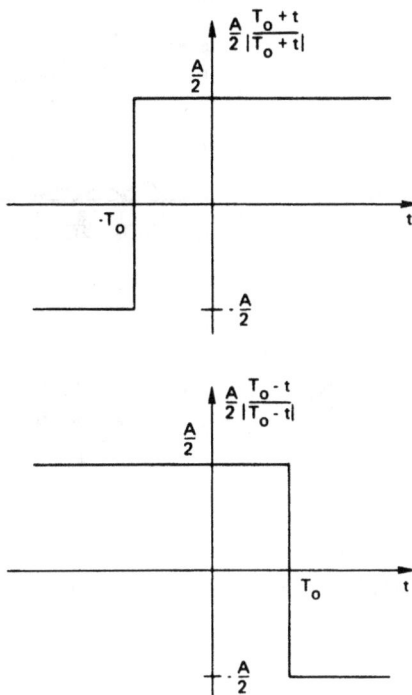

Bild 2-4: Graphische Auswertung
der Gl. (2-19).

Die Existenz der FOURIER-Transformation und ihrer inversen Beziehung wurde für eine Funktion nachgewiesen, die die Bedingung 1 erfüllt. Damit erhalten wir das FOURIERTransformationspaar (Bild 2-3)

(2-21) $\qquad h(t) = A \quad (|t| < T_0) \;\circ\!\!-\!\!\bullet\; 2AT_0 \dfrac{\sin(2\pi T_0 f)}{2\pi T_0 f}$

Beispiel 2-4 Eine verschobene Rechteckfunktion

Bild 2-5a zeigt eine Rechteckfunktion:

$$h(t) = A \qquad 0 < t < 2T_0$$

(2-22) $\qquad\quad = \dfrac{A}{2} \quad t = 0;\, t = 2T_0$

$$\qquad\quad = 0 \qquad \text{sonst}$$

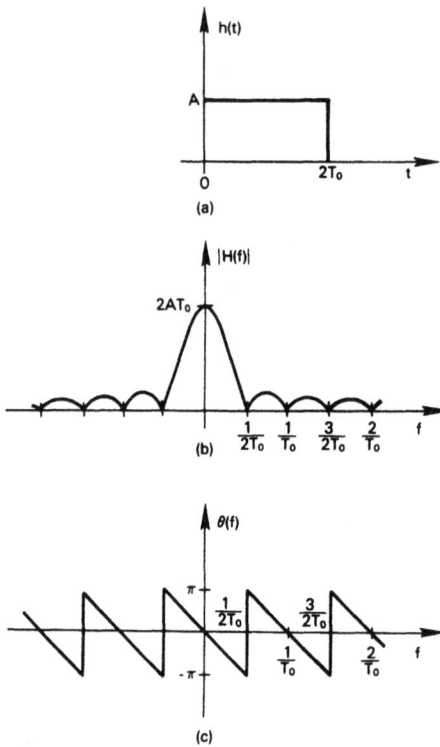

(a)

(b)

(c)

Bild 2-5: a) Rechteckimpuls,
b) Betrag und c) Phase seiner
FOURIER-Transformierten.

Ihre FOURIER-Transformierte ist gegeben durch

$$H(f) = \int_0^{2T_0} A e^{-j2\pi ft} \, dt$$

$$= A \int_0^{2T_0} \cos(2\pi ft) \, dt - jA \int_0^{2T_0} \sin(2\pi ft) \, dt$$

(2-23)

$$= (A/2\pi f) \sin(2\pi ft) \big|_0^{2T_0} + j(A/2\pi f) \cos(2\pi ft) \big|_0^{2T_0}$$

$$= \frac{2AT_0 \sin[2\pi(2T_0)f]}{2\pi(2T_0)f} + j \left\{ 2AT_0 \frac{\cos[2\pi(2T_0)f]}{2\pi(2T_0)f} - \frac{2AT_0}{2\pi(2T_0)f} \right\}$$

Hieraus ergibt sich für das Amplitudenspektrum die Beziehung

$$| H(f) | = \frac{2AT_0}{2\pi(2T_0)f} \{ \sin^2[2\pi(2T_0)f] + \cos^2[2\pi(2T_0)f]$$

(2-24)

$$- 2 \cos[2\pi(2T_0)f] + 1 \}^{1/2}$$

$$= \frac{2AT_0}{2\pi(2T_0)f} \{ 2 - 2 \cos[2\pi(2T_0)f] \}^{1/2}$$

$$= 2AT_0 \left| \frac{\sin[2\pi T_0 f]}{2\pi T_0 f} \right|$$

und für das Phasenspektrum wegen $\cos(x) - 1 = -\sin^2(x)$ und $\sin(x) = 2\sin(x/2)\cos(x/2)$ der Ausdruck

$$\theta(f) = \tan^{-1}\left\{\frac{\cos[2\pi(2T_0)f] - 1}{\sin[2\pi(2T_0)f]}\right\}$$

(2-25)
$$= \tan^{-1}\left\{\frac{-\sin[2\pi T_0 f]}{\cos[2\pi T_0 f]}\right\}$$

$$= -2\pi T_0 f$$

Bild 2-5b,c zeigen das Amplitudenspektrum $|H(f)|$ und das Phasenspektrum $\Theta(f)$ von $h(t)$. Es sei darauf hingewiesen, daß die Arcustangenz-Funktion $\tan^{-1}(x)$ vereinbarungsgemäß im Bereich $-\pi < \Theta < \pi$ beschränkt bleibt.

Bedingung 2: Wenn gilt: $h(t) = \beta(t)\sin(2\pi ft + \alpha)$ (f und α seien beliebige Konstanten), $\beta(t+k) < \beta(t)$ und wenn die Funktion $h(t)/t$ für $|t| > \lambda > 0$ im Sinne der Gl. (2-11) absolut integrierbar ist, dann existiert die FOURIER-Transformierte $H(f)$ und erfüllt die Beziehung der inversen FOURIER-Transformation (2-5).

Ein wichtiges Beispiel ist die Funktion $\sin(\alpha t)/\alpha t$, die die Bedingung 1 der absoluten Integrierbarkeit nicht erfüllt.

Beispiel 2-5 Eine rechteckförmige Frequenzfunktion

Man betrachte die Funktion

(2-26)
$$h(t) = 2Af_0\frac{\sin(2\pi f_0 t)}{2\pi f_0 t},$$

die in Bild 2-6 dargestellt ist. Sie erfüllt die Bedingung 2; somit existiert ihre FOURIER-Transformierte und lautet

$$H(f) = \int_{-\infty}^{\infty} 2Af_0\frac{\sin(2\pi f_0 t)}{2\pi f_0 t}\, e^{-j2\pi ft}\, dt$$

(2-27)
$$= \frac{A}{\pi}\int_{-\infty}^{\infty}\frac{\sin(2\pi f_0 t)}{t}[\cos(2\pi ft) - j\sin(2\pi ft)]\, dt$$

$$= \frac{A}{\pi}\int_{-\infty}^{\infty}\frac{\sin(2\pi f_0 t)\cos(2\pi ft)}{t}\, dt$$

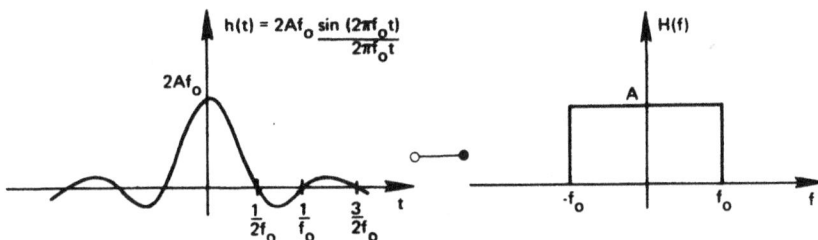

Bild 2-6: Funktion $A\sin(at)/at$ und ihre FOURIER-Transformierte.

Der Imaginärteil des Integrals wird Null, da der Integrand eine ungerade Funktion ist. Nach Einsetzen der trigonometrischen Identität (2-16) erhält man

$$H(f) = \frac{A}{2\pi} \int_{-\infty}^{\infty} \frac{\sin[2\pi t(f_0 + f)]}{t} \, dt + \frac{A}{2\pi} \int_{-\infty}^{\infty} \frac{\sin[2\pi t(f_0 - f)]}{t} \, dt$$

(2-28)
$$= A(f_0 + f) \int_{-\infty}^{\infty} \frac{\sin[2\pi t(f_0 + f)]}{2\pi t(f_0 + f)} \, dt$$

$$+ A(f_0 - f) \int_{-\infty}^{\infty} \frac{\sin[2\pi t(f_0 - f)]}{2\pi t(f_0 - f)} \, dt$$

Die Gleichung (2-28) hat die gleiche Form wie die Gl. (2-17); eine ähnliche Vorgehensweise ergibt

$$H(f) = A \quad |f| < f_0$$

(2-29)
$$= \frac{A}{2} \quad f = \pm f_0$$

$$= 0 \quad |f| > f_0$$

Da dieses Beispiel Bedingung 2 erfüllt, muß $H(f)$ [Gl. (2-29)] die Beziehung der inversen FOURIER-Transformation Gl.2.5 erfüllen:

$$h(t) = \int_{-f_0}^{f_0} A e^{j2\pi ft} \, df$$

(2-30)
$$= A \int_{-f_0}^{f_0} \cos(2\pi ft) \, df = A \left. \frac{\sin(2\pi ft)}{2\pi t} \right|_{-f_0}^{f_0}$$

$$= 2Af_0 \frac{\sin(2\pi f_0 t)}{2\pi f_0 t}$$

Mit Hilfe von Bedingung 2 haben wir das FOURIER-Transformationspaar

(2-31) $$2Af_0 \frac{\sin(2\pi f_0 t)}{2\pi f_0 t} \circ\!\!-\!\!\bullet \; H(f) = A \quad |f| < f_0$$

erhalten, das in Bild 2-6 dargestellt ist.

Bedingung 3: Obowhl nicht explizit gesagt, setzt man für alle Funktionen, die den Bedingungen 1 und 2 genügen, voraus, daß sie die Bedingung der *beschränkten Variation* erfüllen, d.h. sich in jedem endlichen Zeitintervall durch eine Kurve endlicher Länge darstellen lassen. Mit der Bedingung 3 erweitern wir die Theorie der FOURIER-Transformation auf singuläre Funktionen (Deltafunktionen).

Ist $h(t)$ eine periodische oder eine Deltafunktion, so besitzt sie eine FOURIER-Transformierte nur dann, wenn man die Distributionstheorie zu Hilfe nimmt. Anhang A enthält eine elementare Einführung in die Distributionstheorie. Mit Hilfe der Distribution lassen sich FOURIER-Transformierte singulärer Funktionen definieren. Die Einführung der FOURIER-Transformation von Deltafunktionen ist deswegen von Bedeutung, weil ihr Gebrauch die Herleitung vieler anderer Transformationspaare wesentlich erleichtert.

Die Deltafunktion $\delta(t)$ ist definiert durch die Beziehung [Gl. (A-8)]

$$(2\text{-}32) \qquad \int_{-\infty}^{\infty} \delta(t - t_0)x(t)\, dt = x(t_0)$$

wobei $x(t)$ eine beliebige und bei t_0 stetige Funktion ist. Durch Anwendung der Definitionsgleichung (2-32) erhält man unmittelbar die FOURIER-Transformierten einer Vielzahl anderer wichtiger Funktionen.

Beispiel 2-6 Eine Impulsfunktion (Deltafunktion)

Man betrachte die Funktion

$$(2\text{-}33) \qquad h(t) = K\delta(t)$$

Die FOURIER-Transformierte von h(t) läßt sich leicht mit Hilfe der Definitionsgleichung (2-32) ableiten:

$$(2\text{-}34) \qquad H(f) = \int_{-\infty}^{\infty} K\delta(t)e^{-j2\pi ft}\, dt = Ke^0 = K$$

Die inverse FOURIER-Transformierte von $H(f)$ ist gegeben durch

$$(2\text{-}35) \qquad h(t) = \int_{-\infty}^{\infty} [K]e^{j2\pi ft}\, df = \int_{-\infty}^{\infty} K \cos(2\pi ft)\, df + j \int_{-\infty}^{\infty} K \sin(2\pi ft)\, df$$

Da der Integrand des zweiten Integrals ungerade ist, ergibt das Integral Null; das erste Integral ist bedeutungslos, wenn man es nicht im Sinne der Distributionstheorie interpretiert. Nach Gl. (A-21) existiert Gl. (2-35) und kann geschrieben werden als

$$(2\text{-}36) \qquad h(t) = K \int_{-\infty}^{\infty} e^{j2\pi ft}\, df = K \int_{-\infty}^{\infty} \cos(2\pi ft)\, df = K\delta(t)$$

Somit erhält man das FOURIER-Transformationspaar

$$(2\text{-}37) \qquad K\delta(t) \circ\!\!-\!\!\bullet\; H(f) = K$$

das in Bild 2-7 dargestellt ist.

In ähnlicher Weise läßt sich die Existenz des FOURIER-Transformationspaares (Bild 2-8)

$$(2\text{-}38) \qquad h(t) = K \;\circ\!\!-\!\!\bullet\; K\delta(f)$$

nachweisen, wobei die Herleitung in gleicher Weise verläuft wie im Falle des vorangegangenen Transformationspaares.

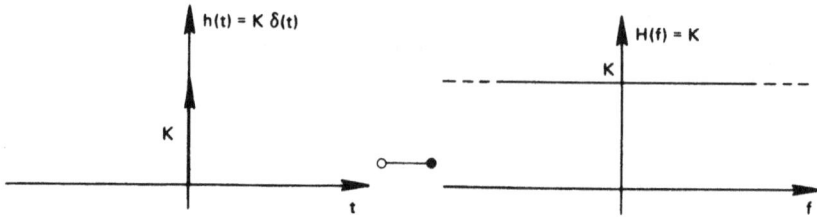

Bild 2-7: Deltafunktion und ihre FOURIER-Transformierte.

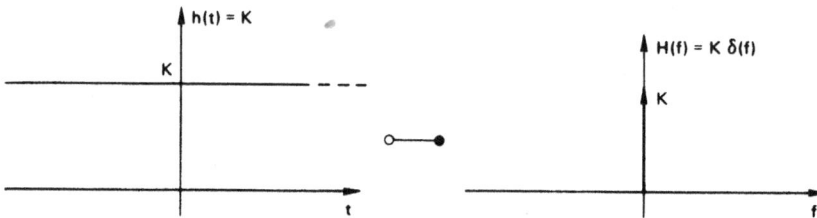

Bild 2-8: Eine Konstante und ihre FOURIER-Transformierte.

Beispiel 2-7 Periodische Funktionen

Zur Erläuterung der FOURIER-Transformation periodischer Funktionen betrachte man die Funktion

(2-39) $h(t) = A \cos(2\pi f_0 t)$

Die FOURIER-Transformierte ist gegeben durch

(2-40) $H(f) = \displaystyle\int_{-\infty}^{\infty} A \cos(2\pi f_0 t) e^{-j2\pi f t}\, dt$

$\qquad\qquad = \dfrac{A}{2} \displaystyle\int_{-\infty}^{\infty} [e^{j2\pi f_0 t} + e^{-j2\pi f_0 t}] e^{-j2\pi f t}\, dt$

$\qquad\qquad = \dfrac{A}{2} \displaystyle\int_{-\infty}^{\infty} [e^{-j2\pi t(f - f_0)} + e^{-j2\pi t(f_0 + f)}]\, dt$

$\qquad\qquad = \dfrac{A}{2}\delta(f - f_0) + \dfrac{A}{2}\delta(f + f_0)$

wobei ähnliche Argumentationen benutzt werden, die zur Gl. (2-36) geführt haben. Die inverse Transformation liefert

(2-41) $h(t) = \displaystyle\int_{-\infty}^{\infty} \left[\dfrac{A}{2}\delta(f + f_0) + \dfrac{A}{2}\delta(f - f_0)\right] e^{j2\pi f t}\, df$

$\qquad\qquad = \dfrac{A}{2} e^{j2\pi f_0 t} + \dfrac{A}{2} e^{-j2\pi f_0 t}$

$\qquad\qquad = A \cos(2\pi f_0 t)$

Das FOURIER-Transformationspaar

(2-42) $A \cos(2\pi f_0 t) \circ\!\!\!-\!\!\!-\!\!\!\bullet \frac{A}{2}\delta(f - f_0) + \frac{A}{2}\delta(f + f_0)$

ist in Bild 2-9 dargestellt. In ähnlicher Weise erhält man das FOURIER-Transformationspaar aus Bild 2-10

(2-43) $A \sin(2\pi f_0 t) \circ\!\!\!-\!\!\!-\!\!\!\bullet j\frac{A}{2}\delta(f + f_0) - j\frac{A}{2}\delta(f - f_0)$

Man beachte, daß hier die FOURIER-Transformierte rein imaginär ist.

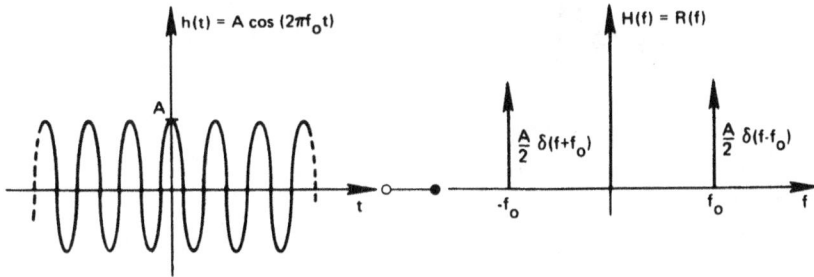

Bild 2-9: Funktion A cos (at) und ihre FOURIER-Transformierte.

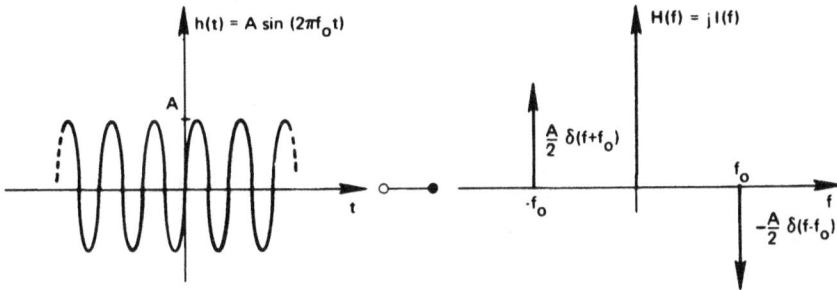

Bild 2-10: Funktion A sin(at) und ihre FOURIER-Transformierte.

Beispiel 2-8 Eine Folge von Impulsfunktionen

Ohne Beweis sei angegeben, daß die FOURIER-Transformierte einer Folge äquidistanter Deltafunktionen im Zeitbereich aus einer Folge äquidistanter Deltafunktionen im Frequenzbereich besteht [3]:

(2-44) $h(t) = \sum_{n=-\infty}^{\infty} \delta(t - nT) \circ\!\!\!-\!\!\!-\!\!\!\bullet H(f) = \frac{1}{T} \sum_{n=-\infty}^{\infty} \delta\left(f - \frac{n}{T}\right)$

Bild 2-11 zeigt eine graphische Herleitung dieses FOURIER-Transformationspaares. Die Nützlichkeit des Transformationspaares (2-44) wird sich bei der Diskussion über die diskrete FOURIER-Transformation herausstellen.

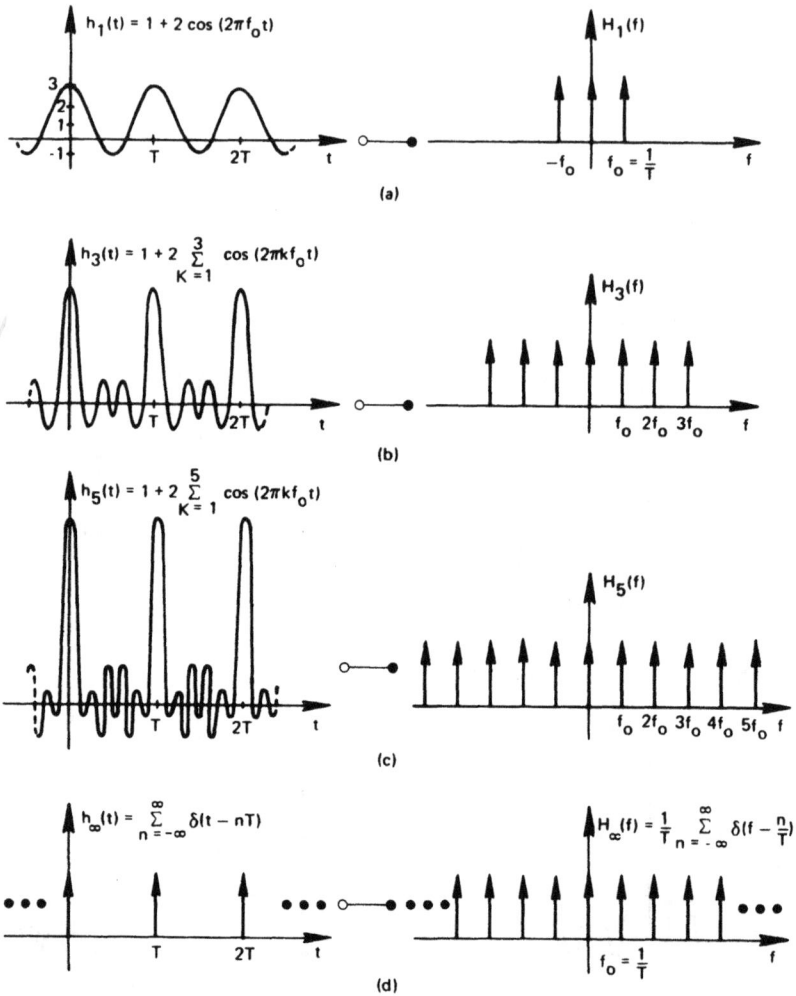

$h_1(t) = 1 + 2 \cos (2\pi f_0 t)$

$H_1(f)$

(a)

$h_3(t) = 1 + 2 \sum\limits_{K=1}^{3} \cos (2\pi k f_0 t)$

$H_3(f)$

(b)

$h_5(t) = 1 + 2 \sum\limits_{K=1}^{5} \cos (2\pi k f_0 t)$

$H_5(f)$

(c)

$h_\infty(t) = \sum\limits_{n=-\infty}^{\infty} \delta(t - nT)$

$H_\infty(f) = \dfrac{1}{T} \sum\limits_{n=-\infty}^{\infty} \delta(f - \dfrac{n}{T})$

(d)

Bild 2-11: Anschauliche Herleitung der FOURIER-Transformierten
einer unendlichen Folge äquidistanter Deltafunktionen.

Die Nützlichkeit des Transformationspaares Gl.(2.44) wird sich bei der späteren Besprechung der diskreten FOURIER-Transformation herausstellen.

Beweis der inversen FOURIER-Transformation

Mit Hilfe der Distributionstheorie läßt sich ein einfacher Beweis für die inverse Beziehung (2-5) angeben. Der Einsatz von $H(f)$ [Gl. (2-1)] in die inverse Beziehung (2-5) liefert

$$(2\text{-}45) \qquad \int_{-\infty}^{\infty} H(f) e^{j2\pi f t} \, df = \int_{-\infty}^{\infty} e^{j2\pi f t} \, df \int_{-\infty}^{\infty} h(x) e^{-j2\pi f x} \, dx$$

Mit [Gl. (A-21)]

$$\int_{-\infty}^{\infty} e^{j2\pi ft} \, dt = \delta(t)$$

erhält man nach Vertauschung der beiden Integrationen in (2-45)

(2-46) $$\int_{-\infty}^{\infty} H(f)e^{j2\pi ft} \, df = \int_{-\infty}^{\infty} h(x) \, dx \int_{-\infty}^{\infty} e^{j2\pi f(t-x)} \, df$$

$$= \int_{-\infty}^{\infty} h(x)\delta(t - x) \, dx$$

Nach der Definition der Deltafunktion (2-32) ist die rechte Seite der Gl. (2-46) einfach gleich h(t). Dieser Schluß gilt nur, wenn $h(t)$ stetig ist *). Mit der Annahme

(2-47) $$h(t) = \frac{h(t^+) + h(t^-)}{2}$$

d.h. wenn man den Wert von $h(t)$ an jeder Unstetigkeitsstelle als den Mittelwert des Sprungsdefiniert, gilt stets die inverse Beziehung. Wir haben in den vorangegangenen Beispielen unstetige Funktionen immer nach Gl. (2-47) definiert.

2.4 Alternative Definitionen der FOURIER-Transformation

Es ist eine unbestrittene Tatsache, daß die FOURIER-Transformation ein universelles modernes analytisches Instrument ist. Trotzdem gibt es bis heute noch keine einheitliche Definition des FOURIER-Integrals und ihrer inversen Beziehung. Genauer gesagt lautet die Definition eines FOURIER-Transformationspaars

(2-48) $$H(\omega) = a_1 \int_{-\infty}^{\infty} h(t)e^{-j\omega t} \, dt \qquad \omega = 2\pi f$$

(2-49) $$h(t) = a_2 \int_{-\infty}^{\infty} H(\omega)e^{j\omega t} \, d\omega$$

wobei die Koeffizienten a_1 und a_2 je nach Anwender unterschiedliche Werte annehmen. Manche setzen $a_1 = 1$, $a_2 = 1/2\pi$; manche andere $a_1 = a_2 = 1/\sqrt{2\pi}$ und wiederum andere $a_1 = 1/2\pi$, $a_2 = 1$. Aus den beiden Gln. (2-48) und (2-49) folgt die Bedingung $a_1 a_2 = 1/2\pi$. Verschiedene Anwender spalten das Produkt $a_1 a_2 = 1/2\pi$ unterschiedlich.

*) Siehe Anhang A. Die Definition der Impulsantwort basiert auf der Stetigkeit der Testfunktion $h(t)$.

Die Festlegung von a_1 und a_2 hängt davon ab, wie wir einerseits den Zusammenhang zwischen der LAPLACE-Transformation und der FOURIER-Transformation fixieren und andererseits den Zusammenhang zwischen der Energie eines Signals im Zeitbereich (t-Bereich) und seiner Energie im Frequenzbereich (ω -Bereich) definieren wollen. Nach dem PARSEVALschen Theorem gilt für die Signalenergie (Herleitung im Kapitel 4):

$$(2\text{-}50) \qquad \int_{-\infty}^{\infty} h^2(t) \, dt \;=\; 2\pi a_1^2 \int_{-\infty}^{\infty} |\, H(\omega)\,|^2 \, d\omega$$

Wenn verlangt wird, daß die Energie eines Signals im t-Bereich gleich dessen Energie im ω-Bereich ist, muß $a_1 = 1/\sqrt{2}\,\pi$ gewählt werden. Wenn aber gefordert wird, daß die LAPLACE-Transformation, allgemein definiert durch

$$(2\text{-}51) \qquad L[h(t)] \;=\; \int_{-\infty}^{\infty} h(t)e^{-st} \, dt \;=\; \int_{-\infty}^{\infty} h(t)e^{-(\alpha+j\omega)t} \, dt$$

für $s = j\omega$ in die FOURIER-Transformation übergeht, dann verlangt ein Vergleich der Gln. (2-48) und (2-51) die Festlegung $a_1 = 1$ und $a_2 = 1/2\pi$.

Ein Ausweg aus diesem Dilemma liefert die folgende Definition der FOURIER-Transformation

$$(2\text{-}52) \qquad H(f) \;=\; \int_{-\infty}^{\infty} h(t)e^{-j2\pi ft} \, dt$$

$$(2\text{-}53) \qquad h(t) \;=\; \int_{-\infty}^{\infty} H(f)e^{j2\pi ft} \, df$$

Mit dieser Definition erhält das PARSEVALsche Theorem die Form

$$\int_{-\infty}^{\infty} h^2(t) \, dt \;=\; \int_{-\infty}^{\infty} |\, H(f)\,|^2 \, df$$

und die Gl. (2-52) ist mit der Definition der LAPLACE-Transformation konsistent. Da in Gl. (2-53) über f integriert wird, taucht der Faktor $1/2\pi$ hier nicht auf. Deswegen wählten wir für dieses Buch die zuletzt angegebene Definition der FOURIER-Transformation.

2.5 FOURIER-Transformationspaare

Bild 2-12 zeigt eine graphische Tabelle von FOURIER-Transformationspaaren. Diese graphische und analytische Nachschlagtabelle ist keineswegs vollständig, enthält jedoch die am häufigsten vorkommenden Transformationspaare.

Aufgaben

2-1 Man berechne den Real- und Imaginärteil der FOURIER-Transformierten folgender Funktion:

(a) $h(t) = e^{-a|t|}$ $-\infty < t < \infty$

(b) $h(t) = \begin{cases} k & t > 0 \\ \dfrac{k}{2} & t = 0 \\ 0 & t < 0 \end{cases}$

(c) $h(t) = \begin{cases} -A & t < 0 \\ 0 & t = 0 \\ A & t > 0 \end{cases}$

(d) $h(t) = \begin{cases} A \cos(2\pi f_0 t) & t > 0 \\ \dfrac{A}{2} \cdot & t = 0 \\ 0 & t < 0 \end{cases}$

(e) $h(t) = \begin{cases} A & a < t < b;\ a,\ b > 0 \\ \dfrac{A}{2} & t = a;\ t = b \\ 0 & \text{sonst} \end{cases}$

(f) $h(t) = \begin{cases} Ae^{-\alpha t}\sin(2\pi f_0 t) & t \geq 0 \\ 0 & t < 0 \end{cases}$

(g) $h(t) = \dfrac{1}{2}\left[\delta(t + a) + \delta(t - a) + \delta\left(t + \dfrac{a}{2}\right) + \delta\left(t - \dfrac{a}{2}\right) \right]$

2-2 Man berechne das Amplitudenspektrum $H(f)$ und Phasenspektrum $\theta\ (f)$ der FOURIER-Transformierten von $h(t)$:

(a) $h(t) = \dfrac{1}{t}$ $-\infty < t < \infty$

(b) $h(t) = e^{-\pi t^2}$ $-\infty < t < \infty$

(c) $h(t) = A \sin(2\pi f_0 t)$ $0 \leq t < \infty$

(d) $h(t) = Ae^{-\alpha t}\cos(2\pi f_0 t)$ $0 \leq t < \infty$

(e) $h(t) = \begin{cases} At & 0 < t < T_0 \\ 0 & \text{sonst} \end{cases}$

(f) $h(t) = \cos^2(2\pi f_0 t)$

(g) $h(t) = \cos(2\pi f_0 t)$ $|t| \leq \dfrac{4}{f_0}$

$\quad\ \ = 0$ sonst

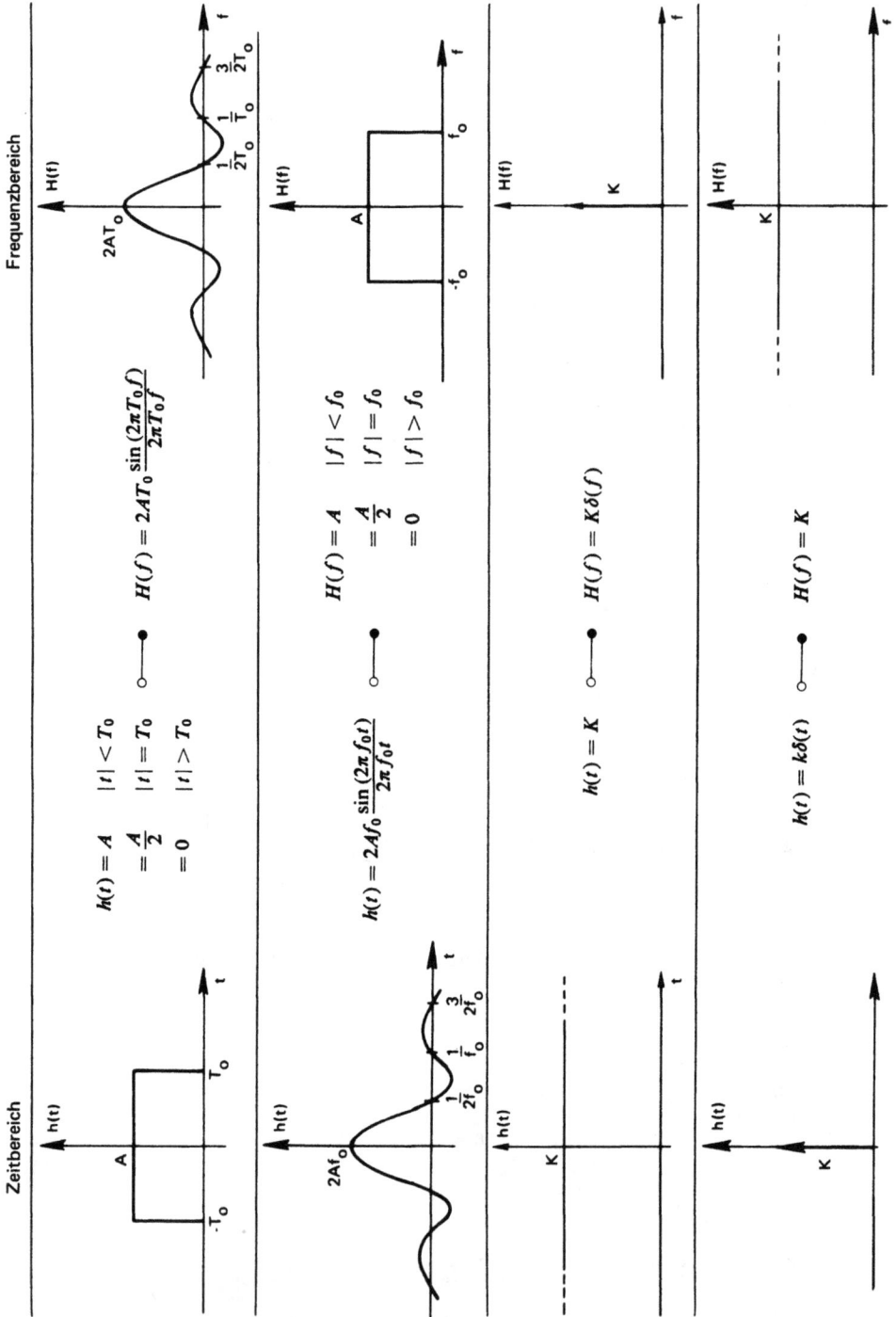

Zeitbereich — Frequenzbereich

$$h(t) = A \quad |t| < T_0$$
$$ = \frac{A}{2} \quad |t| = T_0$$
$$ = 0 \quad |t| > T_0$$

$$H(f) = 2AT_0 \frac{\sin(2\pi T_0 f)}{2\pi T_0 f}$$

$$h(t) = 2Af_0 \frac{\sin(2\pi f_0 t)}{2\pi f_0 t}$$

$$H(f) = A \quad |f| < f_0$$
$$ = \frac{A}{2} \quad |f| = f_0$$
$$ = 0 \quad |f| > f_0$$

$$h(t) = K \qquad H(f) = K\delta(f)$$

$$h(t) = k\delta(t) \qquad H(f) = K$$

$$h(t) = \sum_{n=-\infty}^{\infty} \delta(t - nT) \qquad\circ\!\!-\!\!\bullet\qquad H(f) = \frac{1}{T} \sum_{n=-\infty}^{\infty} \delta\left(f - \frac{n}{T}\right)$$

$$h(t) = A\cos(2\pi f_0 t) \qquad\circ\!\!-\!\!\bullet\qquad H(f) = \frac{A}{2}\delta(f - f_0) + \frac{A}{2}\delta(f + f_0)$$

$$h(t) = A\sin(2\pi f_0 t) \qquad\circ\!\!-\!\!\bullet\qquad H(f) = -j\frac{A}{2}\delta(f - f_0) + j\frac{A}{2}\delta(f + f_0)$$

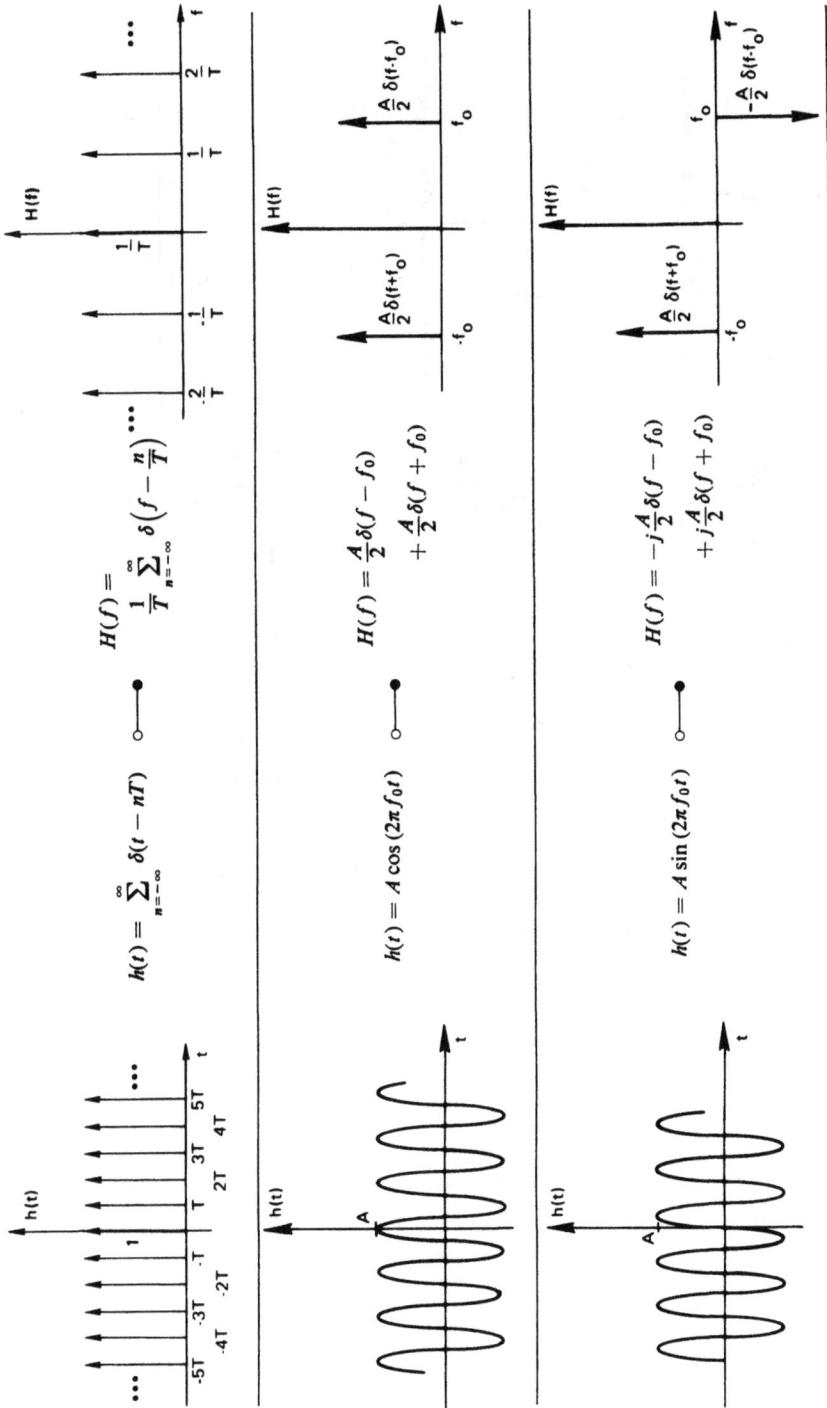

Bild 2-12: FOURIER-Transformationspaare.

Zeitbereich

Frequenzbereich

$$h(t) = -\frac{A^2}{2T_0}\,t + A^2 \quad |t| < 2T_0$$
$$= 0 \quad |t| > 2T_0$$

$$H(f) = A^2\,\frac{\sin^2(2\pi T_0 f)}{(\pi f)^2}$$

$$h(t) = A\cos(2\pi f_0 t) \quad |t| < T_0$$
$$= 0 \quad |t| > T_0$$

$$H(f) = A^2 T_0\,[Q(f + f_0) + Q(f - f_0)]$$
$$Q(f) = \frac{\sin(2\pi T_0 f)}{2\pi T_0 f}$$

$$h(t) = \frac{1}{2}q(t) + \frac{1}{4}q\left(t + \frac{1}{2f_c}\right) + \frac{1}{4}q\left(t - \frac{1}{2f_c}\right)$$
$$q(t) = \frac{\sin(2\pi f_c t)}{\pi t}$$

$$H(f) = \frac{1}{2} + \frac{1}{2}\cos\left(\frac{\pi f}{f_c}\right) \quad |f| \le f_c$$
$$= 0 \quad |f| > f_c$$

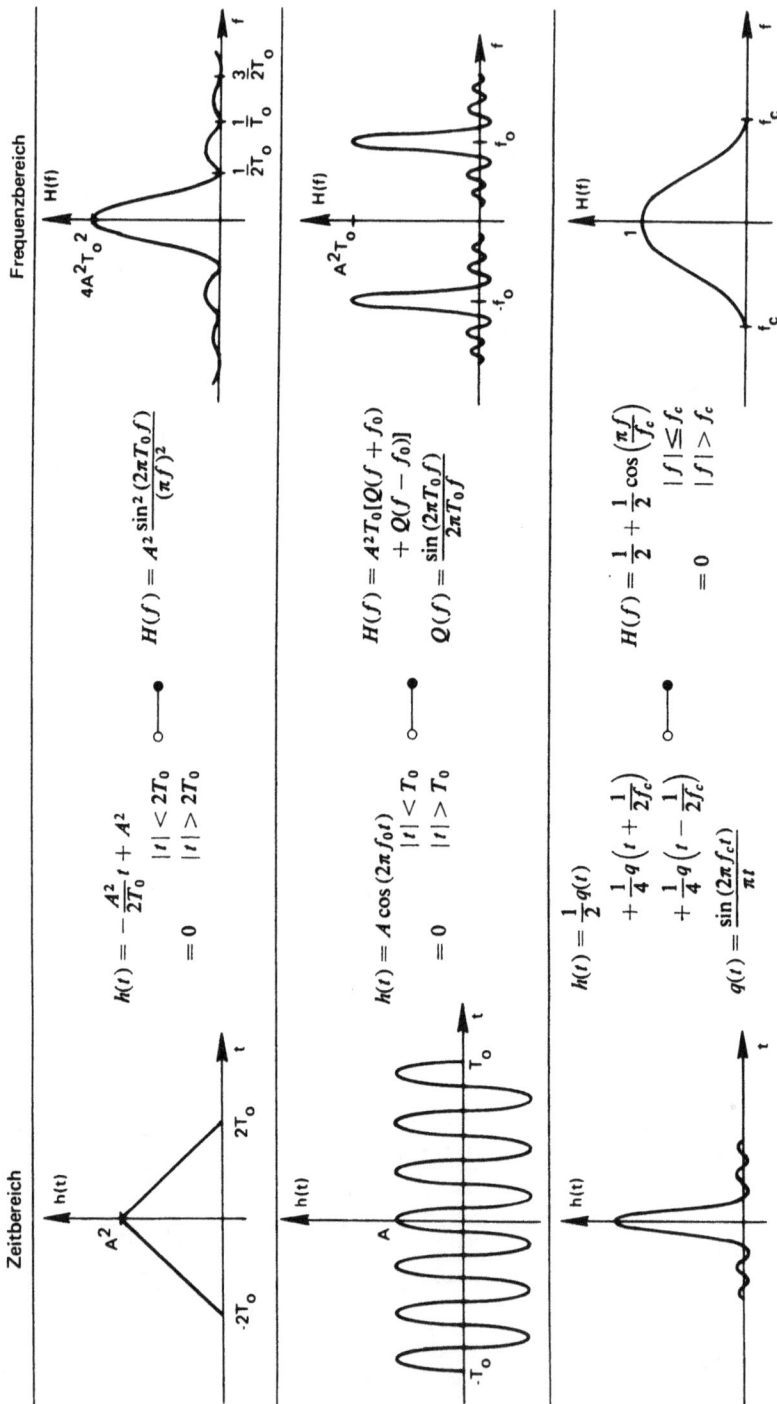

Bild 2-12: FOURIER-Transformationspaare (Fortsetzung).

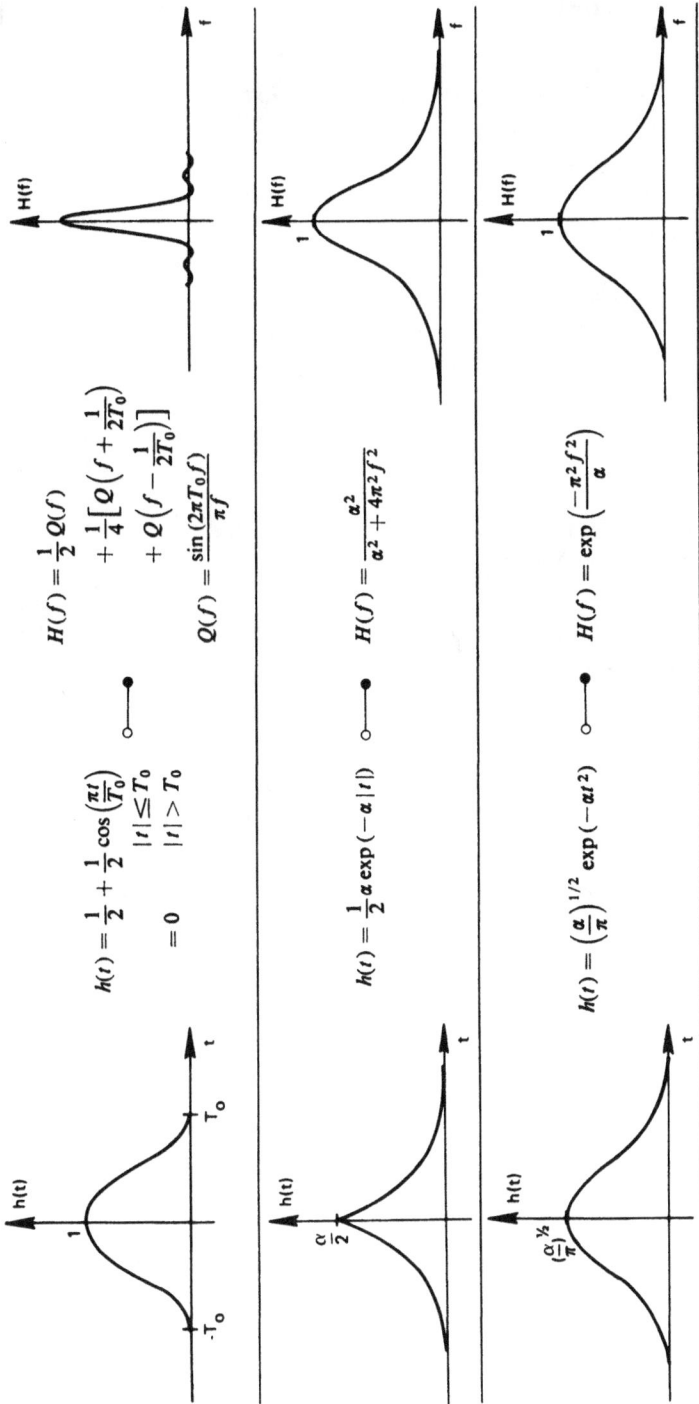

$$h(t) = \frac{1}{2} + \frac{1}{2}\cos\left(\frac{\pi t}{T_0}\right) \qquad |t| \leq T_0$$
$$= 0 \qquad |t| > T_0$$

$$H(f) = \frac{1}{2}Q(f)$$
$$+ \frac{1}{4}\left[Q\left(f+\frac{1}{2T_0}\right)\right.$$
$$\left. + Q\left(f-\frac{1}{2T_0}\right)\right]$$

$$Q(f) = \frac{\sin(2\pi T_0 f)}{\pi f}$$

$$h(t) = \frac{1}{2}\alpha\exp(-\alpha|t|) \qquad H(f) = \frac{\alpha^2}{\alpha^2 + 4\pi^2 f^2}$$

$$h(t) = \left(\frac{\alpha}{\pi}\right)^{1/2}\exp(-\alpha t^2) \qquad H(f) = \exp\left(\frac{-\pi^2 f^2}{\alpha}\right)$$

Bild 2-12: FOURIER-Transformationspaare (Fortsetzung).

2-3   Man bestimme die inverse FOURIER-Transformierten folgender Frequenzfunktionen:-

(a) $H(f) = \dfrac{\sin(2\pi fT)\ \cos(2\pi fT)}{2\pi f}$

(b) $H(f) = (1 - f^2)^2 \quad |f| < 1$
      $= 0 \qquad\qquad\ \ $ sonst

(c) $H(f) = \dfrac{f}{(f^2 + \alpha)(f^2 + 4\alpha)}$

(d) $H(f) = A\ \cos(2\pi ft_0)$

Literatur

[1]   ARASC, J., Fourier Transforms and the Theory of Distributions. Englewood Cliffs, NJ: Prentice-Hall, 1966.

[2]   BRACEWELL, R., The Fourier Transform and Its Applications. 2. Aufl. New York: McGraw-Hill, 1986.

[3]   PAPOULIS, A., The Fourier Integral and Its Applications. 2. Aufl. New York: McGraw-Hill, 1984.

[4]   CAMPENEY, D.C., Fourier Transforms and Their Physical Applications. New York: Academic Press, 1973.

3. Eigenschaften der FOURIER-Transformation

Von den Eigenschaften der FOURIER-Transformation sind einige wenige für das vollständige Verständnis der FOURIER-Transformation von grundlegender Bedeutung. Eine anschauliche Interpretation jener fundamentalen Eigenschaften ist genauso wichtig wie die Kenntnis über ihre mathematischen Zusammenhänge. Das Ziel dieses Kapitels liegt nicht nur in der theoretischen Herleitung wichtiger Konzepte der FOURIER-Transformation, sondern auch in der Herausstellung der *Bedeutung* jener Eigenschaften. Zu diesem Zweck bringen wir umfangreiche analytische und graphische Beispiele.

3.1 Linearität

Sind $X(f)$ die FOURIER-Transformierte von $x(t)$ und $Y(f)$ die FOURIER-Transformierte von $y(t)$, dann hat die Summe $x(t)+y(t)$ die FOURIER-Transformierte $X(f)+Y(f)$. Diese Eigenschaft läßt sich wie folgt beweisen:

$$(3\text{-}1) \qquad \int_{-\infty}^{\infty} [x(t) + y(t)]e^{-j2\pi ft}\, dt = \int_{-\infty}^{\infty} x(t)e^{-j2\pi ft}\, dt$$

$$+ \int_{-\infty}^{\infty} y(t)e^{-j2\pi ft}\, dt$$

$$= X(f) + Y(f)$$

Die Transformationsbeziehung

$$(3\text{-}2) \qquad x(t) + y(t) \ \circ\!\!-\!\!-\!\!\bullet \ X(f) + Y(f)$$

ist von besonderer Wichtigkeit, da sie die Anwendbarkeit der FOURIER-Transformation zur Analyse linearer Systeme wiederspiegelt.

Beispiel 3-1 Überlagerung einer Konstante und einer Sinusfunktion

Zur Erläuterung der Linearitätseigenschaft betrachte man die Transformationspaare

$$(3\text{-}3) \qquad x(t) = K \ \circ\!\!-\!\!-\!\!\bullet \ X(f) = K\delta(f)$$

$$(3\text{-}4) \qquad y(t) = A\cos(2\pi f_0 t) \ \circ\!\!-\!\!-\!\!\bullet \ Y(f) = \frac{A}{2}\delta(f - f_0) + \frac{A}{2}\delta(f + f_0)$$

Aus dem Linearitätstheorem folgt:

(3-5) $x(t) + y(t) = K + A\cos(2\pi f_0 t)$ $\circ\!\!-\!\!\bullet$ $X(f) + Y(f) = K\delta(f) + \dfrac{A}{2}\delta(f - f_0)$

$$+ \dfrac{A}{2}\delta(f + f_0)$$

Bilder 3-1a,b,c zeigen der Reihenfolge nach die angegebenen Transformationspaare.

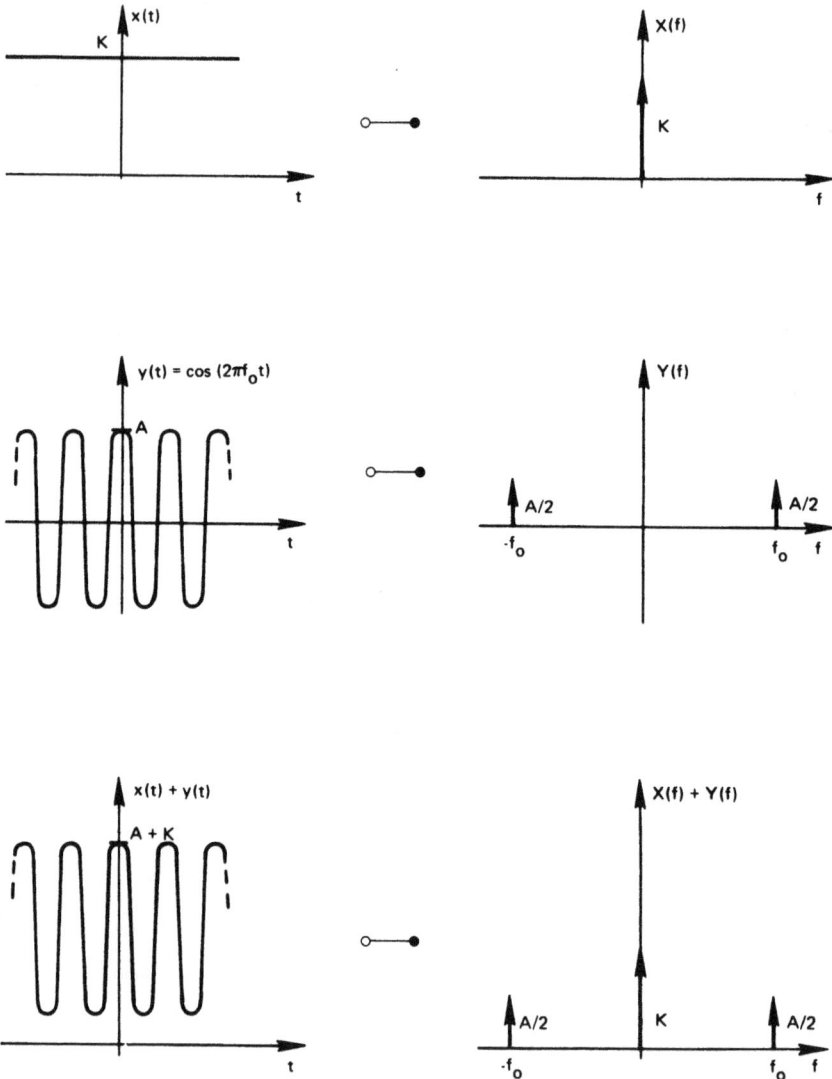

Bild 3-1: Zur Linearitätseigenschaft.

3.2 Symmetrie

Wenn $h(t)$ und $H(f)$ ein FOURIER-Transformationspaar bilden, dann gilt

(3-6) $\qquad H(t) \circ\!\!\!-\!\!\!\bullet\ h(-f)$

Der Beweis für (3-6) folgt, indem man die Gl. (2-5) umschreibt

(3-7) $\qquad h(-t) = \int_{-\infty}^{\infty} H(f)e^{-j2\pi ft}\, df$

und die Parameter t und f miteinander vertauscht

(3-8) $\qquad h(-f) = \int_{-\infty}^{\infty} H(t)e^{-j2\pi ft}\, dt$

Beispiel 3-2 Rechteckförmige Zeit-, Frequenzfunktionen

Zur Erläuterung der Symmetrieeigenschaft betrachte man das Transformationspaar

(3-9) $\qquad h(t) = A \quad (\,|t| < T_0) \circ\!\!\!-\!\!\!\bullet\ \dfrac{2AT_0 \sin(2\pi T_0 f)}{2\pi T_0 f}$

das früher in Bild 2-3 dargestellt wurde. Nach dem Symmetrietheorem folgt hieraus das Transformationspaar

(3-10) $\qquad 2AT_0 \dfrac{\sin(2\pi T_0 t)}{2\pi T_0 t} \circ\!\!\!-\!\!\!\bullet\ h(-f) = h(f) = A \qquad |f| < T_0$

das mit dem in Bild 2-6 dargestellten Transformationspaar (2-31) identisch ist. Durch Anwendung der Symmetrieeigenschaft lassen sich viele komplizierte mathematische Herleitungen vermeiden; ein passendes Beispiel hierfür ist die Herleitung des Transformationspaares (2-31).

3.3 Zeit- und Frequenzskalierung

Mit $H(f)$ als FOURIER-Transformierte von $h(t)$ erhält man die FOURIER-Transformierte von $h(kt)$, mit k als einer reellen Konstante größer Null, durch die Substitution $t'=kt$ in das FOURIER-Integral:

(3-11) $\qquad \int_{-\infty}^{\infty} h(kt)e^{-j2\pi ft}\, dt = \int_{-\infty}^{\infty} h(t')e^{-j2\pi t'(f/k)}\, \dfrac{dt'}{k} = \dfrac{1}{k} H\!\left(\dfrac{f}{k}\right)$

Für negative Werte von k ändert sich das Vorzeichen der rechten Seite, da die Integrationsgrenzen zu vertauschen sind. Die Zeitskalierung ergibt somit das Transformationspaar

$$(3\text{-}12) \qquad h(kt) \; \circ\!\!-\!\!\bullet \; \frac{1}{|k|}H\!\left(\frac{f}{k}\right)$$

Bei der Zeitskalierung von Deltafunktionen muß man besonders achtgeben; nach Gl. (A-10) gilt:

$$(3\text{-}13) \qquad \delta(at) = \frac{1}{|a|}\delta(t)$$

Beispiel 3-3 Zeit-Dehnung

Die Zeitskalierungseigenschaft der FOURIER-Transformation ist in vielen wissenschaftlichen Gebieten eine bekannte Tatsache. Wie in Bild 3-2 verdeutlicht, entspricht eine Zeitdehnung einer entsprechenden Frequenzstauchung. Man beachte, daß sich bei einer Zeitdehnung nicht nur die Frequenzachse kontrahiert, sondern auch die Amplitude in der Weise erhöht, daß die Fläche unter der FOURIER-Transformierten konstant bleibt. Dies ist eine bekannte Tatsache aus der Radar- und Antennentheorie.

Frequenzskalierung

Mit $H\,(f)$ als die FOURIER-Transformierte von $h\,(t)$ ist die inverse FOURIER-Transformierte von $H\,(kf)$, mit k als einer reellen Konstante, gegeben durch das Transformationspaar

$$(3\text{-}14) \qquad \frac{1}{|k|}h\!\left(\frac{t}{k}\right) \; \circ\!\!-\!\!\bullet \; H(kf)$$

Der Beweis ergibt sich durch die Substitution $f'=kf$ in die Beziehung der inversen FOURIER-Transformation

$$(3\text{-}15) \qquad \int_{-\infty}^{\infty} H(kf)e^{j2\pi ft}\, df = \int_{-\infty}^{\infty} H(f')e^{j2\pi f'(t/k)}\, \frac{df'}{k} = \frac{1}{|k|}h\!\left(\frac{t}{k}\right)$$

Für die Frequenzskalierung einer Deltafunktion im Frequenz-Bereich erhält man

$$(3\text{-}16) \qquad \delta(af) = \frac{1}{|a|}\delta(f)$$

Beispiel 3-4 Frequenz-Dehnung

Analog zur Zeitskalierung hat eine Frequenzdehnung eine Zeitstauchung zur Folge. Bild 3-3 veranschaulicht diesen Effekt. Man beachte, daß mit einer Frequenzdehnung eine Erhöhung der Momentanwerte der zugehörigen Zeitfunktion einhergeht. Dies resultiert auch aus der Symmetrieeigenschaft (3-6) und der Beziehung der Zeitskalierung (3-12).

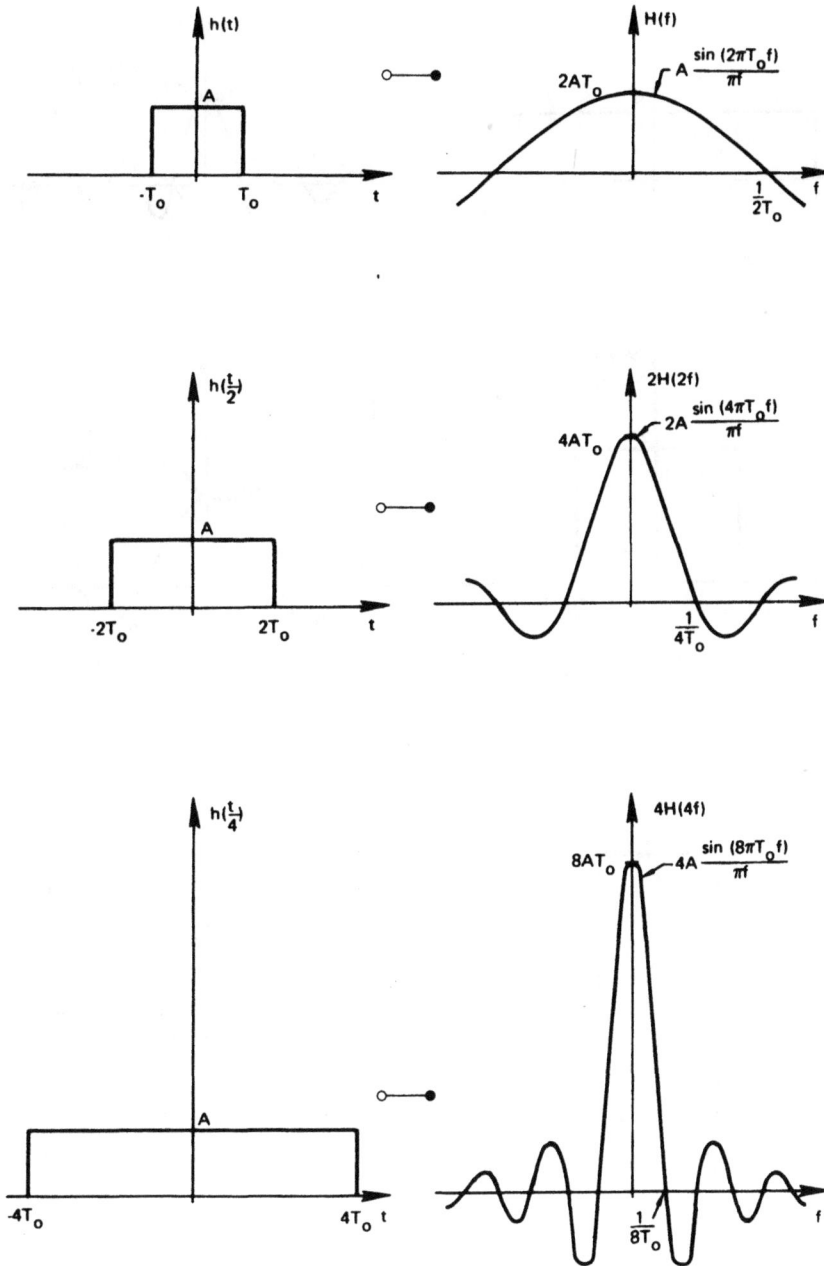

Bild 3-2: Zeitskalierung.

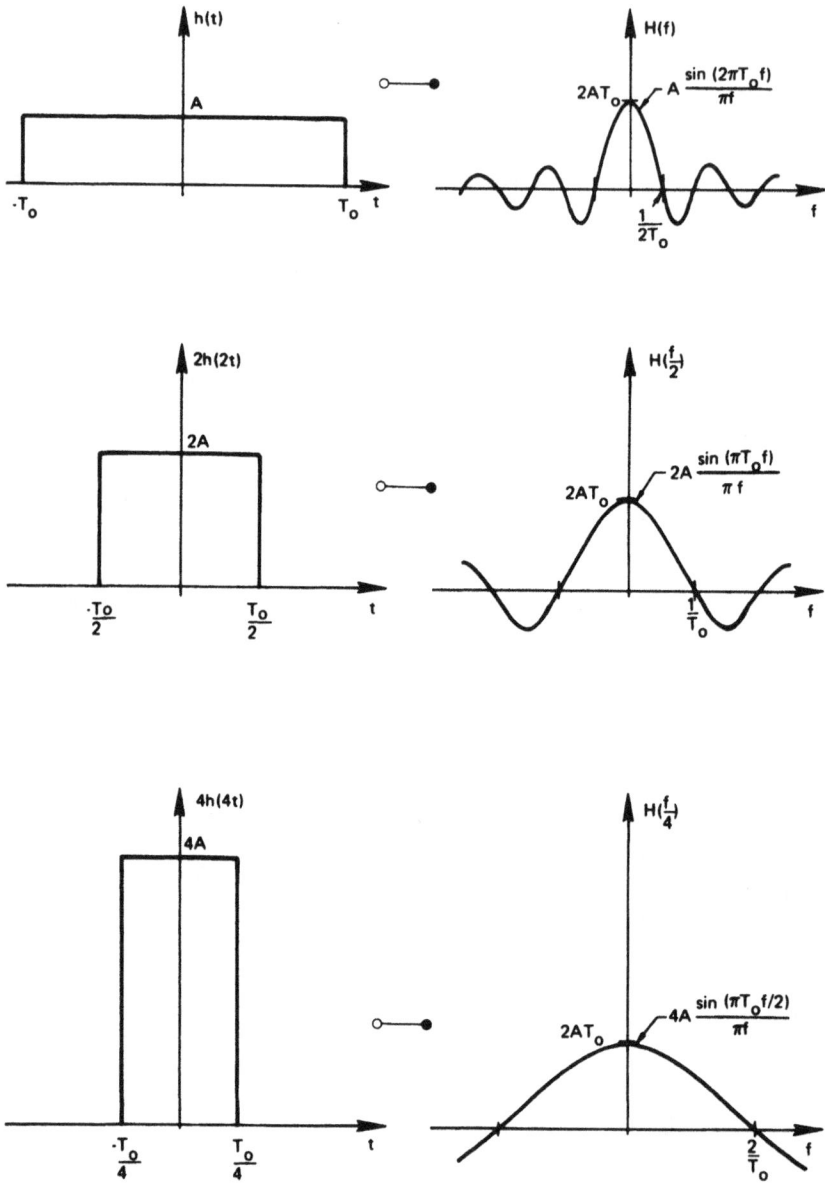

Bild 3-3: Frequenzskalierung.

Beispiel 3-5 Eine unendliche Folge von Impulsfunktionen

In vielen Büchern werden FOURIER-Transformationspaare unter Verwendung der Kreisfrequenz ω angegeben. Beispielsweise gibt PAPOULIS [2] das Paar

(3-17) $\qquad h(t) = \sum\limits_{n=-\infty}^{\infty} \delta(t - nT) \circ\!\!-\!\!\bullet\ H(\omega) = \frac{2\pi}{T} \sum\limits_{n=-\infty}^{\infty} \delta\left(\omega - \frac{2n\pi}{T}\right)$

an. Aus der Beziehung der Frequenzskalierung (3-16) folgt für $H(\omega)$

(3-18) $\qquad \frac{2\pi}{T} \sum\limits_{n=-\infty}^{\infty} \delta\left[2\pi\left(f - \frac{n}{T}\right)\right] = \frac{1}{T} \sum\limits_{n=-\infty}^{\infty} \delta\left(f - \frac{n}{T}\right)$

Somit können wir Gl. (3-17) unter Benutzung der Frequenzvariablen f wie folgt um-schreiben

(3-19) $\qquad h(t) = \sum\limits_{n=-\infty}^{\infty} \delta(t - nT) \circ\!\!-\!\!\bullet\ H(f) = \frac{1}{T} \sum\limits_{n=-\infty}^{\infty} \delta\left(f - \frac{n}{T}\right)$

Diese Gleichung ist mit der Gl. (2-44) identisch.

3.4 Zeit- und Frequenzverschiebung

Wenn man $h(t)$ um die konstante Zeit t_0 verschiebt, folgt mit der Substitution $s = t - t_0$ für die FOURIER-Transformierte von $h(t-t_0)$

(3-20) $\qquad \int_{-\infty}^{\infty} h(t - t_0)e^{-j2\pi ft}\, dt = \int_{-\infty}^{\infty} h(s)e^{-j2\pi f(s + t_0)}\, ds$

$$= e^{-j2\pi ft_0} \int_{-\infty}^{\infty} h(s)e^{-j2\pi fs}\, ds$$

$$= e^{-j2\pi ft_0} H(f)$$

Das Transformationspaar für eine Zeitverschiebung lautet also

(3-21) $\qquad h(t - t_0) \circ\!\!-\!\!\bullet\ H(f)e^{-j2\pi ft_0}$

Beispiel 3-6 Phasenverschiebung

Bild 3-4 veranschaulicht dieses Transformationspaar. Wie gezeigt, hat eine Zeitverschie-bung eine Änderung der Phase $\theta(f) = \arctan[I(f)/R(f)]$ zur Folge. Man beachte, daß ei-ne Zeitverschiebung den Betrag der FOURIER-Transformierten nicht verändert, was sich beweisen läßt, wenn man aus

$$H(f)e^{-j2\pi ft_0} = H(f)[\cos(2\pi ft_0) - j\sin(2\pi ft_0)]$$

den Betrag ermittelt:

(3-22) $\qquad |H(f)e^{-j2\pi ft_0}| = \sqrt{H^2(f)[\cos^2(2\pi ft_0) + \sin^2(2\pi ft_0)]} = \sqrt{H^2(f)}$

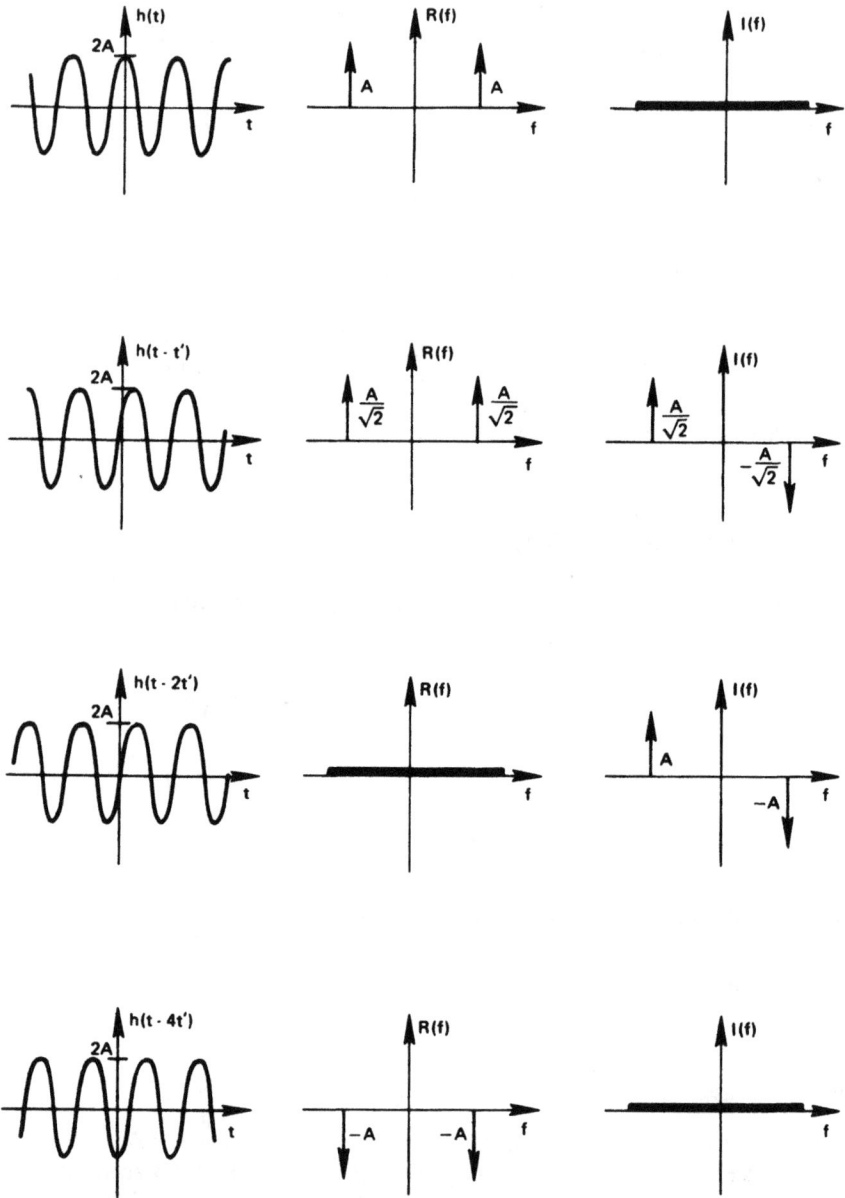

Bild 3-4: Zeitverschiebung.

wobei hier $H(f)$ der Einfachheit halber als reell angenommen wurde. Dieses Ergebnis läßt sich ohne Schwierigkeiten auch dann erhalten wenn $H(f)$ eine komplexe Funktion ist.

Frequenzverschiebung

Wenn man $H(f)$ um die Frequenz f_0 verschiebt, multipliziert sich die inverse Transformierte von $H(f)$ mit $e^{j2\pi t f_0}$:

(3-23) $h(t)e^{j2\pi \cdot f_0} \circ\!\!\!-\!\!\!-\!\!\!\bullet\ H(f - f_0)$

Der Beweis erfolgt mit Hilfe der Substitution $s = f - f_0$ in die Beziehung der inversen FOURIER-Transformation:

(3-24) $\int_{-\infty}^{\infty} H(f - f_0)e^{j2\pi ft}\, df = \int_{-\infty}^{\infty} H(s)e^{j2\pi t(s + f_0)}\, ds$

$$= e^{j2\pi t f_0} \int_{-\infty}^{\infty} H(s)e^{j2\pi st}\, ds$$

$$= e^{j2\pi t f_0}\, h(t)$$

Beispiel 3-7 Modulation

Um den Effekt der Frequenzverschiebung zu erläutern, gehen wir der Einfachheit halber von einer reellen Frequenzfunktion $H(f)$ aus. Für diesen Fall ergibt eine Frequenzverschiebung von $H(f)$ um f_0 eine Multiplikation von $h(t)$ mit der Cosinusfunkrion der Frequenz f_0 (Bild 3.5). Dieser Vorgang ist allgemein als *Modulation* bekannt.

Beispiel 3-8 Frequenzumsetzung durch Multiplikation im Frequenzbereich

Bild 3-6 veranschaulicht eine praktische Anwendung des Frequenz-Verschiebungstheorems. Eine Multiplikation einer Sinusfunktion der Frequenz $2f_0$ mit einer anderen Sinusfunktion der Frequenz $3f_0$ erzeugt zwei neue Sinusfunktionen. Die Frequenz einer dieser zwei Sinusfunktionen ist gleich der Summe $5f_0$, die der anderen gleich der Differenz f_0 der Frequenzen der beiden miteinander multiplizierten Sinusfunktionen. Letztere wird oft als die *Abwärts-Umsetzkomponente* des Frequenz-Umsetzungsprodukts bezeichnet.

3.5 Alternativformel der inversen Transformation

Die inverse Beziehung (2-5) läßt sich wie folgt in eine alternative Form umschreiben:

(3-25) $h(t) = \left[\int_{-\infty}^{\infty} H^*(f)e^{-j2\pi ft}\, df \right]^*$

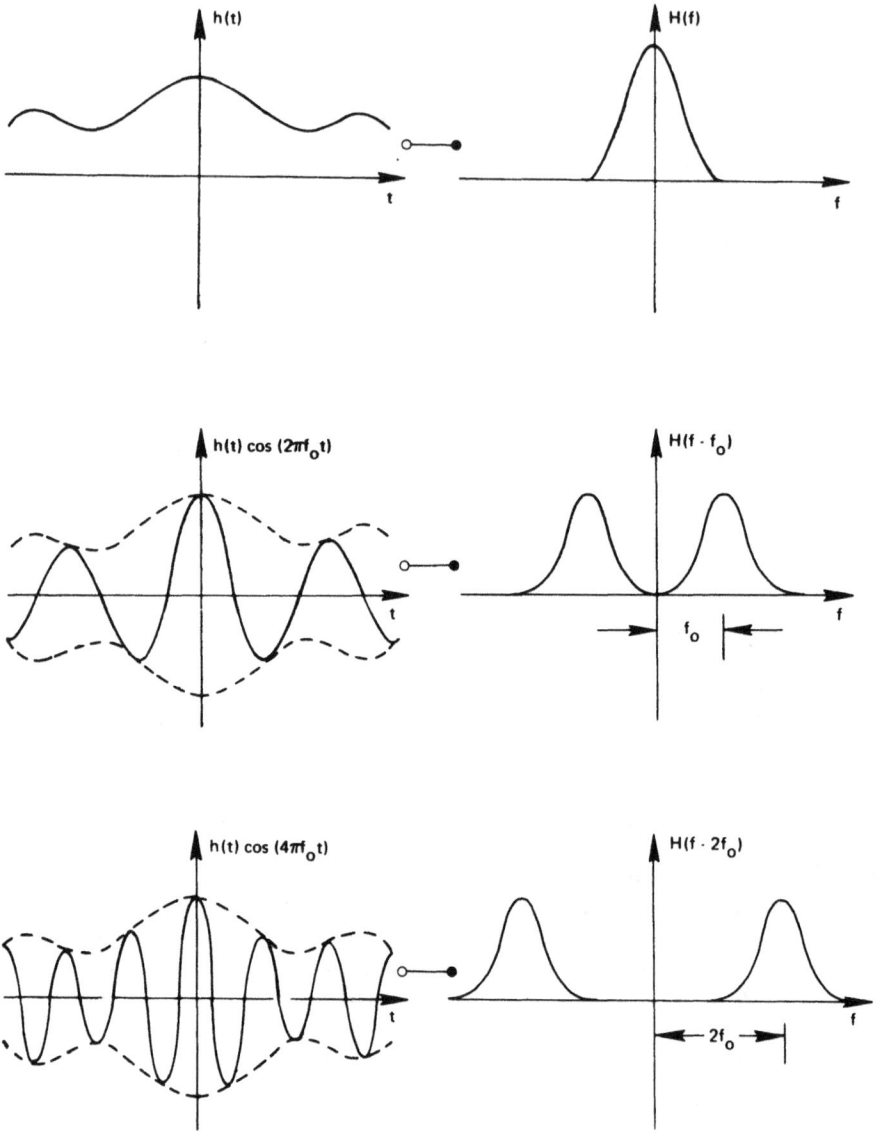

Bild 3-5: Frequenzverschiebung.

(a)

(b)

(c)

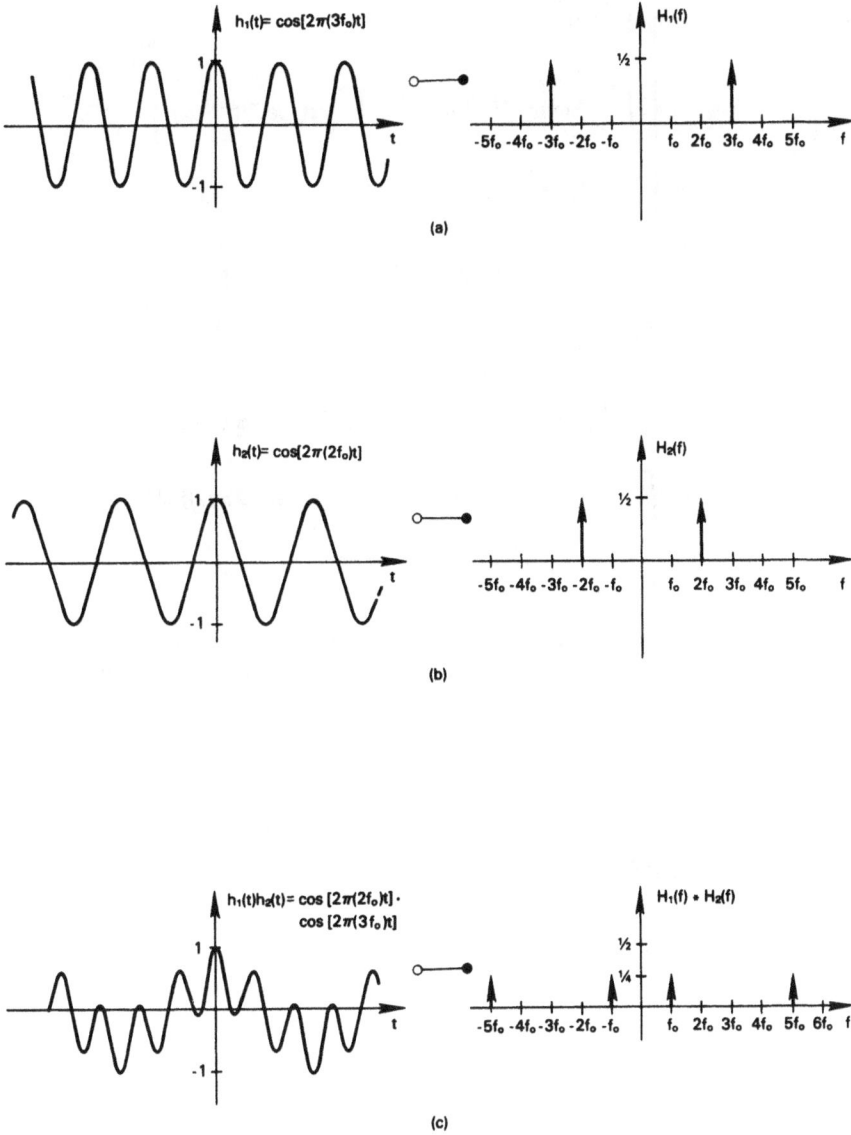

Bild 3-6: Beispiel zur Entstehung von Summen- und Differenzfrequenzen durch Frequenzumsetzung.

wobei $H*(f)$ die Konjugiert-Komplexe von $H(f)$ bedeutet, d.h. mit $H(f) = R(f) + jI(f)$ gilt $H*(f) = R(f) - jI(f)$. Der Beweis für (3-25) erfolgt, wenn man einfach die Konjugiert-Komplexe von $H(f)$ bildet:

(3-26)
$$h(t) = \left[\int_{-\infty}^{\infty} H^*(f) e^{-j2\pi ft} \, df \right]^*$$

$$= \left[\int_{-\infty}^{\infty} R(f) e^{-j2\pi ft} \, df - j \int_{-\infty}^{\infty} I(f) e^{-j2\pi ft} \, df \right]^*$$

$$= \left[\int_{-\infty}^{\infty} [R(f) \cos(2\pi ft) - I(f) \sin(2\pi ft)] \, df \right.$$

$$\left. - j \int_{-\infty}^{\infty} [R(f) \sin(2\pi ft) + I(f) \cos(2\pi ft)] \, df \right]^*$$

$$= \int_{-\infty}^{\infty} [R(f) \cos(2\pi ft) - I(f) \sin(2\pi ft)] \, df$$

$$+ j \int_{-\infty}^{\infty} [R(f) \sin(2\pi ft) + I(f) \cos(2\pi ft)] \, df$$

$$= \int_{-\infty}^{\infty} [R(f) + jI(f)][\cos(2\pi ft) + j \sin(2\pi ft)] \, df$$

$$= \int_{-\infty}^{\infty} H(f) e^{j2\pi ft} \, df$$

Der besondere Vorteil der alternativen inversen Beziehung liegt darin, daß nun sowohl die FOURIER-Transformation selbst als auch ihre inverse Beziehung den gemeinsamen Term $e^{-j2\pi ft}$ enthalten, was sich für die Erstellung eines Programms für die schnelle FOURIER-Transformation als besonders vorteilhaft erweist.

3.6 Gerade und ungerade Funktionen

Wenn $h_e(t)$ eine gerade Funktion ist, d.h. wenn $h(t) = h(-t)$ gilt, ist die FOURIER-Transformierte von $h_e(t)$ eine reelle gerade Funktion von f:

(3-27)
$$h_e(t) \circ\!\!-\!\!\bullet R_e(f) = \int_{-\infty}^{\infty} h_e(t) \cos(2\pi ft) \, dt$$

Der Beweis folgt durch einige Umformungen der Definitionsgleichung der FOURIER-Transformation:

(3-28)
$$H(f) = \int_{-\infty}^{\infty} h_e(t) e^{-j2\pi ft} \, dt$$

$$= \int_{-\infty}^{\infty} h_e(t) \cos(2\pi ft) \, dt - j \int_{-\infty}^{\infty} h_e(t) \sin(2\pi ft) \, dt$$

$$= \int_{-\infty}^{\infty} h_e(t) \cos(2\pi ft) \, dt = R_e(f)$$

Der Imaginärteil ist Null, weil der Integrand eine ungerade Funktion ist. Da $\cos(2\pi ft)$ eine gerade Funktion ist, gilt $h_e(t) \cos(2\pi ft) = h_e(t) \cos[2\pi(-f)t]$ und $H_e(f) = H_e(-f)$; die Frequenzfunktion ist also gerade. Umgekehrt, ist $H(f)$ eine reelle gerade Funktion, folgt aus der inversen Beziehung, daß die zugehörige Zeitfunktion eine gerade Funktion ist:

$$(3\text{-}29) \qquad h(t) = \int_{-\infty}^{\infty} H_e(f) e^{j2\pi ft}\, dt = \int_{-\infty}^{\infty} R_e(f) e^{j2\pi ft}\, df$$

$$= \int_{-\infty}^{\infty} R_e(f) \cos(2\pi ft)\, df + j \int_{-\infty}^{\infty} R_e(f) \sin(2\pi ft)\, df$$

$$= \int_{-\infty}^{\infty} R_e(f) \cos(2\pi ft)\, df = h_e(t)$$

Beispiel 3-9 Gerade Zeit- und Frequenzfunktionen

Wie in Bild 3-7 gezeigt, ist die FOURIER-Transformierte einer geraden Zeitfunktion eine reelle gerade Frequenzfunktion; umgekehrt ist die inverse Transformierte einer geraden reellen Frequenzfunktion eine gerade Zeitfunktion.

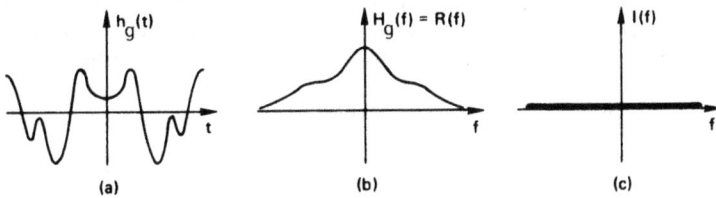

Bild 3-7: Eine gerade Funktion und ihre FOURIER-Transformierte.

Ungerade Funktionen

Wenn $h_o(t) = -h_o(-t)$ gilt, dann ist $h_o(t)$ eine ungerade Funktion und ihre FOURIER-Transformierte ist eine ungerade imaginäre Funktion:

$$(3\text{-}30) \qquad H(f) = \int_{-\infty}^{\infty} h_0(t) e^{-j2\pi ft}\, dt$$

$$= \int_{-\infty}^{\infty} h_0(t) \cos(2\pi ft)\, dt - j \int_{-\infty}^{\infty} h_0(t) \sin(2\pi ft)\, dt$$

$$= -j \int_{-\infty}^{\infty} h_0(t) \sin(2\pi ft)\, dt = j I_0(f)$$

Das reelle Integral ist Null, da das Produkt einer ungeraden und einer geraden Funktion eine ungerade Funktion ergibt. Da $\sin(2\pi ft)$ eine ungerade Funktion ist, gilt

$h_o(t) \sin(2\pi ft) = -h_o(t) \sin[2\pi(-f)t]$ und $H_o(f) = -H_o(-f)$; die Frequenzfunktion ist ungerade. Umgekehrt, ist eine Frequenzfunktion $H(f)$ ungerade und rein imaginär, gilt

$$(3\text{-}31) \qquad h(t) = \int_{-\infty}^{\infty} H(f)e^{j2\pi ft}\, dt = j \int_{-\infty}^{\infty} I_0(f)e^{j2\pi ft}\, df$$

$$= j \int_{-\infty}^{\infty} I_0(f) \cos(2\pi ft)\, df + j^2 \int_{-\infty}^{\infty} I_0(f) \sin(2\pi ft)\, df$$

$$= - \int_{-\infty}^{\infty} I_0(f) \sin(2\pi ft)\, df = h_o(t)$$

d.h. die zugehörige Zeitfunktion $h_o(t)$ ist ungerade, somit erhält man das Transformationspaar

$$(3\text{-}32) \qquad h_0(t) \; \circ\!\!-\!\!\bullet \; jI_0(f) = -j \int_{-\infty}^{\infty} h_0(t) \sin(2\pi ft)\, dt$$

Beispiel 3-10 Ungerade Zeit- und Frequenzfunktionen

Bild 3-8 veranschaulicht dieses Transformationspaar an einem Beispiel. Die dargestellte Funktion $h(t)$ ist ungerade; daher ist die FOURIER-Transformierte eine imaginäre ungerade Frequenzfunktion. Wenn eine Frequenzfunktion ungerade und rein imaginär ist, ist ihre inverse Transformierte eine ungerade Zeitfunktion.

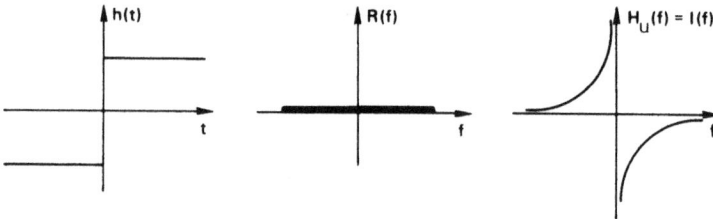

Bild 3-8: Eine ungerade Funktion und ihre FOURIER-Transformierte.

3.7 Zerlegung einer Funktion

Jede beliebige Funktion kann stets in die Summe einer geraden und einer ungeraden Funktion zerlegt werden:

$$(3\text{-}33) \qquad h(t) = \frac{h(t)}{2} + \frac{h(t)}{2}$$

$$= \left[\frac{h(t)}{2} + \frac{h(-t)}{2} \right] + \left[\frac{h(t)}{2} - \frac{h(-t)}{2} \right]$$

$$= h_e(t) + h_0(t)$$

Die beiden Terme in eckigen Klammern sind, wie leicht nachzuweisen ist, der Reihe nach eine gerade und eine ungerade Funktion. Aus Gln. (3-27) und (3-32) erhält man für die FOURIER-Transformierte von (3-33)

$$(3\text{-}34) \qquad H(f) = R(f) + jI(f) = H_e(f) + H_0(f)$$

mit $H_e(f) = R(f)$ und $H_o(f) = jI(f)$. Wir werden in Kapitel 9 zeigen, daß die Zerlegung einer Zeitfunktion zur Erhöhung der Rechengeschwindigkeit der schnellen FOURIER-Transformation (FFT) ausgenutzt werden kann.

Beispiel 3-11 Zerlegung einer Exponentialfunktion

Zur Erläuterung des Konzeptes der Funktionszerlegung betrachte man die in Bild 3-9a dargestellte Exponentialfunktion

$$(3\text{-}35) \qquad h(t) = e^{-at} \qquad t \geq 0$$

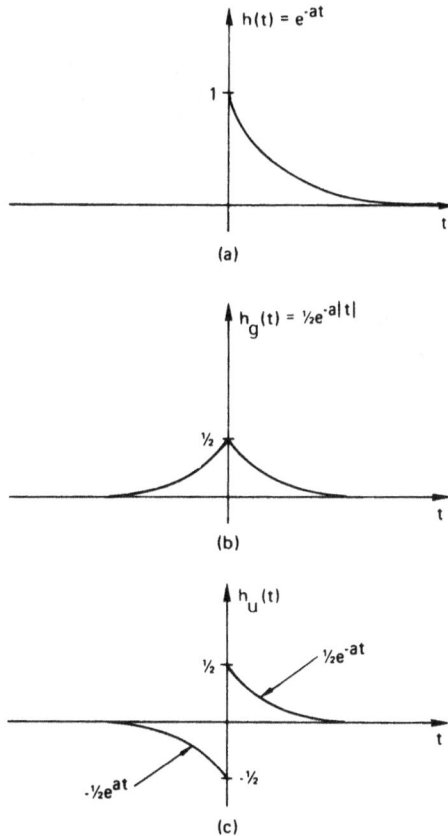

Bild 3-9: Zerlegung einer Funktion in ihren geraden und ungeraden Anteil.

Den Herleitungsschritten für die Gl. (3-33) folgend, erhalten wir

(3-36) $h(t) = \left[\dfrac{e^{-at}}{2}\right] + \left[\dfrac{e^{-at}}{2}\right]$

$= \left\{\left[\dfrac{e^{-at}}{2}\right]_{t\geq0} + \left[\dfrac{e^{at}}{2}\right]_{t\leq0}\right\} + \left\{\left[\dfrac{e^{-at}}{2}\right]_{t\geq0} - \left[\dfrac{e^{at}}{2}\right]_{t\leq0}\right\}$

$= \left\{\dfrac{e^{-a|t|}}{2}\right\} + \left\{\left[\dfrac{e^{-at}}{2}\right]_{t\geq0} - \left[\dfrac{e^{at}}{2}\right]_{t\leq0}\right\}$

$= \{h_e(t)\} + \{h_0(t)\}$

Bilder 3-9b,c zeigen nacheinander die Zerlegung von $h(t)$ in eine gerade und in eine ungerade Komponente.

3.8 Komplexe Zeitfunktionen

Zum Zwecke einer vereinfachten Darstellung haben wir bisher nur reelle Zeitfunktionen in Betracht gezogen. Die FOURIER-Transformation (2-1), ihre inverse Beziehung (2-5) und die Eigenschaften der FOURIER-Transformation gelten aber auch für den Fall, daß $h(t)$ eine komplexe Zeitfunktion ist. Für die FOURIER-Transformierte (2-1) der komplexen Zeitfunktion

(3-37) $h(t) = h_r(t) + jh_i(t)$

mit $h_r(t)$ als Realteil und $h_i(t)$ als Imaginärteil von $h(t)$ erhält man also

(3-38) $H(f) = \int_{-\infty}^{\infty} [h_r(t) + jh_i(t)]e^{-j2\pi ft}\, dt$

$= \int_{-\infty}^{\infty} [h_r(t)\cos(2\pi ft) + h_i(t)\sin(2\pi ft)]\, dt$

$-j\int_{-\infty}^{\infty} [h_r(t)\sin(2\pi ft) - h_i(t)\cos(2\pi ft)]\, dt$

$= R(f) + jI(f)$

und hieraus

(3-39) $R(f) = \int_{-\infty}^{\infty} [h_r(t)\cos(2\pi ft) + h_i(t)\sin(2\pi ft)]\, dt$

(3-40) $I(f) = -\int_{-\infty}^{\infty} [h_r(t)\sin(2\pi ft) - h_i(t)\cos(2\pi ft)]\, dt$

In entsprechender Weise folgt aus der inversen Beziehung (2-5) für komplexe Zeit-funktionen

(3-41) $\qquad h_r(t) = \int_{-\infty}^{\infty} [R(f) \cos(2\pi f t) - I(f) \sin(2\pi f t)] \, df$

(3-42) $\qquad h_i(t) = \int_{-\infty}^{\infty} [R(f) \sin(2\pi f t) + I(f) \cos(2\pi f t)] \, df$

Wenn $h(t)$ reell ist, gilt $h(t) = h_r(t)$, und der Real- und Imaginärteil der FOURIER-Transformierten sind durch die Gl. (3-39) und (3-40) gegeben:

(3-43) $\qquad R_e(f) = \int_{-\infty}^{\infty} h_r(t) \cos(2\pi f t) \, dt$

(3-44) $\qquad I_0(f) = -\int_{-\infty}^{\infty} h_r(t) \sin(2\pi f t) \, dt$

$R_e(f)$ ist wegen $R_e(f) = R_e(-f)$ eine gerade und $I_0(f)$ wegen $-I_0(f) = I_0(-f)$ eine un-gerade Funktion.

Für eine rein imaginäre Funktion $h(t) = j h_i(t)$ erhält man

(3-45) $\qquad R_0(f) = \int_{-\infty}^{\infty} h_i(t) \sin(2\pi f t) \, dt$

(3-46) $\qquad I_e(f) = \int_{-\infty}^{\infty} h_i(t) \cos(2\pi f t) \, dt$

wobei $R_0(f)$ eine ungerade und $I_e(f)$ eine gerade Funktion ist. Tabelle 3-1 enthält verschiedene komplexe Zeitfunktionen und ihre FOURIER-Transformierten.

Tabelle 3-1: Eigenschaften der FOURIER-Transformation komplexer Funktionen.

Zeitbereich $h(t)$	Frequenzbereich $H(f)$
Reell	Realteil gerade, Imaginärteil ungerade
Imaginär	Realteil ungerade, Imaginärteil gerade
Realteil gerade, Imaginärteil ungerade	Reell
Realteil ungerade, Imaginärteil gerade	Imaginär
Reell und gerade	Reell und gerade
Reell und ungerade	Imaginär und ungerade
Imaginär und gerade	Imaginär und gerade
Imaginär und ungerade	Reell und ungerade
Komplex und gerade	Komplex und gerade
Komplex und ungerade	Komplex und ungerade

Beispiel 3-12 Simultane FOURIER-Transformation zweier Signale

Man kann die Beziehung (3-43), (3-44), (3-45) und (3-46) benutzen, um gleichzeitig die FOURIER-Transformierten zweier reeller Zeitfunktionen zu bestimmen. Zur Erläuterung sei an die Linearitätseigenschaft (3-2) erinnert:

(3-47) $x(t) + y(t) \circ\!\!-\!\!\bullet X(f) + Y(f)$

Wir setzen $x(t) = h(t)$ und $y(t) = jg(t)$, wobei $h(t)$ und $g(t)$ reelle Funktionen sind. Es folgt $X(f) = H(f)$ und $Y(f) = jG(f)$. Da $x(t)$ reell ist, ergibt sich aus (3-43) und (3-44)

(3-48) $x(t) = h(t) \circ\!\!-\!\!\bullet X(f) = H(f) = R_e(f) + jI_0(f)$

Da $y(t)$ rein imaginär ist, folgt in ähnlicher Weise aus (3-45) und (3-46)

(3-49) $y(t) = jg(t) \circ\!\!-\!\!\bullet Y(f) = jG(f) = R_0(f) + jI_e(f)$

Damit erhält man das Transformationspaar

(3-50) $h(t) + jg(t) \circ\!\!-\!\!\bullet H(f) + jG(f)$

mit

(3-51) $H(f) = R_e(f) + jI_0(f)$

(3-52) $G(f) = I_e(f) - jR_0(f)$

Wenn wir

(3-53) $z(t) = h(t) + jg(t)$

setzen, ist die FOURIER-Transformierte von $z(t)$ gegeben durch

(3-54) $Z(f) = R(f) + jI(f)$

$$= \left[\frac{R(f)}{2} + \frac{R(-f)}{2} \right] + \left[\frac{R(f)}{2} - \frac{R(-f)}{2} \right]$$

$$+ j\left[\frac{I(f)}{2} + \frac{I(-f)}{2} \right] + j\left[\frac{I(f)}{2} - \frac{I(-f)}{2} \right]$$

und aus (3-51) und (3-52) folgt

(3-55) $H(f) = \left[\frac{R(f)}{2} + \frac{R(-f)}{2} \right] + j\left[\frac{I(f)}{2} - \frac{I(-f)}{2} \right]$

(3-56) $G(f) = \left[\frac{I(f)}{2} + \frac{I(-f)}{2} \right] - j\left[\frac{R(f)}{2} - \frac{R(-f)}{2} \right]$

Somit ist es möglich, die Frequenzfunktion $Z(f)$ in die FOURIER-Transformierten von $h(t)$ und $g(t)$ zu zerlegen. Wie in Kapitel 9 gezeigt wird, läßt sich diese Tatsache zur Verkürzung der Rechenzeit der schnellen FOURIER-Transformation (FFT) vorteilhaft ausnutzen.

3.9 Zusammenfassung der Eigenschaften

Für spätere Bezugnahmen sind die wichtigsten Eigenschaften der FOURIER-Transformation in Tabelle 3-2 zusammengefaßt. Diese Beziehungen sind für die nun folgenden Kapitel des Buches von besonderer Bedeutung.

Aufgaben

3-1 Gegeben seien

$$h(t) = \begin{cases} A & |t| < 2 \\ \dfrac{A}{2} & t = \pm 2 \\ 0 & |t| > 2 \end{cases}$$

$$x(t) = \begin{cases} -A & |t| < 1 \\ -\dfrac{A}{2} & t = \pm 1 \\ 0 & |t| > 1 \end{cases}$$

Man skizziere $h(t)$, $x(t)$ und $h(t) - x(t)$ und bestimme die FOURIER-Transformierte von $h(t) - x(t)$ unter Benutzung des Transformationspaares (2-21) und der Linearitätseigenschaft der FOURIER-Transformation.

3-2 Man betrachte die in Bild 3-10 dargestellten Funktionen $h(t)$ und benutze die Linearitätseigenschaft zur Bestimmung ihrer FOURIER-Transformierten.

3-3 Man bestimme die FOURIER-Transformierten folgender Funktionen unter Benutzung der Symmetrieeigenschaft und der Transformationspaare von Bild 2-12.

(a) $h(t) = \dfrac{A^2 \sin^2(2\pi T_0 t)}{(\pi t)^2}$

(b) $h(t) = \dfrac{\alpha^2}{(\alpha^2 + 4\pi^2 t^2)}$

(c) $h(t) = \exp\left(\dfrac{-\pi^2 t^2}{\alpha}\right)$

Tabelle 3-2: Eigenschaften der FOURIER-Transformation.

Zeitbereich	Gleichungsnummer	Frequenzbereich
Lineare Addition $x(t) + y(t)$	(3 - 2)	Lineare Addition $X(f) + Y(f)$
Symmetrie $H(t)$	(3 - 6)	Symmetrie $h(-f)$
Zeitskalierung $h(kt)$	(3 - 12)	Reziproke Frequenzskalierung $\frac{1}{\|k\|} H\left(\frac{f}{k}\right)$
Reziproke Zeitskalierung $\frac{1}{\|k\|} h\left(\frac{t}{k}\right)$	(3 - 14)	Frequenzskalierung $H(kf)$
Zeitverschiebung $h(t - t_0)$	(3 - 21)	Phasenverschiebung $H(f)e^{-j2\pi f t_0}$
Modulation $h(t)e^{j2\pi t f_0}$	(3 - 23)	Frequenzverschiebung $H(f - f_0)$
Gerade Funktion $h_g(t)$	(3 - 27)	Reelle Funktion $H_g(f) = R_g(f)$
Ungerade Funktion $h_u(t)$	(3 - 30)	Imaginäre Funktion $H_u(f) = jI_u(f)$
Reelle Funktion $h(t) = h_r(t)$	(3 – 43) (3 - 44)	Gerader Realteil, ungerader Imaginärteil $H(f) = R_g(f) + jI_u(f)$
Imaginäre Funktion $h(t) = jh_i(t)$	(3 - 45) (3 - 46)	Ungerader Realteil, gerader Imaginärteil $H(f) = R_u(f) + jI_g(f)$

3-4 Man leite die Eigenschaft der Frequenzskalierung mit Hilfe der Symmetrieeigenschaft aus der Eigenschaft der Zeitskalierung ab.

3-5 Gegeben sei

$$h(t) = \begin{cases} A^2 - \dfrac{A^2 |t|}{2T_0} & |t| < 2T_0 \\ 0 & |t| > 2T_0 \end{cases}$$

Man skizziere die FOURIER-Transformierte von $h(2t)$, $h(4t)$ und $h(8t)$.
(Die FOURIER-Transformierte von $h(t)$ ist in Bild 2-12 dargestellt.)

3-6 Man leite die Eigenschaft der Zeitskalierung für den Fall eines negativen Skalierungsfaktors k ab.

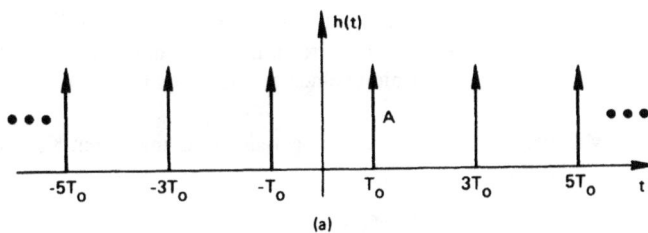

(a)

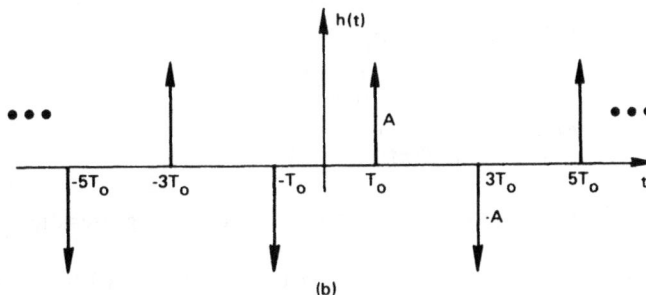

Bild 3-10.

(b)

3-7 Man bestimme die FOURIER-Transformierten folgender Funktionen unter Benutzung des Zeitverschiebungs-Theorems:

(a) $h(t) = \dfrac{A \sin[2\pi f_0(t - t_0)]}{\pi(t - t_0)}$

(b) $h(t) = K\delta(t - t_0)$

(c) $h(t) = \begin{cases} A^2 - \dfrac{A^2}{2T_0}|t - t_0| & |t - t_0| < 2T_0 \\ 0 & |t - t_0| > 2T_0 \end{cases}$

3-8 Man beweise das Transformationspaar

$$h(\alpha t - \beta) \circlearrowright\!\!\!\!\bullet \frac{1}{|\alpha|} e^{-j2\pi\beta f/\alpha} H\left(\frac{f}{\alpha}\right)$$

3-9 Man zeige, daß $|H(f)| = |e^{-j2\pi f t_0} H(f)|$ gilt, d.h. der Betrag von $H(f))$ ist zeitverschiebungsabhängig.

3-10 Man bestimme die inversen Transformierten folgender Funktionen unter Anwendung des Frequenzverschiebungs-Theorems.

(a) $H(f) = \dfrac{A \sin[2\pi T_0(f - f_0)]}{\pi(f - f_0)}$

(b) $H(f) = \dfrac{\alpha^2}{\alpha^2 + 4\pi^2(f + f_0)^2}$

(c) $H(f) = \dfrac{A^2 \sin^2[2\pi T_0(f - f_0)]}{[\pi(f - f_0)]^2}$

3-11 Man wiederhole die Herleitung der Gln. (2-9), (2-13), (2-20), (2-29), (2-36) und
(2-36). Man beachte, daß die resultierenden mathematischen Operationen für die
FOURIER-Transformierte einer geraden Funktion reell sind.

3-12 Man zerlege und skizziere die geraden und ungeraden Komponenten folgender
Funktionen:

(a) $h(t) = \begin{cases} 1 & 1 < t < 2 \\ 0 & \text{sonst} \end{cases}$

(b) $h(t) = \dfrac{1}{[2 - (t - 2)^2]}$

(c) $h(t) = \begin{cases} -t + 1 & 0 < t \le 1 \\ 0 & \text{sonst} \end{cases}$

(d) $h(t) = 1 + t + t^2 + t^3$

(e) $h(t) = 1 + \sin(2\pi ft)$

3-13 Man beweise alle in Tabelle 3-1 aufgeführten Eigenschaften.

3-14 Man zeige, daß $|H(f)|$ für eine reelle Funktion $h(t)$ eine gerade Funktion ist.

3-15 Mit Hilfe einer Variablen-Substitution in Gl. (2.32) beweise man die Beziehung

$$\int_{-\infty}^{\infty} x(t)\delta(at - t_0)\, dt = \frac{1}{|a|}x\left(\frac{t_0}{a}\right)$$

3-16 Man beweise folgende Transformationspaare:

(a) $\dfrac{dh(t)}{dt} \circ\!\!-\!\!\bullet\ j2\pi f H(f)$

(b) $[-j2\pi t]h(t) \circ\!\!-\!\!\bullet\ \dfrac{dH(f)}{df}$

3-17 Man benutze die 'Transformationsbeziehung für Ableitung aus Aufgabe 3-16a zur Herleitung der FOURIER-Transformierten eines Rechteckimpulses aus den FOURIER-
Transformierten eines Dreieckimpulses.

Literatur

[1] BRACEWELL, R., The Fourier Transform and Its Applications. 2. Aufl.,
New York: McGraw-Hill, 1986.

[2] PAPOULIS, A., The Fourier Integral and Its Applications. 2. Aufl.,
New York: McGraw-Hill, 1984.

[3] CHAMPENEY, D.C., Fourier Transforms and Their Physical Applications. New York: Academie Press, 1973.

4. Faltung und Korrelation

Im letzten Kapitel haben wir die grundlegenden Eigenschaften der FOURIER-Transformation beschrieben. Darüber hinaus aber lassen sich aus der FOURIER-Transformation Beziehungen ableiten, deren Bedeutung die der bereits besprochenen Eigenschaften der FOURIER-Transformation weit übertrifft. Diese Beziehungen sind das
Faltungstheorem und das Korrelationstheorem, die in diesem Kapitel ausführlich behandelt werden.

4.1 Faltungsintegral

Die Faltung zweier Signale ist ein bedeutendes physikalisches Konzept in vielen verschiedenen wissenschaftlichen Gebieten. Wie bei so manchen wichtigen mathematischen Beziehungen läßt sich jedoch das Faltungsintegral hinsichtlich ihm zugrunde liegenden Zusammenhänge nicht so leicht entschleiern. Um dies zu verdeutlichen, betrachten wir die Definition des Faltungsintegrals

$$(4\text{-}1) \qquad y(t) = \int_{-\infty}^{\infty} x(\tau)h(t-\tau)\, d\tau = x(t) * h(t)$$

Die Funktion $y(t)$ wird als Faltungsprodukt der Funktionen $x(t)$ und $h(t)$ bezeichnet.
Man beachte, daß es äußerst schwierig ist, sich unmittelbar aus Gl. (4-1) heraus die
mathematische Wirkungsweise des Faltungsintegrals vorzustellen. Daher erklären wir
im folgenden den eigentlichen Sinn der Faltung auf graphischem Wege.

4.2 Graphische Auswertung des Faltungsintegrals

Gegeben seien zwei in Bildern 4-1a,b dargestellte Zeitfunktionen $x(t)$ und $h(t)$. Zur
Auswertung der Gl. (4-1) sind die Funktionen $x(\tau)$ und $h(t-\tau)$ zu bilden. $x(\tau)$
und $h(\tau)$ entstehen aus $x(t)$ und $h(t)$ einfach dadurch, daß man die Variable t durch
τ ersetzt. $h(-\tau)$ ist das Spiegelbild von $h(\tau)$ bezüglich der Ordinatenachse, und
$h(t-\tau)$ entsteht durch eine Verschiebung von $h(-\tau)$ um t. Bild 4-2 zeigt $x(\tau)$,
$h(-\tau)$ und $h(t-\tau)$. Zur Auswertung des Integrals von (4-1) sind die Funktionen
$x(\tau)$ (Bild 4-2a) und $h(t-\tau)$ (Bild 4-2c) miteinander zu multiplizieren und das Produkt zu integrieren, und zwar für jeden Wert von t von $-\infty$ bis $+\infty$. Wie aus den
Bildern 4-3a,h hervorgeht, ist dieses Produkt für $t = -t_1$ gleich Null. Es bleibt Null, solange t kleiner Null ist. Das Produkt von $x(\tau)$ und $h(t_1-\tau)$ ist eine Funktion von

τ, die in den Bildern 4-3c,d,e durch Schraffur gekennzeichnet ist. Das Integral dieser Funktion entspricht der Fläche des schraffierten Bereichs unter der Kurve. Für eine Erhöhung von t auf $2t_1$ und weiter auf $3\,t_1$ veranschaulichen die Bilder 4-3d,e,h die zu multiplizierenden Funktionen sowie die Integrationsergebnisse. Für $t = 4t_1$ wird das Produkt, wie in den Bildern 4-3f,h gezeigt, wieder Null und bleibt für alle Werte $t > 4t_1$ gleich Null (Bilder 4-3g,h). Bei einer kontinuierlichen Variation von t ergibt sich für das Faltungsprodukt von $x\,(t)$ und $h\,(t)$ die in Bild 4-3h dargestellte Dreieckfunktion.

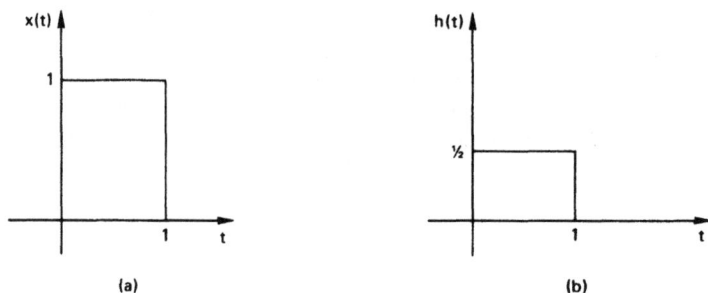

(a)   (b)

Bild 4-1: Zwei Funktionen für ein Faltungsbeispiel.

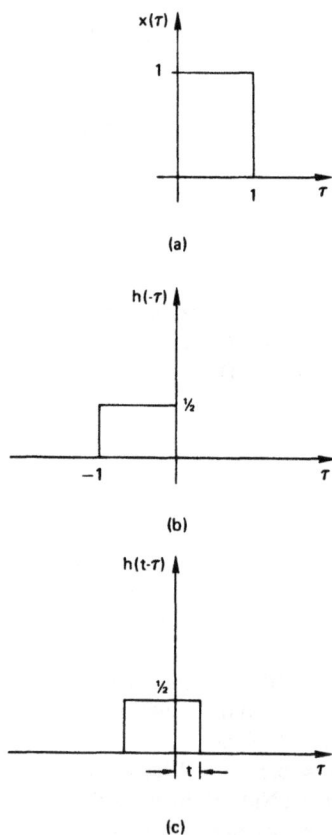

(a)

(b)

(c)

Bild 4-2: Graphische Beschreibung der Operationen Spiegelung und Verschiebung.

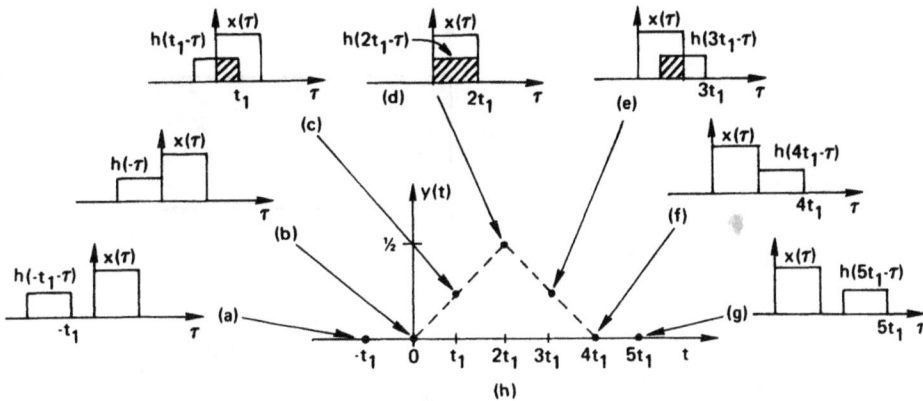

Bild 4-3: Graphisches Beispiel zur Faltung.

Die beschriebene Prozedur ist ein bequemes graphisches Verfahren zur Auswertung von Faltungsintegralen. Fassen wir die notwendigen Schritte zusammen:

1. *Spiegelung*: Man spiegele $h(\tau)$ an der Ordinatenachse.

2. *Verschiebung*: Man verschiebe $h(-\tau)$ um t.

3. *Multiplikation*: Man multipliziere die verschobene Funktion $h(t-\tau)$ mit $x(\tau)$.

4. *Integration*: Die Fläche unter dem Produkt $h(t-\tau)\,x(\tau)$ ist gleich dem Wert des Faltungsintegrals zum Zeitpunkt t.

Beispiel 4-1 Faltungsoperation

Um die Regeln für die graphische Auswertung des Faltungsintegrals weiter zu verdeutlichen, falte man die in Bilder 4-4a,b angegebenen Funktionen. Zuerst spiegele man $h(\tau)$, wie in Bild 4-4c gezeigt, zur Bildung von $h(-\tau)$. Als nächstes verschiebe man $h(-\tau)$ um t (Bild 4-4d). Man multipliziere dann $h(t-\tau)$ mit $x(\tau)$ (Bild 4-4e), und schließlich integriere man das Produkt zur Bildung des Faltungsprodukts für den Zeitpunkt $t = t'$ (Bild 4-4f).

Das Ergebnis von Bild 4-4f läßt sich auch direkt aus der Gl. (4-1) ermitteln:

$$(4\text{-}2) \qquad y(t) = \int_{-\infty}^{\infty} x(\tau)h(t-\tau)\,d\tau = \int_{0}^{t} (1)e^{-(t-\tau)}\,d\tau$$

$$= e^{-t}(e^{\tau}\,|_0^t) = e^{-t}[e^t - 1] = 1 - e^{-t}.$$

Man beachte, daß sich die Integrationsgrenzen $-\infty$ und $+\infty$ der allgemeinen Faltungsgleichung in Beispiel 4-1 durch 0 und t ersetzen lassen. Es ist daher wünschenswert, eine einfache Regel zu finden, wonach man die jeweiligen Integrationsgrenzen bestimmen kann.

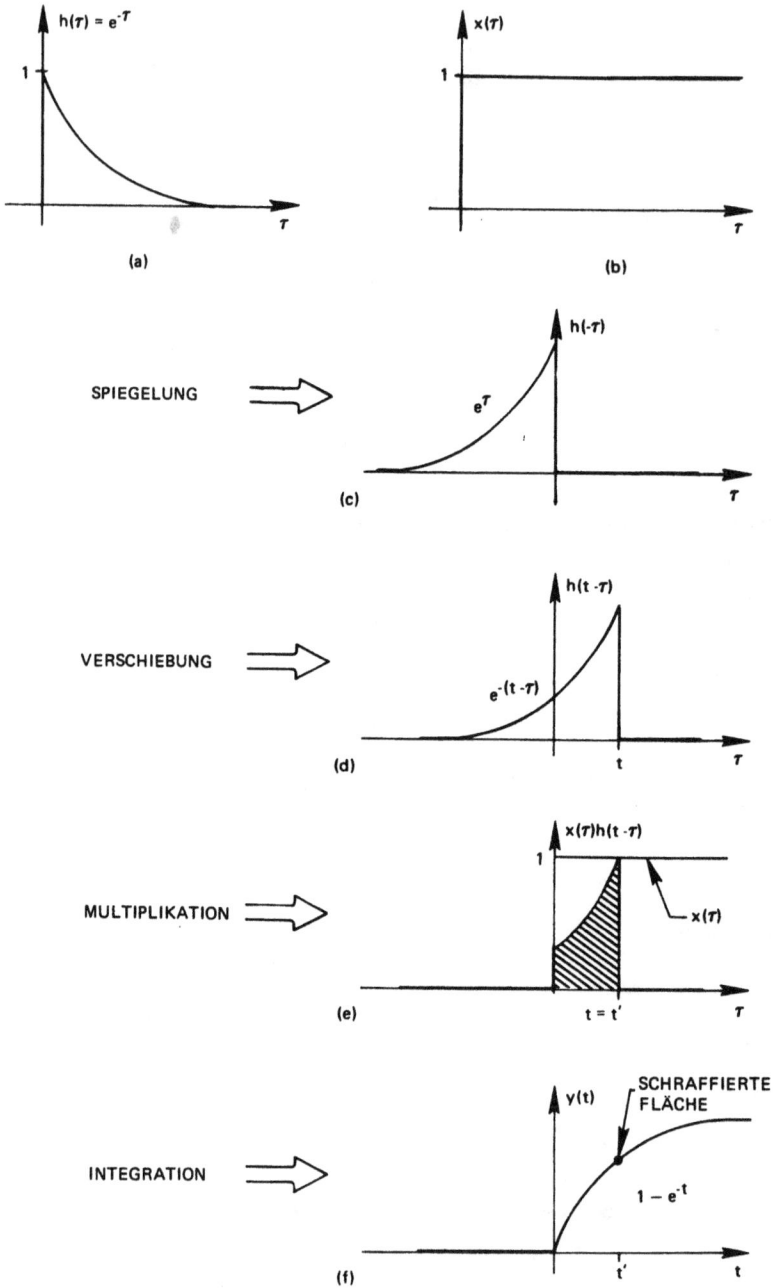

(a)

(b)

SPIEGELUNG ⟹

(c)

VERSCHIEBUNG ⟹

(d)

MULTIPLIKATION ⟹

(e)

INTEGRATION ⟹

(f)

Bild 4-4: Teiloperationen der Faltung: Spiegelung, Verschiebung, Multiplikation und Integration.

In Beispiel 4-1 liegt die untere Zeitgrenze der nichtverschwindenden Werte von $h(t-\tau) = e^{-(t-\tau)}$ bei $-\infty$ und die untere Zeitgrenze der nichtverschwindenden Werte von $x(\tau)$ bei Null. Für die Integration haben wir die größere der beiden unteren Grenzen als die untere Integrationsgrenze gewählt. Die obere Zeitgrenze der nichtverschwindenden Werte von $h(t-\tau)$ ist t und die von $x(\tau)$ ist $+\infty$. Wir haben die kleinere dieser beiden Zeitgrenzen als die obere Integrationsgrenze gewählt.

Eine allgemeine Regel zur Bestimmung der Integrationsgrenzen läßt sich wie folgt formulieren:

Für zwei Funktionen mit L_1 und L_2 als den unteren Grenzen der nichtverschwindenden Werte und U_1 und U_2 als den oberen Grenzen der nichtverschwindenden Werte wähle man $\max\{L_1,L_2\}$ als untere und min $\{U_1,U_2\}$ als obere Integrationsgrenze.

Es sei betont, daß die untere und obere Grenze der nichtverschwindenden Werte der festen Funktion $x(\tau)$ unverändert bleiben, wobei sich die Grenzen für die gleitende Funktion $h(t-\tau)$ mit t ändern. Daher ist es möglich, daß sich für verschiedene Bereiche von t unterschiedliche Integrationsgrenzen ergeben. Eine Skizze wie Bild 4-4 ist daher eine äußerst wertvolle Hilfe zur Bestimmung der korrekten Integrationsgrenzen.

4.3 Alternative Form des Faltungsintegrals

Die obige graphische Darstellung stellt nur eine der möglichen Interpretationen der Faltungsoperation dar. Gl. (4-1) läßt sich auch in folgender äquivalenter Beziehung Form ausdrücken:

$$(4-3) \qquad y(t) = \int_{-\infty}^{\infty} h(\tau)x(t - \tau)\, d\tau$$

Dies bedeutet, daß man alternativ $h(\tau)$ oder $x(\tau)$ spiegeln und verschieben kann. Um auf graphischem Wege zu erkennen, daß die beiden Beziehungen (4-1) und (4-3) äquivalent sind, betrachte man die in Bild 4-5a dargestellten Funktionen. Das Faltungsprodukt dieser Funktionen ist zu bilden. Die Bilder auf der linken Seite von Bild 4-5 veranschaulichen die Auswertung der Gl. (4-1) und die Bilder auf der rechten Seite die Auswertung der Gl. (4-3). Die Bilder 4-5b,c,d,e zeigen der Reihe nach die früher angegebenen Schritte 1) Spiegelung, 2) Verschiebung, 3) Multiplikation und 4) Integration. Wie in Bild 4-5e verdeutlicht, führt die Faltung von $x(\tau)$ mit $h(\tau)$ zum selben Ergebnis, unabhängig davon, welche der beiden Funktionen zur Spiegelung und Verschiebung gewählt wird.

Beispiel 4-2 Zur Äquivalenz von Gl. (4-1) und Gl. (4-3)

Gegeben seien

$$(4-4) \qquad h(t) = e^{-t} \qquad t \geq 0$$
$$\qquad\qquad = 0 \qquad t < 0$$

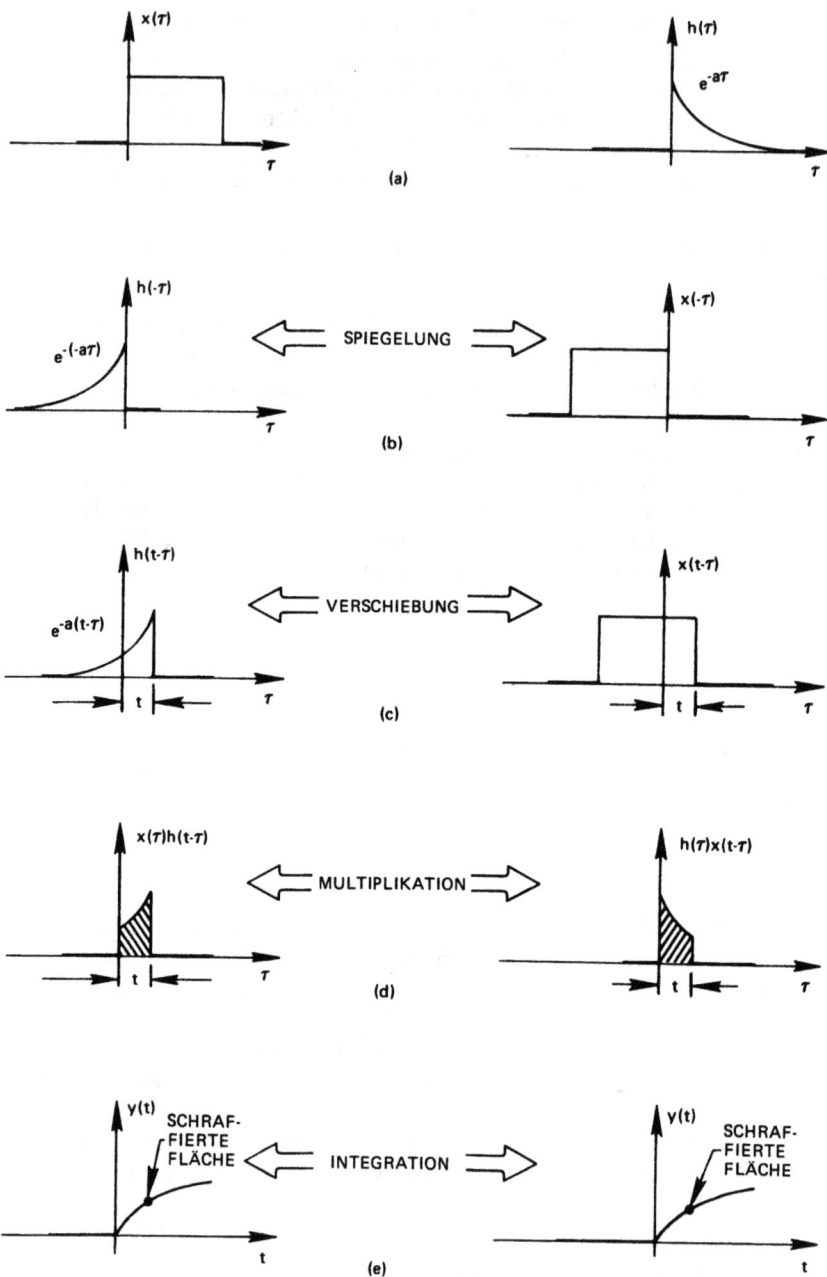

Bild 4-5: Graphisches Beispiel zur Faltung nach den Gln.(4-1) und (4-3).

und

(4-5) $\qquad x(t) = \sin t \qquad 0 \le t \le \dfrac{\pi}{2}$

$\qquad\qquad\qquad = 0 \qquad$ sonst

Man bilde $h(t) * x(t)$ nach den Gln. (4-1) und (4-3).

Aus (4-1) folgt

(4-6) $\qquad y(t) = \displaystyle\int_{-\infty}^{\infty} x(\tau) h(t - \tau)\, d\tau$

$$y(t) = \begin{cases} \displaystyle\int_0^t [\sin(\tau)] e^{-(t-\tau)}\, d\tau & 0 \le t \le \dfrac{\pi}{2} \\[2ex] \displaystyle\int_0^{\pi/2} [\sin(\tau)] e^{-(t-\tau)}\, d\tau & t \ge \dfrac{\pi}{2} \\[2ex] 0 & t \le 0 \end{cases}$$

Die Integrationsgrenzen lassen sich ohne Schwierigkeiten nach der bereits früher beschriebenen Regel bestimmen. Die obere und untere Grenze der nichtverschwindenden Werte von $x(\tau)$ sind 0 und $\pi/2$. Für die Funktion $h(t - \tau) = e^{-(t-\tau)}$ ist $-\infty$ die entsprechende untere Grenze und t die entsprechende obere Grenze. Für die untere Integrationsgrenze wählen wir die größere der beiden unteren Grenzen, i.e.0. Die obere Integrationsgrenze ist eine Funktion von t. Für $0 \le t \le \pi/2$ ist t die kleinere der beiden Grenzen und bildet daher die obere Integrationsgrenze. Für $t \ge \pi/2$ ist $\pi/2$ die kleinere der oberen Grenzen und folglich ist $\pi/2$ für diesen Zeitbereich die obere Integrationsgrenze. Eine graphische Skizze der Faltungsoperation würde ebenfalls die gleichen Integrationsgrenzen ergeben. Nach Auswertung der Gl. (4-6) erhalten wir

(4-7) $\qquad y(t) = \begin{cases} 0 & t \le 0 \\[2ex] \dfrac{1}{2}(\sin t - \cos t + e^{-t}) & 0 < t \le \dfrac{\pi}{2} \\[2ex] \dfrac{e^{-t}}{2}(1 + e^{\pi/2}) & t \ge \dfrac{\pi}{2} \end{cases}$

In ähnlicher Weise erhalten wir aus der Gl. (4-3)

(4-8) $\qquad y(t) = \displaystyle\int_{-\infty}^{\infty} h(\tau) x(t - \tau)\, d\tau$

$$y(t) = \begin{cases} \displaystyle\int_0^t e^{-\tau}[\sin(t - \tau)]\, d\tau & 0 < t < \dfrac{\pi}{2} \\[2ex] \displaystyle\int_{t-\pi/2}^t e^{-\tau}[\sin(t - \tau)]\, d\tau & t \ge \dfrac{\pi}{2} \\[2ex] 0 & t < 0 \end{cases}$$

Obwohl die Gln. (4-8) sich von den Gln. (4-6) unterscheiden, führt ihre Auswertung zum gleichen Ergebnis (4-7).

4.4 Faltung mit Deltafunktionen

Der einfachste Typ des Faltungsintegrals ist derjenige, bei dem entweder $x(t)$ oder $h(t)$ eine Deltafunktion ist. Zur Erläuterung setzen wir in Gl. (4-1) für $h(t)$ die in Bild 4-6a dargestellte singuläre Funktion und für $x(t)$ den Rechteckimpuls von Bild 4-6b ein. Damit erhalten wir für Gl. (4-1)

(4-9)
$$y(t) = \int_{-\infty}^{\infty} [\delta(\tau - T) + \delta(\tau + T)]x(t - \tau)\, d\tau$$

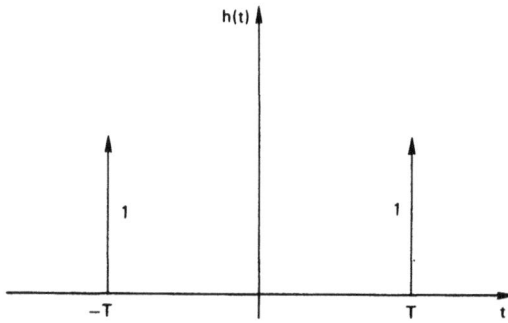

(a)

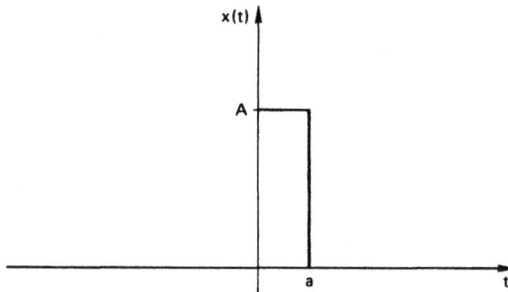

(b)

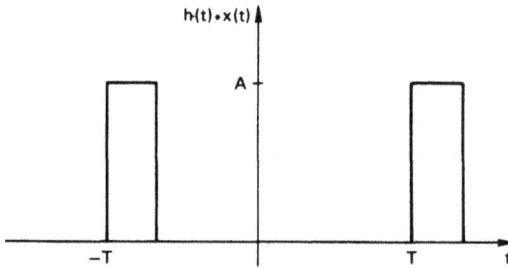

(c)

Bild 4-6: Zur Veranschaulichung der Faltung mit Deltafunktionen.

Man erinnere sich an Gl. (2-28), wonach gilt

$$\int_{-\infty}^{\infty} \delta(\tau - T)x(\tau) \, d\tau = x(T)$$

Damit ergibt sich aus Gl. (4-9)

(4-10) $y(t) = x(t - T) + x(t + T)$

Bild 4-6c zeigt y (t). Man beachte, daß sich das Faltungsprodukt der Funktion x (t) mit einer Deltafunktion bilden läßt, indem man die Funktion x (t) einfach an der Stelle der Deltafunktion rekonstruiert. Wie wir in folgenden Diskussionen feststellen werden, ist die anschauliche Vorstellung der Faltung mit Deltafunktionen von besonderer Bedeutung.

Beispiel 4-3 Faltung einer Impulsfolge

Man wähle für h (t) die in Bild 4-7a dargestellte Folge von Deltafunktionen. Das Faltungsprodukt von h (t) mit dem Rechteckimpuls von Bild 4-7b erhalten wir, indem wir den Rechteckimpuls einfach an den Auftrittstellen aller Deltafunktionen rekonstruieren. Bild 4-7c zeigt das Ergebnis.

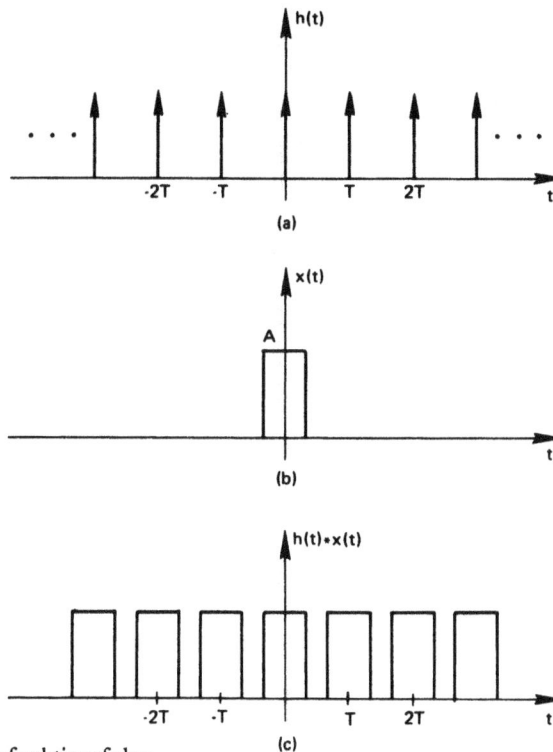

Bild 4-7: Faltung mit einer Deltafunktionsfolge.

Beispiel 4-4 Beschreibung linearer Systeme mit Hilfe der Faltung

Die Operation Faltung zweier Funktionen hat sich in zahlreichen ganz unterschiedlichen wissenschaftlichen Gebieten als ein systemanalytisches Konzept von immanenter Wichtigkeit erwiesen. Ein lineares System können wir einfach mit Hilfe der Faltungsoperation beschreiben. Sein Ausgangssignal läßt sich durch Faltung seines Eingangssignals mit seiner Impulsanwort bestimmen. Zur Erläuterung betrachten wir Bild 4-8. Als Reaktion des Systems auf eine Impulsfunktion erhalten wir die System-Impulsantwort. Unter Zuhilfenahme der Impulsanwort läßt sich eine Beziehung zwischen dem Ausgangssignal eines linearen Systems und seinem Eingangssignal formulieren. Zur Erläuterung nehmen wir an, daß das System auch zeitinvariant sei. Das bedeutet: Wird der Impuls am Systemeingang um das Zeitintervall $t = \tau$ verzögert, verzögert sich die Systemantwort ebenfalls

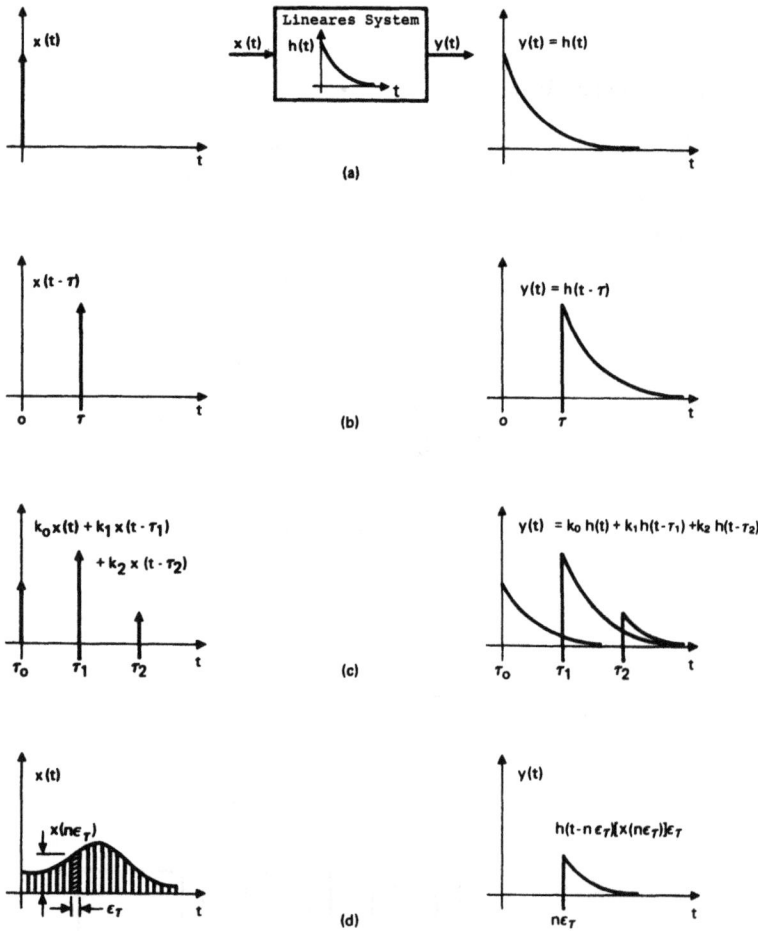

Bild 4-8: Charakterisierung eines linearen Systems mit Hilfe des Faltungsintegrals.

um dasselbe Zeitintervall. Wie in Bild 4-8b zu sehen ist, ergibt das Eingangssignal $\delta(t - \tau)$ das Ausgangssignal $h(t - \tau)$.

Weiterhin nehmen wir an, das System sei linear. Das bedeutet: Antwortet das System auf das Eingangssignal $x_i(t)$ mit dem Ausgangssignal $y_i(t)$, dann antwortet es auf das Eingangssignal $k_1 x_1(t) + k_2 x_2(t)$ das Ausgangssignal $k_1 y_1(t) + k_2 y_2(t)$. Ein Eingangssignal, bestehend aus einer Folge von verzögerten Impulsfunktionen unterschiedlicher Amplituden, erzeugt, wie in Bild 4-8c veranschaulicht, ein Ausgangssignal, das sich aus einer entsprechenden Anzahl von verzögerten Impulsantworten zusammensetzt, deren Amplituden jeweils von der am Systemeingang ursächlich wirkenden Impulsfunktion bestimmt wird. Die Summe dieser Impulsantworten bildet die Systemantwort:

(4-11) $$y(t) = \sum_{i=1}^{3} k_i h(t - \tau_i)$$

Um Gl.(4-11) für beliebige Signalformen zu erweitern, wenden wir uns Bild 4-8d zu. Wir zerlegen das Eingangssignal in kleine Elemente der Breite ε_τ mit der Höhe $x(n\varepsilon_\tau)$. Mit der Annahme, daß jedes Element eine Impulsfunktion der Fläche $x(n\varepsilon_\tau)\varepsilon_\tau$ darstellt, können wir aus den vorausgegangenen Ausführungen folgern, daß die Systemantwort auf dieses Element durch den Ausdruck $h(t - n\varepsilon_\tau)x(n\varepsilon_\tau)\varepsilon_\tau$ (Bild 4-8d) gegeben ist. Die simultane Antwort auf alle dieser Elemente erhalten wir durch Summation aller Teilantworten:

(4-12) $$y(t) = \sum_{n=-\infty}^{\infty} [h(t - n\epsilon_\tau)][x(n\epsilon_\tau)][\epsilon_\tau]$$

Mit den Grenzübergängen $\varepsilon_\tau \to 0$ und $n \to \infty$ derart, daß $n\varepsilon_\tau \to \tau$ strebt, erhalten wir schließlich:

(4-13) $$y(t) = \int_{-\infty}^{\infty} h(t - \tau)x(\tau)\, d\tau$$

4.5 Zeitbereich-Faltungstheorem

Die Beziehung zwischen dem Faltungsintegral (Gl. 4-1)) und ihrer FOURIER-Transformierten ist wahrscheinlich das wichtigste und leistungsfähigste Instrument der modernen Analysis. Dieser Zusammenhang, als Faltungstheorem bekannt, ermöglicht die freie Wahl, eine Faltung mathematisch (oder graphisch) im Zeitbereich oder durch eine einfache Multiplikation im Frequenzbereich auszuführen. Wenn nämlich $H(f)$ die FOURIER-Transformierte von $h(t)$ und $X(f)$ die FOURIER-Transformierte von $x(t)$ sind, dann ist $H(f)X(f)$ die FOURIER-Transformierte von $h(t) * x(t)$. Das Faltungstheorem läßt sich somit durch das Transformationspaar

(4-14) $$h(t) * x(t) \;\circ\!\!-\!\!\bullet\; H(f)X(f)$$

zum Ausdruck bringen. Um dieses Theorem zu beweisen, wenden wir die FOURIER-Transformation auf beide Seiten der Gl. (4-1)

$$(4-15) \qquad \int_{-\infty}^{\infty} y(t)e^{-j2\pi ft} \, dt = \int_{-\infty}^{\infty} \left[\int_{-\infty}^{\infty} x(\tau)h(t - \tau) \, d\tau \right] e^{-j2\pi ft} \, dt$$

an. Mit der Annahme, daß die Reihenfolge der Integrale vertauscht werden kann, ist diese Beziehung äquivalent zu

$$(4-16) \qquad Y(f) = \int_{-\infty}^{\infty} x(\tau) \left[\int_{-\infty}^{\infty} h(t - \tau)e^{-j2\pi ft} \, dt \right] d\tau$$

Mit der Substitution $\sigma = t - \tau$ folgt für den Term in eckigen Klammern

$$(4-17) \qquad \int_{-\infty}^{\infty} h(\sigma)e^{-j2\pi f(\sigma + \tau)} \, d\sigma = e^{-j2\pi f\tau} \int_{-\infty}^{\infty} h(\sigma)e^{-j2\pi f\sigma} \, d\sigma$$

$$= e^{-j2\pi f\tau} H(f)$$

Für Gl. (4-16) erhält man somit

$$(4-18) \qquad Y(f) = \int_{-\infty}^{\infty} x(\tau)e^{-j2\pi f\tau} H(f) \, d\tau = H(f)X(f)$$

Der Beweis für die Umkehrung des Theorems erfolgt in ähnlicher Weise.

Beispiel 4-5 Faltung von Rechtecksignalen

Zur Veranschaulichung der Anwendung des Faltungstheorems betrachte man die Faltung zweier in den Bildern 4-9a,b dargestellten Rechteckimpulse. Wie wir bereits gesehen haben, ergibt die Faltung zweier Rechteckimpulse, wie in Bild 4-9e gezeigt, einen Dreieckimpuls. Man sei erinnert an das Transformationspaar (2-21), wonach die FOURIER-Transformierte eines Rechteckimpulses, wie in den Bildern 4-9c,d gezeigt, eine sin $(f)/f$-Funktion ist. Das Faltungstheorem besagt, daß eine Faltung im Zeitbereich einer Multiplikation im Frequenzbereich entspricht; demzufolge bilden der Dreieckimpuls von Bild 4-9e und die $\sin^2 (f)/f^2$ –Funktion von Bild 4-9f ein Transformationspaar. In ähnlicher Weise können wir das Faltungstheorem als ein bequemes Mittel zur Herleitung weiterer Transformationspaare benutzen.

Beispiel 4-6 Faltung mit einer Rechteckimpulsfolge

Einer der wichtigsten Beiträge der Distributionstheorie ist die Erkenntnis, daß das Produkt einer stetigen Funktion mit einer Deltafunktion wohl definiert ist (Anhang A); wenn $h(t)$ bei $t = t_o$ stetig ist, gilt demnach

$$(4-19) \qquad h(t)\delta(t - t_0) = h(t_0)\delta(t - t_0)$$

Dieses Ergebnis zusammen mit dem Faltungstheorem kann die mühsame Herleitung vieler Transformationspaare ersparen. Zur Erläuterung betrachte man die beiden in Bilder 4-

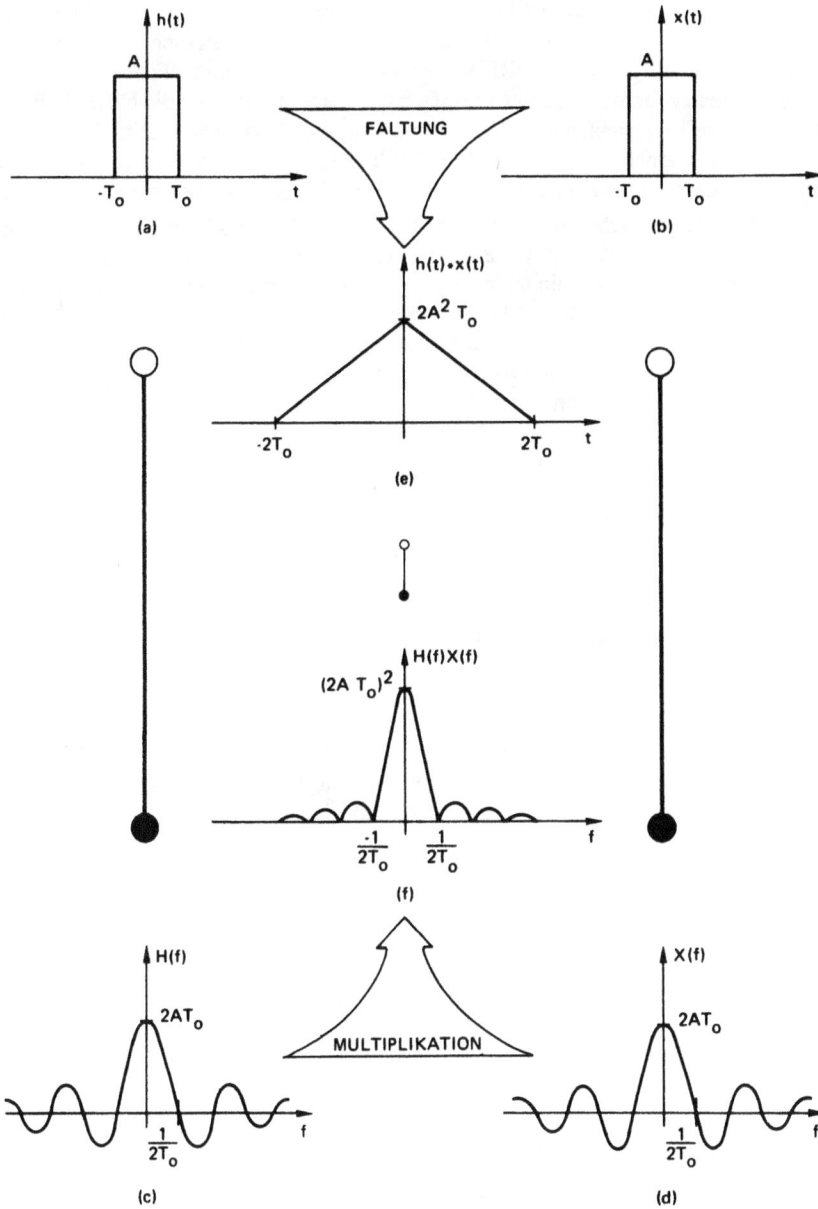

Bild 4-9: Graphisches Beispiel zum Faltungstheorem.

10a,b gezeigten Funktionen x (t) und h (t). Wie bereits beschrieben, besteht das Faltungs-produkt dieser beiden Funktionen aus der in Bild 4-10e dargestellten unendlichen Rechteckimpulsfolge. Die FOURIER-Transformierte dieser unendlichen Impulsfolge sei zu bestimmen. Hierzu benützen wir einfach das Faltungstheorem; die FOURIER-Trans-formierte von h (t) ist nach dem Transformationspaar (2-44), wie in Bild 4-10c gezeigt, eine Deltafunktionsfolge und die FOURIER-Transformierte des Rechteckimpulses die in Bild 4-10d dargestellte sin $(f)/f$–Funktion. Die Multiplikation dieser zwei Frequenzfunk-tionen ergibt die gesuchte FOURIER-Transformierte. Wie aus Bild 4-10f hervorgeht, be-steht die FOURIER-Transformierte einer Rechteckimpulsfolge aus einer Folge von Del-tafunktionen, die mit einer sin $(f)/f$–Funktion bewertet sind. Dies ist eine wohlbekannte Tatsache aus dem Gebiet der Radar-Systeme. Es sei betont, daß die Multiplikation der beiden Frequenzfunktionen im Sinne der Distributionstheorie interpretiert werden muß; andernfalls ist das Produkt sinnlos. Es ist leicht einzusehen, daß durch den Übergang aus einer Faltung im Zeitbereich zu einer Multiplikation im Frequenzbereich die Lösung vie-ler komplizierter Probleme wesentlich einfacher wird.

4.6 Faltung im Frequenzbereich

In analoger Weise können wir unter Anwendung des Faltungstheorems für den Fre-quenzbereich von einer Faltung im Frequenzbereich ausgehen und zu einer Multipli-kation im Zeitbereich gelangen; die FOURIER-Transformierte von h (t) x (t) ist näm-lich gleich dem Faltungsprodukt H $(f)*X$ (f). Das Frequenzbereichs-Faltungstheorem lautet

(4-20) $h(t)x(t) \; \circ\!\!-\!\!\bullet \; H(f) * X(f)$

Der Beweis für dieses Transformationspaar folgt in einfacher Weise durch Einsatz des Transformationspaars (4-14) in die Symmetriebeziehung der FOURIER-Transfor-mation (3-6).

Beispiel 4-7 Ein moduliertes Rechtecksignal

Zur Erläuterung des Frequenzbereichs-Faltungstheorem betrachte man die Cosinus-funktion von Bild 4-11a und den Rechteckimpuls von Bild 4-11b. Gesucht sei die FOURIER-Transformierten des Produkts der beiden Funktionen (Bild 4-11e). Die FOURIER-Transformierten der Cosinusfunktion und des Rechteckimpulses sind in den Bildern 4-11c,d dargestellt. Die Faltung dieser beiden Frequenzfunktionen ergibt die in Bild 4-11f gezeigte Funktion. Bilder 4-11e,f bilden somit ein Transformations-paar. Dies ist das wohlbekannte Transformationspaar eines einzelnen frequenzmodu-lierten Impulses.

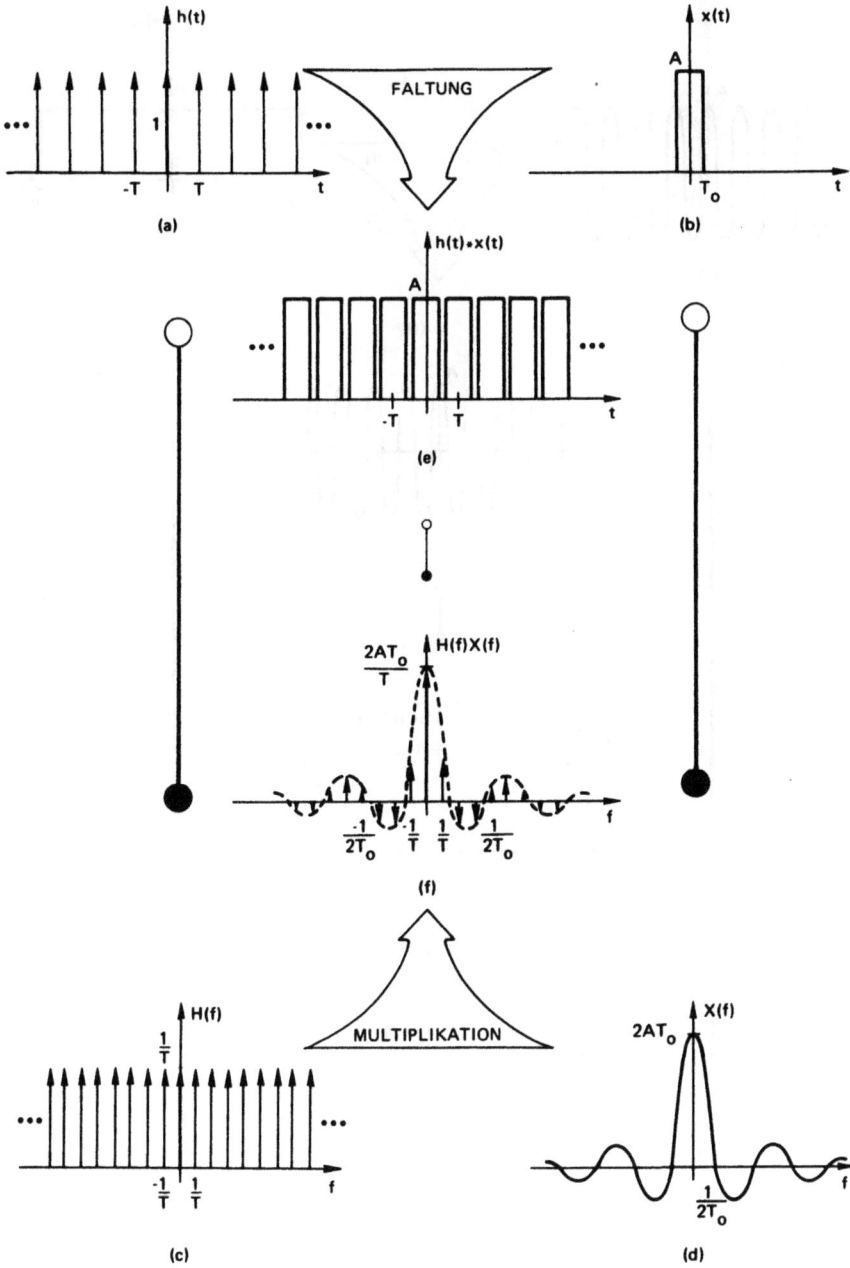

Bild 4-10: Anwendungsbeispiel zum Faltungstheorem.

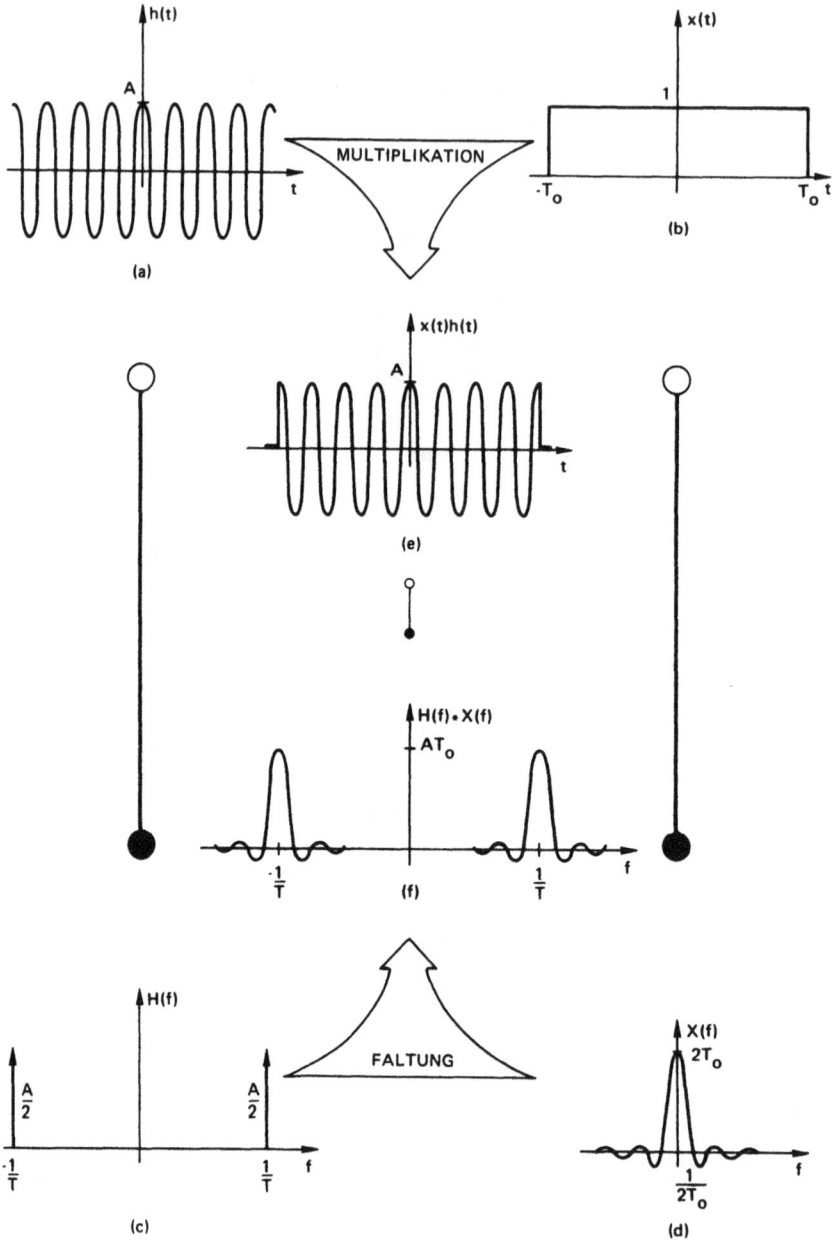

Bild 4-11: Graphisches Beispiel zum Faltungstheorem für den Frequenzbereich.

4.7 Korrelationstheorem

Eine weitere sowohl für theoretische als auch für praktische Anwendungen besonders wichtige Integralgleichung ist das Korrelationsintegral

$$(4\text{-}21) \qquad z(t) = \int_{-\infty}^{\infty} x(\tau)h(t + \tau)\, d\tau$$

Ein Vergleich dieses Ausdrucks mit dem Faltungsintegral (4-1) zeigt, daß diese beiden Ausdrücke eng miteinander in Zusammenhang stehen. Die Natur dieser Zusammenhänge läßt sich am besten anhand der Darstellungen in Bild 4-12 erklären. Bild 4-12a zeigt zwei Funktionen, die sowohl miteinander zu *falten* als auch miteinander zu *korrelieren* sind. Die Bilder auf der linken Seite zeigen den Prozess der Faltung, wie wir ihn bereits im letzten Abschnitt kennengelernt haben, und die Bilder auf der rechten Seite stellen den Prozess der Korrelation dar. Wie aus Bild 4-12b hervorgeht, besteht der Unterschied der beiden Integrale darin, daß bei der Korrelation keine Spiegelung einer der beiden Integranden notwendig ist. Die früher angegebenen Regeln der Verschiebung, Multiplikation und Integration bleiben für Faltung und Korrelation identisch. Für den speziellen Fall, daß einer der beiden Integranden, $x(t)$ oder $h(t)$ eine gerade Funktion ist, sind Faltung und Korrelation äquivalent; dies gilt, weil eine gerade Funktion ihrem Spiegelbild identisch ist und sich daher der Schritt "Spiegelung" bei der Auswertung der Faltung erübrigt.

Beispiel 4-8 Korrelationsverfahren

Man korreliere graphisch und analytisch die in Bild 4-13a gezeigten Funktionen. Den Regeln für Korrelation folgend und wie in Bild 4-13b,c,d dargestellt, verschieben wir $h(\tau)$ um t, multiplizieren das Ergebnis mit $x(\tau)$ und integrieren schließlich das Produkt $x(\tau)h(t+\tau)$.

Aus Gl. (4-21) erhalten wir für **eine positive Verschiebung** $t > 0$

$$(4\text{-}22) \qquad z(t) = \int_{-\infty}^{\infty} x(\tau)h(t + \tau)\, d\tau$$

$$= \int_{0}^{a-t} (1)\frac{Q}{a}\tau\, d\tau$$

$$= \frac{Q}{2a}\tau^2 \Big|_{0}^{a-t} = \frac{Q}{2a}(a - t)^2 \qquad 0 \le t \le a$$

Für eine negative Verschiebung - die Integrationsgrenzen entnehme man Bild 4-13c - ergibt sich

$$(4\text{-}23) \qquad z(t) = \int_{t}^{a} (1)\frac{Q}{a}\tau\, d\tau$$

$$= \frac{Q}{2a}(a^2 - t^2) \qquad -a \le t \le 0$$

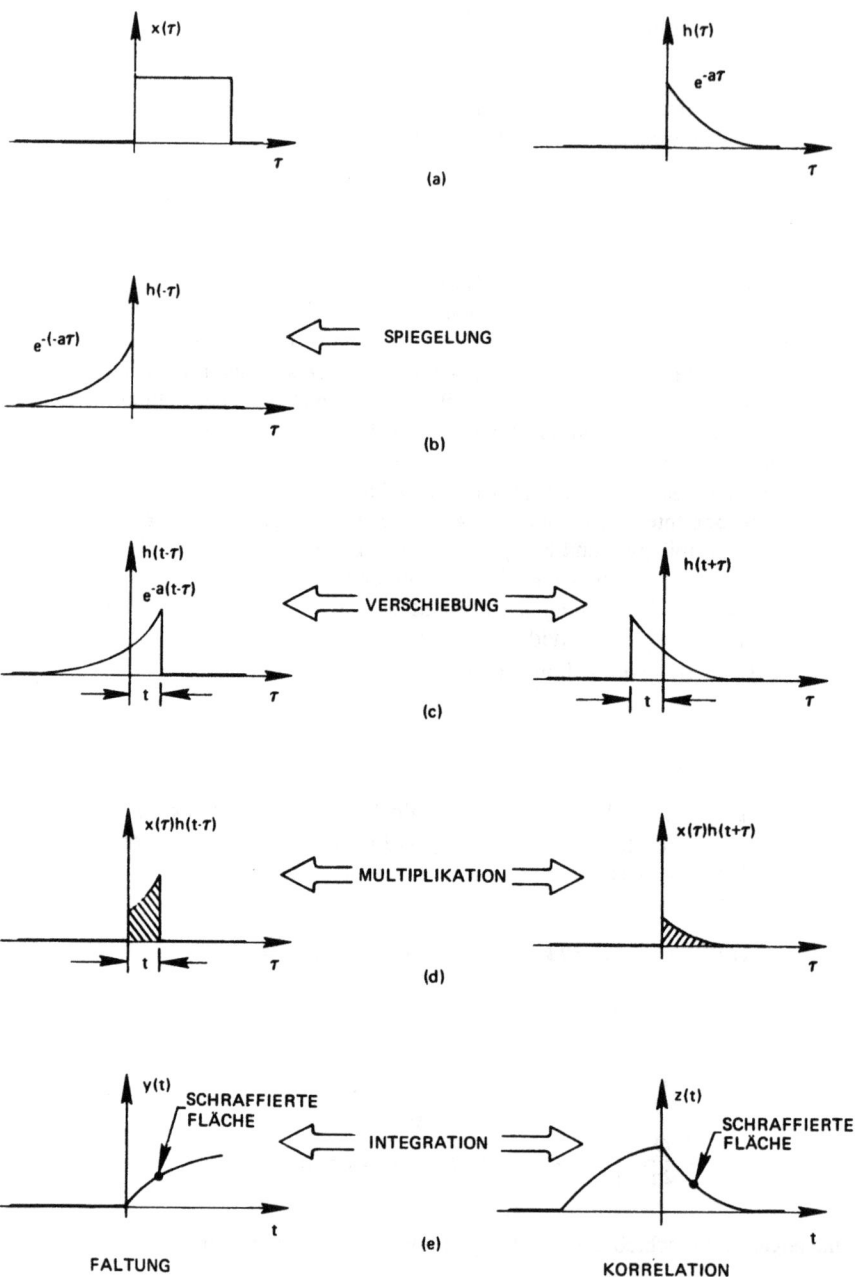

Bild 4-12: Graphischer Vergleich von Faltung und Korrelation.

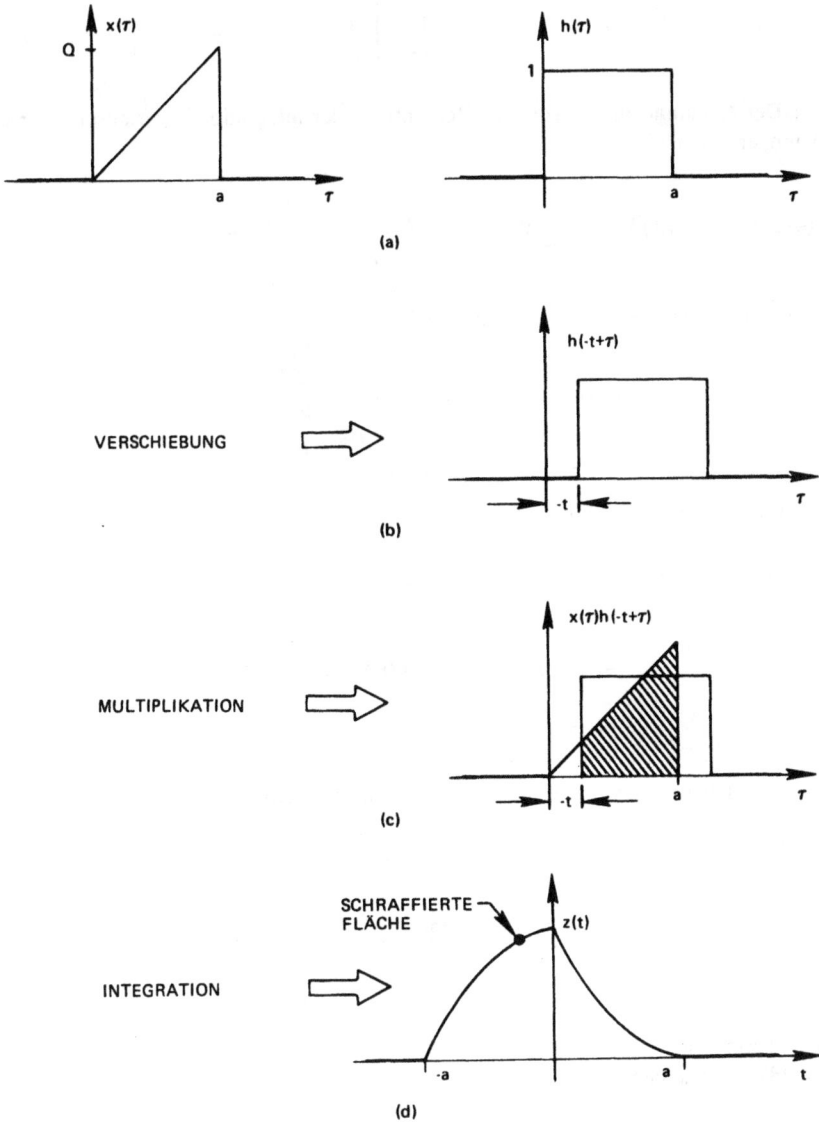

Bild 4-13: Teiloperationen der Korrelation: Verschiebung, Multiplikation und Integration.

Zur Bestimmung der Grenzen des Korrelationsintegrals läßt sich eine allgemeine Regel herleiten (cf. Aufgabe 4-14).

Man erinnere sich daran, daß das Operationspaar (Faltung, Multiplikation) ein Transformationspaar bildet. Ein ähnlicher Satz läßt sich bezüglich der Korrelation formulieren. Zur Herleitung dieser Beziehung wenden wir zunächst die FOURIER-Transformation auf Gl. (4-21)

(4-24) $\qquad \int_{-\infty}^{\infty} z(t)e^{-j2\pi ft}\, dt = \int_{-\infty}^{\infty}\left[\int_{-\infty}^{\infty} x(\tau)h(t+\tau)\, d\tau\right] e^{-j2\pi ft}\, dt$

an. Der Annahme zufolge, daß die Reihenfolge der Integrationen vertauscht werden kann, erhalten wir

(4-25) $\qquad Z(f) = \int_{-\infty}^{\infty} x(\tau)\left[\int_{-\infty}^{\infty} h(t+\tau)e^{-j2\pi ft}\, dt\right] d\tau$

Wir setzen $\sigma = t + \tau$ und schreiben den Term in Klammern um:

(4-26) $\qquad \int_{-\infty}^{\infty} h(\sigma)e^{-j2\pi f(\sigma-\tau)}\, d\sigma = e^{j2\pi f\tau}\int_{-\infty}^{\infty} h(\sigma)e^{-j2\pi f\sigma}\, d\sigma$

$$= e^{j2\pi f\tau}\, H(f)$$

Damit erhalten wir für Gl. (4-25)

(4-27) $\qquad Z(f) = \int_{-\infty}^{\infty} x(\tau)e^{j2\pi f\tau}\, H(f)\, d\tau$

$$= H(f)\left[\int_{-\infty}^{\infty} x(\tau)\cos(2\pi f\tau)\, d\tau + j\int_{-\infty}^{\infty} x(\tau)\sin(2\pi f\tau)\, d\tau\right]$$

$$= H(f)[R(f) + jI(f)]$$

Die FOURIER-Transformierte von $x(\tau)$ ist andererseits gegeben durch

(4-28) $\qquad X(f) = \int_{-\infty}^{\infty} x(\tau)e^{-j2\pi f\tau}\, d\tau$

$$= \int_{-\infty}^{\infty} x(\tau)\cos(2\pi f\tau)\, d\tau - j\int_{-\infty}^{\infty} x(\tau)\sin(2\pi f\tau)\, d\tau$$

$$= R(f) - jI(f)$$

Der Term in Klammern aus Gl. (4-27) und der Ausdruck auf der rechten Seite der Gl. (4-28) sind zueinander konjugiert komplex (definiert in Gl. (3-25)). Gl. (4-27) läßt sich umschreiben als

(4-29) $\qquad Z(f) = H(f)X^*(f)$

und das FOURIER-Transformationspaar für Korrelation lautet:

(4-30) $\qquad \int_{-\infty}^{\infty} x(\tau)h(t+\tau)\, d\tau \;\circ\!\!-\!\!\bullet\; H(f)X^*(f)$

Wenn $x(t)$ eine gerade Funktion ist, ist $X(f)$ rein reell und es gilt: $X(f) = X^*(f)$. In diesem Fall ist die FOURIER-Transformierte des Korrelationsintegrals gleich $H(f)X(f)$, also mit der FOURIER-Transformierten des Faltungsintegrals identisch. Die angegebene Bedingung für die Identität der beiden Integrale ist einfach die äquivalente Frequenzbereichs-Bedingung zu der bereits früher angegebenen Zeitbereichs-Bedingung für die Identität der beiden Integrale.

Sind $x(t)$ und $h(t)$ eine und dieselbe Funktion, so wird Gl. (4-21) üblicherweise als *Autokorrelation* bezeichnet; wenn $x(t)$ und $h(t)$ verschiedene Funktionen darstellen, wird hierfür normalerweise der Begriff *Kreuzkorrelation* gebraucht.

Beispiel 4-9 Autokorrelationsfunktion

Man bestimme die Autokorrelationsfunktion des Signals

(4-31) $$h(t) = e^{-at} \quad t > 0$$
$$= 0 \quad t < 0$$

Aus Gl. (4-21) folgt unmittelbar

(4-32) $$z(t) = \int_{-\infty}^{\infty} h(\tau)h(t + \tau)\, d\tau$$

$$= \int_{0}^{\infty} e^{-a\tau} e^{-a(t+\tau)}\, d\tau \quad t > 0$$

$$= \int_{t}^{\infty} e^{-a\tau} e^{-a(t+\tau)}\, d\tau \quad t < 0$$

$$= \frac{e^{-a|t|}}{2a} \quad -\infty < t < \infty$$

Aufgaben

4-1   Man beweise folgende Eigenschaften der Faltung:
   a) Die Faltung ist kommutativ: $h(t) * x(t) = x(t) * h(t)$.
   b) Die Faltung ist assoziativ: $h(t) * [g(t) * x(t)] = [h(t) * g(t)] * x(t)$.
   c) Die Faltung ist distributiv bezüglich der Addition: $h(t) * [g(t) + x(t)] = h(t) * g(t) + h(t) * x(t)$

4-2   Man berechne $h(t) * g(t)$ mit

   (a) $h(t) = e^{-at} \quad t > 0$
   $ = 0 \quad t < 0$
   $g(t) = e^{-bt} \quad t > 0$
   $ = 0 \quad t < 0$

(b) $h(t) = te^{-t}$ $t \geq 0$
$\quad\quad\quad = 0$ $t < 0$
$\quad g(t) = e^{-t}$ $t > 0$
$\quad\quad\quad = 0$ $t < 0$

(c) $h(t) = te^{-t}$ $t \geq 0$
$\quad\quad\quad = 0$ $t < 0$
$\quad g(t) = e^{t}$ $t < -1$
$\quad\quad\quad = 0$ $t > -1$

(d) $h(t) = 2e^{3t}$ $t > 1$
$\quad\quad\quad = 0$ $t < 0$
$\quad g(t) = 2e^{t}$ $t < 0$
$\quad\quad\quad = 0$ $t > 0$

(e) $h(t) = \sin(2\pi t)$ $0 \leq t \leq \frac{1}{2}$
$\quad\quad\quad = 0$
$\quad g(t) = 1$ $0 < t < \frac{1}{8}$
$\quad\quad\quad = 0$ $t < 0; t > \frac{1}{8}$

(f) $h(t) = 1 - t$ $0 < t < 1$
$\quad\quad\quad = 0$ $t < 0; t > 1$
$\quad g(t) = h(t)$

(g) $h(t) = (a - |t|)^3$ $-a \leq t \leq a$
$\quad\quad\quad = 0$
$\quad g(t) = h(t)$

(h) $h(t) = e^{-at}$ $t > 0$
$\quad\quad\quad = 0$ $t < 0$
$\quad g(t) = 1 - t$ $0 < t < 1$
$\quad\quad\quad = 0$ $t < 0; t > 1$

4-3   Man skizziere das Faltungsprodukt der in Bild 4-14 angegebenen Funktionen $x(t)$ und $h(t)$.

4-4   Man skizziere das Faltungsprodukt der zwei ungeraden Funktionen $x(t)$ und $h(t)$ aus Bild 4-15 und zeige, daß das Faltungsprodukt zweier ungerader Funktionen eine gerade Funktion ergibt.

4-5   Man benutze das Faltungstheorem zur graphischen Bestimmung der FOURIER-Transformierten der Funktionen von Bild 4-16.

4-6   Man berechne die FOURIER-Transformierte von $e^{-\alpha t^2} * e^{-\beta t^2}$. (Hinweis: Man benutze das Faltungstheorem.)

4-7   Man benutze das Frequenzbereichs-Faltungstheorem zur graphischen Bestimmung des Faltungsproduktes der Funktionen $x(t)$ und $h(t)$ von Bild 4-17.

4-8   Man bestimme graphisch das Korrelationsprodukt der Funktionen $x(t)$ und $h(t)$ von Bild 4-14.

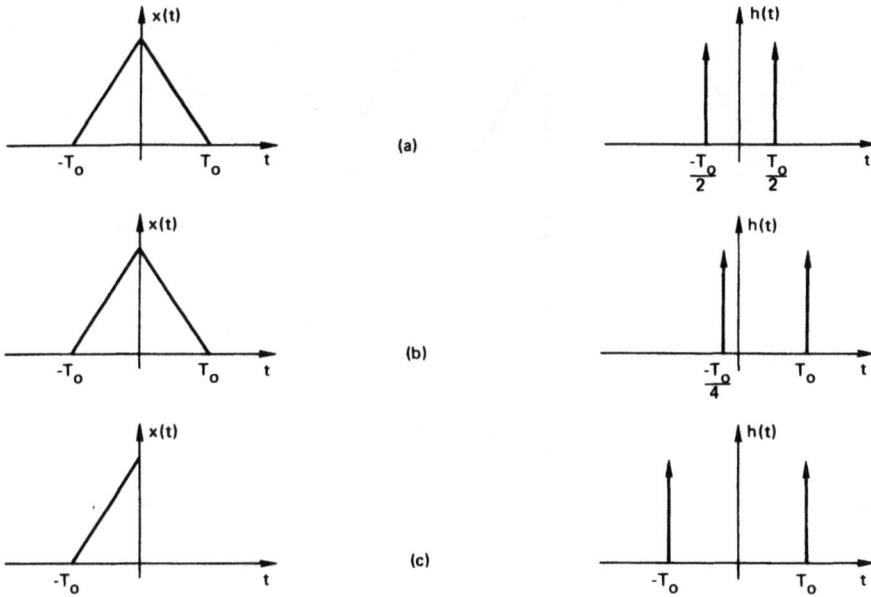

(a)

(b)

(c)

Bild 4-14: Funktion $x(t)$ und $h(t)$ für Aufgaben 4.3 und 4.8.

Bild 4-15: Funktion $x(t)$ und $h(t)$ für Aufgabe 4.4.

4-9 Gegeben sei eine zeitbegrenzte Funktion $h(t)$, die außerhalb

$$\frac{-T_0}{2} \leq t \leq \frac{T_0}{2}$$

identisch Null ist.

Man zeige, daß $h(t) * h(t)$ außerhalb des Bereichs $-T_0 \leq t \leq T_0$ identisch Null ist, d.h. $h(t) * h(t)$ hat die doppelte "Breite" wie $h(t)$.

(a)

(b)

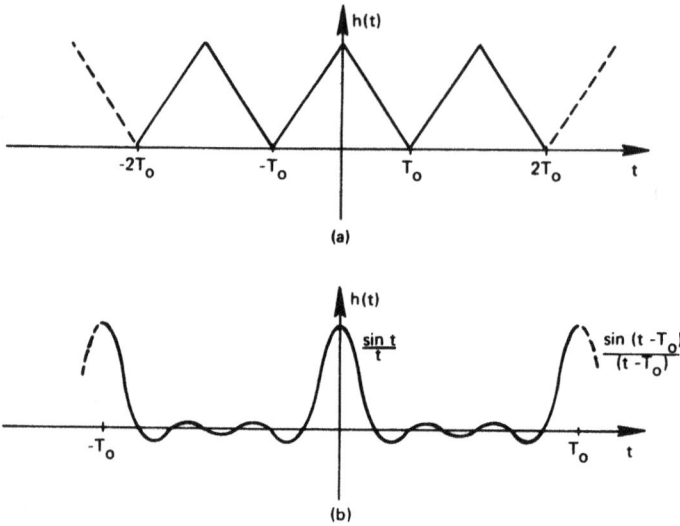

Bild 4-16: Funktionen für Aufgabe 4.5.

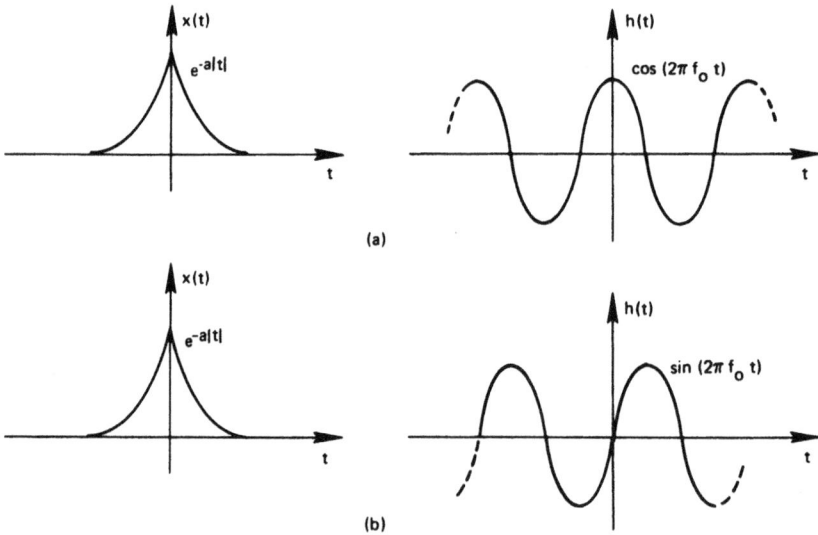

(a)

(b)

Bild 4-17: Funktionen $x(t)$, $h(t)$ für Aufgabe 4.7.

4-10   Man zeige, daß aus $h(t) = f(t) * g(t)$ folgt

$$\frac{dh(t)}{dt} = \frac{df(t)}{dt} * g(t) = f(t) * \frac{dg(t)}{dt}$$

4-11   Mit Hilfe des Frequenzbereichs-Faltungstheorems bestimme man graphisch die FOURIER-Transformierte eines halbweggleichgerichteten

Signals. Mit Hilfe dieses Ergebnisses und unter Benutzung des Verschiebungstheorems bestimme man die FOURIER-Transformierte eines vollweg gleichgerichteten Signals.

4-12 Man bestimme die FOURIER-Transformierten folgender Funktionen auf graphischem Wege.

(a) $h(t) = A \cos^2(2\pi f_0 t)$
(b) $h(t) = A \sin^2(2\pi f_0 t)$
(c) $h(t) = A \cos^2(2\pi f_0 t) + A \cos^2(\pi f_0 t)$

4-13 Man bestimme graphisch die inversen Transformierten folgender Frequenzfunktionen

(a) $\left[\dfrac{\sin(2\pi f)}{2\pi f}\right]^2$

(b) $\dfrac{1}{(1 + j2\pi f)^2}$

(c) $e^{-|2\pi f|}$

(d) $1 - e^{-|f|}$

4-14 Man leite die Regeln zur Bestimmung der Integrationsgrenzen des Korrelationsintegrals ab.

Literatur

[1] BRACEWELL, R., The Fourier Transform and Its Applications, 2. Aufl., New York: McGraw-Hill, 1986.

[2] GUPTA, S., Transform and State Variable Methods in Linear Systems. New York: Wiley, 1966.

[3] HEALY, T.J., "Convolution Revisited", IEEE Spectrum (April 1969), Vol. 6, No. 4, pp. 87 - 93.

[4] PAPOULIS, A., The Fourier Integral and Its Applications, 2. Aufl., New York: McGraw-Hill, 1984.

5. FOURIER-Reihe und Abtastsignale

In der technischen Literatur wird die FOURIER-Reihe normalerweise unabhängig
vom FOURIER-Integral behandelt. Mit Hilfe der Distributionstheorie läßt sich jedoch die FOURIER-Reihe theoretisch als Spezialfall des FOURIER-Integrals herleiten. Der Herleitungsweg über die Distributionstheorie ist insofern bedeutsam, daß er
auch für die Betrachtung der diskreten FOURIER-Transformation als Spezialfall des
FOURIER-Integrals eine fundamentale Rolle spielt. Allerdings ebenso fundamental
für das Verstehen der diskreten FOURIER-Transformation ist die FOURIER-Transformation von Abtastsignalen. In diesem Kapitel diskutieren wir die Beziehung der
FOURIER-Reihe zum FOURIER-Integral sowie die FOURIER-Transformation von
Abtastsignalen; damit bereiten wir den notwendigen Rahmen für die Herleitung der
diskreten FOURIER-Transformation in Kap.6 vor.

5.1 FOURIER-Reihe

Eine periodische Funktion $y(t)$ der Periode T_O läßt sich wie folgt als FOURIER-Reihe darstellen:

$$(5\text{-}1) \qquad y(t) = \frac{a_0}{2} + \sum_{n=1}^{\infty} [a_n \cos(2\pi n f_0 t) + b_n \sin(2\pi n f_0 t)]$$

wobei $f_o = 1/T_o$ die Grundfrequenz von $y(t)$ ist. Die Amplituden der Sinus- und Cosinusfunktionen bzw. die Koeffizienten der Reihe sind gegeben durch die Integrale

$$(5\text{-}2) \qquad a_n = \frac{2}{T_0} \int_{-T_0/2}^{T_0/2} y(t) \cos(2\pi n f_0 t) \, dt \qquad n = 0, 1, 2, 3, \ldots$$

$$(5\text{-}3) \qquad b_n = \frac{2}{T_0} \int_{-T_0/2}^{T_0/2} y(t) \sin(2\pi n f_0 t) \, dt \qquad n = 1, 2, 3, \ldots$$

Unter Anwendung der Identitäten

$$(5\text{-}4) \qquad \cos(2\pi n f_0 t) = \frac{1}{2}(e^{j2\pi n f_0 t} + e^{-j2\pi n f_0 t})$$

und

$$(5\text{-}5) \qquad \sin(2\pi n f_0 t) = \frac{1}{2j}(e^{j2\pi n f_0 t} - e^{-j2\pi n f_0 t})$$

schreiben wir den Ausdruck (5-1) um:

(5-6)
$$y(t) = \frac{a_0}{2} + \frac{1}{2} \sum_{n=1}^{\infty} (a_n - jb_n)e^{j2\pi nf_0 t}$$

$$+ \frac{1}{2} \sum_{n=1}^{\infty} (a_n + jb_n)e^{-j2\pi nf_0 t}$$

Zur Vereinfachung dieses Ausdrucks werden in Gln. (5-2) und (5-3) negative Werte für n eingeführt:

(5-7)
$$a_{-n} = \frac{2}{T_0} \int_{-T_0/2}^{T_0/2} y(t) \cos(-2\pi nf_0 t) \, dt$$

$$= \frac{2}{T_0} \int_{-T_0/2}^{T_0/2} y(t) \cos(2\pi nf_0 t) \, dt$$

$$= a_n \qquad n = 1, 2, 3, \ldots$$

(5-8)
$$b_{-n} = \frac{2}{T_0} \int_{-T_0/2}^{T_0/2} y(t) \sin(-2\pi nf_0 t) \, dt$$

$$= -\frac{2}{T_0} \int_{-T_0/2}^{T_0/2} y(t) \sin(2\pi nf_0 t) \, dt$$

$$= -b_n \qquad n = 1, 2, 3, \ldots$$

Somit erhalten wir

(5-9)
$$\sum_{n=1}^{\infty} a_n e^{-j2\pi nf_0 t} = \sum_{n=-1}^{-\infty} a_n e^{j2\pi nf_0 t}$$

und

(5-10)
$$\sum_{n=1}^{\infty} jb_n e^{-j2\pi nf_0 t} = - \sum_{n=-1}^{-\infty} jb_n e^{j2\pi nf_0 t}$$

Der Einsatz von (5-9) und (5-10) in Gl. (5-6) ergibt

(5-11)
$$y(t) = \frac{a_0}{2} + \frac{1}{2} \sum_{n=-\infty}^{\infty} (a_n - jb_n)e^{j2\pi nf_0 t}$$

$$= \sum_{n=-\infty}^{\infty} \alpha_n e^{j2\pi nf_0 t}$$

Gl. (5-11) ist die Exponentialform der FOURIER-Reihe, die Koeffizienten α_n sind i.a. komplex. Wegen

$$\alpha_n = \frac{1}{2}(a_n - jb_n) \qquad n = 0, \pm 1, \pm 2, \ldots$$

erhalten wir durch Kombinieren der Gln. (5-2), (5-3), (5-7) und (5-8)

$$(5\text{-}12) \qquad \alpha_n = \frac{1}{T_0} \int_{-T_0/2}^{T_0/2} y(t) e^{-j2\pi n f_0 t}\, dt \qquad n = 0,\ \pm 1,\ \pm 2,\ \ldots$$

Die Darstellung der FOURIER-Reihe in der Exponentialform (5-11) mit den komplexen Koeffizienten aus (5-12) ist die normalerweise bevorzugte Darstellungsart der FOURIER-Reihe in der Analysis.

Beispiel 5-1 FOURIER-Reihe einer Dreiecksfolge

Man entwickle die FOURIER-Reihe der periodischen Funktion von Bild 5-1. Da $y(t)$ eine gerade Funktion ist, folgt aus (5-12)

$$(5\text{-}13) \qquad \alpha_n = \begin{cases} \dfrac{1}{T_0} \displaystyle\int_{-T_0/2}^{T_0/2} y(t)\cos(2\pi n f_0 t)\, dt \\[2mm] \dfrac{1}{T_0} \displaystyle\int_{-T_0/2}^{0} \left(\dfrac{2}{T_0} + \dfrac{4}{T_0^2}t\right)\cos(2\pi n f_0 t)\, dt \\[2mm] \quad + \dfrac{1}{T_0} \displaystyle\int_{0}^{T_0/2} \left(\dfrac{2}{T_0} - \dfrac{4}{T_0^2}t\right)\cos(2\pi n f_0 t)\, dt \qquad n = 0, 1, 3, 5, \ldots \\[2mm] 0 \qquad\qquad\qquad n = 2, 4, 6, \ldots \end{cases}$$

$$\alpha_n = \begin{cases} \dfrac{4}{\pi^2 T_0}\dfrac{1}{n^2} \qquad n = 1, 3, 5, \ldots \\[4mm] \dfrac{1}{T_0} \qquad\qquad n = 0 \end{cases}$$

Damit erhält man

$$(5\text{-}14) \qquad y(t) = \frac{1}{T_0} + \frac{8}{\pi^2 T_0}\left[\cos(2\pi f_0 t) + \frac{1}{3^2}\cos(6\pi f_0 t) + \frac{1}{5^2}\cos(10\pi f_0 t) + \cdots\right]$$

mit $f_0 = 1/T_0$.

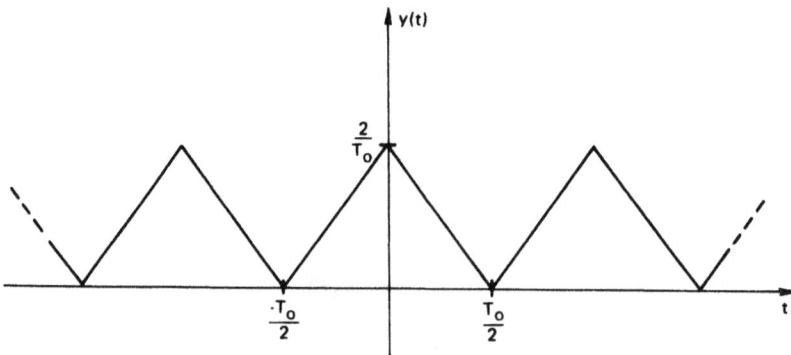

Bild 5-1: Periodische Dreieckfunktion.

5.2 FOURIER-Reihe als Spezialfall des FOURIER-Integrals

Man betrachte die periodische Dreieckimpulsfolge von Bild 5-2e. Aus Gl. (5-1) wissen wir, daß die FOURIER-Reihe dieser Funktion aus einer unendlichen Folge von Cosinusfunktionen besteht. Wir werden nun zeigen, daß sich das gleiche Ergebnis auch aus dem FOURIER-Integral ergibt.

Für die Herleitung benutzen wir das Faltungstheorem (4-14). Man beachte, daß die periodische Dreieckimpulsfolge der Periode T_O einfach durch Faltung des einmaligen Dreieckimpulses von Bild 5-2a mit der in Bild 5-2b dargestellten unendlichen Folge äquidistanter Deltafunktionen entsteht. Die periodische Funktion $y(t)$ kann also ausgedrückt werden als

(5-15) $y(t) = h(t) * x(t)$

Die FOURIER-Transformierten von $h(t)$ und $x(t)$ wurden bereits früher abgeleitet und sind nacheinander in Bilder 5-2c,d dargestellt. Nach dem Faltungstheorem ist die gesuchte FOURIER-Transformierte gleich dem Produkt dieser beiden Frequenzfunktionen:

(5-16) $Y(f) = H(f)X(f)$

$$= H(f)\frac{1}{T_0} \sum_{n=-\infty}^{\infty} \delta\left(f - \frac{n}{T_0}\right)$$

$$= \frac{1}{T_0} \sum_{n=-\infty}^{\infty} H\left(\frac{n}{T_0}\right)\delta\left(f - \frac{n}{T_0}\right)$$

Zur Ableitung von (5-16) wurden Gln. (2-44) und (4-19) benutzt.

Die FOURIER-Transformierte der periodischen Funktion setzt sich zusammen aus den FOURIER-Transformierten unendlich vieler Cosinusfunktionen mit den Amplituden $H(n/T_O)$; sie besteht also aus einer unendlichen Folge äquidistanter Deltafunktionen. Man erinnere sich daran, daß die FOURIER-Reihe einer periodischen Funktion aus der Summe unendlich vieler Cosinusfunktionen mit den Amplituden α_n (Gl. 5-12) besteht. Da jedoch das Integrationsintervall in (5-12) sich von $-T_O/2$ bis $T_O/2$ erstreckt und da

(5-17) $h(t) = y(t) \qquad -\frac{T_0}{2} < t < \frac{T_0}{2}$

gilt, kann man $y(t)$ durch $h(t)$ ersetzen und Gl. (5-12) in die Form

(5-18) $\alpha_n = \frac{1}{T_0} \int_{-T_0/2}^{T_0/2} h(t)e^{-j2\pi n f_0 t}\, dt$

$$= \frac{1}{T_0} H(nf_0) = \frac{1}{T_0} H\left(\frac{n}{T_0}\right)$$

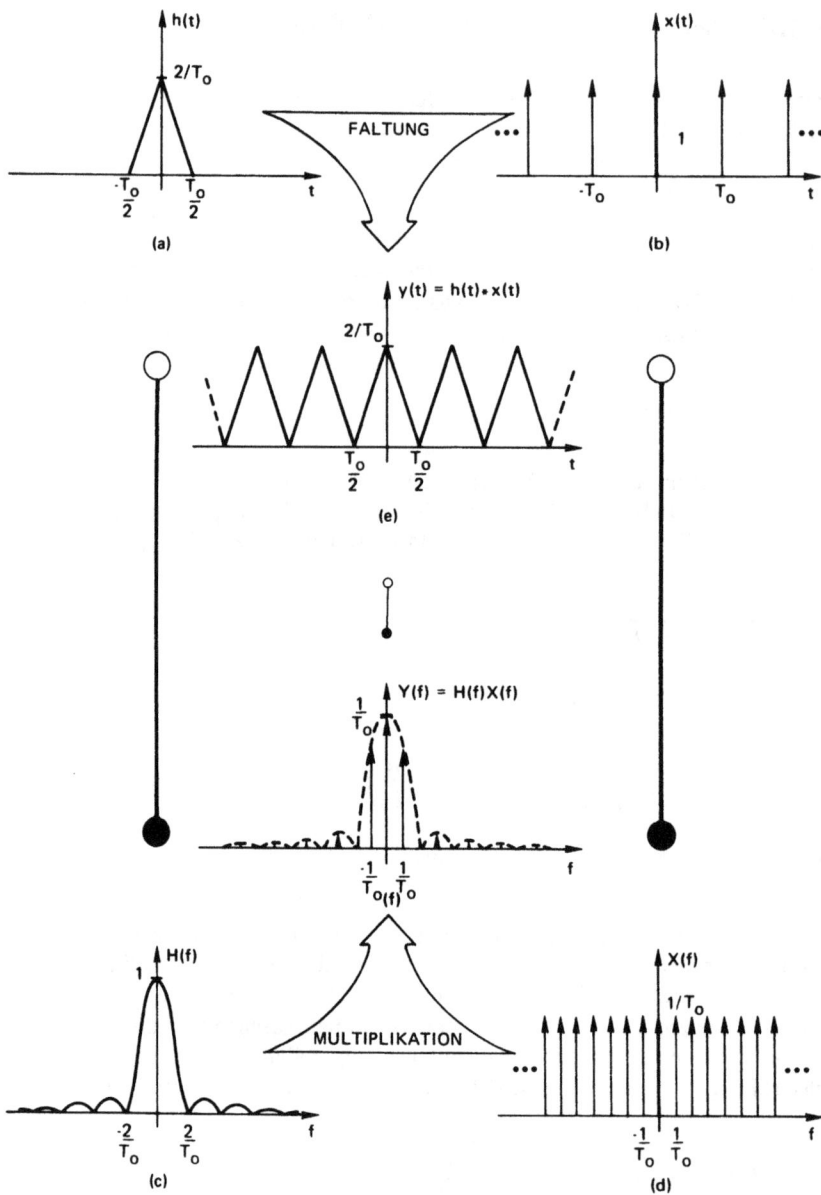

Bild 5-2: Anschauliche Herleitung der FOURIER-Transformierten einer periodischen Dreieckfunktion unter Anwendung des Faltungstheorems.

umschreiben. Somit sind die Koeffizienten, die sich aus dem FOURIER-Integral ergeben, und die Koeffizienten der herkömmlichen FOURIER-Reihe für eine periodische Funktion identisch. Ferner zeigt ein Vergleich der Bilder 5-2c,f, daß die Koeffizienten α_n der FOURIER-Reihenentwicklung von $y(t)$, bis auf den Faktor $1/T_0$, den Werten der FOURIER-Transformierten $H(f)$ bei $f_n = n/T_0$ entsprechen.

Zusammenfassend betonen wir noch einmal, daß der Schlüssel zu den gewonnenen Ergebnissen in der Einbeziehung der Distributionstheorie in die Theorie der FOURIER-Integrale liegt. Wie sich in folgenden Diskussionen herausstellen wird, ist dieses vereinheitlichende Konzept für ein vollständiges Verständnis der diskreten FOURIER-Transformation und damit auch der schnellen FOURIER-Transformation von fundamentaler Bedeutung.

5.3 Signalabtastung

In den vorangegangenen Kapiteln haben wir eine Theorie der FOURIER-Transformation entwickelt, die sowohl kontinuierliche Funktionen als auch Deltafunktionen umfaßt. Ausgehend von den gewonnenen Ergebnissen, ist der nächste naheliegende Schritt die Erweiterung der Theorie auf *Abtastsignale*, die für dieses Buch von besonderem Interesse sind. Wir haben genügend Hilfsmittel entwickelt, mit deren Hilfe wir Abtastsignale sowohl theoretisch als auch anschaulich im Detail untersuchen können. Wenn $h(t)$ bei $t = T$ stetig ist, läßt sich ein Abtastwert von $h(t)$ im Zeitpunkt T ausdrücken als

$$(5\text{-}19) \qquad \hat{h}(t) = h(t)\delta(t - T) = h(T)\delta(t - T)$$

wobei das Produkt im Sinne der Distributionstheorie zu interpretieren ist (Gl. (A-12)). Die Deltafunktion, die zur Zeit T auftritt, besitzt ein Gewicht (Beiwert), das gleich dem Funktionswert bei $t = T$ ist. Wenn $h(t)$ an den Stellen $t = nT$ mit $n = 0$, $\pm 1, \pm 2, \ldots$ stetig ist, wird die Funktion

$$(5\text{-}20) \qquad \hat{h}(t) = \sum_{n=-\infty}^{\infty} h(nT)\delta(t - nT)$$

als Abtastsignal $\hat{h}(t)$ und T als Abtastperiode bezeichnet. Das Abtastsignal $\hat{h}(t)$ besteht also aus einer unendlichen Folge äquidistanter Deltafunktionen, deren Gewichte den Funktionswerten von $h(t)$ an den Auftrittsstellen der Deltafunktionen entsprechen. Bild 5-3 veranschaulicht graphisch das Konzept der Abtastung. Da Gl. (5-20) die Multiplikation der kontinuierlichen Funktion $h(t)$ mit der Deltafunktionsfolge zum Ausdruck bringt, können wir zur Herleitung der FOURIER-Tranformierten des Abtastsignals $\hat{h}(t)$ das Frequenzbereichs-Faltungstheorem (Gl. 4.17) heranziehen. Wie in Bild 5-3 gezeigt, entsteht das Abtastsignal von Bild 5-3e durch Multiplikation des Signals $h(t)$ von Bild 5-3a mit der Deltafunktionsfolge $\Delta(t)$ von Bild 5-3b. Wir bezeichnen $\Delta(t)$ als Abtastfunktion; das Symbol $\Delta(t)$ steht stets für eine unendliche Folge von Deltafunktionen im Abstand T voneinander. Die FOURIER-Transformierten von $h(t)$ und $\Delta(t)$ sind in den Bildern 5-3c,d dargestellt. Man beachte, daß sich die FOURIER-Transformierte von $\Delta(t)$ sich als $\Delta(f)$ ergibt; diese Funktion $\Delta(f)$ wird als Frequenzabtastfunktion bezeichnet.

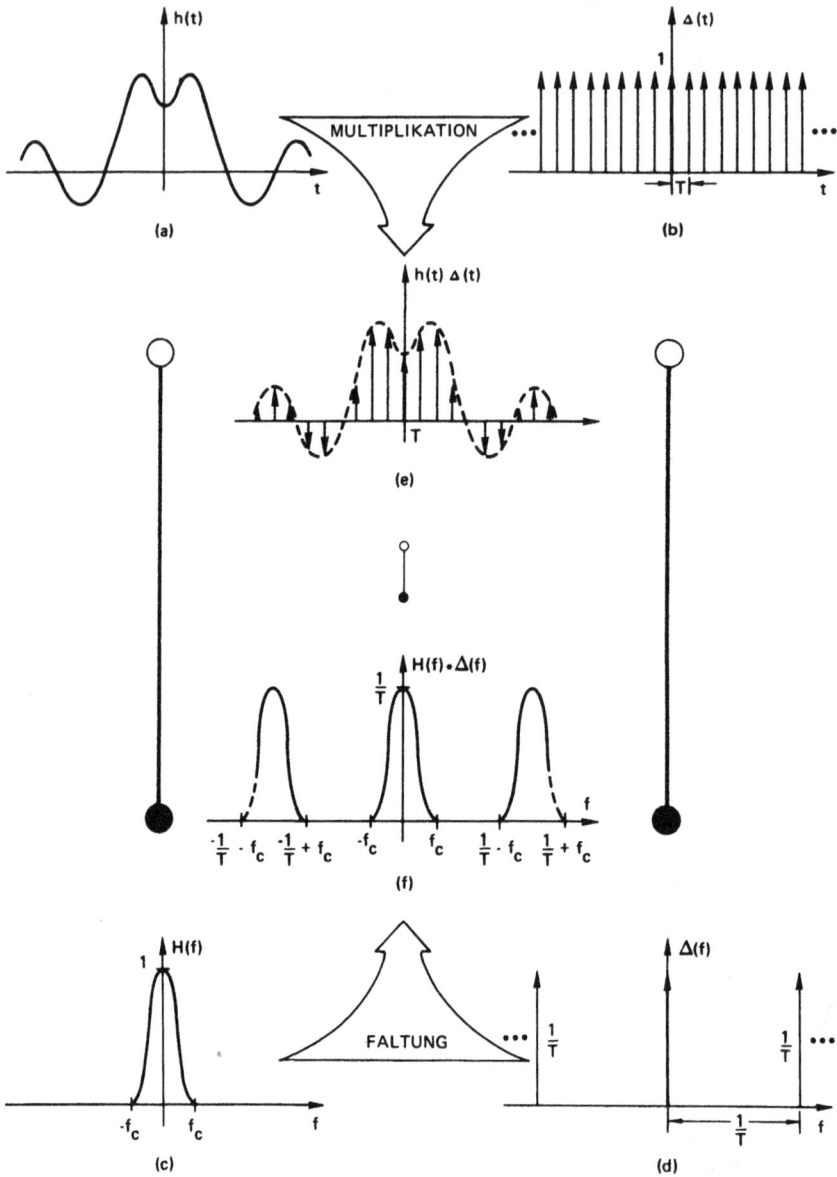

Bild 5-3: Anschauliche Herleitung der FOURIER-Transformierten eines Abtastsignals unter Anwendung des **Frequenzbereichs-Faltungstheorem**.

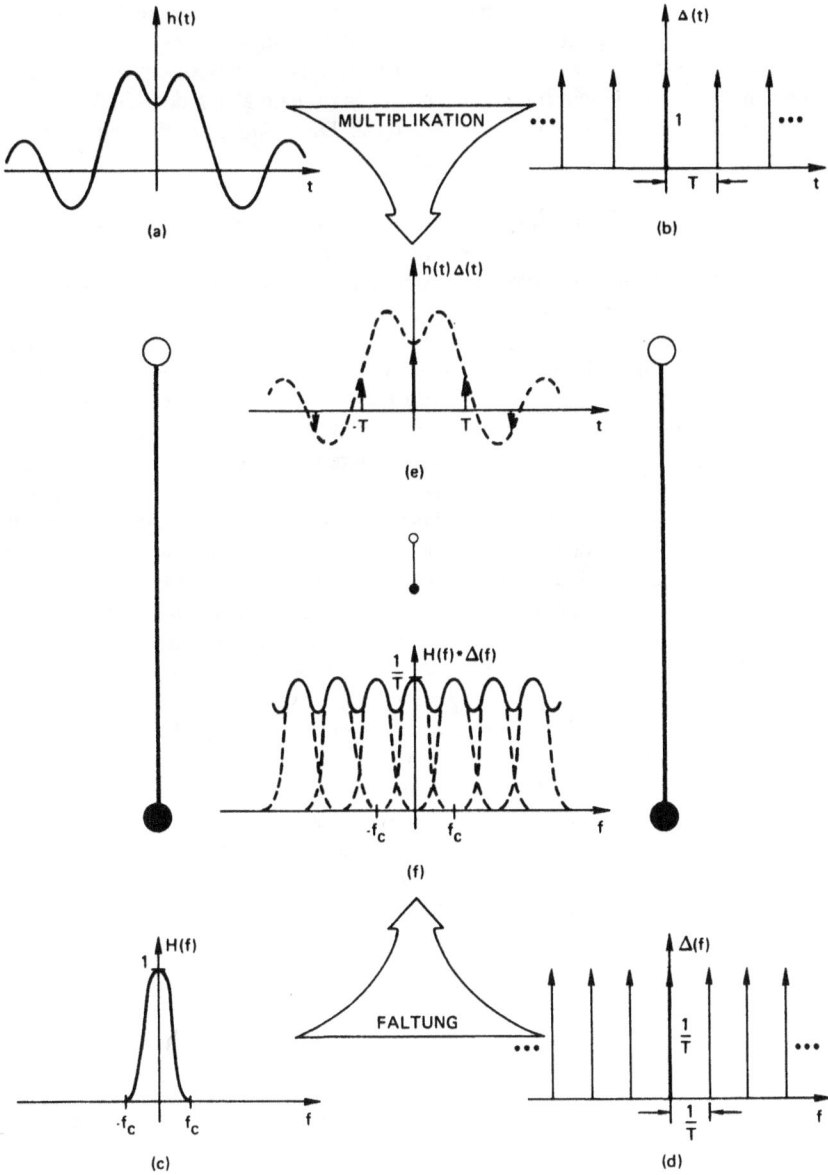

Bild 5-4: Bandüberlappte FOURIER-Transformierte eines mit einer zu geringen Abtastfrequenz abgetasteten Signals.

Nach dem Frequenzbereichs-Faltungstheorem erhält man die gesuchte FOURIER-Transformierte durch Faltung der in den Bildern 5-3c,d dargestellten Frequenzfunktionen. Die
FOURIER-Transformierte des Abtastsignals ist somit eine periodische Funktion, die bis
auf einen konstanten Faktor innerhalb einer jeden Periode gleich der FOURIER-Transformierten der kontinuierlichen Funktion h (t) ist. Diese Aussage gilt, wenn T genügend
klein ist.

Wenn T zu groß gewählt wird, erhält man die in Bild 5-4 angegebenen Ergebnisse. Man sieht, daß mit einer Vergrößerung des Abtastintervalls T (Bild 5-3b und Bild 5-
4b) der Abstand der äquidistanten Deltafunktionen von Δ (f) kleiner wird (Bild 5-3d
und Bild 5-4d). Wegen des verringerten Abstands der Frequenzbereichs-Deltafunktionen
führt ihre Faltung mit der Frequenzfunktion H (f) (Bild 5-4c) zu der in Bild 5-4f dargestellten überlappten Funktion. Diese Verzerrung der FOURIER-Transformierten des Abtastsignals wird als *Bandüberlappung (aliasing)* bezeichnet. Wie beschrieben, entsteht
die Bandüberlappung, wenn die Zeitfunktion nicht mit einer ausreichend hohen Abtastfrequenz abgetastet wird bzw. wenn das Abtastintervall T zu groß ist. Somit stellt sich
die naheliegende Frage, wie man dafür sorgen kann, daß bei der FOURIER-Transformierten eines Abtastsignals keine Bandüberlappung auftritt. Eine genaue Betrachtung
der Bilder 5-4c,d macht deutlich, daß eine Bandüberlappung dann nicht entsteht, wenn
der Abstand der Deltafunktion von Δ (f), d.h. $1/T$ größer ist als $2f_c$, wobei f_c die höchste
Frequenz der FOURIER-Transformierten der kontinuierlichen Funktion h (t) ist. Mit anderen Worten, eine Bandüberlappung kommt nicht zustande, wenn die Abtastperiode T
gleich oder größer als das halbe Reziproke der höchsten vorkommenden Frequenz gewählt wird. Dies ist ein extrem wichtiges Resultat für viele wissenschaftliche Anwendungsgebiete; der Grund liegt darin, daß man hiernach aus einem kontinuierlichen Signal lediglich Abtastwerte zu entnehmen braucht, um zu einem Abbild der
FOURIER-Transformierten des kontinuierlichen Signals zu gelangen. Ferner lassen sich
die Abtastwerte eines kontinuierlichen Signals in geeigneter Weise auch zu einer exak-
ten Rekonstruktion des Signals kombinieren, vorausgesetzt, daß das Signal mit einer
solch hohen Abtastfrequenz abgetastet wird, daß keine Bandüberlappung auftritt. Dies
entspricht dem Inhalt des Abtasttheorems, das wir im Abschnitt 5.4 behandeln wollen.

Beispiel 5.2 Überlappungseffekt im Zeitbereich

Bild 5-5 veranschaulicht den Überlappungseffekt im Zeitbereich. In diesem Beispiel ist
das Abtastintervall T größer als die halbe Periode der höchsten Frequenzkomponente des
Zeitsignals. Als Resultat repräsentieren die gezeigten äquidistanten Abtastwerte gleichzeitig mindestens zwei Sinusfunktionen unterschiedlicher Frequenzen. Im Zeitbereich
äußert sich der Überlappungseffekt also dadurch, daß sich die Frequenz einer durch die
Abtastwerte repräsentierten Sinusfunktion nicht eindeutig angeben läßt.

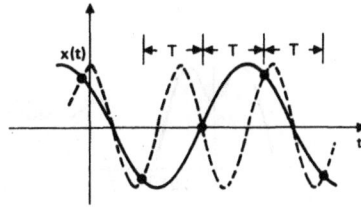

Bild 5-5: Beispiel zum Aliasing-Effekt
im Zeitbereich.

5.4 Abtasttheoreme

Das Abtasttheorem besagt, daß sich eine kontinuierliche Funktion $h(t)$ aus ihren Abtastwerten

$$(5\text{-}21) \qquad \hat{h}(t) = \sum_{n=-\infty}^{\infty} h(nT)\delta(t - nT)$$

mit $T = 1/2 f_c$ eindeutig rekonstruieren läßt, wenn die FOURIER-Transformierte der
Funktion für alle Frequenzen größer als die Frequenz f_c identisch Null ist. In diesem
Fall ist $h(t)$ gegeben durch

$$(5\text{-}22) \qquad h(t) = T \sum_{n=-\infty}^{\infty} h(nT) \frac{\sin 2\pi f_c(t - nT)}{\pi(t - nT)}$$

Bild 5-6 veranschaulicht die Bedingungen für die Gültigkeit des Theorems. Die erste Be-
dingung ist, daß die FOURIER-Transformierte von $h(t)$ für $|f| > f_c$ identisch Null ist.
Wie aus Bild 5-6c hervorgeht, ist die Frequenzfunktion dieses Beispiels bei der Frequenz f_c *bandbegrenzt.* Der Ausdruck bandbegrenzt bedeutet, daß die FOURIER-Trans-
formierte für $|f| > f_c$ identisch Null ist. Die zweite Bedingung verlangt, daß als Abtastin-
tervall $T = 1/2f_c$ gewählt werden muß, d.h. die Deltafunktionen aus Bild 5-6d müssen
im Abstand $1/T = 2f_c$ voneinander entfernt liegen. Dieser Abstand stellt sicher, daß bei
der Faltung von $\Delta(f)$ und $H(f)$ keine Bandüberlappung entsteht. Anders ausgedrückt,
die Funktionen $H(f)$ und $H(f) * \Delta(f)$ sind, wie in den Bildern 5-6c,f gezeigt, im Inter-
vall $|f| < f_c$ bis auf den Faktor T einander identisch. Wenn $T > 1/f_c$ ist, entsteht eine
Bandüberlappung; für $T < 1/f_c$ gilt das Abtasttasttheorem stets. Die Bedingung
$T = 1/2f_c$ entspricht dem maximal möglichen Abstand zwischen den Abtastwerten, für
den das Theorem noch gilt. Die Frequenz $1/T = 2f_c$ ist als *NYQUIST-Abstrate* bekannt.
Wenn die zwei genannten Bedingungen erfüllt sind, läßt sich $h(t)$ (Bild 5-6a) nach dem
Abtasttheorem aus der Kenntnis über die Deltafunktionen von Bild 5-6e rekonstruieren.

Zum Beweis des Abtasttheorems erinnern wir uns an die Ausführungen über die Bedingungen des Theorems, wonach die FOURIER-Transformierte des Abtastsignals, abgesehen von der Konstanten T, der FOURIER-Transformierten des ursprünglichen nicht abgetasteten Signals im Frequenzbereich $-f_c \leq f \leq f_c$ identisch ist. Nach Bild 5-6f ist die
FOURIER-Transformierte des Abtastsignals durch $H(f) * \Delta(f)$ gegeben. Somit ergibt

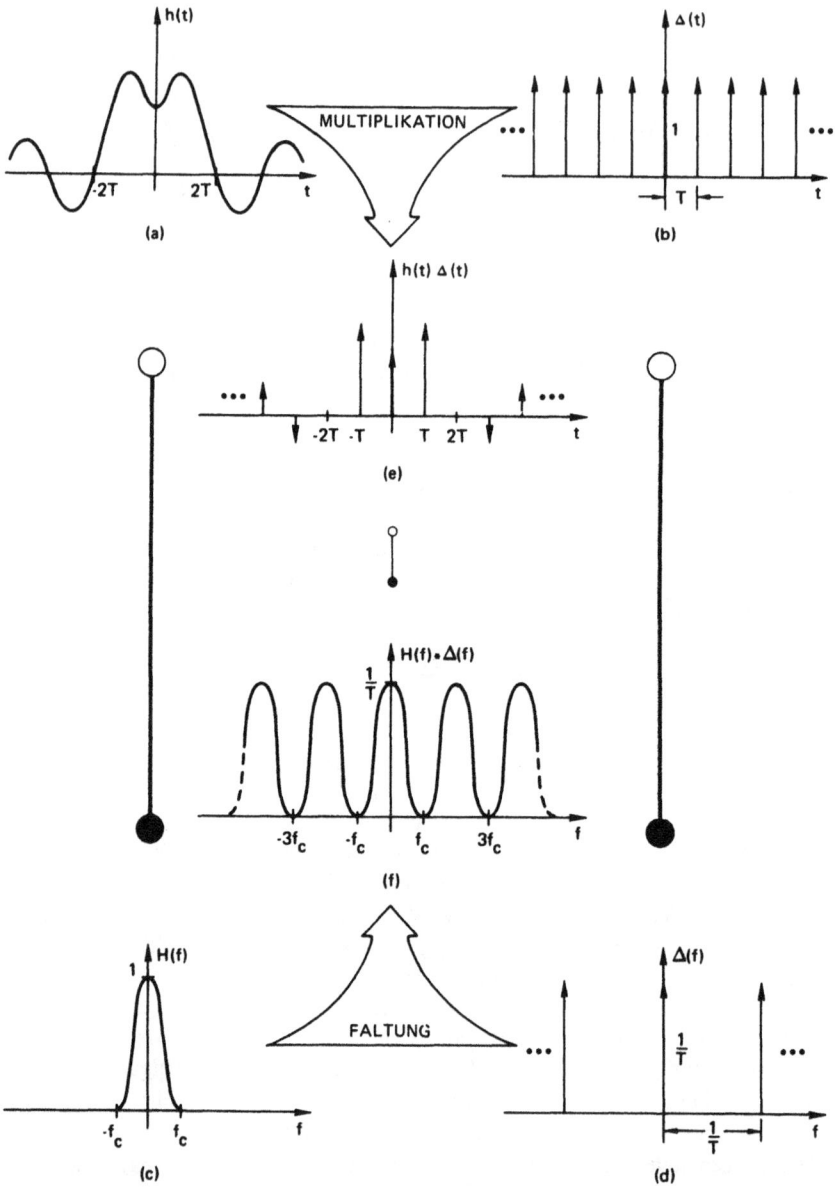

Bild 5-6: FOURIER-Transformierte eines mit der NYQUIST-Abtastrate abgetasteten Signals.

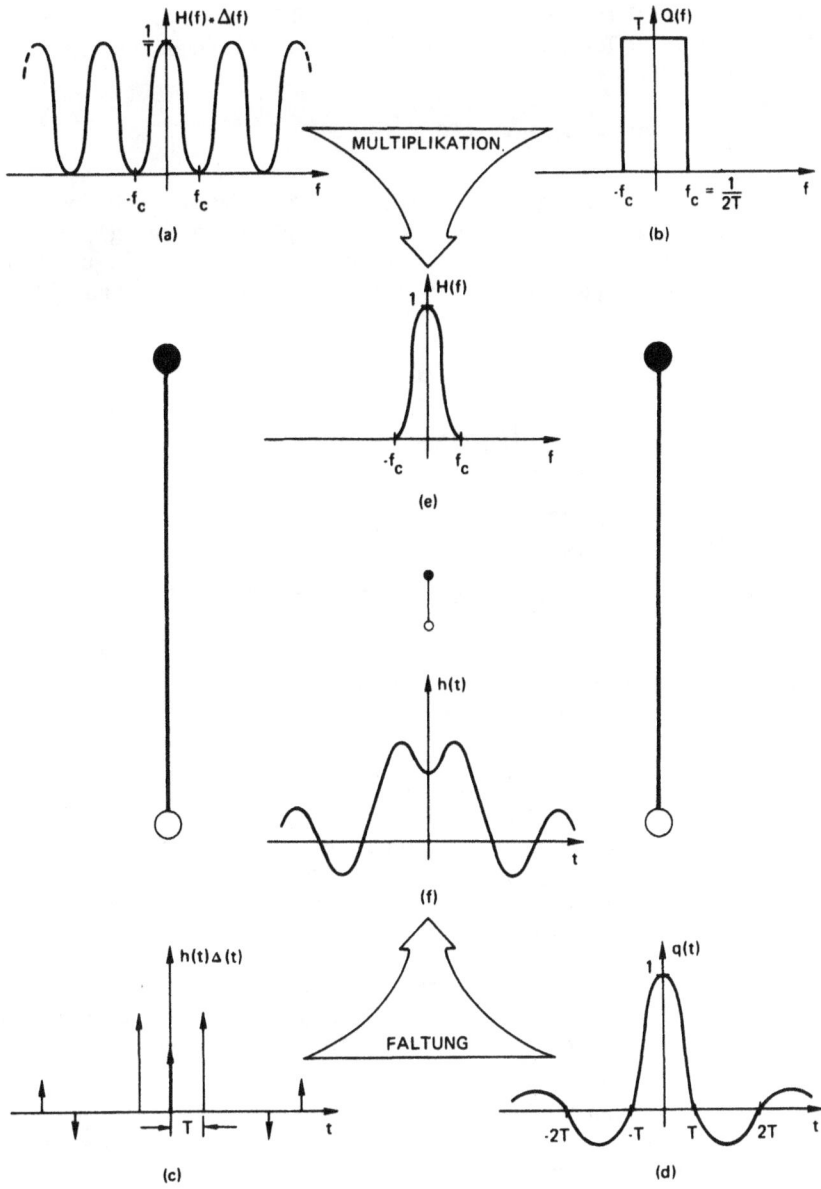

Bild 5-7: Anschauliche Herleitung des Abtasttheorems.

sich, wie in den Bildern 5-7a,b,e gezeigt, die FOURIER-Transformierte $H(f)$ als das Produkt der FOURIER-Transformierten des Abtastsignals und einer rechteckförmigen Frequenzfunktion der Höhe T:

(5-23) $\qquad H(f) = [H(f) * \Delta(f)]Q(f)$

Die inverse Transformierte von $H(f)$ ist, wie in Bild 5-7f gezeigt, die Originalfunktion $h(t)$. Nach dem Faltungstheorem ist $h(t)$ jedoch gleich dem Faltungsprodukt der inversen Transformierten von $H(f) * \Delta(f)$ und der rechteckförmigen Frequenzfunktion. Demnach erhält man $h(t)$ durch Faltung von $h(t) \Delta(t)$ (Bild 5-7c) mit q(t) (Bild 5-7d).

$$
\begin{aligned}
(5\text{-}24) \qquad h(t) &= [h(t)\Delta(t)] * q(t) \\
&= \sum_{n=-\infty}^{\infty} [h(nT)\delta(t - nT)] * q(t) \\
&= \sum_{n=-\infty}^{\infty} h(nT)q(t - nT) \\
&= T \sum_{n=-\infty}^{\infty} h(nT) \frac{\sin[2\pi f_c(t - nT)]}{\pi(t - nT)}
\end{aligned}
$$

Die Funktion $q(t)$ erhält man aus dem Transformationspaar (2-27). Gl. (5-24) beschreibt die Rekonstruktion von $h(t)$ aus ihren Abtastwerten.

Wir betonen nachdrücklich, daß die Rekonstruktion eines abgetasteten Signals nur dann möglich ist, wenn das Signal bandbegrenzt ist. In der Praxis ist diese Bedingung jedoch kaum erfüllt. Der Ausweg liegt darin, mit einer solch hohen Abtastfrequenz abzutasten, daß der Bandüberlappungseffekt vernachlässigt werden kann. Oft ist es notwendig, das Signal vor der Abtastung mit einem Tiefpaßfilter zu filtern, damit die Bedingung der Bandbegrenztheit so gut wie möglich erfüllt ist.

Bandbegrenzte Signale, wie sie in diesem Abschnitt beschrieben wurden, werden als *Basisband-Signale* bezeichnet. Gemeint sind Signale, deren Frequenzspektren den Frequenzbereich $0 \leq f \leq f_c$ besetzen. Als *Bandpaß-Signale* bezeichnet man solche Signale, deren Spektren den Frequenzbereich $f_{tief} < f < f_{hoch}$ mit $f_{tief} \gg 0$ belegen. Das in diesem Abschnitt beschriebene Abtasttheorem läßt sich auf Basisband- wie auch auf Bandpass-Signale anwenden. Für Bandpaß-Signale wird in Abschnitt 14 jedoch ein viel effizienteres Abtasttheorem vorgestellt.

Abtastung im Frequenzbereich

In Analogie zum Abtasttheorem für den Zeitbereich läßt sich auch ein Abtasttheorem für den Frequenzbereich formulieren. Wenn $h(t)$ zeitbegrenzt ist, d.h. wenn

(5-25) $\qquad h(t) = 0 \qquad |t| > T_c$

gilt, läßt sich ihre FOURIER-Transformierte $H(f)$ eindeutig aus äquidistanten Abtast-werten von $H(f)$ rekonstruieren, und zwar mit Hilfe des Ausdrucks

$$(5\text{-}26) \qquad H(f) = \frac{1}{2T_c} \sum_{n=-\infty}^{\infty} H\left(\frac{n}{2T_c}\right) \frac{\sin[2\pi T_c(f - n/2T_c)]}{\pi(f - n/2T_c)}$$

Die Beweisführung verläuft in ähnlicher Weise wie für das Zeitbereichs-Abtasttheorem.

Aufgaben

5-1 Man stelle die periodischen Funktionen aus Bild 5-8 als FOURIER-Reihen dar.

5-2 Man bestimme die FOURIER-Transformierten der Funktionen von Bild 5-8 und vergleiche die Ergebnisse mit denen aus Aufgabe 5-1.

5-3 Mit Hilfe ähnlicher Überlegungen, wie in Bild 5-4 geschehen, bestimme man die NYQUIST-Abtastraten für Funktionen für die die Beträge der FOURIER-Transformierten in Bild 5-9 abgebildet sind.

5-4 Man gebe eine graphische Plausibilitätserklärung für das Bandpaß-Abtasttheorem, das besagt

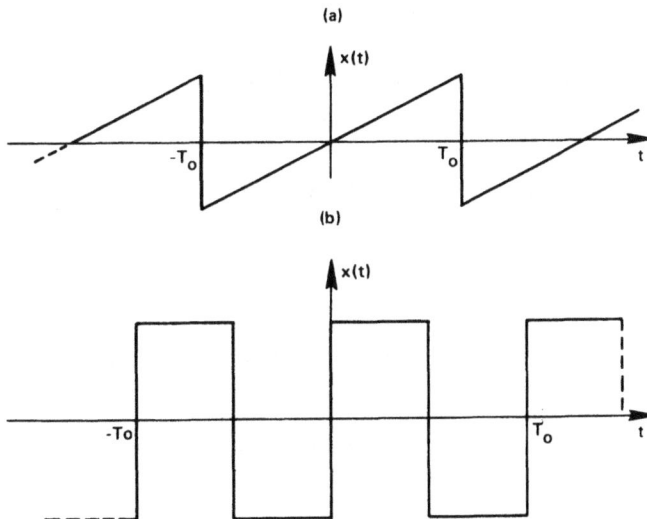

Bild 5-8: Zeitfunktionen für Aufgaben 5.1 und 5.2.

$$\text{kritische Abtastfrequenz} = \frac{2\,f_o}{\text{größte ganze Zahl} < f_o/(f_o - f_u)}$$

mit f_o als die obere und f_u als die untere Bandpaß-Durchlaßgrenzfrequenz.

5-5 Die Funktion $h(t) = \cos(2\pi t)$ werde an den Stellen $t = n/4$; $n = 0, \pm 1, \pm 2$ abgetastet. Man skizziere $h(t)$ und kennzeichne die Abtastwerte. Man werte sowohl graphisch als auch analytisch die Gl. (5-24) für $h(t = 7/8)$ aus, wobei die Summation sich nur über $n = 2, 3, 4, 5$ erstreckt.

5-6 Eine Frequenzfunktion (e.g. die Übertragungsfunktion eines Filters) sei experimentell ermittelt und als Kurvenzug angegeben. Dieser Verlauf sei zum Zwecke der Abspeicherung und späteren Rechner-Verarbeitung abzutasten. Wie groß ist das kleinste notwendige Frequenzabtastintervall zu wählen, um die Frequenzfunktion später exakt rekonstruieren zu können. Man gebe alle Bedingungen an.

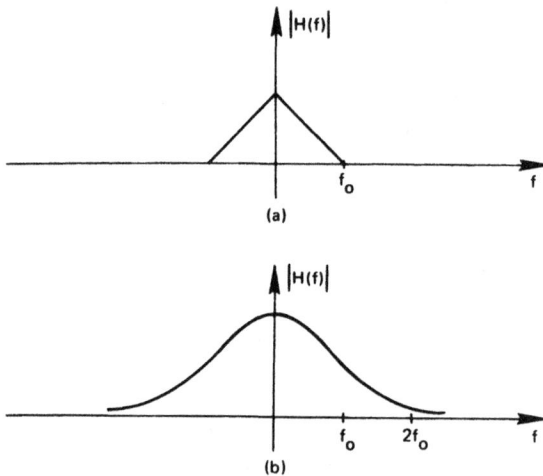

Bild 5-9: Frequenzfunktion für die Aufgabe 5.3.

Literatur

[1]   BRACEWELL, R., The Fourier Transform and Its Applications. 2. Aufl., New York: McGraw-Hill, 1986.

[2]   PAPOULIS, A., The Fourier Integral and Its Applications, 2. Aufl., New York: McGraw-Hill 1984.

[3]   SCHWARTZ, M. and L. SHAW, Signal Processing: Discrete Spectral Analysis, Detection and Estimation. New York: MacGraw-Hill, 1975

6. Die diskrete FOURIER-Transformation

Bei Beschreibungen der diskreten FOURIER-Transformation wird üblicherweise von einer selbständigen Definition der FOURIER-Transformation diskreter Signale endlicher Dauer ausgegangen. Aus dieser axiomatischen Definition werden dann die entsprechenden Eigenschaften der diskreten Transformation abgeleitet. Dieser Beschreibungsweg ist jedoch wenig lohnend, da am Ende immer die wichtige Frage unbeantwortet bleibt, welcher Zusammenhang zwischen der diskreten und der kontinuierlichen FOURIER-Transformation besteht. Um diese Frage zu beantworten, ziehen wir es vor, die diskrete FOURIER-Transformation als Spezialfall der kontinuierlichen FOURIER-Transformation herzuleiten. Die diskrete FOURIER-Transformation läßt sich selbstverständlich auch unabhängig von der kontinuierlichen definieren. Die praktische Umsetzung vieler Anwendungen der kontinuierlichen FOURIER-Transformation erfordert jedoch den Einsatz eines Computers, was doch die Einbeziehung der diskreten FOURIER-Transformation und daher auch der FFT erforderlich macht. Beide Wege ergeben identische Ergebnisse; sie unterscheiden sich jedoch in der Interpretation der Resultate.

In diesem Kapitel führen wir eine Spezialisierung der kontinuierlichen FOURIER-Transformation ein, die sich zur Computer-Auswertung als besonders geeignet erweist. Wir werden die diskrete FOURIER-Transformation auf graphischem Wege aus der Theorie der kontinuierlichen FOURIER-Transformation herleiten. Die auf graphischem Wege gewonnenen Ergebnisse werden dann durch eine mathematische Argumentation untermauert. Beide Beschreibungsweisen, die graphische wie auch die mathematische, betonen die Modifikationen der Theorie der kontinuierlichen FOURIER-Transformation, die zur Herleitung von an Computer-Auswertung orientierten Transformationspaaren notwendig sind. Wir werden auch die Eigenschaften der diskreten FOURIER-Transformation behandeln.

6.1 Graphische Beschreibung

Man betrachte als Beispiel die Funktion $h(t)$ und ihre FOURIER-Transformierte $H(f)$ aus Bild 6-1a. Dieses Transformationspaar sei nun derart zu modifizieren, daß dessen Auswertung mit Hilfe eines Digitalrechners möglich wird. Das modifizierte Transformationspaar, bezeichnet als *diskrete FOURIER-Transformation,* soll die kontinuierliche FOURIER-Transformation so gut wie möglich approximieren.

Um die FOURIER-Transformierte von $h(t)$ mit Methoden der digitalen Signalverarbeitung ermitteln zu können, ist es notwendig, $h(t)$, wie in Kapitel 5 geschildert, abzutasten. Die Abtastung entspricht einer Multiplikation von $h(t)$ mit der Abtastfunktion von Bild 6-1b. Das Abtastintervall sei T. Bild 6-1c zeigt das Abtastsignal $\hat{h}(t)$ und seine FOURIER-Transformierte. Dieses Transformationspaar demonstriert den ersten Modifikationsschritt des ursprünglichen Paares, der zur Bildung eines diskreten Transformationspaares notwendig ist. Man beachte, daß sich das modifizierte Transformationspaar bisher von dem ursprünglichen Transformationspaar nur aufgrund des durch die Abtastung entstandenen Bandüberlappungseffektes unterscheidet. Wie in Abschnitt 5.3 erwähnt, entstehen hierbei keinerlei Informationsverluste, wenn die Funktion $h(t)$ mit einer Abtastfrequenz abgetastet wird, die mindestens doppelt so groß ist wie die höchste in $h(t)$ enthaltene Frequenz. Wenn $h(t)$ nicht bandbegrenzt ist, d.h. wenn $H(f) \neq 0$ für $|f| > f_c$ gilt mit f_c als einer beliebigen Frequenz, dann verursacht die Abtastung, wie in Bild 6-1c veranschaulicht, den Bandüberlappungseffekt. Um den resultierenden Fehler zu reduzieren, bleibt uns nur eine einzige Möglichkeit, nämlich, die Abtastfrequenz zu erhöhen bzw. T zu verkleinern.

Das Transformationspaar von Bild 6-1c ist für die numerische Auswertung nicht geeignet, da hierbei unendlich viele Abtastwerte von $h(t)$ zu berücksichtigen sind; es ist daher erforderlich, das Abtastsignal $\hat{h}(t)$ zeitlich zu begrenzen, so daß man nur mit einer endlichen Anzahl N von Abtastwerten zu tun hat. Bild 6-1d zeigt die rechteckförmige Begrenzungsfunktion (Fensterfunktion) und ihre FOURIER-Transformierte. Das Produkt der unendlichen Folge der Deltafunktionen, die $\hat{h}(t)$ repräsentieren, und der Begrenzungsfunktion liefert die in Bild 6-1e gezeigte zeitbegrenzte Funktion. Die Zeitbegrenzung bildet die zweite Modifikation des ursprünglichen FOURIER-Transformationspaares. Sie führt zur Faltung der bandüberlappten Frequenzfunktion von Bild 6-1c mit der in Bild 6-1d dargestellten FOURIER-Transformierten der Begrenzungsfunktion. Wie in Bild 6-1e gezeigt, hat die FOURIER-Transformierte nun *Welligkeiten* in ihrem Verlauf; zur Verdeutlichung wurde dieser Effekt übertrieben dargestellt. Zur Abschwächung dieses Effektes sei an die reziproke Beziehung zwischen der *Breite* einer Zeitfunktion und der Breite ihrer FOURIER-Transformierten erinnert (Abschnitt 3.3). Demnach strebt die $\sin(f)/f$-Funktion (Bild 6-1d) mit einer Verbreiterung der (rechteckförmigen) Begrenzungsfunktion gegen eine Deltafunktion; je mehr sich die $\sin(f)/f$-Funktion einer Deltafunktion nähert, umso geringer ist die Welligkeit bzw. umso kleiner der Fehler, der durch die Zeitbegrenzung verursacht wird. Daher ist es wünschenswert, die Breite der Begrenzungsfunktion so groß wie möglich zu wählen. Wir werden die Auswirkungen der Zeitbegrenzung in Abschnitt 6.4 ausführlich untersuchen.

Das modifizierte Transformationspaar von Bild 6-1e ist immer noch nicht das gewünschte diskrete FOURIER-Transformationspaar, weil die FOURIER-Transformierte eine kontinuierliche Frequenzfunktion ist. Bei der Computer-Auswertung können jedoch nur Abtastwerte der Frequenzfunktion berechnet werden. Es ist also notwendig, die FOURIER-Transformierte mit Hilfe der Frequenzabtastfunktion von Bild 6-1f zu modifizieren. Das Frequenzabtastintervall beträgt $1/T_0$.

Das diskrete FOURIER-Tranformationspaar von Bild 6-1g eignet sich für eine Computer-Auswertung, da sowohl die Zeit- als auch die Frequenzfunktion als diskrete Abtastwerte erscheinen. Wie in Bild 6-1g gezeigt, wird die ursprüngliche Zeitfunktion durch N Abtastwerte approximiert; die ursprüngliche FOURIER-Transformierte $H(f)$ wird eben-

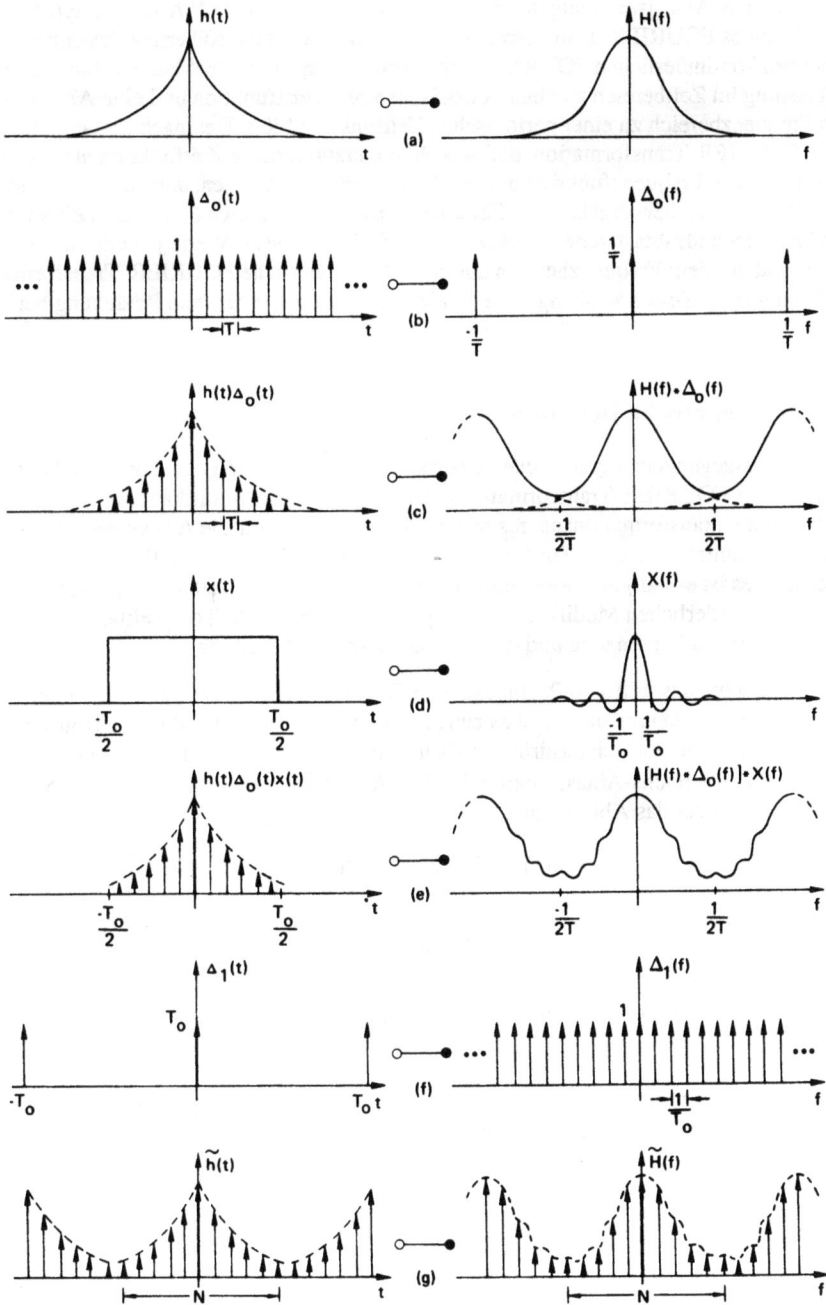

Bild 6-1: Zur anschaulichen Herleitung der diskreten FOURIER- Transformation.

falls durch N Abtastwerte angenähert. Diese zwei Folgen von je N Abtastwerten bilden ein diskretes FOURIER-Transformationspaar und stellen eine Näherung des entsprechenden kontinuierlichen FOURIER-Transformationspaares dar. Man beachte, daß eine Abtastung im Zeitbereich zu einer periodischen Frequenzfunktion und eine Abtastung im Frequenzbereich zu einer periodischen Zeitfunktion führt. Demnach verlangt die diskrete FOURIER-Transformation, daß sowohl die ursprüngliche Zeitfunktion als auch die ursprüngliche Frequenzfunktion in der Weise modifiziert werden, daß aus ihnen periodische Funktionen hervorgehen. N Zeitabtastwerte repräsentieren dann eine Zeitperiode und N Frequenzabtastwerte eine Frequenzperiode. Da die N Werte jeweils aus dem Zeit- und aus dem Frequenzbereich durch die kontinuierliche FOURIER-Transformation miteinander in Zusammenhang stehen, läßt sich hierfür eine diskrete Beziehung herleiten.

6.2 Mathematische Herleitung

Die vorausgegangenen graphischen Überlegungen haben gezeigt, daß man ein kontinuierliches FOURIER-Transformationspaar mittels einiger Modifikationen in die Form eines Transformationspaares bringen kann, das sich für die Auswertung mit einem Digitalrechner eignet. Zur Beschreibung dieses diskreten FOURIER-Transformationspaares ist es lediglich notwendig, die mathematischen Beziehungen herzuleiten, die den erforderlichen Modifikationen zugrunde liegen, nämlich die Zeitbereichs-Abtastung, die Zeitbegrenzung und die Frequenzbereichs-Abtastung.

Man betrachte das in Bild 6-2a angegebene Transformationspaar. Um dieses Transformationspaar zu diskretisieren, ist es zunächst notwendig, das Signal $h(t)$ abzutasten; das Abtastsignal läßt sich ausdrücken als $h(t) \Delta_o(t)$ wobei $\Delta_o(t)$ die in Bild 6-2b dargestellte Zeitbereichs-Abtastfunktion ist. Das Abtastintervall ist T. Gemäß Gl. (5-20) schreiben wir für das Abtastsignal

$$(6\text{-}1) \qquad h(t)\Delta_0(t) = h(t) \sum_{k=-\infty}^{\infty} \delta(t - kT)$$

$$= \sum_{k=-\infty}^{\infty} h(kT)\delta(t - kT)$$

Bild 6-2c zeigt das Ergebnis dieser Multiplikation. Man achte auf den Bandüberlappungseffekt, der aus der speziellen Wahl von T resultiert.

Als nächstes wird das Abtastsignal zeitbegrenzt durch eine Multiplikation mit der in Bild 6-2d angegebenen Rechteckfunktion:

$$(6\text{-}2) \qquad x(t) = 1 \qquad -\frac{T}{2} < t < T_0 - \frac{T}{2}$$

$$= 0 \qquad \text{sonst.}$$

wobei T_0 die Dauer der Begrenzungsfunktion (Beobachtungszeit) ist. Die Frage liegt nahe, warum der Mittelpunkt der Rechteckfunktion $x(t)$ nicht bei $t = 0$ oder bei $t = t = T_0/2$ liegt. Die Rechteckfunktion $x(t)$ wurde nicht bei $t = 0$ zentriert, um die Beschreibung nicht zu erschweren, und der Grund dafür, daß sie nicht bei $t = T_0/2$ zen-

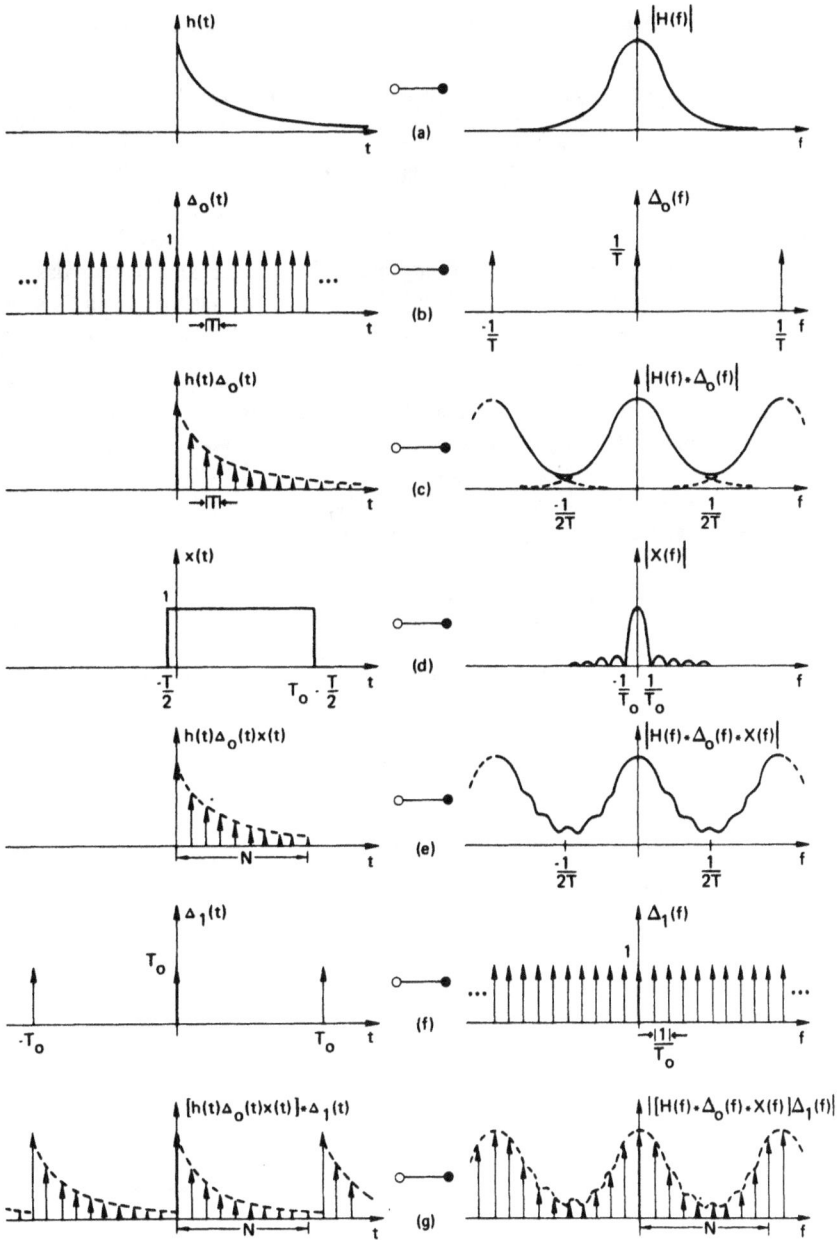

Bild 6-2: Anschauliche Herleitung eines diskreten FOURIER-Transformationspaares.

triert ist, wird sich später in diesem Abschnitt herausstellen. Die Zeitbegrenzung liefert

(6-3) $\qquad h(t)\Delta_0(t)x(t) = \left[\sum_{k=-\infty}^{\infty} h(kT)\delta(t - kT) \right] x(t)$

$$= \sum_{k=0}^{N-1} h(kT)\delta(t - kT)$$

wobei angenommen wurde, daß N äquidistante Deltafunktionen innerhalb des Begrenzungsintervalls (Beobachtungszeit) liegen; i.e. $N = T_0/T$. Bild 6-2e zeigt das zeitbegrenzte Abtastsignal und seine FOURIER-Transformierte. Wie im letzten Beispiel führt auch hier eine Begrenzung im Zeitbereich zu *Welligkeiten* im Frequenzbereich.

Der letzte Schritt der Modifizierung des ursprünglichen kontinuierlichen FOURIER-Transformationspaares zu einem diskreten FOURIER-Transformationspaar ist die Abtastung der FOURIER-Transformierten der Gl. (6-3). Im Zeitbereich entspricht diese Abtastung (Multiplikation) der Faltung des zeitbegrenzten Abtastsignals (Gl. (6-3)) mit der Zeitfunktion $\Delta_1 (t)$ aus Bild 6-2f. Die Funktion $\Delta_1 (t)$ ist gemäß dem FOURIER-Transformationspaar (2-40) gegeben durch:

(6-4) $\qquad \Delta_1(t) = T_0 \sum_{r=-\infty}^{\infty} \delta(t - rT_0)$

Die gesuchte Beziehung ist $[h (t) . \Delta_0 (t) . x (t)] * \Delta_1 (t)$; hierfür erhält man

(6-5) $\qquad [h(t)\Delta_0(t)x(t)] * \Delta_1(t) = \left[\sum_{k=0}^{N-1} h(kT)\delta(t - kT) \right]$

$$* \left[T_0 \sum_{r=-\infty}^{\infty} \delta(t - rT_0) \right]$$

$$= \dots + T_0 \sum_{k=0}^{N-1} h(kT)\delta(t + T_0 - kT)$$

$$+ T_0 \sum_{k=0}^{N-1} h(kT)\delta(t - kT)$$

$$+ T_0 \sum_{k=0}^{N-1} h(kT)\delta(t - T_0 - kT) + \dots$$

Man beachte, daß die Gl. (6-5) eine periodische Funktion der Periode T_0 beschreibt; kompakt ausgedrückt lautet sie

(6-6) $\qquad \tilde{h}(t) = T_0 \sum_{r=-\infty}^{\infty} \left[\sum_{k=0}^{N-1} h(kT)\delta(t - kT - rT_0) \right]$

Wir benutzen das Symbol $\tilde{h} (t)$, um anzudeuten, daß $\tilde{h} (t)$ nur eine Approximation zu $h (t)$ darstellt.

Die Wahl der durch Gl. (6-2) beschriebenen Rechteckfunktion $x(t)$ läßt sich nun erklären. Wir erinnern uns daran, daß das Faltungsprodukt aus Gl. (6-6) eine periodische Funktion der Periode T_0 ist, die innerhalb einer Periode N Abtastwerte enthält. Wenn die Rechteckfunktion derart gewählt wäre, daß jeweils eine ihrer Endpunkte mit einem Abtastwert zusammenfiele, dann würde die Faltung der Rechteckfunktion mit den Deltafunktionen im Abstand T_0 voneinander eine Überlappung im Zeitbereich zur Folge haben, d.h. der N-te Abtastwert einer jeden Periode fiele mit dem ersten Abtastwert der darauffolgenden Periode zusammen (und addierte sich dazu auf). Um diese Zeitbereichsüberlappung zu vermeiden, ist es notwendig, das Begrenzungsintervall wie in Bild 6-2d zu wählen. (Man kann die Begrenzungsfunktion auch wie in Bild 6-1d wählen, muß aber dann darauf achten, daß die beiden Endpunkte der Begrenzungsfunktion zur Vermeidung der Zeitbereichsüberlappung jeweils im Mittelpunkt zwischen zwei benachbarten Abtastwerten liegen). Zur Bestimmung der FOURIER-Transformation der Gl. (6-6) erinnern wir uns an die Ausführungen in Abschnitt 5.1 über FOURIER-Reihen, wonach die FOURIER-Transformierte einer periodischen Funktion $h(t)$ aus einer Folge äquidistanter Deltafunktionen besteht:

(6-7)
$$\tilde{H}\left(\frac{n}{T_0}\right) = \sum_{n=-\infty}^{\infty} \alpha_n \delta(f - nf_0) \qquad f_0 = \frac{1}{T_0}$$

mit

(6-8)
$$\alpha_n = \frac{1}{T_0} \int_{-T/2}^{T_0-T/2} \tilde{h}(t) e^{-j2\pi nt/T_0}\, dt \qquad n = 0, \pm 1, \pm 2, \ldots$$

Der Einsatz von Gl. (6-6) in Gl. (6-8) ergibt

$$\alpha_n = \frac{1}{T_0} \int_{-T/2}^{T_0-T/2} T_0 \sum_{r=-\infty}^{\infty} \sum_{k=0}^{N-1} h(kT)\delta(t - kT - rT_0) e^{-j2\pi nt/T_0}\, dt$$

Da die Integration sich nur über eine Periode erstreckt, erhält man hieraus

(6-9)
$$\alpha_n = \int_{-T/2}^{T_0-T/2} \sum_{k=0}^{N-1} h(kT)\delta(t - kT) e^{-j2\pi nt/T_0}\, dt$$

$$= \sum_{k=0}^{N-1} h(kT) \int_{-T/2}^{T_0-T/2} e^{-j2\pi nt/T_0} \delta(t - kT)\, dt$$

$$= \sum_{k=0}^{N-1} h(kT) e^{-j2\pi knT/T_0}$$

Wegen $T_0 = NT$ folgt aus Gl. (6-9)

(6-10)
$$\alpha_n = \sum_{k=0}^{N-1} h(kT) e^{-j2\pi kn/N} \qquad n = 0, \pm 1, \pm 2, \ldots$$

und die FOURIER-Transformation der Gl. (6-6) ergibt

(6-11) $$\tilde{H}\left(\frac{n}{NT}\right) = \sum_{n=-\infty}^{\infty} \sum_{k=0}^{N-1} h(kT)e^{-j2\pi kn/N}$$

Aus einer flüchtigen Betrachtung der Gl. (6-11) kann man nicht sofort erkennen, daß die FOURIER-Transformierte $\tilde{H}$ (n/NT), wie in Bild 6-2g dargestellt, periodisch ist. Aus Gl. (6.11) lassen sich jedoch nur N diskrete komplexe Werte errechnen. Um diesen Punkt zu verdeutlichen, setzen wir $n = r$ mit r als beliebiger ganzer Zahl; somit erhalten wir

(6-12) $$\tilde{H}\left(\frac{r}{NT}\right) = \sum_{k=0}^{N-1} h(kT)e^{-j2\pi kr/N}$$

Nun setzen wir $n = r + N$; wegen $e^{-j2\pi k} = \cos(2\pi k) - j\sin(2\pi k) = 1$ für alle ganzzahligen k gilt:

(6-13) $$e^{-j2\pi k(r+N)/N} = e^{-j2\pi kr/N} e^{-j2\pi k}$$
$$= e^{-j2\pi kr/N}$$

Damit erhält man für $n = r + N$

(6-14) $$\tilde{H}\left(\frac{r+N}{NT}\right) = \sum_{k=0}^{N-1} h(kT)e^{-j2\pi k(r+N)/N}$$
$$= \sum_{k=0}^{N-1} h(kT)e^{-j2\pi kr/N}$$
$$= \tilde{H}\left(\frac{r}{NT}\right)$$

Folglich lassen sich aus Gl. (6-11) nur N diskrete Werte errechnen; $\tilde{H}$ (n/NT) ist also periodisch mit der Periode N. Die FOURIER-Transformation (6-11) läßt sich auch durch folgende äquivalente Beziehung ausdrücken:

(6-15) $$\tilde{H}\left(\frac{n}{NT}\right) = \sum_{k=0}^{N-1} h(kT)e^{-j2\pi nk/N} \qquad n = 0, 1, \ldots, N-1$$

Gl. (6-15) drückt die gesuchte diskrete FOURIER-Transformation aus; diese Beziehung verbindet N Abtastwerte einer Zeitfunktion mittels der kontinuierlichen FOURIER-Transformation mit N Abtastwerten einer Frequenzfunktion. Die diskrete FOURIER-Transformation ist also ein Spezialfall der kontinuierlichen FOURIER-Transformation. Wenn die N Abtastwerte der ursprünglichen Funktion h (t) als eine Periode einer periodischen Funktion deklariert werden, dann besteht die FOURIER-Transformierte dieser periodischen Funktion aus den N Werten, die sich aus Gl. (6-15) ergeben. Die Bezeichnung $H(n/NT)$ soll daran erinnern, daß die diskrete FOURIER-Transformation hier eine Approximation der kontinuierlichen FOURIER-Transformation darstellt. Normalerweise wird Gl. (6-15) in der Form

(6-16) $$G\left(\frac{n}{NT}\right) = \sum_{k=0}^{N-1} g(kT)e^{-j2\pi nk/N} \qquad n = 0, 1, \ldots, N-1$$

geschrieben, da die FOURIER-Transformierte eines periodischen Abtastsignals $g(kT)$ exakt durch $G(n/NT)$ gegeben ist.

6.3 Inverse diskrete FOURIER-Transformation

Die inverse diskrete FOURIER-Transformation ist gegeben durch

(6-17) $\qquad g(kT) = \dfrac{1}{N} \sum\limits_{n=0}^{N-1} G\left(\dfrac{n}{NT}\right) e^{j2\pi nk/N} \qquad k = 0, 1, \ldots, N-1$

Um zu zeigen, daß Gl. (6-17) und die Transformationsbeziehung (6-16) ein diskretes FOURIER-Transformationspaar bilden, setzen wir Gl. (6-17) in Gl. (6-16) ein:

(6-18) $\qquad G\left(\dfrac{n}{NT}\right) = \sum\limits_{k=0}^{N-1} \left[\dfrac{1}{N} \sum\limits_{r=0}^{N-1} G\left(\dfrac{r}{NT}\right) e^{j2\pi rk/N} \right] e^{-j2\pi nk/N}$

$\qquad\qquad = \dfrac{1}{N} \sum\limits_{r=0}^{N-1} G\left(\dfrac{r}{NT}\right) \left[\sum\limits_{k=0}^{N-1} e^{j2\pi rk/N} e^{-j2\pi nk/N} \right]$

$\qquad\qquad = G\left(\dfrac{n}{NT}\right)$

Die Identität (6-18) folgt aus der Orthogonalitätsbeziehung

(6-19) $\qquad \sum\limits_{k=0}^{N-1} e^{j2\pi rk/N} e^{-j2\pi nk/N} = \begin{cases} N & r = n \\ 0 & \text{sonst} \end{cases}$

Die diskrete **inverse Beziehung (6-17) weist in gleicher Weise wie die diskrete** FOURIER-Transformation eine Periodizität auf; die Periode ist durch N Werte von $g(kT)$ gegeben. Diese Eigenschaft folgt aus der Periodizität von $e^{j2\pi n/N}$. Damit ist $g(kT)$ zwar für alle ganzzahligen Werte von k, $k = 0, \pm 1, \pm 2, \ldots$, wohl definiert, unterliegt jedoch der Periodizitätsbeziehung

(6-20) $\qquad g(kT) = g[(rN + k)T] \qquad r = 0, \pm 1, \pm 2, \ldots$

Zusammenfassung: Das diskrete FOURIER-Transformationspaar lautet:

(6-21) $\qquad g(kT) = \dfrac{1}{N} \sum\limits_{n=0}^{N-1} G\left(\dfrac{n}{NT}\right) e^{j2\pi nk/N} \quad\circ\!\!-\!\!\bullet\quad G\left(\dfrac{n}{NT}\right) = \sum\limits_{k=0}^{N-1} g(kT) e^{-j2\pi nk/N}$

Es ist wichtig, sich vor Augen zu halten, daß das Transformationspaar (6-21) eine Periodizität sowohl der Zeitfunktion als auch der Frequenzfunktion verlangt:

(6-22) $\qquad G\left(\dfrac{n}{NT}\right) = G\left[\dfrac{(rN + n)}{NT}\right] \qquad r = 0, \pm 1, \pm 2, \ldots$

(6-23) $\qquad g(kT) = g[(rN + k)T] \qquad r = 0, \pm 1, \pm 2, \ldots$

6.4 Zusammenhang zwischen der diskreten und der kontinuierlichen FOURIER-Transformation

Die diskrete FOURIER-Transformation ist primär deswegen von Interesse, weil sie eine Approximation der kontinuierlichen FOURIER-Transformation darstellt. Die Güte dieser Approximation hängt stark von den Eigenschaften des zu transformierenden **Signals** ab. In diesem Abschnitt benutzen wir graphische Methoden, um für mehrere Signalklassen den Äquivalenzgrad zwischen der diskreten und der kontinuierlichen Transformation zu untersuchen. Wie später im einzelnen gezeigt wird, entstehen die Unterschiede zwischen den beiden Transformationen durch die für die diskrete Transformation notwendigen Maßnahmen der Abtastung und der Zeitbegrenzung.

Bandbegrenzte periodische Signale, Beobachtungszeit gleich einer Periode

Man betrachte die Funktion $h(t)$ und ihre FOURIER-Transformierte von Bild 6-3a. Wir wollen $h(t)$ abtasten, das Abtastsignal auf N Abtastwerte zeitbegrenzen und das Ergebnis schließlich der diskreten FOURIER-Transformation Gl. (6-16) unterziehen. Statt einer direkten Anwendung dieser Gleichung werden wir deren Anwendung auf graphischem Wege vornehmen. Das Signal $h(t)$ wird durch Multiplikation mit der Abtastfunktion von Bild 6-3b abgetastet. Bild 6-3c zeigt das Abtastsignal $h(kT)$ und ihre FOURIER-Transformierte. Man beachte, daß in diesem Beispiel keine Bandüberlappung entsteht und daß die Frequenzfunktion wegen der Zeitbereichsabtastung mit dem Faktor $1/T$ multipliziert wird, weswegen die Deltafunktionen der FOURIER-Transformierten statt der ursprünglichen Fläche $A/2$ nun die Fläche $A/2T$ erhalten. Das Abtastsignal wird durch Multiplikation mit der Rechteckfunktion aus Bild 6-3d zeitbegrenzt; Bild 6-3e stellt das zeitbegrenzte Abtastsignal dar. Wie gezeigt, wählen wir die Rechteckfunktion derart, daß die nach Bandbegrenzung übrig bleibenden N Abtastwerte genau eine Periode des Originalsignals $h(t)$ ausmachen.

Die FOURIER-Transformierte des zeitbegrenzten Abtastsignals von Bild 6-3e erhält man durch **Faltung der Frequenzbereichs-Deltafunktionen von Bild 6-3c mit der** $\sin(f)/f$**-Funktion** von Bild 6-3d. Bild 6-3e zeigt das Faltungsprodukt und Bild 6-4b einen vergrößerten Ausschnitt hieraus. Anstelle sämtlicher Deltafunktionen von Bild 6-4a erscheinen $\sin(f)/f$-Funktionen (gestrichelte Linie) und aus diesen entsteht durch additive Überlagerung das Faltungsprodukt (durchgezogene Linie).

Im Vergleich zur ursprünglichen FOURIER-Transformierten $H(f)$ ist die durch die Faltung entstandene Frequenzfunktion von Bild 6-4b stark verzerrt. Wenn man diese Funktion jedoch mit der in Bild 6-3f gezeigten Frequenzbereichs-Abtastfunktion abtastet, wird die Verzerrung eliminiert. Dies geschieht deswegen, weil der Abstand der äquidistanten Deltafunktionen der Frequenzbereichs-Abtastfunktion genau $1/T_0$ beträgt und die durchgezogene Linie (Bild 6-4b) bei allen diesen Frequenzen außer bei den Frequenzen $\pm 1/T_0$ eine Nullstelle hat. Die Frequenzen $\pm 1/T_0$ entsprechen den Auftrittsstellen der Frequenzbereichs-Deltafunktionen der ursprünglichen FOURIER-Transformierten $H(f)$. Wegen der Zeitbegrenzung erhalten diese Deltafunktionen im Unterschied zu ihrer ursprünglichen Fläche $A/2$ nun die Fläche $AT_0/2T$. (Bei Bild 6-

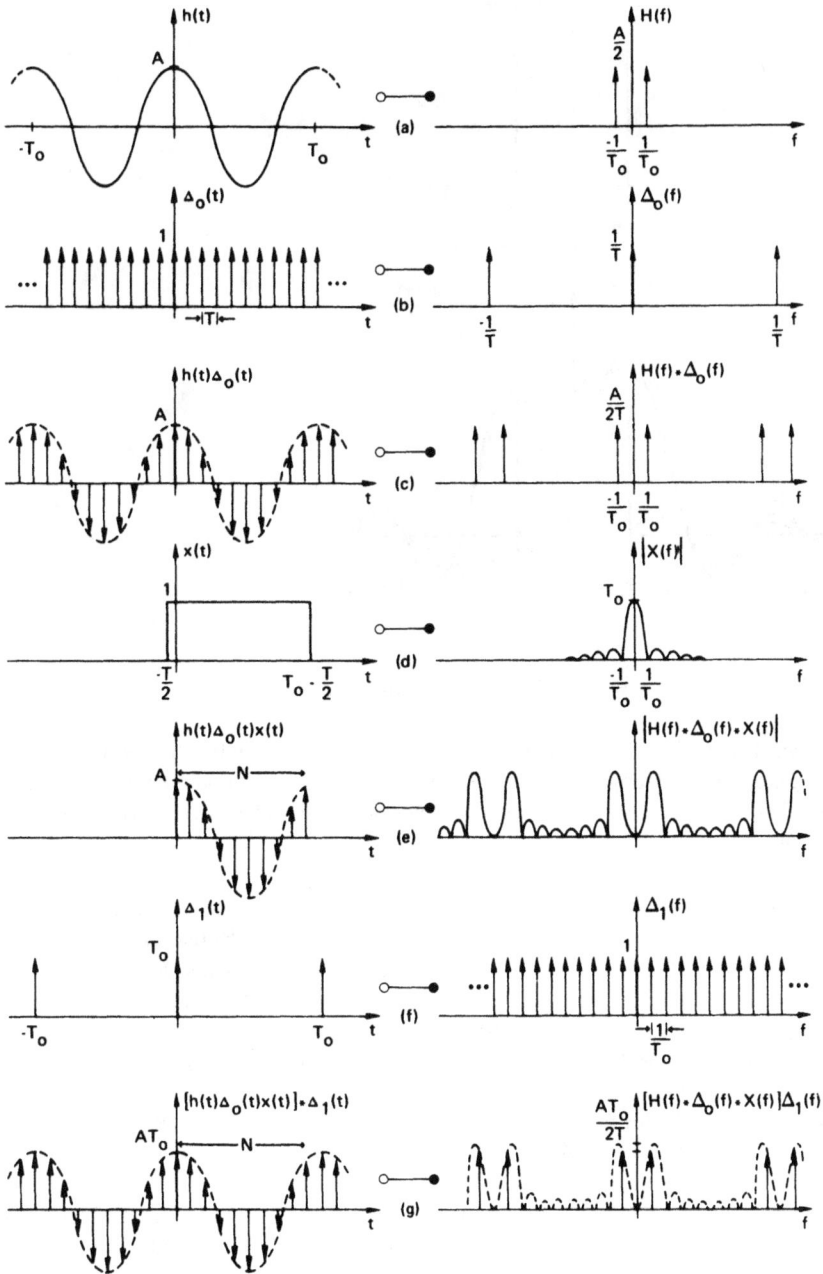

Bild 6-3: Diskrete FOURIER-Transformation eines bandbegrenzten periodischen Signals: Beobachtungszeit (Zeitfensterbreite) gleich einer Signalperiode.

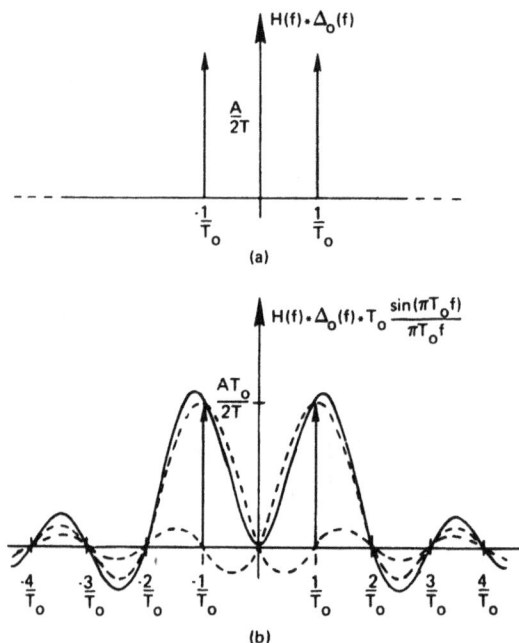

Bild 6-4: Vergrößerter Ausschnitt des Faltungsprodukts aus Bild 6-3e.

4b wurde der Einfachheit halber außer acht gelassen, daß die FOURIER-Transformierte der Begrenzungsfunktion x(t) von Bild 6-3d genau genommen komplexwertig ist; hätten wir die komplexe Funktion berücksichtigt, ergäben sich trotzdem ähnliche Resultate.)

Die Multiplikation der Frequenzfunktion von Bild 6-3e mit der Frequenzbereichs-Abtastfunktion Δ_1 (f) führt zur Faltung der Zeitsignale aus den Bildern 6-3e,f. Da das zeitbegrenzte Abtastsignal (Bild 6-3e) exakt einer Periode T_o des Originalsignals h (t) entspricht und die Zeitbereichs-Deltafunktionen von Bild 6-3f im Abstand T_o auseinander liegen, liefert ihre Faltung die in Bild 6-3g angegebene periodische Funktion. Dies ist einfach das **Zeitbereichsäquivalent der bereits beschriebenen Frequenzbe**reichs-Abtastung, die hier lediglich eine einzige Sinusfunktion oder Frequenzkomponente liefert. Die Zeitfunktion von Bild 6-3g erhält als Folge der Frequenzbereichs-Abtastung das Maximum AT_o im Unterschied zu ihrem ursprünglichen Maximum A.

Eine Betrachtung des Bildes 6-3g zeigt, daß wir ein kontinuierliches Zeitsignal abgetastet und jeden Abtastwert mit T_o multipliziert haben. Die FOURIER-Transformierte des Abtastsignals erhält im Vergleich zu der des ursprünglichen Signals den multiplikativen Faktor $AT_o/2T$ hinzu. Der Faktor T_o ist der Zeit- und der Frequenzfunktion gemeinsam und kann daher gekürzt werden. Wenn wir die FOURIER-Transformierte des Originalsignals nun mit Hilfe der diskreten FOURIER-Transformation ermitteln wollen, müssen wir das Abtastsignal mit dem Faktor T multiplizieren, damit die Frequenzfunktion die richtige Fläche erhält; die Gl. (6-16) lautet dann

$$(6\text{-}24) \qquad H\left(\frac{n}{NT}\right) = T \sum_{k=0}^{N-1} h(kT)e^{-j2\pi nk/N}$$

Dieses Ergebnis folgt erwartungsgemäß, da die Beziehung (6-24) einfach die Integration der kontinuierlichen FOURIER-Transformation nach der Rechteck-Regel zum Ausdruck bringt.

Das vorliegende Beispiel repräsentiert die einzige Signalklasse, für die die Ergebnisse der diskreten und der kontinuierlichen FOURIER-Transformation bis auf einen konstanten Faktor, identisch sind. Die Bedingungen für die Identität beider Transformationen sind: 1) Die Zeitfunktion $h(t)$ muß periodisch sein. 2) $h(t)$ muß bandbegrenzt sein. 3) Die Abtastfrequenz muß mindestens doppelt so hoch sein wie die höchste Frequenzkomponente von $h(t)$. 4) Die Begrenzungsfunktion $x(t)$ darf nur über eine Periode von $h(t)$ oder einem Vielfachen hiervon ungleich Null sein.

Bandbegrenzte periodische Funktionen, Beobachtungszeit ungleich einer Periode

Wenn eine periodische und bandbegrenzte Funktion abgetastet und derart zeitbegrenzt wird, daß sie nach der Zeitbegrenzung nicht aus einem ganzzahligen Vielfachen der Periode der ursprünglichen Funktion besteht, dann können sich die kontinuierliche und die diskrete FOURIER-Transformierte erheblich unterscheiden. Um diesen Effekt zu zeigen, betrachte man die Darstellung von Bild 6-5. Dieses Beispiel unterscheidet sich vom letzten Beispiel lediglich in der Frequenz des sinusförmigen Signals $h(t)$. Wie vorher, wird $h(t)$ abgetastet (Bild 6-5c) und zeitbegrenzt (Bild 6-5e). Man beachte, daß das zeitbegrenzte Abtastsignal keinem ganzzahligen Vielfachen einer Periode von $h(t)$ entspricht; daher resultiert aus der Faltung der Funktionen von Bild 6-5e,f die in Bild 6-5g dargestellte periodische Funktion. Obwohl diese Funktion auch periodisch ist, unterscheidet sie sich von der ursprünglichen periodischen Funktion $h(t)$. Daher können wir nicht erwarten, daß die FOURIER-Transformierten der beiden Funktionen aus Bildern 6-5a,g zu einander äquivalent sind. Es ist aufschlußreich, diese Zusammenhänge im Frequenzbereich zu untersuchen.

Die FOURIER-Transformierte des zeitbegrenzten Abtastsignals von Bild 6-5e erhält man durch die Faltung der Frequenzbereich-Deltafunktionen von Bild 6-5c mit der sin $(f)/f$-Funktion von Bild 6-5d. Bild 6-6 zeigt einen vergrößerten Ausschnitt des Faltungsproduktes. Die Abtastung des Faltungsproduktes in Frequenzabständen von $1/T_0$ liefert die in Bild 6-6 und Bild 6-5g dargestellten Frequenzbereichs-Deltafunktionen. Diese Frequenzbereichs-Abtastwerte bilden die FOURIER-Transformierte der periodischen Zeitfunktion von Bild 6-5g. Man beachte, daß es auch eine Deltafunktion bei der Frequenz Null gibt, die den Mittelwert des zeitbegrenzten Signals repräsentiert; da die zeitbegrenzte Funktion nicht aus einer ganzzahligen Anzahl von Perioden besteht, ist der Mittelwert ungleich Null. Die anderen Frequenzbereichs-

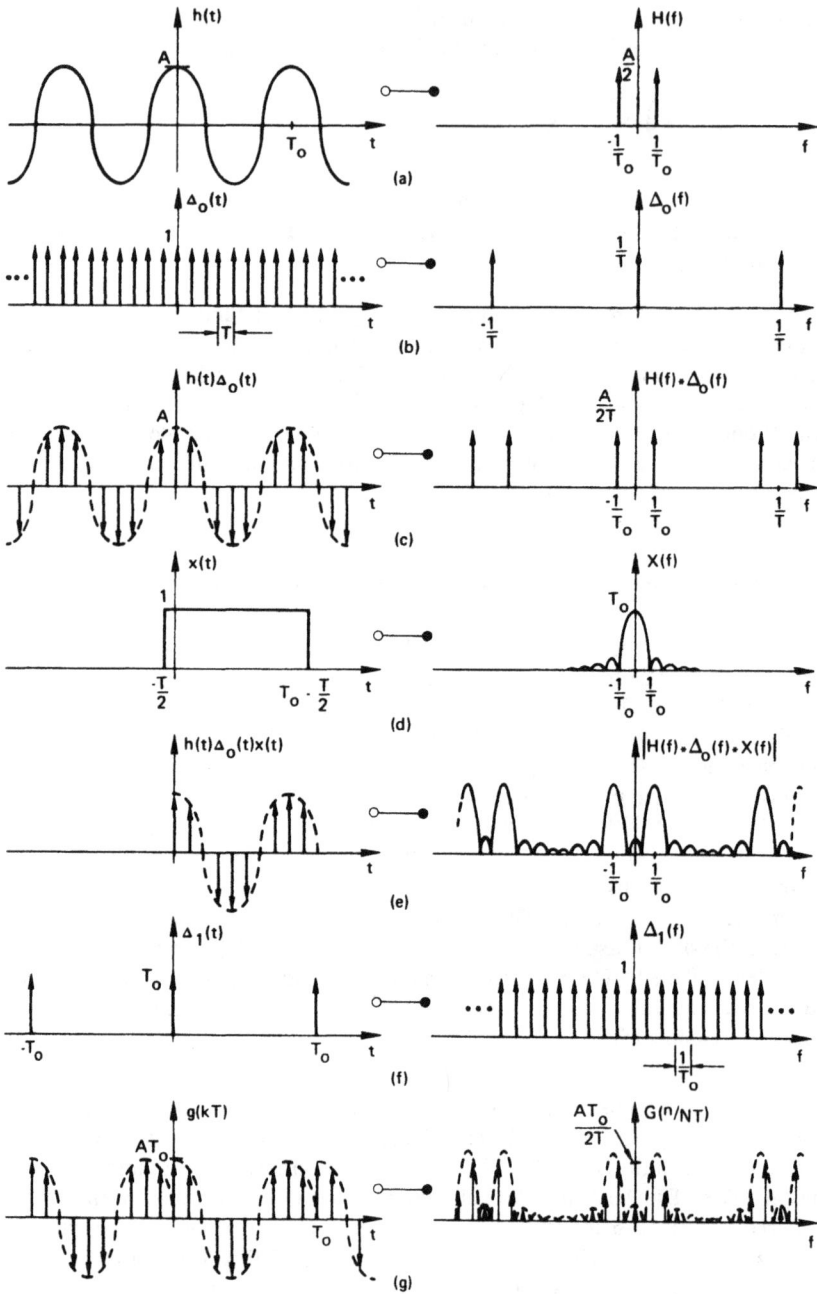

Bild 6-5: Diskrete FOURIER-Transformation eines bandbegrenzten periodischen Signals: Beobachtungszeit (Zeitfensterbreite) ungleich einer Signalperiode.

$$H(f) \cdot \Delta_0(f) \cdot T_0 \frac{\sin(\pi T_0 f)}{\pi T_0 f}$$

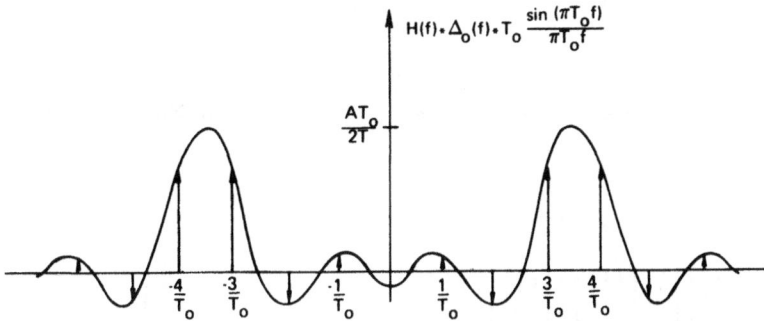

Bild 6-6: Vergrößerter Ausschnitt des Faltungsprodukts aus Bild 6-5e.

Deltafunktionen treten deswegen auf, weil die Nullstellen der $\sin(f)/f$-Funktion nicht - wie im vorherigen Beispiel - mit den Abtastwerten zusammenfallen.

Diese Diskrepanz zwischen der kontinuierlichen und der diskreten FOURIER-Transformation tritt wahrscheinlich am häufigsten auf und wird von den Anwendern der diskreten FOURIER-Transformation am wenigsten verstanden. Die Zeitbegrenzung um ein nicht ganzzahliges Vielfaches der Periode führt zu einer periodischen Funktion mit, wie in Bild 6-5g gezeigt, scharfen *Diskontinuitäten.* Intuitiv erwarten wir wegen der abrupten Sprünge im Zeitbereich die Entstehung zusätzlicher Frequenzkomponenten im Frequenzbereich. Im Frequenzbereich betrachtet, ist die Zeitbegrenzung gleichbedeutend mit der Faltung einer $\sin(f)/f$-Funktion mit der einer Deltafunktion, die die ursprüngliche Frequenzfunktion $H(f)$ repräsentiert. Folglich besteht die Frequenzfunktion nicht mehr aus einer einzigen Deltafunktion, sondern aus einer kontinuierlichen Frequenzfunktion mit einem Maximum an der Stelle der ursprünglichen Deltafunktion und einer Reihe weiterer impulsartiger Frequenzteile, die als *Seitenschwinger (side lobes)**) bezeichnet werden. Diese Seitenschwinger sind die Verursacher der zusätzlichen Frequenzkomponenten, die nach einer Frequenzbereichs-Abtastung auftreten. Dieses Phänomen ist als **Leckeffekt (leakage)** bekannt und ist der diskreten FOURIER-Transformation wegen der erforderlichen Zeitbegrenzung inhärent. Methoden zur Abschwächung des Leckeffekts werden in Abschnitt 9.2 beschrieben.

Zeitbegrenzte Signale

Die vorangegangenen zwei Beispiele haben den Zusammenhang zwischen der diskreten und der kontinuierlichen FOURIER-Transformation bandbegrenzter periodischer Funktionen herausgestellt. Eine andere Funktionsklasse von Interesse ist diejenige, die wie $h(t)$ in Bild 6-7a nur in einem endlichen Zeitintervall von Null verschiedene Werte annimmt. Wenn $h(t)$ zeitbegrenzt ist, kann ihre FOURIER-Transformierte nicht bandbegrenzt sein; eine Abtastung führt in diesem Fall zwangsläufig zur Band-

---

*) Alternative Bezeichnungen: Seitenkeule, Nebenzipfel.

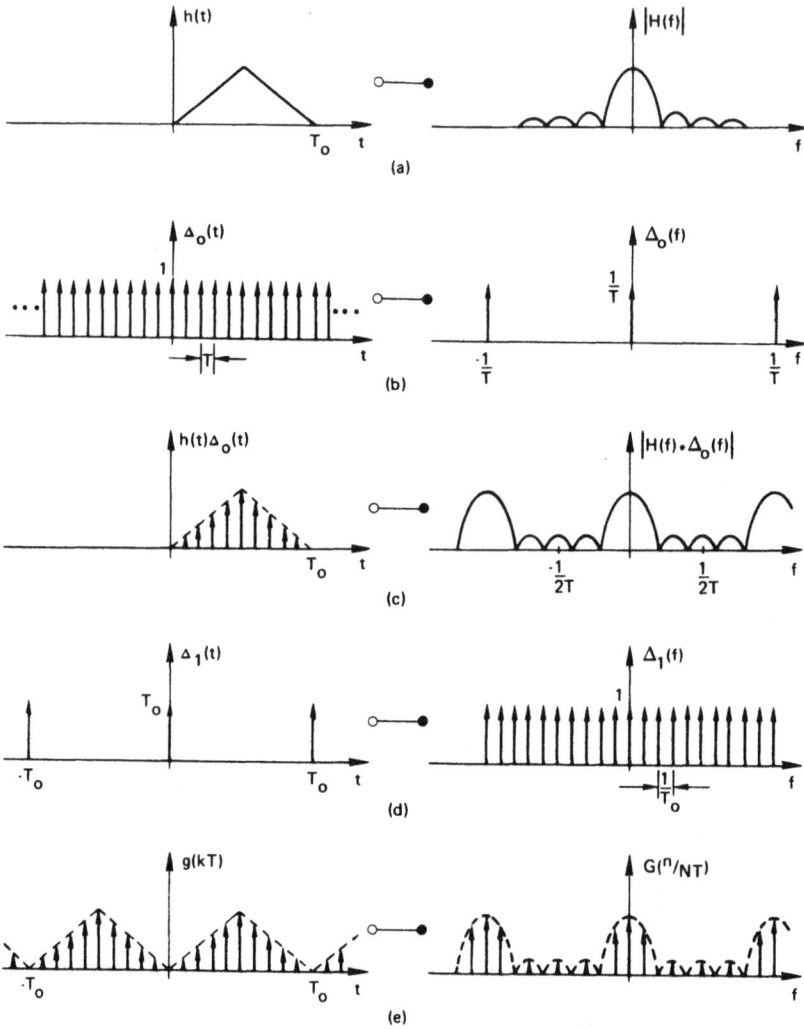

Bild 6-7: Diskrete FOURIER-Transformation eines zeitbegrenzten Signals.

überlappung. Es ist daher erforderlich, das Abtastintervall so klein zu wählen, daß die Bandüberlappung zu einem annehmbaren Maß reduziert wird. Wie aus Bild 6-7c hervorgeht, wurde hier das Abtastintervall T zu groß gewählt und die Bandüberlappung ist deswegen erheblich.

Wenn ein zeitbegrenztes Signal abgetastet wird mit N als Anzahl der Abtastwerte, ist eine Zeitbegrenzung unnötig. Die Zeitbegrenzung wird übersprungen und die FOURIER-Transformierte des Abtastsignals (Bild 6-7c) mit der Frequenzbereichs-Abtastfunktion Δ_1 (f) multipliziert. Die Zeitbereichs-Äquivalente zu diesem Produkt ist das Faltungsprodukt der Funktionen der Bilder 6-7c,d. Die resultierende Zeitfunktion (Bild 6-7e) ist pe-

riodisch mit N Abtastwerten der Originalfunktion als einer Periode und stellt somit ein
Duplikat der Originalfunktion dar. Die FOURIER-Transformierte dieser periodischen
Funktion ist das in Bild 6-7e gezeigte Frequenzbereichs-Abtastsignal.

Wenn N gleich der Anzahl der Abtastwerte des zeitbegrenzten Signals gewählt wird,
dann ist die Bandüberlappung bei dieser Funktionsklasse die einzige Fehlerquelle.
Durch Bandüberlappung entstehende Fehler lassen sich mit einem genügend kleinen Abtastintervall entsprechend gering halten. In diesem Fall stimmen Ergebnisse der diskreten FOURIER-Transformation mit denen der kontinuierlichen FOURIER-Transformation, abgesehen von einem multiplikativen Faktor, ziemlich gut überein. Leider gibt es
wenig Anwendungsmöglichkeiten für die diskrete FOURIER-Transformation dieser
Funktionsklasse.

Beliebige periodische Signale

Anhand von Bild 6-7 läßt sich auch die Beziehung zwischen der diskreten und der kontinuierlichen FOURIER-Transformation periodischer Funktionen erläutern, die nicht
bandbegrenzt sind. Wir nehmen an, daß $h(t)$ von Bild 6-7a nur eine Periode einer periodischen Funktion darstellt. Wenn man diese periodische Funktion abtastet und zeitlich
exakt auf eine Periode begrenzt, erhält man eine Funktion identisch mit der Funktion in
Bild 6-7c. Die FOURIER-Transformierte dieser Funktion besteht dann nicht aus einer
kontinuierlichen Frequenzfunktion wie der von Bild 6-7c, sondern aus einer unendlichen
Folge äquidistanter Deltafunktionen im Abstand $1/T_0$, deren Flächen sich exakt aus der
kontinuierlichen Frequenzfunktion bestimmen lassen. Da die Frequenzbereichs-Abtastfunktion $\Delta_1(f)$, wie in Bild 6-7d gezeigt, aus einer unendlichen Folge äquidistanter Deltafunktionen im Abstand $1/T_0$ besteht, ist das Ergebnis hier denen von Bild 6-7e identisch. Wenn die Dauer der Begrenzungsfunktion einem ganzzahligen Vielfachen einer
Periode entspricht, dann ist der Bandüberlappungseffekt, wie vorher, die einzige Fehlerquelle. Wenn aber die Breite der Begrenzungsfunktion nicht gleich einem ganzzahligen
Vielfachen einer Periode ist, sind Ergebnisse zu erwarten, die wir früher besprochen haben.

Beliebige Signale

Die wichtigste Signalklasse ist diejenige, die weder bandbegrenzt noch zeitbegrenzt ist.
Bild 6-8a zeigt ein Beispiel aus dieser Signalklasse. Eine Abtastung führt, wie aus Bild
6-8c hervorgeht, zu bandüberlappten Frequenzfunktionen. Eine Zeitbegrenzung ruft,
wie in Bild 6-8e gezeigt, Welligkeiten im Frequenzbereich hervor. Frequenzbereichs-Abtastung ergibt das in Bild 6-8g dargestellte FOURIER-Transformationspaar. Die Zeitfunktion dieses Transformationspaares ist eine periodische Funktion, von der jede Periode sich aus den durch Abtastung und Zeitbegrenzung entstandenen N Werten der
ursprünglichen Funktion zusammensetzt. Die Frequenzfunktion dieses Transformationspaares ist ebenfalls eine periodische Funktion, von der jede Periode aus N Werten besteht, die sich von den entsprechenden Werten der ursprünglichen Frequenzfunktion
durch die auf die Abtastung und Zeitbegrenzung zurückzuführenden Fehler unterschei-

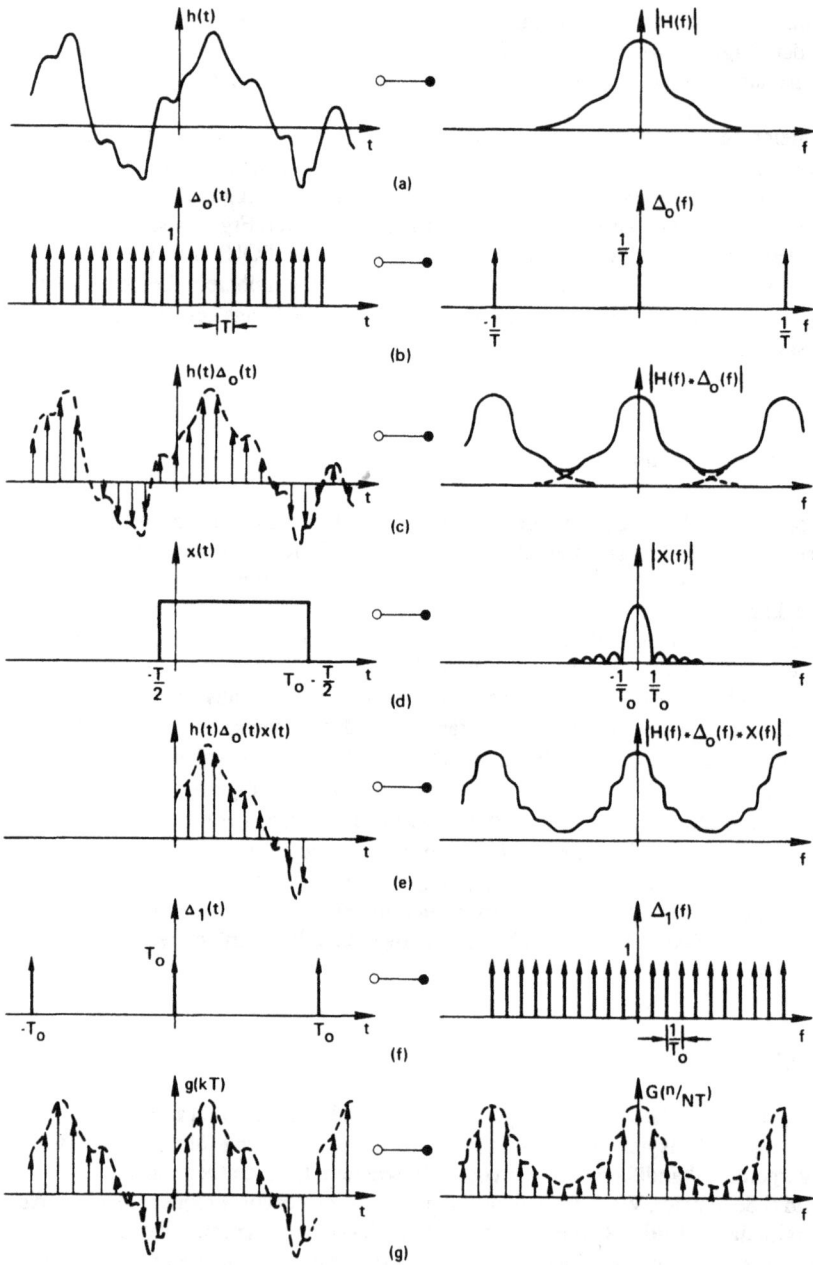

Bild 6-8: Diskrete FOURIER-Transformation eines beliebigen Signals.

den. Der Bandüberlappungsfehler läßt sich durch Verkleinerung des Abtastintervalls T auf ein erträgliches Maß verringern. Verfahren zur Verringerung der durch Zeitbegrenzung entstandenen Fehler werden in Abschnitt 9.2 diskutiert.

Zusammenfassung

Wir haben gezeigt, daß es viele Anwendungsfälle gibt, für die man mit Hilfe der diskreten FOURIER-Transformation mit der nötigen Vorsicht Resultate erzielen kann, die denen der kontinuierlichen FOURIER-Transformation im wesentlichen entsprechen. Eine wichtige Tatsache, die man sich unbedingt immer vor Augen halten soll, ist, daß die diskrete FOURIER-Transformation eine Periodizität sowohl im Zeitbereich als auch im Frequenzbereich impliziert. Erinnert man sich stets daran, daß die N Abtastwerte der Zeitfunktion eine Periode einer periodischen Funktion darstellen, dann sollte die Anwendung der diskreten FOURIER-Transformation weniger (unangenehme) Überraschungen bereiten.

6.5 Eigenschaften der diskreten FOURIER-Transformation

Die in Kapitel 3 besprochenen Eigenschaften der kontinuierlichen FOURIER-Transformation lassen sich auf die diskrete FOURIER-Transformation übertragen, da letztere, wie wir gezeigt haben, einen Spezialfall der kontinuierlichen FOURIER-Transformation ist. Für unsere theoretischen Überlegungen bei der Behandlung von Problemen ziehen wir oft Eigenschaften der kontinuierlichen FOURIER-Transformation heran. Man beachte, daß es die Eigenschaften der diskreten FOURIER-Transformation sind, die die theoretische Basis für Anwendungen der FFT bilden. Im folgenden werden der Einfachheit halber kT durch k und n/NT durch n ersetzt.

Linearität

Wenn $X(n)$ und $Y(n)$ die diskreten FOURIER-Transformierten von $x(k)$ und $y(k)$ sind, dann gilt

(6-25) $x(k) + y(k) \circ\!\!-\!\!\bullet X(n) + Y(n)$

Das diskrete FOURIER-Transformationspaar (6-25) folgt direkt aus dem diskreten FOURIER-Transformationspaar (6-21).

Symmetrie

Wenn $h(k)$ und $H(n)$ ein diskretes FOURIER-Transformationspaar bilden, dann gilt

(6-26) $\dfrac{1}{N} H(k) \circ\!\!-\!\!\bullet h(-n)$

Der Beweis hierfür erfolgt durch Umschreibung der Gl. (6-17)

$$(6\text{-}27) \qquad h(-k) = \frac{1}{N} \sum_{k=0}^{N-1} H(n) e^{j2\pi n(-k)/N}$$

und Vertauschung der Parameter k und n

$$(6\text{-}28) \qquad h(-n) = \frac{1}{N} \sum_{n=0}^{N-1} H(k) e^{-j2\pi nk/N}$$

Zeitverschiebung

Wenn man $h(k)$ um die ganze Zahl i verschiebt, dann gilt

$$(6\text{-}29) \qquad h(k - i) \circ\!\!-\!\!\bullet\ H(n) e^{-j2\pi ni/N}$$

Den Beweis hierfür erhalten wir durch die Substitution $r = k - i$ in die Beziehung der inversen diskreten FOURIER-Transformation:

$$h(r) = \frac{1}{N} \sum_{n=0}^{N-1} H(n) e^{j2\pi nr/N}$$

$$(6\text{-}30) \qquad h(k - i) = \frac{1}{N} \sum_{n=0}^{N-1} H(n) e^{j2\pi n(k-i)/N}$$

$$= \frac{1}{N} \sum_{n=0}^{N-1} [H(n) e^{-j2\pi ni/N}] e^{j2\pi nk/N}$$

Frequenzverschiebung

Wenn man $H(n)$ um die ganze Zahl i verschiebt, multipliziert sich ihre inverse diskrete FOURIER-Transformierte mit dem Faktor $e^{j2\pi ik/N}$

$$(6\text{-}31) \qquad h(k) e^{j2\pi ik/N} \circ\!\!-\!\!\bullet\ H(n - i)$$

Der Beweis erfolgt durch die Substitution $r = n - i$ in die Beziehung der diskreten FOURIER-Transformation.

$$H(r) = \sum_{k=0}^{N-1} h(k) e^{-j2\pi rk/N}$$

$$(6\text{-}32) \qquad H(n - i) = \sum_{k=0}^{N-1} h(k) e^{-j2\pi(n-i)k/N}$$

$$= \sum_{k=0}^{N-1} [h(k) e^{j2\pi ik/N}] e^{-j2\pi nk/N}$$

Alternative Inversionsbeziehung

Die Beziehung der inversen diskreten FOURIER-Transformation (6-17) läßt sich in folgender Form umschreiben

$$(6\text{-}33) \qquad h(k) = \frac{1}{N} \left[\sum_{k=0}^{N-1} H*(n) e^{-j2\pi nk/N} \right]^*$$

wobei * die Konjunktion (Bildung von Konjugiert-Komplexen) symbolisiert. Zum Beweis von (6-33) führen wir die Konjunktion direkt aus. **Wir setzen**
$H(n) = R(n) + jI(n)$, woraus $H^*(n) = R(n) - jI(n)$ folgt. Damit erhält man für (6-33)

$$(6\text{-}34) \qquad h(k) = \frac{1}{N} \left[\sum_{n=0}^{N-1} [R(n) - jI(n)] e^{-j2\pi nk/N} \right]^*$$

$$= \frac{1}{N} \left[\sum_{n=0}^{N-1} [R(n) - jI(n)] \left[\cos\left(\frac{2\pi nk}{N}\right) - j\sin\left(\frac{2\pi nk}{N}\right) \right] \right]^*$$

$$= \frac{1}{N} \left[\sum_{n=0}^{N-1} R(n)\cos\left(\frac{2\pi nk}{N}\right) - I(n)\sin\left(\frac{2\pi nk}{N}\right) \right.$$
$$\left. - j\sum_{n=0}^{N-1} R(n)\sin\left(\frac{2\pi nk}{N}\right) + I(n)\cos\left(\frac{2\pi nk}{N}\right) \right]^*$$

$$= \frac{1}{N} \left[\sum_{n=0}^{N-1} R(n)\cos\left(\frac{2\pi nk}{N}\right) - I(n)\sin\left(\frac{2\pi nk}{N}\right) \right.$$
$$\left. + j\sum_{n=0}^{N-1} R(n)\sin\left(\frac{2\pi nk}{N}\right) + I(n)\cos\left(\frac{2\pi nk}{N}\right) \right]$$

$$= \frac{1}{N} \sum_{n=0}^{N-1} [R(n) + jI(n)] \left[\cos\left(\frac{2\pi nk}{N}\right) + j\sin\left(\frac{2\pi nk}{N}\right) \right]$$

$$= \frac{1}{N} \sum_{n=0}^{N-1} H(n) e^{j2\pi nk/N}$$

Der Vorteil dieser alternativen Inversionsbeziehung liegt darin, daß die diskrete Transformationsbeziehung Gl. (6-34) sich sowohl zur Auswertung der FOURIER-Transformation als auch ihrer inversen Beziehung verwenden läßt. Wenn die Auswertung auf einem Digitalrechner erfolgt, braucht man hierfür lediglich ein einziges FFT-Programm zu erstellen.

Gerade Funktionen

Wenn $h_e(k)$ eine gerade Funktion ist, dann gilt h $h_e(k) = h_e(-k)$ und die diskrete FOURIER-Transformierte von $h_e(k)$ ist eine gerade reelle Funktion.

(6-35) $$h_e(k) \circ\!\!-\!\!\bullet\; R_e(n) = \sum_{n=0}^{N-1} h_e(k) \cos\left(\frac{2\pi nk}{N}\right)$$

Um (6-35) zu beweisen, schreiben wir einfach die Definitionsgleichung aus:

(6-36) $$H_e(n) = \sum_{k=0}^{N-1} h_e(k) e^{-j2\pi nk/N}$$

$$= \sum_{k=0}^{N-1} h_e(k) \cos\left(\frac{2\pi nk}{N}\right) + j \sum_{k=0}^{N-1} h_e(k) \sin\left(\frac{2\pi nk}{N}\right)$$

$$= \sum_{k=0}^{N-1} h_e(k) \cos\left(\frac{2\pi nk}{N}\right)$$

$$= R_e(n)$$

Die imaginäre Summe ist gleich Null, da die Summation sich über eine gerade Anzahl von Perioden einer ungeraden Funktion erstreckt. Aus
$h_e(k) \cos(2\pi nk/N) = h_e(k)\{\cos[2\pi(-n)k/N]\}$ folgt $H_e(n) = H_e(-n)$, und die Frequenzfunktion ist somit gerade. Die inverse Beziehung läßt sich in ähnlicher Weise beweisen: Wenn $H(n)$ eine gerade reelle Funktion ist, dann ist die inverse diskrete FOURIER-Transformierte ebenfalls eine gerade reelle Funktion.

Ungerade Funktionen

Wenn $h_o(k) = -h_o(-k)$ gilt, dann ist $h_o(k)$ eine ungerade Funktion und ihre diskrete FOURIER-Transformierte eine ungerade imaginäre Funktion:

(6-37) $$H_0(n) = \sum_{k=0}^{N-1} h_0(k) e^{-j2\pi nk/N}$$

$$= \sum_{k=0}^{N-1} h_0(k) \cos\left(\frac{2\pi nk}{N}\right) - j \sum_{k=0}^{N-1} h_0(k) \sin\left(\frac{2\pi nk}{N}\right)$$

$$= -j \sum_{k=0}^{N-1} h_0(k) \sin\left(\frac{2\pi nk}{N}\right)$$

$$= jI_0(n)$$

Die reelle Summe ergibt Null, da die Summation sich über eine gerade Anzahl von Perioden einer ungeraden Funktion erstreckt. Der Beweis dafür, daß mit $H(n)$ als einer ungeraden imaginären Funktion die inverse Transformierte $h_o(k)$ eine ungerade Funktion ist, erfolgt in ähnlicher Weise; es gilt daher

(6-38) $$h_0(k) \circ\!\!-\!\!\bullet\; jI_0(n) = -j \sum_{k=0}^{N-1} h_0(k) \sin\left(\frac{2\pi nk}{N}\right)$$

Zerlegung einer Funktion

Zur Zerlegung einer beliebigen Funktion $h(k)$ in eine gerade und eine ungerade
Funktion addieren und subtrahieren wir einfach die gemeinsame Funktion $h(-k)/2$:

(6-39)
$$h(k) = \frac{h(k)}{2} + \frac{h(k)}{2}$$

$$= \left[\frac{h(k)}{2} + \frac{h(-k)}{2}\right] + \left[\frac{h(k)}{2} - \frac{h(-k)}{2}\right]$$

$$= h_e(k) + h_0(k)$$

Die Terme in Klammern erfüllen nacheinander die Definitionen einer geraden und einer ungeraden Funktion. Da $h(k)$ periodisch ist mit der Periode N, gilt

(6-40)
$$h(-k) = h(N - k)$$

und

(6-41)
$$h_e(k) = \frac{h(k)}{2} + \frac{h(N - k)}{2}$$

$$h_0(k) = \frac{h(k)}{2} - \frac{h(N - k)}{2}$$

Für diskrete periodische Funktionen stellt Gl. (6-41) die Zerlegungsgleichung dar.
Aus Gln.(6-35) und (6-38) folgt für die diskrete FOURIER-Transformation von (6-39)

(6-42)
$$H(n) = R(n) + jI(n) = H_e(n) + H_0(n)$$

mit

(6-43)
$$H_e(n) = R(n) \quad \text{und} \quad H_0(n) = jI(n)$$

Komplexe Zeitfunktionen

Für die diskrete FOURIER-Transformierte der komplexen Funktion
$h(k) = h_r(k) + jh_i(k)$ mit $h_r(k)$ als Realteil und $h_i(k)$ als Imaginärteil von $h(k)$ erhält man

(6-44)
$$H(n) = \sum_{k=0}^{N-1} [h_r(k) + jh_i(k)]e^{-j2\pi nk/N}$$

$$= \sum_{k=0}^{N-1} h_r(k) \cos\left(\frac{2\pi nk}{N}\right) + h_i(k) \sin\left(\frac{2\pi nk}{N}\right)$$

$$- j\left[\sum_{k=0}^{N-1} h_r(k) \sin\left(\frac{2\pi nk}{N}\right) - h_i(k) \cos\left(\frac{2\pi nk}{N}\right)\right]$$

Der erste Term von (6-44) $R(n)$ ist der Realteil und der zweite Term $I(n)$ der Imaginärteil der diskreten FOURIER-Transformierten. Wenn $h(k)$ reell ist, gilt $h(k) = h_r(k)$, und aus (6-44) ergibt sich

$$(6-45) \qquad R_e(n) = \sum_{k=0}^{N-1} h_r(k) \cos\left(\frac{2\pi nk}{N}\right)$$

$$(6-46) \qquad I_0(n) = -j \sum_{k=0}^{N-1} h_r(k) \sin\left(\frac{2\pi nk}{N}\right)$$

Man beachte, daß $\cos(2\pi nk/N) = \cos(-2\pi nk/N)$ gilt; hieraus folgt $R_e(n) = R_e(-n)$, und somit ist $R_e(n)$ eine gerade Funktion. In ähnlicher Weise erfolgt $I_0(n) = -I_0(-n)$, und damit ist $I_0(n)$ eine ungerade Funktion. Wenn $h(k)$ rein imaginär ist, i.e. $h(k) = jh_i(k)$, erhält man aus (6-44)

$$(6-47) \qquad R_0(n) = \sum_{k=0}^{N-1} h_i(k) \sin\left(\frac{2\pi nk}{N}\right)$$

$$(6-48) \qquad I_e(n) = \sum_{k=0}^{N-1} h_i(k) \cos\left(\frac{2\pi nk}{N}\right)$$

Für eine rein imaginäre Funktion $h(k)$ ist der Realteil der FOURIER-Transformierten eine ungerade und der Imaginärteil eine gerade Funktion.

Theorem der diskreten Faltung

Die diskrete Faltung ist definiert durch die Beziehung (siehe Kapitel 7):

$$(6-49) \qquad y(k) = \sum_{i=0}^{N-1} x(i)h(k-i)$$

mit $x(k), h(k)$ und $y(k)$ als periodischen Funktionen der Periode N.

Ähnlich wie im Falle der kontinuierlichen FOURIER-Transformation erhalten wir eine der wichtigsten Eigenschaften der diskreten FOURIER-Transformation durch deren Anwendung auf die Beziehung Gl.6-49. Daraus folgt das Theorem der diskreten Faltung ausgedrückt durch die Beziehung

$$(6-50) \qquad \sum_{i=0}^{N-1} x(i)h(k-i) \ \circ\!\!\!-\!\!\!-\!\!\bullet \ X(n)H(n)$$

Zum Beweis setzen wir Gl.(6-17) in die linke Seite der Gl.(6-50) ein:

(6-51) $$\sum_{i=0}^{N-1} x(i)h(k-i) = \sum_{i=0}^{N-1} \frac{1}{N} \sum_{n=0}^{N-1} X(n)e^{j2\pi ni/N}$$

$$\times \frac{1}{N} \sum_{m=0}^{N-1} H(m)e^{j2\pi m(k-i)/N}$$

$$= \frac{1}{N} \sum_{n=0}^{N-1} \sum_{m=0}^{N-1} X(n)H(m)e^{j2\pi mk/N}$$

$$\times \frac{1}{N} \left[\sum_{i=0}^{N-1} e^{j2\pi in/N} e^{-j2\pi im/N} \right]$$

Der Term in Klammern in Gl. (6-51) drückt die Orthogonalitätsbeziehung nach Gl. (6-19) aus und liefert für $m = n$ den Wert N. Damit erhalten wir

(6-52) $$\sum_{i=0}^{N-1} x(i)h(k-i) = \frac{1}{N} \sum_{n=0}^{N-1} X(n)H(n)e^{j2\pi nk/N}$$

Das diskrete Faltungsprodukt zweier periodischen Funktionen der Periode N ist also gleich dem Produkt der diskreten FOURIER-Transformierten der beiden periodischen Funktionen.

Faltungstheorem für den Frequenzbereich

Man betrachte die Beziehung der Faltung im Frequenzbereich

(6-53) $$Y(n) = \sum_{i=0}^{N-1} X(i)H(n-i)$$

Wir beweisen das Frequenzbereichs-Faltungstheorem, indem wir in (6-53) einige Substitutionen vornehmen:

(6-54) $$\sum_{i=0}^{N-1} X(i)H(n-i) = \sum_{i=0}^{N-1} \left[\sum_{m=0}^{N-1} x(m)e^{-j2\pi mi/N} \right]$$

$$\times \left[\sum_{k=0}^{N-1} h(k)e^{-j2\pi k(n-i)/N} \right]$$

$$= \sum_{m=0}^{N-1} \sum_{k=0}^{N-1} x(m)h(k)e^{-j2\pi kn/N}$$

$$\times \left[\sum_{i=0}^{N-1} e^{-j2\pi mi/N} e^{j2\pi ki/N} \right]$$

Der Term in Klammern aus (6-54) drückt die Orthogonalitätsbeziehung (6-19) aus und ist deshalb gleich N für $m = k$; damit folgt aus (6-54)

(6-55) $$\sum_{i=0}^{N-1} X(i)H(n - i) = N \sum_{k=0}^{N-1} x(k)h(k)e^{-j2\pi nk/N}$$

und hieraus das diskrete FOURIER-Transformationspaar

(6-56) $$x(k)h(k) \ \circ\!\!-\!\!\bullet \ \frac{1}{N} \sum_{i=0}^{N-1} X(i)H(n - i)$$

Theorem der diskreten Korrelation

Die diskrete Korrelation ist definiert durch die Beziehung

(6-57) $$z(k) = \sum_{i=0}^{N-1} x(i)h(k + i)$$

Das Transformationspaar

(6-58) $$\sum_{i=0}^{N-1} x(i)h(k + i) \ \circ\!\!-\!\!\bullet \ X^*(n)H(n)$$

wird als *diskretes Korrelationstheorem* bezeichnet. Unter Anwendung dieses Theorems läßt sich eine Korrelation in äquivalenter Weise auch im Frequenzbereich ausführen. Um dieses Theorem zu beweisen, setzen wir die Beziehung der diskreten FOURIER-Transformation in die linke Seite von (6-58) ein

(6-59) $$\sum_{i=0}^{N-1} x(i)h(k + i) = \sum_{i=0}^{N-1} \left[\frac{1}{N} \sum_{n=0}^{N-1} X(n)e^{j2\pi in/N} \right]$$
$$\times \frac{1}{N} \sum_{m=0}^{N-1} H(m)e^{j2\pi m(k + i)/N}$$
$$= \sum_{i=0}^{N-1} \left[\frac{1}{N} \sum_{n=0}^{N-1} X^*(n)e^{-j2\pi in/N} \right]^*$$
$$\times \left[\frac{1}{N} \sum_{m=0}^{N-1} H(m)e^{j2\pi m(k + i)/N} \right]$$

wobei wegen Benutzung der Konjugiert-Komplexen von $X(n)$ die alternative Inversionsbeziehung (6-33) verwendet wurde. Man beachte, daß man die zweite Bildung der Konjugiert-Komplexen der eckigen Klammer in (6-33) weglassen kann, wenn nur reelle Funktionen betrachtet werden. Für diesen Fall schreiben wir Gl. (6-59) um:

Tabelle 6-1: Eigenschaften der kontinuierlichen und der diskreten FOURIER-Transformation

FOURIER-Transformation	Eigenschaft		Diskrete FOURIER-Transformation
$x(t) + y(t) \circ\!\!-\!\!\bullet X(f) + Y(f)$	Linearität	(3-2) / (6-25)	$x(k) + y(k) \circ\!\!-\!\!\bullet X(n) + Y(n)$
$H(t) \circ\!\!-\!\!\bullet h(-f)$	Symmetrie	(3-6) / (6-26)	$\frac{1}{N} H(k) \circ\!\!-\!\!\bullet h(-n)$
$H(t - t_0) \circ\!\!-\!\!\bullet H(f)e^{-j2\pi f t_0}$	Zeitverschiebung	(3-21) / (6-29)	$h(k - i) \circ\!\!-\!\!\bullet H(n)e^{-j2\pi ni/N}$
$h(t)e^{j2\pi f t_0} \circ\!\!-\!\!\bullet H(f - f_0)$	Frequenzverschiebung	(3-23) / (6-31)	$h(k)e^{j2\pi ki/N} \circ\!\!-\!\!\bullet H(n - i)$
$\left[\int_{-\infty}^{\infty} H^*(f)e^{-j2\pi ft}\,df\right]^*$	Alternative Inversionsformel	(3-25) / (6-33)	$\left[\frac{1}{N}\sum_{n=0}^{N-1} H^*(n)e^{-j2\pi kn/N}\right]^*$
$h_e(t) \circ\!\!-\!\!\bullet R_e(f)$	Gerade Funktionen	(3-27) / (6-35)	$h_e(k) \circ\!\!-\!\!\bullet R_e(n)$
$h_0(t) \circ\!\!-\!\!\bullet jI_0(f)$	Ungerade Funktionen	(3-32) / (6-38)	$h_0(k) \circ\!\!-\!\!\bullet jI_0(n)$
$h(t) = h_e(t) + h_0(t)$ $= \left[\frac{h(t)}{2} + \frac{h(-t)}{2}\right] + \left[\frac{h(t)}{2} - \frac{h(-t)}{2}\right]$	Zerlegung	(3-33) / (6-39)	$h(k) = h_e(k) + h_0(k)$ $= \left[\frac{h(k)}{2} + \frac{h(N-k)}{2}\right] + \left[\frac{h(k)}{2} - \frac{h(N-k)}{2}\right]$
$y(t) = \int_{-\infty}^{\infty} x(\tau)h(t - \tau)\,d\tau = x(t) * h(t)$	Faltung	(4-1) / (6-49)	$y(k) = \sum_{i=0}^{N-1} x(i)h(k - i) = x(k) * h(k)$
$x(t) * h(t) \circ\!\!-\!\!\bullet Y(f)H(f)$	Zeitbereichs-Faltungstheorem	(4-14) / (6-50)	$y(k) * h(k) \circ\!\!-\!\!\bullet Y(n)H(n)$
$y(t) = \int_{-\infty}^{\infty} x(\tau)h(t + \tau)\,d\tau$	Korrelation	(4-21) / (6-57)	$y(k) = \sum_{i=0}^{N-1} x(i)h(k + i) \circ\!\!-\!\!\bullet H(n)X^*(n)$
$y(t)h(t) \circ\!\!-\!\!\bullet Y(f) * H(f)$	Frequenzbereichs-Faltungstheorem	(4-20) / (6-56)	$y(k)h(k) \circ\!\!-\!\!\bullet \frac{1}{N} Y(n) * H(n)$
$\int_{-\infty}^{\infty} h^2(t)\,dt = \int_{-\infty}^{\infty} |H(f)|^2\,df$	PARSEVALsches Theorem		$\sum_{k=0}^{N-1} h^2(k) = \frac{1}{N}\sum_{n=0}^{N-1} |H(n)|^2$

(6-60) $\displaystyle\sum_{i=0}^{N-1} x(i)h(k+i)$

$$= \frac{1}{N}\sum_{n=0}^{N-1}\sum_{m=0}^{N-1} X*(n)H(m)e^{j2\pi mk/N}\left[\frac{1}{N}\sum_{i=0}^{N-1}e^{-j2\pi in/N}e^{j2\pi im/N}\right]$$

Nach der Othogonalitätsbeziehung (6-19) ist der Term in Klammern für $n=m$ gleich N. Damit folgt aus (6-60)

(6-61) $\displaystyle\sum_{i=0}^{N-1} x(i)h(k+i) = \frac{1}{N}\sum_{n=0}^{N-1} X*(n)H(n)e^{j2\pi nk/N}$

Zusammenfassung der Eigenschaften

Die wichtigsten Eigenschaften der diskreten FOURIER-Transformation sind in Tabelle 6-1 zusammengefaßt. Zum Vergleich sind die Eigenschaften der kontinuierlichen FOURIER-Transformation dort ebenfalls tabelliert. Die zugehörigen Gleichungsnummern sind mit angegeben, so daß man die entsprechenden Herleitungen im Text leicht finden kann.

Aufgaben

6-1 Man wiederhole die graphischen Ausführungen des Bildes 6-1 für folgende Funktionen:

a. $h(t) = |t|\,e^{-a|t|}$

b. $h(t) = 1 - |t|,\ |t| \le 1$

$\quad\quad = 0\quad\quad,\ |t| > 1$

c. $h(t) = \cos(t)$

6-2 Man vollziehe die Herleitung der diskreten FOURIER-Transformation (Gln. (6- 1) bis (6-16)) nach und schreibe alle Schritte im Detail auf.

6-3 Man wiederhole die graphische Herleitung des Bildes 6-3 für $h(t) = \sin(2\pi f_0 t)$ und beschreibe den Fall, in dem die Beobachtungszeit ungleich einer Periode ist. Was ergibt sich, wenn man die Beobachtungszeit gleich zwei Perioden wählt?

6-4 Man betrachte Bild 6-7 und nehme an, daß $h(t) \cdot \Delta_0(t)$ aus N nichtverschwindenden Abtastwerten besteht. Was sind die Auswirkungen einer Zeitbegrenzung von $h(t) \cdot \Delta_0(t)$ auf $3N/4$ Abtastwerte? Was ist der Effekt, wenn man

$h(t) \cdot \Delta_o(t)$ derart zeitbegrenzt, daß man zu den N nichtverschwindenden Abtastwerten noch N/4 Nullen hinzufügt?

6-5 Man wiederhole die graphische Herleitung des Bildes 6-7 mit

$$h(t) = \sum_{n=-\infty}^{\infty} e^{-\alpha|t - nT_o|}.$$ Welche Fehlerquellen müssen berücksichtigt werden?

6-6 Zur Veranschaulichung der Entstehung von Welligkeiten führe man folgende Faltungen auf graphischem Weg durch:

a) Eine Deltafunktion mit $\sin(t)/t$

b) Ein schmaler Rechteckimpuls mit $\sin(t)/t$

c) Ein breiter Rechteckimpuls mit $\sin(t)/t$

d) Ein Dreieckimpuls mit $\sin(t)/t$

6-7 Um die Orthogonalitätsbeziehung nachzuweisen, schreibe man mehrere Terme der Gl. (6-19) aus.

6-8 Das Begrenzungsintervall wird oft als Aufnahmezeit (Beobachtungszeit) bezeichnet. Man stelle eine Gleichung auf, die in Abhängigkeit von Aufnahmezeit die *Frequenzauflösung*, d.h. den Frequenzabstand der Komponenten einer diskreten FOURIER-Transformierten ausdrückt.

6-9 Man kommentiere die Behauptung: Die diskrete FOURIER-Transformation stellt ein äquivalentes System zu einer Bandpaßfilterbank dar.

$x(k)$ und $y(k)$ seien diskrete periodische Funktionen:

$$x(k) = \begin{cases} \frac{1}{2} & k = 0, 4 \\ 1 & k = 1, 2, 3 \\ 0 & k = 5, 6, 7 \end{cases}$$

$$x(k + 8r) = x(k) \qquad r = 0, \pm 1, \pm 2, \ldots$$
$$y(k) = x(k)$$
$$y(k + 8r) = y(k) \qquad r = 0, \pm 1, \pm 2, \ldots$$

6-10 Man berechne $X(n)$ und $Y(n)$ und die Summe $X(n) + Y(n)$. Man bilde $z(k) = x(k) + y(k)$ und berechne $Z(n)$ und diskutiere die Ergebnisse unter Beachtung der Linearitätseigenschaft.

6-11 Man weise mit $x(k)$ die Symmetrieeigenschaft gemäß Gl. (6.26) nach.

6-12 Man berechne die diskrete FOURIER-Transformierte von $x(k-3)$ und vergleiche die Ergebnisse mit denen, die aus der Zeitverschiebungs-Beziehung nach Gl. **(6.29) folgen.**

6-13 Man berechne die inverse FOURIER-Transformierte von $X(n-1)$. Man löse die Aufgabe ein weiteres Mal unter Anwendung des Frequenz-Verschiebungstheorems nach Gl. (6.31) und vergleiche beide Ergebnisse miteinander.

6-14 Man berechne die inverse FOURIER-Transformierte von $X(n)$ unter Anwendung der alternativen Inversionsformel nach Gl. (6.33).

6-15 Man berechne die diskrete FOURIER-Transformierte von $x(k-2)$ und untersuche die Gerade-Ungerade-Beziehung von $x(k-2)$ sowie die Real-Imaginär-Beziehung ihrer diskreten FOURIER-Transformierten.

6-16 Man setze $z(k) = x(k) - y(k-4)$ und berechne die diskrete FOURIER-Transformierte von $z(k)$.

6-17 Man setze $z(k) = y(k) + y(k-2) - x(k-4)$ und zerlege $z(k)$ graphisch und analytisch in ihre gerade und ungerade Komponente. Man veranschauliche mit $z(k)$ die Beziehung Gl.(6-42).

6-18 Man veranschauliche mit $x(n)$ und $y(n)$ das Frequenzbereich-Faltungstheorem.

6-19 Man veranschauliche das diskrete Korrelationstheorem mit $x(k)$ und $y(k)$.

Literatur

[1]   COOLEY, J.W., P.A.W. LEWIS, and P.D. WELCH, "The Finite FOURIER Tranform", IEEE Transactions on Audio and Electroacoustics (June 1969), Vol. AU-17, No. 2, pp. 77-85.

[2]   BERGLAND, G.D., "A Guided Tour of the Fast Fourier-Transform", IEEE Spetrum (July 1969), Vol. 6, No. 7, pp. 41-52.

7. Diskrete Faltung und Korrelation

Die wohl wichtigsten Theoreme der FOURIER-Transformation sind die der Faltung und der Korrelation. Dies ergibt sich aus der Tatsache, daß die Bedeutung der schnellen FOURIER-Transformation primär in der Effizienz ihrer Anwendung für die Berechnung der diskreten Faltungen und der diskreten Korrelationen liegt. Im nun folgenden Kapitel untersuchen wir graphisch und mathematisch die Beziehungen der diskreten Faltung und Korrelation. Ferner wird der Zusammenhang zwischen der diskreten und der kontinuierlichen Faltung ausführlich diskutiert.

7.1 Diskrete Faltung

Die diskrete Faltung ist definiert als die Summe

(7-1) $$y(kT) = \sum_{i=0}^{N-1} x(iT)h[(k - i)T]$$

wobei beide Funktionen $x(kT)$ und $h(kT)$ periodische Funktionen mit der Periode N sind:

(7-2)
$$x(kT) = x[(k + rN)T] \quad r = 0, \pm 1, \pm 2, \ldots$$
$$h(kT) = h[(k + rN)T] \quad r = 0, \pm 1, \pm 2, \ldots$$

Symbolisch wird die diskrete Faltung normalerweise wie folgt geschrieben:

(7-3) $$y(kT) = x(kT) * h(kT)$$

Zur Untersuchung der diskreten Faltung betrachte man die Darstellungen aus Bild 7-1. Beide Funktionen $x(kT)$ und $h(kT)$ sind periodische Funktionen mit der Periode $N = 4$. Nach Gl. (7-1) sind zunächst die Funktionen $x(iT)$ und $h[(k-i)T]$ zu bilden. Die Funktion $h(-iT)$ ist, wie in Bild 7-2a gezeigt, das Spiegelbild von $h(iT)$ bezüglich der Ordinatenachse; die Funktion $h[(k-i)T]$ ist die um kT verschobene Funktion $h(-iT)$. Bild 7-2b zeigt $h[(k-i)T]$ für die Verschiebung $2T$. Gl. (7-1) wird für jede Verschiebung kT durch Ausführung der entsprechenden Multiplikationen und Additionen ausgewertet.

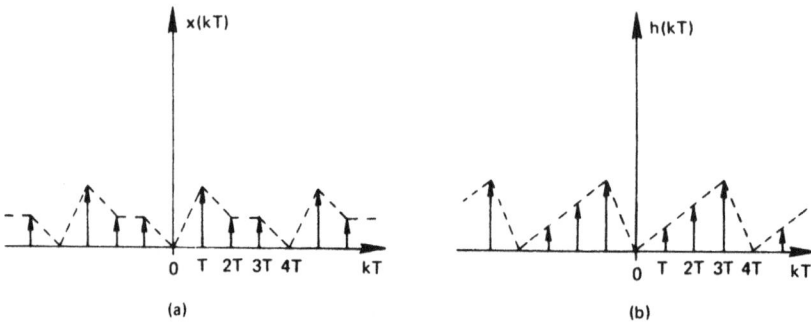

Bild 7-1:   Zwei abgetastete Funktionen für ein Beispiel zur diskreten Faltung.

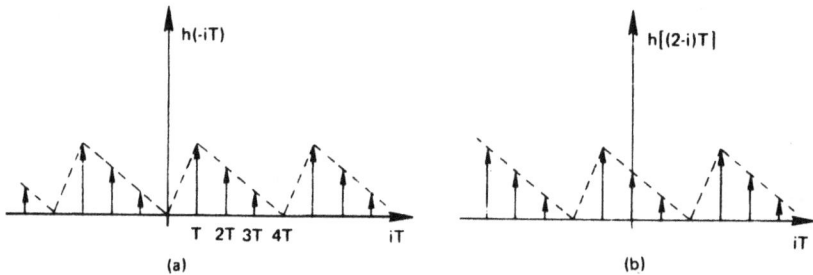

Bild 7-2:   Veranschaulichung des Verschiebungsschrittes der diskreten Faltung.

7.2 Diskrete Faltung auf graphischem Wege

Bild 7-3 dient zur Veranschaulichung der diskreten Faltung. Die Abtastwerte x (kT) werden durch *Punkte* und die Abtastwerte h (kT) durch *Kreuze* gekennzeichnet. Bild 7-3a veranschaulicht das Rechenverfahren für die Verschiebung $k = 0$. Der Wert eines jeden Punktes wird mit dem Wert des Kreuzes vom selben Abszissenwert multipliziert; die Produkte werden dann über die $N = 4$ angedeuteten diskreten Zeitpunkte aufsummiert. Bild 7-3b zeigt die graphische Auswertung der Gl. (7-1) für $k = 1$; Multiplikation und Summation erfolgen über die N gekennzeichneten Punkte. Bilder 7-3c,d zeigen die Auswertung der Faltung für $k = 2$ und $k = 3$. Man beachte, daß für $k = 4$ (Bild 7-3e) die zu multiplizierenden und aufzusummierenden Terme identisch zu denjenigen aus Bild 7-3a sind, was zu erwarten ist, da beide Folgen x (kT) und h (kT) periodisch sind mit einer Periode von 4 Termen. Daher gilt

(7-4) $y(kT) = y[(k + rN)T]$ $r = 0, \pm 1, \pm 2, \ldots$

Die graphischen Ausführungsschritte der diskreten Faltung unterscheiden sich von denen der kontinuierlichen Faltung lediglich dadurch, daß die Integration durch Summation ersetzt wird. Für die diskrete Faltung sind diese Schritte: 1) Spiegelung, 2) Ver-

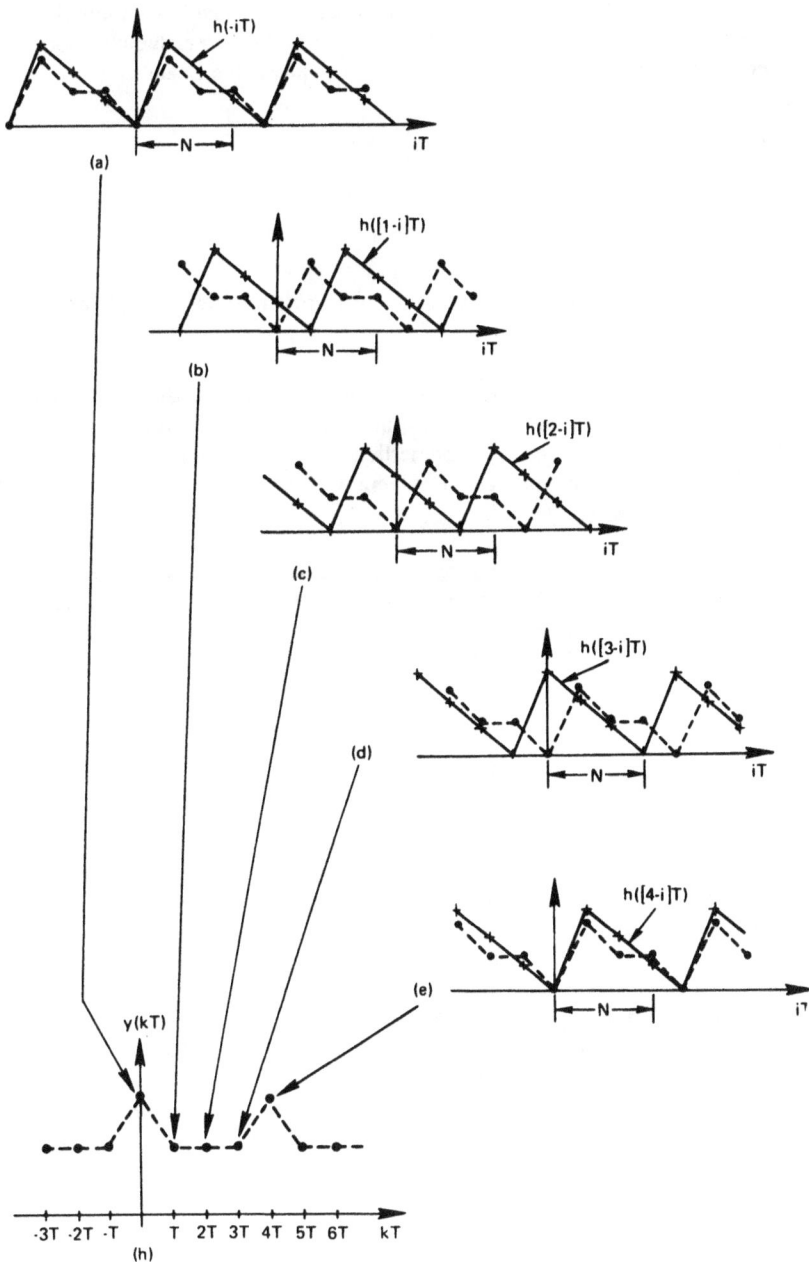

Bild 7-3:　Graphische Veranschaulichung der diskreten Faltung.

schiebung, 3) Multiplikation und 4) Summation. Wie im Falle kontinuierlicher Funktionen kann man entweder $x\,(kT)$ oder $h\,(kT)$ zur Verschiebung heranziehen. Dementsprechend erhält man für Gl. (7-1) die äquivalente Beziehung

$$(7\text{-}5) \qquad y(kT) = \sum_{i=0}^{N-1} x[(k-i)T]h(iT)$$

7.3 Beziehung zwischen diskreter und kontinuierlicher Faltung

Wenn wir ausschließlich periodische Funktionen betrachten, die durch äquidistante Deltafunktionen repräsentiert sind, dann stimmt das Ergebnis der diskreten Faltung mit dem Ergebnis der entsprechenden kontinuierlichen Faltung überein. Dies beruht darauf, daß die kontinuierliche Faltung, wie in Anhang A (Gl. A-14) gezeigt, auch für Deltafunktionen wohl definiert ist.

Der interessanteste Anwendungsfall der diskreten Faltung ist nicht die Faltung periodischer Abtastsignale, sondern vielmehr die Approximation der kontinuierlichen Faltung von Signalen beliebiger Verläufe. Aus diesem Grund untersuchen wir im folgenden ausführlich den Zusammenhang zwischen der diskreten und der kontinuierlichen Faltung.

Diskrete Faltung zeitbegrenzter Signale

Man betrachte die Funktionen $x\,(t)$ und $h\,(t)$ aus Bild 7-4a. Wir wollen diese beiden Funktionen sowohl kontinuierlich als auch diskret miteinander falten und die Ergebnisse vergleichen.

Bild 7-4a zeigt das Ergebnis der kontinuierlichen Faltung $y\,(t)$ der beiden Funktionen. Zur Durchführung der diskreten Faltung tasten wir beide Funktionen $x\,(t)$ und $h\,(t)$ mit dem Abtastintervall T ab und **nehmen an, daß beide periodisch sind mit der** Periode N. Wie in Bild 7-4b gezeigt, wurde die Periode $N = 9$ gewählt und die Funktionen $x\,(kT)$ und $h\,(kT)$ sind durch $P = Q = 6$ Abtastwerte vertreten; die restlichen Abtastwerte einer Periode wurden zu Null gesetzt. Bild 7-4b zeigt ebenfalls das diskrete Faltungsprodukt $y\,(kT)$ für die Periode $N = 9$; für diese Wahl der Periode ergibt die diskrete Faltung eine unbefriedigende Approximation der kontinuierlichen Faltung, da die vorausgesetzte Periodizität zu einer Überlappung des gesuchten periodischen Ausgangssignals führt. Das bedeutet, daß wir die Periode nicht groß genug gewählt haben, **damit** das Faltungsergebnis einer Periode mit dem Faltungsergebnis der unmittelbar darauffolgenden Periode nicht *überlappt* bzw. nicht *interferiert*. Wenn wir die diskrete Faltung zur Approximation der kontinuierlichen Faltung heranziehen wollen, ist es leicht einzusehen, daß die Periode, um Überlappungen zu vermeiden, entsprechend groß gewählt werden muß.

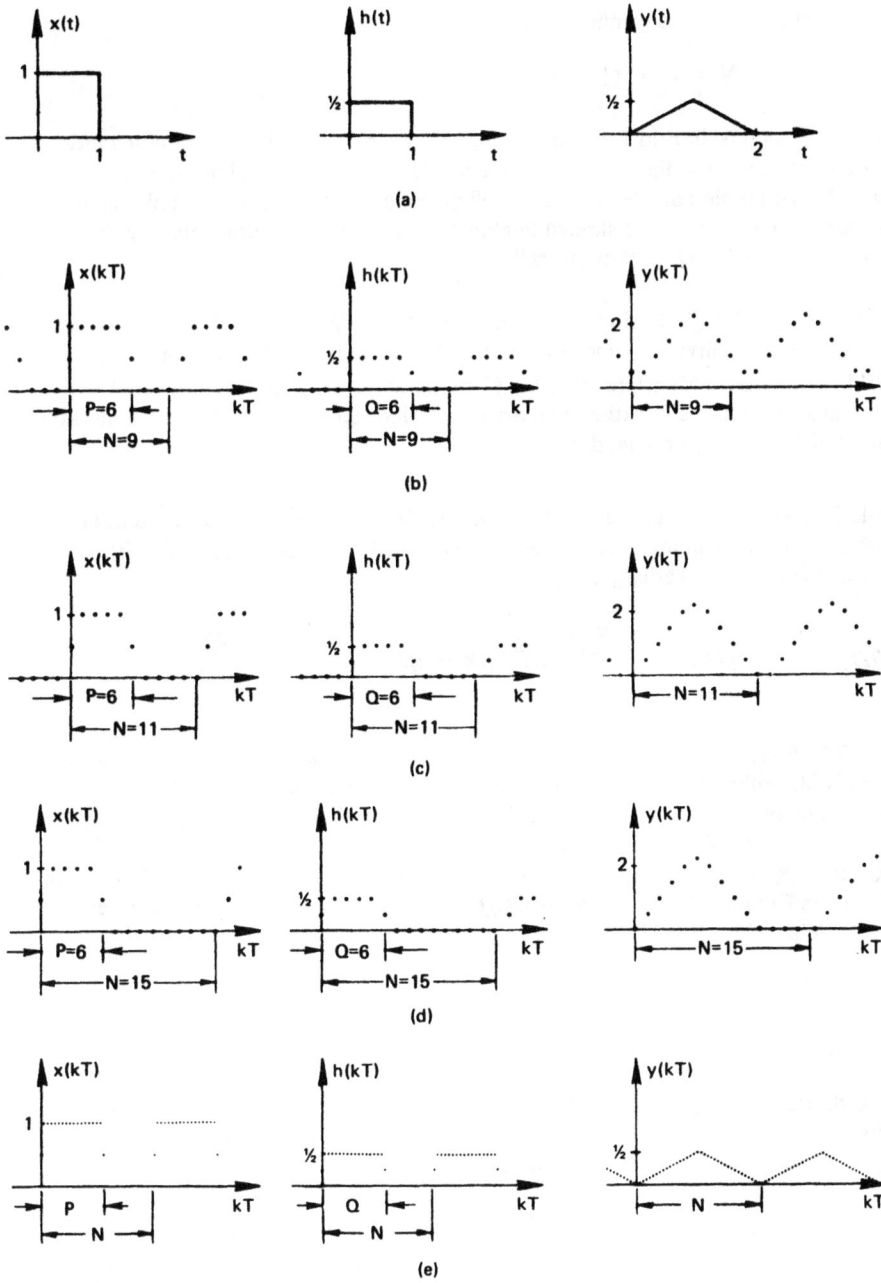

Bild 7-4:   Zusammenhang zwischen der diskreten und der kontinuierlichen Faltung zweier zeitbegrenzter Signale.

Man wähle die Periode gemäß der Beziehung

(7-6) $N = P + Q - 1$

Diese Situation ist in Bild 7-4c dargestellt, wobei $N = P + Q - 1 = 11$ gewählt wurde.
Man beachte, daß für diese Wahl von N keine Überlappung im Faltungsprodukt auftritt. Gl. (7-6) basiert auf der Tatsache, daß die Faltung einer diskreten Funktion mit P
Werten mit einer anderen diskreten Funktion mit Q Werten als Ergebnis eine diskrete Funktion mit $P + Q - 1$ Werten ergibt.

Die Wahl $N > P + Q - 1$ bringt keine Vorteile mit sich. Wie in Bild 7-4d gezeigt, sind
für $N = 15$ die nichtverschwindenden Werte des Faltungsproduktes gleich denen aus
Bild 7-4c. Solange N entsprechend Gl. (7-6) gewählt wird, ergibt die diskrete Faltung
stets eine periodische Funktion, von der jede Periode eine Approximation für das kontinuierliche Faltungsprodukt darstellt.

Bild 7-4c zeigt, daß das Ergebnis der diskreten Faltung anders skaliert ist als das der
kontinuierlichen Faltung. Der Skalierungsfaktor ist T; wir modifizieren die diskrete
Faltung Gl. (7-1) und erhalten

(7-7) $$y(kT) = T \sum_{i=0}^{N-1} x(iT)h[(k - i)T]$$

Gl. (7-7) bringt die numerische Berechnungsmethode des kontinuierlichen Faltungsintegrals für zeitbegrenzte Signale nach der Rechteck-Regel zum Ausdruck. Somit approximiert das diskrete Faltungsprodukt zeitbegrenzter Signale das entsprechende
kontinuierliche Faltungsprodukt mit einem Approximationsfehler, der sich auf die
Rechteck-Regel zurückführen läßt. Wie in Bild 7-4e verdeutlicht, wird der Fehler der
diskreten Faltung Gl. (7-7) vernachlässigbar, wenn man das Abtastintervall T genügend klein wählt.

Beispiel 7-1 Zyklische Faltung

Das diskrete Faltungsprodukt zweier diskreten periodischen Funktionen ist periodisch. Aufgrund dieser Eigenschaft wird die diskrete Faltung üblicherweise als zyklische Faltung bezeichnet. Bild 7.5 soll diesen Sachverhalt verdeutlichen.

In Bild 7.5a zeigen wir als Beispiel zwei periodische diskrete Funktionen, deren Faltungsprodukt zu berechnen ist. Für eine Verschiebung um $k = 2$ zeigt Bild 7.5b die
notwendigen Spiegelungen und Verschiebungen. Das Faltungsergebnis für $k = 2$ ergibt sich durch Multiplikation und Addition über die 8 Punkte einer Periode. Einen alternativen Weg der Darstellung des in Bild 7.5b angegebenen Faltungsprodukts zeigt
Bild 7.5c. Die beiden Ringe stellen je eine Periode der beiden periodischen Funktionen dar, der innere Ring steht für die zu verschiebende Funktion $h(iT)$. Das Bild

(a)

(b)

(c)

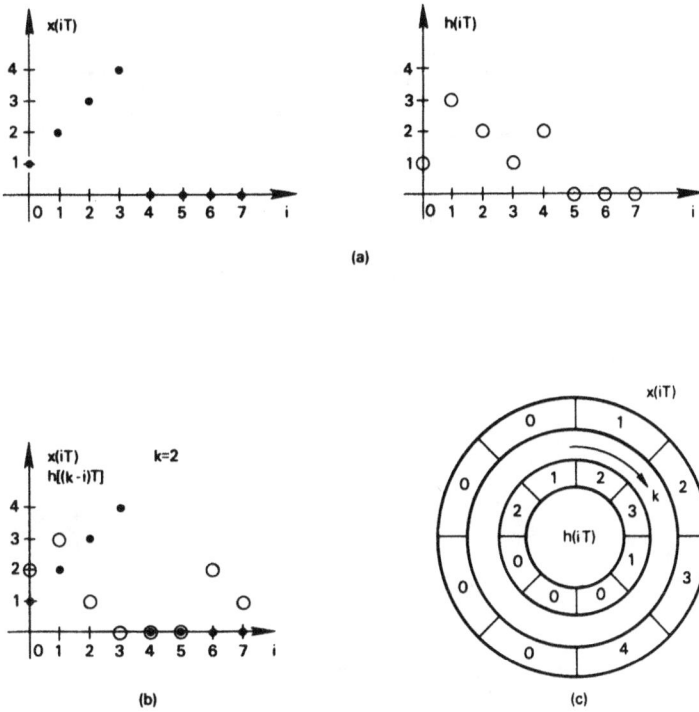

Bild 7.5:   Graphische Darstellung der *zyklischen Faltung*.

zeigt sie nach einer Verschiebung um $k = 2$. Der äußere Ring repräsentiert $x(iT)$. Die zu multiplizierenden Werte stehen einander gegenüber. Über eine Periode (einen Umlauf um den Ring) werden die Produkte gebildet und aufsummiert.

Für jede Verschiebung k wird der innere Ring entsprechend gedreht. Nach jeder Verschiebung um $k = 8$ nimmt der Ring die ursprüngliche Position wieder ein und die früher berechneten Werte tauchen wieder auf. Das Faltungsprodukt ist also, wie bereits erwähnt, periodisch. Mit Bild 7.5c läßt sich auch das Problem der Überlappung erläutern. Wenn der innere Ring gedreht wird, muß der äußere Ring so viel Nullen haben, daß das Faltungsergebnis nicht von beiden Endwerten des äußeren Rings abhängig wird. Werden den beiden Funktionen eine ausreichende Anzahl von Nullen hinzugefügt, dann überlappt sich das Faltungsergebnis in einer Periode nicht mit dem in der nächsten Periode.

Diskrete Faltung zeitunbegrenzter mit zeitbegrenzten Signalen

Im letzten Beispiel wurde der Fall betrachtet, in dem beide Funktionen $x(kT)$ und $h(kT)$ zeitbegrenzt waren. Ein weiterer interessanter Fall ist, wenn eine der beiden zu faltenden Funktionen zeitunbegrenzt ist. Zur Erläuterung des Zusammenhanges zwi-

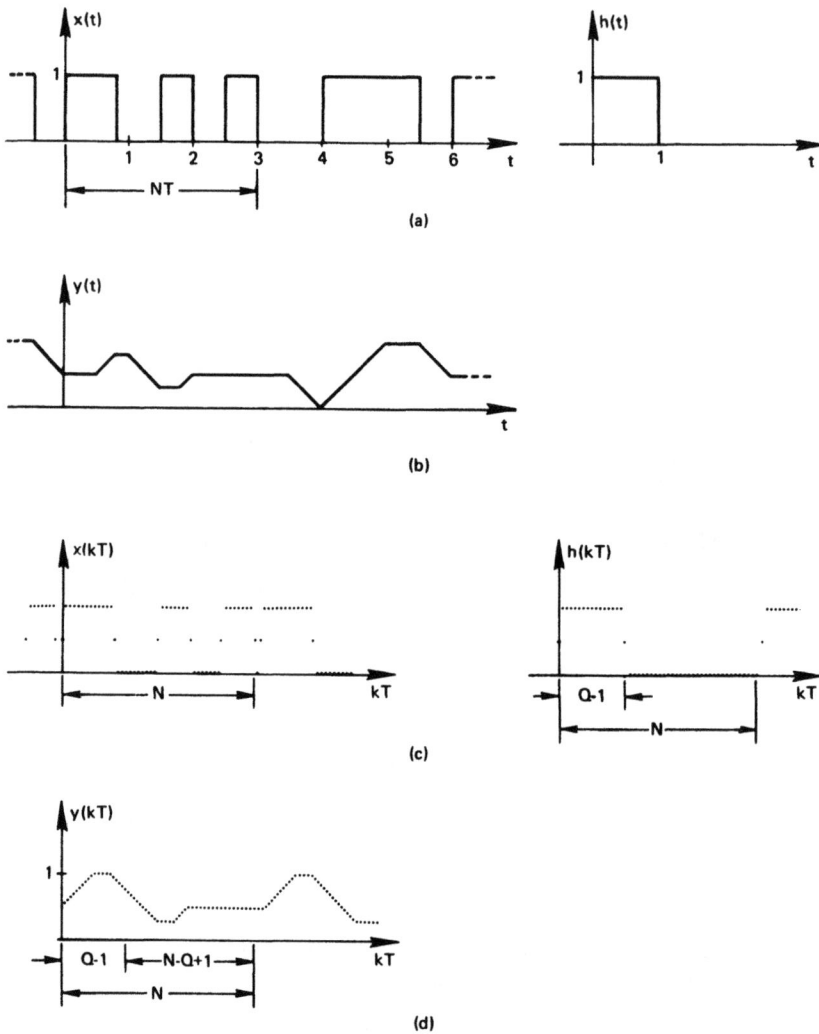

(a)

(b)

(c)

(d)

Bild 7-6:   Zusammenhang zwischen der diskreten und der kontinuierlichen
             Faltung eines zeitbegrenzten mit einem zeit-unbegrenzten Signal.

schen der diskreten Faltung und der kontinuierlichen Faltung in diesem Fall betrachte
man die Darstellung von Bild 7-6. Wie in Bild 7-6a gezeigt, wird die Funktion h (t)
als zeitbegrenzt und die Funktion x (t) als zeitunbegrenzt angenommen; Bild 7-6b
zeigt das Faltungsprodukt der beiden Funktionen. Da die diskrete Faltung verlangt,
daß beide Funktionen x (kT) und h (kT) periodisch sind, erhalten wir hierfür die Darstellungen aus Bild 7-6c; es wurde die Periode N gewählt (Bilder 7-6a,c). Mit der
zeitunbegrenzten Funktion x (kT) verursacht die erzwungene Periodizität den sogenannten *Randeffekt (end effect)*.

Man vergleiche das diskrete Faltungsprodukt aus Bild 7-6d mit dem kontinuierlichen Faltungsprodukt aus Bild 7-6b. Wie gezeigt, stimmen die beiden Ergebnisse gut überein mit Ausnahme der ersten Q-1 Werte des diskreten Faltungsprodukts. Um diesen Punkt klarer herauszustellen, betrachte man die Darstellungen von Bild 7-7. Wir zeigen nur eine Periode von x (iT) und h [$(5 - i) T$]. Zur Auswertung der diskreten Faltung Gl.(7-1) für diese Verschiebung multiplizieren wir die Abtastwerte von x (iT) und h[(5 - i)T], die zu denselben Zeitpunkten gehören (Bild 7-7a), miteinander und addieren die Produkte auf. Das Faltungsergebnis ist abhängig von den x (iT)-Werten in den beiden Periodenrandbereiche. Eine derartige Abhängigkeit existiert offensichtlich nicht für die kontinuierliche Faltung und läßt sich daher in Zusammenhang mit dieser nicht sinnvoll interpretieren. Ähnliche Ergebnisse erhalten wir für weitere Verschiebungen und zwar solange, bis die Q Werte von h (iT) um Q-1 verschoben sind, i.e. der *Randeffekt* tritt nur bis zur Verschiebung $k = Q$-1 auf.

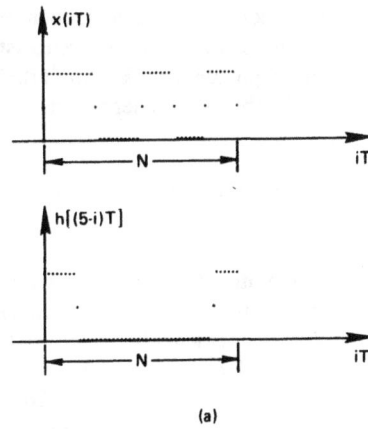

(a)

Bild 7-7:   Veranschaulichung des Randeffekts.

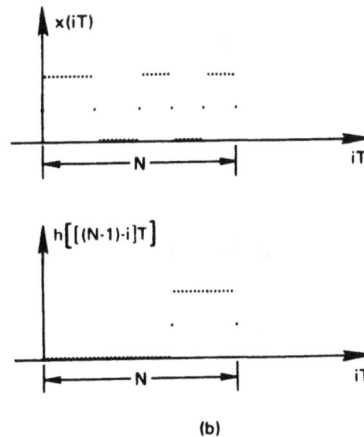

(b)

Man beachte, daß der *Randeffekt* nicht am rechten Rand der N Abtastwerte auftritt; Bild 7-7b zeigt die Funktionen *h(iT)* für die Verschiebung $k = N$ -1 (also die maximale Verschiebung) und x (iT). Multiplizieren wir die Werte von x (iT) und h [$(N-1-i)T$], die zu denselben Zeitpunkten gehören miteinander und summieren die Produkte auf, dann erhalten wir das gewünschte Faltungsergebnis. Das Ergebnis hängt hier nur von den tatsächlichen Werten von x (iT) ab.

Wenn man das Abtastsignal T genügend klein wählt, stellt die diskrete Faltung, abgesehen vom *Randeffekt*, eine gute Approximation für die kontinuierliche Faltung dar.

Zusammenfassung

Wir haben ausdrücklich betont, daß die diskrete Faltung nur für periodische Funktionen definiert ist. Die Auswirkungen der Nichteinhaltung dieser Bedingung sind, wie wir graphisch veranschaulicht haben, jedoch vernachlässigbar, wenn zumindest eine der beiden zu faltenden Funktionen zeitbegrenzt ist. Für diesen Fall ist die diskrete Faltung näherungsweise äquivalent zur kontinuierlichen Faltung, wobei die verbleibenden Unterschiede auf die Rechteckregel der Integration und auf den *Randeffekt* zurückzuführen sind.

Die diskrete Faltung zweier zeitunbegrenzter Funktionen ist im allgemeinen nicht möglich.

Die in Abschnitt 7-1 dargestellten Faltungsprodukte lassen sich ebensogut mit Hilfe des Faltungstheorems ermitteln. Wir erinnern uns daran, daß die diskrete Faltung, Gl. (7-1), Periodizität der beiden miteinander zu faltenden Funktionen voraussetzt. Diese Voraussetzung ist wiederum erforderlich für die Anwendung des diskreten Faltungstheorems, Gl. (6-50). Wenn wir die diskrete FOURIER-Transformierte jeder der periodischen Funktionen x (kT) und h (kT) berechnen, die Ergebnisse miteinander multiplizieren und anschließend die inverse diskrete FOURIER-Transformierte des Produktes bilden, erhalten wir Ergebnisse, die jenen graphischen Darstellungen identisch sind. Wie in Kap.10 noch besprochen wird, läßt sich die Anwendung der diskreten FOURIER-Transformation zur numerischen Auswertung der diskreten Faltung normalerweise schneller durchführen, wenn wir hierzu den Algorithmus der schnellen FOURIER-Transformation FFT einsetzen.

7.4 Diskrete Korrelation auf graphischem Wege

Die diskrete Korrelation ist definiert durch

$$(7-8) \qquad z(kT) = \sum_{i=0}^{N-1} x(iT)h[(k + i)T]$$

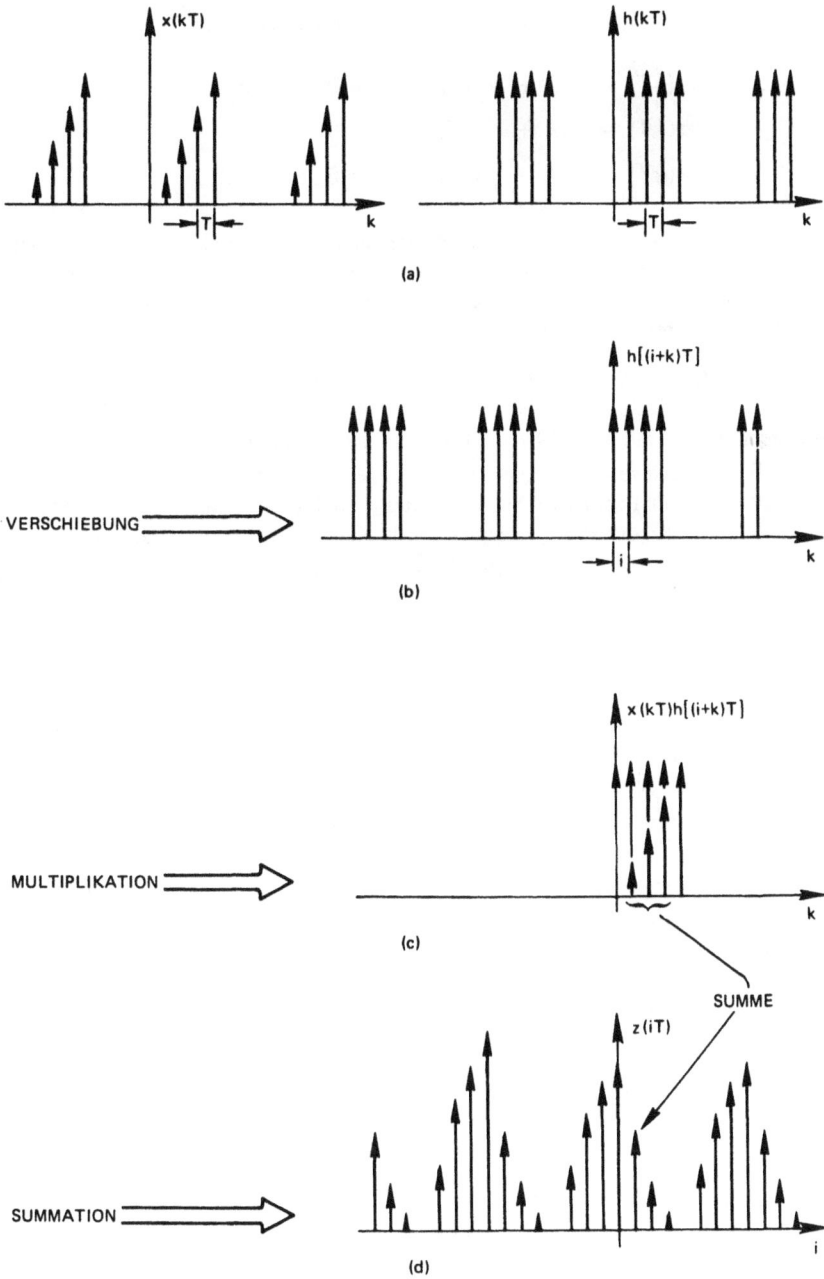

Bild 7-8:   Graphische Veranschaulichung der diskreten Korrelation.

wobei x (kT), h (kT) und z (kT) periodische Funktionen sind:

(7-9) $z(kT) = z[(k + rN)T]$ $r = 0, \pm 1, \pm 2, \ldots$

          $x(kT) = x[(k + rN)T]$ $r = 0, \pm 1, \pm 2, \ldots$

          $h(kT) = h[(k + rN)T]$ $r = 0, \pm 1, \pm 2, \ldots$

Wie beim kontinuierlichen Fall unterscheidet sich die diskrete Korrelation von der diskreten Faltung dadurch, daß hier keine Spiegelung erforderlich ist. Die restlichen Regeln der Verschiebung, Multiplikation und Summation bleiben exakt die gleichen wie bei der diskreten Faltung.

Um das Verfahren der diskreten Korrelation bzw. der *verzögerten Produkte (lagged products)*, wie die diskrete Korrelation manchmal bezeichnet wird, zu veranschaulichen, betrachte man Bild 7-8. Bild 7-8a zeigt die zu korrelierenden Funktionen. Wir verschieben, multiplizieren und summieren, wie es den Regeln der Korrelation entspricht. Diese Operationen sind in den Bildern 7-8b,c,d der Reihe nach veranschaulicht. Man vergleiche die Ergebnisse mit denen aus Beispiel 4-8. In Kapitel 10 werden wir die Anwendung der FFT für eine effiziente Berechnung der Gl. (7.8) behandeln.

Aufgaben

7-1 Gegeben seien

$x(kT) = e^{-kT}$ $k = 0, 1, 2, 3$
$\quad\quad\;\; = 0$ $k = 4, 5, \ldots, N$
$\quad\quad\;\; = x[(k + rN)T]$ $r = 0, \pm 1, \pm 2, \ldots$

und

$h(kT) = 1$ $k = 0, 1, 2$
$\quad\quad\;\; = 0$ $k = 3, 4, \ldots, N$
$\quad\quad\;\; = h[(k + rN)T]$ $r = 0, \pm 1, \pm 2, \ldots$

Man bilde x (kT) $*$ h (kT) graphisch und analytisch mit $T = 1$. Man wähle N kleiner, gleich und größer als in Gl. (7-6).

7-2 Man betrachte die kontinuierlichen Funktionen x (t) und h (t) von Bild 4-14a. Man taste beide Funktionen mit dem Abtastintervall $T = T_0/4$ ab, nehme an, daß beide Funktionen periodisch sind mit der Periode N, wähle N entsprechend der Beziehung (7-6), bilde x (kT) $*$ h (kT) sowohl analytisch als auch graphisch, untersuche die Folgen einer unkorrekten Wahl von N und vergleiche die Ergebnisse mit denen der kontinuierlichen Faltung.

7-3 Man wiederhole Aufgabe 7-2 mit den Bildern 4-14b,c.

7-4 Man betrachte Bild 7-6 und definiere $x\,(t)$ so, wie in Bild 7-6a dargestellt. Die
Funktion $h\,(t)$ sei

(a) $h(t) = \delta(t)$

(b) $h(t) = \delta(t) + \delta\left(t - \dfrac{3}{2}\right)$

(c) $h(t) = 0 \qquad t < 0$

$\qquad = 1 \qquad 0 < t < \dfrac{1}{2}$

$\qquad = 0 \qquad \dfrac{1}{2} < t < 1$

$\qquad = 1 \qquad 1 < t < \dfrac{3}{2}$

$\qquad = 0 \qquad t > \dfrac{3}{2}$

Man führe die diskrete Faltung für alle obigen Fälle gemäß Bild 7-6 graphisch aus,
vergleiche die Ergebnisse der diskreten und der kontinuierlichen Faltung und untersuche den Randeffekt für alle angegebenen Fälle.

7-5 Das diskrete Faltungsprodukt einer zeitbegrenzten Funktion und einer zeitun-
begrenzte Funktion sei zu bilden. Man nehme an, daß hierzu ein Gerät verwendet
wird, dessen Aufnahmekapazität auf N Abtastwerte jeder der beiden Funktionen
begrenzt ist. Man beschreibe ein Verfahren, das erlaubt, sukzessiv N-Punkte diskrete Faltungen durchzuführen und die Ergebnisse derart zu kombinieren, daß der
Randeffekt eliminiert wird. Man veranschauliche sein Konzept durch Wiederholung der Darstellungen aus Bild 7-6 für den Fall $NT = 1{,}5$. Zur Bildung des diskreten Faltungsproduktes $y\,(kT)$ für $0 \le kT \le 3$ wende man das Verfahren sukzessiv
an.

7-6 Man leite das diskrete Faltungstheorem für folgende Ausdrücke ab:

(a) $\displaystyle\sum_{i=0}^{N-1} h(iT)x[(k-i)T]$

(b) $\displaystyle\sum_{i=0}^{N-1} h(iT)h[(k-i)T]$

7-7 x(kT) und h(kT) seien wie in Aufgabe 7-1 definiert. Man bilde das diskrete
Korrelationsprodukt (7-11) sowohl analytisch als auch graphisch. Welchen
Einschränkungen unterliegt N?

7-8 Man wiederhole Aufgabe 7-2 für die diskrete Korrelation.

7-9 Man wiederhole Aufgabe 7-3 für die diskrete Korrelation.

7-10 Man wiederhole Aufgabe 7-4 für die diskrete Korrelation.

Literatur

[1]   COOLEY, J.W., P.A.W. LEWIS and P.D. WELCH, "The Finite
      Fourier Transform", IEEE Tranactions on Audio and
      Electroacustics (June 1969), Vol. AU-17, No. 2, pp. 77-85.

[2]   COOLEY, J.W., P.A.W. LEWIS and P.D. WELCH, "The Fast Fourier Transform
      and its Application". IEEE Trans on Education (March 1969), Vol. 12, pp. 27-34.

[3]   BERGLAND, G.D., "A Guided Tour of the Fast Fourier Transform",
      IEEE Spectrum (1969), Vol. 6, No. 7, pp. 41-52.

8. Die schnelle FOURIER-Transformation (FFT)

Für die Ergebnisinterpretation der schnellen FOURIER-Transformation ist keine gründliche Kenntnis des Algorithmus selbst erforderlich, sondern vielmehr ein umfassendes Verständnis für die diskrete FOURIER-Transformation. Dies beruht auf der Tatsache, daß die FFT nichts anderes ist als ein Algorithmus (i.e. ein spezielles Verfahren zur Durchführung numerischer Berechnungen), der die Auswertung der diskreten FOURIER-Transformation schneller als alle anderen bekannten Algorithmen ermöglicht. Wir konzentrieren uns daher in der vorliegenden Diskussion nur auf den numerischen Aspekt des FFT-Algorithmus.

Im folgenden wird eine einfache Matrixfaktorisierung zur intuitiven Erläuterung des FFT-Algorithmus benutzt. Die faktorisierten Matrizen werden alternativ mit Hilfe von Signalflußgraphen repräsentiert. Aus diesen Graphen leiten wir dann ein Flußdiagramm für ein FFT-Computerprogramm ab.

8.1 Matrixdarstellung

Man betrachte die Beziehung der diskreten FOURIER-Transformation (6-16)

$$(8\text{-}1) \qquad X(n) = \sum_{k=0}^{N-1} x_0(k) e^{-j2\pi nk/N} \qquad n = 0, 1, \ldots, N-1$$

wobei wir zur Vereinfachung der Schreibweise kT durch k und n/NT durch n ersetzt haben. Man beachte, daß (8-1) N Gleichungen umfaßt. Beispielsweise erhalten wir für $N = 4$ und mit der Vereinbarung

$$(8\text{-}2) \qquad W = e^{-j2\pi/N}$$

aus (8-1) die Gleichungen

$$X(0) = x_0(0)W^0 + x_0(1)W^0 + x_0(2)W^0 + x_0(3)W^0$$

$$X(1) = x_0(0)W^0 + x_0(1)W^1 + x_0(2)W^2 + x_0(3)W^3$$

$(8\text{-}3)$

$$X(2) = x_0(0)W^0 + x_0(1)W^2 + x_0(2)W^4 + x_0(3)W^6$$

$$X(3) = x_0(0)W^0 + x_0(1)W^3 + x_0(2)W^6 + x_0(3)W^9$$

Die vier Gleichungen (8-3) lassen sich sehr einfach zusammenfassen in der Matrixform

$$(8\text{-}4) \qquad \begin{bmatrix} X(0) \\ X(1) \\ X(2) \\ X(3) \end{bmatrix} = \begin{bmatrix} W^0 & W^0 & W^0 & W^0 \\ W^0 & W^1 & W^2 & W^3 \\ W^0 & W^2 & W^4 & W^6 \\ W^0 & W^3 & W^6 & W^9 \end{bmatrix} \begin{bmatrix} x_0(0) \\ x_0(1) \\ x_0(2) \\ x_0(3) \end{bmatrix}$$

oder noch kompakter in der Kurzschreibweise

$$(8\text{-}5) \qquad X(n) = W^{nk} x_0(k)$$

Wir bezeichnen Matrizen mit Fettdruckbuchstaben.

Bei näherer Betrachtung von (8-4) wird ersichtlich, daß, da W und möglicherweise auch $x_0(k)$ komplexwertig sind, N^2 komplexe Multiplikationen und $N(N-1)$ komplexe Additionen zur Auswertung der Matrixgleichung notwendig sind. Die FFT verdankt ihren Erfolg der Tatsache, daß ihr Algorithmus die Anzahl der zur Auswertung von (8-4) erforderlichen Multiplikationen und Additionen reduziert. Wir werden nun in einer intuitiven Weise darlegen, wie diese Reduktion erzielt wird. Der Beweis für den FFT-Algorithmus erfolgt in Kap. 8.9.

8.2 Intuitive Herleitung

Die Erläuterung des FFT-Algorithmus wird einfacher, wenn man die Anzahl der Abtastwerte $x_0(k)$ entsprechend der Beziehung $N = 2^\gamma$ mit γ als einer positiven ganzen Zahl wählt. In späteren Ausführungen werden wir diese Einschränkung aufheben. Wir erinnern uns daran, daß Gl. (8-4) sich aus der Wahl $N = 4 = 2^\gamma = 2^2$ ergibt; daher können wir den FFT-Algorithmus auf (8-4) anwenden.

Als ersten Schritt zur Herleitung des FFT-Algorithmus für dieses Beispiel schreiben wir (8-4) wie folgt um:

$$(8\text{-}6) \qquad \begin{bmatrix} X(0) \\ X(1) \\ X(2) \\ X(3) \end{bmatrix} = \begin{bmatrix} 1 & 1 & 1 & 1 \\ 1 & W^1 & W^2 & W^3 \\ 1 & W^2 & W^0 & W^2 \\ 1 & W^3 & W^2 & W^1 \end{bmatrix} \begin{bmatrix} x_0(0) \\ x_0(1) \\ x_0(2) \\ x_0(3) \end{bmatrix}$$

Matrixgl. (8-6) ergibt sich aus (8-4) unter Berücksichtigung der Beziehung $W^{nk} = W^{nk \bmod(N)}$. Es sei daran erinnert, daß der Term $nk \bmod (N)$ gleich dem Rest der Division von nk durch N ist; demnach erhält man mit $N = 4$, $n = 2$ und $k = 3$

$$(8\text{-}7) \qquad W^6 = W^2$$

da gilt

$$(8\text{-}8) \qquad W^{nk} = W^6 = \exp\left[\left(\frac{-j2\pi}{4}\right)(6)\right] = \exp[-j3\pi]$$

$$= \exp[-j\pi] = \exp\left[\left(\frac{-j2\pi}{4}\right)(2)\right] = W^2 = W^{nk \bmod(N)}$$

Der zweite Herleitungsschritt besteht aus der folgenden Faktorisierung der quadratischen Matrix von (8-6):

$$(8-9) \quad \begin{bmatrix} X(0) \\ X(2) \\ X(1) \\ X(3) \end{bmatrix} = \begin{bmatrix} 1 & W^0 & 0 & 0 \\ 1 & W^2 & 0 & 0 \\ 0 & 0 & 1 & W^1 \\ 0 & 0 & 1 & W^3 \end{bmatrix} \begin{bmatrix} 1 & 0 & W^0 & 0 \\ 0 & 1 & 0 & W^0 \\ 1 & 0 & W^2 & 0 \\ 0 & 1 & 0 & W^2 \end{bmatrix} \begin{bmatrix} x_0(0) \\ x_0(1) \\ x_0(2) \\ x_0(3) \end{bmatrix}$$

Diese Art der Faktorisierung basiert auf der Theorie des FFT-Algorithmus und wird im Kap. 8.9 hergeleitet. Für den Augenblick sollte es genügen, zu zeigen, daß das Produkt der beiden quadratischen Matrizen aus (8-9) gleich der quadratischen Matrix aus (8-6) ist, mit der Ausnahme, daß die Zeilen 1 und 2 vertauscht sind. (Die Zeilen sind mit 0, 1, 2, 3 nummeriert.) Man beachte, daß dieser Zeilenvertauschung in (8-9) durch eine entsprechende Umstellung des Vektors $X(n)$ Rechnung getragen wurde; wir bezeichnen den zeilenvertauschten Vektor mit

$$(8-10) \quad \overline{X(n)} = \begin{bmatrix} X(0) \\ X(2) \\ X(1) \\ X(3) \end{bmatrix}$$

Als Übung sollte der Leser nachweisen, daß Gl. (8-9) zur Gl. (8-6) mit den oben angegebenen vertauschten Zeilen führt. Diese Faktorisierung ist der Hauptgrund der Leistungsfähigkeit des FFT-Algorithmus.

Nachdem wir uns davon überzeugt haben, daß (8-9) korrekt ist, obwohl die Zeilen untereinander *umgeordnet* sind, wollen wir die Anzahl der Multiplikationen ermitteln, die zur Auswertung des Gleichungssystems erforderlich sind. Zunächst betrachten wir

$$(8-11) \quad \begin{bmatrix} x_1(0) \\ x_1(1) \\ x_1(2) \\ x_1(3) \end{bmatrix} = \begin{bmatrix} 1 & 0 & W^0 & 0 \\ 0 & 1 & 0 & W^0 \\ 1 & 0 & W^2 & 0 \\ 0 & 1 & 0 & W^2 \end{bmatrix} \begin{bmatrix} x_0(0) \\ x_0(1) \\ x_0(2) \\ x_0(3) \end{bmatrix}$$

Der Vektor $x_1(k)$ ist gleich dem Produkt des Vektor $x_o(k)$ mit der zweiten Matrix auf der rechten Seite von (8-9).

Element $x_1(0)$ wird mit einer komplexen Multiplikation und einer komplexen Addition ermittelt (W^0 wird zwecks Verallgemeinerung nicht zu eins reduziert):

$$(8-12) \quad x_1(0) = x_0(0) + W^0 x_0(2)$$

Element $x_1(1)$ läßt sich ebenfalls mit einer komplexen Multiplikation und einer komplexen Addition errechnen. Zur Berechnung von $x_1(2)$ ist nur eine komplexe Addition notwendig; dies folgt, weil $W^0 = -W^2$ gilt. Somit erhält man

(8-13) $x_1(2) = x_0(0) + W^2 x_0(2)$

$= x_0(0) - W^0 x_0(2)$

wobei das komplexe Produkt $W^0 x_0(2)$ bereits bei der Berechnung von x(0) - cf. Gl. (8-12) - ermittelt wurde. Nach gleicher Überlegung erfordert $x_1(3)$ nur eine komplexe Addition und keine Multiplikation. Der Zwischenvektor $x_1(k)$ läßt sich also mit vier komplexen Additionen und zwei komplexen Multiplikationen bestimmen.

Wir vervollständigen die Auswertung von (8-9) mit der Auswertung des Gleichungssystems

(8-14)
$$\begin{bmatrix} X(0) \\ X(2) \\ X(1) \\ X(3) \end{bmatrix} = \begin{vmatrix} x_2(0) \\ x_2(1) \\ x_2(2) \\ x_2(3) \end{vmatrix} = \begin{vmatrix} 1 & W^0 & 0 & 0 \\ 1 & W^2 & 0 & 0 \\ 0 & 0 & 1 & W^1 \\ 0 & 0 & 1 & W^3 \end{vmatrix} \begin{vmatrix} x_1(0) \\ x_1(1) \\ x_1(2) \\ x_1(3) \end{vmatrix}$$

Element $x_2(0)$ läßt sich mit einer komplexen Multiplikation und einer komplexen Addition ermitteln:

(8-15) $x_2(0) = x_1(0) + W^0 x_1(1)$

Element $x_2(1)$ erfordert wegen $W^0 = -W^2$ nur eine Addition. Nach ähnlicher Überlegung benötigt $x_2(2)$ eine komplexe Multiplikation und Addition und $x_2(3)$ nur eine Addition.

Die Berechnung von $\overline{X(n)}$ nach (8-9) erfordert insgesamt vier komplexe Multiplikationen und acht komplexe Additionen, die Berechnung von $X(n)$ nach (8-4) dagegen 16 komplexe Multiplikationen und 12 komplexe Additionen. Man beachte, daß die Matrixfaktorisierung die Anzahl der Multiplikationen dadurch reduziert, daß sie in den Teilmatrizen Nullen erzeugt. Für das vorliegende Beispiel reduziert die Matrixfaktorisierung die Anzahl der Multiplikationen um den Faktor 1/2. Aus der Tatsache, daß die Multiplikationszeit den wesentlichen Teil der Gesamtrechenzeit ausmacht, wird der Grund für die Effizienz des FFT-Algorithmus erkennbar.

Für $N = 2^\gamma$ besteht der FFT-Algorithmus einfach aus der Faktorisierung einer $N \times N$ Matrix in γ Matrizen der Größe $N \times N$, und zwar derart, daß die Anzahl der komplexen Multiplikationen und Additionen einer jeden Tailmatrix minimal ist. Mit der Verallgemeinerung der Ergebnisse des vorangegangenen Beispiels stellen wir fest, daß die FFT $N\gamma/2 = 4$ komplexe Multiplikationen und $N\gamma = 8$ *komplexe* Additionen benötigt, wogegen die direkte Methode - cf. Gl. (8-4) - N^2 *komplexe* Multiplikationen und $N(N-1)$ *komplexe* Additionen erfordert. Nehmen wir an, daß die Rechenzeit proportional der Anzahl der Multiplikationen ist, so ist das Verhältnis der Rechenzeit der direkten Methode zu der der FFT angenähert gegeben durch den Ausdruck

(8-16) $$\frac{N^2}{N\gamma/2} = \frac{2N}{\gamma}$$

wonach sich für $N = 1024 = 2^{10}$ eine Rechenzeitverkürzung um 1/200 ergibt. Bild 8-1 veranschaulicht die Relation der vom FFT-Algorithmus und von der direkten Methode benötigten Anzahl von Multiplikationen.

Das Matrixfaktorisierungs-Verfahren weist eine Diskrepanz zur direkten Methode auf, und zwar die, daß die Gl. (8-9) den Vektor $\overline{X(n)}$ und nicht den Vektor $X(n)$ als Rechenergebnis liefert, i.e.

$$(8\text{-}17) \qquad \overline{X(n)} = \begin{bmatrix} X(0) \\ X(2) \\ X(1) \\ X(3) \end{bmatrix} \quad \text{statt} \quad X(n) = \begin{bmatrix} X(0) \\ X(1) \\ X(2) \\ X(3) \end{bmatrix}$$

Diese *Umordnung* ist dem Prozess der Matrixfaktorisierung inhärent, stellt jedoch nur ein geringfügiges Problem dar, weil sich ohne Schwierigkeiten eine allgemeine Methode zur Wiedergewinnung von $\overline{X(n)}$ durch eine Umordnung von $X(n)$ angeben läßt: Man schreibe $\overline{X(n)}$ um, indem man das Argument n als Binärzahl darstellt:

$$(8\text{-}18) \qquad \begin{bmatrix} X(0) \\ X(2) \\ X(1) \\ X(3) \end{bmatrix} \quad \text{wird} \quad \begin{bmatrix} X(00) \\ X(10) \\ X(01) \\ X(11) \end{bmatrix}$$

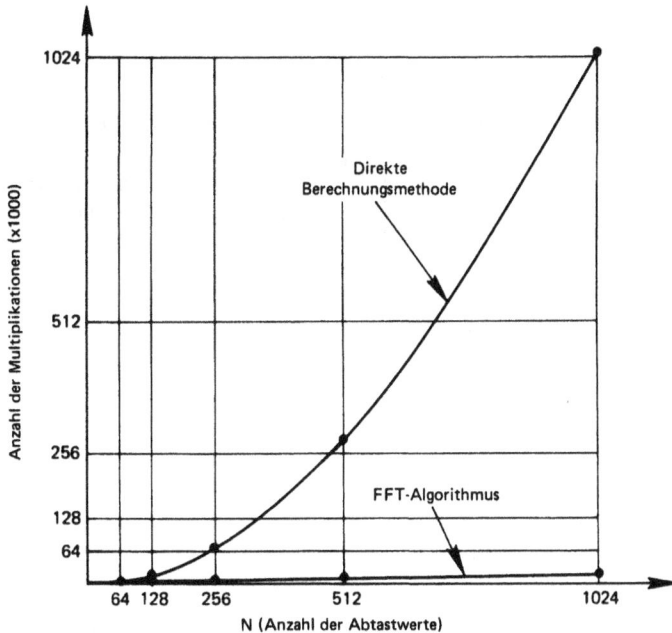

Bild 8-1:   Vergleich der notwendigen Multiplikationen für die direkte Berechnungs-methode und für den FFT-Algorithmus.

Man beachte, daß mit einer spiegelbildlichen Vertauschung der Bits der binären Argumente von $X(n)$ in Gl.(8.18), im folgenden *Bitumkehrung (bit reversing)* genannt, (i.e. 01 wird zu 10, 10 wird zu 01 etc.)

$$(8\text{-}19) \qquad \overline{X(n)} = \begin{bmatrix} X(00) \\ X(10) \\ X(01) \\ X(11) \end{bmatrix} \quad \text{in} \quad \begin{bmatrix} X(00) \\ X(01) \\ X(10) \\ X(11) \end{bmatrix} = X(n)$$

übergeht.

Es läßt sich relativ einfach eine allgemeine Regel für die Umordnung der FFT-Ergebnisse aufstellen.

Für $N > 4$ ist es mühsam, den Prozeß der Matrixfaktorisierung analog zur Gl. (8-9) zu beschreiben. Aus diesem Grunde interpretieren wir (8-9) in einer graphischen Weise. Unter Benutzung dieser graphischen Formulierung sind wir in der Lage, allgemeine Regeln zur Erstellung eines Flußdiagramms für ein Rechnerprogramm aufzustellen.

8.3 Signalflußgraphen

Wir setzen Gl. (8-9) in den in Bild 8-2 angegebenen Signalflußgraphen um. Wie gezeigt , stellen wir den Vektor der Signalabtastwerte $x_0(k)$ durch eine senkrechte Knotenspalte auf der linken Seite des Graphen dar. Die zweite Knotenspalte entspricht dem nach Gl. (8-11) berechneten Vektor $x_1(k)$ und die nächste vertikale Spalte dem Vektor $x_2(k) = \overline{X(n)}$ aus Gl. (8-14). Generell ergeben sich γ Spalten für $N = 2^\gamma$.

Der Signalflußgraph läßt sich wie folgt interpretieren: In jeden Knoten fließen zwei *Übertragungspfade* ein, die jeweils aus einem Knoten der davorliegenden Spalte stammen. Ein Pfad übernimmt einen Wert von einem Knoten einer Spalte, multipli-

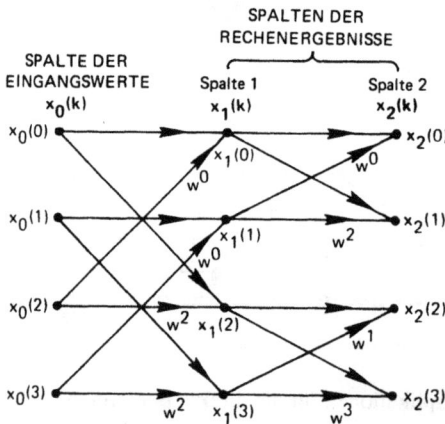

Bild 8-2:   FFT-Signalflußgraph für $N = 4$.

ziert ihn mit W^p und überträgt das Produkt an einen Knoten der nächsten Spalte. Der Faktor W^p erscheint am Pfeilende des Pfades; das Fehlen dieses Faktors bedeutet $W^p = 1$. Die an einem Knoten ankommenden Werte werden aufsummiert.Zur Verdeutlichung der Interpretation des Signalflußgraphen betrachte man den Knoten $x_1(2)$ in Bild 8-2. Aus den Interpretationsregeln des Signalflußgraphen folgt

(8-20) $x_1(2) = x_0(0) + W^2 x_0(2)$

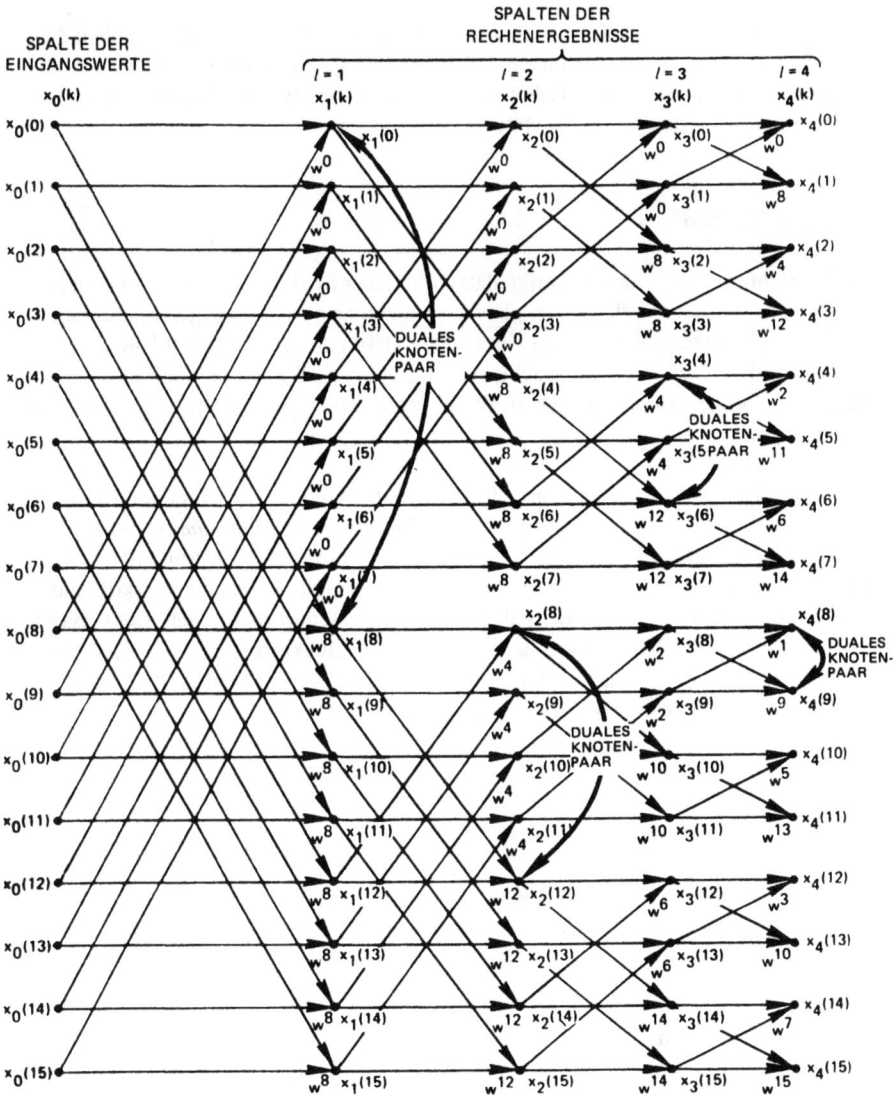

Bild 8-3:   Beispiele für duale Knoten.

was der Gl.(8-13) entspricht. In ähnlicher Weise lassen sich auch alle anderen Knoten des Signalflußgraphen beschreiben.

Der Signalflußgraph ist also eine Kurzform-Repräsentation der Auswertungsschritte der Matrixdarstellung (8-9) des FFT-Algorithmus. Jede Spalte des Graphen entspricht einer Teilmatrix; für $N = 2^\gamma$ ergeben sich γ Spalten aus jeweils N Elementen. Unter Verwendung dieser graphischen Repräsentationsart läßt sich der Prozeß der Matrix-faktorisierung auch für größere Werte von N relativ einfach beschreiben.

Wir zeigen in Bild 8-3 den Signalflußgraphen für $N = 16$. Mit einem Flußgraphen die-ser Größe ist es möglich, allgemeine Eigenschaften des Matrixfaktorisierungs-Verfah-rens herzuleiten und damit den Rahmen für die Entwicklung eines Flußdiagramms für ein FFT-Rechnerprogramm zu erstellen.

8.4 Duale Knoten

Eine Betrachtung des Bildes 8-3 zeigt, daß wir in jeder Spalte immer zwei Knoten fin-den, deren ankommende Pfade vom gleichen Knotenpaar der vorherigen Spalte stam-men. Beispielsweise lassen sich das Knotenpaar $x_1(0)$ und $x_1(8)$ aus dem Knotenpaar $x_0(0)$ und $x_0(8)$ errechnen. Man beachte, daß $x_0(0)$ und $x_0(8)$ nicht in die Berechnung irgendeines anderen Knoten eingehen. Wir nennen jeweils zwei derartige Knoten *dua-les Knotenpaar*.

Da sich jedes duale Knotenpaar einer Spalte unabhängig von allen anderen Knoten errechnen läßt, ist eine *speichersparende Berechnungsart (in place computation)* möglich. Zur Erklärung beachte man, daß wir gemäß Bild 8-3 die Terme $x_1(0)$ und $x_1(8)$ zugleich aus den Termen $x_0(0)$ und $x_0(8)$ errechnen und dann die von x(0) und $x_0(8)$ belegten Speicherplätze mit $x_1(0)$ und $x_1(8)$ überschreiben können. Der Gesamt-speicherbedarf wird somit nur von der Größe des Signalvektors $x_0(k)$ bestimmt. Die Elemente einer Spalte werden nach ihrer Berechnung paarweise in den für die Signal-werte vorgesehenen Speicherbereich zurückgelegt.

Abstand dualer Knoten

Wir untersuchen nun den Abstand zwischen den Elementen eines dualen Knotenpaares (vertikal in Index k gemessen). Die folgenden Ausführungen beziehen sich auf Bild 8-3. Zunächst sind in der Spalte $l = 1$ die Elemente eines dualen Knotenpaares, e.g. $x_1(0)$ und $x_1(8)$, um $k = 8 = N/2^l = N/2^1$ voneinander getrennt. In der Spalte $l = 2$ sind die dualen Knoten, e.g. $x_2(8)$ und $x_2(12)$, um $k = 4 = N/2^l = N/2^2$ voneinander entfernt. Ähnlich ste-hen die dualen Knoten in der Spalte $l = 3$, e.g. $x_3(4)$ und $x_3(6)$, im Abstand $k = 2 = N/2^l = N/2^3$ und in der Spalte $l = 4$, e.g. $x_4(8)$ und $x_4(9)$, im Abstand $k = 1 = N/2^l = N/2^4$ auseinander.

Verallgemeinernd können wir sagen, daß der Abstand zwischen den dualen Knoten in der Spalte l gleich $N/2^l$ ist. Demnach ist x_l ($k + N/2^l$) der duale Knoten zu x_l (k). Diese Regel erlaubt in einfacher Weise die Bestimmung eines dualen Knotenpaares.

Berechnung dualer Knoten

Die Berechnung eines dualen Knotenpaares erfordert nur eine komplexe Multiplikation. Um diesen Punkt zu erläutern, betrachte man den Knoten $x_2(8)$ und seinen dualen Knoten $x_2(12)$ in Bild 8-3. Die aus dem Knoten $x_1(12)$ stammenden Pfade werden mit W^4 und W^{12} multipliziert, bevor sie in die Knoten $x_2(8)$ und $x_2(12)$ einfließen. Es ist wichtig zu sehen, daß $W^4 = -W^{12}$ gilt und daß deswegen nur eine Multiplikation benötigt wird, da nur ein und dieselbe Größe $x_1(12)$ mit diesen Größen zu multiplizieren ist. Generell gilt: Ist W^p der Gewichtsfaktor an einem Knoten, so ist $W^{p+N/2}$ der Gewichtsfaktor am zugehörigen dualen Knoten. Wegen $W^p = -W^{p+N/2}$ benötigt die Berechnung eines dualen Knotenpaares also nur eine Multiplikation. Die Berechnung eines beliebigen dualen Knotenpaares ist gegeben durch das Gleichungspaar

$$(8\text{-}21) \qquad x_l(k) = x_{l-1}(k) + W^p x_{l-1}(k + N/2^l)$$
$$x_l(k + N/2^l) = x_{l-1}(k) - W^p x_{l-1}(k + N/2^l)$$

Zur Berechnung einer Spalte fangen wir normalerweise mit dem Knoten $k = 0$ an und ermitteln die Spaltenelemente sequentiell durch Auswertung des Gleichungspaares (8-21). Wie bereits erwähnt, steht der duale Knoten eines beliebigen Knotens in der l-ten Spalte stets um den Abstand $N/2^l$ weiter unten in der Spalte. Da der Abstand dualer Knoten $N/2^l$ beträgt, bedeutet dies, daß wir nach allen $N/2^l$ Knoten einen Sprung vornehmen müssen. Um diesen Punkt zu erklären, betrachten wir die Spalte $l = 2$ in Bild 8-4. Wenn wir mit den Knoten $k = 0$ anfangen, dann liegt der duale Knoten nach unseren früheren Diskussionen bei $k = N/2^2 = 4$, was aus Bild 8-4 direkt zu entnehmen ist. Wir setzen die Berechnung der Spalte fort und beachten, daß ein dualer Knoten stets um 4 Knoten weiter unten in der Spalte liegt, bis wir den Knoten 4 erreicht haben. Von diesem Punkt aus treffen wir eine Reihe von Knoten, die wir bereits ermittelt haben, nämlich die zu den Knoten 0, 1, 2, 3, dualen Knoten. Es ist nun notwendig, die Knoten 4, 5, 6 und 7 zu *überspringen*. Knoten 8, 9, 10 und 11 folgen der ursprünglichen Regel; ihre dualen Knoten liegen also um 4 Knoten weiter unten in der Spalte. Allgemein gesagt: Wenn wir eine Spalte von oben nach unten abarbeiten, werten wir Gl. (8-21) für die ersten $N/2^l$ Knoten aus, überspringen dann die nächsten $N/2$ Knoten, etc.. Mit dem *Überspringen* hören wir auf, wenn wir zu einem Knotenindex größer N - 1 gelangen.

8.5 Bestimmung von W^p

In den vorangegangenen Ausführungen haben wir die Eigenschaften jeder Spalte mit Ausnahme der Größe p in Gl. (8-21) erörtert. Die Größe p läßt sich wie folgt bestimmen: a) Man stelle den Index k als Binärzahl mit γ Bits dar, b) schiebe diese Binärzahl um $\gamma - l$ Bits nach rechts und fülle die frei werdenden Binärstellen auf der linken

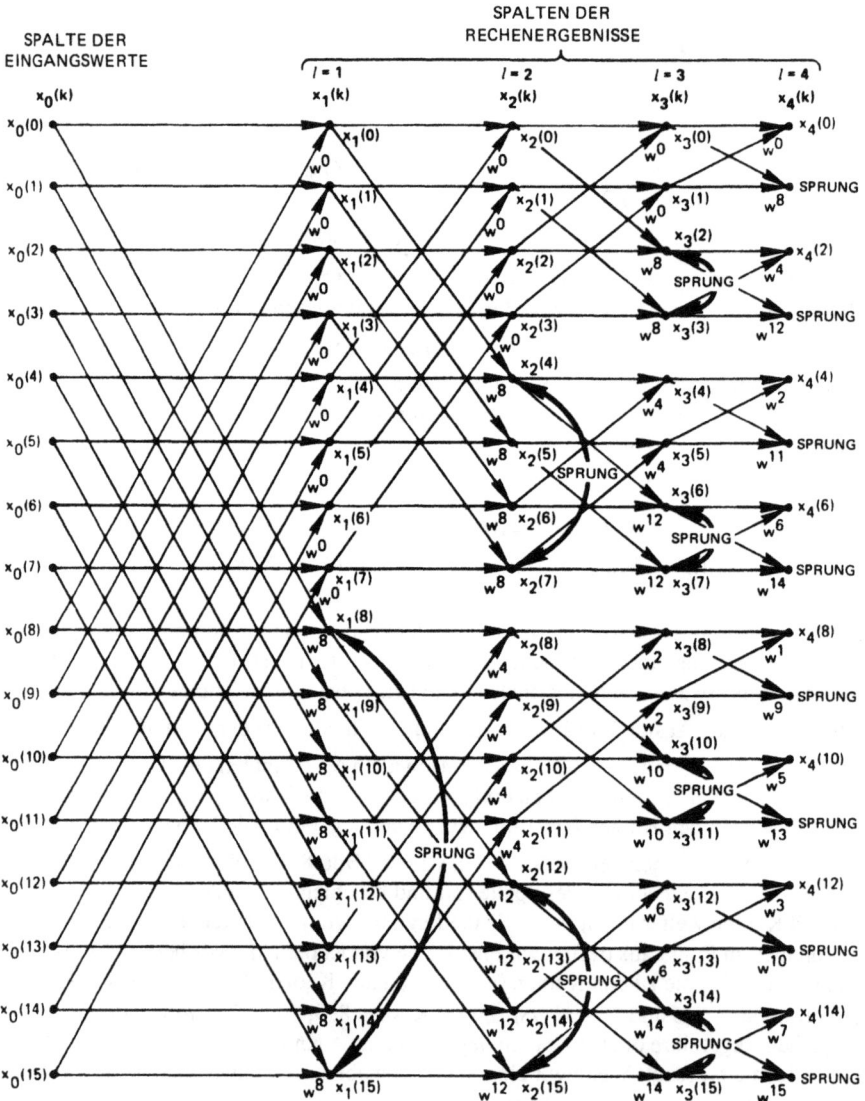

Bild 8-4:   Beispiele von Knoten, die bei der Berechnung des FFT-Signalflußgraphen übersprungen werden müssen.

Seite mit Nullen auf und c) kehre die Reihenfolge der Bits um. Die aus der Bitumkehrung resultierende Zahl ist die gesuchte Größe p.

Um diese Prozedur zu verdeutlichen, betrachten wir den Knoten $x_3(8)$ in Bild 8-4. Mit $\gamma = 4$, $k = 8$ und $l = 3$ erhält k die Binärdarstellung 1000. Wir schieben diese Binärzahl um $\gamma - l = 4 - 3 = 1$ Bit nach rechts und füllen sie mit einer Null auf; das Ergebnis ist 0100. Wir kehren nun die Reihenfolge der Bits um und erhalten 0010 oder die ganze Zahl 2. Der Wert von p ist somit 2.

Wir beschreiben nun ein Verfahren für die praktische Durchführung dieser Bit-Umkehroperation. Wir wissen, daß eine Binärzahl $a_4\, a_3\, a_2\, a_1$ sich im Dezimalsystem ausdrücken läßt als $a_4 \times 2^3 + a_3 \times 2^2 + a_2 \times 2^1 + a_1 \times 2^0$. Die Zahl mit der Bitumkehrung, die wir suchen, ist gegeben durch $a_1 \times 2^3 + a_2 \times 2^2 + a_3 \times 2^1 + a_4 \times 2^0$. Wenn wir eine Methode zur Bestimmung der Bits a_4, a_3, a_2 und a_1 angeben, haben wir damit eine Bit-Umkehroperation definiert.

M sei eine Binärzahl gleich $a_4\, a_3\, a_2\, a_1$. Man devidiere M durch 2, schneide das Ergebnis ab und multipliziere das abgeschnittene Ergebnis mit 2. Anschließend errechne man den Ausdruck $a_4\, a_3\, a_2\, a_1. - 2\,(a_4\, a_3\, a_2 .)$. Für a_1 gleich 0 ist diese Differenz ebenfalls gleich Null, weil der Wert M auch nach der Division durch 2, dem Abschneiden und der folgenden Multiplikation mit 2 unverändert bleibt. Ist jedoch das Bit a_1 gleich 1, dann verändert das Abschneiden den Wert von M, und die obige Differenz ist ungleich Null. Nach diesem Verfahren können wir feststellen, ob das Bit a_1 gleich 0 oder gleich 1 ist.

In ähnlicher Weise können wir den Wert von a_2 feststellen. Der hierfür geeignete Differenzausdruck lautet: $a_4\, a_3\, a_2. - 2\,(a_4\, a_3 .)$. Wenn diese Differenz Null ist, dann ist a_2 gleich 0. Die Bits a_3 und a_4 lassen sich in ähnlicher Weise identifizieren. Dieses Verfahren bildet die Basis des in Abschnitt 8.7 entwickelten Rechner-Unterprogramms für die Bit-Umkehroperation.

8.6 Umordnung der FFT-Ergebnisse

Der letzte Rechenschritt der FFT ist die *Umordnung (unscrambling)* der Ergebnisse nach Gl. (8-19). Wir erinnern uns daran, daß man zur Umordnung des Vektors $\mathbf{X(n)}$ den Index n als Binärzahl darstellt und dann die Reihenfolge der Bits umkehrt. Wir zeigen in Bild 8-5 die Ergebnisse dieser Bit-Umkehroperation; die Terme $x_4(k)$ und $x_4(i)$ wurden einfach miteinander vertauscht, wenn sich die ganze Zahl i durch die Bit-Umkehroperation aus der ganzen Zahl k ergab. Man beachte, daß man bei der Umordnung der Ausgangsspalte eine ähnliche Situation wie bei der Bestimmung dualer Knoten vorfindet. Wenn wir die Spalte von oben nach unten errechnen, wobei wir $x(k)$ mit $x(i)$ vertauschen, werden wir schließlich Knoten antreffen, die wir bereits vertauscht haben. Beispielsweise bleibt in Bild 8-5 der Knoten $k = 0$ an seinem Platz stehen, die Knoten 1, 2 und 3 werden der Reihe nach mit den Knoten 8, 4 und 12 ver-

k	$x_4(k) = \overline{X(n)}$	$X(n)$
0	$x_4(0000)$	$X(0000)$
1	$x_4(0001)$	$X(0001)$
2	$x_4(0010)$	$X(0010)$
3	$x_4(0011)$	$X(0011)$
4	$x_4(0100)$	$X(0100)$
5	$x_4(0101)$	$X(0101)$
6	$x_4(0110)$	$X(0110)$
7	$x_4(0111)$	$X(0111)$
8	$x_4(1000)$	$X(1000)$
9	$x_4(1001)$	$X(1001)$
10	$x_4(1010)$	$X(1010)$
11	$x_4(1011)$	$X(1011)$
12	$x_4(1100)$	$X(1100)$
13	$x_4(1101)$	$X(1101)$
14	$x_4(1110)$	$X(1110)$
15	$x_4(1111)$	$X(1111)$

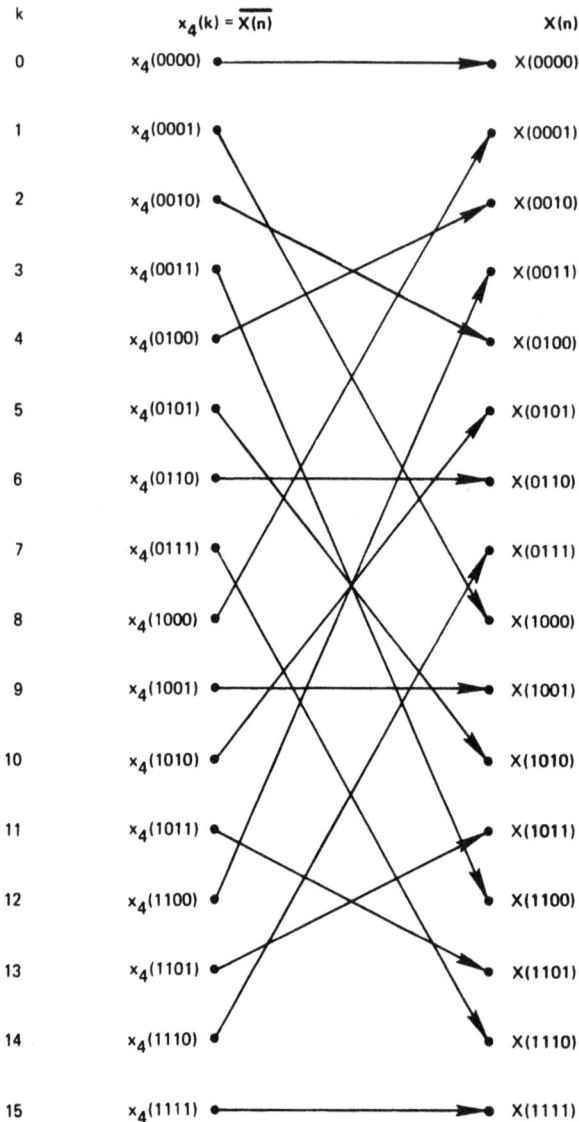

Bild 8-5:   Beispiel zur Bit-Umkehr-Operation, $N = 16$.

tauscht. Der nächste Knoten, der zu vertauschen ist, ist der Knoten 4; aber dieser Knoten wurde bereits mit dem Knoten 2 vertauscht. Um die Möglichkeiten zu elimi-nieren, daß man einen Knoten zur Vertauschung heranzieht, der bereits vertauscht wurde, prüfen wir jeweils nach, ob i (die Ganzzahl, die sich durch die Bit-Umkehr-operation aus k ergibt) kleiner als k ist. Trifft das zu, so bedeutet dies, daß dieser Kno-ten bereits durch eine frühere Bit-Umkehroperation vertauscht wurde. Mit dieser Ab-frage verschaffen wir uns ein einfaches Umordnungsverfahren.

8.7 FFT-Flußdiagramm

Unter Benutzung der bereits besprochenen Eigenschaften des FFT-Signalflußgraphen können wir leicht ein Flußdiagramm zur Programmierung des Algorithmus auf einen Digitalrechner entwickeln. Aus den früheren Ausführungen wissen wir, daß wir zuerst die Spalte $l = 1$ berechnen, indem wir mit den Knoten $k = 0$ anfangen und die Spalte nach unten abarbeiten. Für jeden Knoten k werten wir das Gleichungspaar (8-21) aus, wobei p nach dem bereits beschriebenen Verfahren zu bestimmen ist. Wir setzen die Auswertung des Gleichungspaares (8-21) in der Spalte nach unten fort, bis wir eine Teilmenge von Knoten erreichen, die wir *überspringen* müssen. Wir überspringen jene Knoten und setzen die Auswertung solange fort, bis wir die ganze Spalte errechnet haben. Dann berechnen wir die verbleibenden Spalten nach gleichem Verfahren. Schließlich ordnen wir die letzte Spalte um und erhalten die gewünschten Ergebnisse. Bild 8-6 zeigt ein Flußdiagramm zur Computer-Programmierung des FFT-Algorithmus.

Block 1 beschreibt die notwendigen Eingangsinformationen. Der Signalvektor $\mathbf{x}_o(\mathbf{k})$ wird als komplexwertig angenommen und mit $k = 0, 1, ..., N - 1$ indiziert. Wenn $\mathbf{x}_0(\mathbf{k})$ reellwertig ist, wird der Imaginärteil gleich Null gesetzt. Die Anzahl der Abtastwerte muß die Bedingung $N = 2^\gamma$ mit γ als einer natürlichen Zahl erfüllen. Die Initialisierung verschiedener Programmparameter wird im Block 2 vorgenommen. Der Parameter l ist die Nummer der zu bearbeitenden Spalte. Wir beginnen mit der Spalte $l = 1$. Der Parameter $N2$ steht für den Abstand dualer Knoten; für $l = 1$ ist $N2$ gleich $N/2$ und wird als solches initialisiert. Der Parameter $NU1$ steht für die Anzahl der Rechtsverschiebungen, die zur Bestimmung von p aus Gl. (8-21) vorzunehmen sind; $NU1$ wird zu $\gamma - 1$ initialisiert. Der Index k des Spaltenelementes wird zu $k = 0$ initialisiert; wir errechnen eine Spalte also von oben nach unten.

In Block 3 wird nachgeprüft, ob die Spaltennummer l größer als γ ist. Wenn dies der Fall ist, springt das Programm auf Block 13, um die Ergebnisse mittels der Bit-Umkehroperation umzuordnen. Wenn aber die Spalten noch nicht alle berechnet worden sind, gehen wir zu Block 4 über.

Block 4 setzt einen Zählindex $I= 1$. Dieser Zählindex enthält die Anzahl von Knoten, die bereits ermittelt worden sind. Es sei an Abschnitt 8.4 erinnert, wonach es notwendig ist, bestimmte Knoten zu überspringen, damit man die bereits ermittelten Knoten nicht ein zweites Mal antrifft. Der Zählindex I gibt Auskunft darüber, wann im Programm ein Sprung vorzunehmen ist.

Blöcke 5 und 6 werten die Gl. (8-21) aus. Da k und I der Reihe nach zu 0 und 1 initialisiert sind, ist der erste zu bearbeitende Knoten der erste Knoten der Spalte 1. Zur Bestimmung von p erinnern wir uns daran, daß zunächst die Binärzahl k um $\gamma - l$ Bits nach rechts verschoben werden muß. Zu diesem Zweck bestimmen wir den ganzzahligen Teil von $k/2^{\gamma - l} = k/2^{NU1}$ und weisen, wie in Block 5 gezeigt, das Ergebnis dem Parameter M zu. Gemäß der Bestimmungsregel von p müssen wir die Reihenfolge der $\gamma = NU$ Bits von M umkehren. Die in Block 5 angegebene Funktion *IBR(M)* ist ein spezielles Unterprogramm zur Durchführung der Bit-Umkehroperation, das wir später beschreiben werden.

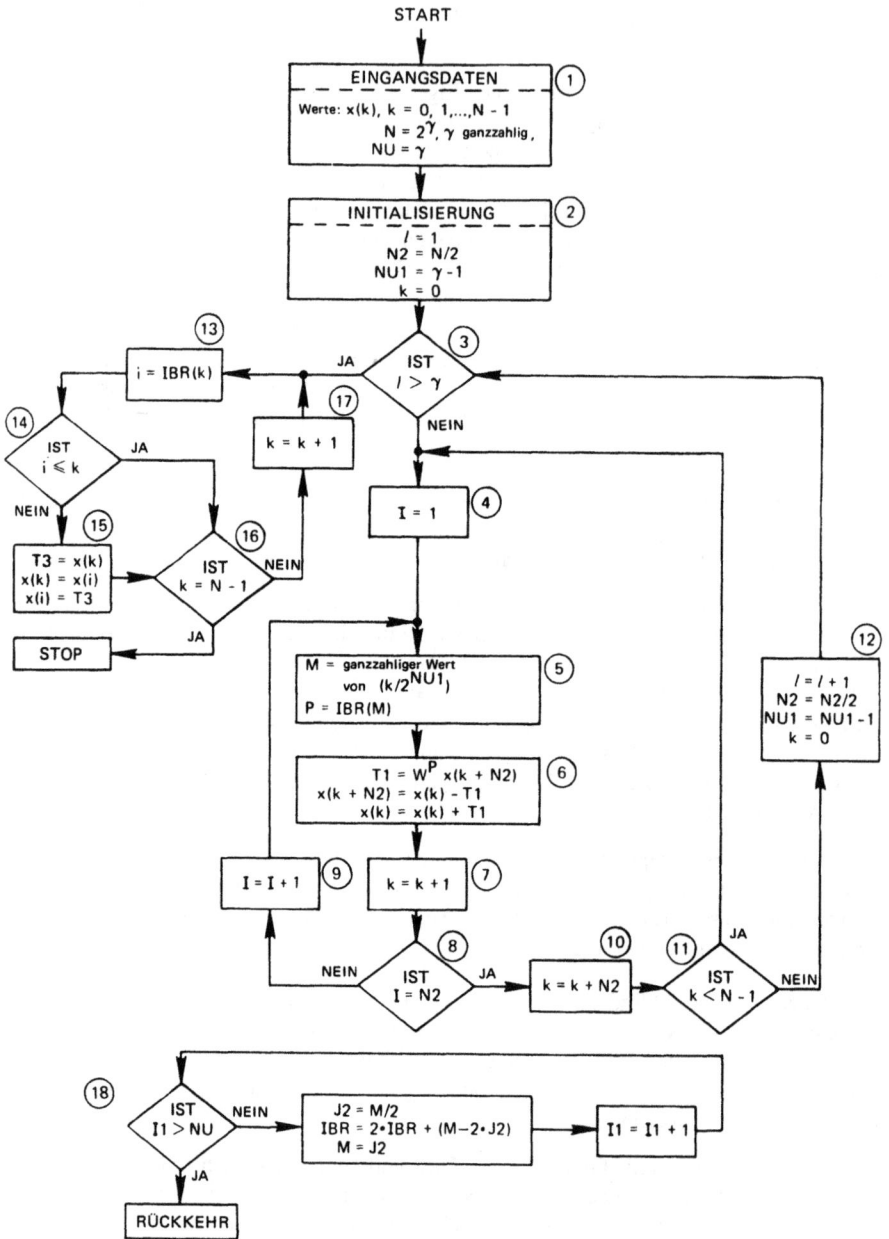

Bild 8-6:   Flußdiagramm für ein FFT-Computerprogramm.

Block 6 enthält die Auswertung der Gl. (8-21). Wir berechnen das Produkt

$W^p x(k + N2)$ und legen es in einem Zwischenspeicher ab. Dann addieren und subtrahieren wir diesen Term entsprechend Gl. (8-21) und erhalten die Werte eines dualen Knotenpaares.

Wir gehen dann zum nächsten Knoten in der Spalte über. Wie in Block 7 gezeigt, wird k um 1 erhöht.

Um zu vermeiden, daß ein bereits ermittelter Knoten abermals berechnet wird, fragen wir in Block 8 ab, ob der Zählerindex I gleich N2 ist. Für die Spalte 1 ist die Anzahl der Knoten, die ohne Überspringen nacheinander berechnet werden können, gleich $N/2 = N2$. Block 8 prüft die Bedingung nach. Wenn I ungleich $N2$ ist, setzen wir die Berechnung der Spalte nach unten fort und erhöhen, wie in Block 9 gezeigt, den Zählindex I um 1. Man sei daran erinnert, daß wir k bereits in Block 7 um 1 erhöht haben. Blöcke 5 und 6 werden dann mit dem neuen Wert von k wiederholt.

Wenn in Block 8 die Bedingung $I = N2$ zutrifft, dann wissen wir, daß wir einen Knoten erreicht haben, der bereits errechnet worden ist. Mit der Zuweisung $k = k + N2$ überspringen wir dann $N2$ Knoten. Da k bereits in Block 7 um 1 erhöht worden ist, genügt nun die Erhöhung von k um $N2$, um alle bereits bearbeiteten Knoten zu überspringen.

Bevor wir mit den Blöcken 5 und 6 angegebenen Berechnungen für den neuen Knoten $k = k+N2$ fortfahren, müssen wir zunächst feststellen, ob die Maximalzahl der Spaltenelemente nicht bereits überschritten worden ist. Wenn k nach einer Abfrage in Block 11 kleiner als $N-1$ ist (Man erinnere sich daran, daß der Index k von 0 bis $N-1$ läuft), setzen wir I in Block 4 zu 1 zurück und wiederholen die Blöcke 5 und 6.

Wenn in Block 11 $k > N - 1$ wird, dann wissen wir, daß wir zu der nächsten Spalte übergehen müssen. Dazu wird der Index l, wie in Block 12 gezeigt, um 1 erhöht. Der neue Abstand $N2$ dualer Knoten ist nun $N2/2$. (Man sei daran erinnert, daß der Abstand $N2$ durch den Ausdruck $N/2^l$ gegeben ist). $NU1$ wird um 1 verkleinert ($NU1$ ist gegeben durch $\gamma - l$) und k zu Null zurückgesetzt. Wir fragen dann in Block 3 ab, ob alle Spalten bereits ermittelt worden sind. Wenn dies der Fall ist, gehen wir zur Umsortierung der letzten Ergebnisse über. Diese Operation wird von Blöcken 13 bis 17 ausgeführt.

Block 13 führt die Bit-Umkehroperation auf den Index k durch, um den Index i zu erhalten. Wir benutzen wieder das Bit-Umkehr-Unterprogramm IBR(k), das später erklärt wird. Wir erinnern uns daran, daß wir zur Umordnung der FFT-Ergebnisse $x(k)$ und $x(i)$ einfach miteinander zu vertauschen haben. Diese Vertauschung wird mit der in Block 15 angegebenen Operation ausgeführt. Doch bevor wir mit Block 15 beginnen, ist es notwendig festzustellen, wie in Block 14 gezeigt, ob i kleiner als k ist. Dieser Schritt ist erforderlichen, um zu verhindern, daß die Reihenfolge der bereits umgeordneten Knoten geändert wird.

Block 16 prüft nach, ob alle Knoten umgeordnet worden sind; Block 17 enthält den Index k.

In Block 18 führen wir die Bit-Umkehr-Funktion *IBR(k)* aus. Damit realisieren wir das in Abschnitt 8.5 besprochene Bitumkehrungs-Verfahren.

Wenn man das Flußdiagramm von Bild 8-6 als ein Rechner-Programm realisieren will, ist es notwendig, die Variablen $x(k)$ und W^p als komplexe Variablen zu berücksichtigen und entsprechend zu verarbeiten.

8.8 FFT-Programm in BASIC und PASCAL

Bild 8.7 zeigt den Ausdruck eines FFT-Programms in BASIC basierend auf dem Flußdiagramm aus Bild 8.6. Das Programm ist nicht besonders effizient, soll vielmehr dem Leser helfen, sich mit der Programmierung des FFT-Algorithmus vertraut zu machen. Mit effizienteren Programmen erreicht man etwas höhere Ausführungsgeschwindigkeiten.

Die Eingaben für das FFT-Programm sind: XREAL(N%) (der Realteil der zu transformierenden Funktion), XIMAG(N%) (ihr Imaginärteil), N% (Anzahl der Abtastwerte der Funktion und NU% mit N% = $2^{NU\%}$. Nach Ausführung des Programms erhalten wir XREAL) (N%) (den Realteil der Transformierten) und XIMAG(N%) (ihren Imaginärteil). Die Eingangsdaten gehen während der Programmausführung verloren. Man beachte, daß das Symbol (\) Integer-Division in BASIC bedeutet. Integer-Variablen werden mit dem Symbol(%) symbolisiert und Variable mit doppelter Genauigkeit mit (#). Die Indizierung von Feldern beginnt mit 1. (Die in diesem Buch angegebenen Rechenschemata lassen sich einfacher programmieren, falls der benutzte Compiler den Feldindex Null zuläßt.)

```
10000 REM:    FFT SUBROUTINE- THE CALLING PROGRAM SHOULD
10002 REM:    DIMENSION XREAL(I%) AND XIMAG(I%).
10004 REM:    N% AND NU% MUST BE INITIALIZED.
10010 N2% = N%/2
10020 NU1% = NU% - 1
10030 K% = 0
10040 FOR L% = 1 TO NU% STEP 1
10050       FOR I% = 1 TO N2% STEP 1
10060             J% = K%\2^NU1%
10070             GOSUB 10410
10080             ARG = 6.283185# * IBITR%/N%
10090             C = COS(ARG)
10100             S = SIN(ARG)
10110             K1% = K% + 1
10120             K1N2% = K1% + N2%
10130             TREAL =  XREAL(K1N2%) * C + XIMAG(K1N2%)*S
10140             TIMAG = XIMAG(K1N2%) * C - XREAL(K1N2%) * S
10150             XREAL(K1N2%) = XREAL(K1%) - TREAL
```

Bild 8.7: FFT-Unterprogramm in BASIC

```
10160           XIMAG(K1N2%) = XIMAG(K1%) - TIMAG
10170           XREAL(K1%) = XREAL(K1%) + TREAL
10180           XIMAG(K1%) = XIMAG(K1%) + TIMAG
10190           K% = K% + 1
10200        NEXT I%
10210     K% = K% + N2%
10220     IF K%<N%  GOTO 10050
10230     K% = 0
10240     NU1% = NU1% -1
10250     N2% = N2% / 2
10260 NEXT L%
10270 FOR K% = 1 TO N% STEP 1
10280        J% = K% - 1
10290        GOSUB 10410
10300        I%= IBITR% + 1
10310        IF(I%<=K%) GOTO 10380
10320        TREAL = XREAL(K%)
10330        TIMAG = XIMAG(K%)
10340           XREAL(K%) = XREAL(I%)
10350           XIMAG(K%) = XIMAG(I%)
10360           XREAL(I%) = TREAL
10370           XIMAG(I%) = TIMAG
10380 NEXT K%
10390 RETURN
10400 END
10410 REM:   BIT REVERSAL SUB-ROUTINE
10420 J1% = J%
10430 IBITR% = 0
10440 FOR I1% = 1 TO NU% STEP 1
10450    J2% = J1%\2
10460    IBITR% = IBITR%*2 + (J1% - 2*J2%)
10470    J1% = J2%
10480 NEXT I1%
10490 RETURN
10500 END
```

Bild 8.7: (Forts.)

In Bild 8.8 zeigen wir ein PASCAL-Programm, dem das Flußdiagramm in Bild 8.6 zugrunde liegt. Hierfür werden dieselben Ein- und Ausgangsvariablen benutzt wie für das BASIC-Programm.

```
TYPE REALARRAY=ARRAY[0..31] OF REAL;

FUNCTION IBITR (J,NU:INTEGER): INTEGER;
VAR    I,J1,J2,K:   INTEGER;
BEGIN
      J1 := J;
      K  := 0;
      FOR I := 1 TO NU DO
      BEGIN
            J2 := J1 DIV 2;
            K  := K*2+(J1-2*J2);
            J1 := J2
      END;
      IBITR := K
END; (IBITR)

PROCEDURE FFT (VAR XREAL,XIMAG: REALARRAY; N,NU: INTEGER);
VAR    N2,NU1,I,L,K,M: INTEGER;
       TREAL,TIMAG,P,ARG,C,S: REAL;
LABEL LBL;
BEGIN
      N2 := N DIV 2;
      NU1 := NU-1;
      K := 0;
      FOR L := 1 TO NU DO
      BEGIN
         LBL:
            FOR I := 1 TO N2 DO
            BEGIN
                  M := K DIV ROUND(EXP (NU1 * LN (2)));
                  P := IBITR (M,NU);

                  ARG := 6.283185*P/N;
                  C := COS (ARG);
                  S := SIN (ARG);
                  TREAL := XREAL[K+N2]*C+XIMAG[K+N2]*S;
                  TIMAG := XIMAG[K+N2]*C-XREAL[K+N2]*S;
                  XREAL[K+N2] := XREAL[K]-TREAL;
                  XIMAG[K+N2] := XIMAG[K]-TIMAG;
                  XREAL[K] := XREAL[K]+TREAL;
                  XIMAG[K] := XIMAG[K]+TIMAG;
                  K := K+1
            END;
            K := K+N2;
            IF K<N THEN GOTO LBL;
            K := 0;
            NU1 := NU1-1;
            N2 := N2 DIV 2
      END;
```

Bild 8.8: FFT-Unterprogramm in PASCAL

```
        FOR  K  := 0 TO N-1 DO
        BEGIN
                I := IBITR (K,NU);
                IF I >K THEN
                BEGIN
                        TREAL := XREAL[K];
                        TIMAG := XIMAG[K];
                        XREAL[K] := XREAL[I];
                        XIMAG[K] := XIMAG[I];
                        XREAL[I] := TREAL;
                        XIMAG[I] := TIMAG
                END
        END
END; {FFT}
```

Bild 8.8: (Forts.)

8.9 Mathematische Herleitung des Basis-2-FFT-Algorithmus

In Abschnitt 8.2 haben wir mit einer Matrixbeschreibung die Effizienz des FFT-Algoruthmus zu erklären versucht. Wir haben dann einen Signalflußgraphen konstruiert, der den Algorithmus für beliebiges $N = 2^\gamma$ beschreibt. In diesem Kapitel werden wir diese Ergebnisse aus theoretischen Überlegungen herleiten. Zunächst werden wir einen mathematischen Beweis für den Fall $N = 4$ erbringen. Wir erweitern die Argumentation auf den Fall $N = 8$. Der Grund für die Behandlung dieser speziellen Fälle ist, daß wir eine Schreib- und Ausdrucksweise entwickeln wollen, die wir für die endgültige Herleitung des Algorithmus für den Fall $N = 2^\gamma$ mit γ als einer natürlichen Zahl brauchen werden.

Erklärung der Ausdrucksweise

Man betrachte die Beziehung (8-1) der diskreten FOURIER-Transformation.

$$(8\text{-}22) \qquad X(n) = \sum_{k=0}^{N-1} x_0(k) W^{nk} \qquad n = 0, 1, \ldots N - 1$$

wobei wir $W = e^{-j2\pi/N}$ setzen. Für unseren Zweck ist es günstig, die natürlichen Zahlen n und k als Binärzahlen darzustellen; d.h. wenn wir $N = 4$ annehmen, dann ist $\gamma = 2$ und wir können k und n als 2-Bit-Binärzahlen darstellen:

$$k = 0, 1, 2, 3 \quad \text{oder} \quad k = (k_1, k_0) = 00, 01, 10, 11$$

$$n = 0, 1, 2, 3 \quad \text{oder} \quad n = (n_1, n_0) = 00, 01, 10, 11$$

Eine formale Kurzschreibweise für k und n lautet

(8-23) $k = 2k_1 + k_0 \qquad n = 2n_1 + n_0$

wobei k_0, k_1, n_0 und n_1 nur die Werte 0 und 1 annehmen können. Gl.(8-23) ist nichts anderes als eine Schreibweise für Binärzahlen, analog zu der Schreibweise der zu diesen Binärzahlen äquivalenten Dezimalzahlen.

Unter Benutzung der Gl.(8-23) schreiben wir Gl.(8-22) für den Fall $N = 4$ wie folgt um:

(8-24) $$X(n_1, n_0) = \sum_{k_0=0}^{1} \sum_{k_1=0}^{1} x_0(k_1, k_0) W^{(2n_1+n_0)(2k_1+k_0)}$$

Man beachte, daß die einzige Summation in (8-22) nun zur Berücksichtigung sämtlicher Bits von k durch γ Summationen zu ersetzen ist.

Faktorisierung von W^p

Nun betrachte man den Term W^p. Wegen $W^{a+b} = W^a W^b$ erhält man

(8-25) $W^{(2n_1+n_0)(2k_1+k_0)} = W^{(2n_1+n_0)2k_1} W^{(2n_1+n_0)k_0}$

$= [W^{4n_1k_1}] W^{2n_0k_1} W^{(2n_1+n_0)k_0}$

$= W^{2n_0k_1} W^{(2n_1+n_0)k_0}$

Man beachte, daß der Term in Klammern gleich 1 ist, da gilt

(8-26) $W^{4n_1k_1} = [W^4]^{n_1k_1} = [e^{-j2\pi 4/4}]^{n_1k_1} = [1]^{n_1k_1} = 1$

Somit können wir für Gl.(8-24) schreiben

(8-27) $$X(n_1, n_0) = \sum_{k_0=0}^{1} \left[\sum_{k_1=0}^{1} x_0(k_1, k_0) W^{2n_0k_1} \right] W^{(2n_1+n_0)k_0}$$

Diese Gleichung bildet das Fundament des FFT-Algorithmus. Um diesen Punkt zu demonstrieren, betrachte man jede Summe aus (8-27) einzeln. Zunächst berücksichtigen wir die Summe in Klammern:

(8-28) $$x_1(n_0, k_0) = \sum_{k_1=0}^{1} x_0(k_1, k_0) W^{2n_0k_1}$$

Durch Zahleneinsatz ergeben sich aus (8-28) folgende Gleichungen

$x_1(0,0) = x_0(0,0) + x_0(1,0) W^0$

(8-29) $x_1(0,1) = x_0(0,1) + x_0(1,1) W^0$

$x_1(1,0) = x_0(0,0) + x_0(1,0) W^2$

$x_1(1,1) = x_0(0,1) + x_0(1,1) W^2$

In der Matrix-Darstellung erhalten wir für (8-29)

(8-30)
$$\begin{bmatrix} x_1(0,0) \\ x_1(0,1) \\ x_1(1,0) \\ x_1(1,1) \end{bmatrix} = \begin{bmatrix} 1 & 0 & W^0 & 0 \\ 0 & 1 & 0 & W^0 \\ 1 & 0 & W^2 & 0 \\ 0 & 1 & 0 & W^2 \end{bmatrix} \begin{bmatrix} x_0(0,0) \\ x_0(0,1) \\ x_0(1,0) \\ x_0(1,1) \end{bmatrix}$$

Man beachte, daß (8-30) exakt der faktorisierten Matrixgleichung Gl.(8-11) aus Abschnitt 8.2 entspricht mit dem Index k als Binärzahl dargestellt. Somit beschreibt die innere Summe aus (8-27) die erste Teilmatrix des in Abschnitt 8.2 behandelten Beispiels bzw. die Spalte $l = 1$ des Signalflußgraphen aus Bild 8-2.

Wenn wir die äußere Summe in (8-27) in die Form

(8-31)
$$x_2(n_0,n_1) = \sum_{k_0=0}^{1} x_1(n_0,k_0) W^{(2n_1+n_0)k_0}$$

umschreiben und die sich hieraus durch Zahleneinsatz ergebenden Gleichungen in Matrixform darstellen, erhalten wir, ähnlich wie oben, das Gleichungssystem

(8-32)
$$\begin{bmatrix} x_2(0,0) \\ x_2(0,1) \\ x_2(1,0) \\ x_2(1,1) \end{bmatrix} = \begin{bmatrix} 1 & W^0 & 0 & 0 \\ 1 & W^2 & 0 & 0 \\ 0 & 0 & 1 & W^1 \\ 0 & 0 & 1 & W^3 \end{bmatrix} \begin{bmatrix} x_1(0,0) \\ x_1(0,1) \\ x_1(1,0) \\ x_1(1,1) \end{bmatrix}$$

das der Gl.(8-14) entspricht. Somit beschreibt die äußere Summe aus (8-27) die zweite Teilmatrix des Beispiele aus Abschnitt 8.2.

Aus den Gln.(8-27) und (8-31) folgt

(8-33)
$$X(n_1,n_0) = x_2(n_0,n_1)$$

Das bedeutet, die Endergebnisse $x_2 (n_0,n_1)$, die wir aus der äußeren Summation erhalten, treten, verglichen mit den gewünschten Größen $X (n_1,n_0)$, in der Bit-Umkehr-Reihenfolge auf. Dies entspricht exakt der Ergebnis-Umordnung, die sich aus dem FFT-Algorithmus ergibt.

Wenn wir die Gln. (8-28), (8-31) und (8-33) wie folgt kombinieren

(8-34)
$$x_1(n_0,k_0) = \sum_{k_1=0}^{1} x_0(k_1,k_0) W^{2n_0k_1}$$

$$x_2(n_0,n_1) = \sum_{k_0=0}^{1} x_1(n_0,k_0) W^{(2n_1+n_0)k_0}$$

$$X(n_1,n_0) = x_2(n_0,n_1)$$

bringt das Gleichungssystem (8-34) die ursprüngliche COOLEY-TUKEY-Formulierung des FFT-Algorithmus für $N = 4$ zum Ausdruck [3]. Das Gleichungssystem ist sukzessiv in dem Sinne, daß die Auswertung der zweiten Gleichung Ergebnisse aus der ersten Gleichung benötigt.

Beispiel 8-1: COOLEY-TUKEY-Algorithmus: $N = 8$

Zur weiteren Erklärung der bei der COOLEY-TUKEY-Formulierung der FFT verwendeten Ausdrucksweise betrachten wir Gl.(8-22) für den Fall $N = 2^3 = 8$. Für diesen Fall erhalten wir

$$(8-35) \qquad \begin{aligned} n &= 4n_2 + 2n_1 + n_0 & n_i &= 0 \text{ oder } 1 \\ k &= 4k_2 + 2k_1 + k_0 & k_i &= 0 \text{ oder } 1 \end{aligned}$$

und damit für (8-22)

$$(8-36) \qquad X(n_2, n_1, n_0) = \sum_{k_0=0}^{1} \sum_{k_1=0}^{1} \sum_{k_2=0}^{1} x_0(k_2, k_1, k_0) W^{(4n_2 + 2n_1 + n_0)(4k_2 + 2k_1 + k_0)}$$

Wir schreiben W^p wie folgt aus

$$(8-37) \qquad \begin{aligned} W^{(4n_2 + 2n_1 + n_0)(4k_2 + 2k_1 + k_0)} &= W^{(4n_2 + 2n_1 + n_0)(4k_2)} W^{(4n_2 + 2n_1 + n_0)(2k_1)} \\ &\times W^{(4n_2 + 2n_1 + n_0)(k_0)} \end{aligned}$$

Wegen $W^8 = [e^{j2\pi/8}]^8 = 1$ gilt

$$(8-38) \qquad \begin{aligned} W^{(4n_2 + 2n_1 + n_0)(4k_2)} &= [W^{8(2n_2k_2)}][W^{8(n_1k_2)}] W^{4n_0k_2} = W^{4n_0k_2} \\ W^{(4n_2 + 2n_1 + n_0)(2k_1)} &= [W^{8(n_2k_1)}] W^{(2n_1 + n_0)(2k_1)} = W^{(2n_1 + n_0)(2k_1)} \end{aligned}$$

und damit können wir Gl.(8-36) wie folgt umschreiben

$$(8-39) \qquad \begin{aligned} X(n_2, n_1, n_0) &= \sum_{k_0=0}^{1} \sum_{k_1=0}^{1} \sum_{k_2=0}^{1} x_0(k_2, k_1, k_0) W^{4n_0k_2} \\ &\times W^{(2n_1 + n_0)(2k_1)} W^{(4n_2 + 2n_1 + n_0)(k_0)} \end{aligned}$$

Wir setzen

$$(8-40) \qquad x_1(n_0, k_1, k_0) = \sum_{k_2=0}^{1} x_0(k_2, k_1, k_0) W^{4n_0k_2}$$

$$(8-41) \qquad x_2(n_0, n_1, k_0) = \sum_{k_1=0}^{1} x_1(n_0, k_1, k_0) W^{(2n_1 + n_0)(2k_1)}$$

$$(8-42) \qquad x_3(n_0, n_1, n_2) = \sum_{k_0=0}^{1} x_2(n_0, n_1, k_0) W^{(4n_2 + 2n_1 + n_0)(k_0)}$$

$$(8-43) \qquad X(n_2, n_1, n_0) = x_3(n_0, n_1, n_2)$$

und erhalten die gewünschte Matrixfaktorisierung bzw. den gesuchten Signalflußgraphen für $N = 8$. Bild 8-9 zeigt den Signalflußgraphen.

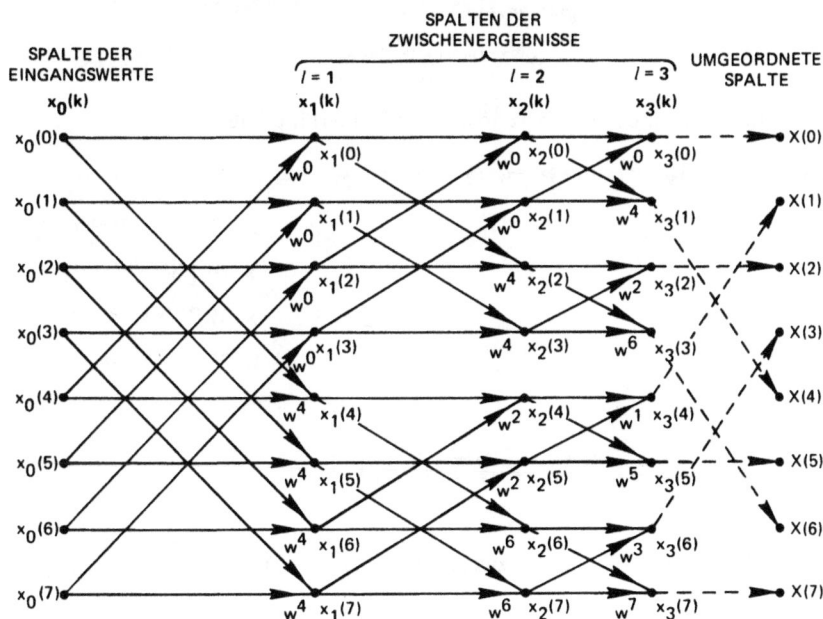

Bild 8-9:   FFT-Signalflußgraph für $N = 8$.

Herleitung des COOLEY-TUKEY-Algorithmus für $N = 2^\gamma$

Für $N = 2^\gamma$ lassen sich n und k wie folgt als Binärzahlen darstellen:

(8-44)
$$n = 2^{\gamma-1} n_{\gamma-1} + 2^{\gamma-2} n_{\gamma-2} + \cdots + n_0$$
$$k = 2^{\gamma-1} k_{\gamma-1} + 2^{\gamma-2} k_{\gamma-2} + \cdots + k_0$$

Unter Benutzung dieser Ausdrücke können wir für Gl.(8-22) schreiben:

(8-45)
$$X(n_{\gamma-1}, n_{\gamma-2}, \ldots, n_0) = \sum_{k_0=0}^{1} \sum_{k_1=0}^{1} \cdots \sum_{k_{\gamma-1}=0}^{1} x(k_{\gamma-1}, k_{\gamma-2}, \ldots, k_0) W^p$$

mit

(8-46)
$$p = (2^{\gamma-1} n_{\gamma-1} + 2^{\gamma-2} n_{\gamma-2} + \cdots + n_0)$$
$$\times (2^{\gamma-1} k_{\gamma-1} + 2^{\gamma-2} k_{\gamma-2} + \cdots + k_0)$$

Unter Anwendung der Beziehung $W^{a+b} = W^a \, W^b$ schreiben wir W^p aus:

$$(8\text{-}47) \qquad W^p = W^{(2^{\gamma-1}n_{\gamma-1}+2^{\gamma-2}n_{\gamma-2}+\cdots+n_0)(2^{\gamma-1}k_{\gamma-1})}$$
$$\times \, W^{(2^{\gamma-1}n_{\gamma-1}+2^{\gamma-2}n_{\gamma-2}+\cdots+n_0)(2^{\gamma-2}k_{\gamma-2})}$$
$$\times \, \cdots \, W^{(2^{\gamma-1}n_{\gamma-1}+2^{\gamma-2}n_{\gamma-2}+\cdots+n_0)k_0}$$

Nun betrachten wir den ersten Term aus (8-47); hierfür erhalten wir

$$(8\text{-}48) \qquad W^{(2^{\gamma-1}n_{\gamma-1}+2^{\gamma-2}n_{\gamma-2}+\cdots+n_0)(2^{\gamma-1}k_{\gamma-1})} = [W^{2^\gamma(2^{\gamma-2}n_{\gamma-1}k_{\gamma-1})}]$$
$$\times \, [W^{2^\gamma(2^{\gamma-3}n_{\gamma-2}k_{\gamma-1})}]$$
$$\times \, \cdots \, [W^{2^\gamma(n_1 k_{\gamma-1})}]$$
$$\times \, W^{2^{\gamma-1}(n_0 \quad k_{\gamma-1})}$$
$$= W^{2^{\gamma-1}(n_0 \quad k_{\gamma-1})}$$

da gilt

$$(8\text{-}49) \qquad W^{2^\gamma} = W^N = [e^{-j2\pi/N}]^N = 1$$

Entsprechend ergibt sich für den zweiten Term aus (8-47)

$$(8\text{-}50) \qquad W^{(2^{\gamma-1}n_{\gamma-1}+2^{\gamma-2}n_{\gamma-2}+\cdots+n_0)(2^{\gamma-2}k_{\gamma-2})} = [W^{2^\gamma(2^{\gamma-3}n_{\gamma-1}k_{\gamma-2})}]$$
$$\times \, [W^{2^\gamma(2^{\gamma-4}n_{\gamma-2}k_{\gamma-2})}]$$
$$\times \, \cdots \, W^{2^{\gamma-1}(n_1 \quad k_{\gamma-2})}$$
$$\times \, W^{2^{\gamma-2}(n_0 \quad k_{\gamma-2})}$$
$$= W^{(2n_1+n_0)2^{\gamma-2}k_{\gamma-2}}$$

Wenn wir einen weiteren Term aus (8-47) in Betracht ziehen, kommt noch ein Faktor hinzu, der sich nicht wegen $W^{2^\gamma} = 1$ aufheben läßt. Dieser Prozeß setzt sich solange fort, bis wir den letzten Term erreichen, bei dem sich kein Faktor mehr aufheben läßt.

Unter Benutzung obiger Beziehungen läßt sich die Gl.(8-45) wie folgt umschreiben:

$$(8\text{-}51) \qquad X(n_{\gamma-1},n_{\gamma-2},\ldots,n_0) = \sum_{k_0=0}^{1} \sum_{k_1=0}^{1} \cdots \sum_{k_{\gamma-1}=0}^{1} x_0(k_{\gamma-1},k_{\gamma-2},\ldots,k_0)$$
$$\times \, W^{2^{\gamma-1}(n_0 \quad k_{\gamma-1})} W^{(2n_1+n_0)2^{\gamma-2}k_{\gamma-2}} \cdots$$
$$\times \, W^{(2^{\gamma-1}n_{\gamma-1}+2^{\gamma-2}n_{\gamma-2}+\cdots+n_0)k_0}$$

Wenn wir die einzelnen Summationen getrennt ausführen und die Zwischenergebnisse gesondert kennzeichnen, erhalten wir

$$x_1(n_0, k_{\gamma-2}, \ldots, k_0) = \sum_{k_{\gamma-1}=0}^{1} x_0(k_{\gamma-1}, k_{\gamma-2}, \ldots, k_0) W^{(2^{\gamma-1})(n_0 \quad k_{\gamma-1})}$$

$$x_2(n_0, n_1, k_{\gamma-3}, \ldots, k_0) = \sum_{k_{\gamma-2}=0}^{1} x_1(n_0, k_{\gamma-2}, \ldots, k_0) W^{(2n_1 + n_0)(2^{\gamma-2} k_{\gamma-2})}$$

(8-52)
$$\vdots$$

$$x_\gamma(n_0, n_1, \ldots, n_{\gamma-1}) = \sum_{k_0=0}^{1} x_{\gamma-1}(n_0, n_1, \ldots, k_0)$$

$$\times \; W^{(2^{\gamma-1}n_{\gamma-1} + 2^{\gamma-2}n_{\gamma-2} + \cdots + n_0)k_0}$$

$$X(n_{\gamma-1}, n_{\gamma-2}, \ldots, n_0) = x_\gamma(n_0, n_1, \ldots, n_{\gamma-1})$$

Dieses sukzessive Gleichungssystem stellt die ursprüngliche COOLEY-TUKEY-Formulierung der FFT mit $N = 2^\gamma$ dar. Man erinnere sich daran, daß die direkte Auswertung einer N-Punkte-Transformation ungefähr N^2 komplexe Multiplikationen erfordert. Nun betrachte man die Anzahl der für die Auswertung von (8-52) notwendigen Multiplikationen. Es gibt γ Summationsgleichungen, von denen jede N Gleichungen repräsentiert. Jede der letztgenannten Gleichungen benötigt zwei *komplexe* Multiplikationen; aber die erste Multiplikation jeder dieser Gleichungen ist eine Multiplikation mit eins. Dies folgt aus der Tatsache, daß diese ersten Multiplikationen stets die Form $W^{ak_{\gamma-i}}$ mit $k_{\gamma-i} = 0$ haben. Somit sind insgesamt nur $N\gamma$ *komplexe* Multiplikationen notwendig. Es kann gezeigt werden, daß bei der Berechnung einer Spalte stets die Beziehung $W^p = -W^{p+N/2}$ auftritt; die Anzahl der Multiplikationen reduziert sich damit weiter um den Faktor $1/2$. Die Gesamtzahl der *komplexen* Multiplikationen für $N = 2^\gamma$ beträgt somit $N\gamma/2$. Ähnlich kann man zeigen, daß die Anzahl der komplexen Additionen gleich $N\gamma$ ist.

Kanonische Formen der FFT

Es gibt eine Vielzahl von Varianten des FFT-Algorithmus, die *kanonisch* sind. Sie machen sich spezielle Eigenschaften des zu transformierenden Signals oder der Architektur der eingesetzten Rechner zu Nutze. Der COOLEY-TUKEY-Algorithmus läßt sich durch den in Bild 8-9 gezeigten Signalflußgraphen graphisch darstellen. An diesem Graphen erkennen wir, daß sich die Berechnung dieser Form des Algorithmus *speichersparend* durchführen läßt, i.e. man kann die einem dualen Knotenpaar zugehörigen Werte nach Errechnung in die Speicherplätze des hierzu benutzten Wertepaares abspeichern. Ferner stellen wir fest, daß bei dieser FFT-Form die Eingangswerte in der natürlichen, die Ausgangswerte jedoch in einer umgeordneten Reihenfolge auftreten. Ferner erscheinen die Potenzen von W in der Bitumkehr-Reihenfolge.

Wenn man will, kann man den Signalflußgraphen aus Bild (8-9) derart umändern, daß die Eingangswerte in einer *umgeordneten* Reihenfolge und die Ausgangsgrößen in der natürlichen Reihenfolge auftreten An diesem Signalflußgraphen erkennt man leicht, daß sich der Algorithmus speichersparend durchführen läßt und daß die Potenzen von W in der natürlichen Reihenfolge auftreten

Diese zwei Algorithmen werden in der Literatur oft als FFT-Algorithmen mit *Zeitdezi-mierung (decimation in time)* bezeichnet. Diese Bezeichnung rührt daher, daß einige al-ternative Herleitungen der Algorithmen [8] sich an das Konzept der Abtastrate-Reduk-tion bzw. des Weglassens von Abtastwerten anlehnen; daher entstand der Begriff Zeitdezimierung.

Eine andere selbständige Form der FFT wurde von SANDE [9] entwickelt. Zur Erläu-terung setzen wir $N = 4$ und schreiben

$$(8\text{-}53) \qquad X(n_1,n_0) = \sum_{k_0=0}^{1} \sum_{k_1=0}^{1} x_0(k_1,k_0) W^{(2n_1+n_0)(2k_1+k_0)}$$

Im Gegensatz zum COOLEY-TUKEY-Algorithmus separieren wir hier die Kompo-nenten von n statt von k:

$$(8\text{-}54) \qquad W^{(2n_1+n_0)} W^{(2k_1+k_0)} = W^{(2n_1)(2k_1+k_0)} W^{n_0(2k_1+k_0)}$$

$$= [W^{4n_1k_1}] W^{2n_1k_0} W^{n_0(2k_1+k_0)}$$

$$= W^{2n_1k_0} W^{n_0(2k_1+k_0)}$$

wobei die Identität $W^4 = 1$ benutzt wurde.

Damit können wir für Gl. (8-53) schreiben:

$$(8\text{-}55) \qquad X(n_1,n_0) = \sum_{k_0=0}^{1} \left[\sum_{k_1=0}^{1} x_0(k_1,k_0) W^{2n_0k_1} W^{n_0k_0} \right] W^{2n_1k_0}$$

Wir kennzeichnen die Zwischenergebnisse und erhalten

$$x_1(n_0,k_0) = \sum_{k_1=0}^{1} x_0(k_1,k_0) W^{2n_0k_1} W^{n_0k_0}$$

$$(8\text{-}56) \qquad x_2(n_0,n_1) = \sum_{k_0=0}^{1} x_1(n_0,k_0) W^{2n_1k_0}$$

$$X(n_1,n_0) = x_2(n_0,n_1)$$

Bild 8.10 zeigt einen Signalflußgraphen des SAND-TUKEY-Algorithmus für den Fall $N = 8$. Die Eingangsdaten erscheinen in der natürlichen Reihenfolge, die Ausgangsdaten in der Bitumkehr-Reihenfolge und die Potenzen von W in der natürlichen. Wie im Falle des COOLEY-TUKEY-Algorithmus läßt sich auch hier ein Signalflußgraph entwickeln, bei dem die Ausgangsdaten in der natürlichen Reihenfolge auftreten. In diesem Fall tre-ten die Eingangsdaten und die Potenzen von W in der Bitumkehr-Reihenfolge auf.

Diese zwei Formen des FFT-Algorithmus werden auch als FFT-Algorithmus mit *Fre-quenzdezimierung (decimation in frequency)* bezeichnet; die Begründung für diese Bezeichnung veläuft analog zu der Begründung für die Zeitdezimierung.

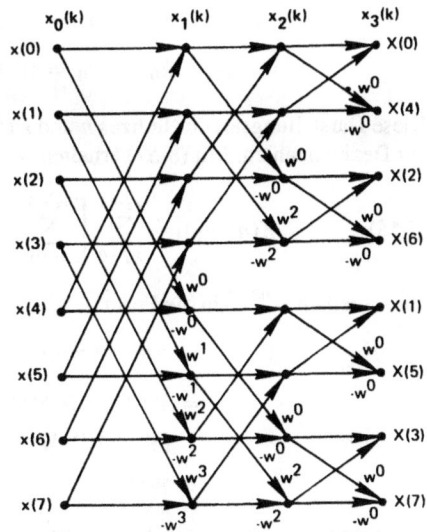

Bild 8-10: SANDE-TUKEY-FFT-
Signalflußgraph.

8.10 FFT-Algorithmus mit beliebigen Basen

In den bisherigen Ausführungen sind wir davon ausgegangen, daß die Anzahl N der
Abtastwerte, die der FOURIER-Transformation zu unterziehen sind, die Beziehung
$N = 2^\gamma$ mit γ als einer positiven ganzen Zahl erfüllt. Wie wir gesehen haben, ermöglicht der Basis-2-Algorithmus eine erhebliche Reduzierung der Rechenzeit; andererseits jedoch kann die Bedingung $N = 2^\gamma$ zu einschränkend sein. In diesem Abschnitt
beschreiben wir FFT-Algorithmen, bei denen diese Einschränkung nicht existiert.
Wir werden zeigen, daß sich eine beachtliche Rechenzeitverkürzung erreichen läßt,
solange N hochgradig teilbar ist, i.e. $N = r_1, r_2 ... r_m$ mit r_i als natürlichen Zahlen gilt.

Zur Herleitung des FFT-Algorithmus für beliebige Basen werden wir zunächst den Fall
$N = r_1 r_2$ behandeln. Dieser Weg ermöglicht uns, die für die Beweisführung des allgemeinen Falles notwendige Ausdrucksweise zu entwickeln. Beispiele für den Basis-4-
und den Basis-"4 + 2"-Algorithmus werden herangezogen, um den Fall $N = r_1 r_2$ zu erweitern. Ferner werden wir den COOLEY-TUKEY-Algorithmus für den Fall
$N = r_1 r_2 ... r_m$ und die sogenannten Drehfaktor- *(twiddle factor)* Algorithmen beschreiben.

FFT-Algorithmus für $N = r_1 r_2$

Man nehme an, daß die Anzahl der Abtastwerte N die Beziehung $N = r_1 r_2$ erfüllt, wobei
r_1 und r_2 ganze positive Zahlen sind. Zur Herleitung des FFT-Algorithmus drücken wir
die Indizes n und k in Gl.(8-22) in folgender Weise aus:

(8-57) $n = n_1 r_1 + n_0$ $n_0 = 0, 1, \ldots, r_1 - 1$ $n_1 = 0, 1, \ldots, r_2 - 1$

$k = k_1 k_2 + k_0$ $k_0 = 0, 1, \ldots, r_2 - 1$ $k_1 = 0, 1, \ldots, r_1 - 1$

Diese Darstellungsart der Indizes n und k erlaubt eine spezifische Darstellung ganzzahliger Dezimalzahlen. Mit (8-57) erhalten wir für Gl.(8-22)

$$(8-58) \qquad X(n_1, n_0) = \sum_{k_0=0}^{r_2-1} \left[\sum_{k_1=0}^{r_1-1} x_0(k_1, k_0) W^{nk_1 r_2} \right] W^{nk_0}$$

Wir schreiben $W^{nk_1 r_2}$ in die Form

$$
\begin{aligned}
(8-59) \qquad W^{nk_1 r_2} &= W^{(n_1 r_1 + n_0)k_1 r_2} \\
&= W^{r_1 r_2 n_1 k_1} W^{n_0 k_1 r_2} \\
&= [W^{r_1 r_2}]^{n_1 k_1} W^{n_0 k_1 r_2} \\
&= W^{n_0 k_1 r_2}
\end{aligned}
$$

um, wobei wir die Identität $W^{r_1 r_2} = W^N = 1$ benutzen. Unter Anwendung von (8-59) schreiben wir die innere Summe von (8-58) als neue neue Reihe

$$(8-60) \qquad x_1(n_0, k_0) = \sum_{k_1=0}^{r_1-1} x_0(k_1, k_0) W^{n_0 k_1 r_2}$$

Wenn wir die Terme W^{nk_0} vollständig ausdrücken, ergibt sich für die äußere Summe

$$(8-61) \qquad x_2(n_0, n_1) = \sum_{k_0=0}^{r_2-1} x_1(n_0, k_0) W^{(n_1 r_1 + n_0)k_0}$$

Für das Endergebnis erhalten wir

$$(8-62) \qquad X(n_1, n_0) = x_2(n_0, n_1)$$

Die Ergebnisse erscheinen somit, wie im Falle des Basis-2-Algorithmus, in der Bit-Umkehr-Reihenfolge.

Gln.(8-60), (8-61) und (8-62) beschreiben den FFT-Algorithmus für den Fall $N = r_1 r_2$. Zur weiteren Erklärung dieses speziellen Algorithmus betrachte man das folgende Beispiel.

Beispiel 8.1 Basis-4-Algorithmus für $N = 16$

Wir betrachten den Fall $N = r_1 r_2 = 4 \times 4$; i.e. wir wollen den Basis-4-Algorithmus für $N = 16$ entwickeln. Entsprechend der Gl.(8-57) stellen wir n und k aus Gl.(8.22) im Basis-4-Zahlensystem dar:

$$
(8-63) \qquad
\begin{aligned}
n &= 4n_1 + n_0 & n_1, n_0 &= 0, 1, 2, 3 \\
k &= 4k_1 + k_0 & k_1, k_0 &= 0, 1, 2, 3
\end{aligned}
$$

Damit erhalten wir für Gl.(8-58)

$$(8-64) \qquad X(n_1,n_0) = \sum_{k_0=0}^{3} \left[\sum_{k_1=0}^{3} x_0(k_1,k_0) W^{4nk_1} \right] W^{nk_0}$$

Für W^{4nk_1} können wir schreiben

$$(8-65) \qquad \begin{aligned} W^{4nk_1} &= W^{4(4n_1 + n_0)k_1} \\ &= W^{16n_1k_1} W^{4n_0k_1} \\ &= [W^{16}]^{n_1k_1} W^{4n_0k_1} \\ &= W^{4n_0k_1} \end{aligned}$$

Der Term in Klammern ist wegen $W^{16} = 1$ gleich eins.

Der Einsatz von (8-65) in (8-60) liefert die innere Summe des Basis-4-Algorithmus:

$$(8-66) \qquad x_1(n_0,k_0) = \sum_{k_1=0}^{3} x_0(k_1,k_0) W^{4n_0k_1}$$

Aus (8-61) folgt für die äußere Summe

$$(8-67) \qquad x_2(n_0,n_1) = \sum_{k_0=0}^{3} x_1(n_0,k_0) W^{(4n_1 + n_0)k_0}$$

und aus (8-62) für die Ergebnisse des Basis-4-Algorithmus

$$(8-68) \qquad X(n_1,n_0) = x_2(n_0,n_1)$$

Gln. (8-66), (8-67) und (8-68) beschreiben den Basis-4-Algorithmus für $N = 16$. Basierend auf diesen Gleichungen können wir einen Signalflußgraphen für den Basis-4-Algorithmus angeben.

Beispiel 8.2 Basis-4-Signalflußgraph für $N = 16$

Aus den Definitionsgleichungen (8-66) und (8-67) entnehmen wir, daß es $\gamma = 2$ Spalten gibt und daß jeder Knoten 4 Eingangsgrößen besitzt. Die Eingangsgrößen für den Knoten $x_1 (n_0, k_0)$ sind $x_0 (0, k_0)$, $x_0 (1, k_0)$, $x_0 (2,k_0)$ und $x_0 (3,k_0)$. Das heißt, die vier Eingänge für den i-ten Knoten der l-ten Spalte stammen aus denjenigen Knoten der $(l$ -1)-ten Spalte, deren Indizes sich von i nur in der $(\gamma - l)$-ten quaternären Stelle unterscheiden.

In Bild 8.11 zeigen wir einen verkürzten Signalflußgraphen des Basis-4-Algorithmus für $N = 16$. Um Verwirrung zu vermeiden, werden nur einige repräsentative Pfade gezeigt und alle Faktoren W^p weggelassen. Die Faktoren W^p lassen sich aus Gln. (8-66) und (8-67) ermitteln. Die angegebenen Pfadkonfigurationen werden sukzessiv auf die aufeinander folgenden Knoten der zugehörigen Spalte angewendet, bis alle Knoten abgearbeitet sind. Bild 8-11 veranschaulicht ferner den Umordnungsprozeß des Basis-4-Algorithmus. Eine Auswertung der Gln. (8-66) und (8-67) zeigt, daß der Basis-4-Algorithmus näherungsweise 30% weniger Multiplikationen braucht als der Basis-2-Algorithmus.

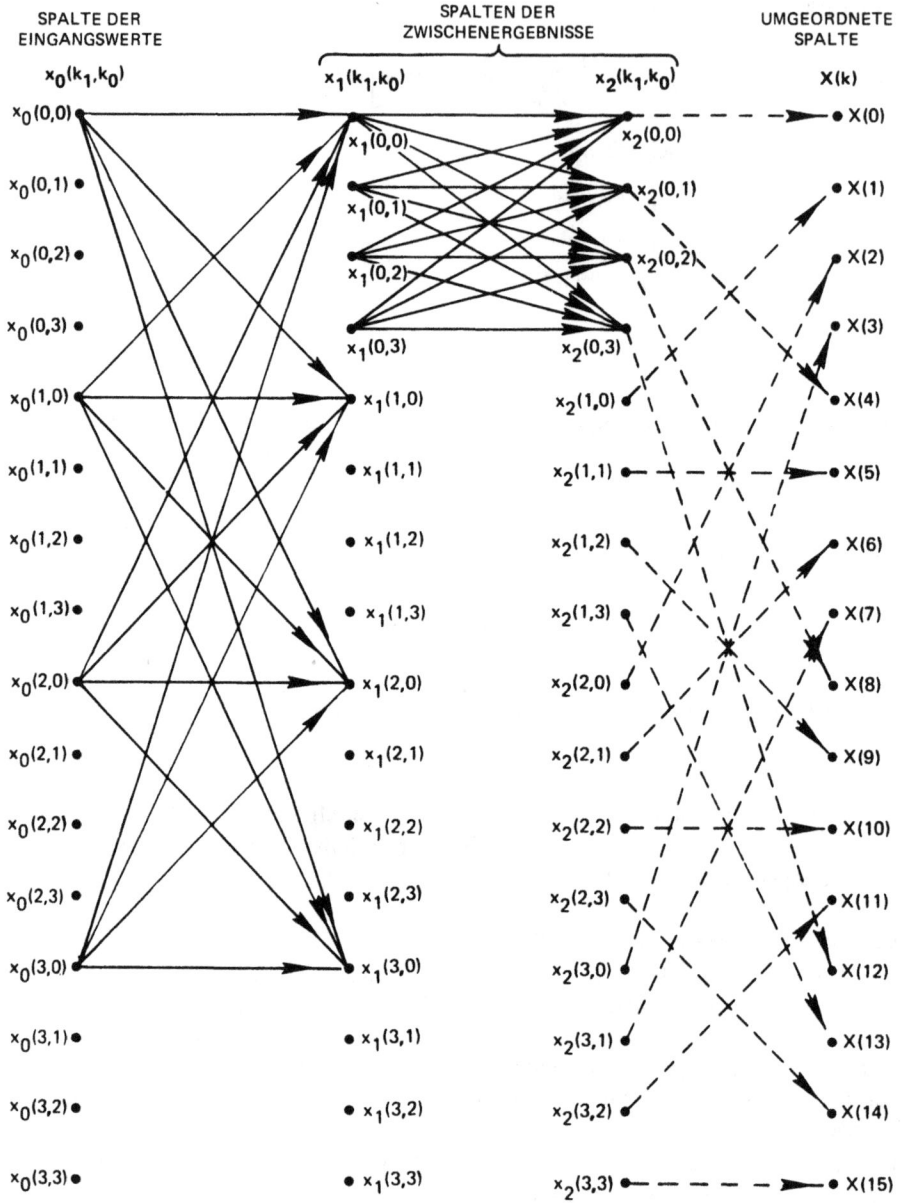

Bild 8-11: Unvollständiger Signalflußgraph des Basis-4-FFT-Algorithmus, $N = 16$.

Beispiel 8.3 Basis-"4 + 2"-Algorithmus für $N = 8$

Wir betrachten nun den Fall $N = r_1\, r_2 = 4 \times 2 = 8$. Dieser Fall stellt die einfachste Form des Basis-"4 + 2"-Algorithmus dar. Der Term Basis-"4 + 2" bedeutet, daß wir zunächst soviele Spalten wie möglich mit einem Basis-4-Algorithmus berechnen und anschließend eine Spalte mit einem Basis-2-Algorithmus.

Zur Entwicklung des Basis-"4 + 2"-Algorithmus setzen wir $r_1 = 4$ und $r_2 = 2$ in Gl.(8-57) ein:

(8-69)
$$n = 4n_1 + n_0 \qquad n_0 = 0, 1, 2, 3 \qquad n_1 = 0, 1$$
$$k = 2k_1 + k_0 \qquad k_0 = 0, 1 \qquad k_1 = 0, 1, 2, 3$$

Damit ergibt sich für Gl.(8-58)

(8-70)
$$X(n_1,n_0) = \sum_{k_0=0}^{1} \left[\sum_{k_1=0}^{3} x_0(k_1,k_0)W^{2nk_1} \right] W^{nk_0}$$

W^{2nk_1} läßt sich wie folgt ausdrücken:

(8-71)
$$W^{2nk_1} = W^{2(4n_1 + n_0)k_1}$$
$$= [W^8]^{n_1 k_1}\, W^{2n_0 k_1}$$
$$= W^{2n_0 k_1}$$

Mit (8-71) erhält man für die innere Summe von (8-70)

(8-72)
$$x_1(n_0,k_0) = \sum_{k_1=0}^{3} x_0(k_1,k_0)W^{2n_0 k_1}$$

Für die äußere Summe ergibt sich

(8-73)
$$x_2(n_0,n_1) = \sum_{k_0=0}^{1} x_1(n_0,k_0)W^{(4n_1 + n_0)k_0}$$

und die Umordnung erfolgt entsprechend der Beziehung

(8-74)
$$X(n_1,n_0) = x_2(n_0,n_1)$$

Gln.(8-72), (8-73) und (8-74) beschreiben den Basis-"4 + 2"-FFT-Algorithmus für $N = 8$. Man beachte, daß Gl.(8-72) eine auf die Signalspalte angewendete Basis-4-Operation darstellt und Gl.(8-73) eine auf die Spalte $l = 1$ angewendete Basis-2-Operation. Der Basis-"4 + 2"-Algorithmus ist zwar effezienter als der Basis-2-Algorithmus, jedoch bezüglich der Wahl von N in gleichem Maße einschränkend .

COOLEY-TUKEY-Algorithmus für $N = r_1 r_2 \dots r_m$

Man nehme an, daß die Anzahl der diskret zu transformierenden Abtastwerte die Beziehung $N = r_1 r_2 \dots r_m$ erfüllt, wobei $r_1, r_2 \dots r_m$ positive ganze Zahlen sind. Wir stellen zuerst die Indizes n und k in einer Zahlendarstellung mit einer variablen Basis dar:

$$n = n_{m-1}(r_1 r_2 \dots r_{m-1}) + n_{m-2}(r_1 r_2 \dots r_{m-2})$$

$$+ \cdots + n_1 r_1 + n_0$$

(8-75)

$$k = k_{m-1}(r_2 r_3 \dots r_m) + k_{m-2}(r_3 r_4 \dots r_m)$$

$$+ \cdots + k_1 r_m + k_0$$

mit

$$n_{i-1} = 0, 1, 2, \dots, r_i - 1 \qquad 1 \le i \le m$$

$$k_i = 0, 1, 2, \dots, r_{m-i} - 1 \qquad 0 \le i \le m - 1$$

Für Gl.(8-22) können wir nun schreiben

(8-76)
$$X(n_{m-1}, n_{m-2}, \dots, n_1, n_0)$$

$$= \sum_{k_0} \sum_{k_1} \cdots \sum_{k_{m-1}} x_0(k_{m-1}, k_{m-2}, \dots, k_0) W^{nk}$$

wobei $\sum_{k_i}$ eine Summation über $k_i = 0,1,2 \dots r_{m-i} - 1$; $0 \le i \le - 1$ symbolisiert. Man beachte, daß

(8-77)
$$W^{nk} = W^{n[k_{m-1}(r_2 r_3 \dots r_m) + \cdots + k_0]}$$

gilt und der erste Term der Summe sich in die Form

(8-78)
$$W^{n k_{m-1}(r_2 r_3 \dots r_m)} = W^{[n_{m-1}(r_1 r_2 \dots r_{m-1}) + \cdots + n_0][k_{m-1}(r_2 r_3 \dots r_m)]}$$

$$= [W^{r_1 r_2 \dots r_m}]^{[n_{m-1}(r_2 r_3 \dots r_{m-1}) + \cdots + n_1]k_{m-1}} W^{n_0 k_{m-1}(r_2 \dots r_m)}$$

entwickeln läßt. Wegen $W^{r_1 r_2 \dots r_m} = W^N = 1$ ergibt sich für Gl.(8-78)

(8-79)
$$W^{n k_{m-1}(r_2 r_3 \dots r_m)} = W^{n_0 k_{m-1}(r_2 \dots r_m)}$$

und erhalten wir für (8-77)

(8-80)
$$W^{nk} = W^{n_0 k_{m-1}(r_2 \dots r_m)} W^{n[k_{m-2}(r_3 \dots r_m) + \cdots + k_0]}$$

Für Gl.(8-76) können wir nun schreiben

$$(8\text{-}81) \qquad X(n_{m-1}, n_{m-2}, \ldots, n_1, n_0) = \sum_{k_0} \sum_{k_1} \cdots \Big[\sum_{k_{m-1}} x_0(k_{m-1}, k_{m-2}, \ldots, k_0)$$

$$\times \; W^{n_0 k_{m-1}(r_2 \ldots r_m)} \big] W^{n[k_{m-2}(r_3 \ldots r_m) + \cdots + k_0]}$$

Man beachte, daß die innere Summe sich über k_{m-1} erstreckt und daher nur eine Funktion von n_0 und $k_{m-2}, \ldots, k_0$ ist. Damit definieren wir eine neue Wertereihe als

$$(8\text{-}82) \qquad x_1(n_0, k_{m-2}, \ldots, k_0) = \sum_{k_{m-1}} x_0(k_{m-1}, \ldots, k_0) W^{n_0 k_{m-1}(r_2 \ldots r_m)}$$

Für Gl.(8-81) können wir somit schreiben:

$$(8\text{-}83) \qquad X(n_{m-1}, n_{m-2}, \ldots, n_1, n_0) = \sum_{k_0} \sum_{k_1} \cdots \sum_{k_{m-2}} x_1(n_0, k_{m-2}, \ldots, k_0)$$

$$\times \; W^{n[k_{m-2}(r_3 \ldots r_m) + \cdots + k_0]}$$

Mit ähnlichen Überlegungen, die zu Gl.(8-79) führten, erhalten wir

$$(8\text{-}84) \qquad W^{n k_{m-2}(r_3 r_4 \ldots r_m)} = W^{(n_1 r_1 + n_0) k_{m-2}(r_3 r_4 \ldots r_m)}$$

Die Identität (8-84) erlaubt uns, für die innere Summe aus (8-83) zu schreiben:

$$(8\text{-}85) \qquad x_2(n_0, n_1, k_{m-3}, \ldots, k_0)$$

$$= \sum_{k_{m-2}} x_1(n_0, k_{m-2}, \ldots, k_0) W^{(n_1 r_1 + n_0) k_{m-2}(r_3 r_4 \ldots r_m)}$$

Wir können nun (8-83) in die Form

$$(8\text{-}86) \qquad X(n_{m-1}, n_{m-2}, \ldots, n_1, n_0) = \sum_{k_0} \sum_{k_1} \cdots \sum_{k_{m-3}} x_2(n_0, n_1, k_{m-3}, \ldots, k_0)$$

$$\times \; W^{n[k_{m-3}(r_4 r_5 \ldots r_m) + \cdots + k_0]}$$

umschreiben.

Wenn wir in dieser Weise mit der weiteren Reduzierung von (8-86) fortsetzen, erhalten wir ein System sukzessiver Gleichungen der Form

$$(8\text{-}87) \qquad x_i(n_0, n_1, \ldots, n_{i-1}, k_{m-i-1}, \ldots, k_0)$$

$$= \sum_{k_{m-i}} x_{i-1}(n_0, n_1, \ldots, n_{i-2}, k_{m-i}, \ldots, k_0)$$

$$\times \; W^{[n_{i-1}(r_1 r_2 \ldots r_{i-1}) + \cdots + n_0] k_{m-i}(r_{i+1} \ldots r_m)} \qquad i = 1, 2, \ldots, m$$

Der Ausdruck (8-87) ist gültig, falls wir $(r_{i+1} \ldots r_m) = 1$ für $i > m-1$ und $k_{-1} = 0$ definierten. Das Endergebnis ist gegeben durch

$$(8\text{-}88) \qquad X(n_{m-1}, \ldots, n_0) = x_m(n_0, \ldots, n_{m-1})$$

Der Ausdruck (8-87) ist eine Erweiterung des ursprünglichen COOLEY-TUKEY-Algorithmus nach BERGLAND [10]. Spalte $\mathbf{x_1}$ enthält N Elemente, von denen jedes Element r_1 Operationen (komplexe Multiplikationen und komplexe Additionen) benötigt. Die Berechnung der Spalte $\mathbf{x_1}$ erfordert somit insgesamt Nr_1 Operationen. In ähnlicher Weise benötigt die Berechnung der Spalte $\mathbf{x_2}$ aus der Spalte $\mathbf{x_1}$ insgesamt Nr_2 Operationen. Somit erfordert die Berechnung der Spalte $\mathbf{x_m}$ insgesamt
$N(r_1 + r_2 + ... + r_m)$ Operationen. Dieses Ergebnis berücksichtigt nicht die Symmetrieeigenschaften der komplexen Exponentialfunktion, die man zur Reduzierung der Anzahl der Operationen ausnutzen kann.

Beispiel 8.4 Basis-4-Drehfaktor-Algorithmus für $N = 16$

Man sei daran erinnert, daß nach Gl.(8-66) und Gl.(8-67) die sukzessiven Gleichungen des Basis-4-Algorithmus für $N = 16$ lauten

$$x_1(n_0,k_0) = \sum_{k_1=0}^{3} x_0(k_1,k_0)W^{4n_0k_1}$$

$$(8-89) \qquad x_2(n_0,n_1) = \sum_{k_0=0}^{3} x_1(n_0,k_0)W^{(4n_1+n_0)k_0}$$

$$X(n_1,n_0) = x_2(n_0,n_1)$$

Um das *Drehfaktor-Konzept* zu erklären, schreiben wir (8-89) um:

$$(8-90) \qquad X(n_1,n_0) = \sum_{k_0=0}^{3} \left[\sum_{k_1=0}^{3} x_0(k_1,k_0)W^{4n_0k_1} \right] W^{4n_1k_0} W^{n_0k_0}$$

Man beachte, daß wir den Term $W^{n_0 k_0}$ hier willkürlich zu der äußeren Summe hinzugenommen haben; ebensogut könnte man ihn zu der inneren Summe hinzunehmen. Mit einer Umgruppierung der Gl.(8-90) erhalten wir

$$(8-91) \qquad X(n_1,n_0) = \sum_{k_0=0}^{3} \left[\left\{ \sum_{k_1=0}^{3} x_0(k_1,k_0)W^{4n_0k_1} \right\} W^{n_0k_0} \right] W^{4n_1k_0}$$

bzw. in der sukzessiven Form

$$(8-92) \qquad x_1(n_0,k_0) = \left[\sum_{k_1=0}^{3} x_0(k_1,k_0)W^{4n_0k_1} \right] W^{n_0k_0}$$

$$(8-93) \qquad x_2(n_0,n_1) = \left[\sum_{k_0=0}^{3} x_1(n_0,k_0)W^{4n_1k_0} \right]$$

$$(8-94) \qquad X(n_1,n_0) = x_2(n_0,n_1)$$

In dieser Form des Algorithmus werden die Symmetrieeigenschaften der Sinus- und Cosinusfunktion vorteilhaft ausgenutzt. Um diesen Punkt zu erläutern, betrachten wir den in Klammern stehenden Term $W^{4n_0 k_1}$ in Gl.(8-92). Wegen $N = 16$ erhalten wir

(8-95) $$W^{4n_0k_1} = (W^4)^{n_0k_1} = (e^{-j2\pi(4)/16})^{n_0k_1} = (e^{-j\pi/2})^{n_0k_1}$$

Somit nimmt $W^{4n_0 k_1}$ je nach dem ganzzahligen Wert von $n_0 k_1$ einen der Werte ± 1 und $\pm j$ an. Folglich läßt sich die in Klammern stehende 4-Punkte-Transformation in Gl.(8-92) ohne Multiplikationen ausführen. Die resultierenden Werte werden dann durch Multiplikation mit dem außerhalb der Klammern stehenden Drehfaktor $W^{n_0 k_0}$ von Gl.(8-92) *in der Phase* gedreht [9]. Man beachte, daß auch Gl.(8.93) nach ähnlichen Überlegungen ohne Multiplikationen ausgewertet werden kann. Wir sehen, daß die zur Auswertung des Basis-4-Algorithmus notwendige Gesamtzahl von **Operationen mit dieser Umgruppierung** abnimmt.

COOLEY-TUKEY- Drehfaktor-Algorithmus

Wir entwickeln nun eine allgemeine Formulierung des *Drehfaktor*-Konzepts. Die ursprüngliche Formulierung des COOLEY-TUKEY-Algorithmus ist durch das sukzessive Gleichungssystem (8-87) gegeben. Mit der Umgruppierung der Gleichungen (8-87) erhalten wir für die erste Spalte

$$\tilde{x}_1(n_0, k_{m-2}, \ldots, k_0)$$

(8-96)
$$= [\sum_{k_{m-1}} x_0(k_{m-1}, \ldots, k_0) W^{n_0 k_{m-1}(N/r_1)}] W^{(n_0 k_{m-2})(r_3 \ldots r_m)}$$

und für die darauf folgenden Gleichungen

$$\tilde{x}_i(n_0, n_1, \ldots, n_{i-1}, k_{m-i-1}, \ldots, k_0)$$

(8-97)
$$= [\sum_{k_{m-1}} \tilde{x}_{i-1}(n_0, \ldots, n_{i-2}, k_{m-i}, \ldots, k_0) W^{n_{i-1}k_{m-i}(N/r_i)}]$$

$$\times W^{[n_{i-1}(r_1 r_2 \cdots r_{i-1}) + \cdots + n_1 r_1 + n_0]k_{m-i-1}(r_{i+2} \cdots r_m)}$$

Wir benutzen das Symbol $\tilde{x}$, um anzudeuten, daß diese Ergebnisse durch *Phasendrehung* entstanden sind. Gl.(8-92) gilt für $i = 1, 2, \ldots, m$, falls wir den Fall $i = 1$ im Sinne von (8-96) interpretieren sowie $(r_{i+2} \ldots r_m) = 1$ für $i > m$ -2 und $k_{-1} = 0$ definieren.

Die Berechnung der Gl.(8-97) erfordert die Auswertung einer r_i-Punkte FOURIER-Transformation, gefolgt von einer Drehoperation. Der Vorteil dieser Formulierung liegt darin, daß die in Klammern stehenden r_i-Punkte FOURIER-Transformationen sich mit einer minimalen Anzahl von Multiplikationen auswerten lassen. Zum Beispiel nimmt der Faktor W^p für $r_i = 8$ (i.e. für einen Basis-8-Algorithmus) die Werte $\pm 1, \pm j, \pm e^{j\pi/4}$ und $\pm e^{-j\pi/4}$ an. Da die ersten zwei Faktoren keine Multiplikation erfordern und eine Multiplikation einer komplexen Zahl mit jedem der letzten zwei Faktoren nur je zwei reelle Multiplikationen benötigt, erfordert die Auswertung jeder der 8-Punkte Transformationen lediglich vier reelle Multiplikationen. Wie wir sehen, erlauben die Drehfaktor-Algorithmen, die Eigenschaften der Sinus- und Cosinusfunktion vorteilhaft auszunutzen.

Rechenaufwand für den Basis-2, Basis-4, Basis-8 und Basis-16-Algorithmus

Wir betrachten den Fall $N = 2^{12} = 4096$. Tabelle 8-1 enthält die Anzahl der zur Auswertung der sukzessiven Beziehung Gl.(8-97) notwendigen Multiplikationen und Additionen. Diese Ergebnisse wurden zum ersten Mal von BERGLAND berichtet [10]. Bei der Zusammenzählung der Additionen und Multiplikationen wurde davon ausgegangen, daß jede Drehoperation eine komplexe Multiplikation benötigt, ausgenommen die Fälle, in denen der Multiplikand W^0 ist.

Tabelle 8-1: Anzahl der arithmetischen Operationen für den Basis-2-, Basis-4-, Basis-8- und Basis-16-FFT-Algorithmus.

Algorithmus	Anzahl der reellen Mulitplikationen	Anzahl der reellen Additionen
Basis 2	81 924	139 266
Basis 4	57 348	126 978
Basis 8	49 156	126 978
Basis 16	48 132	125 442

Aufgaben

8-1 Es sei $x_0(k) = k$ mit $k = 0, 1, 2, 3$. Man werte Gl.(8-1) aus und bestimme die Gesamtzahl der dafür notwendigen Multiplikationen und Additionen. Man wiederhole die Aufgabe, wende nun Gl. (8-6) - Gl. (8-14) an und bestimme wieder die Zahl der Multiplikationen und Additionen. Vergleiche die Ergebnisse.

8-2 Es wurde gezeigt, daß die Matrix-Faktorisierung eine Umordnung der Ergebnisse mit sich bringt. Man zeige die Umordnung von $X(n)$ für $N = 8, 16$ und 32.

8-3 Man wandle Gl.(8-9) in einen Signalflußgraphen für den Fall $N = 8$.

a) Wieviel Spalten ergeben sich?

b) Man definiere die dualen Knoten für diesen Fall. Wie groß ist der Abstand der dualen Knoten für jede Spalte? Man gebe einen allgemeinen Ausdruck hierfür an und identifiziere dann damit für alle Knoten jeder Spalte die zugehörigen dualen Knoten.

c) Man schreibe das Gleichungspaar (8-21) für jeden Knoten der Spalte 1 aus und dann für jeden Knoten aller anderen Spalten.

d) Man bestimme W^P für jeden Knoten und setze sie in die unter c) gewonnenen Gleichungen ein.

e) Man zeichne den Signalflußgraphen für diesen Fall.

f)   Man zeige, wie die Ergebnisse der letzten Spalte umzusortieren sind.

g)   Man veranschauliche an dem Signalflußgraphen das Überspringen von Knoten.

8-4   Man weise die Richtigkeit des Flußdiagramms in Bild 8.6 nach, indem man
      gedanklich feststellt, daß alle Spalten aus Aufgabe 8.3 richtig berechnet worden
      sind.

8-5   Man erläutere den Zusammenhang der Instruktionen des BASIC-Programms in Bild
      8.7 mit dem Flußdiagramm aus Bild 8.6 .

8-6   Man schreibe ein FFT-Programm, das auf dem Flußdiagramm in Bild 8.6 basiert.
      Das Programm soll komplexe Eingangssignale akzeptieren und die inverse
      Transformation gemäß der alternativen Inversionsformel ausführen können.
      Man benenne dieses Programm FFT.

8-7   Es sei $h(t) = e^{-t}$ mit t > 0. Man taste $h(t)$ mit $T = 0{,}01$ und $N = 1024$ ab, berech-
      ne die diskrete FOURIER-Transformierte mit Hilfe von FFT und DFT und
      vergleiche ihre Ausführungszeiten.

8-8   Man leite den FFT-Algorithmus mit $N = r_1 r_2$ für den Fall her, daß n_1, wie bei dem
      SANDE-TUKEY-Algorithmus, in seine Komponente zerlegt wird.

8-9   Man gebe den Signalflußgraphen des Basis-4-SANDE-TUKEY-Algorithmus für
      $N = 16$ an.

8-10 Man entwickle den Basis-"4 + 2"-SANDE-TUKEY-Algorithmus für $N = 8$.

8-11 Man entwickle vollständig den SANDE_TUKEY-Algorithmus für
      $N = r_1, r_2, \dots r_m$.

8-12 Man entwickle den Basis-8-COOLEY-TUKEY-Algorithmus für $N = 64$.

8-13 Man setze $N = 16$ und leite die Gleichungen des SANDE-TUKEY-Drehfaktor-
      Algorithmus her.

8-14 Man setze $N = 8$. Ist es vorteilhaft, zur Auswertung der FFT mit dem COOLEY-
      TURKEY-Bais-2-Algorithmus Drehfaktoren zu benutzen? Man rechtfertige seine
      Antwort durch Vergleich der Anzahl der notwendigen Multiplikationen in den
      einzelnen Fällen.

8-15 Man wiederhole Aufgabe 8-14 unter Berücksichtigung des Basis-"4 + 2"-Algor-
      ithmus.

8-16 Man erstelle ein FFT-Computerprogramm für den Basis-"4 + 2"-COOLEY-TUKEY-Algorithmus mit Eingangswerten in der Bit-Umkehr-Reihenfolge.

8-17 Man erstelle ein FFT-Computerprogramm für den Basis-"4 + 2"-SANDE-TUKEY-Algorithmus mit Eingangswerten in der natürlichen Reihenfolge.

8-18 Man erstelle ein FFT-Computerprogramm für den Basis-"8 + 4 + 2"-SANDE-TUKEY-Algorithmus mit Eingangswerten in der natürlichen Reihenfolge. Das Programm soll zunächst die Anzahl der Bais-8-Berechnungen und dann die Anzahl der Basis-4-Berechnungen maximieren.

Literatur

[1] BERGLAND, G.D., "A guided tour of the fast Fourier transform".
IEEE Spectrum (July 1969) Vol. 6, No. 7, pp. 41-52.

[2] BRIGHAM, E.O. and R.E. MORROW, "The fast Fourier transform".
IEEE Spectrum (December 1967), Vol. 4, pp. 63-70.

[3] COOLEY, J.W. and J.W TUKEY, "An Algorithm for Machine Calculation of Complex Fourier Series". Math. Computation (April 1965), Vol. 19, pp. 297-301.

[4] GENTLEMAN, W.M. "Matrix Multiplication and Fast Fourier Transforms".
Bell Syst. Tech.J. (July-August 1968), Vol. 47, pp. 1099-1103.

[5] OPPENHEIM, A.V. and R.W. SCHAFER. Digital Signal Processing.
Englewood Cliffs, NJ: Prentice Hall, 1975.

[6] PELED, A. and B. LIU. Digital Signal Processing. New York: Wiley, 1976.

[7] BURRIS, C.S. and T.W. PARKS. DFT-FFT & Convolution Algorithms & Implementation. New York: Wiley, 1985.

[8] G-AE Subcommittee on Measurement Concepts. "What ist the Fast Fourier Transform?" IEEE Trans. Audio and Electroacoustics. (June 1967),
Vol. AU-15, pp. 45-55. Also Proc. IEEE (Oct. 1967), Vol. 55, pp. 1664-1674.

[9] GENTLEMAN, W.M. and G. SANDE. "Fast Fourier Transform for Fun and Profit". AFIPS Proc., 1966 Fall Joint Computer Conf., Vol. 29, pp. 563-678, Washington, DC: Spartan, 1966.

[10] BERGLAND, G.D. "The Fast Fourier Transform Recursive Equations for Arbitrary Length Records". Math. Computation (April 1967), Vol. 21, pp. 236-238.

[11] DUHAMEL, P. "Implementation of Split-Radix FFT Algorithm for Complex, Real and Real-Symmetric Data." IEEE Trans. on Audio, Speech and Signal Processing (April 1986), Vol. ASSP-34, No. 2, pp. 285-295.

[12] KUMARESAN, R. and P.K. GUPTA "Prime Factor FFT Algorithm with Real Valued Arithmetic". Proc. IEEE, (July 1985), Vol. 73, No. 7, pp. 1241-1243.

[13] PREUSS, R.D. "Very Fast Computation of the Radix 2 Discrete Fourier Transform". IEEE Trans. on Audio, Speech and Signal Processing (Aug. 1982), Vol. ASSP-30, No. 4, pp. 595-607.

[14] SKINNER, D.P. "Prunning the Decimation-in-Time FFT Algorithm." IEEE Trans. on Audio, Speech and Signal Processing (April 1976), Vol. ASSP-24, No. 2, pp. 193-194.

9. Anwendungen der FFT

Eine Hauptanwendung der FFT liegt im Bereich der Transformationsanalyse. In Kapitel 6 haben wir eine Beziehung zwischen der diskreten und der kontinuierlichen Fourier-Transformation angegeben. Da die diskrete Fourier-Transformation eine gute Approximation der kontinuierlichen darstellt, wendet man die FFT zur Berechnung der kontinuierlichen sowie der inversen kontinuierlichen Fourier-Transformation gern an. Im vorliegenden Kapitel wollen wir den Einsatz der FFT zur Berechnung der Fourier-Transformation, der Fourier-Reihe, der inversen Fourier-Transformation und der Laplace-Transformation behandeln. Wie wir zeigen werden, lassen sich die eventuellen Abweichungen der FFT-Ergebnisse von den Ergebnissen der entsprechenden kontinuierlichen Transformationen auf die Schritte Abtastung und Zeitbegrenzung zurückführen, die die diskrete Transformation verlangt.

9.1 Berechnung der Fourier-Transformation mit Hilfe der FFT

Zur Erläuterung der Anwendung der diskreten FOURIER-Transformation zur Auswertung von FOURIER-Transformationen betrachte man Bild 9-1. In Bild 9-1a zeigen wir die Funktion e^{-t}. Wir wollen die FOURIER-Transformierte dieser Funktion mit Hilfe der diskreten FOURIER-Transformation näherungsweise berechnen.

Der erste Schritt in der Anwendung der diskreten FOURIER-Transformation ist die Wahl der Anzahl N von Abtastwerten und des Abtastintervalls T. In Bild 9-1a sind die Abtastwerte von e^{-t} für $N = 32$ und $T = 0{,}25$ gekennzeichnet. Man beachte, daß wir den Abtastwert bei $t = 0$ entsprechend Gl. (2-47) gewählt haben, die besagt, daß der Wert einer Funktion an einer Sprungstelle gleich dem Mittelwert der Funktionswerte an beiden Seiten der Sprungstelle zu definieren ist, damit die inverse FOURIER-Transformation ihre Gültigkeit beibehält.

Als nächsten Schritt berechnen wir die diskrete FOURIER-Transformierte

$$(9\text{-}1) \qquad H\left(\frac{n}{NT}\right) = T \sum_{k=0}^{N-1} [e^{-kT}]e^{-j2\pi nk/N} \qquad n = 0, 1, \ldots, N - 1$$

Man beachte den Faktor T, der hinzugefügt wurde, um die Äquivalenz zwischen der diskreten und der kontinuierlichen Transformation herzustellen. Bilder 9-1b,c zeigen die Ergebnisse. In Bild 9-1b zeigen wir den Realteil der FOURIER-Transformierten zum einen, wie er in Beispiel 2-1 berechnet wurde, und zum anderen, wie er sich aus der numerischen Auswertung von (9-1) ergibt. Man beachte, daß der Realteil der Transformierten bezüglich n = N/2 symmetrisch ist. Dies folgt aus der Tatsache, daß der Realteil der Transformierten gerade ist (Gl. (6-35)) und daß die Werte der Trans-

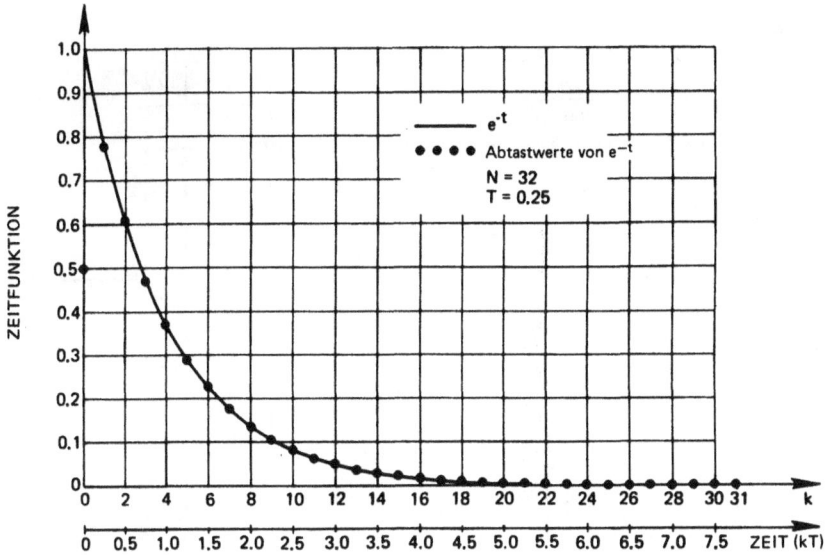

(a)

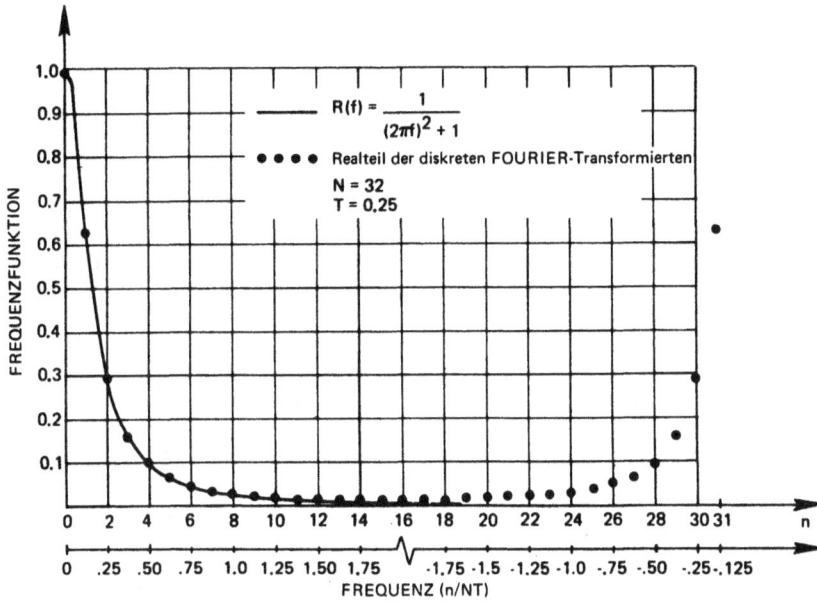

(b)

Bild 9-1:   Beispiel zur Berechnung von FOURIER-Transformierten mit
Hilfe der diskreten FOURIER-Transformation.

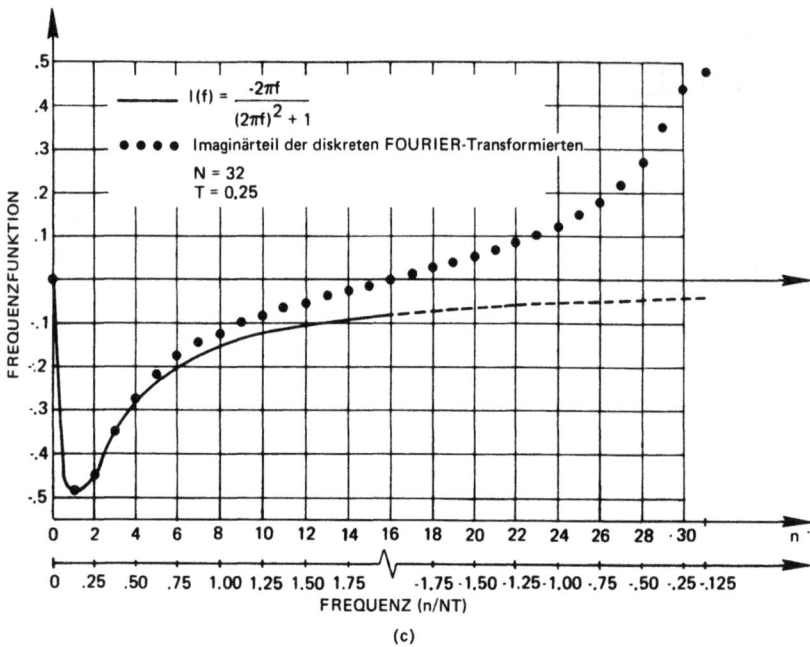

Bild 9-1:   (Fortsetzung).

formierten für $n > N/2$ mit den entsprechenden den Werten für negative Frequenzen identisch sind. Diesem Sachverhalt wird durch Hinzufügen einer echten Frequenzachse unterhalb der Achse für den Parameter n Rechnung getragen.

Die Ergebnisse in Bild 9.1b hätten wir auch gemäß der herkömmlichen Darstellungsart für kontinuierliche Transformierten über den Bereich $-f_0$ bis $+f_0$ auftragen können Die üblichen FFT-Programme liefern jedoch ihre Ergebnisse als eine Funktion des Parameters n. Wenn wir uns aber stets daran erinnern, daß die Ergebnisse für $n > N/2$ den entsprechenden Ergebnissen für negative Frequenzen gleichzusetzen sind, werden wir bei der Interpretation der Ergebnisse auf keinerlei Schwierigkeiten stoßen.

In Bild 9-1c zeigen wir die Imaginärteile der kontinuierlichen FOURIER-Transformierten (Beispiel 2-1) und der diskreten FOURIER-Transformierten. Wie gezeigt, erweist sich die diskrete FOURIER-Transformierte bei höheren Frequenzen als eine ziemlich schlechte Approximation für die kontinuierliche Transformierte. Mit einer Verkleinerung des Abtastintervalls T und einer Erhöhung von N läßt sich der Approximationsfehler verringern.

Man beachte, daß der Imaginärteil bezüglich $n = N/2$ ungerade ist. Dies folgt aus Gl. (6-38). Es sei noch einmal darauf hingewiesen, daß Ergebnisse für $n > N/2$ als Ergebnisse für negative Frequenzen zu interpretieren sind.

Das Frequenzauflösungsmaß der FFT

Die FFT-Ergebnisse in Bild 9-1b,c erscheinen auf einem Frequenzraster mit dem Rasterintervall $f_o = 1/NT$. Die diskreten Werte, die die FOURIER-Transformierte approximieren, erscheinen also bei den Frequenzen $0/NT$, $1/NT$, $2/NT$, ...,$(N/2)/NT$. Das Frequenzintervall $f_o = 1/NT$ bezeichnen wir als das *Frequenz-Auflösungsmaß* (kurz *Auflösung*) der FFT und die FFT-Ergebnisse in diesem Zusammenhang als *Auflösungselemente* oder als *Auflösungszellen* der FFT. Den Begriff Auflösung soll in dem Sinne verstanden werden, daß wir die eine FOURIER-Transformierte approximierenden Frequenzwerte ausschließlich bei den Frequenzen $0/NT$, $1/NT$, $2/NT$, ..., $(N/2)/NT$ ermitteln können. Da das Auflösungsmaß durch den Term $1/NT$ gegeben ist, läßt sich einer Erhöhung der Auflösung durch eine Vergrößerung von N - gleichbedeutend mit einer Vergrößerung des Intervalls, in dem die zu transformierende Funktion zeitlich begrenzt wird - erreichen. (Eine Vergrößerung von T würde eventuell Bandüberlappungs- (Alias-) fehler mit sich bringen.) Eine Verdoppelung von N halbiert das Frequenzrasterintervall und erhöht dadurch das Auflösungsvermögen um das Zweifache.

Erinnern wir uns an Bild 6-1, woraus hervorgeht, daß der Frequenzrasterabstand (die Auflösung) der diskreten FOURIER-Transformation durch die Breite der Rechteckfunktion gegeben ist, mit deren Hilfe wir die zu transformierende Funktion zeitlich begrenzen. Diese Zeitbereich-Operation entspricht im Frequenzbereich einer Faltung der $\sin (f)/f$-Funktion mit der FOURIER-Transformierten der zu transformierenden Funktion. Diese Faltungsoperation verursacht eine "Verschmierung" oder Verbreiterung der FOURIER-Transformierten. Je breiter die Zeitbegrenzungsfunktion, umso schmaler wird die $\sin (f)/f$-Funktion und umso schwächer fällt der spektrale Verbreiterungseffekt aus. Je schwächer der Verbreiterungseffekt, umso höher wird das Frequenzauflösungsvermögen. Demzufolge läßt sich eine höhere Auflösung durch eine entsprechende Vergrößerung der Breite der rechteckförmigen Zeitbegrenzungsfunktion (Fensterfunktion) erreichen.

Ein weitverbreiteter Fehler, den man oft bei der FFT-Anwendung begeht, besteht darin, daß man glaubt, durch Hinzufügen von Nullen (Nullergänzung) zu der abgetasteten und zeitbegrenzten Funktion die FFT-Auflösung erhöhen zu können. Das trifft aber nicht zu, wie man sich anhand von Bild 6-2 bzw. Bild 9-2 leicht überzeugen kann. In Bild 9-2a wiederholen wir die in Bild 6-2g dargestellten Ergebnisse und wollen zeigen, wie sich eine Nullergänzung der Zeitfunktion in Bild 9-2a auswirkt. Nehmen wir an, wir fügen N Nullen hinzu. Mathematisch läßt sich das Hinzuaddieren von N Nullen durch Multiplikation der gegebenen Funktion mit der in Bild 9-2b gezeigten periodischen Funktion beschreiben. Im Bild sehen wir auch die zugehörigen Frequenzfunktionen. Die Multiplikation liefert eine periodische Funktion der Periode $2N$, wobei die nichtverschwindenden Abtastwerte einer Periode mit den N Abtastwerten aus Bild 9-2a übereinstimmen. Die erwähnte Multiplikation im Zeitbereich impliziert eine Faltung der beiden Frequenzfunktionen aus Bild 9-2a,b. Wir stellen fest, daß sich an der Frequenzauflösung nichts geändert hat - sie wurde bereits in Bild 9-2a festgelegt - und daß die erwähnte Faltungsoperation durch Interpolation der ursprünglichen Frequenzfunktion mit einer $\sin (f)/f$-Funktion lediglich zusätzliche Frequenzwerte hinzugefügt hat. Obwohl der gegenseitige Abstand der Frequenzwerte durch Nullergänzung kleiner geworden ist, bleibt das Frequanz-Auflösungsvermögen der FFT dennoch unverändert. *Das Frequenzauflö-*

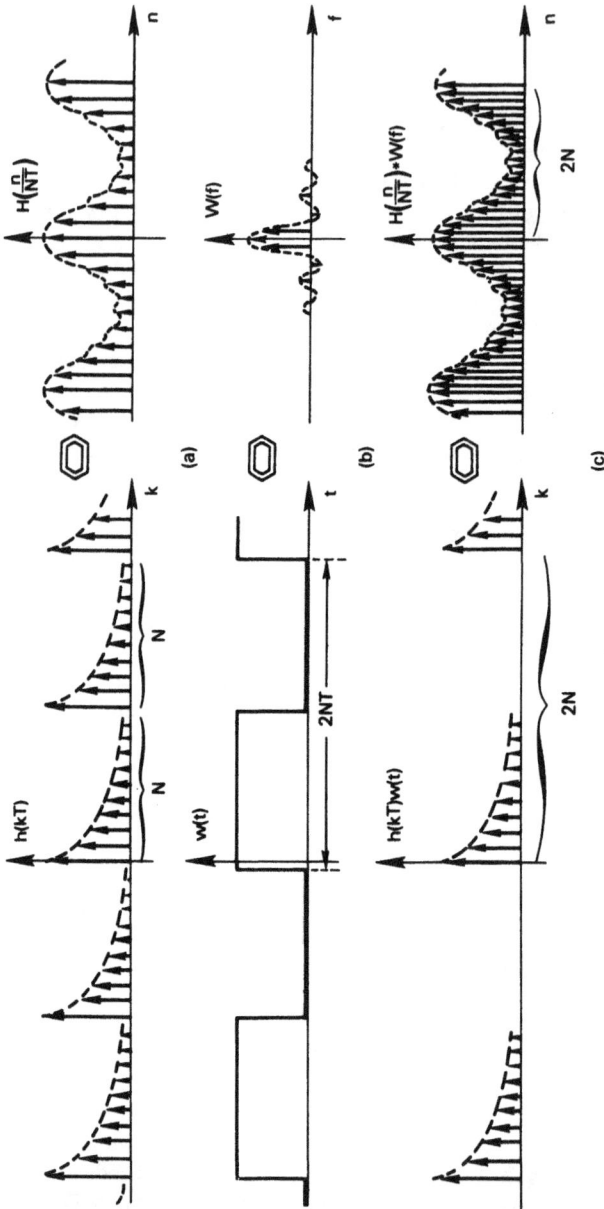

Bild 9-2: Beispiel zur Erhöhung des FFT-Auflösungsvermögens durch Nullergänzung.

sungsvermögen der FFT läßt sich durch Hinzufügen von Nullen nicht erhöhen; es sei denn, die Funktion ist in dem Bereich, in dem Nullen hinzugefügt werden, selbst identisch gleich Null.

Die obigen Ausführungen bestätigen wieder einmal die wohlbekannte Tatsache, daß die Auflösung von der Signaldauer bestimmt wird. Diese ist bei FFT-Anwendungen durch die Dauer der eingesetzten Zeitbegrenzungsfunktion gegeben.

Beispiel 9-1 Der Bandüberlappungseffekt bei der FFT

Ein Problem, dem wir bei der Berechnung von FOURIER-Transformierten mit der FFT oft begegnen, ist der Bandüberlappungseffekt (Aliasing). Aus Abschnitt 5-3 wissen wir, daß dieser Effekt dann auftritt, wenn der gegenseitige Abstand der Abtastzeitpunkte nicht hinreichend klein gewählt wird. Der Effekt äußert sich darin, daß die Frequenzfunktion sich selbst *überlappt*. Bild 9-3 dient zur Veranschaulichung dieses Sachverhalts.

In Bild 9-3a bis 9-3c tasten wir die Funktion $h(t) = e^{-t}$, $t > 0$ mit dem Abtastintervall $T =$ $= 1,0$ sec, $0,5$ sec und $0,25$ sec ab. In allen drei Fällen ist $N = 32$. Die FOURIER-Transformierte berechnen wir mit Hilfe der FFT und die Beträge der FFT-Ergebnisse zeigen wir in Bild 9-3a - c. Man beachte, daß die FFT-Ergebnisse für das Abtastintervall $T = 1$ sec massiv bandüberlappt ist. (Der Betrag der entsprechenden kontinuierlichen FOURIER-Transformierten ist in Bild 9-3d zu sehen.) Wie gezeigt, verringert sich der Bandüberlappungsfehler für $T = 0,5$ sec. Eine weitere Verkleinerung des Abtastintervalls zu $T =$ $= 0,25$ sec liefert Ergebnisse, die mit den entsprechenden theoretischen Werten weitgehend übereinstimmt. Bild 9-3 führt die Tatsache vor Augen, daß Bandüberlappung mit Verkleinerung des Abtastintervalls abnimmt. Die Verkleinerung des Abtastintervalls verursacht ihrerseits aber deswegen keine Zeitbegrenzungseffekte, weil dabei das Intervall NT stets größer bleibt als das Intervall, in dem $h(t)$ ihre nichtverschwindenden Werte hat.

Das optimale Abtastintervall können wir, wie in Bild 9-3 demonstriert, anhand einer Folge von FFT-Berechnungen experimentell ermitteln. Mit einer schrittweisen Verringerung des Abtastintervalls werden die Änderungen der FFT-Ergebnisse immer unauffälliger. Wir müssen allerdings darauf achten, daß die mit einer Verkleinerung von T einhergehenden Verringerung des Begrenzungsintervalls NT nicht ihrerseits zur Verfälschung der Ergebnisse führt. Zur Vermeidung dieses Effektes können wir, falls notwendig, N in entgegengesetzter Richtung zu T schrittweise vergrößern.

Beispiel 9-2 Zeitbereich-Begrenzung bei der FFT

Ein anderer Fehler, der oft bei der Anwendung der FFT zur Berechnung der FOURIER-Transformation auftaucht, hat seine Ursache in der Zeitbereich-Begrenzung. Er kommt dadurch zustande, daß die Gesamtzahl der Abtastwerte, die die zu transformierende Funktion repräsentieren sollen, nur einen Ausschnitt derer wiedergibt. Diesen Punkt wollen wir anhand von Bild 9-4a - c näher erläutern. In ihnen schneiden wir die Funktion $h(t)$, der Reihe nach, bei $NT = 1$ sec, 2 sec und 5 sec ab. Gezeigt werden dort ebenfalls die Beträge der mit der FFT errechneten FOURIER-Transformierten.

Die Zeitbegrenzung nach 1 sec erzeugt beachtliche Überschwinger (Nebenzipfel) bei den FFT-Ergebnissen. Mit einem Begrenzungsintervall von 2 sec sind die Nebenzipfel kleiner. Die Vergrößerung des Begrenzungsintervalls auf 5 sec erzeugt, wie Bild 9-4d zu entnehmen ist, keine wahrnehmbare Nebenzipfel mehr.

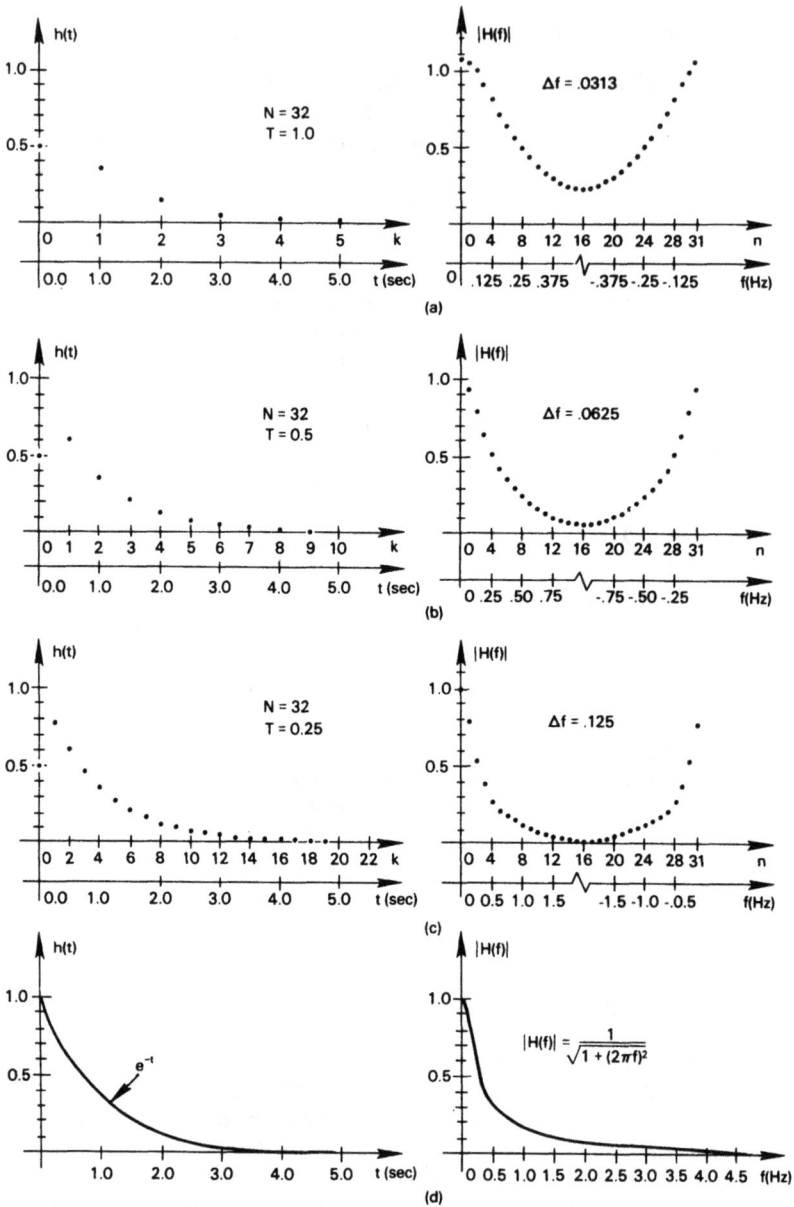

Bild 9-3: Veranschaulichung des Aliasing-Effekts im Frequenzbereich in Abhängigkeit vom Abtastintervall.

Bild 9-4 demonstriert eine experimentelle Vorgehensweise zur Bestimmung eines geeigneten Begrenzungsintervalls. Eine schrittweise Vergrößerung des Begrenzungsintervalls führt zu einer graduellen Abschwächung des Nebenzipfel-Effektes.

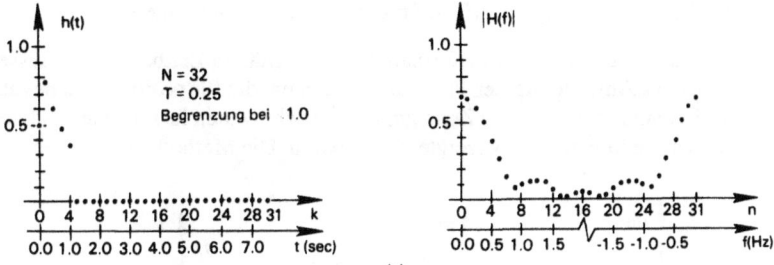

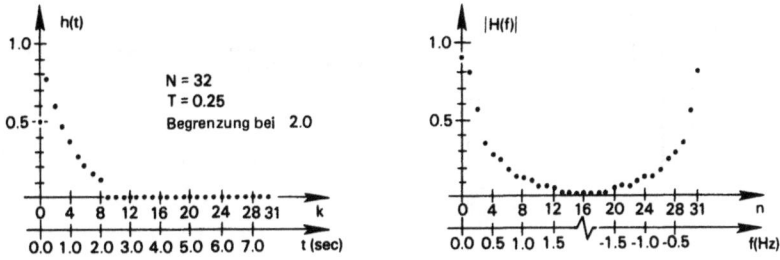

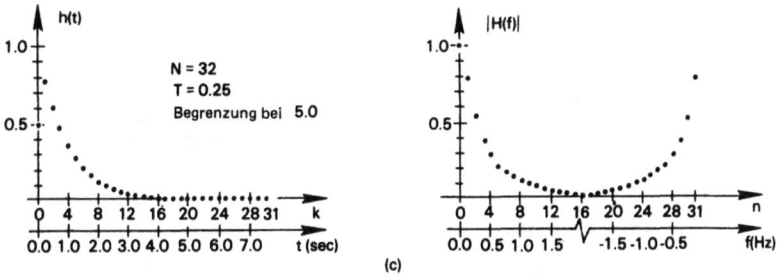

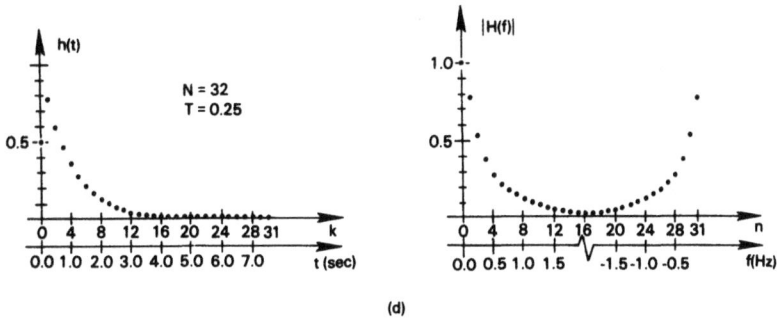

Bild 9-4: Veranschaulichung des Zeitbegrenzungseffekts.

Beispiel 9-3 Anwendung der FFT auf nichtkausale Zeitfunktionen

Da die diskrete FOURIER-Transformation Periodizität im Zeitbereich voraussetzt, müssen wir bei der Anwendung der FFT auf Funktionen, die für positive und negative Zeiten definiert sind (nichtkausale Zeitsignale) Vorsicht walten lassen. Zur Erläuterung betrachten wir die in Bild 9-5a gezeigte Zeitfunktion. Die Methode wie sie derart korrekt

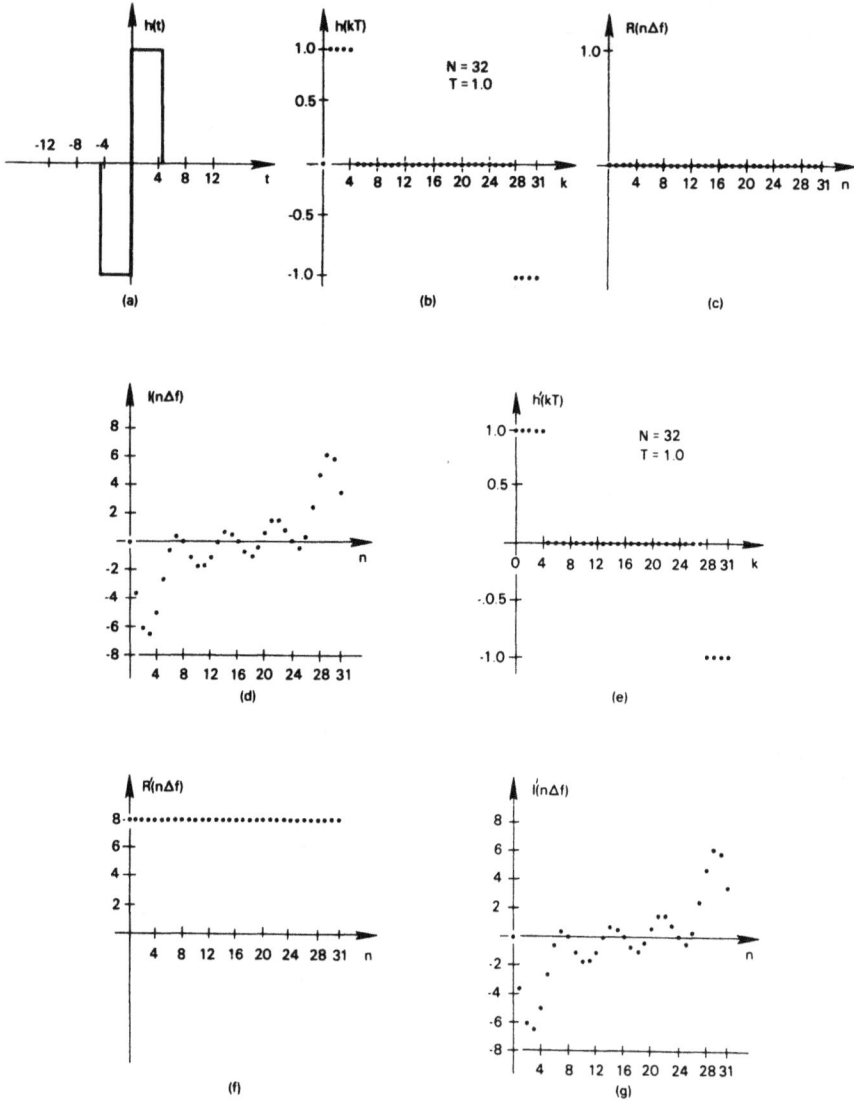

Bild 9-5: Veranschaulichung der FFT-Anwendung auf nichtkausale Zeitfunktionen.

abzutasten ist, daß der Zeitursprung berücksichtigt und die Periodizität gewährleistet wird, ist in Bild 9-5b zu sehen. Obwohl die eine dargestellte Periode der periodischen Funktion mit der ursprünglichen Funktion nicht deckungsgleich verläuft, reproduziert erstere die ursprüngliche Funktion dennoch genügend genau. Da die Zeitfunktion reell und antisymmetrisch ist, hat sie gemäß Gl. 6-38, wie in Bild 9-5c,d zu sehen, eine antisymmetrische und rein imaginäre FOURIER-Transformierte.

Bild 9-5e - g veranschaulichen einen weitverbreiteten Fehler, der bei der Anwendung der FFT auf diesen Typ von Zeitfunktionen oft begangen wird. In diesem Beispiel haben die FFT-Ergebnisse jeweils einen Realteil und einen Imaginärteil. Die reellen Komponenten werden von dem Abtastwert bei $t = 0$ verursacht, der nicht wie im vorausgegangenen Beispiel verschwindet, sondern hier den Wert 1 gleich der halben Sprunghöhe an der Unstetigkeitsstelle annimmt. Demzufolge setzt sich die abgetastete Zeitfunktion von Bild 9-5e aus derjenigen von Bild 9-5b und noch einer im Zeitursprung auftretenden Impulsfunktion der Amplitude 1 zusammen. Die FOURIER-Transformierte einer Impulsfunktion ist, wie in Bild 9-5f zu sehen, eine konstante reelle Frequenzfunktion.

Beispiel 9-4 Anwendung der FFT auf periodische Funktionen

Zur Anwendung der FFT auf periodische Funktionen müssen wir uns wieder einmal mit der Frage nach der Wahl der Abtastperiode T und des Begrenzungsintervalls beschäftigen. T ist nach wie vor so klein zu wählen, daß der Bandüberlappungsfehler vernachlässigbar ist. Die Wahl des Begrenzungsintervalls stellt bei periodischen Funktionen jedoch ein neues Problem dar, da diese definitionsgemäß nicht, wie die Funktionen in den vorangegangenen Beispielen, mit der Zeit verschwinden. Wir erinnern uns jedoch daran, daß die N Ergebnisse der diskreten FOURIER-Transformation jeweils eine Periode einer periodischen Zeitfunktion repräsentieren. Demzufolge ist es naheliegend, daß wir die Breite des Begrenzungsintervalls gleich der Periodenbreite der zu transformierenden Zeitfunktion (oder einem Vielfachen davon) wählen. Damit gibt die abgetastete Funktion die ursprüngliche periodische Funktion exakt wieder.

Um diesen Sachverhalt zu erläutern, wenden wir die FFT auf die Cosinusfunktion in Bild 9-6a an. Gezeigt werden dort ebenfalls die mit dem Abtastintervall $T = 1$ sec gewonnenen Abtastwerte der Cosinusfunktion. Die $N = 32$ Abtastwerte umfassen genau ein ganzzahliges Vielfaches der Periode des Zeitsignals. In Bild 9-6b zeigen wir die Beträge der FFT-Ergebnisse für die abgetastete Funktion. Die Ergebnisse sind wie gezeigt überall gleich Null, ausgenommen bei der Frequenz der Cosinusfunktion. In Abschnitt 9.2 werden wir über die FFT-Ergebnisse für die Fälle diskutieren, in denen das Begrenzungsintervall nicht exakt gleich einem Vielfachen der Periode ist.

Zusammenfassung

Bei der Anwendung der FFT zur Berechnung von FOURIER-Transformierten sollte man sich den immanent wichtigen Sachverhalt vor Augen halten, daß die diskrete FOURIER-Transformation Periodizität sowohl im Zeit- wie auch im Frequenzbereich

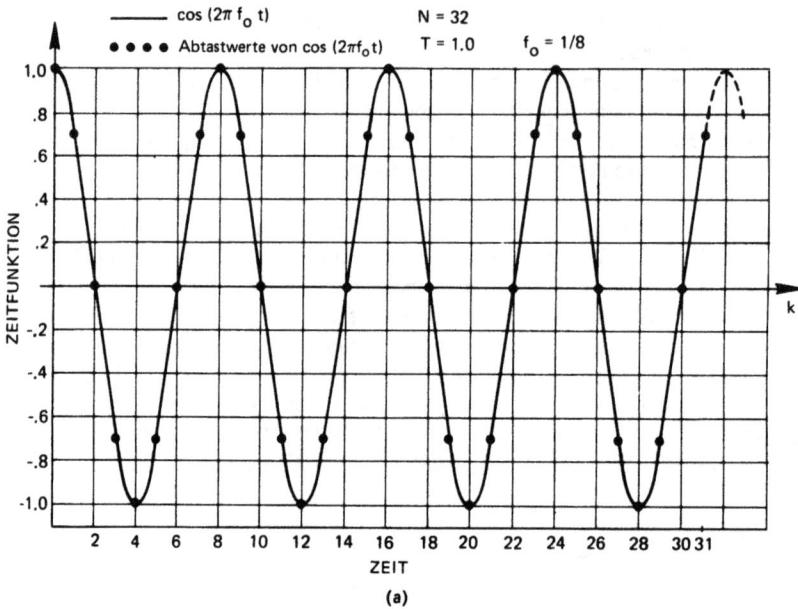

(a)

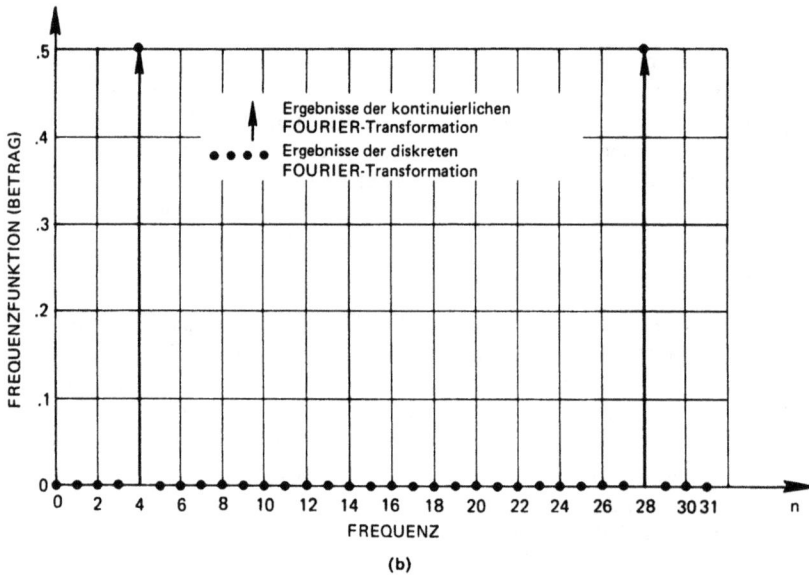

(b)

Bild 9-6: Eine abgetastet Cosinusfunktion und ihre diskrete FOURIER-Trans formierte: Beobachtungszeit (Zeitfensterbreite) gleich einem Vielfachen der Periode.

impliziert. Vergegenwärtigt man sich stets, daß die N Abtastwerte der zu transformierenden Funktion eine Periode einer periodischen Funktion darstellen, dann werden FFT-Anwendungen weniger Überraschungen bereiten.

Die vorausgegangenen Ausführungen und Beispiele haben gezeigt, daß wir bei der Berechnung von FOURIER-Transformierten die Wahl der Parameter T und N sorgfältig treffen sollen. Der Parameter T beeinflußt die Stärke des Bandüberlappungsfehlers, die Parameter N und T zusammen legen die Breite der Begrenzungsfunktion fest. Ist die Frequenzbandbreite näherungsweise bekannt, dann läßt sich T relativ einfach festlegen. Anderenfalls sollte man hierzu experimentell vorgehen, wie wir in Beispiel 9-1 und 9-2 praktiziert haben. Mit einem genügend kleinen Wert für T und einem hinreichend großen Wert für N, so daß eine Zeitbegrenzung der zu transformierenden Funktion vermieden wird, liefert die FFT eine akzeptablere Näherung für die FOURIER-Transformation. Im Falle periodischer Funktionen mit einer bekannten Periode setzen wir NT gleich der Periode oder einem ganzzahligen Vielfachen hiervon. In den Fällen, in denen es nicht möglich ist N genügend groß zu wählen, oder in denen die Periode der periodischen Funktion unbekannt ist, haben wir das Konzept der Signal-Gewichtsfunktion (Signal-Fensterfunktion) heranzuziehen.

9.2 Signal-Gewichtsfunktionen (Fensterfunktionen) für die FFT

Wie wir bereits gezeigt haben, führt Zeitbereich-Begrenzung zu einer unbefriedigenden Approximation der FOURIER-Transformation. In den Fällen, in denen wir die Anzahl N der Abtastwerte aus Aufwandsüberlegungen nicht beliebig groß wählen können, sowie in den Fällen, in denen periodische Signale unbekannter Periode zu untersuchen sind, ist es notwendig, Signal-Fensterfunktionen (Signal-Gewichtsfunktionen) einzusetzen. In diesem Abschnitt wollen wir auf das Thema Unterdrückung der unerwünschten Auswirkungen der Zeitbereich-Begrenzung mit Hilfe von Fensterfunktionen näher eingehen.

Rechteck-Fensterfunktion

Wir erinnern uns an die in Bild 6-5 dargestellten graphischen Herleitungsschritte. Im ersten Schritt tasten wir, wie in Bild 6-5b gezeigt, eine Sinusfunktion durch Multiplikation mit einer unendlichen Folge von Impulsfunktionen. Um die Zahl der Abtastwerte zu begrenzen, multiplizieren wir im nächsten Schritt das Ergebnis Bild 6-5c) mit der rechteckförmigen Begrenzungsfunktion aus Bild 6-5d. Wir können den Vorgang der Zeitbegrenzung auch als Gewichtung der Signalabtastwerte mit einer rechteckförmigen Gewichtsfunktion interpretieren. Die Auswirkungen der Zeitbegrenzung sind in Bild 6-5e klar erkennbar. Man beachte, daß die ursprünglichen Frequenzbereichs-Impulsfunktionen aufgrund einer Faltungsoperation, die sich aus der Zeitbegrenzung implizit ergibt, durch sin $(f)/f$-Funktionen ersetzt worden sind. Die Faltung ruft ihrerseits wegen der Nebenzipfel-Charakteristik der sin $(f)/f$-Funktion zusätzliche Frequenzkomponenten hervor, die man als *Leckkomponenten* bezeichnet. Diese Bezeichnung soll bildhaft darauf hinweisen, daß ein partieller "Abfluß" der ursprünglichen Frequenz-Impulsfunktionen in die Nebenzipfel der sin $(f)/f$-Funktion stattfindet.

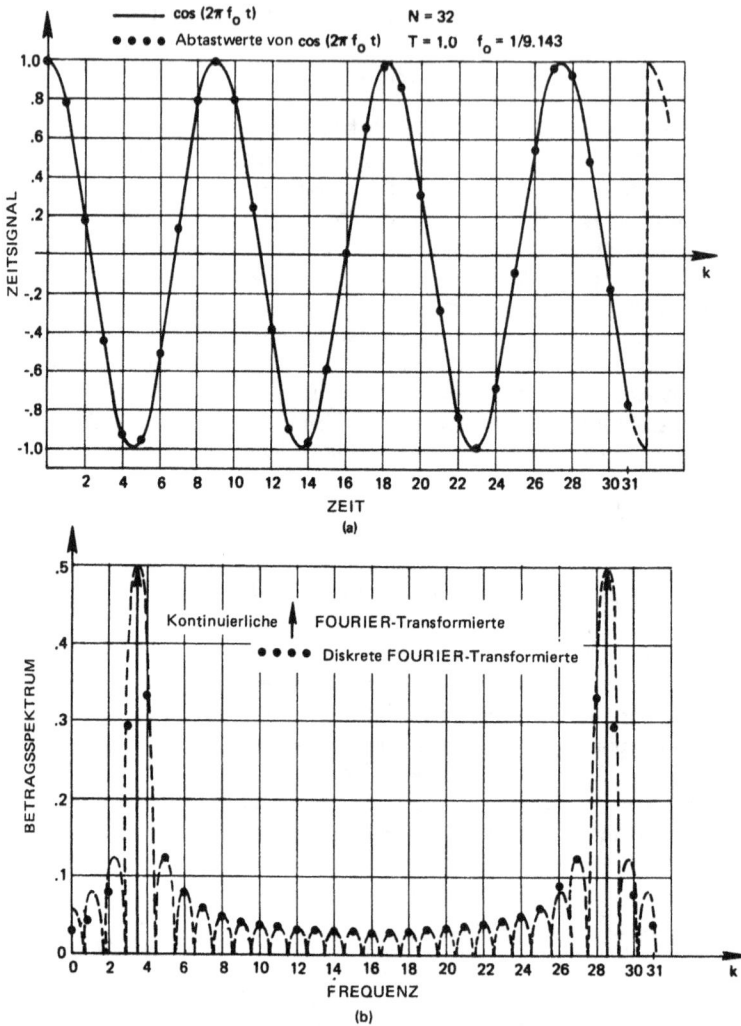

Bild 9-7: FFT-Spektrum eines periodischen Signals für den Fall, daß die Fensterbreite kein Vielfaches der Periode ist.

Man beachte, daß das abgetastete und zeitbegrenzte Zeitsignal keine Sinusfunktion mehr ist, obwohl das ursprüngliche eine ist. Dies rührt daher, daß das Begrenzungsintervall nicht exakt eine Periode oder ein ganzzahliges Vielfache davon umfaßt. Eine Faltung der beiden Funktionen aus Bild 6-5e, f liefert deswegen auch nicht die ursprüngliche periodische Funktion. Vielmehr ergibt sich eine periodische Funktion mit einer unstetigen Hüllkurve. Die Unstetigkeitsstelle ruft erwartungsgemäß die in Bild 6-5g dargestellten Nebenzipfel im Frequenzbereich hervor.

Um die Auswirkungen der Zeitbegrenzung mittels der Rechteck-Fensterfunktion näher zu durchleuchten, wenden wir die FFT auf eine Cosinusfunktion (Bild 9-7a) mit T = 1,0 sec und N = 32 an und zeigen in Bild 9-7b die Beträge der FFT-Ergebnisse. Die FFT liefert bei allen diskreten Frequenzen von Null verschiedene Werte. Wie bereits erwähnt, werden die zusätzlichen Komponenten als Leckkomponenten bezeichnet und sind ursächlich auf die Nebenzipfel-Charakteristik der sin $(f)/f$-Funktion zurückzuführen.

Offensichtlich läßt sich der Leckeffekt dadurch abschwächen, daß wir eine Zeitbereich-Begrenzungsfunktion (Fensterfunktion) verwenden, die im Frequenzbereich kleinere Nebenzipfel aufweist als die sin $(f)/f$-Funktion. Je kleiner die Nebenzipfel, umso schwächer wirkt sich der Leckeffekt bei den FFT-Ergebnissen aus. Zur Erläuterung betrachten wir Bild 6-5d noch einmal. Die FOURIER-Transformierte der Rechteck-Fensterfunktion ist, wie gezeigt, eine sin $f(f)/f$-Funktion. Anstelle der Rechteck-Fensterfunktion in Bild 6-5d können wir ohne sonstige Änderungen der angegebenen graphischen Herleitungsschritte eine andere Fensterfunktion mit einer günstigeren Nebenzipfel-Charakteristik einsetzen. Das ist auch die übliche Maßnahme womit man die Approximation der FOURIER-Transformation mit Hilfe der FFT zu verbessern versucht. Vor der Anwendung der FFT wird eine Fensterfunktion zur Zeitbegrenzung und Gewichtung der zu transformierenden diskreten Funktion herangezogen.

Merkmale von Fensterfunktionen

Einige Fensterfunktionen, die bevorzugt in Verbindung mit der FFT eingesetzt werden, zeigt Bild 9-8a. Die zugehörigen Frequenzfunktionen sehen wir in Bild 9-8b. In Tabelle 9.1 sind die Definitionsgleichungen dieser Fensterfunktionen im Zeit- und im Frequenzbereich aufgelistet und zwar, der Einfachheit halber, für die Nullpunkt-zentrierte Lage.

Bild 9-8b ist zu entnehmen, daß im Vergleich mit der Rechteck-Fensterfunktion alle anderen Fensterfunktionen im Frequenzbereich Nebenzipfel mit geringeren Amplituden aufweisen. Sie haben jedoch breitere Hauptzipfel als die Rechteck-Fensterfunktion. Wir erinnern uns an Bild 6-5d,e, aus dem wir folgern können, daß eine Zeitbegrenzung mit Hilfe einer der angegebenen Fensterfunktionen eine Frequenzbereich-Faltung mit der zugehörigen Frequenzfunktion aus Bild 9-8b zur Folge hat. Infolgedessen können wir sagen: Je breiter der Hauptzipfel ist, umso "verschwommener" oder unsicherer sind die FFT-Ergebnisse. Mit anderen Worten, je breiter der Hauptzipfel der Fensterfunktion, umso geringer die Fähigkeit der FFT nah beieinander liegende Frequenzen zu unterscheiden bzw. aufzulösen (Nah-Auflösung). Generell kann man aber auch behaupten, je kleiner man die Nebenzipfel macht, umso breiter oder "verschmierter" erscheinen die FFT-Ergebnisse.

Die Tatsache, daß man zwischen der Stärke des zu erwartenden Leckeffekts (Amplituden der Nebenzipfel) und dem gewünschten Frequenz-Auflösungsvermögen (Breite des Hauptzipfels) stets einen Kompromiß zu treffen hat, ist in vielen wissenschaftlichen Ge-

Tabelle 9-2: Daten einiger Fensterfunktionen ($T_0 = NT$)

Fenster-funktion	Zeitbereich	Frequenzbereich	Amplitude des stärksten Nebenzipfels (dB)	3-dB-Bandbreite	Ausklingen im Unendlichen (dB/Oktave)
Rechteck	$w_R(t) = 1 \quad \lvert t \rvert \le \dfrac{T_0}{2}$ $ = 0 \quad \lvert t \rvert > \dfrac{T_0}{2}$	$W_R(f) = \dfrac{T_0 \sin(\pi f T_0)}{\pi f T_0}$	-13	$\dfrac{0.85}{T_0}$	6
Bartlett (Dreieck)	$w_B(t) = \left[1 - \dfrac{2\lvert t\rvert}{T_0}\right] \quad \lvert t \rvert < \dfrac{T_0}{2}$ $ = 0 \quad \lvert t \rvert > \dfrac{T_0}{2}$	$W_B(f) = \dfrac{T_0}{2}\left[\dfrac{\sin\left(\dfrac{\pi}{2} f T_0\right)}{\dfrac{\pi}{2} f T_0}\right]^2$	-26	$\dfrac{1.25}{T_0}$	12
Hanning (cos)	$w_H(t) = \cos^2\left(\dfrac{\pi t}{T_0}\right)$ $ = \dfrac{1}{2}\left[1 + \cos\left(\dfrac{2\pi t}{T_0}\right)\right] \quad \lvert t \rvert \le \dfrac{T_0}{2}$ $ = 0 \quad \lvert t \rvert > \dfrac{T_0}{2}$	$W_H(f) = \dfrac{T_0}{2}\,\dfrac{\sin(\pi f T_0)}{\pi f T_0\,[1 - (f T_0)^2]}$	-32	$\dfrac{1.4}{T_0}$	18
Parzen	$w_P(t) = 1 - 24\left(\dfrac{t}{T_0}\right)^2 + 48\left\lvert\dfrac{t}{T_0}\right\rvert^3 \quad \lvert t \rvert < \dfrac{T_0}{4}$ $ = 2\left[1 - \dfrac{2\lvert t\rvert}{T_0}\right]^3 \quad \dfrac{T_0}{4} < \lvert t \rvert < \dfrac{T_0}{2}$ $ = 0 \quad \lvert t \rvert \ge \dfrac{T_0}{2}$	$W_P(f) = \dfrac{3T_0}{8}\left[\dfrac{\sin(\pi f T_0/4)}{\pi f T_0/4}\right]^4$	-52	$\dfrac{1.82}{T_0}$	24

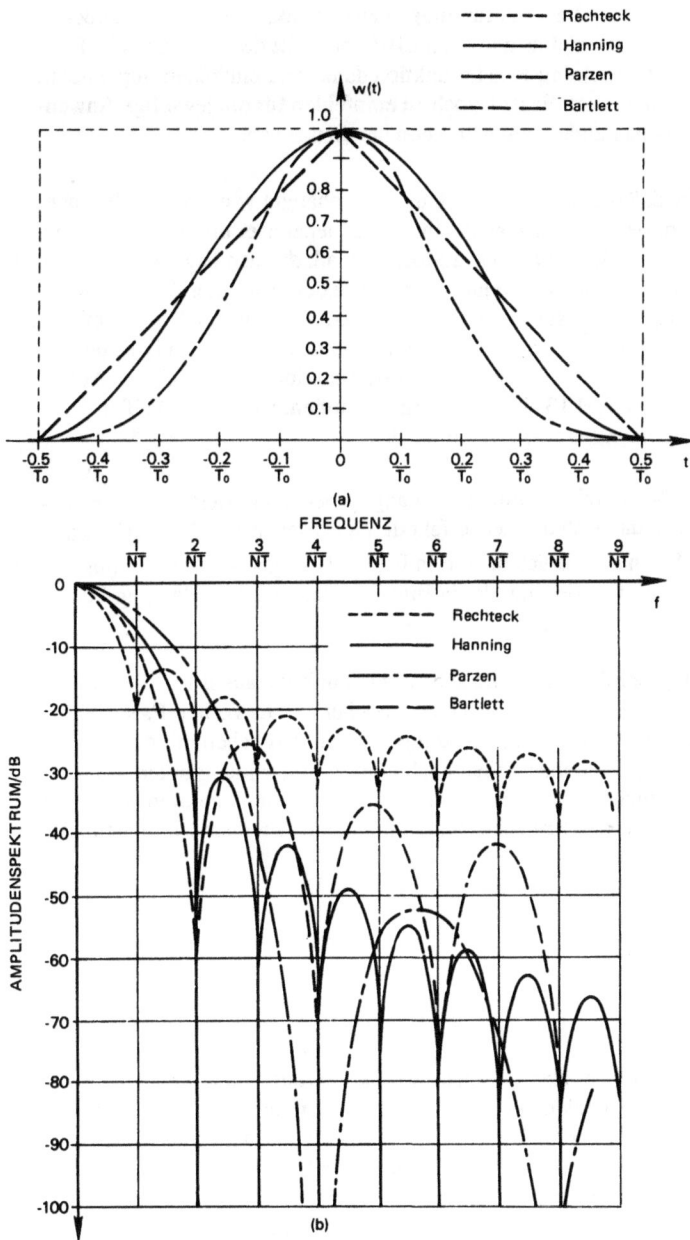

Bild 9-8: Fensterfunktionen für die FFT.

bieten wohl bekannt. Tabelle 9-1 enthält für einige Fensterfunktionen Angaben über die Amplitude des stärksten Nebenzipfels und die 3-dB-Bandbreite des Hauptzipfels. In vielen Anwendungen wird die Hanning-Fensterfunktion dank ihrer einfachen Implementierungsmöglichkeit gern eingesetzt. Es ist jedoch zu empfehlen für die jeweilige Anwendung die dazu am besten passende Fensterfunktion heranzuziehen.

Wir weisen darauf hin, daß die FFT ihre Ergebnisse unabhängig von der jeweils eingesetzten Fensterfunktion, stets auf einen bestimmten Frequenzraster mit dem Rasterintervall $1/NT$ liefert. Das eigentliche Frequenzauflösungsmaß, das den Ergebnissen zugrunde liegt, ist jedoch eine Funktion der Frequenzbandbreite der jeweiligen Fensterfunktion (siehe Bild 9-8b). Infolgedessen ist das oft benutzte FFT-Auflösungsmaß $1/NT$ mit Vorsicht zu gebrauchen, da es lediglich den Frequenzabstand der FFT-Ergebnisse zum Ausdruck bringt und von der jeweils verwendeten Fensterfunktion unabhängig ist. Auf diesen Punkt werden wir in Kapitel 13 abermals zurückkommen, wo wir die FFT in Zusammenhang mit Filtersynthese behandeln werden.

Dank der niedrigen Nebenzipfel-Amplituden der angegebenen Fensterfunktionen können wir davon ausgehen, daß sich der Leckeffekt durch Einsatz dieser Fensterfunktionen in beachtlichen Maßen unterdrücken läßt. In Bild 9-9a zeigen wir die Cosinusfunktion von Bild 9-7a multipliziert mit der in Bild 9-8a dargestellten Hanning-Fensterfunktion.

Bild 9-9b zeigt die FFT-Ergebnisse für die abgetastete Funktion aus Bild 9-9a. Erwartungsgemäß wirkt sich der Leckeffekt hier viel schwächer aus als vorher. Es sei allerdings darauf hingewiesen, daß die Frequenzkomponenten, verglichen mit den gewünschten idealen Impulsfunktionen, erheblich breiter in Erscheinung treten. Dieses Ergebnis überrascht nicht, da die Zeitbegrenzung einer Cosinusfunktion der Faltung der FOURIER-Transformierten der Fensterfunktion mit einer Frequenz-Impulsfunktion entspricht.

Beispiel 9-5 Signaldetektion mit Hilfe der FFT

Eine praktische Anwendung der Hanning-Fensterfunktion (oder jeder anderen günstigen Fensterfunktion) ist in der Signaldetektion zu finden. Zur Erläuterung betrachten wir die Frequenzfunktion in Bild 9-10a, die mit Hilfe der FFT unter Anwendung einer Rechteck-Fensterfunktion errechnet wurde. Ein flüchtiger Vergleich dieses Bildes mit Bild 9-7b zeigt unmittelbar, daß das Signal aus einer einzigen Sinusfunktion besteht. Nun betrachten wir Bild 9-10b, in dem wir die FFT-Ergebnisse für das ursprüngliche Signal jedoch unter Einsatz der Hanning-Fensterfunktion zeigen. Hier tritt noch eine zweite Sinusfunktion klar hervor. Hieraus schließen wir, daß sich das Zeitsignal aus zwei Sinusfunktionen zusammensetzt. Die von der Rechteck-Fensterfunktion herrührenden Frequenz-Leckkompenenten verdecken in Bild 9-10a die zweite Frequenzkomponente mit der niedrigeren Frequenz. Die Detektion von durch Rauschen gestörten Signalen wird in Abschnitt 14.3 behandelt.

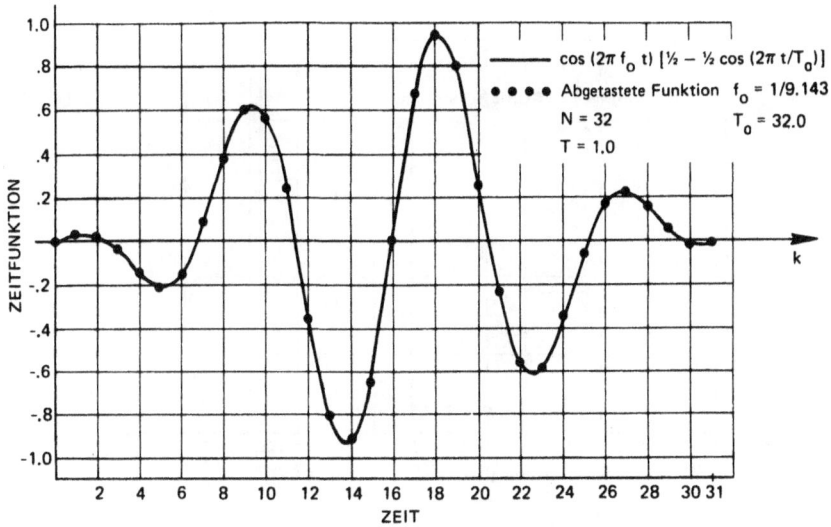

(a)

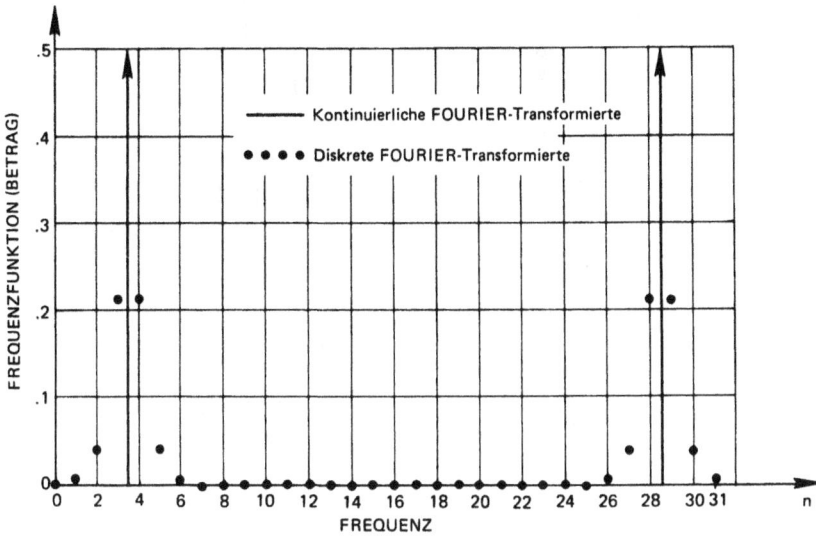

(b)

Bild 9-9: Beispiel für die Anwendung der HANNING-Festerfunktion zur Abschwächung des bei der Berechnung von diskreten FOURIER-Transformierten
auftretenden Leckeffektes.

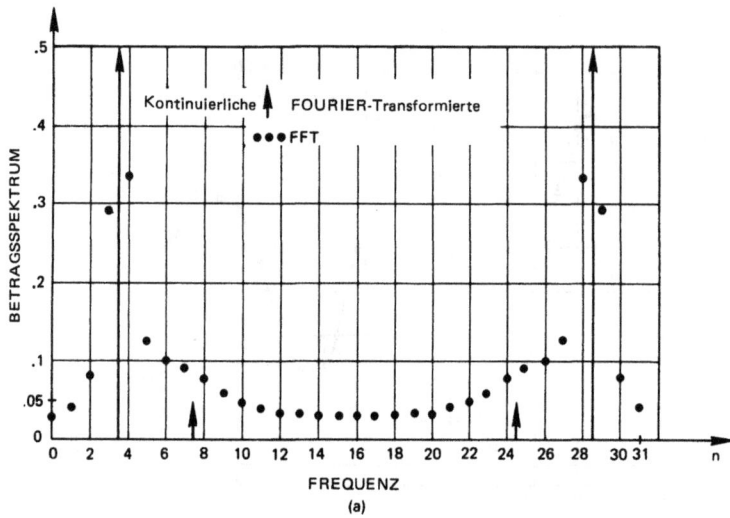

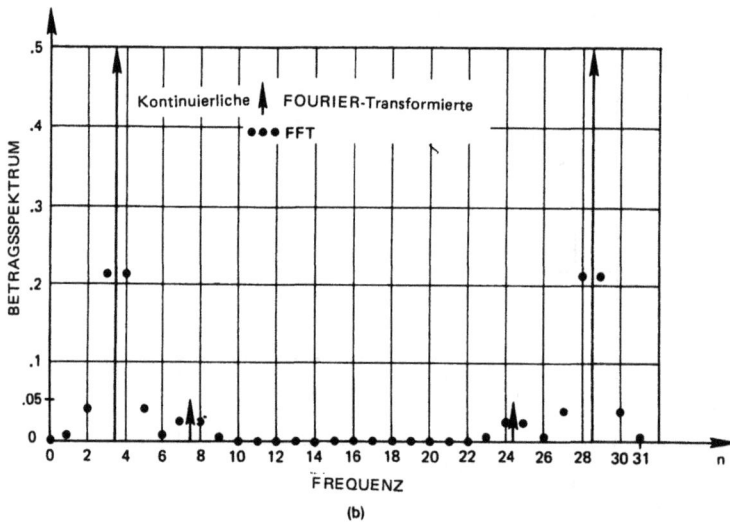

Bild 9-10: a) Beispiel eines von Nebenzipfeln überdeckten Signals, b) Signaldetektion mit Hilfe der Hanning-Fensterfunktion.

Beispiel 9-6 Dolph-Tschebyschev-Fensterfunktion

Wie früher erwähnt, bringt jede Maßnahme zur Abschwächung der Nebenzipfel eine Verbreiterung des Hauptzipfels mit sich. Neben der Hanning-Fensterfunktion, die kleine Nebenzipfel hat und bequem einzusetzen ist, kennen wir eine andere Fensterfunktion mit noch günstigerer Nebenzipfelcharakteristik, nämlich die Dolph-Tschebyschev-Fensterfunktion. Bei ihr ist die Hauptzipfelbreite minimal und die Nebenzipfel liegen unterhalb eines vorgegebenen Pegels [7], [8]. Für manche Anwendungen ist die zusätzliche Komplexität dieser Fensterfunktion durchaus **annehmbar**.

Die Dolph-Tschebyschev-Fensterfunktion läßt nach folgender Beziehung berechnen [8]

$$(9\text{-}2) \qquad w_N(i) = \frac{N-1}{N-i} \sum_{k=0}^{M} \binom{i-2}{k} \binom{N-i}{k+1} \beta^{k+1} \qquad i \neq 1 \text{ oder } N$$

mit

$$M = i - 2 \qquad i \leq (N+1)/2$$
$$= N - i - 1 \qquad i \geq (N+1)/2$$

und

$$w_N(1) = w_N(N) = 1$$

β ist der gewünschte maximale Nebenzipfelpegel in dB. Bild 9-11 zeigt ein BASIC-Programm zur Berechnung von $w_N(i)$. Die einzugebenden Parameter sind die Anzahl N der Abtastwerte (oder der Gewichte) und der gewünschte Nebenzipfelpegel (SSL) in dB. SSL muß eine positive Zahl sein. Der im Programm verwendete Logarithmus ist der natürliche Logarithmus. Bei der Berechnung der Dolph-Tschebyschev-Fensterfunktion ist darauf zu achten, daß größere Werte von N entsprechend höhere Rechengenauigkeiten verlangen [13], [14]. Für N Werte gleich oder größer als 10 ist die 3-dB-Bandbreite des Hauptzipfels praktisch unabhängig von N und nur abhängig vom Nebenzipfelpegel. Bild 9-12a veranschaulicht, wie sich die Bandbreite des Hauptzipfels in Abhängigkeit vom Nebenzipfelpegel ändert. Demnach können wir den Nebenzipfelpegel bei Inkaufnahme einer entsprechenden Verbreiterung des Hauptzipfels unter jeden gewünschten Wert herunterdrücken. Das normierte Diagramm in Bild 9-12a bietet eine Möglichkeit zur Abschätzung der Bandbreitenvergrößerung in Abhängigkeit vom Nebenzipfelpegel. Bild 9-12b zeigt die DOLPH-Tschebyschev-Fensterfunktion mit unterschiedlichen Nebenzipfelnpegeln. Zu Vergleichszwecken sind dort auch die entsprechenden Fensterfunktionen für die Rechteck- und die Hanning-Fensterfunktion eingezeichnet.

Zusammenfassung

Aus den vorausgegangenen Ausführungen soll der Leser keineswegs den Eindruck gewinnen, daß die FFT zur Berechnung von FOURIER-Transformierten periodischer Funktionen ungeeignet wäre. Ist die Periode bekannt, so läßt sich diese Information nützlich verwenden, indem wir die Breite des Begrenzungsintervalls gleich einem ganzzahligen Vielfachen der Periode wählen. Ist die Periode unbekannt, sind die unter Einsatz der Hanning-Fensterfunktion gewonnenen FFT-Ergebnisse für die gesuchte Frequenzfunktion keinesfalls schlechter als Schätzungen, die nach irgendeiner anderen Methode errechnet werden. Die FFT-Ergebnisse ließen sich noch verbessern, wenn weitere Informationen über das Signal verfügbar wären. Ist es uns z.B. bekannt, daß das zu analysierende Signal periodisch ist, dann können wir mit einer Folge von FFTs mit einem immer breiter werdenden Begrenzungsintervall die Periode identifizieren. In [9], [10] und [11] finden sich einige **Tabellen und Vergleichsstudien über** die FFT-Fensterfunktionen.

```
8500   REM:   DOLPH-CHEBYSHEV WEIGHTING FUNCTION SUBROUTINE
8510   REM:   THE CALLING PROGRAM SHOULD DIMENSION
8520   REM:   THE WEIGHTING FUNCTION ARRAY W(I%), THE NUMBER
8530   REM:   OF WEIGHTING FUNCTION VALUES N%, AND THE DESIRED
8540   REM:   SIDE-LOBE LEVEL IN DB SHOULD BE INITIALIZED.
8550   AN=N%
8560  N1%=(N%+1)\2
8570  S=10!^(SSL/20!)
8580  A=2!*LOG(S+SQR(S*S-1!))/AN-1!)
8590   B=(EXP(A)-1!)*(EXP(A)-1!)
8600   C=(EXP(A)+1!)*(EXP(A)+1!)
8620   D=B/C
8630   FOR I%=2 TO N1%
8640   AI=I%
8650   I1=I%-1
8660   E=0!
8670   FOR K%=1 TO I1
8680  K1%=K%-1
8690  AK=K%
8700   G=1!
8710   H=1!
8720  IF (K%-1)=0 THEN 8770 ELSE 8730
8730   FOR J%=1 TO K1%
8740   AJ=J%
8750  G=G*(AI-1!-AJ)/AJ
8760   NEXT J%
8770  FOR L%=1 TO K%
8780   AL=L%
8790  H=H*(AN-AI+1!-AL)/AL
8795  NEXT L%
8800   E=E+G*H*(D^AK)
8810   NEXT K%
8820   W(I%)=(AN-1!)*E/(AN-AI)
8830   W(N%-I%+1)=W(I%)
8840   NEXT I%
8850  W(N%)=1!
8860   W(1)=1!
8870   RETURN
8880  END
```

Bild 9-11: BASIC-Unterprogramm zur Berechnung der **Dolph-Tschebyscher-Fenster**-funktion.

(a)

(b)

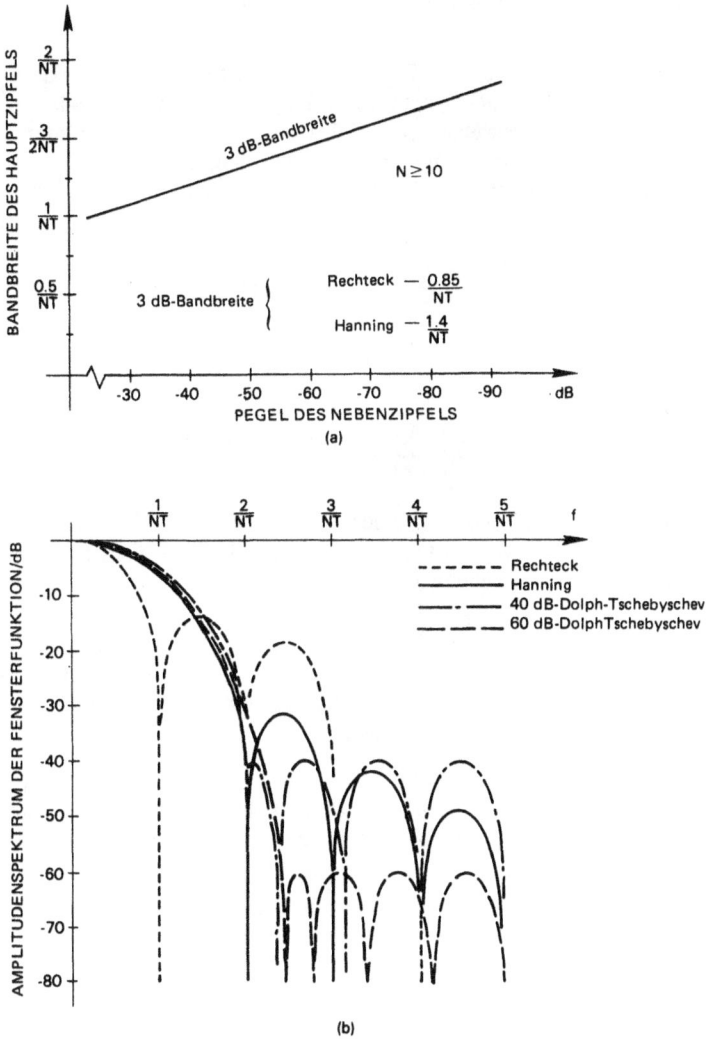

Bild 9-12: a) Bandbreite der Dolph-'Tschebyschev-Fensterfunktion in Abhängigkeit von ihrer Nebenzipfelamplitude und b) Frequenzspektrum der Dolph- Tschebyschev-Fenster- funktion mit einer Nebenzipfelamplitude von -40 und -60 dB.

9.3 FFT-Algorithmus für reelle Funktionen

Bei vielen Anwendungen der FFT ist die zu transformierende Funktion eine reelle Zeitfunktion, die FOURIER-Transformierte hingegen eine komplexe Frequenzfunktion. Zur Durchführung der diskreten FOURIER-Transformation als auch ihrer inversen Beziehung läßt sich trotzdem ein und dasselbe Programm benutzen, wenn dieses für die Transformation komplexwertiger Funktionen konzipiert ist:

$$(9\text{-}3) \qquad H(n) = \frac{1}{N} \sum_{k=0}^{N-1} [h_r(k) + jh_i(k)]e^{-j2\pi nk/N}$$

Dies beruht darauf, daß die alternative inverse Beziehung (6-33) gegeben ist durch

$$(9\text{-}4) \qquad h(k) = \frac{1}{N} \left[\sum_{n=0}^{N-1} [H_r(n) + jH_i(n)]^* e^{-j2\pi nk/N} \right]^*$$

und da die Gln.(9-3) und (9-4) beide den Faktor $e^{-j2\pi nk/N}$ enthalten, kann man ein einziges Programm verwenden, um sowohl die diskrete FOURIER-Transformation als auch ihre inverse Beziehung auszuführen.

Wenn die zu transformierende Zeitfunktion reell ist, müssen wir den Imaginärteil der komplexen Zeitfunktion in (9-3) gleich Null setzen. Dieser Lösungsweg ist jedoch ineffektiv, weil das Programm die Multiplikationen mit $j\,h_i(k)$ in Gl.(9-3) trotzdem ausführt, obwohl nun $h_i(k)$ identisch Null ist.

In diesem Abschnitt beschreiben wir zwei Methoden, um den Imaginärteil der komplexen Zeitfunktion zu einer effektiveren Ausführung der FFT reeller Funktionen auszunutzen.

Simultane Ausführung der FFT zweier reeller Funktionen

Es ist wünschenswert, in einem Schritt die diskreten FOURIER-Transformierten zweier reellen Funktionen $h(k)$ und $g(k)$ in Form der komplexen Funktion

$$(9.5) \qquad y(k) = h(k) + jg(k)$$

errechnen zu können. Das heißt, $y(k)$ wird durch komplexe Addition zweier reeller Funktionen gebildet, wobei eine dieser reellen Funktionen als der Imaginärteil einzusetzen ist. Gemäß der Linearitätseigenschaft der diskreten FOURIER-Transformation (6-25) ist die diskrete FOURIER-Transformierte von $y(k)$ gegeben durch

(9-6) $Y(n) = H(n) + jG(n)$

$$= [H_r(n + jH_i(n)] + j[G_r(n) + jG_i(n)]$$

$$= [H_r(n) - G_i(n)] + j[H_i(n) + G_r(n)]$$

$$= R(n) + jI(n)$$

Mit Hilfe der zu Gl.(6-39) äquivalenten Beziehung für den Frequenzbereich zerlegen wir $R(n)$, den Realteil von $Y(n)$, und $I(n)$, den Imaginärteil von $Y(n)$, in ihre geraden und ungeraden Komponenten.

(9-7) $$Y(n) = \left(\frac{R(n)}{2} + \frac{R(N-n)}{2}\right) + \left(\frac{R(n)}{2} - \frac{R(N-n)}{2}\right)$$

$$+ j\left(\frac{I(n)}{2} + \frac{I(N-n)}{2}\right) + j\left(\frac{I(n)}{2} - \frac{I(N-n)}{2}\right)$$

Aus Gln.(6-45) und (6-46) folgt

(9-8) $$H(n) = R_e(n) + jI_0(n)$$

$$= \left(\frac{R(n)}{2} + \frac{R(N-n)}{2}\right) + j\left(\frac{I(n)}{2} - \frac{I(N-n)}{2}\right)$$

Ähnlich folgt aus (6-47) und (6-48)

$$jG(n) = R_0(n) + jI_e(n)$$

oder

(9-9) $$G(n) = I_e(n) - jR_0(n)$$

$$= \left(\frac{I(n)}{2} + \frac{I(N-n)}{2}\right) - j\left(\frac{R(n)}{2} - \frac{R(N-n)}{2}\right)$$

Wenn wir also den Real- und den Imaginärteil der diskreten FOURIER-Transformierten einer komplexen Zeitfunktion entsprechend den Gln.(9-8) und (9-9) zerlegen, erhalten wir gleichzeitig die diskreten FOURIER-Transformierten zweier reeller Funktionen. Wie leicht zu ersehen ist, führt diese Vorgehensweise zur *Verdoppelung der Rechenkapazität*. Die zur simultanen Berechnung der FFT zweier reeller Funktionen notwendigen Schritte in Bild 9-13 zusammengestellt.Man beachte, daß beim Schritt 4 die Terme $R(N)$ und $I(N)$ verwendet werden. Aufgrund der Periodizität von $R(n)$ und $I(n)$ gilt: $R(N) = R(0)$, $I(N) = I(0)$.

Den Ausdruck eines BASIC-Programms gemäß dem Rechenschema in Bild 9-13 ist in Bild 9-14 zu finden. Die Variablen X1REAL(I%) und X2REAL(I%) stehen für die zwei zu transformierenden reellen Datenfelder der Länge N. Die Parameter N% und NU%

sind im Hauptprogramm zu initialisieren: $N\% = N$. Das Unterprogramm berechnet die Transformierte des reellen Datenfeldes X1REAL(I%) und speichert ihren Realteil im Feld X1REAL(I%), ihren Imaginärteil im Feld X1MAG(I%) zurück. Weiterhin legt es den Realteil der Transformierten von X2REAL(I%) im Feld X2REAL(I%) und ihren Imaginärteil im Feld X2MAG(I%) ab. Die Resultate sortiert das Unterprogramm derart um, daß die umsortierten Ergebnisse identisch sind mit denjenigen zweier unabhängiger FFTs. Das Hauptprogramm verwendet das in Bild 8-7 ausgedruckte FFT-Unterprogramm. Deswegen müssen die Felder XREAL(I%), XIMAG(I%) bei ihm definiert werden. Um das Programm übersichtlicher zu machen, benutzen wir einige zusätzliche Felder, die, wenn die Speicherkapazität begrenzt ist, außer acht gelassen werden können.

Transformation von $2N$ Abtastwerten mit einer N-Punkte Transformation

Der Imaginärteil der komplexen Zeitfunktion läßt sich für eine effektive Berechnung der diskreten FOURIER-Transformierten einer einzigen reellen Zeitfunktion verwenden. Man betrachte eine Funktion, beschrieben durch $2N$ Abtastwerte. Die diskrete FOURIER-Transformierte dieser Funktion soll unter Anwendung von Gl.(9-3) ermittelt wer-

1. $h(k)$ und $g(k)$, $k =, 1, ..., N - 1$ seien reelle Funktionen.
2. Man bilde die komplexe Funktion

$$y(k) = h(k) + jg(k) \qquad k = 0, 1, \ldots, N - 1$$

3. berechne

$$Y(n) = \sum_{k=0}^{N-1} y(k)e^{-j2\pi nk/N}$$

$$= R(n) + jI(n) \qquad n = 0, 1, \ldots, N - 1$$

mit $R(n)$ als Realteil und $I(n)$ als Imaginärteil von $Y(n)$,

4. berechne

$$H(n) = \left[\frac{R(n)}{2} + \frac{R(N-n)}{2}\right] + j\left[\frac{I(n)}{2} - \frac{I(N-n)}{2}\right]$$

$$G(n) = \left[\frac{I(n)}{2} + \frac{I(N-n)}{2}\right] - j\left[\frac{R(n)}{2} - \frac{R(N-n)}{2}\right]$$

$$n = 0, 1, \ldots, N - 1$$

mit $R(N) = R(0)$, $I(N) = I(0)$ und $H(n)$, $G(n)$ als der diskreten Transformierten von $h(t)$ bzw. $g(t)$ **und**
5. skaliere die Ergebnisse mit dem Abtastintervall T.

Bild 9-13: Rechenschritte zur simultanen Berechnung der diskreten FOURIER-Transformierten zweier reeller Funktionen.

```
11000 REM:   SUBROUTINE FOR SIMULTANEOUS FFT OF TWO REAL FUNCTIONS
11002 REM:   STORED IN ARRAYS X1REAL(I%) AND X2REAL(I%). RESULTS ARE
11004 REM:   RETURNED IN ARRAYS X1REAL(I%), X1IMAG(I%), X2REAL(I%), AND
11006 REM:   X2IMAG(I%). THESE ARRAYS AND XREAL(I%), XIMAG(I%) MUST BE
11008 REM:   DIMENSIONED IN THE MAIN PROGRAM. N% AND NU% MUST BE
11010 REM:   INITIALIZED. THIS PROGRAM CALLS THE FFT SUBROUTINE
11012 REM:   BEGINNING AT LINE 10000 (FIG. 8-7).
11014 REM:
11020 FOR I%=1 TO N%
11030     XREAL(I%)=X1REAL(I%)
11040     XIMAG(I%)=X2REAL(I%)
11050 NEXT I%
11060      GOSUB 10000
11070 N2%=N%/2
11080     X1REAL(1)=XREAL(1)
11090     X1IMAG(1)=0
11100     X2REAL(1)=XIMAG(1)
11110     X2IMAG(1)=0
11120 FOR I%=2 TO N%
11130     X1REAL(I%)=(XREAL(I%)+XREAL(N%+2-I%))/2
11140     X1IMAG(I%)=(XIMAG(I%)-XIMAG(N%+2-I%))/2
11150     X2REAL(I%)=(XIMAG(I%)+XIMAG(N%+2-I%))/2
11160     X2IMAG(I%)=-(XREAL(I%)-XREAL(N%+2-I%))/2
11170 NEXT I%
11180 RETURN
11190 END
```

Bild 9-14: BASIC-Unterprogramm zur Berechnung der FFT-Spektren zweier reeller
Funktionen.

den. Wir wollen die 2N-Punkte-Funktion $x(k)$ also in zwei N-Punkte-Funktionen zerlegen. Man kann die Funktion $x(k)$ nicht einfach in zwei Hälften teilen; stattdessen zerlegen wir $x(k)$ wie folgt:

(9-10)
$$\left. \begin{array}{l} h(k) = x(2k) \\[2mm] g(k) = x(2k+1) \end{array} \right\} k = 0, 1, \ldots, N-1$$

Die Funktion $h(k)$ besteht hiernach aus den geradzahligen Elementen von $x(k)$, und die Funktion $g(k)$ aus deren ungeradzahligen Elementen. Gl.(9-3) läßt sich wie folgt ausschreiben:

(9-11)
$$X(n) = \sum_{k=0}^{2N-1} x(k) e^{-j2\pi nk/2N}$$

$$= \sum_{k=0}^{N-1} x(2k) e^{-j2\pi n(2k)/2N} + \sum_{k=0}^{N-1} x(2k+1) e^{-j2\pi n(2k+1)/2N}$$

$$= \sum_{k=0}^{N-1} x(2k) e^{-j2\pi nk/N} + e^{-j\pi n/N} \sum_{k=0}^{N-1} x(2k+1) e^{-j2\pi nk/N}$$

$$= \sum_{k=0}^{N-1} h(k) e^{-j2\pi nk/N} + e^{-j\pi n/N} \sum_{k=0}^{N-1} g(k) e^{-j2\pi nk/N}$$

$$= H(n) + e^{-j\pi n/N} G(n)$$

Zu einer effizienten Berechnung von $H(n)$ und $G(n)$ wird das früher besprochene Verfahren angewendet. Wir setzen

(9-12) $$y(k) = h(k) + jg(k)$$

und damit

$$Y(n) = R(n) + jI(n)$$

Aus Gln.(9-8) und (9-9) folgt

(9-13)
$$H(n) = R_e(n) + jI_0(n)$$
$$G(n) = I_e(n) - jR_0(n)$$

Der Einsatz von (9-13) in (9-11) ergibt

(9-14)
$$X(n) = R_e(n) + jI_0(n) + e^{-j\pi n/N}[I_e(n) - jR_0(n)]$$
$$= \left[R_e(n) + \cos\left(\frac{\pi n}{N}\right)I_e(n) - \sin\left(\frac{\pi n}{N}\right)R_0(n)\right]$$
$$+ j\left[I_0(n) - \sin\left(\frac{\pi n}{N}\right)I_e(n) - \cos\left(\frac{\pi n}{N}\right)R_0(n)\right]$$
$$= X_r(n) + jX_i(n)$$

Hieraus erhält man für den Realteil der Transformierten der 2N-Punkte Funktion $x(k)$

(9-15)
$$X_r(n) = \left[\frac{R(n)}{2} + \frac{R(N-n)}{2}\right] + \cos\left(\frac{\pi n}{N}\right)\left[\frac{I(n)}{2} + \frac{I(N-n)}{2}\right]$$
$$- \sin\left(\frac{\pi n}{N}\right)\left[\frac{R(n)}{2} - \frac{R(N-n)}{2}\right]$$

und entsprechend für den Imaginärteil

(9-16)
$$X_i(n) = \left[\frac{I(n)}{2} - \frac{I(N-n)}{2}\right] - \sin\left(\frac{\pi n}{N}\right)\left[\frac{I(n)}{2} + \frac{I(N-n)}{2}\right]$$
$$- \cos\left(\frac{\pi n}{N}\right)\left[\frac{R(n)}{2} - \frac{R(N-n)}{2}\right]$$

Somit läßt sich der Imaginärteil der komplexen Zeitfunktion zur Berechnung der Transformierten einer durch 2N reelle Werte definierten Funktion mittels einer diskreten Transformation für N komplexe Werte vorteilhaft ausnützen. Üblicherweise sprechen wir von diesem Rechenverfahren als einer 2N-Punkte-Transformation mittels einer N-Punkte-Transformation. In Bild 9-15 sind die hierzu erforderlichen Rechenschritte zusammengestellt. Man beachte, daß beim Schritt 5 die Terme $R(N)$ und $I(N)$ verwendet werden. Wegen der Periodizität von $R(n)$ und $I(n)$ gilt $R(N) = R(0)$, $I(N) = I(0)$.

1. $x(k), k = 0, 1, ..., 2N - 1$ sei eine reelle Funktion.
2. Man teile $x(k)$ auf in zwei Funktionen

$$\left.\begin{array}{l} h(k) = x(2k) \\ g(k) = x(2k + 1) \end{array}\right\} \quad k = 0, 1, \ldots, N - 1$$

3. bilde die komplexe Funktion

$$y(k) = h(k) + jg(k) \qquad k = 0, 1, \ldots, N - 1$$

4. berechne

$$Y(n) = \sum_{k=0}^{N-1} y(k) e^{-j2\pi nk/N}$$

$$= R(n) + jI(n) \qquad n = 0, 1, \ldots, N - 1$$

mit $R(n)$ als Realteil und $I(n)$ als Imaginärteil von $Y(n)$

5. berechne

$$X_r(n) = \left[\frac{R(n)}{2} + \frac{R(N - n)}{2} \right] + \cos\left(\frac{\pi n}{N} \right) \left[\frac{I(n)}{2} + \frac{I(N - n)}{2} \right]$$

$$- \sin\left(\frac{\pi n}{N} \right) \left[\frac{R(n)}{2} - \frac{R(N - n)}{2} \right]$$

$$n = 0, 1, \ldots, N - 1$$

$$X_i(n) = \left[\frac{I(n)}{2} - \frac{I(N - n)}{2} \right] - \sin\left(\frac{\pi n}{N} \right) \left[\frac{I(n)}{2} + \frac{I(N - n)}{2} \right]$$

$$- \cos\left(\frac{\pi n}{N} \right) \left[\frac{R(n)}{2} - \frac{R(N - n)}{2} \right]$$

$$n = 0, 1, \ldots, N - 1$$

mit $R(N) = R(0), I(N) = I(0)$ und $X_r(n), X_i(n)$ als dem Realteil bzw. dem Imaginärteil der diskreten 2N-Punkte-Transformierte von $x(k)$ und

6. skaliere die Ergebnisse mit dem Abtastintervall T.

Bild 9-15: Rechenschritte zur Berechnung der diskreten FOURIER-Transformierten einer 2N-Punkte-Funktion mit Hilfe einer N-Punkte-Transformation.

```
12000 REM:   SUBROUTINE FOR EFFICIENT COMPUTATION OF THE FFT OF REAL
12002 REM:   FUNCTIONS. THE CALLING PROGRAM SHOULD DIMENSION XREAL(I%)
12004 REM:   AND XIMAG(I%) AND THE COMPUTATION ARRAYS X1REAL(I%) AND
12006 REM:   X1IMAG(I%). N%=2N AND NU% MUST BE INITIALIZED.
12008 REM:   THIS PROGRAM CALLS THE FFT SUBROUTINE BEGINNING AT
12010 REM:   LINE 10000 (FIG. 8-7).
12012 REM:
12020      N%=N%/2
12030      NU%=NU%-1
12040 REM:  PLACE ODD NUMBERED SAMPLES IN XREAL( ), EVEN IN XIMAG( ).
12050 FOR I%=1 TO N%
12060      X1REAL(I%)=XREAL(2*I%-1)
12070      X1IMAG(I%)=XREAL(2*I%)
12080 NEXT I%
12090 FOR I%=1 TO N%
12100      XREAL(I%)=X1REAL(I%)
12110      XIMAG(I%)=X1IMAG(I%)
12120 NEXT I%
12130 REM:  COMPUTE THE FFT.
12140      GOSUB 10000
12150 ARG=3.145926#/N%
12160 INIT=ARG
12170 FOR I%=2 TO N%
12180   S=SIN(ARG)
12190   C=COS(ARG)
12200      A1=(XREAL(I%)+XREAL(N%+2-I%))/2
12210      A2=(XREAL(I%)-XREAL(N%+2-I%))/2
12220      B1=(XIMAG(I%)+XIMAG(N%+2-I%))/2
12230      B2=(XIMAG(I%)-XIMAG(N%+2-I%))/2
12240   X1REAL(I%)=A1+C*B1-S*A2
12250   X1IMAG(I%)=B2-S*B1-C*A2
12260   ARG=ARG+INIT
12270 NEXT I%
12280      XREAL(N%+1)=XREAL(1)-XIMAG(1)
12290      XIMAG(N%+1)=0!
12300      XREAL(1)=XREAL(1)+XIMAG(1)
12310      XIMAG(1)=0
12320      XIMAG(N%+1)=0
12330 FOR I%=2 TO N%
12340      XREAL(I%)=X1REAL(I%)
12350      XIMAG(I%)=X1IMAG(I%)
12360      K%=2*N%
12370      XREAL(K%+2-I%)=XREAL(I%)
12380      XIMAG(K%+2-I%)=-XIMAG(I%)
12390 NEXT I%
12400      N%=2*+%
12410      NU%=NU%+1
12420   RETURN
12430   END
```

Bild 9-16: BASIC-Unterprogramm zur Berechnung des FFT-Spektrums einer 2N-
        Punkte-Funktion mit Hilfe einer N-Punkte-FFT.

Ein BASIC-Programm zur Implementierung des in Bild 9-15 angegebenen Rechen-
schemas ist in Bild 9-16 zu finden. Die aus 2*N* Werten bestehende reelle Eingangs-
funktion wird im Feld XREAL(I%) abgelegt. Im Hauptprogramm sind die Parameter
N% und NU% zu initialisieren mit N% = 2*N*. Die Felder DREAL(I%), DIMAG(I%)
werden benutzt, um das Programm übersichtlicher zu machen. Sämtliche Felder müssen die Dimension 2*N* haben. Für Leser mit einem Personal Computer wird sich dieses Programm als sehr nützlich erweisen, da es die Rechenzeit der FFT näherungsweise halbiert. Um mit entsprechenden Ergebnissen der kontinuierlichen
FOURIER-Transformierten vergleichbare Werte zu erhalten müssen die Ergebnisse
des Programms mit dem Abtastintervall *T* skaliert werden

9.4 Approximation der inversen FOURIER-Transformation

Gegeben seien die kontinuierlichen reellen und die kontinuierlichen imaginären Frequenzfunktionen in Bild 9-1b,c. Wir wollen nun die zugehörige Zeitfunktion unter
Anwendung der inversen diskreten FOURIER-Transformation

$$(9\text{-}17) \qquad h(kT) = \Delta f \sum_{n=0}^{N-1} [R(n\Delta f)] + jI(n\Delta f)e^{j2\pi nk/N}$$

$$k = 0, 1, \ldots, N - 1$$

berechnen, wobei Δf das Abtastintervall im Frequenzbereich ist. Es seien $N = 32$ und
$\Delta f = 1/8$.

Da wir wissen, daß $R(f)$, der Realteil der komplexen Frequenzfunktion, eine gerade
Funktion sein muß, *spiegeln* wir $R(f)$ an der Frequenz $f = 2.0$, die dem Abtastpunkt
$n = N/2$ entspricht. Wie in Bild 9-17a gezeigt, tasten wir die Frequenzfunktion bis
zum Punkt $n = N/2$ ab und *spiegeln* die Abtastwerte an $n = N/2$, um die restlichen Abtastwerte zu erhalten.

In Bild 9-17b zeigen wir, wie man N Abtastwerte des Imaginärteils der Frequenzfunktion bestimmen kann. Da der Imaginärteil der Frequenzfunktion ungerade ist, müssen
wir ihn nicht nur um den Abtastpunkt $N/2$ *spiegeln*, sondern die Ergebnisse auch um die
Frequenzachse *klappen*, i.e. ihre Vorzeichen ändern. Aus Symmetriegründen müssen wir
den Abtastwert bei $n = N/2$ gleich Null wählen.

Die Anwendung von (9-17) auf die Abtastfunktion der Bilder 9-17a,b liefert die gewünschte inverse direkte FOURIER-Transformierte. Sie ist eine komplexe Funktion, deren Imaginärteil angenähert gleich Null ist und deren Realteil den in Bild 9-17c dargestellten Verlauf besitzt. Man beachte, daß das Ergebnis bei $k = 0$ angenähert gleich dem
richtigen Mittelwert ist und für alle Werte von k, außer den größeren, eine gute Übereinstimmung erzielt wurde. Eine Verbesserung der Ergebnisse läßt sich durch eine Verkleinerung von Δf und eine Erhöhung von N erreichen.

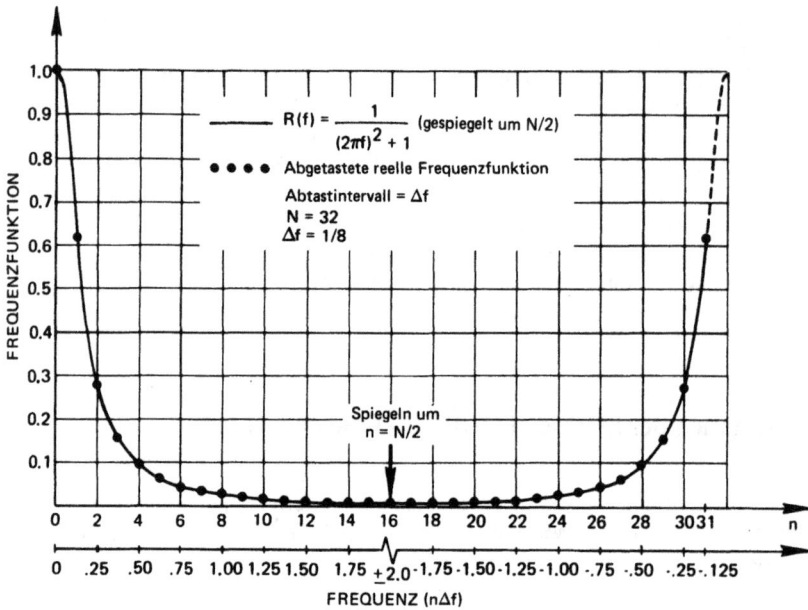

(a)

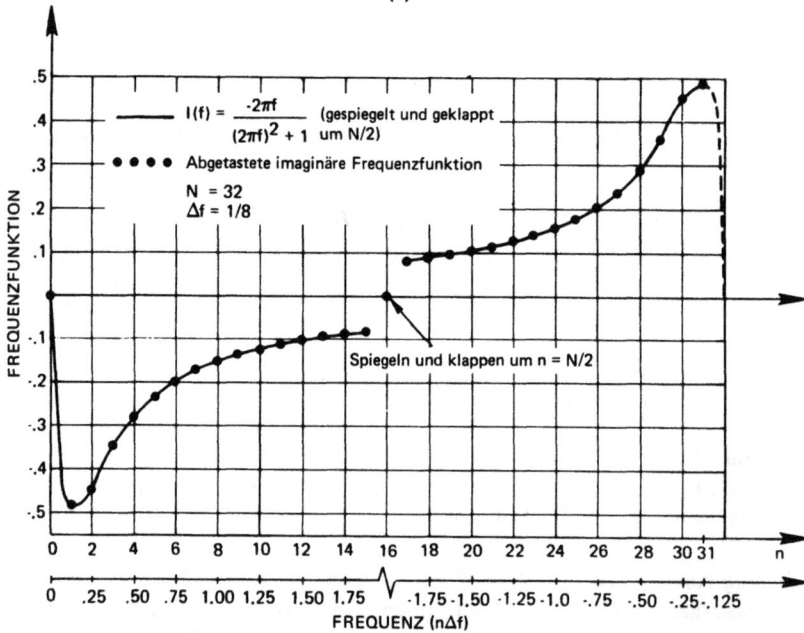

(b)

Bild 9-17: Beispiel zur Berechnung von inversen FOURIER-Transformierten mit
Hife der diskreten FOURIER-Transformation.

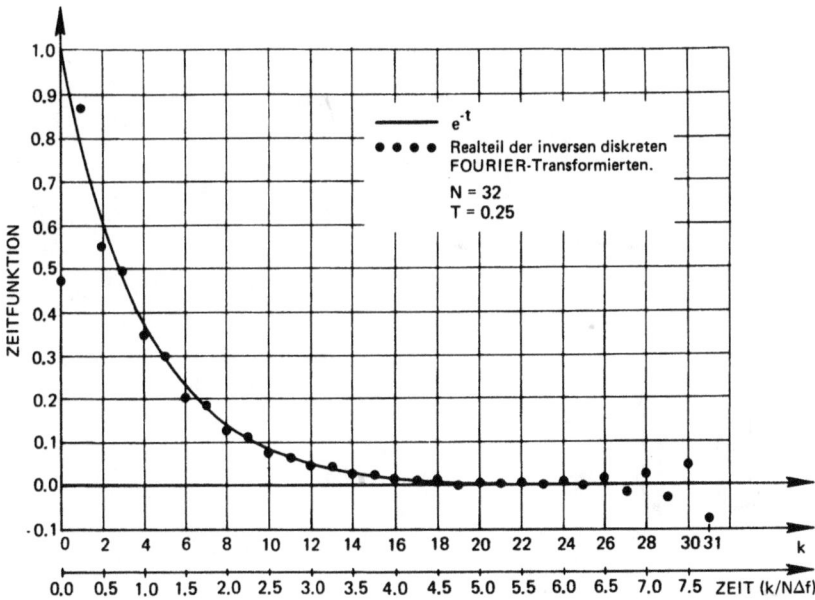

Bild 9-17: (Fortsetzung).

Die Ergebnisse lassen sich durch Verwendung einer Gewichtsfunktion (Fensterfunktion) im Frequenzbereich ähnlich der Fensterfunktion für den Zeitbereich verbessern. Die leicht überschwingenden Ergebnisse in Bild 9-17c werden durch das Abschneiden der imaginären Frequenzfunktion verursacht. Dieser Effekt läßt sich durch Vergrößerung von N, der Anzahl der zu transformierenden Daten, oder mit Hilfe einer Fensterfunktion abschwächen. Sollte die Hanning-Fensterfunktion hierfür eingesetzt werden, müssen wir sie so gestalten, daß sie bei $f = 0$ den Wert Eins, bei $f = 2$ den Wert Null erhält und im negativen Frequenzbereich entsprechend wieder den Wert Eins erreicht.

Worauf es bei der Anwendung der inversen diskreten FOURIER-Transformation zur Approximation der kontinuierlichen FOURIER-Transformation ankommt, ist die korrekte Festlegung der abgetasteten Frequenzfunktion. Die Bilder 9-17a,b veranschaulichen das Verfahren. Man achte auf den Skalierungsfaktor Δf, der zwecks einer wertemäßig korrekten Näherung der Ergebnisse der inversen kontinuierlichen FOURIER-Transformation zu berücksichtigen ist.

Zur Berechnung inverser FOURIER-Transformierten ist kein spezielles Programm erforderlich, sondern wir können hierzu ein FFT-Programm unter Berücksichtigung der alternativen inversen Beziehung Gl.(6-33) verwenden. Um diese Beziehung anwenden zu können, bilden wir zunächst die Konjugiert-Komplexe der komplexen Frequenzfunktion, i.e. wir multiplizieren die abgetastete imaginäre Funktion von Bild 9-17b mit -1. Da die resultierende Zeitfunktion reell ist, berechnen wir nur den Ausdruck

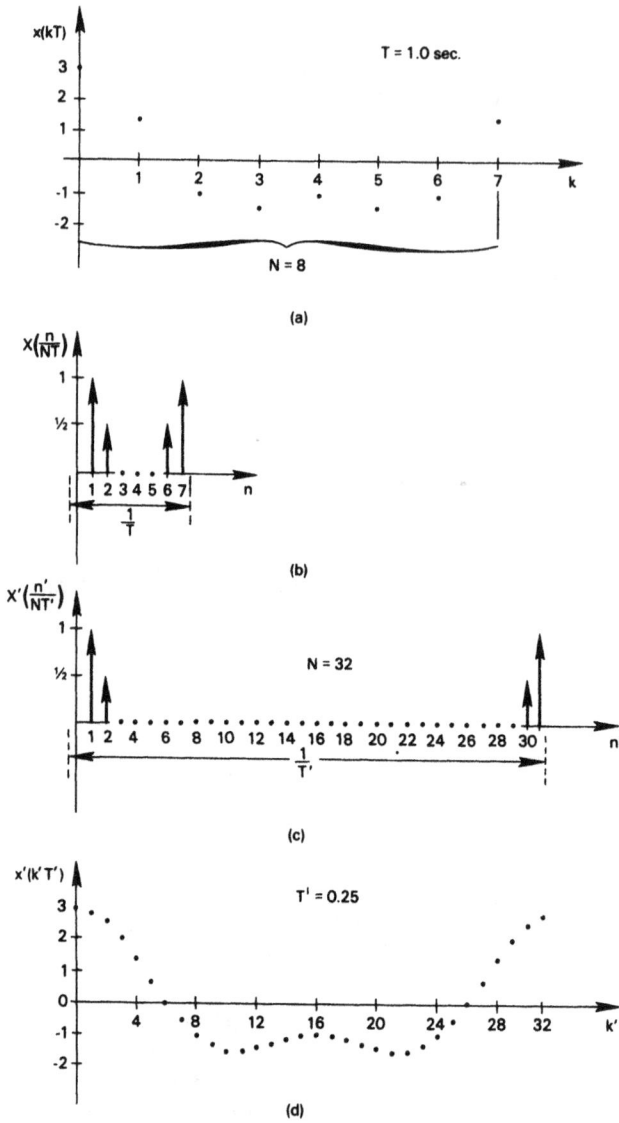

Bild 9-18: Zur Veranschaulichung der Zeitbereich-Interpolation mit Hilfe der FFT.

$$(9\text{-}18) \qquad h(kT) = \Delta f \sum_{n=0}^{N-1} [R(n\Delta f) + j(-1)I(n\Delta f)]e^{-j2\pi nk/N}$$

und erhalten die Zeitfunktion von Bild 9-17c.

Beispiel 9.7 Interpolation mit Hilfe der FFT

Mit Hilfe der FFT lassen sich Zeitfunktionen ohne große Mühe interpolieren. Zur Erläuterung beachten wir die abgetastete Zeitfunktion in Bild 9-18a. Wegen der geringen Anzahl von Abtastwerten ist die Form der Funktion schwer erkennbar: Interpolation ist erwünscht.

Zuerst berechnen wir die FFT der in Bild 9-18a angegebenen abgetasteten Zeitfunktion. Da die Funktion symmetrisch ist, erhalten wir eine rein reelle Frequenzfunktion (Bild 9-18b). Dann ergänzen wir die Frequenzfunktion mit einigen Nullen, indem wir die Frequenzfunktion, wie in Bild 9-18c, bei $n = N/2$ auftrennen und Nullen an dieser Stelle hinzufügen. Hernach berechnen wir die FOURIER-Transformierte der gestreckten Frequenzfunktion. Die resultierende Zeitfunktion sehen wir in Bild 9-18d. Das Hinzufügen von Nullen im Frequenzbereich entspricht, wie gezeigt, der Interpolation der abgetasteten Zeitfunktion.

9.5 Anwendung der FFT auf die Laplace-Transformation

Die analytischen Methoden für die Bestimmung der inversen Laplace-Transformierten irrationaler Funktionen sind kompliziert und unvollständig. Es sind hierfür aber auch eine Reihe von numerischen Verfahren bekannt, das einfachste ist die Anwendung der FFT. In diesem Abschnitt wollen wir die Grundgedanken der Implementierung der inversen Laplace-Transformation mit Hilfe der FFT besprechen.

Die Laplace-Transformierte einer reellen Zeitfunktion ist gegeben durch

$$(9\text{-}19) \qquad G(s) = \int_0^\infty g(t)e^{-st}\, dt$$

Die FOURIER- und die Laplace-Transformation sind miteinander sehr eng verwandt. Allgemein ausgedrückt, eine FOURIER-Transformierte ist eine Funktion von f und eine Laplace-Transformierte eine Funktion von der komplexen Variablen s. Setzen wir $s = c + j2\pi f$, dann erhalten wir aus Gl. 9-19

$$(9\text{-}20) \qquad G(c + j2\pi f) = \int_0^\infty [g(t)e^{-ct}]e^{-j2\pi ft}\, dt$$

Mit der Annahme $g(t) = 0$ für $t < 0$ können wir in Gl. 9-19 die untere Integrationsgrenze durch $-\infty$ ersetzen. Damit geht Gl. 9-20 in die Beziehung der FOURIER-Transformation über.

Die Laplace-Transformation läßt sich also wie folgt durch die FOURIER-Transformation ausdrücken:

$$(9\text{-}21) \qquad g(t)e^{-ct} \circ\!\!-\!\!\!-\!\!\bullet\ G(c + j2\pi f)$$

Aus Gl. 9-21 läßt sich unmittelbar eine Inversionsmethode für die Laplace-Transformation herleiten. Als ersten Schritt schreiben wir die Transformierte $G(s)$ um, indem wir s durch $c + j2\pi f$ ersetzen. Die inverse Transformation liefert die Zeitfunktion $g(t)e^{-ct}$. Eine Multiplikation dieser Funktion mit e^{ct} ergibt die gewünschte Funktion $g(t)$. Aus der Theorie der Laplace-Transformation wissen wir, daß der Parameter c größer sein muß als die Realteile sämtlicher Polstellen der Transformierten $G(s)$.

Ein großer Wert von c dämpft die Zeitfunktion entsprechend stark und schwächt damit die Auswirkungen des Überlappungseffekts (Aliasing) im Zeitbereich ab. Andererseits darf c nicht jedoch zu groß gewählt werden, da dann beim Produkt $[g(t)\,e^{-ct}]\,e^{ct}$ für große t-Werte Rundungsfehler in Erscheinung treten können. Cooley hat ein Verfahren zur Bestimmung des optimalen Werts für c entwickelt, das zwischen dem Überlappungseffekt und dem Rundungsfehler einen Ausgleich schafft [3]. Der optimale Wert für c ist nicht in allen Anwendungen zwingend erforderlich, es sei denn wir hätten besonders hohe Genauigkeitsanforderungen (0,01%) zu erfüllen.

Beispiel 9-8 Inverse Laplace-Transformation: $C = 0$

Um die angegebene Berechnungsmethode für die inverse Laplace-Transformation näher zu erläutern, betrachten wir als Beispiel die Funktion $G(s) = 1/(s + 1)$. Wir ersetzen s durch $c + j2\pi f$ und erhalten $G(c + j2\pi f) = 1/(j2\pi f + 1 + c)$. Da die Polstelle bei $s = -1$ liegt, können wir für c jeden Wert größer -1, z.B. den Wert 0, wählen. Damit erhalten wir den Ausdruck

$$(9\text{-}22) \qquad G(c + j2\pi f) = G(j2\pi f) = 1/(j2\pi f + 1)$$

$$= 1/[(2\pi f)^2 + 1] - j2\pi f/[(2\pi f)^2 + 1]$$

der exakt identisch ist mit dem Resultat einer in Abschnitt 9.4 behandelten Beispiels. Die Vorgehensweise zur Berechnung der inversen Transformierten aus Gl. 9-22 mit Hilfe der FFT ist also identisch mit einer Methode, die wir im vorausgegangenen Abschnitt beschrieben und in Bild 9-17a.c anhand eines Beispiels veranschaulicht haben. Die Zeitfunktion in Bild 9-17c ist $g(t)\,e^{-ct}$. Wegen $c = 0$ ist $e^{-ct} = 1$ und die Multiplikation mit e^{ct} ist deswegen nicht mehr nötig. Die gewünschte Zeitfunktion ist in Bild 9-17c zu sehen.

Beispiel 9-9 Inverse Laplace-Transformation: $C = 1$

Man betrachte die Laplace-Transformierte $G(s) = 1/s$. Die Polstelle liegt bei $s = 0$ und deswegen muß c größer Null gewählt werden. Wir setzen $c = 1$. Der Ersatz von s durch $1 + j2\pi f$ liefert die Funktion $G(1 + j2\pi f) = 1/(j2\pi f + 1)$, die mit der durch Gl. 9-22 beschriebenen Frequenzfunktion exakt übereinstimmt. Infolgedessen liefert die FOURIER-Transformation die in Bild 9-17c gezeigte Zeitfunktion. Um die gewünschte Funktion $g(t)$ zu gewinnen, multiplizieren wir die Funktion in Bild 9-17c mit $e^{ct} = e^t$. Das Ergebnis ist in Bild 9-19 zu sehen. Es stellt eine Näherung für das theoretisch korrekte Ergebnis, nämlich eine Sprungfunktion dar. Gemäß den Ausführungen in Abschnitt 9.4 sind die Abweichungen auf die Begrenzungsoperation im Frequenzbereich zurückzuführen. Es sei darauf hingewiesen, daß Bild 9-19, wie die FFT es verlangt, eine periodische Funktion darstellt.

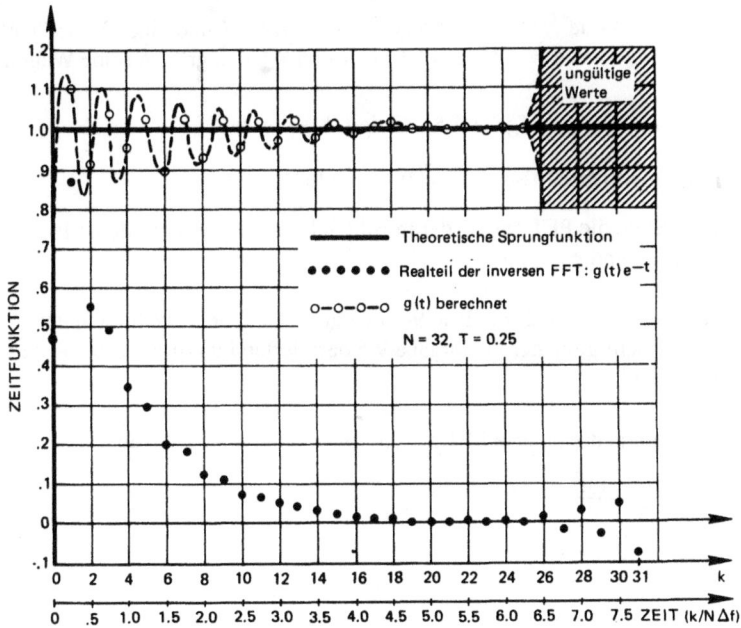

Bild 9-19: Beispiel zur inversen Laplace-Transformation mit Hilfe der FFT.

Aufgaben

9-1 Man berechne mit Hilfe der FFT die Amplituden- und Phasenspektren
   $|H(f)|$, $\theta(f)$ der in Bild 2-12 dargestellten Funktionen.

9-2 Es sei $h(t) = e^{-t}$. Man taste $h(t)$ mit $T = 0,25$ ab und wende die FFT für $N = 8$,
   16, 32 und 64 auf $h(kT)$ an, vergleiche die Ergebnisse miteinander und erkläre
   die Unterschiede. Man wiederhole die Aufgabe mit $T = 0,1$ und $T = 1,0$ und
   diskutiere die Ergebnisse.

9-3 Es sei $h(t) = \cos(2\pi t)$. Man taste $h(t)$ mit $T = \pi/8$ ab und wende die FFT für
   $N = 16$ auf die abgetastete Funktion an. Man wiederhole die Aufgabe mit
   $T = \pi/9$ und vergleiche die Ergebnisse mit denen aus Bild 9-6 und Bild 9-7.

9-4 Man betrachte die in Bild 6-7a dargestellte Funktion $h(t)$. Man setze $T_0 = 0,1$, taste $h(t)$ mit $T = 0,1$ und $N = 16$ h ab und wende die FFT auf die abgetastete Funktion an. Man wiederhole die Aufgabe mit $T = 0,2$, $N = 4$ und $T = 0,01$, $N = 128$. Man vergleiche die Ergebnisse miteinander und erkläre die Unterschiede.

9-5 Es sei $h(t) = te^{-t}$, $t > 0$. Man lege einen Wert für T und einen Wert für N fest, taste $h(t)$ ab und wende die FFT auf sie an. Man begründe seine Wahl der Parameter.

9-6 $h(k)$ sei wie in Aufgabe 9-5 definiert. Man setze

$$g(k) = \cos(2\pi k/1024) \qquad k = 0, \ldots, 1023$$

und wende die FFT gemäß der in Bild 9-13 beschriebenen Methode gleichzeitig auf $h(k)$ und $g(k)$ an.

9-7 Man demonstriere das in Bild 9-15 veranschaulichte Verfahren unter Berücksichtigung der in Aufgabe 9-5 definierten Funktion. Dabei setze man $2N = 1024$.

9-8 Man wende die inverse FFT auf die folgenden Funktionen an:

(a) $\dfrac{[\sin(2\pi)f)]^2}{2\pi f}$

(b) $\dfrac{1}{(1 + j2\pi f)^2}$

9-9 Man berechne die inversen Laplace-Transformierten der folgenden Funktionen mit Hilfe der FFT. Zwecks Überprüfung der Ergebnisse findet man nachfolgend auch die entsprechenden theoretischen inversen Funktionen.

(a) $G(s) = \dfrac{e^{-s}}{s^2}$ $\qquad\qquad$ $g(t) = 0; 0 < t < 1$
$\qquad\qquad\qquad\qquad\qquad = t; t > 1$

(b) $G(s) = \dfrac{e^{-\pi s}}{s^2 + 1}$ $\qquad\quad$ $g(t) = 0; 0 < t < \pi$
$\qquad\qquad\qquad\qquad\qquad = -\sin(t); t > \pi$

(c) $G(s) = 1/[(s + 4)^2 + 1]$ $\quad$ $g(t) = e^{-t}\sin(t); t > 0$

Literatur

[1] COOLEY, J.W., P.A.W. LEWIS and P.D. WELCH.."The Finite Fourier Transform". IEEE Trans, Audio and Electroacoust. (June 1969), Vol. AU-17, No. 2, pp. 77-85.

[2]   COOLEY, J.W., P.A.W. LEWIS, and P.D. WELCH. "The Fast Fourier Transform
      and its Applications". IEEE Trans. Education (March 1969), Vol. 12,
      No. 1, pp. 27-34.

[3]   COOLEY, J.W., P.A.W. LEWIS, and P.D. WELCH. "The Fast Fourier Transform
      Algorithm: Programming Considerations in the Calculation of Sine, Cosine and
      Laplace Transforms." J. Sound Vib. (July 1970), Vol. 12, No. 3, pp. 315-337.

[4]   DUBNER, H. and J. ABATE. "Numerical Inversion of Laplace Transform by
      Relating Them to the Finite Fourier Cosine Transform". J. Assoc. Comput. Mach.
      (January 1968), Vol. 15, No. 1, pp. 115-123.

[5]   PRASAD, K.P. "Fast Interpolation Algorithm Using FFT". Elec. Lett.
      (February 1986), Vol. 22, No. 4, pp. 185-187.

[6]   SINGHAL, K. "Interpolation Using the Fast Fourier Transform". Proc.
      IEEE (December 1972), Vol. 60, No. 12, p. 1558.

[7]   DOLPH, C.L. "A Current Distribution For Broadside Arrays Which Optimize
      the Relationship Between Beam Width and Sidelobe Level." Proc. IRE
      (June 1946), Vol. 34, pp. 335-348.

[8]   WARD, H.R. "Properties of Dolph-Chebyshev Weighting Functions."
      IEEE Trans. Aerospace and Elec. Syst. (September 1973), Vol. AE5-9,
      No. 5, pp. 785-786.

[9]   HARRIS, F.J. "On the Use of Windiws for Harmonics Analysis with the
      Discrete Fourier Transform". Proc. IEEE (January 1978), Vol. 66, No. 1,
      pp. 51-83.

[10] CHILDERS, D. and A. DURLING. Digitale Filtering and Signal rocessing.
      St Paul. MN: West Publishing, 1975.

[11] GECKINLI, N.C. and D. YARRIS. "Some Novel Windows and a Concise
      Tutorial Comparison of Window Families." IEEE Trans. Acoust. Speech Sig.
      Proc. (December 1978), ASSP-26, pp. 501-507.

[12] RAMIREZ, R.W. The FFT Fundamentals and Concepts. Englewood Cliffs,
      N.J.: Prentice-Hall, 1985.

[13] DIDERICH, R. "Calculating Chebyshev Shading Coefficients via the Discrete
      Fourier Transform." IEEE Proc. Lett. (October 1974), Vol. 62, No. 10,
      pp. 1395-1396.

[14] NUTTAL, A.H. "Genration of Dolph-Chebyshev Weights via a Fast Fourier
      Transform." IEEE Proc. Lett. (October 1974), Vol. 62, No. 10, p. 1936.

10. FFT-Faltung und FFT-Korrelation

Viele FFT-Anwendungen wie zum Beispiel Realisierung angepaßter Filter, digitale Signalverarbeitung, Simulation, Systemanalyse und Zeitintervall-Messung verlangen die Berechnung des diskreten Faltungs- oder Korrelationsintegrals. Eine direkte numerische Auswertung dieser Integralbeziehungen ist sehr aufwendig und daher für die Praxis nicht zu empfehlen. Wir haben in Kapitel 6 erfahren, daß beide Integrale sich auch mit Hilfe der diskreten FOURIER-Transformation berechnen lassen. Dank der enormen Erhöhung der Rechengeschwindigkeit, die durch den Einsatz der FFT hierfür erreicht werden kann, ist es effizienter, das Faltungs- und das Korrelationsintegral mit Hilfe der diskreten FOURIER-Transformation zu berechnen.

In diesem Kapitel behandeln wir einige auf der FFT basierende Methoden für eine schnelle Durchführung von Faltung und Korrelation.

10.1 FFT-Faltung zeitbegrenzter Signale

Die Beziehung der diskreten Faltung - cf. Gl. (7-1) - lautet:

$$(10\text{-}1) \qquad y(k) = \sum_{i=0}^{N-1} x(i)h(k - i)$$

wobei $x(k)$ und $h(k)$ periodische Funktionen der Periode N sind. Wie in Kapitel 7 gezeigt, liefert die diskrete Faltung bei korrekter Ausführung ein Ergebnis, das mit dem der kontinuierlichen Faltung übereinstimmt, falls beide Funktionen $x(t)$ und $h(t)$ von endlicher Dauer sind. Wir besprechen nun hierfür ein effizientes Rechenverfahren unter Anwendung der FFT.

Man betrachte die in Bild 10-1a dargestellten zeitbegrenzten bzw. *aperiodischen* Funktionen $x(t)$ und $h(t)$. Das Bild zeigt ebenfalls das Ergebnis der kontinuierlichen Faltung dieser beiden Funktionen. Wir wollen das Ergebnis der kontinuierlichen Faltung nun mit Hilfe der diskreten Faltung reproduzieren. Aus Kapitel 7 wissen wir, daß man zur diskreten Faltung die beiden Funktionen $x(t)$ und $h(t)$ abtasten muß und die Abtastsignale, wie in Bild 10-1b angedeutet, mit der Periode N zu periodisieren hat. Das diskrete Faltungsprodukt (Bild 10-1c) ist ebenfalls periodisch und stimmt innerhalb jeder Periode mit dem kontinuierlichen Faltungsprodukt überein. Der Skalierungsfaktor T (die Abtastperiode) wurde hinzugenommen, damit wir Ergebnisse erhalten, die mit denen der kontinuierlichen Faltung vergleichbar sind. Man beachte, daß, da $x(t)$ und $y(t)$ vom Nullpunkt verschoben sind, eine große Periode N notwendig ist, um das Auftreten des in

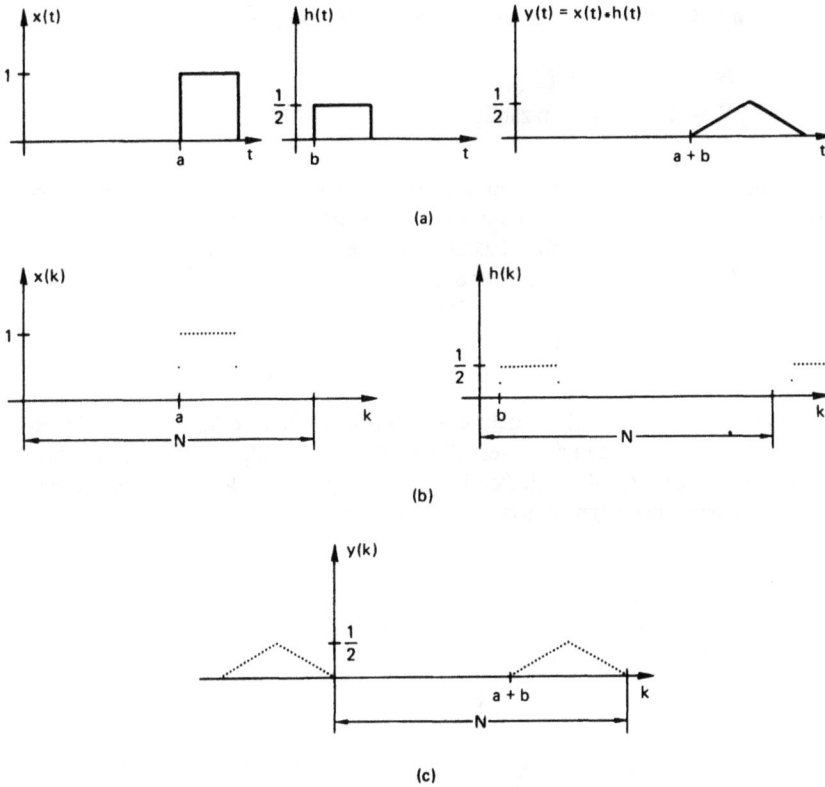

(a)

(b)

(c)

Bild 10-1: Beispiel einer ineffizienten diskreten Faltung.

Kap. 7 besprochenen *Überlappungs*- bzw. *Randeffekts* zu verhindern. Bezüglich des Rechenaufwands ist die in Bild 10-1c durchgeführte diskrete Faltung wegen der großen Anzahl von Nullen im Bereich [0,a+b] sehr ungünstig. Zur Erhöhung der Recheneffizienz der diskreten Faltung verschieben wir nun die Eingangswerte zum Nullpunkt.

Verschiebung der Eingangswerte

Wie in Bild 10-2 gezeigt, verschieben wir beide Abtastsignale aus Bild 10-1b zum Nullpunkt; entsprechend Gl. (7-6) wählen wir die Periode nach der Beziehung $N > P + Q - 1$, um den *Überlappungseffekt* zu eliminieren. Da wir einen Basis-2-FFT-Algorithmus zur Auswertung der Faltung einsetzen wollen, haben wir außerdem die Bedingung $N = 2^{\gamma}$ mit γ als einer positiven ganzen Zahl zu erfüllen. Unsere Ergebnisse lassen sich leicht auf andere Algorithmen erweitern.

Die Funktionen $x(k)$ und $h(k)$ müssen eine Periode N besitzen mit

$$(10\text{-}2) \qquad N > P + Q - 1$$
$$N = 2^\gamma \quad \gamma \text{ ganzzahlig}.$$

Bild 10-2b zeigt das diskrete Faltungsprodukt für das gewählte N; das Ergebnis unterscheidet sich von dem aus Bild 10-1c nur in einer Verschiebung des Nullpunktes. Aber diese Verschiebung ist *a priori* bekannt. Nach Bild 10-1a entspricht die Verschiebung des Faltungsprodukts $y(t)$ der Summe der Verschiebungen der zu faltenden Funktionen. Folglich entstehen keine Informationsverluste, wenn wir vor der Faltung beide Funktionen zum Nullpunkt verschieben.

Um mit Hilfe der FFT das gleiche Ergebnis wie in Bild 10-2b zu erhalten, verschieben wir zunächst $x(t)$ und $h(t)$ um das Intervall a bzw. b zum Nullpunkt. Beide Funktionen werden dann abgetastet. Anschließend legen wir N gemäß (10-2) fest. Die resultierenden periodischen Abtastsignale lassen sich wie folgt beschreiben:

$$
\begin{array}{lll}
 & x(k) = x(kT + a) & k = 0, 1, \ldots, P - 1 \\
(10\text{-}3) & x(k) = 0 & k = P, P + 1, \ldots, N - 1 \\
 & h(k) = h(kT + b) & k = 0, 1, \ldots, Q - 1 \\
 & h(k) = 0 & k = Q, Q + 1, \ldots, N - 1
\end{array}
$$

Durch diese Ausdrucksweise wollen wir betonen, daß unsere Ausführungen sich ausschließlich auf periodische und zum Nullpunkt verschobene Funktionen beziehen.

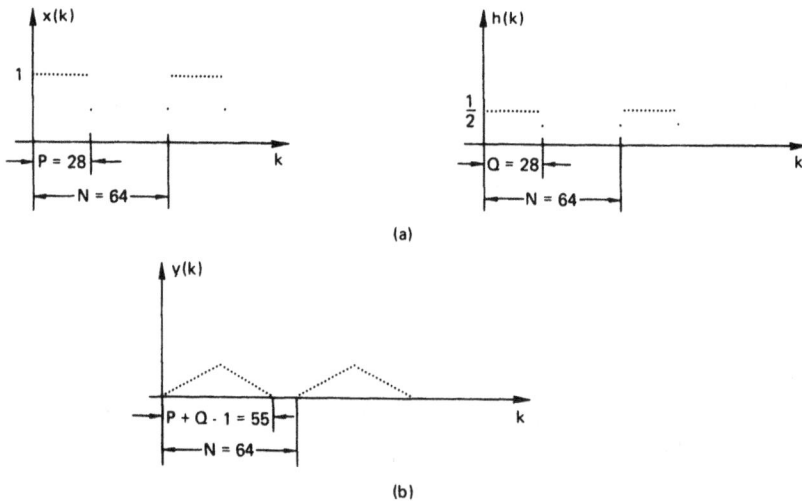

(a)

(b)

Bild 10-2: Diskrete Faltung der Signale aus Bild 10-1 nach deren Verschiebung zum Nullpunkt.

Nun berechnen wir das diskrete Faltungsprodukt nach dem diskreten Faltungstheorem (6-50). Dazu errechnen wir zunächst die diskreten FOURIER-Transformierten von $x(k)$ und $h(k)$

$$(10\text{-}4) \qquad X(n) = \sum_{k=0}^{N-1} x(k)e^{-j2\pi nk/N}$$

$$(10\text{-}5) \qquad H(n) = \sum_{k=0}^{N-1} h(k)e^{-j2\pi nk/N}$$

Dann bilden wir das Produkt

$$(10\text{-}6) \qquad Y(n) = X(n)H(n)$$

und schließlich ermitteln wir die inverse FOURIER-Transformierte von $Y(n)$ und erhalten damit das diskrete Faltungsprodukt $y(k)$

$$(10\text{-}7) \qquad y(k) = \frac{1}{N} \sum_{n=0}^{N-1} Y(n)e^{j2\pi nk/N}$$

Man beachte, daß hierbei eine einzige diskrete Faltungsgleichung (10-1) durch vier Gln. (10-4), (10-5), (10-6) und (10-7) ersetzt wurde. Dies gibt Anlaß zu der Bezeichnung des Verfahrens als *"langer Lösungsumweg"*. Aufgrund der enormen Recheneffizienz der FFT bewirken diese vier Gleichungen trotz des scheinbar langen Umwegs letztlich eine *Wegverkürzung*.

Ein Rechenschema für die Anwendung der FFT zur Faltung diskreter Signale findet man in Bild 10-3. Man beachte, daß wir in Schritt 7 die alternative Inversionsbeziehung nach Gl. 6-33 benutzen und die eingehenden Werte mit $1/N$ skalieren. In Schritt 8 skalieren wir die Ergebnisse mit der Abtastperiode T um Werte zu erhalten, die mit den Ergebnissen der entsprechenden kontinuierlichen Faltung vergleichbar sind.

Ein auf das Rechenschema aus Bild 10-3 basierendes BASIC-Programm ist in Bild 10-4 zu finden. Die zwei Funktionen, deren Faltungsprodukt berechnet werden soll, sind in den Feldern X1REAL(I%) und X2REAL(I%) abzulegen. Die Längen dieser Felder und der Felder X1IMAG(I%), X2IMAG(I%), XREAL(I%) und XIMAG(I%) sind gleich der Anzahl der Abtastwerte N% zu setzen. N% und NU% müssen initialisiert werden. Ab Zeile 10000 benutzen wir das in Bild 8-7 ausgedruckte FFT-Programm. Die Implementierung von Schritt 2-4 zur Vermeidung von Überlappungsfehlern ist Aufgabe des Anwenders. Das resultierende Faltungsprodukt wird in XREAL(I%) abgespeichert. Die Werte müssen noch mit der Abtastperiode T multipliziert werden, um Werte zu erhalten, die mit den Ergebnissen der entsprechenden kontinuierlichen Faltung vergleichbar sind. Für XIMAG(I%) müssen sich erwartungsgemäß Werte ergeben, die näherungsweise gleich Null sind. Man beachte, daß der in Schritt 7 auftauchende Faktor $1/N$ im Programm berücksichtigt wird.

1. $x(t)$ und $h(t)$ seien zwei zeitbegrenzte Funktionen; $x(t)$ sei um a und $h(t)$ um b vom Nullpunkt verschoben.

2. Man verschiebe $x(t)$ und $h(t)$ zum Nullpunkt und taste sie ab:

$$x(k) = x(kT + a) \quad k = 0, 1, \ldots, P - 1$$

$$h(k) = h(kT + b) \quad k = 0, 1, \ldots, Q - 1$$

3. wähle N entsprechend den Beziehungen

$$N \geq P + Q - 1$$

$$N = 2^\gamma \quad \gamma \text{ ganzzahlig}$$

   mit P als Anzahl der Abtastwerte von $x(t)$ und Q als Anzahl der Abtastwerte von $h(t)$,

4. **vergrößere den Definitionsbereich der Abtastsignale aus Schritt 2. durch Hinzufügen von Nullen**

$$x(k) = 0 \quad k = P, P + 1, \ldots, N - 1$$

$$h(k) = 0 \quad k = Q, Q + 1, \ldots, N - 1$$

5. berechne die diskreten FFT von $x(k)$ und $h(k)$

$$X(n) = \sum_{k=0}^{N-1} x(k)e^{-j2\pi nk/N}$$

$$H(n) = \sum_{k=0}^{N-1} h(k)e^{-j2\pi nk/N}$$

6. bilde das Produkt

$$Y(n) = X(n)H(n)$$

7. berechne die inverse diskrete Transformierte von $Y(n)$ unter Anwendung der Vorwärtstransformation

$$y(k) = \sum_{n=0}^{N-1} \left(\frac{1}{N} Y(n)\right) e^{-j2\pi nk/N}$$

8. und skaliere die Ergebnisse mit der Abtastperiode T.

Bild 10-3: Rechengang der FFT-Faltung zweier zeitbegrenzter Funktionen.

Beispiel 10-1 FFT-Faltung

Bild 10.5 veranschaulicht die Anwendung der FFT zur Berechnung von Faltungsprodukten. Das Abtastsignal $x(kT)$, mit $N = 32$, ist in Bild 10.5a zu sehen. Ergebnisse der Anwendung von Gl. 10.4 unter Einsatz der FFT zeigt Bild 10.5a. Es sei daran erinnert, daß die FFT-Ergebnisse komplexwertig sind, wir jedoch hier nur deren Beträge

```
13000 REM:   SUBROUTINE FOR CONVOLVING TWO REAL FUNCTIONS STORED
13002 REM:   IN ARRAYS X1REAL(I%) AND X2REAL(I%). N% AND NU% MUST BE
13004 REM:   INITIALIZED. DIMENSION X1REAL(I%),X1IMAG(I%),X2REAL(I%),
13006 REM:   X2IMAG(I%),XREAL(I%) AND XIMAG(I%). USER IS RESPONSIBLE FOR
13008 REM:   PREVENTING END EFFECTS. CONVOLUTION RESULTS ARE
13010 REM:   RETURNED IN ARRAY XREAL(I%). THIS PROGRAM CALL THE FFT
13012 REM:   SUBROUTINE STARTING AT LINE 10000 (FIG. 8-7).
13020 FOR I%=1 TO N%
13030       XREAL(I%)=X1REAL(I%)
13040       XIMAG(I%)=0
13050 NEXT I%
13060       GOSUB 10000
13070 FOR I%=1 TO N%
13080       X1REAL(I%)=XREAL(I%)
13090       X1IMAG(I%)=XIMAG(I%)
13100       XREAL(I%)=X2REAL(I%)
13110       XIMAG(I%)=0
13120 NEXT I%
13130       GOSUB 10000
13140 FOR I%=1 TO N%
13150       X2REAL(I%)=XREAL(I%)
13160       X2IMAG(I%)=XIMAG(I%)
13170       XREAL(I%)=(X1REAL(I%)*X2REAL(I%)-X1IMAG(I%)*X2IMAG(I%))/N%
13180       XIMAG(I)=-(X1REAL(I%)*X2IMAG(I%)+X1IMAG(I%)*X2REAL(I%))/N%
13190 NEXT I%
13200       GOSUB 10000
13210 RETURN
13220 END
```

Bild 10-4: BASIC-Unterprogramm für Faltungsoperationen mit Hilfe der FFT.

darstellen. Das Abtastsignal $h(kT)$ und seine FFT-Werte, errechnet gemäß Gl. 10.5, zeigen wir in Bild 10.5b. Wegen $P = 16$, $Q = 16$ und folgerichtig $N = 32 > N + Q - 1$ entstehen keine Überlappungen.

Als nächstes berechnen wir das Produkt nach Gl. 10.6. Seinen Betrag zeigen wir in Bild 10.5c. Diese komplexe Frequenzfunktion wird als Eingangsgröße für die inverse FFT, Gl. 10.7, eingesetzt. Alternativ können wir auch ihre Konjugiert-Komplexe als Eingangsgröße für die Vorwärts-FFT heranziehen (Schritt 7 in Bild 10.3). Alle Ergebnisse wurden derart skaliert, daß sie eine gute Näherung für die Ergebnisse der entsprechenden kontinuierlichen Faltung liefern.

Recheneffizienz der FFT-Faltung

Die Berechnung der N Werte des Faltungsproduktes $y(k)$ nach Gl.(10-1) erfordert eine Rechenzeit proportional N^2, der Anzahl der Multiplikationen. Aus Abschnitt 8.2 wissen wir, daß die Rechenzeit der FFT proportional $N \log_2 N$ ist; die Gesamtrechenzeit für die Gln.(10-4), (10-5) und (10-6) ist also proportional $3N \log_2 N$ und die Rechenzeit für die Gl.(10-7) proportional N. Mit der Benutzung der FFT und der Gln.(10-4) bis (10-7) zur Berechnung des diskreten Faltungsprodukts ist man im allgemeinen schneller als mit der direkten Auswertung der Gl.(10-1).

In welchem Maß man mit der FFT-Methode schneller ist als mit dem herkömmlichen Verfahren, hängt nicht nur von der Anzahl der Eingangswerte, sondern auch von den Einzelheiten des benutzten FFT- und des Faltungsprogramms ab. Um festzustellen, ab wann die FFT-Faltung schneller ist, und um das Maß der Rechenzeitverkürzung zu ermitteln, das man mit Hilfe der FFT-Faltung erreicht, haben wir die für die Berechnung des Ausdrucks (10-1) erforderlichen Rechenzeiten sowohl für die FFT-Methode als auch für die konventionelle Methode als Funktion von N ermittelt; Tabelle 10-1 zeigt diese Simulationsergebnisse. Wie aus ihr zu ersehen, ist man für $N > 64$ mit der FFT-Faltung

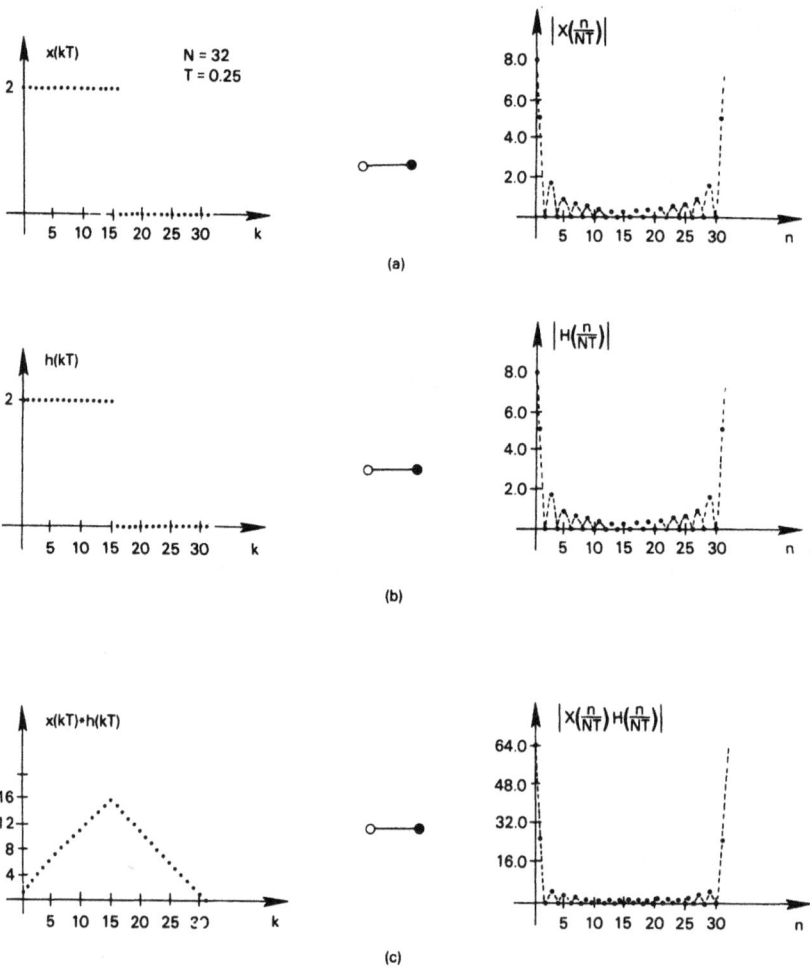

Bild 10-5: Beispiel zur Faltung mit Hilfe der FFT.

Tabelle 10-1: Rechenzeiten (Sekunden).

N	Direkte Methode	FFT-Methode	Schnelligkeits-faktor
16	0,0008	0,003	0,27
32	0,003	0,007	0,43
64	0,012	0,015	0,8
128	0,047	0,033	1,4
256	0,19	0,073	2,6
512	0,76	0,16	4,7
1024	2,7	0,36	7,5
2048	11,0	0,78	14,1
4096	43,7	1,68	26,0

unter Benutzung unserer Computerprogramme schneller als mit der konventionellen Methode. In Abschnitt 10.3 werden wir ein Verfahren zur weiteren Reduzierung der FFT-Rechenzeit um den Faktor 1/2 angeben; somit sinkt die Effizienzgrenze auf $N = 32$.

10.2 FFT-Faltung eines zeitunbegrenzten mit einem zeitbegrenzten Signal

Bisher haben wir nur eine Funktionsklasse betrachtet, bei der beide Funktionen $x(t)$ und $h(t)$ zeitbegrenzt sind. Ferner haben wir angenommen, daß $N = 2^y$ genügend klein ist, so daß die Zahl der Abtastwerte die Speicherkapazität unseres Rechners nicht übersteigt. Trifft eine der beiden Annahmen nicht zu, so müssen wir das *Segmentierungskonzept* anwenden.

Man betrachte die in Bild 10-6 dargestellten Signale $x(t)$, $h(t)$ und ihr Faltungsprodukt $y(t)$. Wir nehmen an, daß $x(t)$ entweder zeitunbegrenzt ist oder daß die Zahl der Abtastwerte von $x(t)$ die Speicherkapazität des Rechners übersteigt. Folglich ist es notwendig, $x(t)$ in Segmente zu unterteilen und die gewünschte diskrete Faltung durch viele diskrete Faltungen mit kleineren Signallängen zu ersetzen. NT sei die Zeitdauer eines jeden der zu verarbeitenden Segmente von $x(t)$; diese Segmente sind in Bild 10-6a angegeben. Wie in Bild 10-7a gezeigt, bilden wir das periodische Abtastsignal $x(k)$, wobei eine Periode von $x(k)$ durch das erste Segment von $x(t)$ definiert wird; $h(t)$ wird abgetastet und mit so vielen Nullen verlängert, daß sie die gleiche Periode erhält wie $x(k)$. Bild 10-7a zeigt ebenfalls das Faltungsprodukt $y(k)$ dieser Funktionen. Man beachte, daß wir die ersten Q-1 Werte des diskreten Faltungsprodukts nicht angeben; diese Werte sind aufgrund des *Randeffekts* verfälscht. Wir wissen aus Abschnitt 7.3, daß mit $h(k)$, bestehend aus Q Werten, die ersten Q-1 Werte von $y(k)$ mit den entsprechenden Werten des kontinuierlichen Faltungsprodukts in keinem eindeutigen Zusammenhang stehen und deswegen außer acht gelassen werden können.

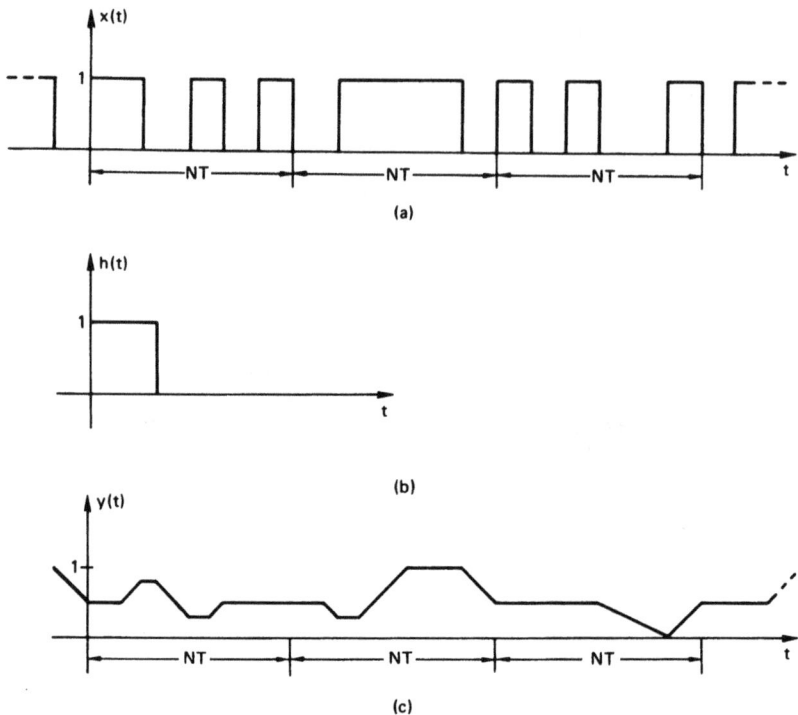

(a)

(b)

(c)

Bild 10-6: Beispiel zur Faltung eines zeitunbegrenzten mit einem zeitbegrenzten
           Signal.

In Bild 10-7b zeigen wir das diskrete Faltungsprodukt des in Bild 10-6a dargestellten
zweiten Signalsegments der Länge NT. Zur Erhöhung der Recheneffizienz haben wir -
cf. Ausführungen des Abschnitts 10.1 - dieses Signalsegment zum Nullpunkt verschoben. Es wird dann abgetastet und periodisiert. Bild 10-7b zeigt ebenfalls $h(k)$
und das resultierende Faltungsprodukt $y(k)$. Wieder werden die ersten Q-1 Werte wegen des *Randeffekts* weggelassen.

Das letzte Segment von $x(k)$ wird, wie in Bild 10-7c gezeigt, ebenfalls zum Nullpunkt verschoben und abgetastet; Bild 10-7c zeigt das Faltungsprodukt ohne Berücksichtigung der ersten Q-1 Werte.

Die Segmente des diskreten Faltungsprodukts der Bilder 10-7a,b,c sind nacheinander in
den Bildern 10-8a,b,c rekonstruiert. Wir haben dabei die zur Erhöhung der Recheneffizienz vorgenommenen Verschiebungen zum Nullpunkt wieder rückgängig gemacht.
Man beachte, daß Bild 10-8d das gewünschte kontinuierliche Faltungsprodukt von Bild
10-8e sehr gut approximiert bis auf die *Löcher*, die bei der Zusammensetzung der Teil-
segmente entstanden sind. Durch eine einfache Überlappung der Segmente von $x(t)$ um
die Zeitdauer $(Q$-1$)T$ läßt sich dieser Mangel völlig beseitigen.

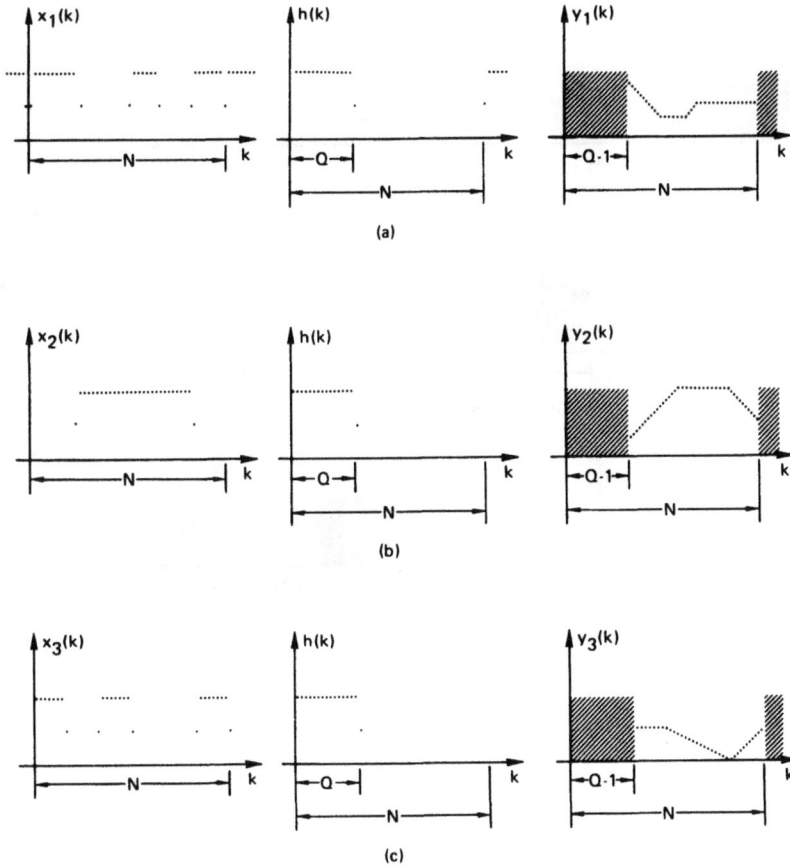

Bild 10-7: Diskrete Faltung einzelner Signalsegmente aus Bild 10-6a.

Overlap-Save-Segmentierung

In Bild 10-9a zeigen wir nochmals die Funktion $x(t)$ von Bild 10-6a. Hier sind die Signalsegmente jedoch um $(Q-1)T$, also um die Zeitdauer der Funktion h(t) minus T, überlappt. Wir schieben jedes Segment von $x(t)$ zum Nullpunkt, tasten es ab und bilden eine periodische Funktion. Die Bilder 10-9b,c,d,e zeigen die Ergebnisse der diskreten Faltung für jedes Segment. Man beachte, daß wegen der Überlappung zusätzliche Segmente benötigt werden. Die ersten $Q-1$ Abtastwerte eines jeden Segments werden - wie vorher auch - wegen des Randeffekts außer acht gelassen.

Die einzelnen Segmente des diskreten Faltungsprodukts setzen wir, wie in Bild 10-10 gezeigt, nach Verschiebung um jeweils ein geeignetes Intervall wieder zusammen. Nun entstehen keine *Löcher*, weil der Randeffekt in dem Teilbereich eines jeden Faltungs-

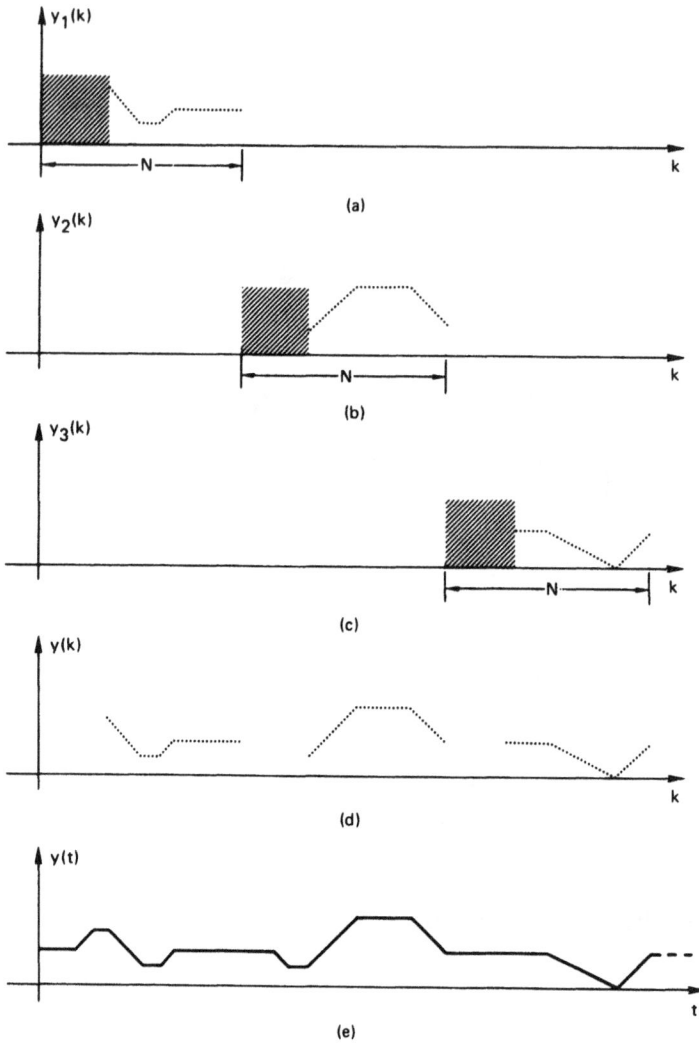

Bild 10-8: Verschiebung der Ergebnisse der diskreten Faltung aus Bild 10-7.

segments auftritt, der bereits beim jeweils unmittelbar vorangegangenen Segment ermittelt worden ist. Die Kombination dieser Segmente entspricht über dem gesamten Bereich dem gewünschten kontinuierlichen Faltungsprodukt (Bild 10-6c). Der einzige *Randeffekt*, der hier nicht kompensiert werden kann, tritt, wie dargestellt, beim ersten Segment auf. Alle Darstellungen wurden zum Vergleich mit den kontinuierlichen Ergebnissen mit dem Faktor T skaliert. Nun werden die mathematischen Beziehungen besprochen, worauf die vorangegangenen graphischen Überlegungen basieren.

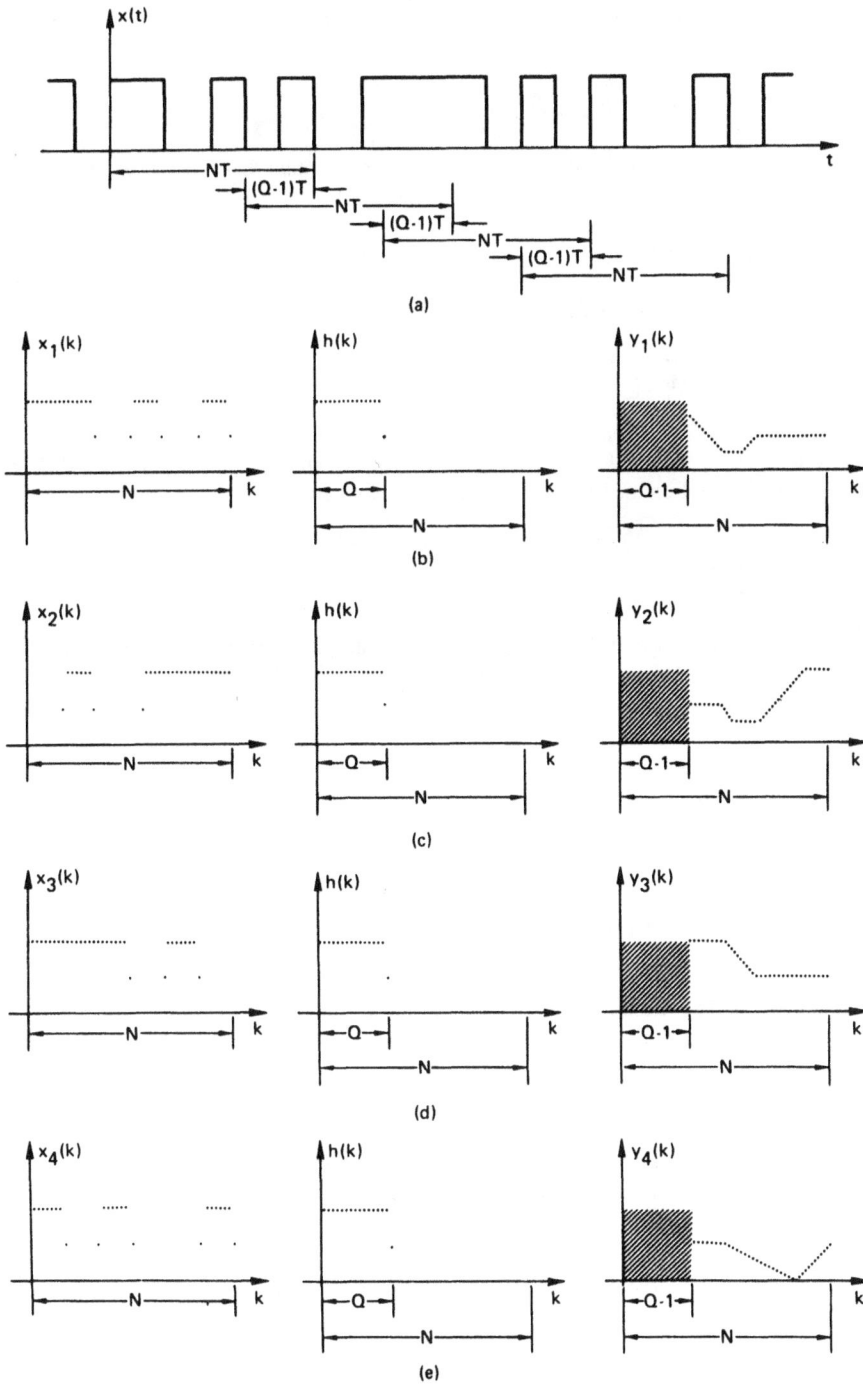

Bild 10-9:   Diskrete Faltung überlappter Signalsegmente.

Man betrachte die Funktion in Bild 10-9a. Wir wählen die Länge des ersten Segments gleich NT. Um die FFT anwenden zu können, erfüllen wir die Bedingung

$$(10\text{-}8) \qquad N = 2^\gamma \qquad \gamma \text{ ganzzahlig}$$

und selbstverständlich auch die Bedingung $N > Q$ (die optimale Wahl von N wird später besprochen). Wir bilden das periodische Abtastsignal

$$x_1(k) = x(kT) \qquad k = 0, 1, \dots, N - 1$$

und rechnen mit Hilfe der FFT den Ausdruck

$$(10\text{-}9) \qquad X_1(n) = \sum_{k=0}^{N-1} x_1(k)e^{-j2\pi nk/N}$$

aus. Als nächstes tasten wir $h(t)$ Q mal ab und fügen soviel Nullen hinzu, daß wir damit eine periodische Funktion der Periode N bilden können.

$$(10\text{-}10) \qquad h(k) = \begin{cases} h(kT) & k = 0, 1, \dots, Q - 1 \\ 0 & k = Q, Q + 1, \dots, N - 1 \end{cases}$$

War $h(t)$ nicht bereits wie in Bild 10-6b zum Nullpunkt verschoben, so verschieben wir $h(t)$ erst zum Nullpunkt, und dann wenden wir Gl. (10-10) an. Mit Hilfe der FFT berechnen wir

$$(10\text{-}11) \qquad H(n) = \sum_{k=0}^{N-1} h(k)e^{-j2\pi nk/N}$$

und dann das Produkt

$$(10\text{-}12) \qquad Y_1(n) = X_1(n)H(n)$$

Schließlich ermitteln wir die inverse FOURIER-Transformierte von $Y_1(n)$

$$(10\text{-}13) \qquad y_1(k) = \frac{1}{N} \sum_{n=0}^{N-1} Y_1(n)e^{j2\pi nk/N}$$

wegen des Randeffekts lassen wir die ersten Q-1 Werte von $y(k)$, i.e. $y(0), y(1), \dots, y(Q\text{-}2)$, weg. Die restlichen Werte sind denen aus Bild 10-10a identisch und werden für die später folgende Zusammensetzung beibehalten.

Nun wird das zweite Segment von $x(t)$, dargestellt in Bild 10-9a, zum Nullpunkt verschoben und abgetastet:

$$(10\text{-}14) \qquad x_2(k) = x[(k + [N - Q + 1])T] \qquad k = 0, 1, \dots, N - 1$$

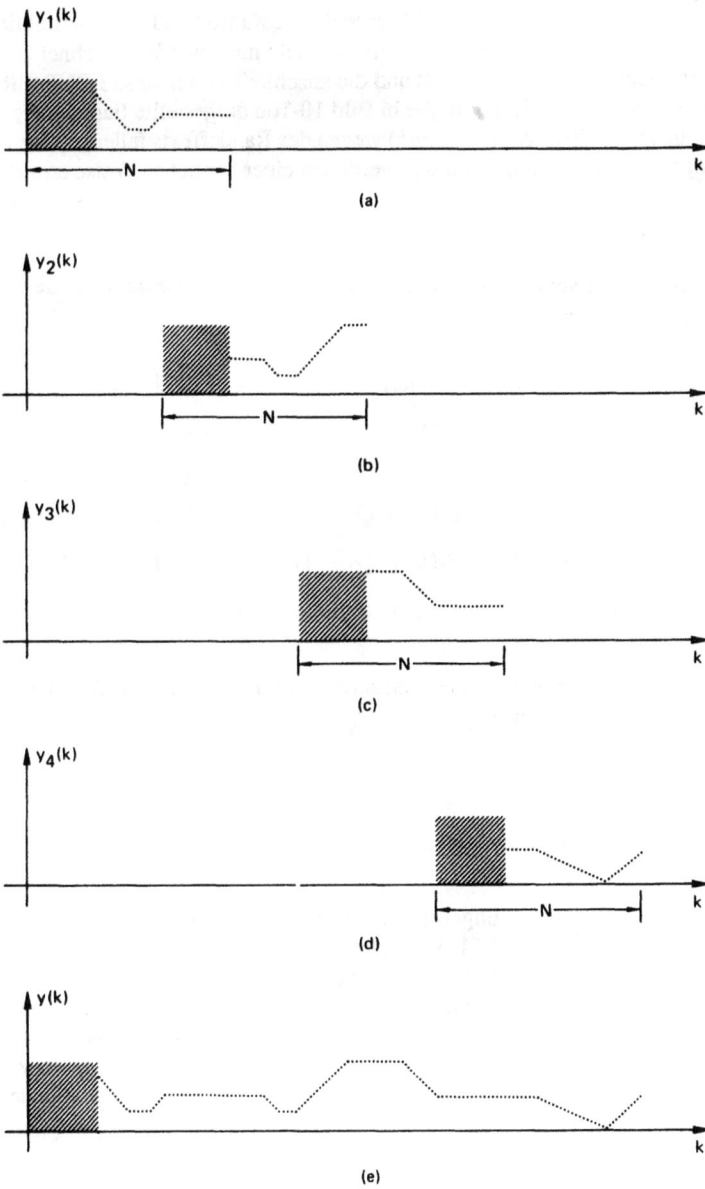

Bild 10-10: Verschiebung der Ergebnisse der diskreten Faltung aus Bild 10-9.

Dann werden Gln. (10-11) bis (10-13) erneut ausgeführt. Die Frequenzfunktion $H(n)$ wurde bereits aus Gl. (10-11) ermittelt und braucht nicht wieder errechnet zu werden. Die Multiplikation nach Gl. (10-12) und die anschließende inverse FOURIER-Transformation gemäß Gl. (10-13) liefern die in Bild 10-10b dargestellte Funktion $y_2(k)$. Wieder werden die ersten Q-1 Werte von $y_2(k)$ wegen des Randeffekts fallengelassen. Alle restlichen Segmente des Faltungsprodukts werden in einer ähnlichen Weise ermittelt.

Wie in Bild 10-10e veranschaulicht, läßt sich die Zusammensetzung der Segmente von $y(k)$ beschreiben mit

$$
\begin{aligned}
y(k) \text{ undefiniert} \qquad & k = 0, 1, \ldots, Q - 2 \\
y(k) = y_1(k) \qquad & k = Q - 1, \\
& Q, \ldots, N - 1 \\
y(k + N) = y_2(k + Q - 1) \qquad & k = 0, 1, \ldots, N - Q \\
y(k + 2N) = y_3(k + Q - 1) \qquad & k = 0, 1, \ldots, N - Q \\
y(k + 3N) = y_4(k + Q - 1) \qquad & k = 0, 1, \ldots, N - Q
\end{aligned}
$$

(10-15)

Für das behandelte Segmentierungsverfahren wird in der Literatur [3,5] die Bezeichnung *select-saving* oder *overlap-save* verwendet.

Overlapp-Add-Segmentierung

Ein alternatives Segmentierungsverfahren wird als *overlap-add-Verfahren* bezeichnet [2,3]. Man betrachte Bild 10-11. Wir nehmen an, daß die zeitbegrenzte Funktion $x(t)$ eine Länge besitzt, die die Speicherkapazität des Rechners übersteigt. Wir unterteilen das Signal, wie in Bild 10-11a gezeigt, in Segmente der Länge $(N - Q)T$. Bild 10-11c zeigt das gesuchte Faltungsprodukt. Zur Ausführung des Verfahrens tasten wir zunächst das erste Signalsegment von Bild 10-11a ab; Bild 10-12a zeigt die Abtastwerte. Zwecks Erzeugung einer periodischen Funktion der Periode N werden den Abtastwerten Nullen hinzugefügt. Wir wählen speziell $N = 2^y$, $N - Q$ Abtastwerte der Funktion $x(t)$:

(10-16) $x_1(k) = x(kT) \qquad k = 0, 1, \ldots, N - Q$

und Q-1 Nullen

(10-17) $x_1(k) = 0 \qquad k = N - Q + 1, \ldots, N - 1$

Man beachte, daß das Hinzufügen von Q-1 Nullen sicherstellt, daß kein Randeffekt auftritt. Die Funktion $h(t)$ wird, wie gezeigt, N mal zur Bildung einer periodischen

Funktion $h(k)$ der Periode N abgetastet; Bild 10-12a zeigt ebenfalls das resultierende Faltungsprodukt.

Das zweite Segment von $x(t)$ wird - cf. Bild 10-11a - zum Nullpunkt verschoben und abgetastet:

$$(10-18) \qquad x_2(k) = x[(k + N - Q + 1)T] \qquad k = 0, \ldots, N - Q$$

$$= 0 \qquad\qquad\qquad k = N - Q + 1, \ldots, N - 1$$

Wie vorher fügen wir dem Abtastsignal $x(k)$ Q-1 Nullen hinzu. Die Faltung mit $h(k)$ liefert die in Bild 10-12b gezeigte Funktion $y_2(k)$. Die Faltung aller anderen Segmente mit $h(k)$ erfolgt in ähnlicher Weise; die Ergebnisse sind in den Bildern 10-12c,d dargestellt.

Nun setzen wir - cf. Bild 10-13 - die Segmente des Faltungsprodukts zusammen. Jedes Segment wird zu einer jeweils geeigneten Stelle verschoben. Die Überlagerung dieser Segmente liefert das gesuchte Faltungsprodukt. Der Trick bei diesem Verfahren ist das Hinzufügen einer genügenden Anzahl von Nullen zur Vermeidung des Randeffekts. Die Faltungsergebnisse *überlappen* und addieren sich genau an den Stellen, an denen die Nullen hinzugefügt wurden. Daher kommt auch die Bezeichnung *Overlap-Add-Segmentierung*.

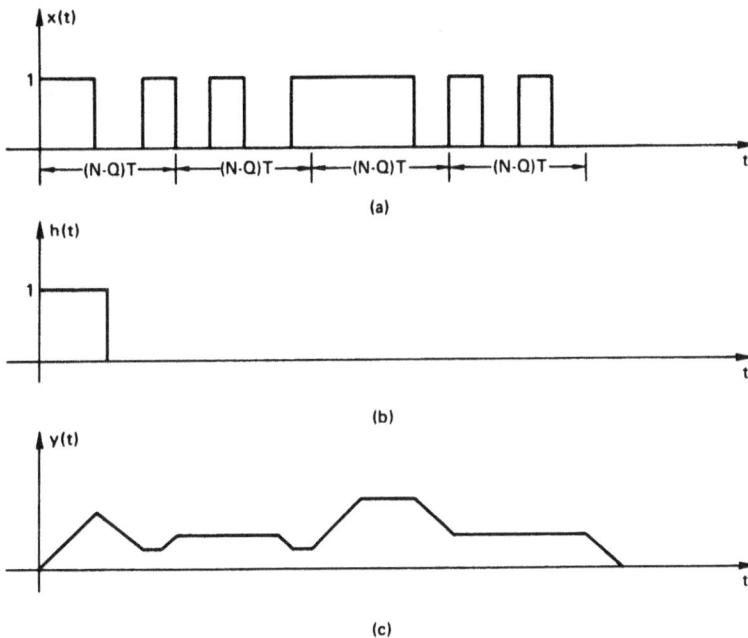

Bild 10-11: Beispiel zur Signalsegmentierung für diskrete Faltung nach der Overlap-Add-Methode.

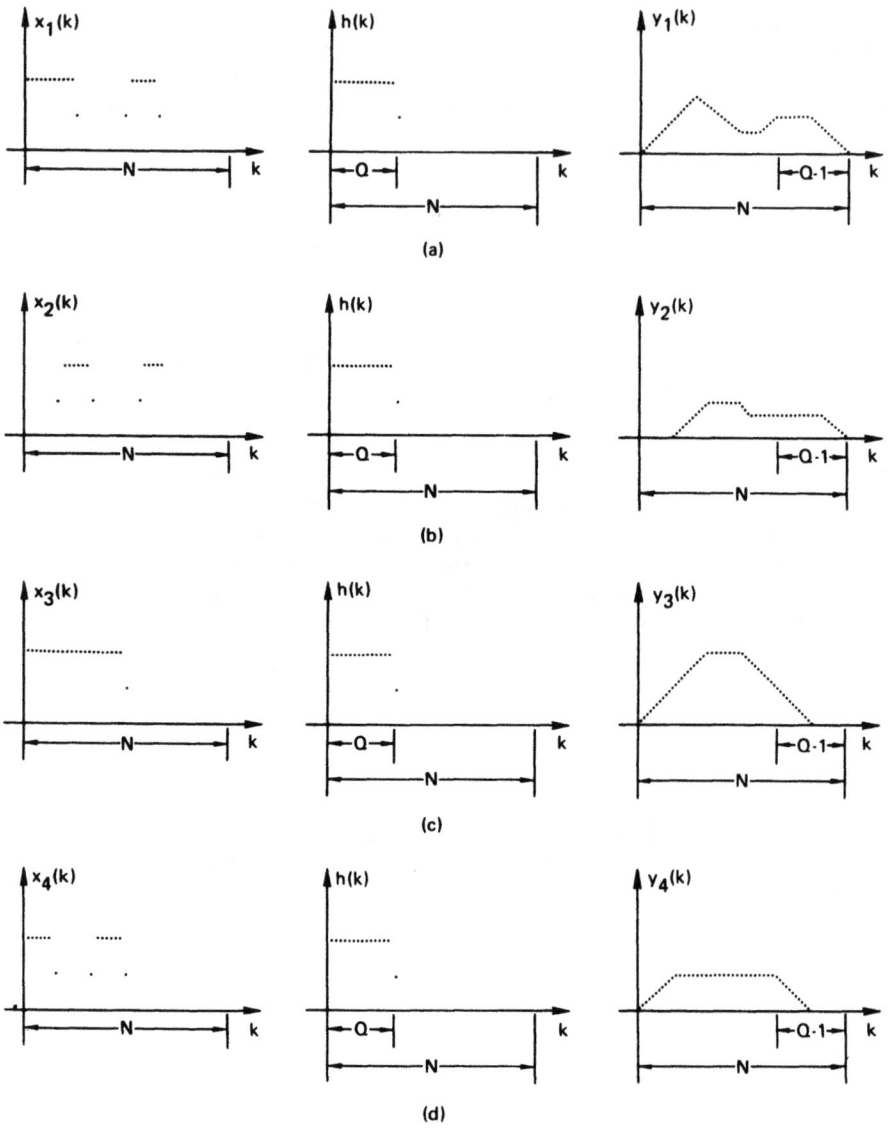

(a)

(b)

(c)

(d)

Bild 10-12: Diskrete Faltung einzelner Signalsegmente aus Bild 10-11.

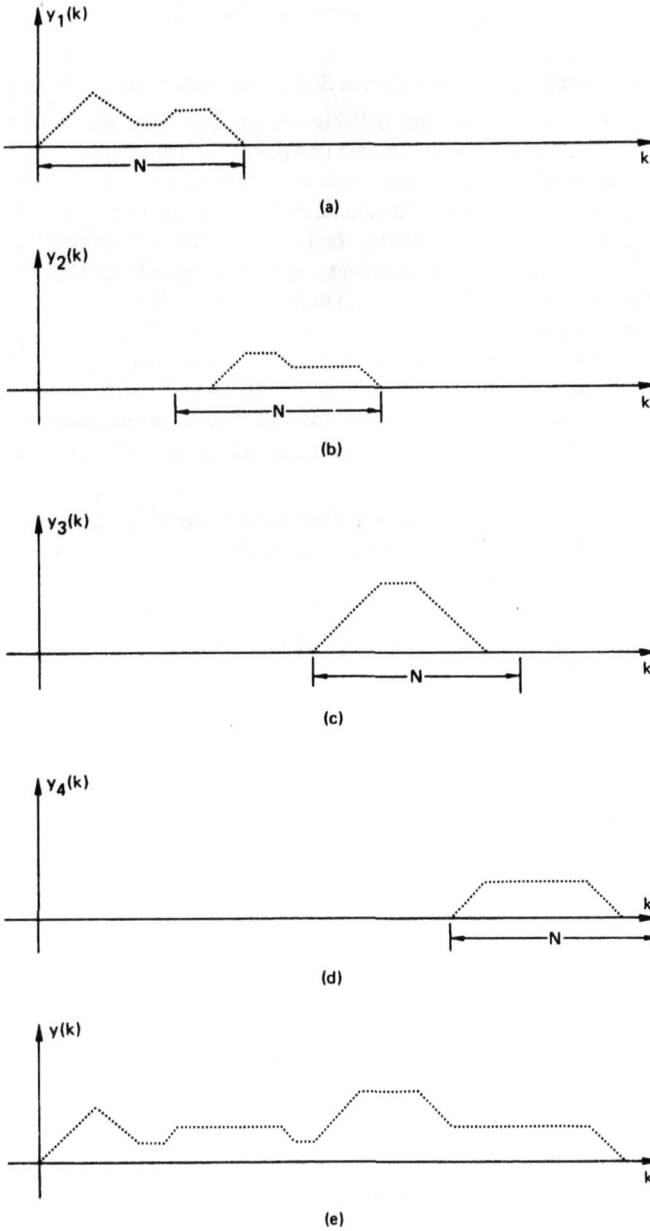

Bild 10-13: Verschiebung der Ergebnisse der diskreten Faltung aus Bild 10-12.

Rechengeschwindigkeit segmentierter FFT-Faltung

Bei den beiden bereits beschriebenen Segmentierungsverfahren läßt sich N außer mit der Einschränkung $N = 2^y$ ziemlich beliebig wählen. Die Wahl von N bestimmt die Anzahl der zu bearbeitenden Signalsegmente und damit auch die Rechenzeit. Wenn eine M-Punkte-Faltung durchzuführen ist, müssen näherungsweise $M/(N - Q + 1)$ Segmente ausgewertet werden. Mit der Annahme, daß M viel größer als $(N - Q + 1)$ ist, kann man die Rechenzeit für die Berechnung von $H(n)$ mit der FFT vernachlässigen. Jedes Segment erfordert eine vorwärts gerichtete und eine inverse FOURIER-Transformation; daher ist die FFT etwa $2M/(N - Q + 1)$ mal zu wiederholen. Wir haben den optimalen Wert von N experimentell ermittelt und die Ergebnisse in Tabelle 10-2 aufgeführt. Man kann von den dort angegebenen Werten von N ausgehen, ohne daß sich die zugehörigen Rechenzeiten wesentlich erhöhen. In Bilder 10-14 und 10-15 sind die einzelnen Rechenschritte der *Overlap-Save-* sowie der *Overlap-Add-Segmentierung* zusammengestellt. Hinsichtlich des Rechenaufwands verhalten sich beide Verfahren näherungsweise gleich.

Sind $x(t)$ und $h(t)$ reelle Funktionen, dann können wir Methoden zu einer noch effizienteren Ausführung der FFT anwenden. Im folgenden Abschnitt werden wir beschreiben, wie dies zu erreichen ist.

Tabelle 10-2: Optimalwerte von N für die FFT-Faltung.

Q	N	γ
$\geqslant 10$	32	5
$11 - 19$	64	6
$20 - 29$	128	7
$30 - 49$	256	8
$50 - 99$	512	9
$100 - 199$	1024	10
$200 - 299$	2048	11
$300 - 599$	4096	12
$600 - 999$	8192	13
$1000 - 1999$	16,384	14
$2000 - 3999$	32,768	15

10.3 Recheneffiziente FFT-Faltung

In unseren Ausführungen haben wir bis jetzt angenommen, daß die miteinander zu faltenden Zeitfunktionen reell sind. Folglich konnten wir die Möglichkeiten der FFT nicht voll ausnutzen. Der FFT-Algorithmus wurde eigentlich für komplexe Funktionen entwikkelt; wenn wir nur reelle Funktionen berücksichtigen, bleibt daher der imaginäre Teil des Algorithmus ungenutzt. In diesem Abschnitt beschreiben wir, wie man eine reelle Funktion in zwei Teile, einen Realteil und einen Imaginärteil, aufteilen und wie man dann die Faltung in der Hälfte der normalen FFT-Rechenzeit durchführen kann. Alternativ läßt sich dieses Verfahren auch zur simultanen Faltung zweier reeller Signale mit einer dritten Funktion anwenden.

1. Für die graphische Interpretation des Algorithmus betrachte
   man Bilder 10-9 und 10-10
2. Q sei die Anzahl der Abtastwerte von $h(t)$.
3. Man wähle N entsprechend Tabelle 10-2,
4. bilde das periodische Abtaststiganl $h(k)$

$$h(k) = h(kT) \quad k = 0, 1, \ldots, Q - 1$$

$$= 0 \quad k = Q, Q + 1, \ldots, N - 1$$

5. berechne die diskrete FOURIER-Transformierte von $h(k)$

$$H(n) = \sum_{k=0}^{N-1} h(k)e^{-j2\pi nk/N}$$

6. bilde das periodische Abtastsignal

$$x_i(k) = x(kT) \quad k = 0, 1, \ldots, N - 1$$

7. berechne die diskrete FOURIER-Transformierte von $x_i(k)$

$$X_i(n) = \sum_{k=0}^{N-1} x_i(k)e^{-j2\pi nk/N}$$

8. bilde das Produkt

$$Y_i(n) = X_i(n)H(n)$$

9. berechne die inverse diskrete Transformierte von $Y_i(n)$

$$y_i(k) = \sum_{n=0}^{N-1} \left(\frac{1}{N} Y_i^*(n)\right)e^{-j2\pi nk/N}$$

10. vernachlässige die Abtastwerte $y_i(0)$, $y_i(1)$, ..., $y_i(Q-2)$ und
    behalte die restlichen Abtastwerte
11. wiederhole die Schritte 6.-10. solange, bis alle Segmente
    berechnet worden sind,
12. kombiniere die Segmente in folgender Weise

$$y(k) \text{ undefiniert} \quad k = 0, 1, \ldots, Q - 2$$

$$y(k) = y_1(k) \quad k = Q - 1, Q, \ldots, N - 1$$

$$y(k + N) = y_2(k + Q - 1) \quad k = 0, 1, \ldots, N - Q$$

$$y(k + 2N) = y_3(k + Q - 1) \quad k = 0, 1, \ldots, N - Q$$

$$\vdots$$

13. und skaliere die Ergebnisse mit der Abtastperiode T.

Bild 10-14: Rechengang der FFT-Faltung nach der Overlap-Save-Methode.

1. Für die graphische Interpretation des Algorithmus betrachte
   man Bilder 10-12 und 10- 13
2. Q sei die Anzahl der Abtastwerte von $h(t)$
3. Man wähle N entsprechend Tabelle 10-2,
4. bilde das periodische Abtastsignal $h(k)$

$$h(k) = h(kT) \qquad k = 0, 1, \ldots, Q - 1$$

$$= 0 \qquad k = Q, Q + 1, \ldots, N - 1$$

5. berechne die diskrete FOURIER-Transformierte von $h(k)$

$$H(n) = \sum_{k=0}^{N-1} h(k)e^{-j2\pi nk/N}$$

6. bilde das periodische Abtastsignal

$$x_i(k) = x(kT) \qquad k = 0, 1, \ldots, N - Q$$

$$= 0 \qquad k = N - Q + 1, \ldots, N - 1$$

7. berechne die diskrete FOURIER-Transformierte von $x_i(k)$

$$X_i(n) = \sum_{k=0}^{N-1} x_i(k)e^{-j2\pi nk/N}$$

8. bilde das Produkt

$$Y_i(n) = X_i(n)H(n)$$

9. berechne die inverse Transformierte von $Y_i(n)$

$$y_i(k) = \sum_{n=0}^{N-1} \left(\frac{1}{N} Y_i^*(n)\right)e^{-j2\pi nk/N}$$

10. wiederhole die Schritte 6.-9. solange, bis alle Segmente
    berechnet worden sind
11. kombiniere die Segmente in folgender Weise

$$y(k) = y_1(k)$$

$$k = 0, 1, \ldots, N - Q$$

$$y(k + N - Q + 1) = y_1(k + N - Q + 1) + y_2(k)$$

$$k = 0, 1, \ldots, N - Q$$

$$y[k + 2(N - Q + 1)] = y_2(k + N - Q + 1) + y_3(k)$$

$$k = 0, 1, \ldots, N - Q$$

$$\vdots$$

12. und skaliere die Ergebnisse mit der Abtastperiode T.

Bild 10-15: Rechengang der FFT-Faltung nach der Overlap-Add-Methode.

Man betrachte die reellen periodischen Abtastsignale $g(k)$ und $s(k)$. Die Aufgabe besteht darin, diese beiden Funktionen mit Hilfe der FFT gleichzeitig mit der reellen Funktion $h(k)$ zu falten. Wir lösen diese Aufgabe unter Anwendung des in Abschnitt 9.3 besprochenen effizienten Rechenverfahrens für die diskrete FOURIER-Transformation. Zunächst berechnen wir die diskrete FOURIER-Transformierte von $h(k)$, wobei wir den Imaginärteil von $h(k)$ gleich Null setzen:

$$(10\text{-}19) \qquad H(n) = \sum_{k=0}^{N-1} h(k)e^{-j2\pi nk/N}$$

$$= H_r(n) + jH_i(n)$$

Als nächstes bilden wir die komplexe Funktion

$$(10\text{-}20) \qquad p(k) = g(k) + js(k) \qquad k = 0, 1, \ldots, N-1$$

und berechnen

$$(10\text{-}21) \qquad P(n) = \sum_{k=0}^{N-1} p(k)e^{-j2\pi nk/N}$$

$$= R(n) + jI(n)$$

Unter Anwendung des diskreten Faltungstheorems (Gl.(6-50)) berechnen wir

$$(10\text{-}22) \qquad y(k) = y_r(k) + jy_i(k) = p(k) * h(k) = \frac{1}{N} \sum_{k=0}^{N-1} P(n)H(n)e^{j2\pi nk/N}$$

Nach (9-6) und (9-7) setzt sich die Frequenzfunktion $P(n)$ wie folgt zusammen:

$$(10\text{-}23) \qquad P(n) = R(n) + jI(n)$$

$$= [R_e(n) + R_0(n)] + j[I_e(n) + I_0(n)]$$

$$= G(n) + jS(n)$$

mit

$$(10\text{-}24) \qquad \begin{aligned} G(n) &= R_e(n) + jI_0(n) \\ S(n) &= I_e(n) - jR_0(n) \end{aligned}$$

Für das Produkt $P(n)H(n)$ erhält man dann

$$(10\text{-}25) \qquad P(n)H(n) = G(n)H(n) + jS(n)H(n)$$

und die inverse Beziehung liefert schließlich

$$(10\text{-}26) \qquad y(k) = y_r(k) + jy_i(k) = \frac{1}{N} \sum_{n=0}^{N-1} P(n)H(n)e^{j2\pi nk/N}$$

mit

(10-27)
$$y_r(k) = \frac{1}{N} \sum_{k=0}^{N-1} G(n)H(n)e^{j2\pi nk/N}$$

$$jy_i(k) = \frac{1}{N} \sum_{k=0}^{N-1} jS(n)H(n)e^{j2\pi nk/N}$$

Letztere sind die interessierenden Ergebnisse. Das heißt, $y_r(k)$ ist das Faltungsprodukt von $g(k)$ und $h(k)$ und $y_i(k)$ das Faltungsprodukt von $s(k)$ und $h(k)$. Setzen wir für $g(k)$ und $s(k)$ gemäß den Ausführungen vom letzten Abschnitt zwei aufeinanderfolgende Segmente eines einzigen Signals ein, so erreichen wir mit dieser Methode eine Reduzierung der Rechenzeit um den Faktor 1/2. Die Ergebnisse sind noch entsprechend des gewählten Sigmentierungsverfahrens zusammenzusetzen.

Nun betrachten wir die Aufgabe, das diskrete Faltungsprodukt von $x(k)$ und $h(k)$ unter Ausnutzung des Imaginärteils der komplexen Zeitfunktion, wie in Abschnitt 9.3 beschrieben, in der halben Zeit zu ermitteln. Man nehme an, $x(k)$ bestehe aus $2N$ Abtastwerten; wir definieren

(10-28)
$$g(k) = x(2k) \qquad k = 0, 1, \ldots, N - 1$$

$$s(k) = x(2k + 1) \qquad k = 0, 1, \ldots, N - 1$$

und setzen

(10-29) $$p(k) = g(k) + js(k) \qquad k = 0, 1, \ldots, N - 1$$

Gl.(10-29) ist identisch mit Gl.(10-20); also es gilt

$$z(k) = z_r(k) + jz_i(k) = \frac{1}{N} \sum_{n=0}^{N-1} P(n)H(n)e^{j2\pi nk/N}$$

woraus man für das gesuchte Faltungsprodukt $y(k)$

(10-30)
$$y(2k) = z_r(k) \qquad k = 0, 1, \ldots, N - 1$$

$$y(2k + 1) = z_i(k) \qquad k = 0, 1, \ldots, N - 1$$

erhält. Wie bei der vorangegangenen Methode sind auch hier die Resultate entsprechend des gewählten Segmentierungsverfahrens zusammenzusetzen.

10.4 FFT-Korrelation zeitbegrenzter Signale

Die Anwendung der FFT zur Korrelation ist der FFT-Faltung sehr ähnlich. Daher beschränken wir unsere Ausführungen über die Korrelation auf die Beschreibung der Unterschiede dieser beiden Verfahren.

Man betrachte die Beziehung der diskreten Korrelation

$$(10\text{-}31) \qquad z(k) = \sum_{i=0}^{N-1} h(i)x(k + i)$$

mit $x(k)$ und $h(k)$ als periodischen Funktionen der Periode N. Bild 10-16a zeigt noch einmal die zwei periodischen Funktionen aus Bild 10-1b. Das Korrelationsprodukt dieser beiden Funktionen, errechnet nach Gl. 10-31, sehen wir in Bild 10-16b. Damit dieses Ergebnis mit dem der entsprechenden kontinuierlichen Korrelation vergleichbar ist, haben wir bei ihm zusätzlich den Skalierungsfaktor T berücksichtigt. Man beachte, daß der Nullpunktversatz des Korrelationsprodukts gleich der Positionsdifferenz der vorderen Flanke von $x(k)$ und der hinteren von $h(k)$ ist. Es sei daran erinnert, daß eine positive Verschiebung von $h(k)$ eine Linksverschiebung bedeutet.

Bei einer Faltung kann man wahlweise eine der beiden Funktionen spiegeln und verschieben. Die Ergebnisse sind für beide Fälle identisch. Im Falle der Korrelation verhält es sich jedoch anders. Bild 10-16c zeigt das Korrelationsprodukt für den Fall, daß $x(k)$ und nicht $h(k)$ verschoben wird. Man beachte, daß die Signalform in beiden Fällen gleich bleibt, das Signal in Bild 10-16b ist um $a - d$ nach rechts, das Signal in Bild 10-16c jedoch um $a - d$ nach links verschoben. Die Korrelationsergebnisse in Bild 10-16c sollten sorgfältig interpretiert werden, damit die korrekte Verschiebung vom Ursprung bestimmt werden kann. Wie in unserem vorausgegangenen Korrelationsbeispiel ist die Berechnung des Korrelationsprodukts im vorliegenden Beispiel ineffizient, da die N Punkte, die eine Periode des periodischen Korrelationsproduktes definieren, eine Vielzahl von Nullen enthält. Eine Verlagerung der zu verarbeitenden Daten ist wiederum der Lösungsweg, den wir zwecks Steigerung der Recheneffizient einschlagen wollen.

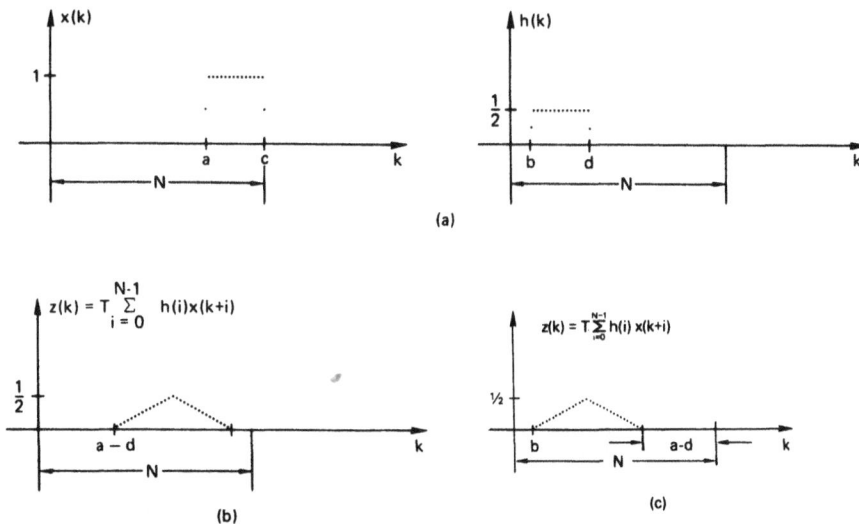

Bild 10-16: Beispiel einer ineffizienten Ausführungsart der diskreten Korrelation.

(a)

(b)

(c)

$$z(k) = T \sum_{i=0}^{N-1} h(i)x(k+i)$$

(d)

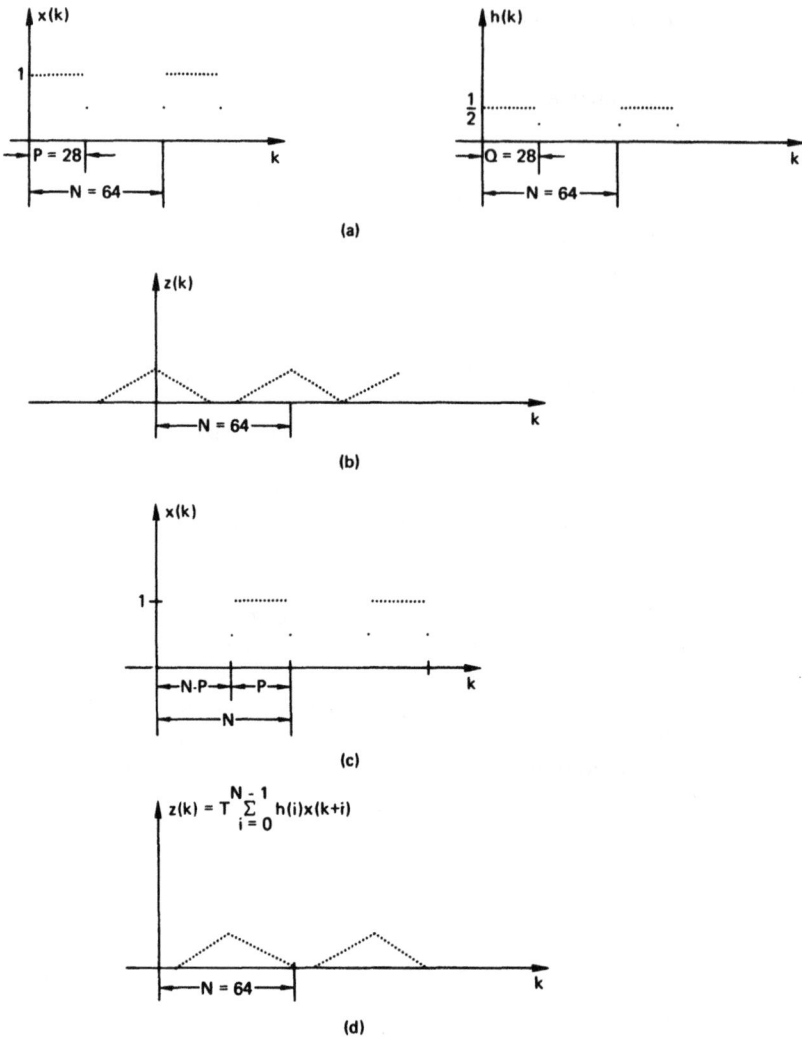

Bild 10-17: Diskrete Korrelation eines Datensatzes nach dessen Umsortierung.

Mit einer Verschiebung der beiden Funktionen, wie in Bild 10-17a gezeigt, erhalten wir das in Bild 10-17b angegebene Korrelationsprodukt. Obwohl es der Form nach korrekt ist, muß es zwecks einer sinnvollen Interpretation zunächst *umpositioniert* werden. Durch eine Versetzung des Signals *x(k)* wie in Bild 10-17c geschehen, bekommen wir das Problem in den Griff. Hierfür ergibt sich das Korrelationsprodukt, das in Bild 10-17d zu sehen ist. Bis auf eine bekannte Verschiebung ist es identisch mit dem gesuchten Signal.

Um die FFT zur Auswertung von Gl.10-31 anwenden zu können, wählen wir die Periode N derart, daß sie die Beziehungen

(10-32)
$$N \geq P + Q - 1$$
$$N = 2^\gamma \quad \gamma \text{ ganzzahlig}$$

erfüllt. Wir verschieben $x(t)$ und tasten sie in folgender **Weise ab:**

(10-33)
$$x(k) = 0 \qquad k = 0, 1, \ldots, N - P$$
$$x(k) = x[kT + a] \quad k = N - P + 1, N - P + 2, \ldots, N - 1$$

Das heißt, wir verschieben die P Abtastwerte von $x(k)$ bis zum rechten Rand der aus den N Abtastwerten bestehenden Periode. Die Funktion $h(t)$ wird gemäß der folgenden Beziehungen verschoben und abgetastet

(10-34)
$$h(k) = h(kT + b) \quad k = 0, 1, \ldots, Q - 1$$
$$h(k) = 0 \qquad k = Q, Q + 1, \ldots, N - 1$$

Entsprechend dem Korrelationstheorem Gl.7-13 berechnen wir folgende Beziehungen

(10-35)
$$X(n) = \sum_{k=0}^{N-1} x(k)e^{-j2\pi nk/N}$$

(10.36)
$$H(n) = \sum_{k=0}^{N-1} h(k)e^{-j2\pi nk/N}$$

(10.37)
$$Z(n) = X(n)H^*(n)$$

(10.38)
$$z(k) = \frac{1}{N}\sum_{n=0}^{N-1} Z(n)e^{j2\pi nk/N}$$

Das Signal $z(k)$ ist identisch mit dem in Bild 10-17d dargestellten Signal.

Die Rechenzeiten für Gl.10-35 - Gl.10-38 sind im wesentlichen gleich den Rechenzeiten für die entsprechenden Beziehungen für die Faltung Gl.10-4 - Gl.10-7. Daher sind die Ergebnisse des letzten Abschnitts auch hier gültig. Die einzelnen Rechenschritte, die bis zu Gl.10-38 führen, sind in Bild 10-18 zusammengestellt.

Die wichtigsten Sachverhalte, an die wir uns erinnern sollen, wenn wir unsere Kenntnisse über die FFT-Faltung auf die FFT-Korrelation übertragen wollen, sind die, daß erstens bei einer Korrelation *keine Spiegelung benötigt wird und daß zweitens eine Linksverschiebung als positiv zu betrachten ist.* Die Vernachlässigung des letztgenannten Punktes ist möglicherweise die Quelle der meisten Fehler, die bei der Interpretation der Ergebnisse von FFT-Korrelationen gemacht werden.

1. $x(t)$ und $h(t)$ seien zwei zeitbegrenzte Funktionen; $x(t)$ sei um a und $h(t)$ um b vom Nullpunkt verschoben.

2. P sei die Anzahl der Abtastwerte von $x(t)$ und Q die Anzahl der Abtastwerte von $h(t)$.

3. Man wähle N entsprechend den Beziehungen

$$N \geq P + Q - 1$$

$$N = 2^\gamma \quad \gamma \text{ ganzzahlig}$$

4. definiere $x(k)$ und $h(k)$ wie folgt:

$$x(k) = 0 \qquad\qquad k = 0, 1, \ldots, N - P$$

$$x(k) = x(kT + a) \qquad k = N - P + 1,$$

$$N - P + 2, \ldots, N - 1$$

$$h(k) = h(kT + b) \qquad k = 0, 1, \ldots, Q - 1$$

$$h(k) = 0 \qquad\qquad k = Q, Q + 1,$$

$$\ldots, N - 1$$

5. berechne die diskreten FFT von $x(k)$ und $h(k)$

$$X(n) = \sum_{k=0}^{N-1} x(k)e^{-j2\pi nk/N}$$

$$H(n) = \sum_{k=0}^{N} h(k)e^{-j2\pi nk/N}$$

6. ändere das Vorzeichen des Imaginärteils von $H(n)$, um $H*(n)$ zu erhalten,

7. bilde das Produkt

$$Z(n) = X(n)H^*(n)$$

8. berechne die inverse diskrete Transformierte von $Z(n)$ unter Anwendung der Vorwärts-FFT (Man beachte die Skalierung mit $1/N$)

$$z(k) = \sum_{n=0}^{N-1} \left(\frac{1}{N} Z^*(n)\right) e^{-j2\pi nk/N}$$

9. und skaliere die Ergebnisse mit der Abtastperiode T.

Bild 10-18 : Rechengang für die FFT-Korrelation zweier zeitbegrenzter Funktionen.

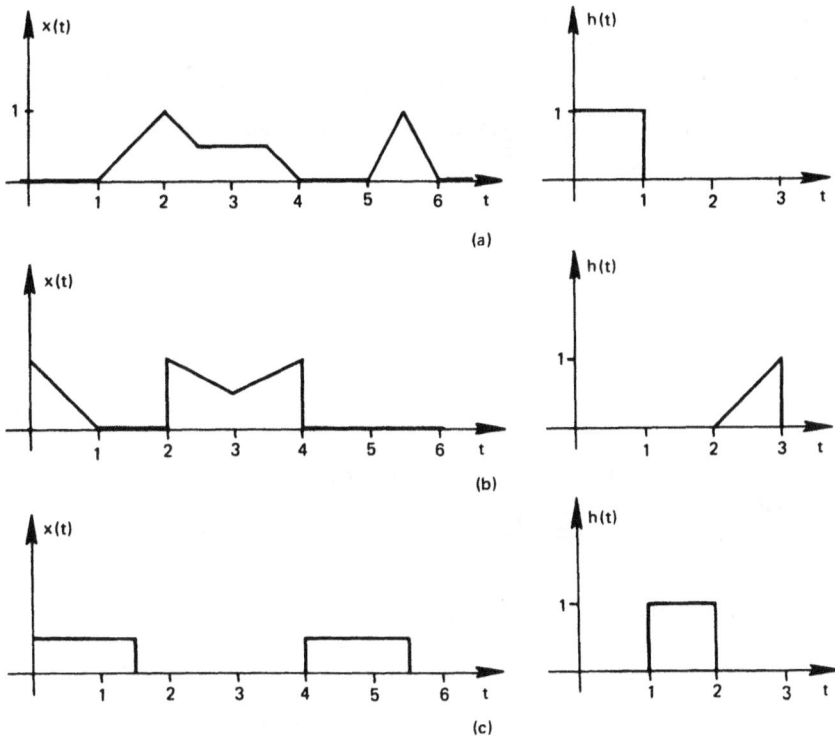

Bild 10-19: Funktionen für die Aufgaben 10.1 bis 10.4.

Aufgaben

10-1 Für die Faltung und Korrelation der Funktionen $x(t)$ und $h(t)$ aus Bild 10-17 bestimme man zur Eliminierung des Randeffekts die optimale Größe N. Man nehme die Abtastperiode $T = 0.1$ an und benutze einen Basis-2-FFT Algorithmus. Man zeige graphisch, wie eine recheneffiziente Faltung durch eine Verschiebung der Abtastwerte erreicht werden kann.

10-2 Man betrachte die Funktionen $x(t)$ und $h(t)$ aus Bild 10-19, demonstriere graphisch die Anwendung des Overlap-Save- und der Overlap-Add-Segmentierungs verfahrens zur Berechnung des Faltungsprodukts von $x(t)$ und $h(t)$.

10-3 Man wiederhole Aufgabe 10-2 für die Korrelation von $x(t)$ und $h(t)$.

10-4 Man wiederhole Aufgabe 10-3 mit den Funktionen $x(t)$ und $h(t)$ aus Bild 10-17.

10-5 Unter Benutzung des früher entwickelten FFT-Programms rekonstruiere man die Ergebnisse der Bilder 10-7, 10-9, 10-10, 10-12 und 10.13 und benutze hierzu die in Abschnitt 10.4 beschriebene recheneffiziente Methode der FFT-Faltung.

10-6 Man leite das Overlap-Save- und Overlapp-Add-Segmentierungsverfahren für die diskrete Korrelation her.

10-7 Man wiederhole Aufgabe 10-5 für die Korrelation der beiden Funktionen.

Literatur

[1]   COOLEY, J.W., P.A.W. LEWIS and P.D. WELCH, "Application of the Fast Fourier Transform to Computation of Fourier Integrals, Fourier Series and Convolution Integrals." IEEE Trans. Audio and Electroacoust. (June 1967), Vol. AU-15, No.2, pp.79-84.

[2]   HELMS, H.D., "Fourier Transform Method of Computing Difference Equations and Simulating Filters." IEEE Trans. Audio and Electroacoust. (June 1967), Vol.Au-15, No.2, pp.85-90.

[3]   STOCKHAM, T.G., "High-Speed Convolution and Correlation." AFIPS Proc. (1966 Spring Joint Conf.), Vol.28, pp.229-233. Washington, DC: Spartan.

[4]   GENTLEMAN, W.M. and G. SANDE, "Fast Fourier Transform for Fun and Profit." AFIPS Proc. (1966 Spring Joint Computer Conf.) Vol.29, pp.563-578, Washington, DC: Spartan.

[5]   COOLEY, J.W., P.A.W. LEWIS and P.D. WELCH, "The Finite Fourier Transform." IEEE Trans. Audio and Electroacoust. (June 1969), Vol. AU-17, No.2, pp.77-85.

[6]   AGARWAL, R.C. and J.W. COOLEY, "New Algorithms for Digital Convolution." IEEE Trans. Acoust. Speech Sig. Proc. (October 1977), Vol. ASSP-25, No.5, pp.392-410.

[7]   BORGIOLI, R.C., "Fast Fourier Transform Correlation versus Direct Discrete Time Correlation." Proc. IEEE (September 1968), Vol. 56, No.9, pp.1602-1604.

[8]   NUSSBAUMER, H.J., Fast Fourier Transforms and Convolution Algorithms. New York: Springer-Verlag, 1982.

11. Zweidimensionale FFT

In den vorausgegangenen Kapiteln haben wir die Anwendung der FFT auf eindimensionale Signale behandelt. Viele der dort besprochenen analytischen Konzepte und Verarbeitungsmethoden lassen sich für die Anwendung der FFT auf zweidimensionale Signale mühelos erweitern. Ein zweidimensionales Signal läßt sich als eine Funktion $h(x,y)$ zweier Variablen x und y beschreiben. Die zweidimensionale FFT hat sich als ein besonders nützliches Werkzeug zur digitalen Verarbeitung zweidimensionaler Signale erwiesen. Beispiele für derartige Signale sind: photographische Aufnahmen, Grafiken, geophysikalische Photoaufnahmen, Bilder von Magnet- und Gravitationsfeldern sowie von Antennen-Strahlungsfeldern. Unser Ziel ist es, die Grundprinzipien, auf denen diese Anwendungen der FFT beruhen, dem Leser zu vermitteln.

In diesem Kapitel werden wir Konzepte und Verfahren für die Anwendung der FFT zur Implementierung der zweidimensionalen Vorwärts- und Rückwärts-Fourier-Transformation vorstellen. Ferner werden wir die Anwendung der FFT zur Berechnung des zweidimensionalen Korrelations- und Faltungsintegrals behandeln. Wie wir später sehen werden, sind diese Anwendungen Erweiterungen entsprechender eindimensionaler Probleme, die wir früher in diesem Buch erörtert haben. Da die zweidimensionale Fourier-Transformation als ein analytisches Instrument dem praktizierenden Ingenieur weniger vertraut ist als die eindimensionale, haben wir vorgezogen, zu ihrer Beschreibung unmittelbar von Definitionen im zweidimensionalen Bereich auszugehen und nicht den Umweg über die Erweiterung entsprechender Aussagen aus dem eindimensionalen Bereich zu beschreiten.

11.1 Zweidimensionale Fourier -Transformation

Ein zweidimensionales Signal $h(x,y)$ hat die zweidimensionale Fourier-Transformierte

(11.1) $$H(u,v) = \int_{-\infty}^{\infty} \int_{-\infty}^{\infty} h(x,y) e^{-j2\pi(ux+vy)} \, dx \, dy$$

Analog zum eindimensionalen Fall, stellt Gl. (11.1) die zweidimensionale Funktion $h(x,y)$ anhand von Komponenten der Form $\cos[2\pi(ux+vy)]$ und $\sin[2\pi(ux+vy)]$ dar.

Ein Beispiel einer zweidimensionalen Funktion (eines Wellenzuges) ist in Bild 11.1(a) zu sehen. Es zeigt eine cosinusförmig-wellige Fläche. Bilden wir einen Schnitt durch die Fläche in der (y,h)-Ebene, erhalten wir eine Schnittkurve, die mit einer räumlichen Frequenz von v_o Perioden je Wegeinheit auf der y-Achse (analog zur *zeitlichen* Frequenz ausgedrückt in Perioden in einer Sekunde) oszilliert. Um Verwechslungen bezüglich des Begriffs Frequenz für Raum- bzw. Zeitsignale zu vermeiden, benutzen wir von nun an die Begriffe *Zeitfrequenz* und *Raumfrequenz*. Die zweidimensionale Fourier-Transformierte des Wellenzugs in Bild 11.1(a) nach Gl. 11.1 setzt sich, wie in Bild 11.1(b) dargestellt, aus einem Paar von Impulsfunktionen zusammen.

Den Begriff zweidimensionales Signal wollen wir anhand von Bild 11.2a näher erläutern. In diesem Beispiel wird ein Schnitt durch die Welle in der (x,h)-Ebene vorgenommen. Die entstehende Schnittkurve schwingt mit der Raumfrequenz $v_o \sin(\theta)$ Perioden je x-Längeneinheit. Entsprechend oszilliert eine Schnittkurve in der (y,h)-Ebene mit der Frequenz $v_o \cos(\theta)$ je y-Längeneinheit. Bild 11.2a ergibt sich einfach durch eine Drehung von Bild 11.1a um den Winkel θ.

Die zweidimensionale Fourier-Transformierte des Wellenzugs in Bild 11.2a ist in Bild 11.2b zu sehen. Wie gezeigt, ist die Raumfrequenz, mit der die Welle in der Richtung senkrecht zu den Linien der Phase Null schwingt, gleich

$[v_o [v_o \cos^2(\theta) + v_o \sin^2(\theta)]^{1/2} = v_o$. Man beachte, daß die beiden Frequenz-Impulsfunktionen auf einer Achse stehen, die im Vergleich zu Bild 11.1b um den Winkel θ gedreht ist. Ein Vergleich von Bild 11.1 und Bild 11.2 zeigt, daß eine Drehung einer Funktion $h(x,y)$ um θ auch eine Drehung ihrer Fourier-Transformierten um denselben Winkel θ bewirkt.

Beispiel 11.1: Eine zweidimensionale Impulsfunktion

Wir berechnen die zweidimensionale Fourier-Transformierte der Funktion aus Bild 11.3a.

Bild 11.3a entnehmen wir

(11.2) $h(x,y) = 1 \qquad -1 < x < 1; \; -1 < y < 1$

$\qquad\qquad\qquad = 0 \qquad$ sonst

Der Einsatz von Gl. 11.2 in Gl. 11.1 liefert

(11.3) $H(u,v) = \int_{-1}^{1} e^{-j2\pi vy} \, dy \int_{-1}^{1} e^{-j2\pi ux} \, dx$

$\qquad\qquad = \int_{-1}^{1} [\cos(2\pi vy) - j \sin(2\pi vy)] \, dy$

$\qquad\qquad\qquad \times \int_{-1}^{1} [\cos(2\pi ux) - j \sin(2\pi ux)] \, dx$

Da das Integral von $\sin(\xi)$ über dem Intervall (-1,1) verschwindet, ergibt die Integration von Gl. 11.3

(11.4) $H(u,v) = \dfrac{\sin(2\pi u)}{\pi u} \int_{-1}^{1} \cos(2\pi vy) \, dy$

$\qquad\qquad = \dfrac{\sin(2\pi u) \, \sin(2\pi v)}{\pi^2 uv}$

Bild 11.3b zeigt diese zweidimensionale Fourier-Transformierte.

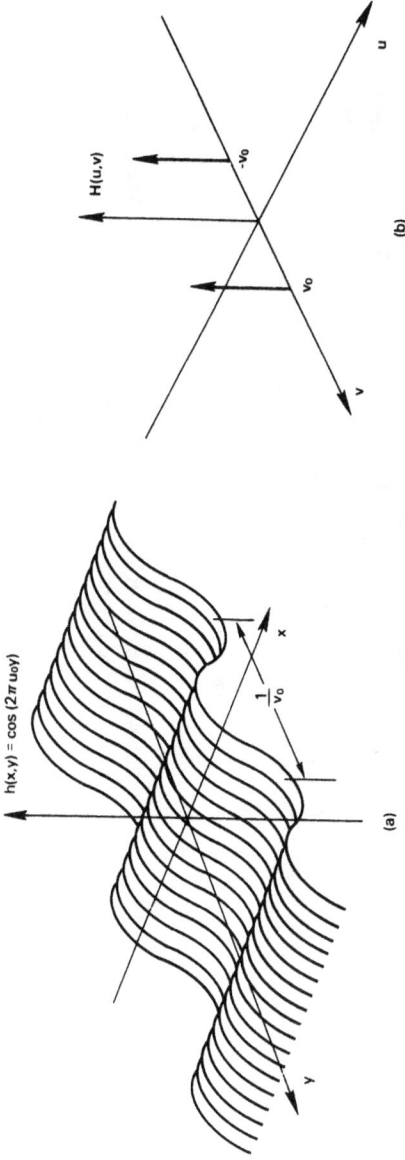

Bild 11-1: Zweidimensionale FOURIER-Transformierte einer sinusförmig-welligen Fläche.

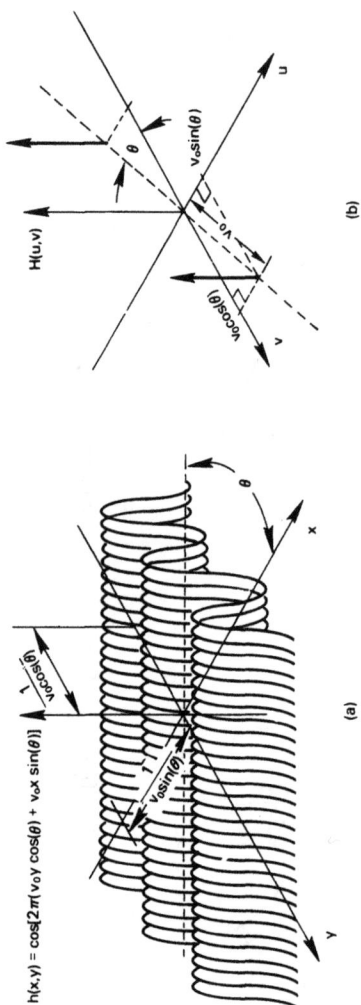

$h(x,y) = \cos[2\pi(v_0 y \cos(\theta) + v_0 x \sin(\theta)]$

$H(u,v)$

(a)

(b)

Bild 11-2: Zweidimensionale FOURIER-Transformierte der welligen Fläche aus Bild 11-1, rotiert um den Winkel θ.

Beispiel 11.2: Zweidimensionale Fourier-Transformierte einer separablen Funktion

Wir berechnen die zweidimensionale Fourier-Transformierte der Funktion

(11.5) $h(x,y) = \cos(2\pi u_0 x) \cos(2\pi v_0 y)$

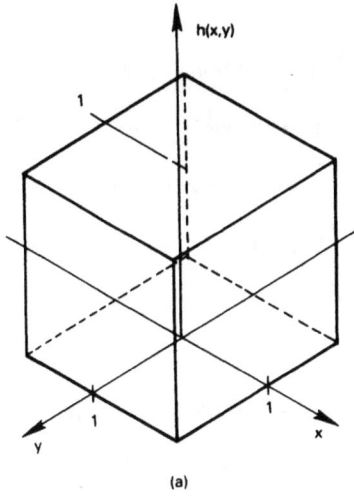

(a)

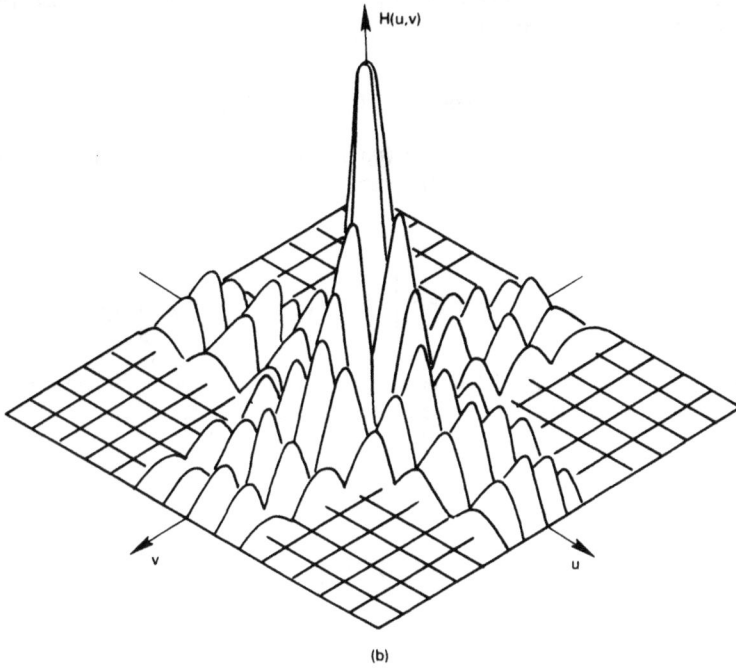

(b)

Bild 11-3: FOURIER-Transformierte eines zweidimensionalen Rechteckimpulses.

Nach Gl. 11.1

(11.6) $\qquad H(u,v) = \displaystyle\int_{-\infty}^{\infty} \int_{-\infty}^{\infty} \cos(2\pi u_0 x) \cos(2\pi v_0 y) e^{-j2\pi(ux+vy)} \, dx \, dy$

$\qquad\qquad = \displaystyle\int_{-\infty}^{\infty} \cos(2\pi v_0 y) e^{-j2\pi vy} \, dy \int_{-\infty}^{\infty} \cos(2\pi u_0 x) e^{-j2\pi ux} \, dx$

$\qquad\qquad = \frac{1}{2} \displaystyle\int_{-\infty}^{\infty} (e^{j2\pi v_0 y} + e^{-j2\pi v_0 y}) e^{-j2\pi vy} \, dy$

$\qquad\qquad \times \left[\frac{1}{2} \displaystyle\int_{-\infty}^{\infty} (e^{j2\pi u_0 x} + e^{-j2\pi u_0 x}) e^{-j2\pi ux} \, dx \right]$

$\qquad\qquad = \frac{1}{2} \displaystyle\int_{-\infty}^{\infty} (e^{-j2\pi y(v-v_0)} + e^{-j2\pi y(v+v_0)}) \, dy$

$\qquad\qquad + \frac{1}{2} \displaystyle\int_{-\infty}^{\infty} \{e^{-j2\pi x(u-u_0)} + e^{-j2\pi x(u+u_0)}\} \, dx$

$\qquad\qquad = \frac{1}{2} \delta(u, v - v_0) + \frac{1}{2} \delta(u, v + v_0)$

$\qquad\qquad + \frac{1}{2} \delta(u - u_0, v) + \frac{1}{2} \delta(u + u_0, v)$

Die durch Gl. 11.5 definierte Funktion wird als *separabel* bezeichnet in dem Sinne, daß sich ihre Fourier-Transformierte als ein Produkt zweier Integrale jeweils einer unabhängigen Variablen ausdrucken läßt. Man beachte, daß die durch Gl. 11.2 definierte Funktion ebenfalls separabel ist.

Eindimensionale Interpretation der zweidimensionalen Fourier- Transformation

Die zweidimensionale Transformierte $H(u,v)$ läßt sich als zwei aufeinanderfolgende eindimensionale Transformationen interpretieren. Um dies zu zeigen, schreiben wir Gl. 11.1 zunächst in der Form

(11.7) $\qquad H(u,v) = \displaystyle\int_{-\infty}^{\infty} e^{-j2\pi vy} \left[\int_{-\infty}^{\infty} h(x,y) e^{-j2\pi ux} \, dx \right] dy$

um. Der Ausdruck in eckigen Klammern ist nicht anders als die eindimensionale Fourier-Transformierte von $h(x,y)$ bezüglich der Variablen x:

(11.8) $\qquad Z(u,y) = \displaystyle\int_{-\infty}^{\infty} h(x,y) e^{-j2\pi ux} \, dx$

Damit können wir Gl. 11.7 letzlich in der Form

(11.9) $\qquad H(u,v) = \displaystyle\int_{-\infty}^{\infty} Z(u,y) e^{-j2\pi vy} \, dy$

ausdrücken, wobei wir $Z(u,y)$ als Kurzform für den Term in eckigen Klammern in Gl. 11.7 benutzen. Aus Gl. 11.9 ist zu ersehen, daß $H(u,v)$ die eindimensionale Transformierte von $Z(u,y)$ bezüglich der Variablen y darstellt. Folglich läßt sich die zweidimensionale Transformierte $H(u,v)$ aus zwei aufeinanderfolgenden eindimensionalen Transformierten nach Gl. 11.8 und Gl. 11.9 zusammensetzen.

Analytisch können wir ein zweidimensionales Integral einfacher dadurch erfassen, daß wir die beiden aufeinanderfolgenden eindimensionalen Teilintegrale nach Gl. 11.8 und 11.9 untersuchen. Diese eindimensionalen Integrale lassen sich nach den gleichen Methoden auswerten, die wir für die eindimensionale Fourier-Transformation bereits kennen gelernt haben. Somit können wir die früher behandelten Berechnungs- und Auswertungsverfahren nun auch auf die zweidimensionale Fourier-Transformation anwenden. Wie wir später sehen werden, erweist sich diese Vorgehensweise als besonders vorteilhaft für die Anwendung der FFT zur Berechnung zweidimensionaler FOURIER-Transformierten.

Beispiel 11.3: Berechnung einer zweidimensionalen Fourier-Transformierten durch zwei aufeinanderfolgende eindimensionale Fourier-Transformationen

In Bild 11.2 zeigten wir die zweidimensionale Fourier-Transformierte der Funktion

(11.10) $\qquad h(x,y) = \cos\{2\pi[v_0 y \cos(\theta) + v_0 x \sin(\theta)]\}$

Um sie analytisch zu ermitteln, setzen wir Gl. 11.10 in Gl. 11.1 ein:

(11.11) $\qquad H(u,v) = \displaystyle\int_{-\infty}^{\infty}\int_{-\infty}^{\infty} \cos\{2\pi[v_0 y \cos(\theta)$

$$+ v_0 x \sin(\theta)]\}e^{-j2\pi(ux+vy)}\, dx\, dy$$

Nun wenden wir hierauf das Zerlegungsprinzip gemäß Gl. 11.8 und Gl. 11.9 an und erhalten:

(11.12) $\qquad H(u,v) = \displaystyle\int_{-\infty}^{\infty} e^{-j2\pi vy}\left(\int_{-\infty}^{\infty} \cos\{2\pi[v_0 y \cos(\theta)\right.$

$$\left. + v_0 x \sin(\theta)]\}e^{-j2\pi ux}\, dx\right) dy$$

$$= \tfrac{1}{2}\int_{-\infty}^{\infty} e^{-j2\pi vy}\left[\int_{-\infty}^{\infty} (e^{j2\pi[v_0 y \cos(\theta)\, +\, v_0 x \sin(\theta)]})e^{-j2\pi ux}\, dx\right.$$

$$\left. + \int_{-\infty}^{\infty} (e^{-j2\pi[v_0 y \cos(\theta)\, +\, v_0 x \sin(\theta)]})e^{-j2\pi ux}\, dx\right] dy$$

$$= \tfrac{1}{2}\int_{-\infty}^{\infty} e^{-j2\pi vy}\left[\int_{-\infty}^{\infty} (e^{j2\pi[v_0 y \cos(\theta) - x(u-v_0)\sin(\theta)]})\, dx\right.$$

$$\left. + \int_{-\infty}^{\infty} (e^{-j2\pi[v_0 y \cos(\theta) + x(u+v_0)\sin(\theta)]})\, dx\right] dy$$

$$= \tfrac{1}{2}\int_{-\infty}^{\infty} e^{-j2\pi vy}\left(e^{j2\pi v_0 y \cos(\theta)}\int_{-\infty}^{\infty} e^{-j2\pi x(u-v_0)\sin(\theta)}\, dx\right.$$

$$\left. + e^{-j2\pi v_0 y \cos(\theta)}\int_{-\infty}^{\infty} e^{-j2\pi x(u+v_0)\sin(\theta)}\, dx\right) dy$$

$$= \tfrac{1}{2}\int_{-\infty}^{\infty} e^{-j2\pi vy}\{e^{j2\pi v_0 y \cos(\theta)}\, \delta[u - v_0 \sin(\theta),y]$$

$$+ e^{-j2\pi v_0 y \cos(\theta)} \delta[u + v_0 \sin(\theta), y]\} \, dy$$

$$= \frac{1}{2} \int_{-\infty}^{\infty} \delta[u - v_0 \sin(\theta), y] e^{-j2\pi y[v - v_0 \cos(\theta)]} \, dy$$

$$+ \frac{1}{2} \int_{-\infty}^{\infty} \delta[u + v_0 \sin(\theta), y] e^{-j2\pi y[v - v_0 \cos(\theta)]} \, dy$$

$$= \frac{1}{2} \delta[u - v_0 \sin(\theta), v - v_0 \cos(\theta)]$$

$$+ \frac{1}{2} \delta[u + v_0 \sin(\theta), v + v_0 \cos(\theta)]$$

Die zweidimensionale Frequenzfunktion nach Gl. 11.12 ist in Bild 11.2b dargestellt.

Inverse zweidimensionale Fourier-Transformation

Die Beziehung der inversen zweidimensionalen Fourier-Transformation lautet

$$(11.13) \qquad h(x,y) = \int_{-\infty}^{\infty} \int_{-\infty}^{\infty} H(u,v) e^{j2\pi(ux + vy)} \, du \, dv$$

Analog zur eindimensionalen inversen Fourier-Transformation besagt diese Beziehung, daß ein zweidimensionaler Wellenzug sich durch Überlagerung von cosinus- und sinusförmigen Wellenzügen geeigneter Frequenzen, Amplituden, Phasen und Orientierungen reproduzieren läßt. Die anschauliche Darstellung der inversen zweidimensionalen Fourier-Transformation ist allerdings schwieriger als im eindimensionalen Fall.

Beispiel 11.4: Eine inverse zweidimensionale Fourier-Transformierte

Gesucht sei die inverse zweidimensionale Fourier-Transformierte der Frequenzfunktion

$$(11.14) \qquad H(u,v) = \Omega \qquad -a \le u \le a, \ -b \le v \le b$$

$$= 0 \qquad \text{sonst}$$

Aus Gl. 11.13 folgt unmittelbar

$$(11.15) \qquad h(x,y) = \int_{-\infty}^{\infty} \int_{-\infty}^{\infty} \Omega e^{j2\pi(ux + vy)} \, du \, dv$$

$$= \Omega \int_{-b}^{b} e^{j2\pi vy} \, dv \left[\int_{-a}^{a} e^{j2\pi ux} \, du \right]$$

$$= \Omega \int_{-b}^{b} \cos(2\pi vy) \, dv \left[\int_{-a}^{a} \cos(2\pi ux) \, du \right]$$

$$= \Omega \left[\frac{\sin(2\pi by)}{\pi y} \right] \left[\frac{\sin(2\pi ax)}{\pi x} \right]$$

Beispiel 11.4 bringt die folgende Eigenschaft der inversen zweidimensionalen Fourier-Transformation zum Ausdruck: Ist eine Frequenzfunktion H (u,v) zerlegbar in ein Produkt einer Funktion der Variablen u und einer zweiten der Variablen v, dann läßt sich die Funktion h (x,y) ebenfalls in ein Produkt zweier Funktionen der Variablen x bzw. y zerlegen.

Zusammenfassung

Im allgemeine fällt es uns schwerer, sich die Eigenschaften der zweidimensionalen Fourier-Transformation vorzustellen, als die der eindimensionalen. Dies rührt in erster Linie daher, daß wir uns in unserer Ausbildung und Praxis hauptsächlich mit der Analyse und Synthese eindimensionaler Funktionen befassen. Wie auf jedem neuartigen Lerngebiet erzielt man auch hier ein umfassendes und grundlegendes Verständnis der Materie erst durch intensive Beschäftigung und praktische Auseinandersetzung mit dem Thema. Die in vorausgegangenen Abschnitten behandelten Grundkonzepte sollen dem Leser in erster Linie als Ausgangsbasis für weitere eigene Lernbemühungen dienen. Eine umfassende Behandlung der zweidimensionalen Fourier-Transformation und ihrer Eigenschaften ist in [1] zu finden.

11.2 Zweidimensionale FFT (Schnelle Fourier-Transformation)

Gemäß Gl. 11.8, Gl. 11.9 und Beispiel 11.3 läßt sich eine zweidimensionale Fourier-Transformation in zwei eindimensionale Fourier-Transformationen zerlegen. Diese Eigenschaft können wir mühelos auch auf die diskrete zweidimensionale Fourier-Transformation übertragen. Nehmen wir an, daß die Funktion h (x,y) in der x-Richtung mit dem Abtastintervall T_x und in der y-Richtung mit dem Abtastintervall T_y abgetastet wird. Die resultierende abgetastete Funktion bezeichnen wir mit dem Symbol h (pT_x ,qT_y) mit $p = 0, 1, ..., N$-1 und $q = 0, 1, ..., M$-1.

Analytische Herleitung

In Analogie zum eindimensionalen Fall wird die diskrete zweidimensionale Fourier-Transformation durch den Ausdruck

$$H(n/NT_x, m/MT_y) = \sum_{q=0}^{M-1} \left[\sum_{p=0}^{N-1} h(pT_x, qT_y) e^{-j2\pi np/N} \right] e^{-j2\pi mq/M}$$

(11.16)
$$p = 0, 1, \ldots, N-1 \qquad n = 0, 1, \ldots, N-1$$
$$q = 0, 1, \ldots, M-1 \qquad m = 0, 1, \ldots, M-1$$

definiert. Man beachte, daß der Term in eckigen Klammern einfach die eindimensionale diskrete Fourier-Transformierte eines Datensatzes mit dem Laufindex p darstellt. Um Gl. 11.16 numerisch auszuwerten, berechnen wir für alle Werte von $q = 0$, 1, ..., M-1 insgesamt M eindimensionale Fourier-Transformierten von M Datensätzen indiziert jeweils mit dem Laufindex $p = 0, 1, ..., N$-1. Die Ergebnisse dieser FFTs bezeichnen wir mit $Z (n/NT_x , qT_y)$ und schreiben damit Gl. 11.16 in der Form

$$(11.17) \qquad H(n/NT_x, m/MT_y) = \sum_{q=0}^{M-1} Z(n/NT_x, qT_y)e^{-j2\pi mq/M}$$

um. Dieser Ausdruck läßt sich schließlich in Form von N eindimensionalen Fourier-Transformationen jeweils eines Datenfeldes mit dem Laufindex $q = 0, 1, ..., M$-1 auswerten. Wir haben also auf analytischem Wege gezeigt, daß wir eine zweidimensionale Fourier-Transformation stets mit Hilfe der eindimensionalen Fourier-Transformation ausführen können. Dazu wird die eindimensionale Fourier-Transformation zunächst angewandt auf $h (pT_x, qT_y)$ mit $p = 0, 1, ..., N$-1 für jeweils einen Wert von q und schließlich auf $Z(n/NT_x, qT_y)$ mit $q = 0, 1, ..., M$-1 für jeweils einen Wert von $n = 0, 1, ..., N$-1. Damit die Ergebnisse der kontinuierlichen und der diskreten Fourier-Transformation wertmäßig äquivalent sind, haben wir die rechte Seite von Gl. 11.16 und Gl. 11.17 noch mit dem Skalierungsfaktor $T_x T_y$ zu multiplizieren.

Graphische Herleitung

Um das Berechnungsverfahren einer zweidimensionaler Fourier-Transformation über den Umweg der eindimensionalen Fourier-Transformation näher zu erläutern, betrachten wir Bild 11.4a. Wie gezeigt, repräsentieren wir die Abtastwerte eines zweidimensionalen Wellenzuges als eine Wertematrix mit $M = 8$ Zeilen ($q = 0, 1, ..., M$-1) und $N = 8$ Spalten ($p = 0, 1, ..., N$-1). Da der Term in eckigen Klammern in Gl. 11,16 eine Summation über p darstellt, entspricht diese Summation der eindimensionalen Fourier-Transformation jeweils einer Zeile der Matrix. Demzufolge wird für jeden Wert von $q = 0, 1, ..., M$-1 eine eindimensionale Fourier-Transformation über die Variable p ausgeführt .

Die diskrete Fourier-Transformation oder die FFT der Zeile 0 liefert eine Frequenzfunktion bestehend aus nur Nullen, da sämtliche Elemente dieser Zeile gleich Null sind. In Bild 11.4b sind die Ergebnisse diese FFT in Zeile 0 aufgetragen. Auch Zeile 1 besteht aus lauter Nullen. Die FFT dieser Zeile liefert ebenfalls nur Nullen. Ihre Ergebnisse sind in Bild 11.4b, in Zeile 1, zu sehen.

Nun betrachten wir die Abtastwerte in Zeile 2. Sie bilden einen Rechteckimpuls mit einer $| \sin(f)/f |$ -Funktion als Fourier-Transformierte. Die Beträge der FFT-Ergebnisse für Zeile 2 sind in Bild 11.4b in Zeile 2 eingezeichnet. Es sei darauf hingewiesen, daß wir hier die FFT-Ergebnisse im üblichen Darstellungsformat der eindimensionalen Fourier-Transformationen angeben: Die ersten $N/2$ Werte repräsentieren die positiven Frequenzen und die restlichen Werte die negativen. Die Abtastwerte in Zeile 3 bis 5 in Bild 11.4a bilden ebenfalls jeweils eineRechteckimpulsfunktion. Die Betragsfunktionen der FFT-Ergebnisse dieser Zeilen bestehen, wie in Bild 11.4b in Zeile 3 bis 5 gezeigt, ebenfalls jeweils aus einer $| \sin(f)/f |$ -Funktion. Zeile 6 und 7 in Bild 11.4a enthalten nur Nullen. Daher enthalten Zeile 6 und 7 in Bild 11.4b lauter Nullen.

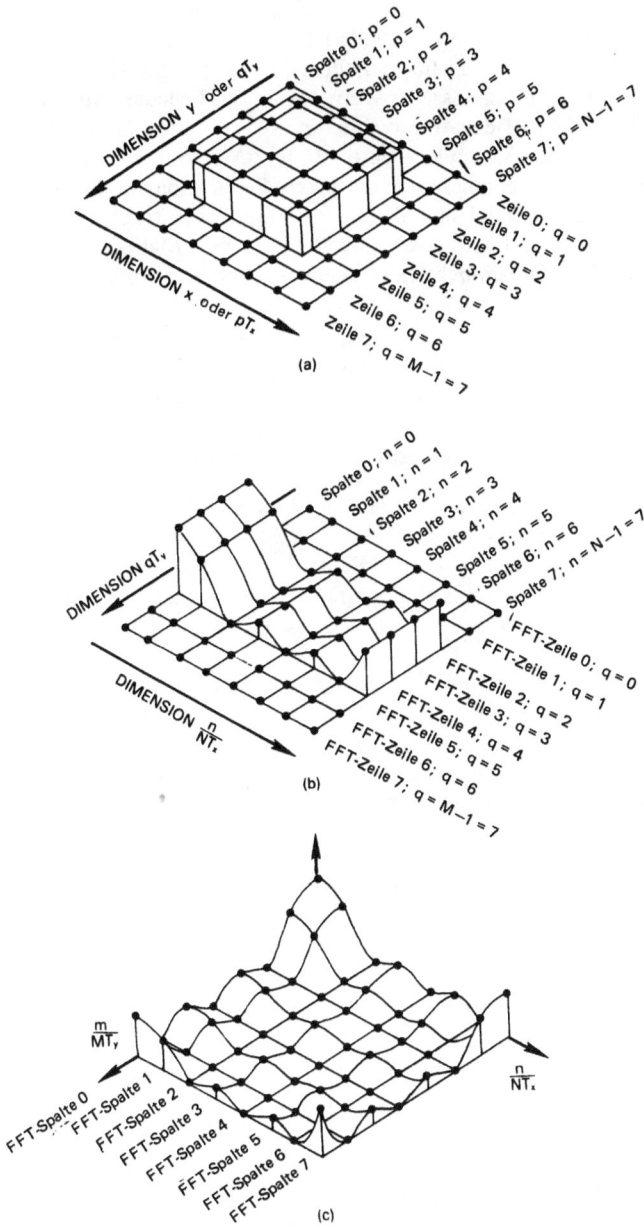

(a)

(b)

(c)

Bild 11-4: Graphische Herleitung einer zweidimensionalen FFT als einer Folge von eindimensionalen FFTs.

Bis zu diesem Punkt haben wir die FFTs sämtlicher Zeilen der Abtastwertematrix von Bild 11.4a gebildet. Die komplexwertige Matrix, die in Bild 11.4b durch eine Matrix der Beträge repräsentiert wird, entspricht dem Term in eckigen Klammern in Gl. 11.16 ausgewertet für alle zulässigen Werte von q. Das bedeutet, wir haben zunächst $q = 0$ gesetzt und die FFT der Abtastwerte für $p = 0, 1, ..., N-1$ berechnet, dann mit $q = 1$ wieder die FFT der Abtastwerte für $p = 0, 1, ... N-1$ ermittelt usw.. Nun gehen wir zum nächsten Schritt über und führen die äußere Summation von Gl. 11.16 durch. Die Summation erstreckt sich über den Index q. Sie bezieht sich also für jeweils einen Wert von $n = 0, 1, ..., N-1$ auf die komplexen Werte einer Matrixspalte in Bild 11.4b. Wir berechnen die FFT sämtlicher Spalten dieser komplexwertigen Matrix.

In Bild 11.4b bilden die Abtastwerte in Spalte 0 eine rechteckförmige Impulsfunktion. Die FFT dieser Spalte liefert, wie in Bild 11.4c in Spalte 0 zu sehen, eine $| \sin(f)/f |$ -Funktion. Wie bereits erwähnt, stellen wir die Ergebnisse der eindimensionalen. Fourier-Transformation im üblichen Format dar, d.h., die ersten M/2 Werte repräsentieren die positive und die restlichen die negativen Frequenzen.

Man beachte, daß alle Matrixspalten in Bild 11.4b bis auf einige, die nur Nullen enthalten, Rechteckimpulse mit unterschiedlichen Amplituden bilden. Auf diese komplexwertigen Spalten wenden wir die FFT an. Diese liefert für jede Spalte als Betragsfunktion der Ergebnisse jeweils eine $\sin(f)/f$ -Funktion einer unterschiedlichen Amplitude. Bild 11.4c zeigt die FFT-Ergebnisse für alle Spalten aus Bild 11.4b.

Wie bei der eindimensionalen FFT, haben wir auch hier die Eingangswertematrix der zweidimensionalen FFT sowie ihre Ergebnismatrix als eine Periode einer periodischen zweidimensionalen Wertefolge der Periode (N,M) aufzufassen. Aus diesem Grunde müssen wir die Darstellungen in Bild 11.4a - 11.4c als eine Periode eines in dem Zeilen- wie auch in dem Spaltenindex periodisch fortgesetzten Wellenzugs interpretieren.

Die Raumfrequenz-Auflösungsmaße der zweidimensionalen FFT-Ergebnisse sind analog zum eindimensionalen Fall gegeben durch

11.18
$$\Delta u = 1/(NT_x)$$
$$\Delta v = 1/(MT_y)$$

Rechenaufwand für die zweidimensionale FFT

Bild 11.4 demonstriert in einer anschaulichen Weise die Berechnung einer zweidimensionalen Fourier-Transformation mit Hilfe mehrerer aufeinanderfolgender eindimensionaler Fourier-Transformationen. Zunächst berechnen wir die FFT jeder Matrixzeile, erhalten also M Fourier- Transformierten von jeweils N Werten. Wir stellen sie in der in Bild 14.4b dargestellten Anordnung dar und schließlich berechnen wir die FFT jeder Matrixspalte, erhalten also N Fourier-Transformierte von jeweils M Werten. Die Transformation einer $N \times M$ Abtastwertematrix verlangt somit ($N + M$) FFT-Durchläufe. Gemäß Schätzungen aus Kapitel 8 werden hierfür insgesamt ca. $NM \log_2 NM$ Operationen benötigt.

Umstrukturierung der zweidimensionalen FFT

Erinnern wir uns daran, daß wir die Ergebnisse der eindimensionalen FFT umstruktu-rieren mußten, um sie im herkömmlichem Format darstellen zu können (Absch. 9.1). Ähnliches haben wir auch im Falle der zweidimensionalen FFT zu verrichten. Wir müssen also Bild 11.4c für den genannten Zweck umstrukturieren. Hierzu duplizieren wir zunächst Bild 11.4c in Bild 11.5a und demonstrieren in Bild 11.5b die erforderli-che Umstrukturierung von Bild 11.5a. In Bild 11.5c und 11.5d zeigen wir, wie die zu-gehörige Matrix umzugestalten ist.

Fassen wir die Wertematrix als eine Anordnung von Quadranten auf, dann bedeutet die erwähnte Umstrukturierung eine zyklische Rechtsdrehung der Anordnung um 2 Quadranten. Eine genaue Betrachtung von Bild 11.5c und 11.5d läßt diesen Punkt deutlich werden. Nach der Umstrukturierung taucht der 1. Quadrant im 3. Quadranten auf. Der 3. Quadrant verschiebt sich nach der zyklischen Rechtsdrehung in den 1. Quadranten. In jedem Quadranten wiederholen wir die Abtastwerte mit der räumli-chen Nyquist-Abtastrate H (n/NT_x ,4), H (4,m/MT_y). Hinsichtlich des Realteils der Matrix bilden der 3. Quadrant eine positive Spiegelung des 1. Quadranten und der 4. Quadrant eine positive Spiegelung des 2. Quadranten. Bezüglich des Imaginärteils sind der 3. und der 4. Quadrant negative Spiegelungen des 1. bzw. des 2. Quadranten.

Beispiel 11.5: Berechnung einer zweidimensionalen Fourier-Transformierten

Zur näheren Erläuterung des vorgestellten Berechnungsverfahrens für die zweidimen-sionale Fourier-Transformation betrachten wir die in Bild 11.6a dargestellte cosinus-förmig-wellige Fläche. Zunächst tasten wir sie mit den Abtastintervallen T_x , T_y ab und erhalten 4 Zeilen und 16 Spalten von Abtastwerten. Man beachte, daß die Zeilen jeweils genau ein Vielfaches der Periode der cosinusförmig-welligen Fläche umfas-sen.

Als nächstes berechnen wir die eindimensionale Fourier-Transformierte jeder Zeile. Zei-le 0 bildet eine Cosinusfunktion. Ihre Fourier-Transformierte besteht aus dem in Bild 11.6b, Zeile 0 (Spalte 2 und 14) erscheinenden Impulspaar. Man beachte, daß die Im-pulsfunktion in Spalte 14 einer negativen Frequenz zuzuordnen ist, da Spalte 9 - 15 nega-tive Frequenzen repräsentieren. Da alle Zeilen dieselbe Cosinusfunktion bilden, sind ihre Fourier-Transformierten, wie in Bild 11.6b zu entnehmen, identisch. Die sich nach die-sem ersten Schritt ergebende Wertematrix stellt nun die Eingangswertematrix für eine zweite Folge von eindimensionalen Fourier-Transformationen dar. Als nächster Schritt berechnen wir die FFT jeder Spalte von Bild 11.6b. Alle Spalten außer Spalte 2 und 14 bestehen aus Nullen. Spalte 2 und 14 enthalten nur eine Konstante. Ihre FFT bestehen folglich jeweils aus einer Impulsfunktion bei der Raumfrequenz Null (m/MT_y mit m=0). Dieses Ergebnis ist in Bild 11.6c zu sehen.

Das Ergebnis der gewünschten zweidimensionalen Fourier-Transformation, berech-net über mehrere sukzessive eindimensionale Fourier-Transformationen, zeigt Bild 11.6c. Es ist jedoch notwendig das Bild gemäß der in Bild 11.5 veranschaulichten Umstrukturierungsmaßnahme umzugestalten. Die umstrukturierten Ergebnisse sind in

(a)

(b)

(c)

(d)

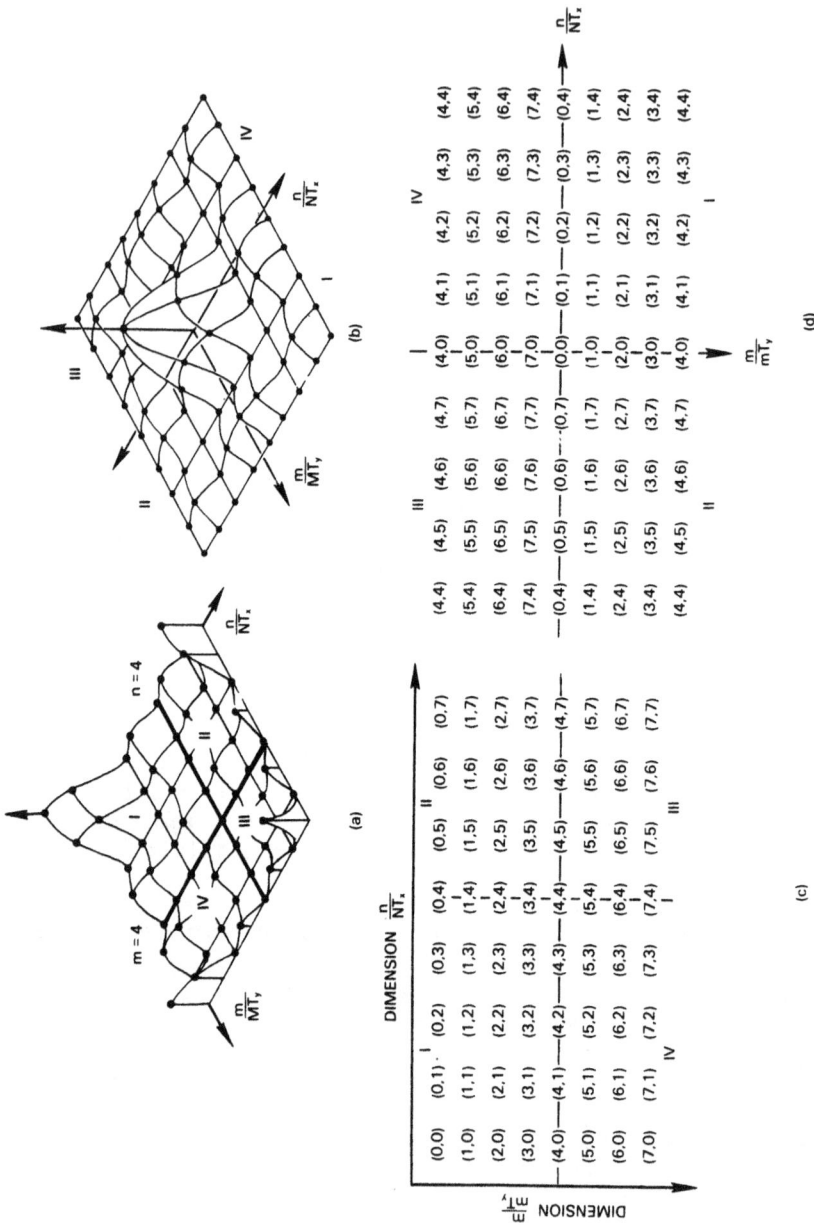

Bild 11-5: Umstrukturierung einer zweidimensionalen FFT zwecks ihrer Darstellung in der herkömmlichen Art.

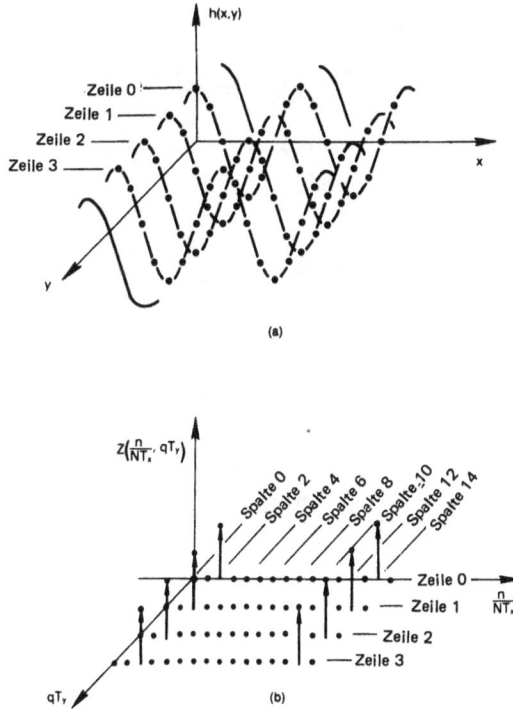

Bild 11-6: Berechnung der zweidimensionalen FFT einer cosinusförmigen Fläche: a) die abgetastete Fläche, b) FFT der Zeilen, c) FFT der
Spalten aus b) und d) Umstrukturierung der Ergebnisse aus c).

Bild 11.6d zu sehen. Man beachte, daß die Umstrukturierungsmaßnahme aus einer
zyklischen Rechtsdrehung um 2 Quadranten besteht. Die Werte bei den Nyquist-
Raumfrequenzen wiederholen sich in jedem Quadranten.

Beispiel 11.6: Eine alternative Berechnungsmethode für die zweidimensionale Fourier-Transformation

Im Beispiel 11.6 haben wir die FFT zuerst auf die Zeilen der Eingangswerte-Matrix
angewandt und anschließend auf die Spalten der Matrix der Zwischenergebnisse.
Ebensogut ist es erlaubt, zunächst die Spalten der erstgenannten Matrix und dann die
Zeilen der zweitgenannten zu transformieren. Dies erklärt sich dadurch, daß sich Gl.
11.16 derart umschreiben läßt, daß als erstes über den Index q summiert wird, was
der Vorgehensweise entspricht, daß wir zuerst die FFT der Spalten der Eingangswerte-Matrix berechnen.

Bild 11.7 dient zur Demonstration der eben erwähnten alternativen Berechnungsmethode der zweidimensionalen Fourier-Transformation. Verglichen mit dem vorausgegangenen Beispiel besteht das zu transportierende zweidimensionale Signal in diesem

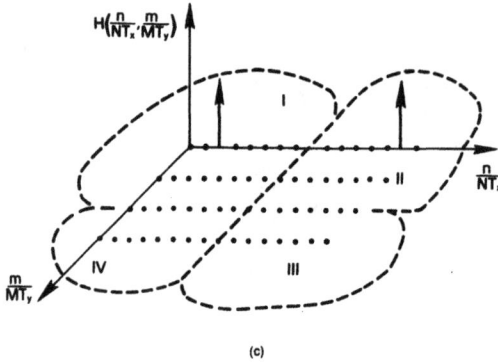

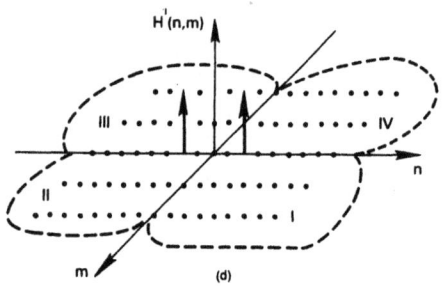

Bild 11-6: (Fortsetzung)

Beispiel aus einer sinusförmig-welligen Fläche. Die Abtastwerte in jeder Zeile umfaßt genau ein Vielfaches einer Periode der sinusförmig-welligen Fläche. Die FFT angewandt auf jede Spalte der Abtastwertematrix liefert einen Impuls bei der Raumfrequenz Null, da die Abtastwerte in jeder Spalte gleich groß sind. Die Amplitude jedes Impulses ist gleich der konstanten Abtastwerte der zugehörigen Spalte. Die FFT-Ergebnisse für alle Spalten zeigt Bild 11.7b.

Als nächstes wenden wir die FFT auf jede Zeile der Matrix aus Bild 11.7b an. Zeile 0 besteht aus einer Sinusfunktion, für die die FFT das in Bild 11.7c dargestellten Impulspaar liefert. Der Impuls in Spalte 14 ist, wie die umstrukturierten Ergebnisse in Bild 11.7d zeigen, einer negativen Frequenz zuzuordnen.

Zweidimensionale Periodizität

Wir haben in Kapitel 6 gesehen, daß die diskrete Fourier-Transformation nur für periodische diskrete Funktionen definiert ist. Eine entsprechende Aussage gilt auch für die zweidimensionale diskrete Fourier-Transformation. Eine zweidimensionale Abtastfunktion ist dann periodisch bezüglich des Zeilenindex p mit der Periode N und bezüglich des Spaltenindex q mit der Periode M, wenn

$$(11.19) \qquad h(pT_x, qT_y) = h[(p + cN)T_x, (q + dM)T_y]$$

gilt mit c und d als beliebigen positiven oder negativen ganzen Zahlen.

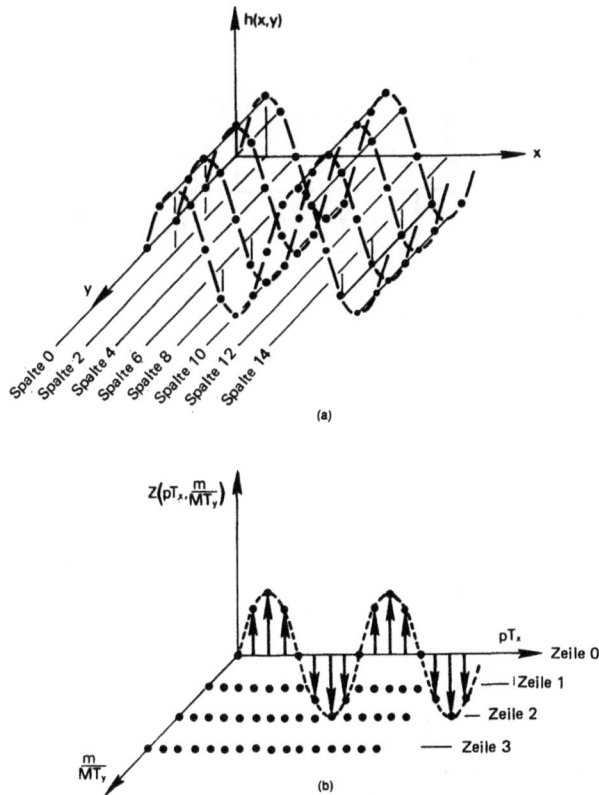

Bild 11-7: Beispiel einer alternariven Berechnungsmethode der zweidimensionalen FFT:
a) die abgetastete wellige Fläche, b) FFT der Spalten,
c) FFT der Zeilen aus b) und d) Umstrukturierung der Ergebnisse aus c).

Bild 11.8 dient zur Veranschaulichung einiger Folgerungen aus dieser Beziehung. Die gestrichelt umrahmte 4x4-Matrix soll eine abgetastete Fläche repräsentieren. Wir haben die zweidimensionale Fläche nur bei positiven Werten von x und y abgetastet. Aufgrund der Periodizitätsbedingung Gl. 11.19 müssen wir diese Matrix als eine Periode einer periodischen zweidimensionalen Fläche auffassen. Bild 11.8 zeigt die vier Quadranten dieser abgetasteten und periodisierten Fläche. Es ist von Vorteil, sich einmal die Beziehung zwischen den Zeilen-, Spaltenindex des umrahmten Quadranten und denen der anderen Quadranten klarzumachen.

Beispiel 11.7: Beispiele zur zweidimensionalen Periodizität

Zur näheren Erläuterung der oben erwähnten zweidimensionalen Periodisierung betrachten wir die in Bild 11.9a gezeigte Fläche. Die Aufgabe sei diese Fläche abzutasten und ihre zweidimensionalen FFT zu berechnen. Hierbei hat man sorgfältig die Periodizitätsbedingungen zu berücksichtigen. Ein Vergleich mit Bild 11.8 macht deut-

(c)

(d)

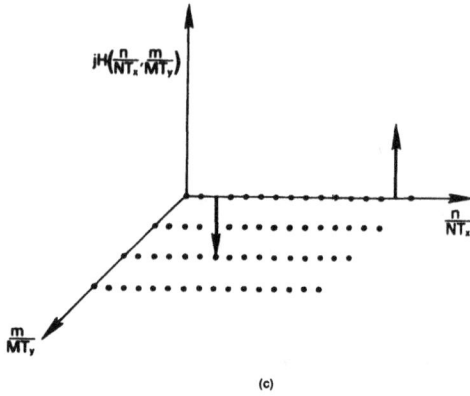

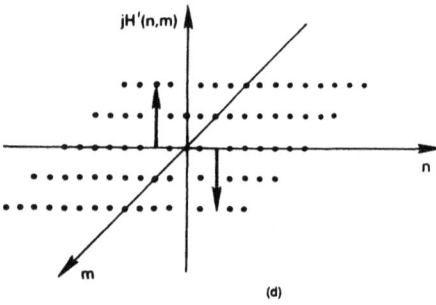

Bild 11-7: (Fortsetzung)

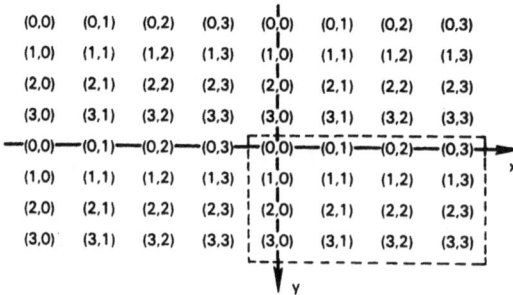

(0,0)	(0,1)	(0,2)	(0,3)	(0,0)	(0,1)	(0,2)	(0,3)
(1,0)	(1,1)	(1,2)	(1,3)	(1,0)	(1,1)	(1,2)	(1,3)
(2,0)	(2,1)	(2,2)	(2,3)	(2,0)	(2,1)	(2,2)	(2,3)
(3,0)	(3,1)	(3,2)	(3,3)	(3,0)	(3,1)	(3,2)	(3,3)
(0,0)	(0,1)	(0,2)	(0,3)	(0,0)	(0,1)	(0,2)	(0,3)
(1,0)	(1,1)	(1,2)	(1,3)	(1,0)	(1,1)	(1,2)	(1,3)
(2,0)	(2,1)	(2,2)	(2,3)	(2,0)	(2,1)	(2,2)	(2,3)
(3,0)	(3,1)	(3,2)	(3,3)	(3,0)	(3,1)	(3,2)	(3,3)

Bild 11-8: Beispiel zur Periodisierung einer 4 x 4-Abtastwertematrix (gestrichelt eingerahmt).

lich, daß wir zur korrekten Abtastung der Fläche in Bild 11.9a unter Beachtung der Periodizitätsbedingung nicht direkt sie selbst, sondern statt dessen die Fläche in Bild 11.9b abtasten müssen. Obwohl sich diese Fläche von der in Bild 11.9a scheinbar stark unterscheidet, stellt ihre periodische Fortsetzung die ursprüngliche Fläche wieder her.

Bei der Aufstellung der zweidimensionalen Abtastwertematrix hat man sorgfältig vorzugehen, um sicher zu stellen, daß die der FFT zu unterziehende zweidimensionale Funktion auch die richtige ist. Man sei an einer ähnlichen Hinweis in Kapitel 9 erinnert.

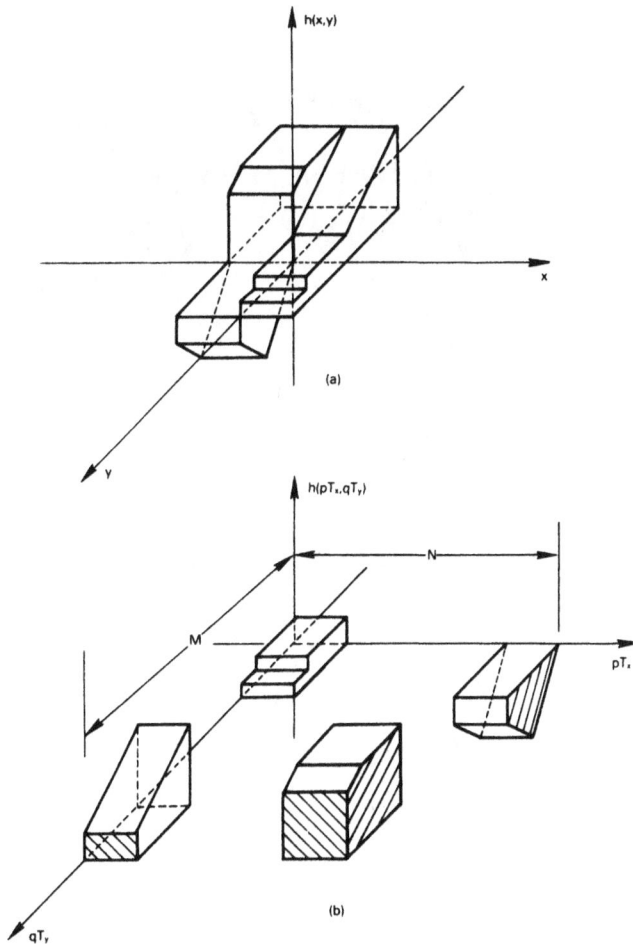

Bild 11-9: Umgestaltung einer zweidimensionalen Fläche zur Erfüllung der Periodizitätsbedingung.

Zweidimensionale Fensterfunktionen

Aus Kapitel 9 wissen wir, daß ein negativer Effekt der Periodisierung darin besteht, daß dadurch eventuell abrupte Änderungen oder Diskontinuitäten an den Endpunkten aller Perioden auftreten können. Dieser Effekt ruft bei den FFT-Ergebnissen Nebenschwingungen (Nebenzipfel) hervor. Einen ähnlichen Effekt erwarten wir auch im Falle der zweidimensionalen FFT.

In Bild 11.10a zeigen wir eine abgetastete zweidimensionale sinusförmig-wellige Fläche. Man beachte, daß die Abtastwerte kein ganzes Vielfache einer Periode des sinus-

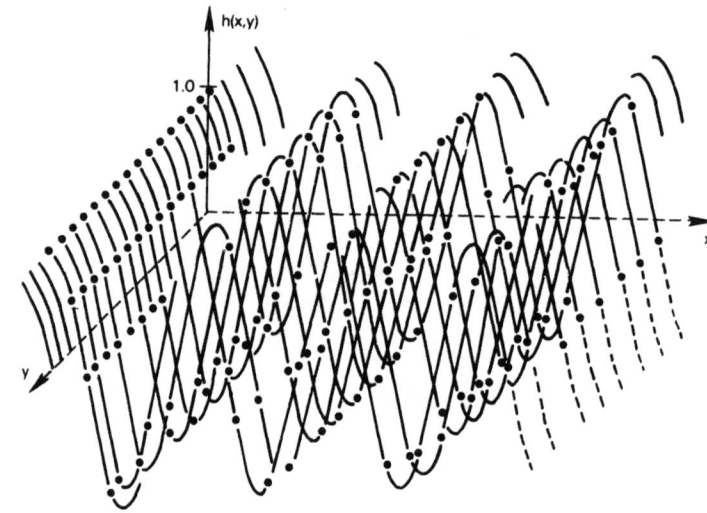

(a)

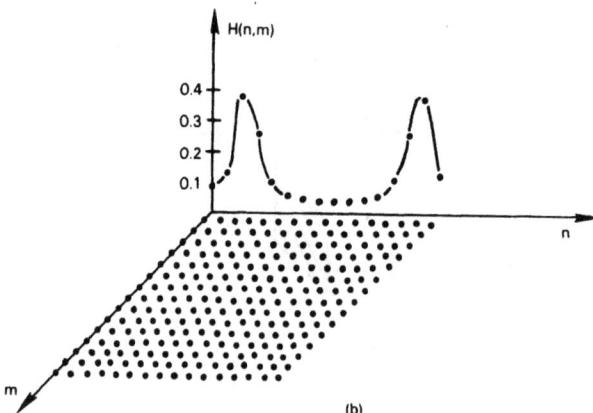

(b)

Bild 11-10 Ergebnisse einer zweidimensionalen FFT ohne Verwendung
einer Fensterfunktion.

förmigen Wellenzugs bilden. Folglich entsteht durch das Abschneiden Diskontinuitäten an den Periodengrenzen in der pT_x-Richtung, was dazu führt, daß die in Bild 11.10b dargestellte FFT-Ergebnisse hohe Nebenzipfel aufweisen. Zur Abschwächung der Nebenzipfel machen wir, wie im Fall der eindimensionalen FFT, von Fensterfunktionen (Gewichtsfunktion) Gebrauch.

Die in Kapitel 9 beschriebene Methode der Anwendung von Fensterfunktionen läßt sich problemlos auf die zweidimensionale Fourier-Transformation übertragen. Erwartungsgemäß erzeugt eine rechteckförmige zweidimensionale Fensterfunktion starke Nebenzipfel (siehe Bild 11.3). Haung hat in [9] gezeigt, daß wir eine brauchbare symmetrische zweidimensionale Fensterfunktion $w'(.)$ gemäß der Beziehung

$$(11.20) \qquad w'(x,y) = w[(x^2 + y^2)^{1/2}] \qquad |x^2 + y^2| < T'/2$$
$$= 0 \qquad \qquad \text{sonst}$$

von einer eindimensionalen Fensterfunktion herleiten können, wobei $w(.)$ eine bezüglich des Punktes $[x=0, y=0]$ symmetrische Funktion und T' das Begrenzungsintervall darstellt. Für $w(.)$ können wir jede beliebige Fensterfunktion wie z.B. die Hanning- oder die Dolph-Chebyshev-Fensterfunktion einsetzen. Bild 11.11 zeigt die nach Gl. 11.20 berechnete zweidimensionale Hanning-Fensterfunktion in der korrekten zweidimensionalen symmetrischen Position.

Bild 11.11b zeigt die FFT-Ergebnisse nach der Anwendung der Hanning-Funktion auf den abgetasteten Wellenzug in Bild 11.10a. Verglichen mit Bild 11.10b fallen die Nebenzipfel hier erwartungsgemäß kleiner aus. Auf der anderen Seite erscheint die Frequenzfunktion hier verhältnismäßig breiter. Die FFT-Ergebnisse wurden hier zur Darstellung im üblichen Format umstrukturiert.

Zweidimensionale inverse FFT

Die Beziehung der inversen zweidimensionalen diskreten Fourier-Transformation lautet

$$(11.21) \qquad h(pT_x,qT_y) = \frac{1}{M}\sum_{m=0}^{M-1}\frac{1}{N}\left[\sum_{n=0}^{N-1} H(n/NT_x,m/\text{MT}_y)e^{j2\pi np/N}\right]e^{j2\pi mq/M}$$

$$p = 0, 1, \ldots, N-1 \qquad n = 0, 1, \ldots, N-1$$
$$q = 0, 1, \ldots, M-1 \qquad m = 0, 1, \ldots, M-1$$

Wie bei der Vorwärts-Transformation wenden wir auch bei der inversen Transformation die inverse Beziehungz unächst auf jede Zeile (oder jede Spalte) der gegebenen Matrix und anschließend auf jede Spalte (oder jede Zeile) der Matrix der Zwischenergebnisse an.

Eine fehlerfreie Ausführung der inversen zweidimensionalen FFT verlangt die korrekte Strukturierung der Matrix der über die Raumfrequenz definierten Funktionswerte. Wie wir aus Bild 11.4c wissen, erscheinen die Ergebnisse einer zweidimensionalen FFT nicht im herkömmlichen Darstellungsformat. Gl. 11.21 setzt jedoch voraus, daß die Eingangsdaten im Format von Bild 11.4c geordnet sind. Liegen die invers zu

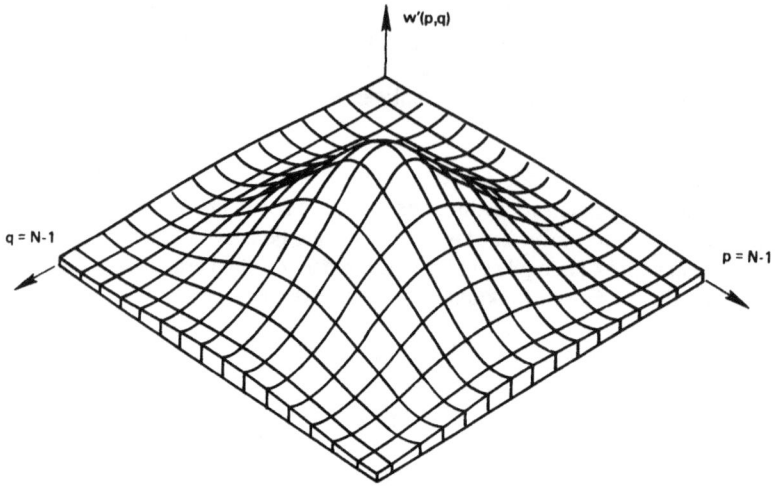

(a)

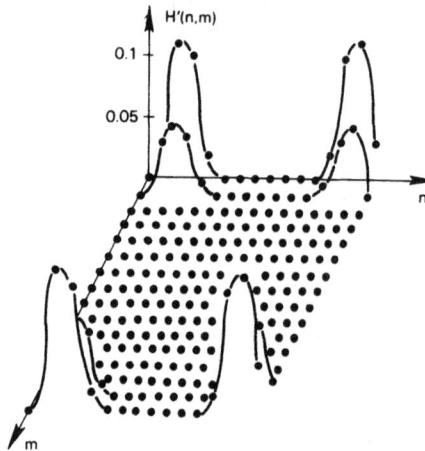

(b)

Bild 11-11: Fläche aus Bild 11-10 a) nach Multiplikation mit der zweidimensionalen
Hanning-Fensterfunktion und b) die zweidimensionale FFT des
Wellenzuges aus a).

transformierenden Werte im herkömmlichen Darstellungsformat vor, müssen wir die in
Bild 11.5 veranschaulichte Formatumwandlung umkehren, bevor wir Gl. 11.21 anwenden. Ähnlich sind wir in Kapitel 9 bei der Berechnung der inversen FFT einer eindimensionalen Frequenzfunktion vorgegangen.Damit die Ergebnisse von Gl. 11.21 zu den Ergebnissen der entsprechenden kontinuierlichen inversen zweidimensionalen Fourier-Transformation äquivalent sind, müssen wir sie noch mit $\Delta u \, \Delta v$ multiplizieren.

Theorem der zweidimensionalen Abtastung

Bei unseren Ausführungen über die zweidimensionale diskrete Fourier-Transformation haben wir die Bedingungen, die das zweidimensionale Abtasttheorem stellt, bislang nicht erwähnt. Zur Formulierung dieses Theorems erweitern wir den Grundgedanken des eindimensionalen Abtasttheorems entsprechend. Hat eine zweidimensionale Funktion $h(x,y)$ die zweidimensionale Fourier-Transformierte $H(u,v)$ mit der Eigenschaft

$$(11.22) \qquad H(u,v) = 0 \qquad u \geq u_c, \; v \geq v_c$$

dann verlangt das Abtasttheorem die Erfüllung des Nyquist-Kriteriums für beide Dimensionen. Die Abtastintervalle T_x und T_y, mit denen wir aus $h(x,y)$ die abgetastete Funktion $h(pT_x,qT_y)$ erhalten, müssen demzufolge die Bedingung

$$(11.23) \qquad \begin{aligned} T_x &\leq 1/2u_c \\ T_y &\leq 1/2v_c \end{aligned}$$

erfüllen.

Zusammenfassung

Bild 11.12 enthält ein BASiC-Programm zur Berechnung der zweidimensionalen FFT eines Datenfeldes $W(n,m)$. Der Realteil des zweidimensionalen Signals ist in W1REAL(II%,JJ%) und der Imaginärteil in W1IMAG(II%,JJ%) abzulegen. Die Parameter N%, NU%, M% und MU% müssen am Programmanfang initialisiert werden. Die Real- und Imaginärteile der im Raumfrequenzbereich gewonnenen Ergebnisse werden in den Feldern W1REAL(II%,JJ%) bzw. W1IMAG(II%,JJ%) zurückgeschrieben. Das Programm transformiert zunächst mit Hilfe des in Bild 8.7 ausgedruckten eindimensionalen FFT-Programms die Spalten des gegebenen Datenfeldes und anschließend wieder mit demselben eindimensionalen FFT-Programm die Zeilen der Matrix der Zwischenergebnisse. Die Dimensionen der Felder XREAL(I%) und XIMAG(I%) sind gleich dem Größeren von den beiden Werten N% und M% zu setzen. Der Anwender muß selber die Ergebnisse in der konventionellen Darstellungsform umstrukturieren und mit $T_x T_y$ multiplizieren, um äquivalente Werte zu den Ergebnissen der entsprechenden kontinuierlichen zweidimensionalen Transformierten zu erhalten.

Mit diesem Programm können wir ebensogut auch die inverse zweidimensionale FFT berechnen, indem wir, genau wie bei der eindimensionalen inversen Fourier-Transformation, vorher das Konjugiert-Komplexe der invers zu transformierenden Raumfrequenzfunktion bilden.

In diesem Abschnitt wurden die grundlegenden Konzepte für die Anwendung der FFT zur Ausführung der zweidimensionalen und der inversen zweidimensionalen Fourier-Transformation behandelt. Die Themenbehandlung konnte keineswegs erschöpfend sein, stellt dennoch die notwendige Basis für weiteres Vordringen in die Materie bereit. Wenn wir die der eindimensionalen FFT zugrunde liegenden analytischen Konzepte auf die bei einer zweidimensionalen Transformation erscheinenden

```
9000 REM:   TWO-DIMENSIONAL FFT SUBROUTINE- THE MAIN
9002 REM:   PROGRAM SHOULD DIMENSION THE DATA ARRAYS
9004 REM:   W1REAL(II%,JJ%) AND W1IMAG(II%,JJ%).
9006 REM:   N%,NU%,M%, AND MU% MUST BE INITIALIZED.
9008 REM:   XREAL(I%) AND XIMAG(J%) SHOULD BE DIMENSIONED
9010 REM:   THE LARGER OF N% OR M%. THIS PROGRAM
9012 REM:   CALLS THE FFT ROUTINE (FIG. 8-7) BEGINNING
9014 REM:   AT LINE 10000.
9026        NN%=N%:NNU%=NU%:MM%=M%:MMU%=MU%
9028 REM: COMPUTE THE FFT OF EACH COLUMN.
9030 FOR JJ%=1 TO MM%
9040     FOR II%=1 TO NN%
9050         XREAL(II%)=W1REAL(II%,JJ%)
9060         XIMAG(II%)=W1IMAG(II%,JJ%)
9070     NEXT II%
9080   GOSUB 10000
9090     FOR KK%=1 TO NN%
9100         W1REAL(KK%,JJ%)=XREAL(KK%)
9110         W1IMAG(KK%,JJ%)=XIMAG(KK%)
9120     NEXT KK%
9130 NEXT JJ%
9140 REM: COMPUTE THE FFT OF EACH ROW.
9150 FOR JJ%=1 TO NN%
9160     FOR II%=1 TO MM%
9170         XREAL(II%)=W1REAL(JJ%,II%)
9180         XIMAG(II%)=W1IMAG(JJ%,II%)
9190     NEXT II%
9200     N%=MM%:NU%=MMU%
9210   GOSUB 10000
9220     FOR KK%=1 TO MM%
9230         W1REAL(JJ%,KK%)=XREAL(KK%)
9240         W1IMAG(JJ%,KK%)=XIMAG(KK%)
9250     NEXT KK%
9260 NEXT JJ%
9270 N%=NN%:NU%=NNU%
9280 RETURN
9290 END
```

Bild 11-12: BASIC-Unterprogramm zur Berechnung der zweidimensionalen FFT.

eindimensionalen FFT sorgfältig anwenden, dann werden wir kaum auf Schwierigkeiten stoßen. Die bereits von uns demonstrierte Ähnlichkeit der Mathematik der zweidimensionalen FFT und der der eindimensionalen rechtfertigt diese Schlußfolgerung.

11.3 Zweidimensionale Faltung und Korrelation

Das Faltungsintegral für zweidimensionale Signale ist definiert durch die Beziehung

$$(11.24) \qquad g(x,y) = \int_{-\infty}^{\infty} \int_{-\infty}^{\infty} r(\tau_x,\tau_y)h(x-\tau_x,y-\tau_y)d\tau_x d\tau_y = r(x,y) ** h(x,y)$$

Es läßt sich, wie im folgenden Abschnitt gezeigt, ähnlich wie im eindimensionalen Fall graphisch interpretieren.

Graphische Auswertung des zweidimensionalen Faltungsintegrals

Die Funktion $r(\tau_x, \tau_y)$ und $h(\tau_x, \tau_y)$ seien durch ihre Definitionsbereiche in Bild 11.13a,b gegeben. Um die Darstellung zu vereinfachen, werden die Amplitudenverläufe der beiden Funktionen nicht gezeigt. Zur Auswertung von Gl. 11.24 im Punkt $g(x',y')$ benötigen wir die Funktion $h(x'-\tau_x, y'-\tau_y)$. Bild 11.13c ist zu entnehmen, daß $h(-\tau_x, -\tau_y)$ aus $h(\tau_x, \tau_y)$ durch eine Drehung um 180° um den Ursprung hervorgeht. Die Funktion $h(x'-\tau_x, y'-\tau_y)$ erhalten wir dann wie in Bild 11.13d gezeigt durch Verschiebung von $h(-\tau_x, -\tau_y)$ um x',y' auf der τ_x- bzw. τ_y-Achse. Ein Doppelintegral über das Produkt $r(\tau_x, \tau_y) \cdot h(x'-\tau_x, y'-\tau_y)$ liefert schließlich das gesuchte Faltungsprodukt $g(x',y')$.

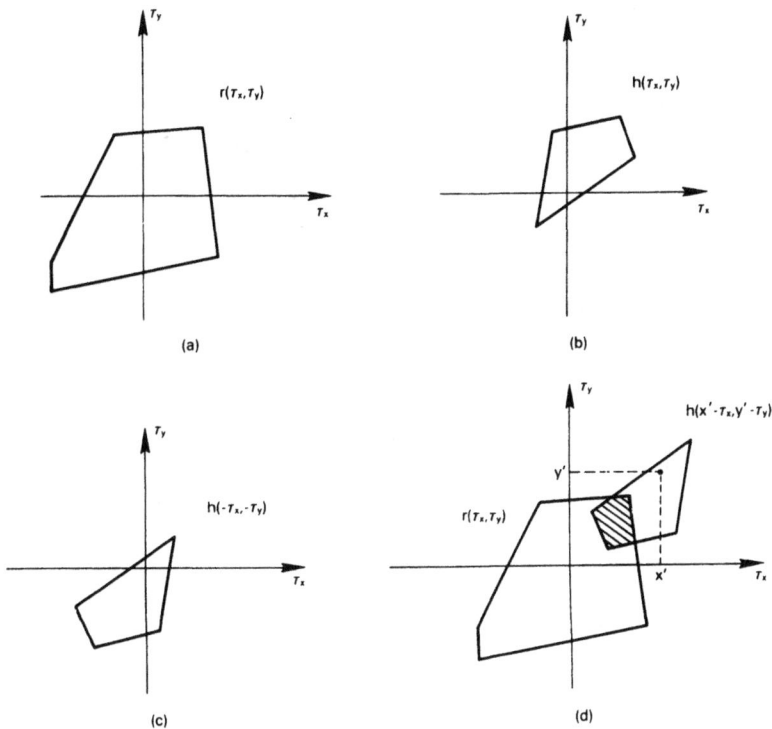

Bild 11-13: Beispiel zur graphischen Ausführung der zweidimensionalen Faltung.

Beispiel 11.7: Zweidimensionale Faltung zweier Linienfunktionen

Bild 11.14 zeigt ein Beispiel zur zweidimensionalen Faltung. Die zwei zu faltenden Funktionen sind in Bild 11.14a, b zu sehen. Da $h(\tau_x, \tau_y)$ bezüglich τ_y- Achse symmetrisch liegt, stellt ihre Drehung um 180°, wie in Gl. 11.23 verlangt und in Bild 11.14a nachvollziehbar, die Funktion selbst wieder her: $h(-\tau_x, -\tau_y) = h(\tau_x, \tau_y)$). Die um (x', y') verschobene Funktion $h(x' - \tau_x, y' - \tau_y)$ ist in Bild 11.14c zu sehen. Eine Multiplikation und anschließende Integration liefert einen räumlichenden Punkt des gesuchten zweidimensionalen Faltungsprodukts (Bild 11.14d).

Beispiel 11.8: Zweidimensionale Faltung mit einer Impulsfunktion

Anhand von Bild 11.15 wollen wir die zweidimensionale Faltung mit einer Impulsfunktion demonstrieren. In Bild 11.15a zeigen wir eine zweidimensionale Folge von Impulsfunktionen. In der x-Richtung stehen sie im Abstand T_x und in der y-Richtung im Abstand T_y voneinander entfernt. Die mit diesen Impulsfunktionen zu faltende Funktion ist in Bild 11.15b zu sehen.

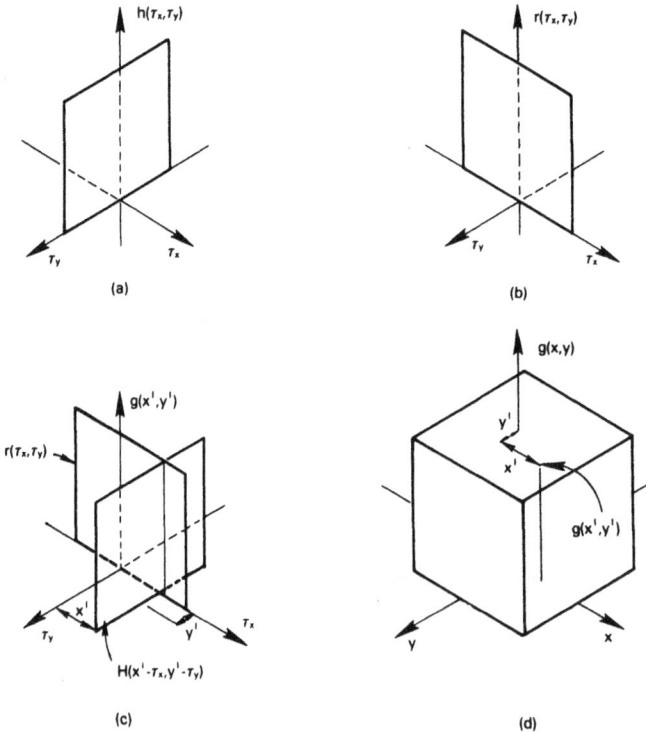

Bild 11-14: Beispiel zur graphischen Ausführung der zweidimensionalen Faltung zweier Linienfunktionen.

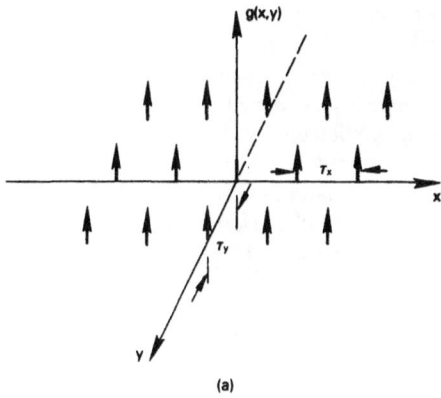

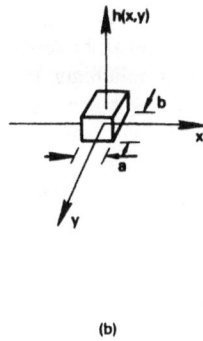

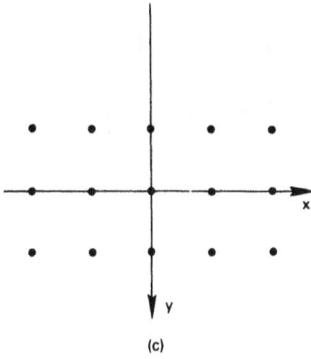

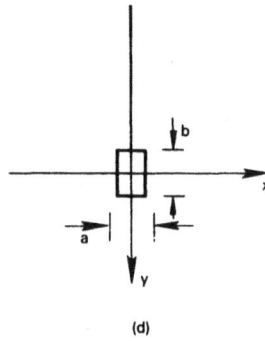

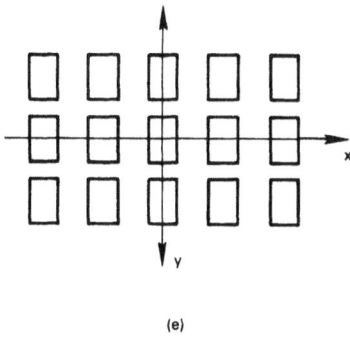

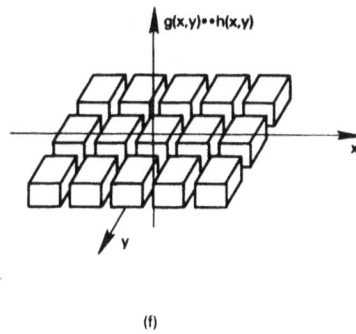

Bild 11-15: Graphisches Beispiel zur zweidimensionalen Faltung mit Impulsfunktionen.

Um die Darstellung zu vereinfachen, lassen wir für das weitere die Amplitudeninformationen außer acht und geben in Bild 11.15c, d lediglich Informationen über Länge, Breite und Verschiebungen. Um das Faltungsprodukt der Funktionen in Bild 11.15c und Bild 11.15d zu bilden, erinnern uns an eine Aussage aus Kapitel 4, wonach eine Faltung einer beliebigen Funktion mit einer Impulsfunktion eine Verschiebung der Funktion zu der Auftrittsstelle der Impulsfunktion zur Folge hat. Mit dieser Überlegung erhalten wir unmittelbar das gesuchte Faltungsprodukt, das in Bild 11.15e, f zu sehen ist. Das Ergebnis dieses Beispiels läßt sich zu graphischen Herleitung des zweidimensionalen Abtasttheorems entsprechend erweitern (Aufgabe 11.15).

Beispiel 11.9: Bestimmung der Amplitudenwerte eines zweidimensionalen Faltungsprodukts

Zur weiteren Erläuterung der zweidimensionalen Faltung betrachten wir die zwei quadratischen Bereiche in Bild 11.16a. Beiden Bereichen ordnen wir die Amplitude Eins

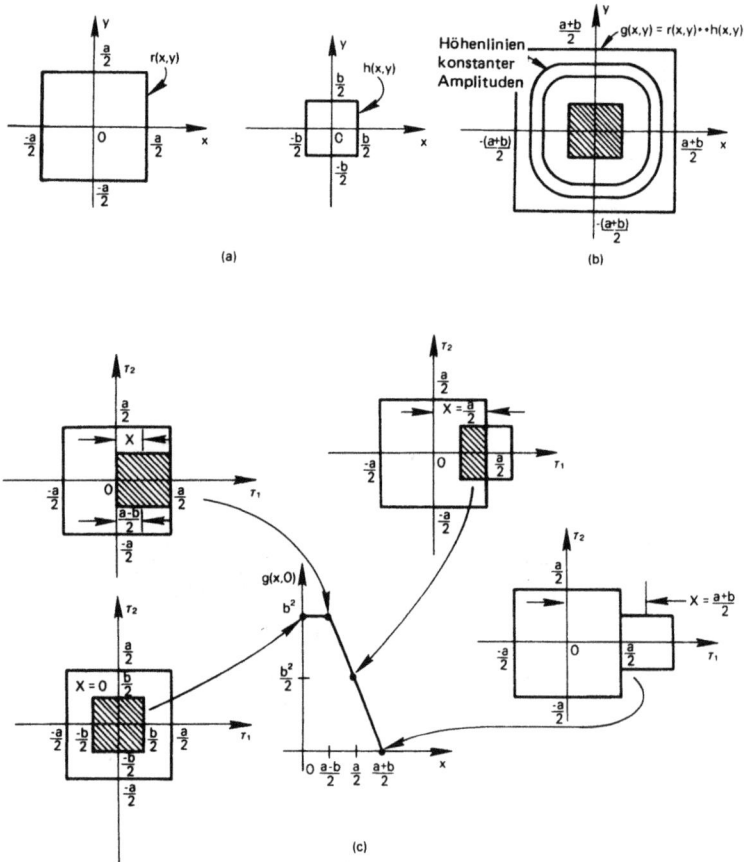

Bild 11-16: Graphisches Beispiel zur Amplitudenberechnung bei einer zweidimensionalen Faltung.

zu. Wie Bild 11.16b zu entnehmen ist, erstreckt sich der Bereich, in dem das Faltungsprodukt nichtverschwindende Werte annimmt, über einem quadratischen Gebiet der Seitenlänge $(a + b)$. Im Bild sind auch einige Höhenlinien eingezeichnet. Den Amplitudenverlauf des Faltungsproduktes entlang der x-Achse zeigt Bild 11.16c. Veranschaulicht sind in diesem Bild ferner die zur Berechnung einiger ausgezeichneten Werte erforderlichen Verschiebungen und Integrationen.

Theorem der zweidimensionalen Faltung

Die zweidimensionale Faltung können wir alternativ in Form einer Multiplikation im Frequenzbereich durchführen: Mit $r(x,y)$ und $h(x,y)$ als den beiden miteinander zu faltenden Funktionen mit den Fourier-Transformierten $R(u,v)$ bzw. $H(u,v)$ gilt

$$(11.25) \qquad r(x,y) ** h(x,y) \quad \circ\!\!-\!\!\bullet \quad R(u,v)H(u,v)$$

Zum Beweis ziehen wir das Konzept der eindimensionalen Interpretation der zweidimensionalen Fourier-Transformation gemäß Gl. 11.7 bis Gl. 11.9 heran.
Mit $Z_r(u,y)$ und $Z_h(u,y)$ als den eindimensionalen Transformierten von $r(x,y)$ bzw. $h(x,y)$ bezüglich der Variablen x gilt nach dem Theorem der eindimensionalen Faltung

$$(11.26) \qquad \int_{-\infty}^{\infty} r(\tau_x,\tau_y)h(x-\tau_x,y-\tau_y)d\tau_x \quad \circ\!\!-\!\!\bullet \quad Z_r(u,\tau_y)Z_h(u,y-\tau_y)$$

Hieraus folgt

$$\int_{-\infty}^{\infty} \int_{-\infty}^{\infty} r(\tau_x,\tau_y)h(x-\tau_x,y-\tau_y)d\tau_x d\tau_y \quad \circ\!\!-\!\!\bullet \quad \int_{-\infty}^{\infty} Z_r(u,\tau_y)Z_h(u,y-\tau_y)d\tau_y$$

$$(11.27) \qquad\qquad\qquad\qquad\qquad \circ\!\!-\!\!\bullet \quad R(u,v)H(u,v)$$

übereinstimmend mit Gl. 11.25. Wie im Falle der eindimensionalen Faltung werden wir später das zweidimensionale Faltungstheorem benutzen, um von dem FFT-Algorithmus zur Berechnung der zweidimensionalen Faltung Gebrauch machen zu können.

Zweidimensionale Korrelation

Das zweidimensionale Korrelationsintegral ist definiert durch die Beziehung

$$(11.28) \qquad p(x,y) = \int_{-\infty}^{\infty} \int_{-\infty}^{\infty} r(\tau_x,\tau_y)h(x+\tau_x,y+\tau_y)d\tau_x \, d\tau_y$$

Hieraus geht hervor, daß wir, wie im Falle der eindimensionalen Korrelation, die Funktion $h(x,y)$ vor der Verschiebungsoperation nicht spiegeln müssen. Unter Berücksichtigung dieser Besonderheit lassen sich alle früher vorgestellten graphischen Methoden der zweidimensionalen Faltung auch auf die zweidimensionale Korrelation übertragen. Das Theorem der zweidimensionalen Korrelation lautet:

(11.29) $\qquad \int_{-\infty}^{\infty} \int_{-\infty}^{\infty} r(\tau_x,\tau_y)h(x+\tau_x,y+\tau_y)d\tau_x \, d\tau_y \quad \circ\!\!\!-\!\!\!-\!\!\bullet \quad R^*(u,v)H(u,v)$

wobei $R^*(u,v)$ das Konjugiert-Komplexe von $R\,(\,u,\,v\,)$ bezüglich u,v bedeutet.

11.4 Zweidimensionale Faltung und Korrelation mit Hilfe der FFT

Ein zweidimensionales Faltungsprodukt läßt sich in gleicher Weise wie ein eindimensionales mit Hilfe der FFT berechnen. Die Beziehung der diskreten zweidimensionalen Faltung lautet

(11.30) $\qquad g(pT_x,qT_y) = \sum_{j=0}^{M-1}\sum_{i=0}^{N-1} r(iT_x,jT_y)h[(p-i)T_x,(q-j)T_y]$

$$p = 0, 1, \ldots, N-1 \qquad i = 0, 1, \ldots, N-1$$

$$q = 0, 1, \ldots, M-1 \qquad j = 0, 1, \ldots, M-1$$

wobei $g\,(pT_y,\,qT_y\,)$, $r\,(pT_x,\,qT_y\,)$ und $h\,(pT_x,\,qT_y\,)$ periodische Funktionen der Periode NT_x und MT_y bezüglich der x- bzw. y-Koordinate sind.

Wir benutzen das Faltungstheorem um die FFT zur Berechnung der diskreten Faltung einsetzen zu können. Zuerst wenden wir die FFT auf die Funktionen $r\,(iT_x,jT_y\,)$ und $h\,(iT_x,jT_y\,)$ an:

(11.31) $\qquad R(n/NT_x,m/MT_y) = \sum_{q=0}^{M-1}\left[\sum_{p=0}^{N-1} r(pT_x,qT_y)e^{-j2\pi np/N}\right]e^{-j2\pi mq/M}$

(11.32) $\qquad H(n/NT_x,m/MT_y) = \sum_{q=0}^{M-1}\left[\sum_{p=0}^{N-1} h(pT_x,qT_y)e^{-j2\pi np/N}\right]e^{-j2\pi mq/M}$

$$n = 0, 1, \ldots, N-1$$

$$p = 0, 1, \ldots, N-1$$

$$m = 0, 1, \ldots, M-1$$

$$q = 0, 1, \ldots, M-1$$

Als nächstes bilden wir das Produkt $R\,(\,n/NT_x,m/MT_y\,)\,H\,(\,n/NT_x\,,\,m/MT_y\,)$ unter Berücksichtigung der Tatsache, daß beide Funktionen im allgemeinen komplexwertig sind. Schließlich berechnen wir die inverse FFT dieses Produkts:

(11.33) $\qquad g(pT_x,qT_y) = (1/NM)\sum_{m=0}^{M-1}\left[\sum_{n=0}^{N-1} R(n/NT_x,m/MT_y)\right.$

$$\left. \times \; H(n/NT_x,m/MT_y)e^{j2\pi np/N}\right]e^{j2\pi mq/M}$$

Das gesuchte Faltungsprodukt erscheint im Realteil-Feld der FFT-Ergebnisse.

Aufgrund der Tatsache, daß Gl. 11.30 eine zyklische Faltung der periodischen diskreten Funktionen $r(pT_x, qT_y)$ und $h(pT_x, qT_y)$ darstellt, müssen wir um den Rand-Effekt der diskreten Faltung zu vermeiden, den beiden diskreten Funktionen jeweils eine ausreichende Anzahl von Nullen hinzufügen. Das Faltungsprodukt einer zweidimensionalen Funktion der Dimension (N_1, M_1) mit einer zweiten der Dimension (N_2, M_2) erhält im allgemeinen die Dimension ($N_1 + N_2 - 1, M_1 + M_2 - 1$). Dementsprechend müssen wir die beiden miteinander zu faltenden Funktionen, wie in Bild 11.17 geschehen, mit einer genügenden Anzahl von Nullen erweitern. Gegebenenfalls sind noch weitere Nullen hinzuzufügen, um insgesamt die notwendige Punktzahl des einzusetzenden FFT-Algorithmus zu erreichen. Nachdem wir die Funktionen $r(pT_x, qT_y)$ und $h(pT_x, qT_y)$ jeweils mit einer Anzahl von Nullen ergänzt haben, wenden wir Gl. 11.31 bis Gl. 11.33 an. Das Ergebnis ist das gewünschte zweidimensionale Faltungsprodukt. Soll mit der diskreten zweidimensionalen Faltung eine entsprechende kontinuierliche zweidimensionale Faltung approximiert werden, dann sind die Ergebnisse mit dem Skalierungsfaktor $T_x T_y$ zu multiplizieren.

Beispiel 11.10: Beispiel zur zweidimensionalen Faltung mit der FFT

Um die Durchführung der zweidimensionalen Faltung mit Hilfe der FFT näher zu erläutern, betrachten wir die beiden Datenfelder in Bild 11.18a. Sie haben die Dimensionen (2,2) bzw. (2,4). Daher erhält das Faltungsprodukt die Dimension (3,5) Den Datenfeldern müssen wir jeweils eine genügende Anzahl von Nullen hinzufügen, damit sie ebenfalls diese Dimension erhalten. Dadurch unterdrücken wir den Randeffekt der zyklischen Faltung. Um einen Bais—2-FFT-Algorithmus anwenden zu können, erweitern wir die Dimensionen der Felder durch Nullergänzung auf (4,8). Die nullergänzten Datenfelder zeigt Bild 11.18b. Nun setzen wir die Datenfelder aus Bild 11.18b in Gl. 11.31 und Gl. 11.32 ein und rechnen schließlich Gl. 11.33 durch. Das Ergebnis ist in Bild 11.18c zu sehen.

Beispiel 11.11: Zweidimensionale Faltung mit einer separablen Funktion

Ist eine der beiden miteinander zu faltendem zweidimensionalen Funktionen separabel, d.h. wenn z.B. gilt

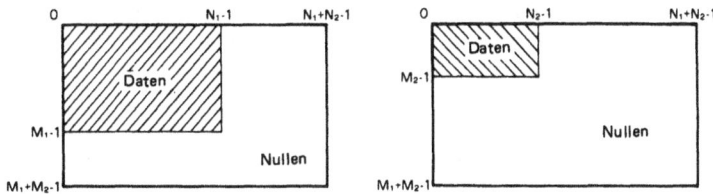

Bild 11-17: Hinzufügen von Nullen bei einer zweidimensionalen FFT-Faltung zur Vermeidung des Randeffektes.

iT_x

$$-2-1 \rightarrow$$
$$3 \quad 1$$

$jT_y \quad \downarrow \qquad r(iT_x,jT_y)$

iT_x

$$-1-0-0-1 \longrightarrow$$
$$2 \quad 1 \quad 3 \quad 2$$

$jT_y \quad \downarrow \qquad h(iT_x,jT_y)$

(a)

iT_x

$$-2-1-0-0-0-0-0-0 \rightarrow$$
$$3 \quad 1 \quad 0 \quad 0 \quad 0 \quad 0 \quad 0 \quad 0$$
$$0 \quad 0 \quad 0 \quad 0 \quad 0 \quad 0 \quad 0 \quad 0$$
$$0 \quad 0 \quad 0 \quad 0 \quad 0 \quad 0 \quad 0 \quad 0$$

$jT_y \quad \downarrow \qquad r'(iT_x,jT_y)$

iT_x

$$-1-0-0-1-0-0-0-0 \longrightarrow$$
$$2 \quad 1 \quad 3 \quad 2 \quad 0 \quad 0 \quad 0 \quad 0$$
$$0 \quad 0 \quad 0 \quad 0 \quad 0 \quad 0 \quad 0 \quad 0$$
$$0 \quad 0 \quad 0 \quad 0 \quad 0 \quad 0 \quad 0 \quad 0$$

$jT_y \quad \downarrow \qquad h'(iT_x,jT_y)$

(b)

$$\quad 0 \quad 1 \quad 2 \quad 3 \quad 4 \quad 5 \quad 6 \quad 7$$
$$-0-2-1-0-2-1-0-0-0 \rightarrow$$
$$\qquad\qquad\qquad\qquad\qquad\qquad p$$
$$1 \quad 7 \quad 5 \quad 7 \quad 10 \quad 3 \quad 0 \quad 0 \quad 0$$
$$2 \quad 6 \quad 5 \quad 10 \quad 9 \quad 2 \quad 0 \quad 0 \quad 0$$
$$3 \quad 0 \quad 0 \quad 0 \quad 0 \quad 0 \quad 0 \quad 0 \quad 0$$

$q \quad \downarrow \qquad\qquad\qquad g(p,q)$

(c)

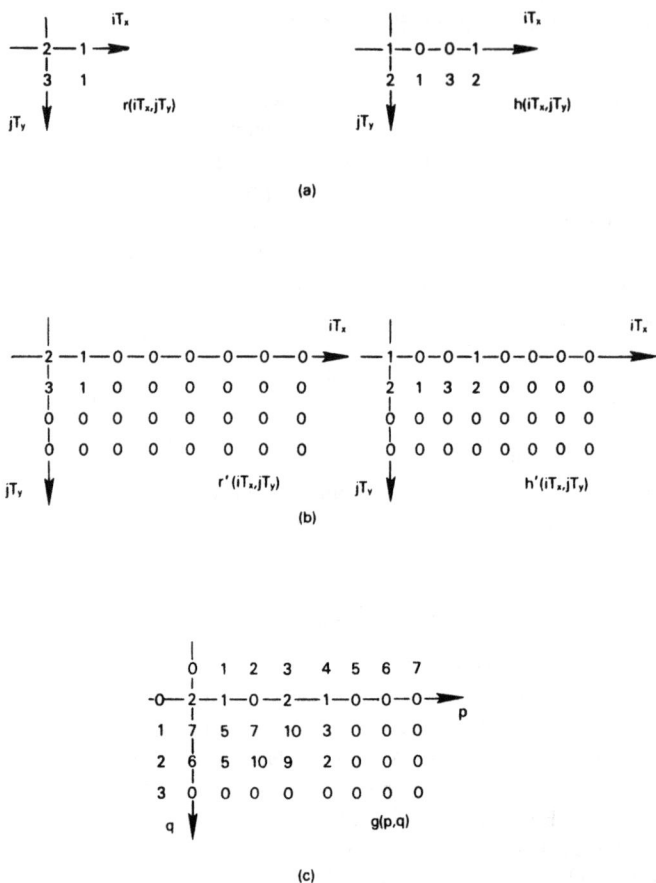

Bild 11-18: Nullergänzung einer zweidimensionalen Basis-2-FFT-Faltung zur Vermeidung des Randeffektes.

(11.34) $r(pT_x,qT_y) = r_1(pT_x)r_2(qT_y)$

dann läßt sich die zweidimensionale diskrete Faltung als eine Folge mehrer eindimensionalen diskreten Faltungen durchführen. Zur Begründung setzen wir Gl. 11.34 in Gl. 11.30 ein:

$$(11.35) \qquad g(pT_x,qT_y) = \sum_{j=0}^{M-1} \sum_{i=0}^{N-1} r_1(iT_x)r_2(jT_y)h[(p-i)T_x,(q-j)T_y]$$

$$= \sum_{i=0}^{N-1} r_1(iT_x) \left[\sum_{j=0}^{M-1} r_2(jT_y)h[(p-i)T_x,(q-j)T_y] \right]$$

Der Term in Klammern drückt eine eindimensionale Faltung aus, die für sämtliche Werte von i mit $i = 0, 1, ..., N-1$ wiederholt anzuwenden ist. Das bedeutet, daß wir die Faltungsprodukte der Funktion $r_2(jT_y)$ und jeder Zeile der Datenmatrix $h(iT_x, jT_y)$ berechnen müssen. Anschließend müssen wir nach Gl. 11.35 die eindimensionalen Faltungsprodukte der Spalten der resultierenden Zwischenwerts-Matrix und der Funktion $r_1(iT_x)$ bilden.

Um einen Weg für die Anwendung der FFT auf diesen speziellen Fall der zweidimensionalen Faltung zu finden, benutzen wir den für separable Funktionen geltenden Zusammenhang (Aufgabe 11.3)

$$(11.36) \qquad r_1(iT_x)r_2(jT_y) \; \circ\!\!-\!\!-\!\!\bullet \; R_1(n/NT_x)R_2(m/MT_x)$$

Das FFT-Faltungstheorem gemäß Gl. 11.31 bis Gl. 11.33 verlangt die Berechnung des Produktes

$$(11.37) \qquad R(n/NT_x, m/MT_y)H(n/NT_x, m/MT_y)$$

$$= R_1(n/NT_x)R_2(m/MT_x)H(n/NT_x, m/MT_y)$$

Man beachte, daß zur Berechnung von $R(n/NT_x, m/MT_y)$ im allgemeinen $N + M$ eindimensionale FFT-Durchläufe notwendig sind. Dank der Tatsache, daß $r(pT_x, qT_y)$ separabel ist, kommen wir hier jedoch mit nur 2 eindimensionalen FFT-Durchläufen aus, was offensichtlich einen erheblichen Vorteil hinsichtlich des Rechenaufwandes bedeutet. Separable Filterfunktionen werden in der zweidimensionalen Signalverarbeitung aus diesem Grund bevorzugt eingesetzt.

Zweidimensionale Korrelation mit Hilfe der FFT

Die zweidimensionale diskrete Korrelation ist definiert durch die Beziehung

$$(11.38) \qquad \psi(pT_x, qT_y) = \sum_{j=0}^{M-1} \sum_{i=0}^{N-1} r(iT_x, jT_y)h[(p+i)T_x, (q+j)T_y]$$

$$p = 0, 1, \ldots, N-1$$

$$q = 0, 1, \ldots, M-1$$

wobei $\psi(pT_x, qT_y)$, $r(pT_x, qT_y)$ und $h(pT_x, qT_y)$ periodische Funktionen mit der Periode NT_x und MT_y in der x-bzw. y- Dimensniosidn d.. Um die zweidimensionale FFT auf Gl. 11.38 anwenden zu können, brauchen wir einfach der Vorgehensweise für die Anwendung der zweidimensionalen FFT auf zweidimensionale Faltung zu folgen, jedoch mit dem Unterschied, daß wir hier das zweidimensionale diskrete Korrelationstheorem anstelle des zweidimensionalen diskreten Faltungstheorems anwenden müssen.

Zusammenfassung

Bild 11.19 enthält ein BASIC-Programm zur Durchführung der zweidimensionalen
Faltung mit Hilfe der FFT. Die miteinander zu faltenden Datensätze sind in den Feldern W1REAL(II%,JJ%) und W2REAL(II%,JJ%) abzulegen. Die für die Imaginärteile vorgesehenen Felder W1IMAG(II%,JJ%) und W2IMAG(II%,JJ%) sind im Fall reeller Eingangsdaten mit Nullen zu belegen. Die Ergebnisse der zweidimensionalen
Faltung werden in das Feld W1REAL(II%,JJ%) und W2REAL(II%,JJ%) zurückge-

```
8000 REM:   TWO-DIMENSIONAL FFT CONVOLUTION PROGRAM- THE
8002 REM:   MAIN PROGRAM SHOULD DIMENSION THE DATA
8004 REM:   ARRAYS W1REAL(II%,JJ%),W1IMAG(II%,JJ%),
8006 REM:   W2REAL(II%,JJ%),W2IMAG(II%,JJ%) AND
8008 REM:   DUMMY ARRAYS W3REAL(II%,JJ%), W3IMAG(II%,JJ%).
8010 REM:   N%,NU%,M%, AND MU% MUST BE INITIALIZED.
8012 REM:   XREAL(I%) AND XIMAG(I%) SHOULD BE DIMENSIONED
8014 REM:   THE LARGER OF N% OR M%.THE PROGRAM CALLS
8016 REM:   THE TWO-DIMENSIONAL FFT ROUTINE(FIG. 11.12)
8018 REM:   BEGINNING AT LINE 9000, WHICH IN TURN CALLS
8020 REM:   THE ONE-DIMENSIONAL FFT PROGRAM (FIG. 8.7)
8022 REM:   BEGINNING AT LINE 10000.
8024 REM:   COMPUTE THE TWO-DIMENSIONAL FFT OF W1(N,M)
8030     GOSUB 9000
8040 FOR II%=1 TO N%.
8050     FOR JJ%=1 TO M%
8060         W3REAL(II%,JJ%)=W1REAL(II%,JJ%)
8070         W3IMAG(II%,JJ%)=W1IMAG(II%,JJ%)
8080         W1REAL(II%,JJ%)=W2REAL(II%,JJ%)
8090         W1IMAG(II%,JJ%)=W2IMAG(II%,JJ%)
8100     NEXT JJ%
8110 NEXT II%
8120 REM:   COMPUTE THE TWO-DIMENSIONAL FFT OF W2(N,M)
8130     GOSUB 9000
8140 REM: COMPUTE THE PRODUCT OF W1(II%,JJ%) AND W2(II%,JJ%)
8150 FOR I%=1 TO N%
8160     FOR J%=1 TO M%
8170         W2REAL(I%,J%)=W1REAL(I%,J%)
8180         W1REAL(I%,J%)=W1REAL(I%,J%)*W3REAL(I%,J%)
                           -W1IMAG(I%,J%)*W3IMAG(I%,J%)
8190         W1IMAG(I%,J%)=-W2REAL(I%,J%)*W3IMAG(I%,J%)
                           -W1IMAG(I%,J%)*W3REAL(I%,J%)
8200     NEXT J%
8210 NEXT I%
8220 REM:   COMPUTE THE TWO-DIMENSIONAL FFT OF THE
8222 REM:   PRODUCT CONJUGATE
8230     GOSUB 9000
8240 RETURN
8250 END
```

Bild 11-19: BASIC-Unterprogramm für die zweidimensionale FFT-Faltung.

schrieben und müssen noch mit dem Faktor $T_x T_y$ multipliziert werden.-Es sei darauf hingewiesen, daß die Programm das in Bild 8.7 ausgedruckte zweidimensionale FFT-Programm und daher auch das eindimensionale FFT-Programm aus Bild 8.7 als Unterprogramm aufruft. Zu initialisieren sind die Parameter N%, NU%, M% und MU%. Ferner sind die Dimensionen der Felder XREAL(I%) und XIMAG(I%) gleich dem größeren der beiden Werten N%, M% zu setzen. Maßnahmen zur Vermeidung von bei einer Faltung eventuell auftretenden Randeffekten hat der Anwender selbst zu ergreifen.

Bei zweidimensionaler Signalverarbeitung sind oft derart umfangreiche Datenmengen zu verarbeiten, daß die Arbeitsspeicherkapazität eines Computers meist nicht ausreicht. Aus diesem Grund werden die Daten normalerweise auf Magnetbändern oder -platten aufgezeichnet, wodurch Probleme mit dem Datenzugriff auftreten können. Wir erinnern uns daran, daß wir eine zweidimensionale FFT berechnen können, indem wir zunächst auf die einzelnen Zeilen der zu verarbeitenden Datenmatrix jeweils die eindimensionale FFT anwenden. Sind die Daten zeilenweise sequentiell abgespeichert, dann bereitet der Datenzugriff für diesen ersten Schritt keinerlei Schwierigkeiten. Im zweiten Schritt haben wir auf die Spalten der sich aus dem ersten Schritt ergebenden Zwischenwerte-Matrix jeweils eine eindimensionale FFT anzuwenden. Hier aber werden wir beim Auslesen der Matrixspalten auf Probleme mit dem Speicherzugriff stoßen. Sicher könnten wir als Ausweg die Matrix transponieren. Das wird jedoch nicht möglich sein, wenn die Matrix vom Umfang her nicht in den Arbeitsspeicher des Computers hineinpaßt. In [10] und [12] findet man verschiedene Verfahren der Matrix-Segmentierung zur Lösung des angesprochenen Problems. Alternative Transpositionsverfahren sind in [14] bis [17] beschrieben. Ein anderer effezienter Weg der Berechnung der diskreten zweidimensionalen FFT, ist diese ohne den Umweg über die eindimensionale FFT direkt auszuführen [18], [19]. Eine ausgezeichnete Einführung in das Feld der zweidimensionalen Signalverarbeitung bzw. der digitalen Bildverarbeitung findet man in [5].

Aufgaben

11-1 Von den Definitionsgleichungen Gl. 11.1 und Gl. 11.13 ausgehend beweise man die folgenden Eigenschaften der zweidimensionalen FT:

a) Summation

$$h(x,y) + g(x,y) \circ\!\!-\!\!\bullet H(u,v) + G(u,v)$$

b) Verschiebung

$$h(x - a, y - b) \circ\!\!-\!\!\bullet e^{-j2\pi(au + bv)} H(u,v)$$

c) Modulation

$$h(x,y) \cos(2\pi f_0 x) \circ\!\!-\!\!\bullet \tfrac{1}{2} H(u + f_0, v) + \tfrac{1}{2} H(u - f_0, v)$$

d) Skalierung

$$h(ax,by) \quad \circ\!\!-\!\!\bullet \quad (1/\,|\,ab\,|\,)H(u/a,v/b)$$

$$h(x,y)e^{j2\pi(ax+by)} \;\circ\!\!-\!\!\bullet\; H(u-a,v-b)$$

e) Faltung

$$h(x,y) ** g(x,y) \;\circ\!\!-\!\!\bullet\; H(u,v)G(u,v)$$

11-2 Man wiederhole Aufgabe 11.1 und leite die dort erzielten Ergebnisse nun unter einer eindimensionalen Betrachtungsweise unter Zuhilfenahme von Gl. 11.8, Gl. 11.9 und der eindimensionalen Fourier-Transformation her.

11-3 Man beweise die Behauptung: Ist eine Funktion $h\,(x,y\,)$ separierbar:

$$h(x,y) = h_1(x)h_2(y)$$

dann ist ihre zweidimensionale FFT, d.h. $H\,(u,v)$ ebenfalls separierbar

$$H(u,v) = H_1(u)H_2(v)$$

11-4 Man berechne die zweidimensionale Fourier-Transformierten folgender Funktionen

(a) $h(x,y) = \cos(2\pi u_0 x)$
(b) $h(x,y) = \sin(2\pi v_0 y)$
(c) $h(x,y) = \cos\{2\pi[x\cos(\theta) + y\sin(\theta)]\}$
(d) $h(x,y) = \sin(2\pi u_0 x)\sin(2\pi v_0 y)$
(e) $h(x,y) = \cos(2\pi u_0 x)\sin(2\pi v_0 y)$
(f) $h(x,y) = \dfrac{\sin(2\pi u_0 x)}{2\pi u_0 x}\dfrac{\sin(2\pi v_0 y)}{2\pi v_0 y}$
(g) $h(x,y) = \delta(y)$
(h) $h(x,y) = \cos(2\pi v_0 y)\delta(x)$
(i) $h(x,y) = 1 \quad (x^2 + y^2)^{1/2} < \beta$
$\qquad\quad = 0 \quad$ sonst

11-5 Das Parsevalsche Theorem für eindimensionale Funktionen lautet

$$\int_{-\infty}^{\infty} h^2(t)dt = \int_{-\infty}^{\infty} |\,H(f)\,|^2 df$$

Man leite ein entsprechendes Theorem für zweidimensionale Funktionen her.

11-6 Bild 11.2a läßt sich, wie in Bild 11-20 gezeigt, in Form einer Schar von Linien der Phase Null umzeichnen. Man gebe analytische Ausdrucke für folgende Größen an:

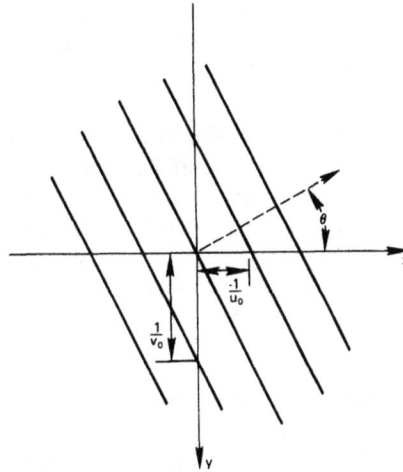

Bild 11-20: Funktion für Aufgabe 11-6.

a) Eine Funktion der Form $y = mx + \eta\, b$ für die Nullphase-Linien mit m als der Steigung, b als den Durchstoßpunkt mit der y-Achse und η als einer ganzen Zahl.

b) Einen Ausdruck für θ in Abhängigkeit von den Raumfrequenzen u_o und v_o.

c) Einen Ausdruck für die räumliche Periode L, d.h. den Abstand von je zwei benachbarten Nullphase-Linien.

11-7 Mit den Polarkoordinaten $x = r\cos(\theta)$, $y = r\sin(\theta)$, $u = w\cos(\Phi)$ und $v = w$ $\sin(\Phi)$ läßt sich $h(x,y)$ in $h_p(r,\theta)$ und $H(u,v)$ in $H_p(w,\Phi,)$ überführen und wir erhalten die Beziehung

$$h_p(ar, \theta + \theta_0) \;\circ\!\!-\!\!\bullet\; (1/a^2)H_p(w/a, \phi + \theta_0)$$

Aus Gl. 11.39 geht hervor, daß eine Drehung von $h(x,y)$ um den Winkel θ_o ebenfalls eine Drehung von $H(u,v)$ um denselben Winkel zur Folge hat. Man leite Gl. 11.39 her.

Hinweis: Es gilt

$$h(ax + by, cx + dy) \;\circ\!\!-\!\!\bullet\; (1/\,|\,ad - cd\,|\,)h(Au + Bv, Cu + Dv)$$

mit

$$\begin{bmatrix} A & B \\ C & D \end{bmatrix} = \begin{bmatrix} a & b \\ c & d \end{bmatrix}^{-1}$$

11-8 Ein interessanter Spezialfall der diskreten zweidimensionalen Fourier-Transformation liegt vor, wenn die abgetastete Funktion $h(pT_x, qT_y)$ in der Form: $h_1(pT_x)\; h_2(qT_y)$ mit $p = 0, 1, ..., N-1$ und $q = 0, 1, ..., M-1$

separierbar ist. Man zeige, daß dann die diskrete Fourier-Transformierte
$H(n/NT, m/MT)$ sich mit Hilfe einer N-Punkte-FFT und einer M-Punkte-FFT
berechnen läßt.

11-9   Bild 11.4 zeigt eine zweidimensionale FFT als eine Folge von eindimensionalen
FFT angewendet auf die Zeilen einer Wertematrix gefolgt von einer zweiten
Folge von eindimensionalen FFT, angewandt auf die Matrix der sich aus dem
ersten Schritt ergebenden Zwischenergebnisse. Man weise skizzenhaft nach, wie
in Bild 11.4 auch geschehen, daß wir gleiche Ergebnisse erhalten, wenn wir
zuerst die FFT auf die Spalten der gegebenen Wertematrix anwenden und
anschließend auf die Zeilen der Matrix der Zwischenwerte.

11-10   Man bestimme analytisch die diskrete zweidimensionale Fourier-Transformierte
des in Bild 11.21 dargestellten zweidimensionalen Signals mit Hilfe der
eindimensionalen Fourier-Transformation:

a) Man transformiere zunächst jede Spalte der gegebenen Wertematrix
und dann jede Zeile der Matrix der Zwischenergebnisse.

b) Man transformiere zunächst jede Zeile der gegebenen Wertematrix
und dann jede Spalte der Matrix der Zwischenergebnisse.

11-11   Man leite eine alternative Formel für die inverse zweidimensionale
Fourier-Transformation her, die uns erlaubt die Beziehung der zweidimensionalen Vorwärts-FFT hierfür zu verwenden.

11-12   In Kapitel 8 haben wir einige Verfahren zur Effiziensteigerung der eindime-
sionalen FFT im Fall reeller Daten kennengelernt. Nun berücksichtige man
reelle zweidimensionale Datensätze und entwickle ein Verfahren zur

a) gleichzeitigen Berechnung der Transformierten zweier reellen zweidimensionalen Funktionen,

b) Berechnung der zweidimensionalen FFT eines Datenfeldes der Dimension
$(2N, 2M)$ mit Hilfe eines Programmes für zweidimensionale (N, M)-Punkte-FFT.

11-13   Es ist von praktischem Vorteil, die Operationen zweidimensionale Faltung und
zweidimensionale Korrelation einmal nur hinsichtlich des Variablengebiets ohne
Berücksichtigung der Amplitude zu betrachten. Für jede der in Bild 11.22 durch
ihre Variablengebiete definierten Funktionen bestimme man die Gebietsfunktion des
Faltung- und des Korrelationsprodukts (vergleiche Bild 11.11).

11-14   Hat man das Faltungsprodukt eines kleinen zweidimensionalen Gebiets mit
einem viel größeren zu bilden, dann sind Segmentierungsverfahren anzuwenden,
so wie sie in Kapitel 10 entwickelt wurden. Man erweitere das
Overlap-Add-Segmentierungsverfahren für die zweidimensionale Faltung.

Bild 11-21: Abtastsignal für Aufgabe 11-10.

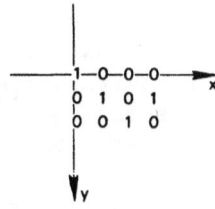

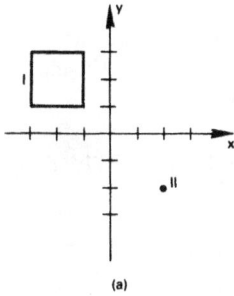

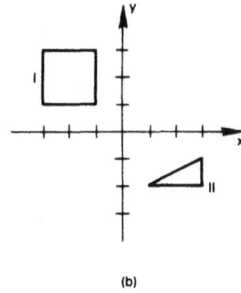

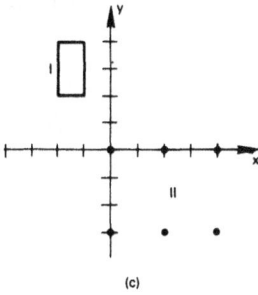

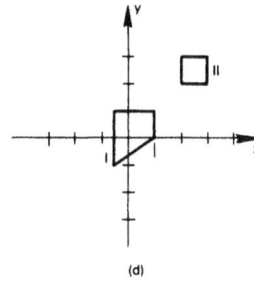

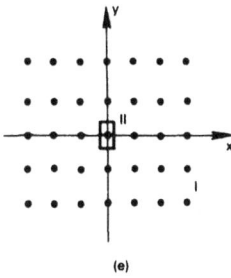

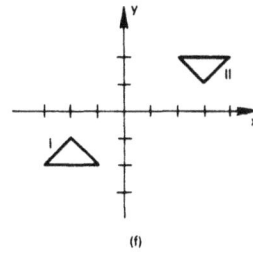

Bild 11-22: Funktionen für Aufgabe 11-13.

11-15   Bild 11.15 veranschaulicht das Konzept der zweidimensionalen Faltung unter
Einbeziehung von Impulsfunktionen. Unter Anwendung dieses Konzepts
erweitere man das Nyquist-Abtast-Theorem auf zwei Dimensionen. Dabei
gehe man davon aus, daß die Transformierte $H(u,v)$ gemäß Gl. 11.23
bandbegrenzt sei.

11-16   Man erstelle ein Programm für die zweidimensionale FFT. Darin soll eine
Eingabevariabel die Möglichkeit bieten zwischen dem herkömmlichen Dar-
stellungsformat der FFT und dem Darstellungsformat der zweidimensionalen
FFT zu wählen.

11-17   Man wende das Programm aus Aufgabe 11.16 auf die zweidimensionale
Funktion in Bild 11.1a an und erkläre die eventuelle Abweichungen von den
theoretischen Ergebnissen aus Bild 11.1b.

11-18   'Man berechne die zweidimensionale FFT der in Bild 11.7 dargestellten
Funktion.

11-19   Man berechne die zweidimensionale FFT des in Bild 11.2a gezeigten
Wellenzuges und erkläre ihre Abweichungen von den theoretischen
Transformationsergebnissen aus Bild 11.2b

11-20   Man wende die Hanning-Fensterfunktion auf die Ergebnisse von Aufgabe
11.18 an.

Literatur

[1]   ROBINSON, E.A., T.S. DURRANI und L.G. PEARDON, "Geophysical Signal
Processing". Englewood Cliffs, NJ: Prentice-Hall, 1986.

[2]   ROBINSON, E.A. und M.T. SILVIA, "Digital Foundations of Time Series Analysis". Vol.2: Wave Equation Space-Time Processing. Oakland,
CA: Holden Day, 1981.

[3]   PAPOULIS, A.," Systems and Transforms with Applications in Optics".
New York: McGraw-Hill, 1968.

[4]   RABINER, L.R. und B. GOLD, "Theory and Application of Digital Signal
Processing". Englewood Cliffs, NJ: Prentice-Hall, 1975.

[5]   OPPENHEIM, A.V., "Applications of Digital Signal Processing". Englewood
Cliffs, NJ: Prentice-Hall, 1978.

[6]   ANDREWS, H.C. und B.R. HUNT, "Digital Image Restoration". Englewood-Cliffs, NJ: Prentice-Hall, 1977.

[7]   LEGAULT, R., "Aliasing Problems in Two-Dimensional Sampled Imagery." in L. Biberman, ed., Perception of Displayed Information. New York: Plenum, Chap. 7, 1973.

[8]   SWING, R.E., "The Optics of Microdensitometry." Opt. Eng. (November 1973), Vol.12, No.6, pp.185-198.

[9]   HUANG, T.S., "Two-Dimensional Windows." IEEE Trans. Audio and Electroacoust. (March 1972), Vol. AU-20, No.1, pp.88-89.

[10] SINGLETON, R.C., "A Method for Computing the Fast Fourier Transform with Auxiliary Memory and Limited High Speed Storage." IEEE Trans. Audio and Electroacoust. (June 1967), Vol. AU-15, No.3, pp.91-98.

[11] BRENNER, N.M., "Fast Fourier Transform of Externally Stored Data." IEEE Trans. Audio and Electroacoust. (June 1969), Vol. AU-17, No.3, pp.128-132.

[12] BUIJS, H.L., "Fast Fourier Transformation of Large Arrays of Data." Appl. Opt. (January 1969), Vol.8, No.1, pp.211-212.

[13] EKLUNDH, J.O., "A Fast Computer Method for Matrix Transposing." IEEE Trans. Comput.. (July 1972), Vol. C-21, No.7, pp.801-803.

[14] ONOE, M., "A Method for Computing Large-Scale Two-Dimensional Transforms without Transposing Data Matrix." Proc. IEEE (January 1975), Vol.63, No.1, pp.196-197.

[15] TWOGOOD, R.E. und M.P. EKSTROM, "An Extension of Eklundh's Matrix Transposition Algorithm and Its Application in Digital Image Processing." IEEE Trans. Comput. (September 1976), Vol. C-25, No.9, pp.950-952.

[16] DELOTTO, I. und D. DOTTI, "Two-Dimensional Transform by Minicomputers without Matrix Transposing." Comput. Graph. and Imag. Proc. (September 1975), **Vol.4 , No.3, pp.271-278.**

[17] ANDERSON, G.L., "A Stepwise Approach to Computing the Multidimensional Fast Fourier Transform of Large Arrays." IEEE Trans. Acoust. Speech Sig. Proc. (June 1980), Vol. ASSP-28, No.3, pp.280-284.

[18] HARRIS, D.B., J.H. MCCLELLAN, D. CHAN und H.S. SCHUESSLER, "Vector Radix Fast Fourier Transform." IEEE Int. Conf. Acoust. Speech Sig. Proc., Rec. (May 1977), pp.548-551.

[19] HOYER, E.A. und W.R. BERRY, "An Algorithm for the Two-Dimensional FFT." IEEE Int. Conf. Acoust. Speech Sig. Proc., Rec. (May 1977), pp.552-555.

12. Entwurf digitaler Filter mit Hilfe der FFT

Digitale Filterung ist gleichbedeutend mit der Implementierung des Faltungsintegrals in diskreter Form. In Beispiel 4.4 haben wir gesehen, daß sich die Antwort eines linearen Systems auf ein Signal $x(t)$ als das Faltungsprodukt der Impulsantwort des Systems $h(t)$ und des Eingangssignals $x(t)$ beschreiben läßt. Mit der Terminologie der Signalverarbeitung gesprochen, beschreibt $h(t)$ ein *Filter,* in dem Sinne, daß sich die Antwort $y(t)$ eines Systems mit der Impulsantwort $h(t)$ auf ein Signal $x(t)$ durch AnwendunEg einer Filteroperratgieobn auf $x(t)$ ergibt.

Eine einfache Realisierungsart eines digitalen Filters erhalten wir durch Abtastung der Impulsantwort $h(t)$ und Berechnung des Faltungsproduktes der abgetasteten Impulsantwort und des abgetasteten Eingangssignals $x(kT)$. Derartige digitale Filter werden als nichtrekursive Filter oder FIR-Filter (Finite Impulse Response Filter: Filter mit zeitbegrenzter Impulsantwort) bezeichnet, da sich ihre Impulsantworten $h(kT)$ jeweils eine endliche Anzahl N von Abtastwerten umfaßt. FIR-Filter benötigen einen relativ hohen Rechenaufwand, da die Berechnung jedes Abtastwertes des Ausgangssignals N Multiplikationen von N Abtastwerten der Impulsantwort $h(kT)$ mit N Abtastwerten des Eingangssignals $x(kT)$ und $N - 1$ Additionen der Produkte verlangt.

Der Rechenaufwand läßt sich mit *digitalen rekursiven Filtern* erheblich reduzieren. Rekursive Filterung bedeutet, wie die Bezeichnung es vermuten läßt, die Implementierung der Faltungsgleichung in Form einer gewichteten Summe einiger Abtastwerte des Eingangssignals $x(kT)$ und einiger bereits errechnete Abtastwerte des Ausgangssignals $y(kT)$:

(12.1)
$$y(kT) = \sum_{i=0}^{\alpha} a_i x[(k - i)T] + \sum_{j=0}^{\beta} b_j y[(k - j - 1)T]$$

Im Vergleich zu nichtrekursiven Filtern benötigen entsprechende rekursive Filter etwa eine Größenordnung weniger Multiplikationen und Additionen. Der Entwurf von rekursiven Filtern ist auf der anderen Seite erheblich aufwendiger, vor allem in den Fällen, in denen der gewünschte Frequenzgang nicht in Form einer wohldefinierten analytische Funktion vorliegt [1].

In diesem Kapitel wollen wir die grundlegenden Konzepte für die Anwendung der FFT zum Entwurf und Implementierung nichtrekursiver (FIR-) Filter behandeln. Zum Entwurf von FIR-Filtern bieten sich grundsätzlich zwei Vorgehensweisen. Wir können entweder im Zeitbereich von einer gewünschten Impulsantwort ausgehen (Zeitbereich-Spezifizierung) oder im Frquenzbereich von einem vorgegebenem Frequenzgang (Frequenzbereich-Spezifizierung). In beiden Fällen kann die Impulsantwort entweder in Form einer analytischen Funktion oder einer Folge von experimentell gewonnenen Abtastwerten spezifiziert sein. Die Anwendung der FFT zum Entwurf von digitalen Filtern ist in solchen Fällen besonders sinnvoll, in denen die gewünschte Impulsantwort oder der gesuchte Frequenzgang in Form von Meßdaten vorliegen. Ausgenommen die Fälle, in denen die Meßdaten einen wohlbekannten Filtertyp darstellen, stellt sich der Entwurf eines äquivalenten rekursiven Filters als extrem zeitaufwendig oder gar unmöglich heraus.

Unsere Ziele beim Filterentwurf sind einerseits hohe Entwurfseffizienz und andererseits minimaler Realisierungsaufwand des entworfenen Filters. In der Praxis müssen wir stets sorgfältig abwägen, ob der zum Entwurf eines qualitativ besseren und schnelleren Filters aufzubringende zusätzliche Arbeitsaufwand sich auch rechtfertigen läßt. Das im folgenden vorgestellte FFT-Filterentwurfsverfahren erweist sich in den Fällen als besonders günstig, in denen eine *schnelle* Lösung (z.B. für Testzwecke im Labor) angestrebt wird oder wenn *unkonventionelle* Filtertypen zu realisieren sind. Unsere Diskussion über System-Simulation in Kapitel 14 gibt ein Beispiel von Fällen, in denen das von uns vorgestellte Verfahren effizienter ist als einige andere komplexere Entwurfsverfahren.

12.1 Zeitbereich-Filterentwurf mit der FFT

Nehmen wir an, die Impulsantwort eines gewünschten Filters sei entweder graphisch, analytisch oder in Form eines experimentell gewonnenen Datensatzes vorgegeben und, es werde verlangt, ein dazu äquivalentes nichtrekursives digitales Filter (FIR-Filter) zu entwerfen und zwar unter Anwendung der in Kapitel 10 besprochenen FFT-Faltungsmethode. Hierfür ist erforderlich, daß die Impulsantwort des Filters von endlicher Dauer ist. Der Entwurf eines FIR-Filters, der von einer Zeitbereich-Spezifikation des Filters ausgeht, verläuft ähnlich der in Bild 6.2 veranschaulichten graphischen Methode zur Herleitung der diskreten Fourier-Transformation.

Das Entwurfsverfahren

Liegt die Zeitbereich-Spezifikation in Form einer analytischen Funktion vor, dann beginnen wir unsere Entwurfsarbeit mit der Abtastung der gegebenen Impulsantwort. Im Falle einer als ein Datensatz vorliegenden Impulsantwort fangen wir direkt mit der Verarbeitung der Abtastwerte an. In beiden Fällen setzen wir voraus, daß das Abtastintervall T zur Vermeidung von Überlappungseffekten (Aliasing) hinreichend klein gewählt ist. Da wir für unser Entwurfsvorhaben die FFT anwenden wollen, kann es in manchen Fällen notwendig werden, die abgetastete Impulsantwort durch Abschneiden zeitlich zu begrenzen. Wird aber die Impulsantwort in voller Länge zur Weiterverarbeitung herangezogen, dann können wir gemäß den Ausführungen in Kapitel 6 behaupten, daß die Anwendung der diskreten Fourier-Transformation auf ein digitales Filter eine brauchbare Approximation für die kontinuierliche Fourier-Transformation des spezifierten analogen Filters liefert. Mit der Abtastung der gegebenen Impulsantwort erreichen wir in diesem Fall unmittelbar die Entwurfsziele: Der zugehörige Frequenzgang stellt eine gute Näherung des gewünschten Frequenzgangs dar und das Filter läßt sich nach der Methode der schnellen Faltung (FFT-Faltung) realisieren.

Gemäß Tabelle 10.2 setzt eine effiziente Anwendung der FFT-Faltung voraus, daß die Impulsantwort des einzusetzenden digitalen Filters eine kleinere Anzahl von Elementen umfaßt als die Anzahl N der der FFT zu unterziehenden Abtastwerte. Hat der eingesetzte Computer eine genügend große Speicherkapazität, so daß er die Impulsantwort des digitalen Filters unverkürzt aufnehmen kann, dann läßt sich der Filterentwurf vollständig in einem Schritt durchführen. Im allgemeinen jedoch ist eine Verkürzung der vorgegebenen Impulsantwort unumgänglich.

Die Zahl der Abtastwerte der Impulsantwort läßt sich durch Multiplikation der Impulsantwort mit einer Begrenzungsfunktion (Fensterfunktion) verringern. Wie Bild 6.2d, e zu entnehmen ist, kann ein scharfes Abschneiden im Zeitbereich starke *Welligkeiten* des Spektrums im Frequenzbereich verursachen. Abgeschwächt wird dieser Effekt, wenn wir eine Fensterfunktion verwenden, die hinreichend sanft gegen den Wert Null strebt. Zur Bestimmung des minimalen Begrenzungsintervalls verringern wir die Breite der Fensterfunktion schrittweise so lange, bis der Frequenzgang des mit Hilfe der FFT entworfenen digitalen Filters keine · unanehmbaren Abweichungen von dem ursprünglichen dem Entwurf zugrunde liegenden analogen Frequenzgang aufweist. Mit dem Einsatz der Fensterfunktion minimaler Breite erhalten wir eine Impulsantwort minimaler Länge und damit die Möglichkeit einer besonders effizienten FFT-Implementierung des Filters.

Beispiel 12.1: Entwurf eines digitalen Filters mit Hilfe der FFT: Zeitbereich-Spezifikation

Zur Erläuterung des FFT-Filterentwurfsverfahrens betrachten wir als Beispiel die Impulsantwort

$$(12.2) \qquad h(t) = \alpha^2 t e^{-\alpha t} \qquad t \geq 0$$
$$= 0 \qquad t < 0$$

Sie hat die Fourier-Transformierte

$$(12.3) \qquad H(f) = \alpha^2/(\alpha + j2\pi f)^2$$
$$= |H(f)| e^{j\theta(f)}$$

mit

$$(12.4) \qquad |H(f)| = \alpha^2/\{[\alpha^2 - (2\pi f)^2]^2 + (4\pi f \alpha)^2\}^{1/2}$$
$$(12.5) \qquad \theta(f) = \tan^{-1}\{-4\pi f\alpha/[\alpha^2 - (2\pi f)^2]\}$$

Wir legen die 6-dB-Grenzfrequenz des Filters bei 1 Hz fest, indem wir dem Parameter α den Wert 2π zuweisen. Wir zeigen die Impulsantwort nach Gl. 12.2 in Bild 12.1a und den Amplituden- und den Phasengang nach Gl. 12.4 bzw. Gl. 12.5 in Bild 12.1b.

Vor einer Abtastung der angegebenen Impulsantwort müssen wir zunächst das Abtastintervall T festlegen. Wir wissen, daß T zwecks Minimierung von Überlappungsfehlern möglichst klein gewählt werden soll. Nehmen wir an, unsere Aufgabe sei ein digitales Filter zu entwerfen, das den in Bild 12.1b angegebenen

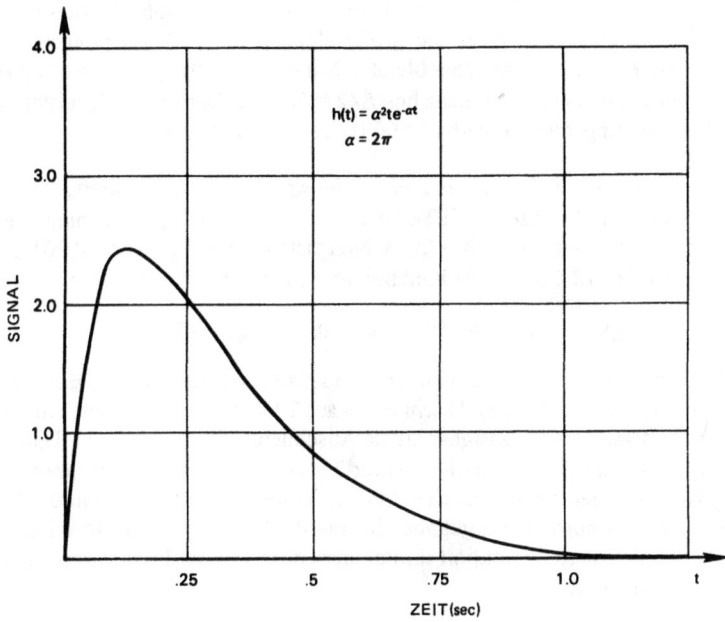

(a)

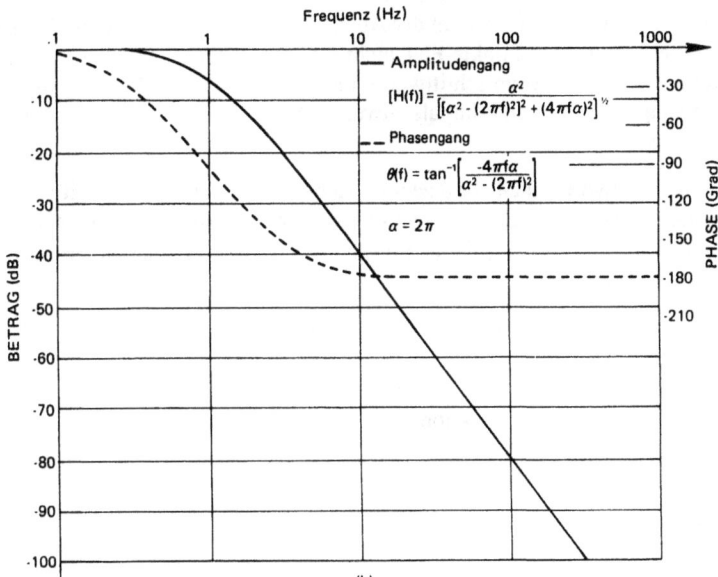

(b)

Bild 12-1: Impulsantwort und Amplitudengang eines analogen Filters.

Frequenzgang bis zu der Frequenz 500 Hz gut approximieren soll. Für dieses Beispiel müssen wir die Abtastfrequenz also so groß wählen, daß die Überlappungsfehler bis zu dieser Frequenz vernachlässigbar bleiben. Mit der Abtastfrequenz f_s= 1000 Hz liegt die Überlappungsgrenzfrequenz bei $f_s/2$ = 500 Hz. Damit gewährleisten wir, daß die Überlappungsfehler unterhalb 500 Hz genügend klein sind .

Als nächstes müssen wir die maximal mögliche Anzahl von Abtastwerten N bestimmen, die wir mit unserem FFT-Programm bequem verarbeiten können. Für Diskussionszwecke setzen wir N = 2048. Nun tasten wir mit $T = 1/f_s$= 0,001 und N = 2048 die durch Gl. 12.2 gegebene Funktion ab und erhalten

$$(12.6) \qquad h(kT) = \alpha^2(kT)e^{\alpha(kT)} \qquad k = 0, 1, \ldots, 2047$$

Die 2048 Abtastwerte aus Gl. 12.6 bilden ein 2,048 sec langes Signal. Bild 12.1a können wir entnehmen, daß das Abschneiden auf 2048 Abtastwerte bzw. auf eine Dauer von 2,04 sec vernachlässigbar kleine Abschneidefehler verursacht. Daher können wir davon ausgehen, daß die Fourier-Transformierte der abgetasteten Impulsantwort mit der kontinuierlichen Fourier-Transformierten der ursprünglichen kontinuierlichen Impulsantwort gut übereinstimmt. Die Fourier-Transformierte der durch Gl. 12.6 definierten Funktion stimmt tatsächlich mit der Frequenzfunktion in Bild 12.1b gut überein.

Der nächste Schritt unseres FFT-Filterentwurfsverfahrens mit Zeitbereich-Spezifikation ist die Verkürzung der Impulsantwort durch Abschneiden, um die Anzahl der zu verarbeitenden Abtastwerte zu minimieren. Gemäß Tabelle 10.2 für effiziente FFT-Faltung darf die Zahl der Abtastwerte einer Impulsantwort bei einer Faltung mittels einer 2048-Punkte-FFT nicht größer als 299 sein. Daher werden wir die Breite der Fensterfunktion schrittweise reduzieren, mit dem Ziel, für das gewünschte digitale Filter eine Impulsantwort mit 299 Werten bzw. einer Dauer von 0,299 sec zu erhalten.

Um die Impulsantwort aus Gl. 12.6 zeitlich zu begrenzen, benützen wir für Diskussionszwecke einmal die Rechteck-Fensterfunktion und ein weiteres Mal die Hanning-Fensterfunktion. Mit der Rechteck-Fensterfunktion erhalten wir für die verkürzte Impulsantwort

$$(12.7) \qquad \begin{aligned} h(kT) &= h(kT) & 0 \le k \le W_R/T \\ &= 0 & W_R/T < k \le N - W_R/T \end{aligned}$$

und mit der Hanning-Fensterfunktion

$$(12.8) \qquad \begin{aligned} h(kT) &= h(kT)[\tfrac{1}{2} + \tfrac{1}{2} \cos(\pi kT/W_H)] & 0 \le k \le W_H/T \\ &= 0 & W_H/T < k \le N - W_H/T \end{aligned}$$

Um den Frequenzgang des Filters mit der verkürzten Impulsantwort zu berechnen, wenden wir nun die FFT auf Gl. 12.7 und 12.8 an.

Wählen wir W_R so groß, daß die Impulsantwort auf eine Dauer von 1 sec (d.h. 1000 Abtastwerte) begrenzt wird, dann machen sich die Begrenzungseffekte bemerkbar. In Bild 12.2a sehen wir, daß das Abschneiden mit der Rechteck-Fensterfunktion

Frequenz (Hz)

| | | Amplitudengang |
| | | Phasengang |

Rechteck-Fenster $W_R = 1.0$

BETRAG (dB)

Phase (Grad)

(a)

Frequenz (Hz)

		Amplitudengang
		Phasengang
		Theoretische Werte

Hanning-Fenster $W_H = 1.0$

BETRAG (dB)

Phase (Grad)

(b)

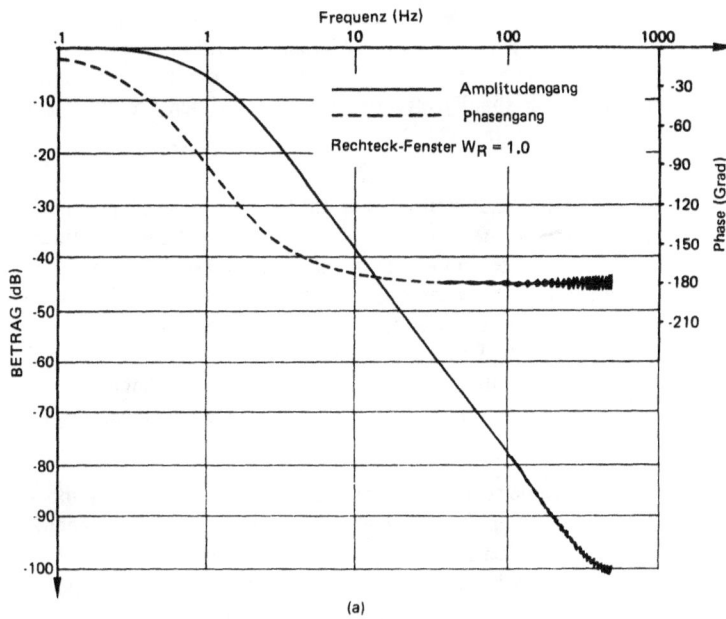

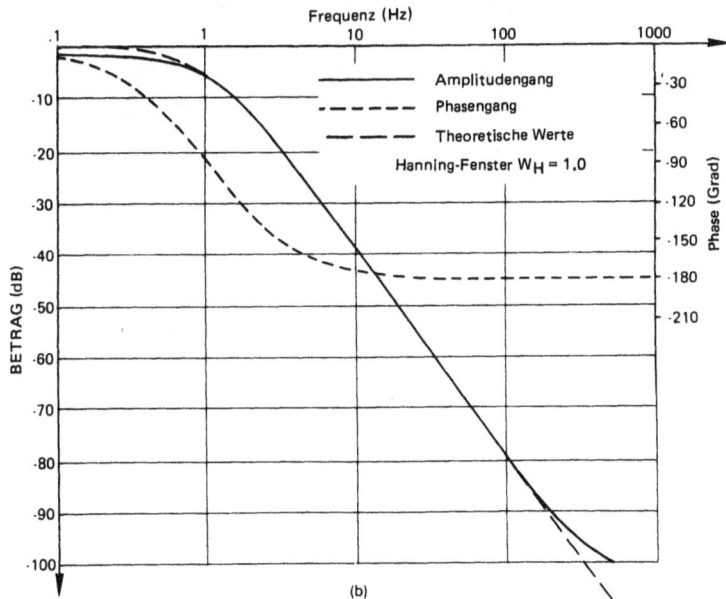

Bild 12-2: Amplituden- und Phasengang eines Filters, entworfen nach dem FFT-Filterentwurfsverfahren: a) Begrenzung mit einer Rechteck-Fensterfunktion bei 1,0 sec und b) Begrenzung mit der Hanning-Fensterfunktion bei 1,0 sec.

schwache Welligkeiten (Nebenzipfel) zur Folge hat. Die Anwendung der Hanning-Fensterfunktion liefert dagegen den in Bild 12.2b gezeigten Freuquenzgang , der den vorgegebenen Amplituden- und Phasengang ziemlich gut approximiert. Man beachte die Auswirkungen des Überlappungseffektes (Aliasing) auf den Amplitudengang in der Umgebung von f = 500 Hz.

Das digitale Filter von Bild 12.2b konnten wir mit Hilfe eines zwar schnellen und einfachen Entwurfsverfahrens gewinnen, seine Impulsantwort umfaßt immerhin 1000 Abtastwerte. Im allgemeinen müssen wir also stets versuchen, eine Kompromießlsösung zu finden zwischen der Ausführungszeit eines Filters mit möglichst kurzer Impulsantwort einerseits und den dafür erforderlichen Entwurfsaufwand andererseits. Besteht kein zwingender Grund für eine höhere Arbeitsgeschwindigkeit des Filters, dann empfiehlt es sich, eine längere Impulsantwort zu akzeptieren und den entsprechend höhereng Realisierungsaufwand des Filters in Kauf zu nehmen.

Um die Anzahl der Abtastwerte der Impulsantwort weiter zu verringern, müssen wir W_H weiter verkleinern. Mit einer Verkleinerung von W_H erhalten wir aber auch eine schlechtere Approximation des vorgegebenen Frequenzgangs. Bild 12.3a zeigt den mit einer rechteckförmiges Fensterfunktion mit W_H = 0,5 sec (500 Abtastwerte) gewonnenen Amplituden- und Phasengang. Das Abschneiden mit einer Rechteckfunktion erzeugt, wie im Bild zu sehen, unannehmbar starke Welligkeiten. In Bild 12.3b zeigen wir die unter der Anwendung der Hanning-Fensterfunktion mit W_H =5 sec gewonnenen Ergebnisse. Die Übereinstimmung mit den entsprechenden theoretischen Werten ist überall außer in den tieferen Frequenzbereichen beachtlich. Hier liegt der Amplitudengang ca. um 4 dB unter dem entsprechenden theoretischen Verlauf.

Das Abschneiden mit der Hanning-Fensterfunktion verkleinert die Fläche unter der Impulsantwort und verursacht dadurch die beobachtete Dämpfung. Wir erinnern uns daran, daß der Wert der Fourier-Transformierten für die Frequenz Null gleich dem Integral der zu transformierenden Funktion bzw. gleich der Fläche unter ihr ist. Kann die erwähnte Dämpfung nicht hingenommen werden, läßt sie sich wie folgt teilweise kompensieren: Wir multiplizieren alle Elemente der abgeschnittenen Impulsantwort einfach mit solch einem Faktor, daß die Fläche unter der abgeschnittenen Impulsantwort wieder gleich der Fläche unter der ursprünglichen Impulsantwort wird. Ein Vergleich der abgeschnittenen Impulsantwort in Bild 12.4 mit derjenigen in Bild 12.3a macht die Auswirkungen dieses Multiplikationsschritt (Skalierung) deutlich.

Nach diesem Skalierungsschritt stimmt der Amplitudengang für tiefe Frequenzen mit dem idealen Verlauf besser überein als vorher. Bei höheren Frequenzen liegt er jedochetwas nach rechts verschoben. Das hat zur Folge, daß der Amplitudengang nun eine 6-dB-Grenzfrequenz von ca. 1,5 Hz aufweist, statt, wie gewünscht, von 1 Hz. Ist die Einhaltung dieser Grenzfrequenz unverzichtbar, dann müssen wir die Entwurfsprozedur unter Vorgabe einer niedrigeren 6-dB-Grenzfrequenz (z.B. 0,5 Hz), wiederholen. Von dem Skalierungsschritt bleibt der Phasengang unberührt.

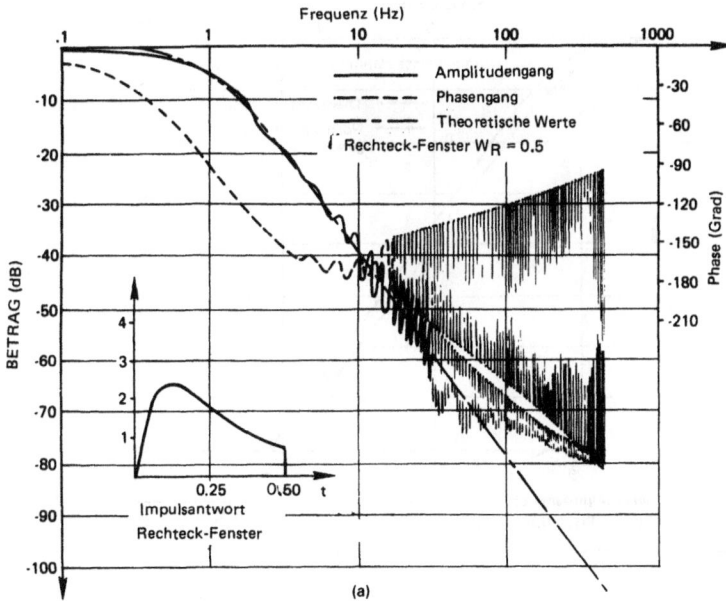

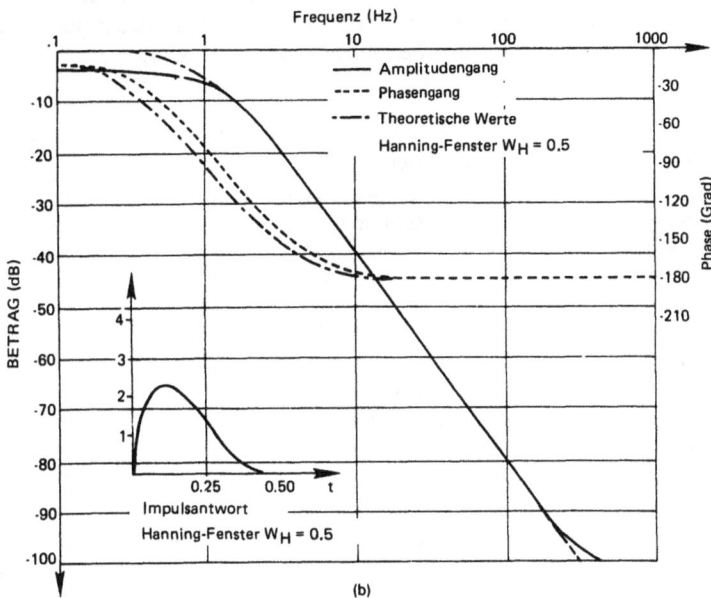

Bild 12-3: Amplituden- und Phasengang eines digitalenFilters, entworfen nach dem FFT-Filterentwurfsverfahren: a) Begrenzung mit der Rechteck-Fensterfunktion bei 0,5 sec und b) Begrenzung mit der Hanning-Fensterfunktion bei 0,5 sec.

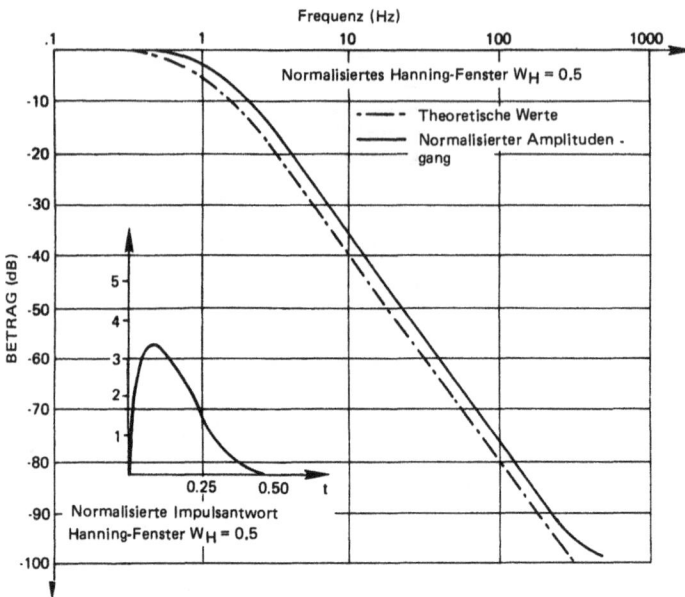

Bild 12-4: Amplitudengang eines digitalen Filters, entworfen nach dem FFT-Filterentwurfsverfahren, mit normalisierter Impulsantwortfläche und Begrenzung
mit Hilfe der Hanning-Fensterfunktion bei 0,5 sec.

Mit W_H = 0,5 sec haben wir ein digitales Filter erhalten, dessen Impulsantwort 500
Abtastwerte umfaßt. Obwohl wir unser Ziel von 299 Abtastwerten nicht erreicht
haben, können wir zufrieden sein, denn gemäß unseren Ausführungen in Abschnitt
10.3 erhöht eine Verdoppelung der Zahl von Abtastwerten die Rechenzeit nur
geringfügig. Dieses Filter läßt sich nun nach der Methode der FFT-Faltung in
effizienter Weise implementieren.

Zusammengefaßt: Wir haben in unserem Entwurfsbeispiel die Methode der
schrittweisen Verkleinerung von W_H (Breite der verwendeten Fensterfunktion)
angewandt. Mit jedem Verkleinerungsschritt müssen wir mit einer Verschlechtung
der Filtercharakteristik rechnen; denn dieser Schritt führt zu einer entsprechenden
Verbreiterung des Frequenzganges. Daher liefert ein Entwurf mit dem Ziel des
kleinsten Filterrealisierungsaufwandes (d.h. einer Impulsantwort mit minimaler
Anzahl von Abtastwerten) zwangsläufig von den idealen Werten abweichende
Ergebnisse. Sind wir aber bereit eine Impulsantwort mit einer größeren Anzahl von
Abtastwerten zu akzeptieren, dann haben wir die Möglichkeit, wie in unserem
Beispiel gezeigt, eine ausgezeichnete Approximation des gewünschten
Frequenzgangs zu erreichen. Außerdem läßt sich der Entwurf dann auch sehr effzient
durchführen.

12.2 Entwurf von digitalen Filtern im Frequenzbereich mit der FFT

Bei dem Entwurf von digitalen Filtern mit Frequenzbereich-Spezifizierung wird
davon ausgegangen, daß sich die Übertragungsfunktion des Filters entweder als ein
analytischer Ausdruck beschreiben läßt oder daß sein Amplituden- und Phasengang
in Form von experimentell ermittelten Datensätzen vorliegen. Wie im Fall des
Zeitbereich-Entwurfs sind unsere Entwurfsziele auch hier erstens die bestmögliche
Approximation des gegebenen Frequenzgangs und zweitens die Möglichkeit der
Implementierung des Filters mit Hilfe der FFT-Faltung. Im ersten Augenblick scheint
es so, als ob dieses Verfahren mit dem vorher besprochenen identisch sei. Eine
nähere Betrachtung zeigt jedoch, daß es zwischen den beiden Vorgehensweisen
einige subtile Unterschiede gibt. In diesem Abschnitt wollen wir die Grundlagen
eines Verfahrens zum Entwurf digitaler Filter im Frequenzbereich mit Hilfe der FFT
behandeln und auf die angedeuteten Unterschiede näher eingehen.

Graphische Herleitung

Betrachten wir als Beispiel die Impulsantwort und den Amplitudengang eines Filters,
dargestellt in Bild 12.5a. Für die Beschreibung des Verfahrens gehen wir in gleicher
Weise vor wie bei der Herleitung der diskreten Fourier-Transformation in Kapitel 6.
Da wir davon ausgehen, daß das Filter im Frequenzbereich spezifiziert ist, müssen
wir zunächst seinen Frequenzgang abtasten. Die zu verwendende Frequenz-
Abtastfunktion und ihre inverse Fourier-Transformierte zeigt Bild 12.5b. Der
abgetastete Frequenzgang und seine inverse Fourier-Transformierte sind in Bild
12.5c zu sehen. Dieses Ergebnis läßt sich mit Hilfe des Frequenzbereich-
Faltungstheorems erklären. Da ein Abtastvorgang im Frequenzbereich zu einer
Faltung im Zeitbereich führt, können hierdurch Überlappungsfehler im Zeitbereich
entstehen. Um diese Fehler möglichst gering zu halten, ist es notwendig das
Abtastintervall $1/T_0$ möglichst klein zu wählen. Wie in Bild 12.5c zu sehen, sind die
Überlappungsfehler im vorliegenden Beispiel vernachlässigbar.

Da wir mit Hilfe der inversen Fourier-Transformation nur eine endliche Anzahl von
Abtastwerten des gegebenen Frequenzgangs zurücktransformieren können, müssen
wir die abgetastete Frequenzfunktion vor der Rücktransformation abschneiden, d.h.
frequenzbegrenzen. Wie in Bild 12.5d gezeigt, setzen wir für diesen Zweck eine Fensterfunktion ein, die breiter ist als der abgetastete Frequenzgang selbst. Der Einfachheit halber haben wir eine rechteckförmige Fensterfunktion herangezogen.

Wir stellen fest, daß je breiter wir die Frequenzbereich-Fensterfunktion wählen, um
so größer wird die Zahl der Abtastwerte der resultierenden Impulsantwort. Unser Entwurfsverfahren erlaubt uns jedoch die Zahl der Elemente der Impulsantwort zu verringern, indem wir ähnlich wie bei dem im vorausgegangenen Abschnitt beschriebenen
Verfahren noch eine weitere Fensterfunktion im Zeitbereich einsetzen. Mit dieser Zu-
satzmaßnahme dürfen wir die Frequenzbereich-Fensterfunktion beliebig breit wählen.
Bild 12.5e zeigt das nach dem Abschneiden des abgetasteten Frequenzgangs resultierenden Fourier-Transformationspaar.

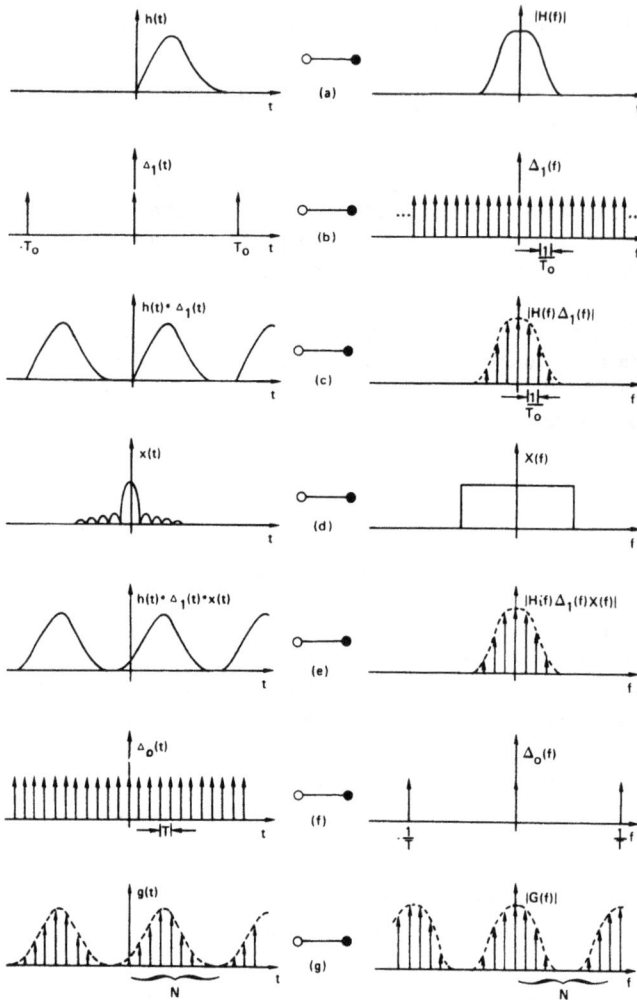

Bild 12-5: Graphische Herleitung des FFT-Filterentwurfsverfahrens mit vorgegebenem Amplitudengang.

Um die Beschreibung des digitalen Filters zu vervollständigen, müssen wir noch die
gewonnene Zeitfunktion mit Hilfe einer Zeitbereich-Abtastfunktion (Bild 12.5f) abtasten. Man beachte, daß das zugehörige Abtastintervall T bereits festliegt, da NT
gleich T_0 sein muß. Das in Bild 12.5g dargestellte abgetastete Funktionspaar repräsentiert ein digitales Filter, das wir ausgehend von Spezifikationen im Frequenzbereich
gewonnen haben. Vorausgesetzt, die Zeitbereich-Überlappungseffekte und Frequenz-
bereich-Abschneideeffekte seien vernachlässigbar, dann ist das Filter aus Bild 12.5g
im wesentlichen identisch zu dem Filter, das im Abschnitt 12.1 beschrieben wurde.

Der Entwurf digitaler Filter mit Frequenzbereich-Spezifikationen scheint eine geradlinige Erweiterung des Zeitbereich-Entwurfsverfahren zu sein. Dies trifft auch zu, falls wir zwei Effekte sorgfältig in unseren Überlegungen einbeziehen: Auswirkungen des Frequenzbereich-Abschneidens und die Zeitbereich-Überlappungsfehler. Nun wollen wir untersuchen, wie sich der Zeitbereich-Überlappungseffekt auf das Frequenzbereich-Filterentwurfsverfahren mit Hilfe der FFT auswirkt .

Zeitbereich-Überlappungsfehler und Randeffekte

Um das schwerwiegende Problem der Zeitbereich-Überlappung zu demonstrieren, zeigen wir in Bild 12.6a die Übertragungsfunktion eines Filters, das viele Filterentwickler immer wieder versuchen als ein digitales Filter nachzubilden. Entsprechend des in Bild 12.5 erläuterten Verfahrens des Frequenzbereich-Entwurfs von digitalen Filtern tasten wir mit Hilfe der in Bild 12.6b gezeigten Frequenzbereich-Abtastfunktion die Frequenzfunktion aus Bild 12.6a ab. Wir haben hier absichtlich ein großes Frequenz-Abtastintervall gewählt, damit, wie in Bild 12.6c| gezeigt, erhebliche Überlappungen im Zeitbereich entstehen. Wir weisen aber darauf hin, daß sich die Bandüberlappungsfehler durch geeignete Wahl des Parameters $1/T_O$ immer unter ein vertretbares Maß absenken lassen .

Der Frequenzgang in Bild 12.6a ist bandbegrent. Daher verursacht eine Multiplikation mit einer Frequenz-Fensterfunktion einer größeren Bandbreite, wie wir Bild 12.6d entnehmen können, keinerlei Verzerrungen. Mit diesem Schritt legen wir das Abschneideintervall. NT fest. Die Abtastung von N Abtastwerten der angegebenen Zeitfunktion innerhalb einer Periode T_O erhalten wir durch Multiplikation mit der in Bild 12.6f gezeigten Zeitbereich-Abtastfunktion. Das Ergebnis unserer zeitdiskreten Zeit- und Frequenzbereich -Approximation des gesuchten Filters sehen wir in Bild 12.6g.

Die Darstellungen in Bild 12.6 könnten den Betrachter zu der Annahme verleiten, daß wir hier ein Filter mit einem exakt rechteckförmigen Amplitudengang konstruiert haben. Dies ist natürlich ein Trugschluß, da dieses Filter mit Hilfe der FFT-Faltung nicht realisierbar ist. Wir erinnern uns daran (Abschnitt 10.1), daß eine Anwendung der FFT-Faltung ohne Fehler, die durch den Randeffekt verursacht werden können, voraussetzt, daß die Länge der Impulsantwort des digitalen Filters kleiner als die Gesamtzahl der Abtastwerte sein muß, auf die die FFT angewendet werden soll. Deshalb müssen wir den N Abtastwerten der ersten Periode von g (t) in Bild 12.6g noch einige Nullen hinzufügen. Der Frequenzgang des in dieser Weise gewonnenen digitalen Filters wird also von der mit den Nullen erweiterten Impulsantwort bestimmt.

Wir wollen nun die Auswirkungen der Nullergänzung näher erläutern. Dazu stellen wir die Zeit- und Frequenzfunktion aus Bild 12.6g noch einmal in Bild 12.7a, dar. Nehmen wir an, die Zahl der der FFT zu unterziehenden Abtastwerte sei $2N$. Die N Abtastwerte der Impulsantwort des digitalen Filters aus Bild 12.6a müssen also um N Nullen ergänzt werden, damit wir eine periodische Funktion der Periode $2NT$ erhalten. Um die Auswirkungen der Nullergänzung zu erfassen, multiplizieren wir die

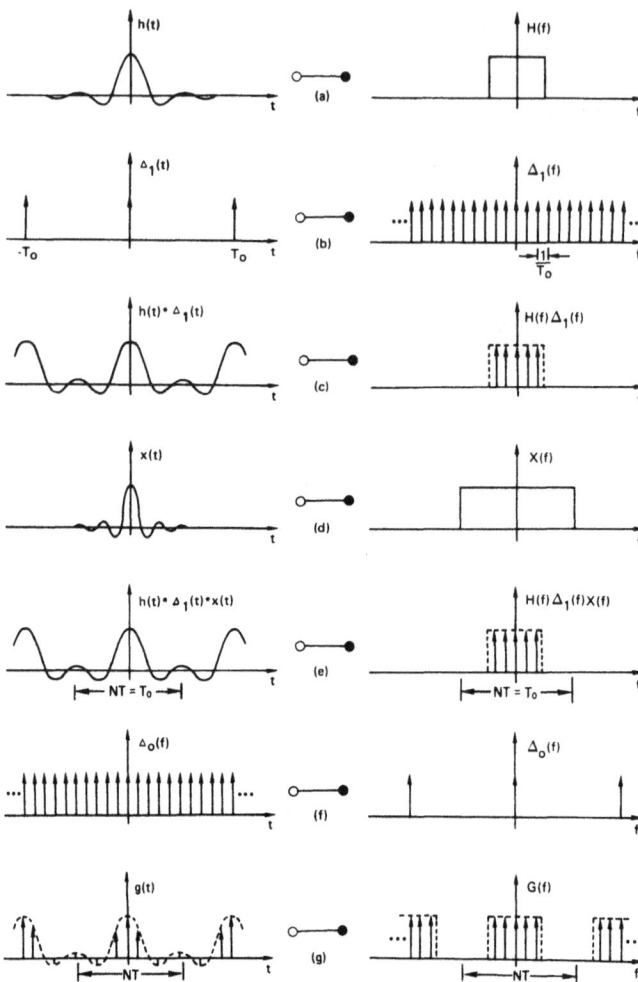

Bild 12-6: Graphischer Entwurf eines *scheinbar* perfekten Filters mit einem rechteckförmigen Amplitudengang.

Zeitfunktion mit der in Bild 12.7b dargestellten periodischen Rechteckfunktion. Die
resultierende Zeitfunktion ist in Bild 12.7c zu sehen. Die Multiplikation der beiden
Funktionen aus Bild 12.7a und Bild 12.7b liefert die periodische Funktion in Bild
12.7c mit insgesamt $2N$ Abtastwerten je Periode. Die der Zeitfunktion aus Bild
12.7c entsprechende Frequenzfunktion erhalten wir, indem wir das Faltungsprodukt
der Funktionen aus Bild 12.7d und 12.7e bilden. Diese Frequenzfunktion ist in Bild
12.7f zu sehen. Sie stellt offensichtlich keine fehlerfreie Approximation des
gewünschten Frequenzgangs mehr dar.

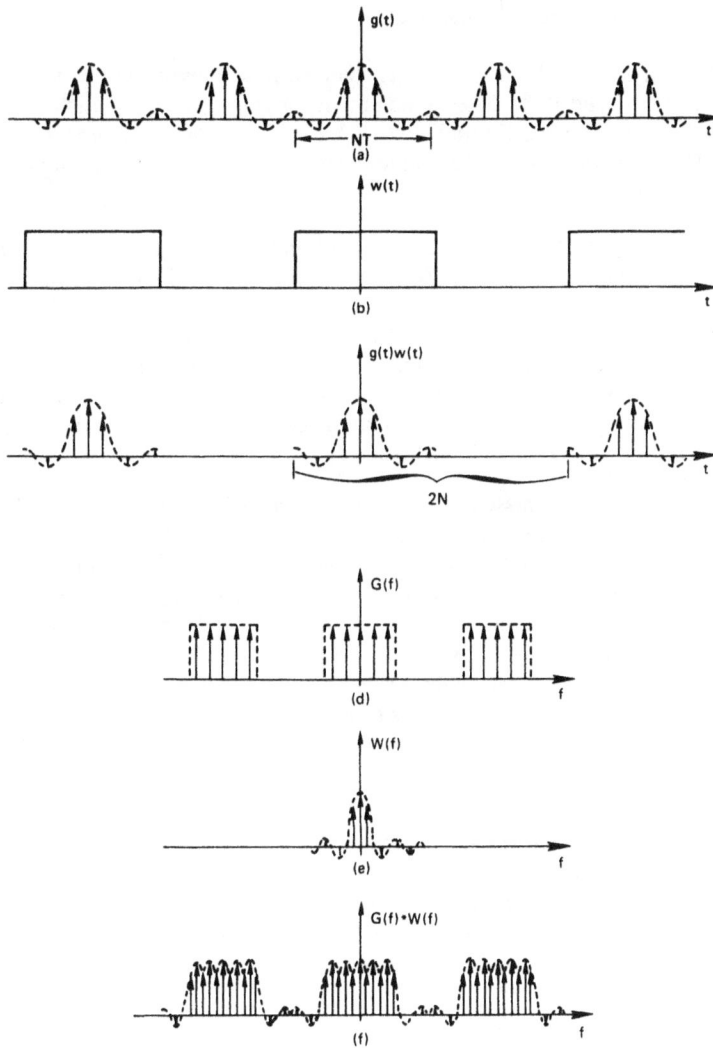

Bild 12-7: Graphisches Beispiel zur Erläuterung der Effekte, die die Nullergänzung der Impulsantwort eines Filters bei dessen Amplitudengang hervorruft.

Die Erweiterung mit Nullen führt, wie oben demonstriert, zu Welligkeiten im Frequenzgang des zu entwerfenden digitalen Filters. Zur Abschwächung dieses Effektes ist es notwendig, die in Bild 12.7b verwendete rechteckförmige Fensterfunktion durch eine andere Fensterfunktion mit einem günstigerem Verlauf zu ersetzen.

Beispiel 12.2: Entwurf einer Bandsperre

Wir wollen nun das Verfahren des Frequenzbereich-Filterentwurfs mit Hilfe der FFT
am Beispiel des in Bild 12.8a dargestellten Frequenzganges veranschaulichen. Diese
Filterfunktion hat einen Sperrbereich von 1,5 Hz bis 2,5 Hz und eine Grenzfrequenz
bei 5 Hz. Unser Entwurfsziel ist die Approximation dieser Filterfunktion in Form eines digitalen Filters.

Nehmen wir an, das zu filternde Signal enthielte keine Frequenzkomponenten über
10 Hz hinaus. Demzufolge muß das Zeitbereich-Abtastintervall T kleiner als 0,05 sec
sein. Mit $N = 1024$ wählen wir $T = 0,0391$ sec und erhalten somit $\Delta F = 0,25$ Hz. Die
inverse Fourier-Transformation verlangt, daß wir die Frequenzfunktion aus Bild
12.8a um den Punkt $n = N/2$ spiegeln. Für die Phase nehmen wir im gesamten Frequenzbereich den Wert Null an, so daß der Imaginärteil verschwindet. Da die Phase
also identisch Null ist, ist die Frequenzfunktion und somit auch die zugehörige Impulsantwort eine gerade Funktion (nichtkausal).

Die mit T skalierten Ergebnisse der inversen FFT zeigt Bild 12.8b. Diese
Impulsantwort ist, wie bereits erwähnt, symmetrisch um $n = N/2$. Im Bild zeigen wir
sie nur ist nur für positive Zeiten. Gemäß unserem Entwurfsverfahren multiplizieren
wir nun die Impulsantwort in Bild 12.8b mit einer Hanning-Fensterfunktion. Die
Fensterfunktion ist derart positioniert, daß sie bei $t = 0$ den Wert Eins, bei $t = T_c$ den
Wert Null annimmt und um $n = N/2$ symmetrisch liegt. Aus der mit der Fensterfunktion
gewichteten Impulsantwort berechnen wir mit Hilfe der FFT den Frequenzgang des
gesuchten Filters. In Bild 12.8c zeigen wir für $T_c = 1$ sec, 2,5 sec und 10 sec die
Amplitudengänge der entworfenen digitalen Filter in logarithmischer Darstellung.
Eine zu starke Zeitbegrenzung (z.B. mit $T_c = 1$ sec) liefert, wie gezeigt, keine
brauchbaren Filter.

Zur Realisierung des entworfenen digitalen Filters wenden wir die FFT-
Faltungsmethode an. Mit $T = 0,0391$ sec läßt sich mit einem 1024-Punkte-FFT-
Programm ein 40,04 sec langer Signalabschnitt in einem einzigen Durchlauf
verarbeiten. Mit $T_c = 2,5$ sec wird die Impulsantwort des Filters 5 sec lang, da wir
für ein Filter mit verschwindender Phase auch die Werte für die negativen Zeitpunkte
(das Spiegelbild bezüglich $t = 0$) hinzunehmen müssen. Akzeptiert der Anwender die
Frequenzmerkmale dieses Filters, steht ihm damit ein hinsichtlich des
Implementierungsaufwands sehr effizientes Filter zur Verfügung. Die 20 sec lange
Impulsantwort ($T_c = 10$ sec) liefert zwar ein Filter mit hervorragender
Sperrdämpfung, erweist sich jedoch als realisierungsaufwendig. Wir betonen, daß es
die Aufgabe des Filterentwicklers ist von Fall zu Fall zu prüfen, ob eine hohe
Arbeitsgeschwindigkeit des Filters oder ein niedriger Entwurfsaufwand jeweils eine
höhere Priorität erhalten soll.

Um die Zusammenhänge übersichtlich darzustellen, zeigen wir in Bild 12.9a-d noch
einmal der Reihe nach den abzutastenden Frequenzgang, die mit der FFT berechnete
Impulsantwort, die Hanning-Fensterfunktion und die Impulsantwort des Null-Phase-
Filters. Realisieren können wir das Filter, indem wir das Faltungsprodukt der
Impulsantwort aus Bild 12.9d und der zu verarbeitenden Datensätzen mit Hilfe der
FFT berechnen.

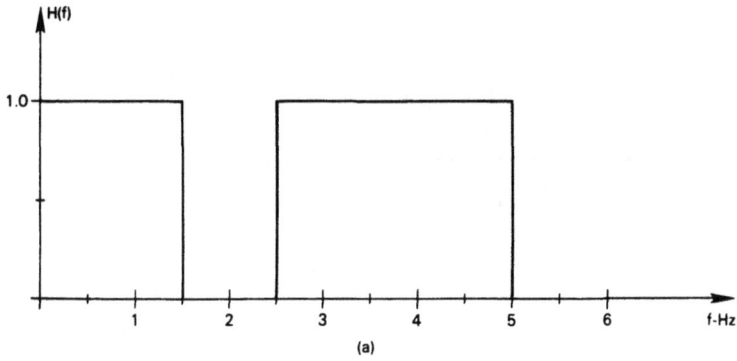

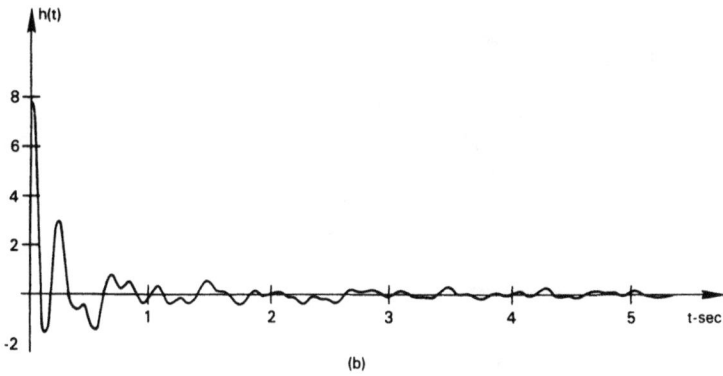

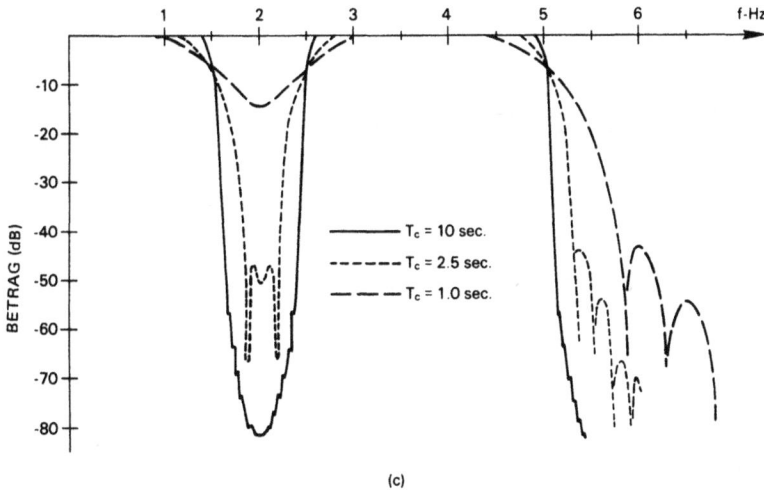

Bild 12-8: Entwurf eines Bandsperrfilters nach dem FFT-Filterentwurfsverfahren mit vorgegebenem Amplitudengang.

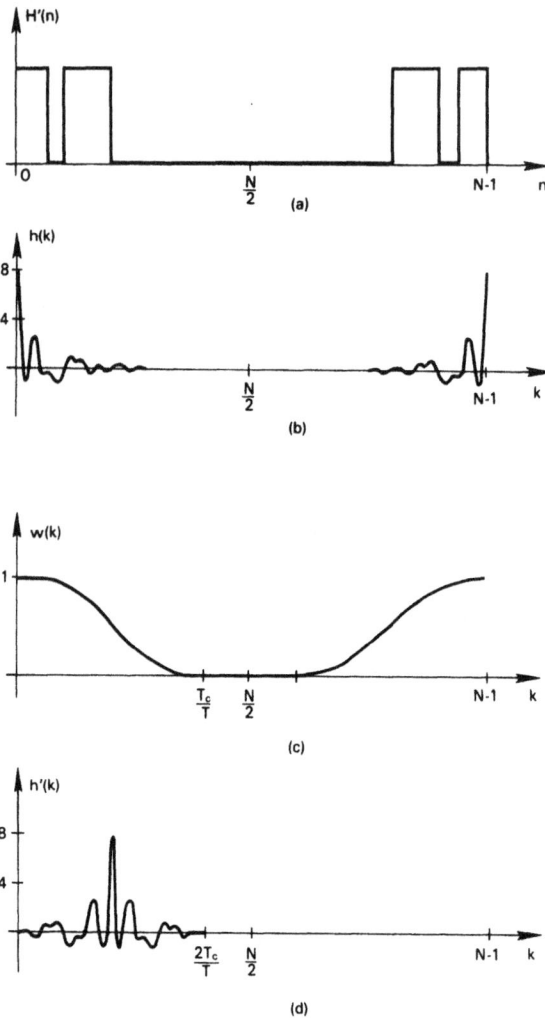

Bild 12-9: Korrekte Formatierung der Impulsantwort und des Amplitudengangs für das Filterentwurfsbeispiel aus Bild 12-8.

Zusammenfassung

In diesem Kapitel haben wir das Grundkonzept des Entwurfs nichtrekursiver digitaler Filter mit Hilfe der FFT behandelt. Die Vorteile der vorgestellten Verfahren liegen in ihrer Effizienz und der Einfachheit der Realisierung. Als Nachteil ist zu nennen, daß sich eine große Zahl von Abtastwerten für die Impulsantwort des gewünschten Filters ergeben kann. Die Implementierung eines digitalen Filters in Form eines rekursiven Filters kann, verglichen mit der Implementierung desselben Filters nach der FFT-Faltungsmethode, kann Rechenegschwindigkeitsvorteile etwa um eine

Größenordnung mit sich bringen [1]. Ist das zu entwickelnde Filter von einem konventionellen Typ und sollen außerdem große Datenmengen verarbeitet werden, dann lohnt der Aufwand, den man zum Entwurf eines rekursiven Digitalfilters aufzubringen hat. Ist der Entwurf jedoch für Versuchszwecke gedacht, oder ist die Filterfunktion von einer ungewöhnlichen Form, bietet sich das hier vorgestellte FFT-Verfahren als eine einfache und kostengünstige Methode an.

Zur Modifizierung der beim FFT-Entwurfsverfahren entstehenden Welligkeit-(Nebenzipfel-)Charakteristik können wir unterschiedliche Fensterfunktionen verwenden. Aus Abschnitt 9.2 wissen wir, daß sich der Nebenzipfelpegel der Dolph-Chebyshev-Fensterfunktion genau einstellen läßt. Unter Anwendung des in diesem Kapitel besprochenen Entwurfsverfahrens hat Helms deb Einsatz der Dolph-Chebyshev-Fensterfunktion für den Entwurf digitaler Filter mit Hilfe der FFT untersucht und einen Weg gefunden, wie sich dabei ein definierter Nebenzipfelpegel erreichen läßt [2].

Aufgaben

12.1 Man berechne analytisch die FOURIER-Transformierte des Signals
$h(t) = a^2 te^{-at}$ mit $a = 2$, $t > 0$. und stelle den Amplituden- und Phasengang graphisch dar.

12.2 Mit der Forderung, daß der Überlappungsfehlers x dB nicht überschreiten soll, warum legt man die Übergangsfrequenz bei der Frequenz fest, bei der die Frequenz-funktion den Wert $(x + 3)$dB aufweist?

12.3 Wie groß ist der Überlappungsfehler, wenn das Signal aus Aufgabe 12.1 mit der Abtastfrequenz

   (a) 250 Hz

   (b) 500 Hz

   (c) 1000 Hz

   (d) 1500 Hz

   abgetastet wird?

12.4 Mit der Annahme, daß die Hanning-Fensterfunktion auf die Impulsantwort in Bild 12.1a angewendet werde, wo soll dann ihr Maximum liegen, im Koordinatenursprung oder im Mittelpunkt des Intervalls $[O, W_H]$? Man erläutere die Entscheidung!

12.5 Zur Approximation der folgenden im Zeitbereich spezifizierten Digitalfilter entwerfe man jeweils ein Digitalfilter, das sich mittels der FFT-Faltung realisieren läßt.

(a) $h(t) = e^{-t}$

(b) $h(t) = e^{-t} \cos(2\pi t)$

(c) $h(t) = [\sin^2(t)]/t^2$

12.6 Das Entwurfsverfahren für digitale Filter im Zeitbereich mit Hilfe der FFT erweist sich in den Fällen als besonders interessant, in denen keine Entwurfsverfahren für rekursive Digitalfilter existieren. Man gebe Beispiele hierfür.

12.7 Man beachte die Impulsantwort aus Bild 12.5g und erkläre die Ergebnisse, die man erhalten wird, falls man die N dargestellten Abtastwerte zur Implementierung eines Digitalfilters heranzieht.

12.8 Man beachte Bild 12.6. Warum lassen sich die erwähnten Schwierigkeiten nicht beseitigen, würde man das Frequenz-Abtastintervall in Bild 12.6b viel kleiner wählen als dort angegeben.

12.9 Zur Approximation der folgenden im Frequenzbereich spezifizierten digitalen Filter entwerfe man jeweils ein digitales Filter, das mittels der FFT-Faltung implementiert werden kann.

(a) $H(f) = \dfrac{1}{1 + (2\pi f)^2}$

(b) $H(f) = \dfrac{f^3}{f^4 + 1}$

(c) $H(f) = \dfrac{\sin(2\pi f) \cos(2\pi f)}{2\pi f}$

Der Überlappungsfehler soll unter -50 dB liegen.

Literatur

[1] OPPENHEIM, A.V. und R.W. SCHAFER, Digital Signal Processing. Englewo od Cliffs, NJ: Prentice-Hall, 1975.

[2] HELMS, H.D., "Non-recursive Digital Filters: Design Methods for Achieving Specification in Frequency Response." IEEE Trans. Audio and Electroacoust. (September 1968), Vol. AU-16, No.3, pp.336-342.

[3] RABINER, L.R. und B. GOLD, Theory and Application of Digital Signal Processing. Englewood Cliffs, NJ: Prentice-Hall, 1975.

[4] RADER, C.M. und B. GOLD, "Digital Filter Design Techniques in the Frequency Domain." Proc. IEEE (Frebruary 1967), Vol.55, No.2, pp.149-171.

[5]   HAMMING, R.W., Digital Filters, 2d ed., Signal Processing Series. Englewood Cliffs, NJ: Prentice-Hall, 1983.

[6]   McCLELLAN, J.H., T.W. PARKS und L.R. RABINER, "A Computer Program for Designing FIR Digital Filters." IEEE Trans. Audio and Electroacoust. (December 1973), Vol. AU-21, No.6, pp.506-526.

[7]   GOLD, B. und K.L. JORDAN, Jr., "A Direct Search Procedure for Designing Finite Duration Impulse Response Filters." IEEE Trans. Audio and Electroacoust. (March 1969), Vol. AU-17, No.1, pp.33-36.

[8]   RABINER, L.R., B. GOLD und C.A. McGONEGAL, "An Approach to the Approximation Problem for Nonrecursive Digitel Filters." IEEE Trans. Audio and Electroacoust. (June 1970), Vol. AU-18, No.2, pp.83-106.

[9]   RABINER, L.R. und R.W. SCHAFER, "Recursive and Nonrecursive Realizations of Digital Filters Designed by Frequency Sampling Techniques." IEEE Trans. Audio and Electroacoust. (September 1971), Vol. AU-19, No.3, pp.200-207.

13. Mehrkanal-Bandpaßfilterung mit der FFT

Die Anwendung der FFT zur Mehrkanal-Bandpaßfilterung hat sich in der Radartechnik, Ultraschalltechnik, Telekommunikation und verschiedenen Systemen zur digitalen Signalverarbeitung als besonders wirkungsvoll erwiesen. In diesen Anwendungen wird jede Frequenzzelle der FFT bezüglich ihrer Wirkung als ein Bandpaßfilter interpretiert. In diesem Kapitel wollen wir die Grundkonzepte der FFT- Bandpaßfilterung analytisch und auf graphischem Wege herleiten.

Zunächst werden wir mit mathematischen sowie graphischen Mitteln eine Analogie zwischen der FFT und einem Satz (einer Bank) integrierender und abtastender Filter feststellen. Dann werden wir das in Abschnitt 9.2 behandelte Konzept der Signalgewichtuntg mit Hilfe von Fensterfunktionen noch einmal aufgreifen und aus einem filtertechnischen Blickwinkel untersuchen. In diesem Zusammenhang werden wir schließlich die Beziehung zwischen dem Frequenz-Auflösungsverhalten der FFT und den Frequenzcharakteristiken einer Bandpaßfilterbank erörtern.

Wir werden dann die Filter-Interpretation der FFT in dem Sinne erweitern, daß wir die Ergebnisse einer Folge von zusammenhängenden FFTs als Abtastwerte der Ausgangssignale einer Bandpaßfilterbank beschreiben. Diese Art der Interpretation von FFT widerspricht scheinbar unserem intuitiven Verständnis von der FFT , denn wir fassen die FFT gewöhnlich als eine Transformation vom Zeit- in den Frequenzbereich auf. Um hierüber Klarheit zu verschaffen, werden wir die grundlegenden Realisierungsaspekte der FFT-Mehrkanal-Filterung ausführlich behandeln. Zahlreiche Beispiele werden herangezogen, um das Verständnis der einzelnen Herleitungsschritte zu erleichtern.

13.1 FFT als eine Bandpaß-Filterbank

Als besonders nützlich für die Praxis hat sich die Interpretation der FFT als eine Filterbank bestehend aus integrierenden und abtastenden Bandpaßfiltern erwiesen. Zur Rechtfertigung dieser Interpretation müssen wir zeigen, daß sich die FFT als eine Faltungsoperation im Zeitbereich darstellen läßt; denn ein Filter ist ein lineares System und seine Antwort auf eine Erregung läßt sich als das Faltungsprodukt seines Eingangssignals und seiner Impulsantwort beschreiben (Beispiel 4.4). Um zu zeigen, daß wir die FFT als eine Filterbank interpretieren können, müssen wir also nachweisen, daß die FFT die Faltung des zu transformierenden Signals mit einem Satz von Impulsantworten darstellt, deren Fourier-Transformierten die Teifrequenzgänge der entsprechenden Bandpaßfilterbank bilden. Nachfolgend werden wir diese Interpretationsart der FFT auf analytischem sowie graphischem Wege entwickeln.

Herleitung der Bandpaßfiltergleichungen

Zur Herleitung der analytischen Beziehungen, auf denen die Interpretation der FFT als eine Bank von integrierenden und abtastenden Bandpaßfiltern basiert, betrachten wir zunächst die diskrete Fourier-Transformation als eine Approximation der kontinuierlichen:

$$(13.1) \qquad Y(n/NT) = T \sum_{k=0}^{N-1} y(kT) e^{-j2\pi nk/N} \qquad n = 0, 1, \ldots, N/2$$

Es sei daran erinnert, daß Gl. 13.1 eine Approximation des kontinuierlichen Kurzzeit-Fourier-Integrals unter Anwendung der Rechteckregel der numerischen Integration darstellt. Daher können wir diese Beziehung für hinreichend kleine Werte von T mit Inkaufnahme eines entsprechend geringen Fehlers wie folgt ausdrücken

$$(13.2) \qquad Y(nf_0) = \int_0^{NT} y(t) e^{-j2\pi nf_0 t} \, dt$$

$$= \int_0^{NT} y(t) \cos(2\pi nf_0 t) \, dt - j \int_0^{NT} y(t) \sin(2\pi nf_0 t) \, dt$$

$$n = 0, 1, \ldots, N/2$$

mit $f_0 = 1/NT$. Gl. (13.2) stellt ein kontinuierliches Fourier-Transformationsintegral dar. Wir wollen sie hier jedoch nur an $(N/2)+1$ diskreten Frequenzen, nämlich $0, f_0$, $2f_0 \ldots, (N/2)f_0$ auswerten. (Diese Beziehung gilt auch für negative Frequenzen. Der Einfachheit halber lassen wir diese Verallgemeinerung hier jedoch außer acht.) Als nächstes werden wir zeigen, daß Gl. 13.2 die FFT implizit als eine Faltungsoperation beschreibt. Zu diesem Zweck haben wir die diskrete Beziehung Gl. 13.1 in die kontinuierliche Gl. 13.2 umgewandelt. Dieser Umweg ist zum Beweis unserer Behauptung zwar nicht zwingend notwendig, hilft jedoch die Vorgehensweise leichter zu veranschaulichen.

Zur Herleitung des Interpretationskonzepts der FFT als eine eine integrierende und abtastende Bandpaßfilterbank untersuchen wir zunächst den Realteil der rechten Seite von Gl. 13.2

$$(13.3) \qquad Y_R(nf_0) = \int_0^{NT} y(t) \cos(2\pi nf_0 t) \, dt \qquad n = 0, 1, \ldots, N/2$$

wobei $y(t)$ als eine reelle Funktion angenommen wird. Wir werden nun nachweisen, daß Gl. 13.3 die Abtastwerte der Ausgangssignale einer Filterbank mit den Impulsantworten $u(t) \cos(2\pi nf_0 t)$ darstellet, wobei $u(t)$ für eine Rechteckimpulsfunktion steht mit der Amplitude Eins im Bereich (0-NT) und Null außerhalb dieses Bereichs. Um die Herleitung zu vereinfachen, ziehen wir zunächst das Tiefpaßfilter der äquivalenten Filterbank für die FFT zur Untersuchung heran.

Herleitung des äquivalenten Tiefpaßfilters

Wir betrachten Gl. 13.3 für den Fall $n = 0$

$$(13.4) \qquad Y_R(0) = \int_0^{NT} y(t)\, dt$$

Für diesen Fall vereinfacht sich Gl. 13.3 zu einem Integral über das Intervall
(0-NT). Wir zeigen im folgenden, daß Gl. 13.4, d.h. das Ergebnis der FFT für $n = 0$,
die Kettenschaltung eines linearen Systems, nämlich eines Tiefpaßfilters, beschreib-
bar durch die Faltungsoperation zum Ausdruck bringt.

In Bild 13.1 zeigen wir die Faltung zweier Signale $y(t)$ und $u(t)$:

$$(13.5) \qquad r_0(t) = \int_{-\infty}^{\infty} y(\tau)u(t - \tau)\, d\tau$$

Mit $y(t)$ interpretiert als dem Eingangssignal eines linearen Systems und $u(t)$ als dessen Impulsantwort liefert Gl. 13.5 das zugehörige Ausgangssignal $r_0(t)$ des Systems.
In Bild 13.1 haben wir als Impulsantwort eine Rechteckimpulsfunktion mit der Amplitude 1 im Intervall (0-NT) (Bild 13.1a) und als Eingangssignal eine beliebige Funktion (Bild 13.1b) gewählt.In diesem Bild zeigen wir ferner das Ergebnis der Auswertung von Gl. 13.5 nur für den speziellen Zeitpunkt $t = t' = NT$.Mit dieser Beziehung
läßt sich die Systemantwort auch für jeden beliebigen Zeitpunkt bestimmen.

Nun sehen wir, daß die Auswertung der Faltungsgleichung Gl. 13.5 für den Zeitpunkt
t', wie in Bild 13.1e,f gezeigt, nichts anderes darstellt als die Integration von $y(t)$ über
das Intervall (0-NT). Bild 13.1e ist ferner zu entnehmen, daß die in der Faltungsoperation Gl. 13.5 geforderte Multiplikation mit $u(t)$ das Integrationsintervall festlegt, da
$u(t)$ im Bereich (0-NT) den Wert 1 hat und außerhalb dieses Bereichs verschwindet.
Die Auswertung der Faltungsoperation für den Zeitpunkt $t= t'$ vereinfacht sich also
zu einer Integration über das Intervall (0-NT). Dieses Ergebnis stimmt aber mit Gl.
13.4, also dem Ausdruck des FFT-Ergebnisses für $n = 0$ exakt überein. Damit haben
wir nachgewiesen, daß Gl. 13.4 als die Faltungsoperation ausgewertet an einem bestimmten Zeitpunkt interpretiert werden kann. Diese Operation bezeichnen wir als In-
tegrier/Abtast-Filterung.

Da Gl. 13.5 das Ausgangssignal eines linearen Systems mit der Impulsantwort $u(t)$
und dem Eingangssignal $y(t)$ beschreibt, läßt sich das reelle FFT-Ergebnis für $n = 0$
als der Abtastwert des Ausgangssignals eines linearen Systems zum Zeitpunkt $t= t' =$
NT interpretieren. Die Übertragungsfunktion des Systems wird von der Impulsantwort $u(t)$ (Bild 13.2a) bestimmt. Den Betragverlauf der Fourier-Transformierten dieser Impulsantwort zeigt Bild 13.2b. Diese Frequenzfunktion beschreibt ein Tiefpaßfilter mit dem Frequenzgang $NT[\sin(\pi f/f_0)]/(\pi f/f_0)$. Demzufolge entspricht der Ausgangswert der FFT für $n = 0$ nach Gl. 13.4 einem Abtastwert des Ausgangssignals eines

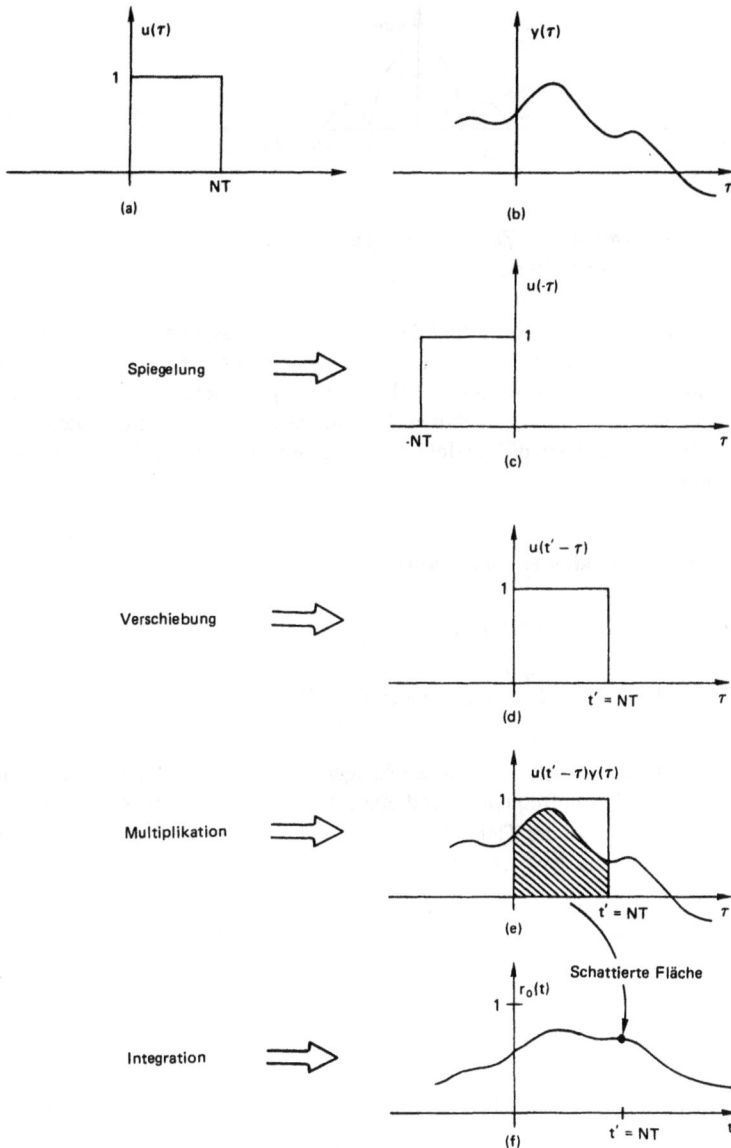

Bild 13-1: Graphische Herleitung der Äquivalenz der FFT und der Faltung für $n = 0$.

Integrier/Abtast-Tiefpaß filters mit der Übertragungsfunktion $NT[\sin(\pi f]/f_0)/(\pi f /f_0)$. Da Gl. 13.4 die Auswertung des Faltungsintegrals nur für einen einzigen Zeitpunkt darstellt, interpretieren wir die FFT als die Kettenschaltung eines Tiefpaßfilters und eines Abtasters.

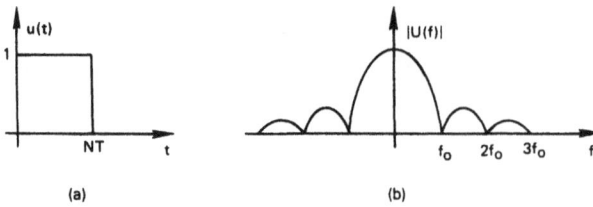

Bild 13-2: Charakteristische Zeit- und Frequenzfunktion des FFT-Tiefpaßfilters.

Es sei darauf hingewiesen, daß wir hier das FFT-Ergebnis als einen Abtastwert einer kontinuierlichen Zeitfunktion interpretieren und damit gegenüber der herkömmlichen Interpretationsweise der FFT als einer Zeitbereich/Frequenzbereich-Transformation eine unterschiedliche Position einnehmen. Nun gehen wir einen Schritt weiter und wenden unsere aus der Tiefpaßfilter-Interpretation gewonnenen Ergebnisse auf die äquivalenten Bandpaßfilter an.

Herleitung der äquivalenten Bandpaßfilter

Betrachten wir nun Gl. 13.3 für $n=1$:

$$(13.6) \qquad Y_R(f_0) = \int_0^{NT} y(t) \cos(2\pi f_0 t) \, dt$$

Unser Ziel ist zu zeigen, daß Gl. 13.6 den Ausgangswert einer Kettenschaltung eines Bandpaßfilters der Mittenfrequenz f_0 und eines Abtasters ausdrückt. Zu diesem Zweck gehen wir wie bei der Tiefpaßfilter-Interpretation vor. In Bild 13.3 zeigen wir die Signale, die sich bei der Auswertung der Faltungsgleichung

$$(13.7) \qquad r_1(t) = \int_{-\infty}^{\infty} y(\tau) u'(t - \tau) \, d\tau$$

mit

$$(13.8) \qquad u'(t) = u(t) \cos(2\pi f_0 t)$$

ergeben. Wie im Fall der Tiefpaß-Interpretation beschreibt Gl. 13.7 die Antwort eines linearen Systems mit der Impulsantwort $u'(t)$, gegeben durch Gl. 13.8, auf das Eingangssignal $y(t)$. Bild 13.3 zeigt das Ergebnis der Auswertung von Gl. 13.7 für den Zeitpunkt $t = t' = NT$. Wie in Bild 13.3e, f gezeigt, erhalten wir dieses spezielle Ergebnis der Faltungsoperation durch Multiplikation von $y(t)$ mit $\cos(2\pi f_0 t)$ und der anschließenden Integration über das Intervall (0-NT). Andererseits ist dieser Abtastwert des Faltungsproduktes exakt gleich dem nach Gl. 13.6 gewonnenen FFT-Ergebnis für $n = 1$. Wir können also Gl. 13.6 als eine Beziehung zur Auswertung der Faltungsgleichung Gl. 13.7 für den speziellen Zeitpunkt $t = t' = NT$ interpretieren . Folgerichtig drückt der Realteil des FFT-Egebnisses für $n = 1$ einen Abtastwert des Ausgangssignals eines Filters mit der Impulsantwort nach Gl. 13.8 aus.

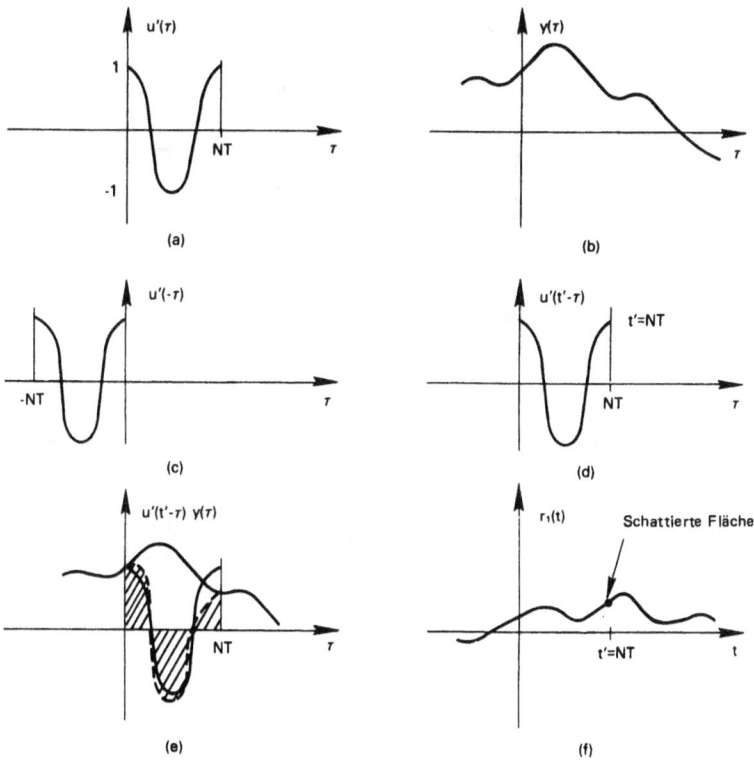

Bild 13-3: Graphische Herleitung der Äquivalenz der reellen FFT und Faltung
für $n = 1$.

Bild 13.4a zeigt die Impulsantwort nach Gl. 13.8. Man beachte, daß diese Impulsantwort nichts anderes darstellt als das Produkt der Impulsantwort des im vorrangegangenen Abschnitt besprochenen Tiefpaßfilters und dem Term $\cos(2\pi f_o t)$. Zur Bestimmung der zugehörigen Übertragungsfunktion erinnern wir an das Frequenz-Verschiebungstheorem (Gl. 3.23, Beispiel 3.8). Nach diesem Theorem bewirkt die Multiplikation der Impulsantwort $u(t)$ des genannten Tiefpaßfilters mit $\cos(2\pi f_o t)$ die Umsetzung der Übertragungsfunktion des Tiefpaßfilters (Bild 13.2b) in die Übertragungsfunktion des in Bild 13.4b gezeigten Bandpaßfilters mit der Mittelfrequenz f_o. Demnach erhalten wir die Übertragungsfunktion des gesuchten Bandpaßfilters durch eine Frequenz-Verschiebung der Übertragungsfunktion $NT [\sin(\pi f/f_o)]/(\pi f/f_o)$ des Tiefpaßfilters.

Der Realteil des FFT-Ergebnisses für $n = 1$ läßt sich also als ein bestimmter Abtastwert des Ausgangssignals eines Bandpaßfilters mit der Mittenfrequenz f_o und dem Amplitudengang $NT\{\sin[\pi(f-f_o)/f_o]\}/[\pi(f-f_o)/f_o]$ interpretieren. Wie im Fall der Tiefpaßfilter-Interpretation kann der Ausgangswert der FFT auch hier als ein spezieller Abtastwert eines Zeitsignals aufgefaßt werden.

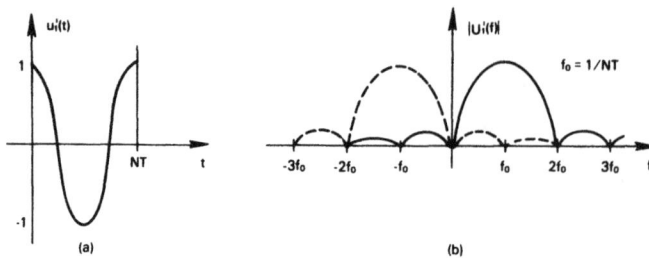

Bild 13-4: Charakteristische Zeit- und Frequenzfunktion des
FFT-Bandpaßfilters mit der Mittenfrequenz f_0 = 1/NT.

Betrachten wir Gl. 13.3 nun für einen beliebigen Wert von n, finden wir sofort heraus, daß sich die oben angestellten Überlegungen auch auf den allgemeinen Fall anwendbar sind. Für jeden beliebigen Wert von n können wir also zwecks Veranschaulichung ein Bild konstruieren, das Bild 13.3 ähnlich ist. Zusammenfassend stellen wir
fest, daß sich der Realteil des FFT-Ergebnisses Y_R (nf_o, NT) als das Ergebnis des
Faltungsintegrals

$$(13.9) \qquad Y_R(nf_0, NT) = \int_0^{NT} y(t) \cos(2\pi n f_0 t)\, dt$$

$$= \int_{-\infty}^{\infty} y(\tau) u_n^i(NT - \tau)\, d\tau$$

$$n = 0, 1, \ldots, N/2$$

interpretieren läßt, wobei das Faltungsintegral nur bei $t = NT$ auszuwerten ist und die System-Impulsantwort u_n^i (t) durch den Ausdruck

$$(13.10) \qquad u_n^i(t) = u(t) \cos(2\pi n f_0 t)$$

beschrieben wird.

Der Hochindex i bei u_n^i (t) soll darauf hinweisen, daß die Impulsantwort des Filters
ein In-Phase-Signal darstellt; das bedeutet, sie ergibt sich durch Multiplikation der Impulsantwort $u(t)$ mit einer Cosinusfunktion.

Gemäß dem Frequenz-Verschiebungstheorem (Beispiel 3.8) setzt die Multiplikation
der Impulsantwort $u(t)$ eines Tiefpaßfilters mit der Funktion cos ($2\pi n f_o t$) die
Übertragungsfunktion des Tiefpaßfilters NT [sin ($\pi f/f_o$)]/($\pi f/f_o$) in die Übertragungsfunktion eines entsprechenden Bandpaßfilters mit der Mittenfrequenz $n f_o$ um.
Demzufolge können wir Gl. 13.3 als eine Beziehung zur Beschreibung einer in Bild
13.5 veranschaulichten Bandpaß-Filterbank interpretieren, wobei die Aussage so zu
verstehen ist, daß die Ausgangssignale sämtlicher Bandpässe der Filterbank zum Zeitpunkt $t = NT$ abzutasten sind. In Bild 13.5 wurden der Einfachheit halber die Neben-

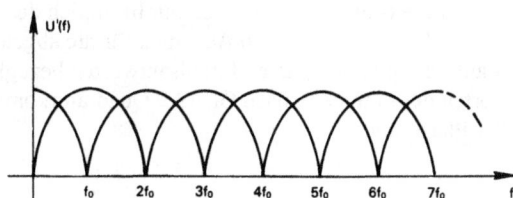

Bild 13-5: Frequenzcharakterestik der FFT-Bandpaßfilterbank (Nebenzipfel weggelassen).

zipfel der FunktionenNT {sin [π $(f - nf_o)/f_o$] } / [π $(f - nf_o)/f_o$] weggelassen. Die Mittenfrequenzen der einzelnen Bandpaßfilter liegen bei den Freqnenz $n f_o$, mit n= 0, 1, ..., $N/2$. Wir können aber unsere Überlegungen auch auf die Frequenzen $n f_o$ mit n =$N//2+1$,.. N-1 mühelos anwenden um die Werte der Übertragungsfunktionen für negative Frequenzen zu bestimmmen .

Quadratur-Bandpaßfilterbank

Bislang haben wir das Imaginärteil in Gl. 13.2 außer acht gelassen. Behandeln wir diesen Term in gleicher Weise wie das Realteil, dann erhalten wir eine zweite Bandpaßfilterbank beschrieben durch die Beziehung

$$(13.11) \qquad Y_I(nf_0, NT) = - \int_0^{NT} y(t) \sin(2\pi n f_0 t) \, dt$$

$$= \int_{-\infty}^{\infty} y(t) u^q(NT - \tau) \, d\tau$$

$$n = 0, 1, \ldots, N/2$$

wobei das Faltungsintegral nur bei $t = NT$ auszuwerten ist und

$$(13.12) \qquad u^q(t) = u(t) \sin(2\pi n f_0 t) \qquad n = 0, 1, \ldots, N/2$$

die System-Impulsantwort ausdrückt. Der Hochindex q soll darauf hinweisen, daß die Impulsantwort ein Quadratursignal darstellt; das bedeutet, daß sie aus der Multiplikation der Impulsantwort $u(t)$ mit einer Sinusfunktion hervorgeht. Das negative Vorzeichen in Gl. 13.11 wird durch den Spiegelungsschritt der Faltungsoperation aufgehoben (siehe Aufgabe 13.2). Ein Vergleich von Gl. 13.12 mit Gl. 13.11 macht deutlich, daß sich die beiden Typen von Impulsantworten wegen der unterschiedlichen Faktoren sin ($\pi n f_o t$) und cos ($2 \pi n f_o t$) nur bezüglich der Phase unterscheiden. Das ist auch der Grund, weswegen wir für die Impulsantworten die Bezeichnungen *In-Phase*- bzw. *Quadraturkomponente* verwenden. Nun können wir die Argumente, die zu Bild 13.3 geführt haben, hier wiederholen, jedoch mit dem Unterschied, daß die Impulsantwort hier nicht aus einer Cosinusfunktion, sondern aus einer Sinusfunktion besteht. Mit diesen Überlegungen erhalten wir eine zweite Bandpaß-Filterbank, die sich von der bereits behandelten ersten nur bezüglich des Phasenverlaufs unterscheidet. Gl. 13.11 läßt sich als einen Ausdruck für die abgetesteten Ausgangssignale eines Filterbank interpretieren, deren Impulsantworten bezüglich der entsprechenden Impulsantworten der Filterbank nach Gl. 13.9 Quadraturkomponenten darstellen, d.h. um 90° außer Phase sind.

Zusammenfassung

Basierend auf Ergebnisse der vorangegangenen Überlegungen können wir FFT-Ergebnisse als Abtastwerte der Ausgangssignale zweier Bandpaßfilterbänke interpretieren. Aus diesen Abtastwerten lassen sich auch die zugehörigen Phasen- und Amplituden berechnen. Zusammenfassend erhalten wir für den Real- und Imaginärteil von FFT-Ergebnissen gemäß Gl. 13.9 und Gl. 13.11 die Beziehungen

$$(13.13) \qquad Y_R(nf_0,NT) = \int_0^{NT} y(t)\,\cos(2\pi nf_0 t)\,dt$$

$$= \int_{-\infty}^{\infty} y(\tau)u(NT - \tau)\,\cos[2\pi nf_0(NT - \tau)]\,d\tau$$

$$(13.14) \qquad Y_I(nf_0,NT) = -\int_0^{NT} y(t)\,\sin(2\pi nf_0 t)\,dt$$

$$= \int_{-\infty}^{\infty} y(\tau)u(NT - \tau)\,\sin[2\pi nf_0(NT - \tau)]\,d\tau$$

$$n = 0, 1, \ldots, N/2$$

Damit können wir die FFT-Beziehung aus Gl. 13.2 in folgender Weise umformulieren:

$$(13.15) \qquad Y(nf_0,NT) = Y_R(nf_0) + jY_I(nf_0)$$

$$= \int_0^{NT} y(t)\,\cos(2\pi nf_0 t)\,dt -$$

$$j\int_0^{NT} y(t)\,\sin(2\pi nf_0 t)\,dt$$

$$= \int_0^{NT} y(t)e^{-j2\pi nf_0 t}\,dt$$

$$= \int_{-\infty}^{\infty} y(\tau)u(NT - \tau)e^{j2\pi nf_0(NT - \tau)}\,d\tau$$

$$n = 0, 1, \ldots, N/2$$

wobei das Faltungsintegral nur bei $t = NT$ auszuwerten ist.

Die durch den Realteil von Gl. 13.15 beschriebenen Filterbank wird üblicherweise als die *In-Phase-Filterbank* und die durch den Imaginärteil von Gl. 13.5 definierte als die *Quadratur-Filterbank* bezeichnet. Nun steht uns neben der herkömmlichen Realteil-, Imaginärteil-Darstellung der FFT eine alternative Darstellung zur Verfügung, nämlich die Darstellung als eine abgetastete In-Phase- und eine abgetaste Qeuadratur-Bandpaßfilterbank.

13.2 Frequenzcharakteristiken der FFT-Bandpaßfilterbank

Im Zusammenhang mit der Interpretation der FFT als einer Filterbank ist es nützlich einige mit der FFT zusammenhängende Begriffe wieder unter die Lupe zu nehmen. Insbesondere wollen wir die Frequenzgangmerkmale der FFT-Filter, das Frequenzauflösungsvermögen der FFT und die Signal- Bewertungsfunktionen (Fensterfunktionen) näher untersuchen.

Frequenzgänge der FFT-Filterbank

Bild 13.5 entnehmen wir, daß sich die Frequenzgänge benachbarter Teilfilter der FFT-Filterbank in erheblichem Maße überlappen. Die Folge davon ist, daß eine einzige Sinusfunktion als Eingangssignal der Filterbank gleichzeitig bei mehreren Teilfiltern eine Antwort hervorrufen kann. Um diesen Sachverhalt zu verdeutlichen, betrachten wir Bild 13.6. Das Eingangssignal der FFT ist eine Cosinusfunktion der Frequenz 6.5/32 Hz. Mit $N = 32$ und $T = 1$ liegen die Mittenfrequenzen der Frequenzgänge des FFT-Filterbanks bei ganzzahligen Vielfachen der Frequenz $f_0 = 1/NT = 1/32$. Deshalb fällt die Frequenz des sinusförmigen Eingangssignals genau in die Mitte zwischen den Mittenfrequenzen 6/32 Hz und 7/32 Hz zweier benachbarten Bandpaßfilter.

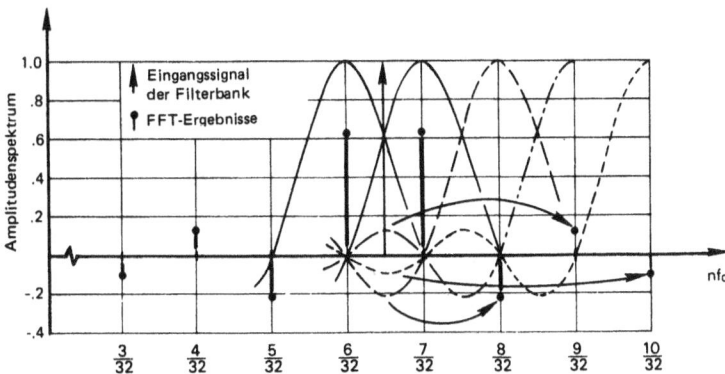

Bild 13-6: Zur Veranschaulichung des Nebenzipfel-Leckeffekts bei einer FFT-Bandpaßfilterbank.

Die FFT antwortet auf das sinusförmige Eingangssignal bei den beiden benachbarten Filtern wie gezeigt mit zwei gleichgroßen Maximalwerten. Die Werte sind gleich der um den Faktor 0.637 verkleinerten Amplitude des Eingangssignals. Wegen der Nebenzipfel-Charakteristk der Filterbank (Leck-Effekt) liefern auch alle anderen Filter der FFT-Filterbank eine Antwort auf das Eingangssignal. Der Ausgangswert eines jeden Filters der FFT-Filterbank wird von der Höhe seiner Haupt- oder Nebenzipfel-Charakteristik bei der Frequenz des sinusförmigen Eingangssignals bestimmt.

Aus Abschnitt 9.2 wissen wir, daß sich der Leckeffekt mit Hilfe einer Fensterfunktion abschwächen läßt. Auf diesen Punkt werden wir in diesem Abschnitt in Verbindung mit der Interpretation der FFT als einer Bandpaßfilterbank noch einmal eingehen.

Frequenz-Auflösungsvermögen der FFT

In Abschnitt 9 haben wir uns mit dem Begriff Frequenzauflösungsvermögen der FFT kurz beschäftigt. Die Interpretation der FFT als eine Bank von Integrier/Abtast-Filtern hilft dieses Thema noch weiter erhellen. Aus unseren vorangegangenen Ausführungen wissen wir, daß die Frequenzgänge der einzelnen Filter der FFT-Filterbank, wie in Bild 13.7a veranschaulicht, bei ganzzahligen Vielfachen der Frequenz f_o zentriert liegen. Die zwei Frequenzgänge von je zwei benachbarten Filtern liegen also im Abstand $1/NT$ (gleich dem Frequenz-Auflösungsmaß der FFT) voneinander entfernt. Bild 13.7d entnehmen wir, daß auch die Überkreuzungspunkte zweier benachbarten Frequenzgänge um das Auflösungsmaß $1/NT$ auseinander liegen. Diese Überkreuzungspunkte markieren die -4 dB-Frequenzen der Frequenzgänge. Mit der herkömmlichen Definition der -3 dB-Überkreuzungsfrequenz eines Filterbanks stimmen sie also nicht überein.

Unter Frequenzauflösungsvermögen eines Filters ist seine Fähigkeit zu verstehen, dicht benachbarte Frequenzen noch separieren zu können. Sinusförmige Signale, deren Frequenzen in den Durchlaßbereich irgendeines Teilfilters einer Filterbank fallen, lassen sich am Ausgang der Filterbank nicht mehr voneinander trennen. Auf dieser Eigenschaft beruht der Begriff Frequenzauflösungsvermögen. Unter dem Einsatz einer rechteckförmigen Fensterfunktion für die FFT ist die Bandbreite jedes Teilfilters vereinbarungsgemäß gleich $f_o = 1/NT$.

Um zu zeigen, wie wir das Auflösungsvermögen der FFT-Filterbank erhöhen können, betrachten wir Bild 13.7. Da NT die Dauer des der FFT zu unterziehenden Signale ist, können wir das FFT-Frequenzauflösungsmaß erhöhen bzw. die Bandbreite der Teilfilter des FFT-Filterbanks verkleinern, indem wir die Zahl der Abtastwerte N bei konstantem Wert von T vergrößern. In Bild 13.7a stellen wir eine FFT-Bandpaßfilterbank mit dem Frequenz-Auflösungsmaß $f_o = 1/NT$ dar. Bild 13.7b zeigt eine Verdoppelung des Frequenzauflösungsvermögens durch eine Verdoppelung von NT. Verlängern wir die Aufnahmedauer eines Datensatzes, auf den die FFT angewendet werden soll, auf $2NT$, dann ergibt sich für das Frequenzauflösungsmaß der FFT, wie

(a)

(b)

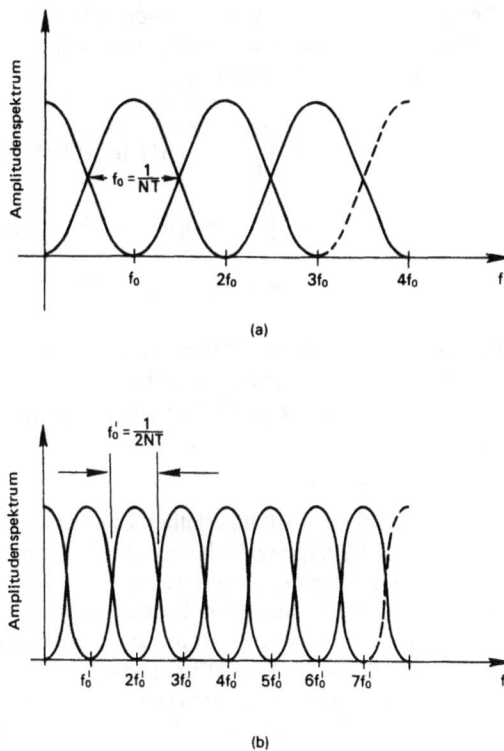

Bild 13-7: FFT-Bankpaßfilterbank mit a) N Abtastwerten und b) $2N$ Abtastwerten.

Bild 13.7b zu entnehmen ist, der Wert $f'_o = 1/2$ NT. Wie gezeigt, reduziert sich die Bandbreite der Teilfilter im gleichen Maße um den Faktor 1/2.

Fensterfunktionen für die FFT: Eine filtertheoretische Betrachtung

Wie wir in diesem Kapitel bereits gezeigt haben, läßt sich die FFT als eine Integrier/Abtast-Bandpaßfilterbank mit einer ungünstigen Nebenzipfel-Charakteristik interpretieren. In Abschnitt 9.2 haben wir erfahren, daß es möglich ist, die Nebenzipfel-Charakteristik mit Hilfe von Bewertungsfunktionen (Fensterfunktionen) zu verbessern. Unterstützt wird diese Behauptung durch unsere Ausführungen in Abschnitt 13.1, wo wir zeigen konnten, daß sich FFT-Ergebnisse jeweils als das Ausgangssignal eines linearen Systems mit der Impulsantwort $u'(t)$ beschreiben lassen. Damit sind wir in der Lage durch Veränderung dieser Impulsantwort eine Verbesserung der Filtercharakteristik der FFT zu erzielen.

Zur gezielten Modifizierung der Impulsantwort gehen wir wie in Abschnitt 9.2 vor und multiplizieren das zu transformierende Signal mit einer geeigneten Fensterfunktion. Damit erhält Gl. 13.15 die Form

$$(13.16) \qquad Y(nf_0, NT) = \int_0^{NT} [w(t)y(t)]e^{-j2\pi n f_0 t} \, dt$$

$$= \int_0^{NT} y(t)[w(t)e^{-j2\pi n f_0 t}] \, dt$$

$$n = 0, 1, \ldots, N/2$$

mit $w(t)$ als einer Fensterfunktion. Man beachte, daß sich die Multiplikation des zu transformierenden Signals mit einer Fensterfunktion in Gl. 13.15 alternativ als Multiplikation der Impulsantwort $u(t) \, e^{-j2\pi n f_0 t}$ mit der selben Fensterfunktion $w(t)$ interpretieren läßt.

Analog zu den in Abschnitt 13.1 angestellten Überlegungen können wir auch hier nachweisen, daß die Übertragungsfunktion jedes Teilfilters der FFT-Filterbank von der Fourier-Transformierten der eingesetzten Fensterfunktion bestimmt wird. In Bild 13.8 stellen wir eine FFT-Bandpaßfilterbank unter dem Einsatz der Hanning-Fensterfunktion dar. Zum Vergleich zeigen wir im selben Bild auch die Bandpaßfilterbank, die wir mit Hilfe der Rechteck-Fensterfunktion erhalten (gestrichelt eingezeichnet). Man beachte, daß die Filterbank mit der Hanning-Fensterfunktion eine größere Bandbreite aufweist als die mit der Rechteck-Fensterfunktion. Dieser mit der Bandbreitenvergrößerung einhergehende Verlust an Frequenzauflösungsvermögen ist der Preis für eine verbesserte Nebenzipfel-Charakteristik und in den meisten Fällen aber durchaus vertretbar (siehe Bild 9.8b). Wie in Abschnitt 9.2 diskutiert, stellt der Einsatz einer Fensterfunktion stets einen Kompromiß dar zwischen dem Auflösungsvermögen und der Nebenzipfel-Charakteristik. Man beachte, daß die Anwendung der herkömmlichen Definition des Frequenzauflösungsmaßes der FFT ($f_0 = 1/NT$) bei Verwendung einer Fensterfunktion einr größere Bandbreite liefert.

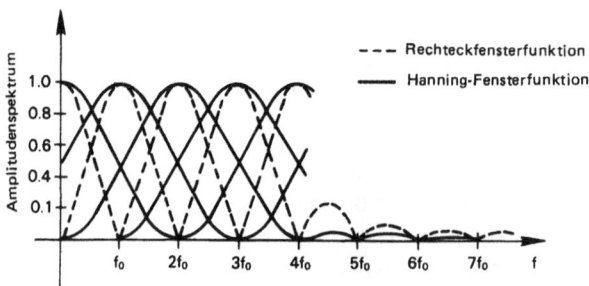

Bild 13-8: Vergleich der Frequenzgänge der FFT-Bandpaßfilterbank unter Einsatz der Rechteck- und der Hanning-Fensterfunktion.

Zusammenfassung

Die Ergebnisse dieses Abschnitts unterscheiden sich grundsätzlich nicht von denen aus Abschnitt 9.2. Wir haben die Grundkonzepte der FFT hier von einem anderen Blickwinkel aus interpretiert, nämlich mit Hilfe der Theorie linearer Filter. Dem Leser mit Kenntnissen in der Theorie linearer Systeme gibt dieser Abschnitt zusätzliche Einsichten in die Baisiskonzepte der FFT.

13.3 Mehrkanal-Bandpaßfilterung mit Hilfe zeitversetzter FFTs

In Abschnitt 13.1 haben wir die Interpretation der FFT als eine Bank von Integrier/Abtast-Bandpaßfiltern behandelt. Nun gehen wir einen Schritt weiter und wenden unsere Überlegungen auf eine Sequenz aufeinanderfolgender FFTs an, wobei diese zeitversetzt jeweils auf einem Ausschnitt des transformierenden Signals angewendet werden. Die resultierenden aufeinanderfolgenden Sätze der FFT-Ergebnisse lassen sich als Abtastwerte der Ausgangssignale einer entsprechenden Bandpaß-Filterbank interpretieren. Das bedeutet also, daß wir eine FFT-Sequenz benutzen können, um ein Zeitsignal mittels einer Filterbank (mit einer Bandbreite gleich dem Frequenz-Auflösungsmaß der FFT) zeitdiskret zu filtern. Wir werden weiterhin zeigen, daß FFT-Ergebnisse als die komplexen Abtastwerte der Ausgangssignale einer Bank von Quadratur-Filtern zu interpretieren sind.

Da wir die FFT gewöhnlich als eine Zeit/Frequenz-Transformation verstehen, mag die Darstellung einer Folge von FFT-Ergebnissen als Abtastwerte eines gefilterten Zeitsignals etwas verwirrend erscheinen. Daher wollen wir die Filterbank-Interpretation der FFT ausführlich untersuchen. In diesem Abschnitt leiten wir das Konzept der FFT-Mehrkanal-Bandpaßfilterung graphisch und analytisch her.

Graphische Herleitung

In Bild 13.9 versuchen wir das Konzept der FFT-Mehrkanal-Bandpaßfilterung grafisch zu erklären. Wie in Bild 13.9a zu sehen, werden eine Folge von FFTs nacheinander auf ein Zeitsignal $y(t)$ angewendet. Das Zeitsignal in Bild 13.9b ist ein zusammengesetztes Signal bestehend aus einem Gleichanteil und einer Cosinusfunktion der Frequenz $2f_o$. Jede der in Bild 13.9a dargestellten FFTs entspricht, wie in Bild 13.9a angedeutet, einer Integrier/Abtast-Bandpaßfilterbank. Die Folge der Ausgangswerte des Tiefpaßfilters der FFT-Filterbank sehen wir in Bild 13.9c. Die komplexen Ausgangswerte des FFT-Bandpaßfilters mit der Mittenfrequenz $2f_o$ ist in Bild 13.9d,e zu sehen. Die Folge der einem Teilfilter zuzuordnenden FFT-Ergebnisses bildet das abgetastete Ausgangssignal des betreffenden Teilfilters.

Bild 13.9a demonstriert auch die Überlappung der sequenziellen FFTs. Wie gezeigt, entspricht das Versetzungsintervall der einzelnen FFTs dem Abtastintervall T. Die

Abtastrate der Ausgangssignale der FFT-Filterbank ist also gleich $1/T$. Später werden wir auf Auswirkungen einer Vergrößerung des Versetzungsintervalls der einzelnen FFTs eingehen.

Bild 13.9c entnehmen wir, daß das Ausgangssignal des reellen FFT-Tiefpaßfilters mit dem Gleichanteil des Eingangssignals übereinstimmt. Ferner ist das Ausgangssignal des reellen FFT-Bandpaßfilters mit der Mittenfrequenz $2f_0$, wie in Bild 13.9d zu sehen, exakt gleich der cosinusförmigen Komponente des Eingangssignals und das Ausgangssignal des zugehörigen imaginären FFT-Bandpaßfilters bis auf eine Zeitverzögerung (entsprechend einer Phasenverschiebung um 90°) identisch mit dem Ausgangssignal des reellen FFT-Bandpaßfilters. Da das Versetzungsintervall der aufeinanderfolgenden FFTs gleich T ist, ist die Abtastrate der Ausgangssignale der einzelnen FFT-Filter gleich $1/T$.Nun wenden wir uns der Herleitung einer theoretischen Basis für die in Bild 13.9 veranschaulichten und auf graphischem Wege gewonnenen Ergebnisse zu.

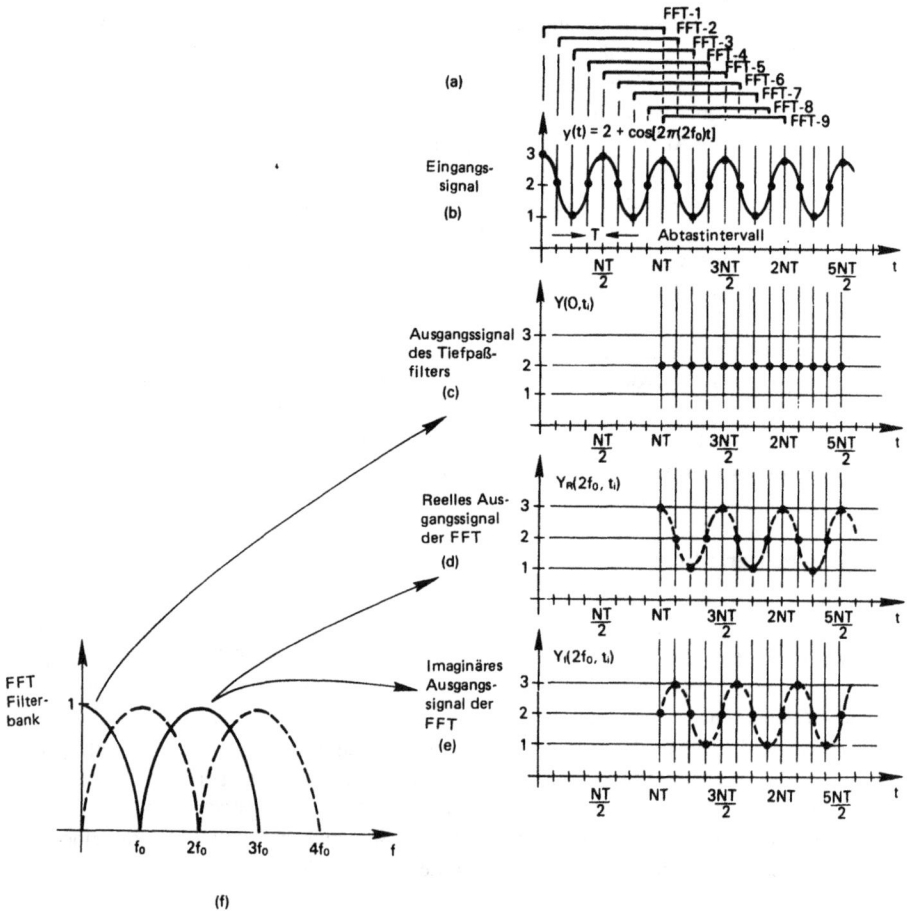

Bild 13-9: Graphische Darstellung der Ausgangssignale einer Folge von FFTs.

Theoretische Herleitung

Bild 13.9 zeigt ein abgetastetes Signal, das wir einer Bandpaßfilterung mittels der FFT unterziehen wollen. Im Bild sind die Zeitintervalle, auf die sich die einzelnen FFTs beziehen, eingezeichnet. Unter Verwendung einer Fensterfunktion $w(t)$ können wir die FFT-Beziehung Gl. 13.16 für das Zeitintervall 0 bis NT wie folgt ausdrücken

$$(13.17) \qquad Y(nf_0, NT) = \int_0^{NT} y(t)w(t)e^{-j2\pi nf_0 t} \, dt \qquad n = 0, 1, \ldots, N/2$$

Der Term NT in $Y(nf_0, NT)$ kennzeichnet den Endpunkt des Zeitintervalls, über welches sich die erste FFT erstreckt. Wir können Gl. 13.17 auch als ein Faltungsintegral darstellen:

$$(13.18) \qquad Y(nf_0, t_1) = \int_{-\infty}^{\infty} y(\tau)w(t_1 - \tau)e^{j2\pi nf_0(t_1 - \tau)} \, d\tau$$

mit $t_1 = NT$. Wir werten Gl. 13.18 nur für $t = t_1$ aus. Man sei daran erinnert, daß die Faltungsoperation verlangt, daß wir $w(t)$ zunächst an der τ-Achse spiegeln und dann um ein gewisses Zeitintervall verschieben. Um die Fensterfunktion für FFT-1 in die in Bild 13.9 eingezeichnete Position zu bringen, müssen wir sie nach der Spiegelung gemäß Gl. 13.18 um das Intervall $t_1 = NT$ versetzen.

Nun betrachten wir die zweite FFT über das Intervall (δ bis $\delta + NT$), im Bild 13.9 mit FFT-2 bezeichnet. Für dieses Zeitintervall lautet die entsprechende FFT-Beziehung

$$(13.19) \qquad Y(nf_0, \delta + NT) = \int_{\delta}^{\delta + NT} y(t)w(t - \delta)e^{-j2\pi nf_0(t - \delta)} \, dt$$

Ähnlich wie im Falle Gl. 13.18 können wir auch Gl. 13.19 als ein Faltungsintegral umschreiben:

$$(13.20) \qquad Y(nf_0, t_2) = \int_{-\infty}^{\infty} y(\tau)w(t_2 - \tau)e^{j2\pi nf_0(t_2 - \tau)} \, d\tau$$

wobei das Faltungsintegral für $t_2 = \delta + NT$ auszuwerten ist. Entsprechend den Regeln der Faltungsoperation müssen wir $w(t)$ nach der Spiegelung um $t_2 = \delta + NT$ verschieben, um zu der in Bild 13.9 gezeigten Position von FFT-2 zu gelangen.

Analog zu Gl. 13.18 und Gl. 13.20 können wir die FFT-Beziehung für ein beliebiges Intervall durch

$$(13.21) \qquad Y(nf_0, t_i) = \int_{-\infty}^{\infty} y(\tau)w(t_i - \tau)e^{j2\pi nf_0(t_i - \tau)} \, d\tau$$

ausdrücken, wobei t_i, wie in Bild 13.9 zu sehen, den Endpunkt des jeweiligen Intervalls (der Breite NT) markiert, über welches die FFT anzuwenden ist. Man beachte, daß Gl. 13.21 einfach die Faltung von $y(t)$ mit $w(t)e^{j2\pi nf_0 t}$ zum Ausdruck bringt, wobei das Faltungsintegral nur für $t= t_1, t_2, ..., t_i$, auszuwerten ist.

Wie auch früher festgestellt, läßt sich der Term $w(t)\, e^{j2\pi nf_0 t}$ als die Impulsantwort eines linearen Systems interpretieren, das sich aus einem In-Phase- und einem Quadratur-Bandpaßfilter zusammensetzt. Demzufolge liefern Gl. 13.21 und die in Bild 13.9 dargestellte FFT-Sequenz für jeden beliebigen Zeitpunkt t_i die zu diesem Zeitpunkt abgetasteten Ausgangssignale einer kontinuierlichen Bandpaßfilterbank. Das Intervall $t_i - t_{i-1}$ entspricht dann dem Abtastintervall der abgetasteten Ausgangssignale der Filterbank.

Betrachten wir nun Gl. 13.21 für $n= 0$

$$(13.22) \qquad Y(0,t_i) = \int_{-\infty}^{\infty} y(\tau)w(t_i - \tau)\, d\tau$$

Gl. 13.22 stellt einfach die Faltung des Signals $y(t)$ mit der Impulsantwort $w(t)$ dar. Demnach wird $y(t)$ von einem Tiefpaßfilter gefiltert, dessen Frequenzgang durch die Fourier-Transformierte von $w(t)$ gegeben ist. Gl. 13.22 wird jedoch nur für die Zeitpunkte $t= t_1, t_2, t_3, ...$ berücksichtigt. Das bedeutet, daß wir das Ausgangssignal des Tiefpaßfilters abtasten. Daher bildet die Folge der FFT-Ergebnisse $Y(0,t_1), Y(0,t_2)$, $Y(0,t_3)...$ tatsächlich eine Folge von Abtastwerten der Antwort eines Tiefpaßfilters auf das Eingangssignal.

Entsprechend stellt die FFT-Ergebnisfolge $Y(f_0,t_1), Y(f_0,t_2), Y(f_0,t_3), ...$ die komplexen Abtastwerte der Ausgangssignale des Bandpaßfilters mit der Mittenfrequenz f_0 dar. Die Realteile von $Y(f_0,t_1), Y(f_0,t_2), Y(f_0,t_3), ...$ sind die Abtastwerte des Ausgangssignals des zugehörigen In-Phase-Bandpaßfilters und die Imaginärteile von $Y(f_0,t_1), Y(f_0,t_2)$, $Y(f_0,t_3), ...$ die Abtastwerte des Ausgangssignals des zugehörigen Quadratur-Bandpaß-filters. Der Imaginärteil von $Y(f_0,t_i)$ ist bezüglich des Realteils von $Y(f_0,t_i)$ um 90° phasenverschoben. Zusammenfassend können wir sagen, daß eine Sequenz von FFTs angewandt auf ein Signal gleiche Ergebnisse liefert wie eine äquivalente komplexe Bandpaßfilterbank angewandt auf dasselbe Signal.

Beispiel 13.1: FFT-Tiefpaßfilterung

Um das Konzept der FFT-Tiefpaßfilterung näher zu erläutern, setzen wir in Gl. 13.22 für $w(t)$ eine rechteckförmige Fensterfunktion ein und erhalten

$$(13.23) \qquad Y(0,t_i) = \int_{-\infty}^{\infty} y(\tau)w(t_i - \tau)\, d\tau = \int_{t-NT}^{t} y(t)\, dt$$

In Bild 13.10 zeigen wir ein Beispiel zur FFT-Tiefpaßfilterung gemäß Gl. 13.23. Hierfür haben wir das Eingangssignal aus Bild 13.9 herangezogen:

(13.24) $y(t) = 2 + \cos(2\pi f't)$ $f' = 2/NT$

Das Abtastintervall T haben wir gleich $NT/8$ gesetzt.

Bild 13.10a zeigt die Position der Fensterfunktion für die erste FFT entsprechend Gl. 13.23:

(13.25) $Y(0,NT) = \displaystyle\int_0^{NT} y(t)\,dt$

Der Einsatz von Gl. 13.24 in Gl. 13.25 liefert den Wert $2NT$, da das Integral des Cosinusterms verschwindet. Das gleiche Ergebnis erhalten wir auch auf graphischem Wege als die Fläche unter dem in Bild 13.10a gezeigten Signalausschnitts über dem Intervall 0 bis NT. Das FFT-Tiefpaßfilter liefert also zum Zeitpunkt NT, wie in Bild 13.10d angegeben, den Ausgangswert $2NT$. Deutlicher ausgedrückt, wir haben das Signal $y(t)$ mittels eines Tiefpaßfilters mit einer rechteckförmigen Impulsantwort gefiltert, das gefilterte Ausgangssignal zum Zeitpunkt $t_1 = NT$ abgetastet und so den ersten Wert in Bild 13.10d erhalten.

Um einen weiteren Abtastwert des Ausgangssignals des Tiefpaßfilters zu erhalten, schieben wir das FFT-Fenster um ein Abtastintervall nach rechts, wie dies durch die Position FFT-2 der Fensterfunktion in Bild 13.9 angedeutet und in Bild 13.10b zu sehen ist. Nun erhalten wir aus Gl. 13.23

(13.26) $Y(0,9NT/8) = \displaystyle\int_{NT/8}^{9NT/8} y(t)\,dt$

Der Einsatz von Gl. 13.23 in Gl. 13.26 ergibt wieder den Wert $2NT$, da sich der Cosinusterm auch hier nach der Integration aufhebt. Den gleichen Wert erhalten wir auch für die Fläche unter dem Signalausschnitt in Bild 13.10b über dem Intervall ($NT/8$ bis

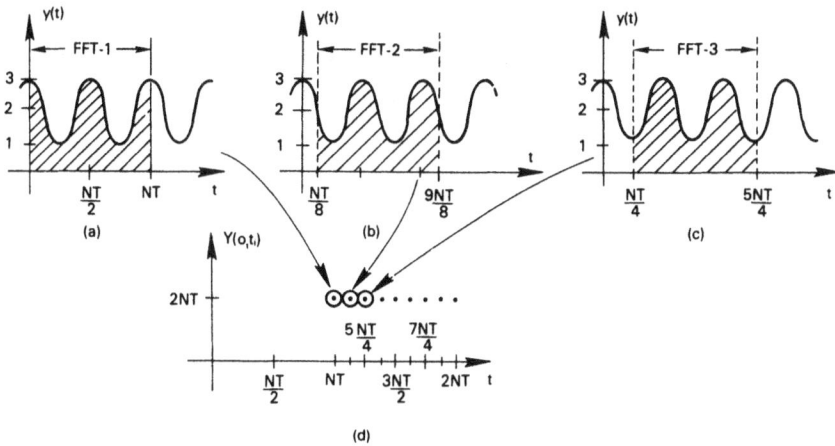

Bild 13-10: Beispiel zur FFT-Tiefpaßfilterung.

9NT/8). Dieses Ergebnis entspricht, wie in Bild 10.13d angedeutet, dem Abtastwert des Ausgangssignals eines Tiefpaßfilters (nämlich des FFT-Tiefpaßfilters) zum Zeitpunkt 9NT/8. Bild 13.10c dient der weiteren Veranschaulichung des Konzepts der versetzten oder springenden FFTs und seiner Interpretation als Abtastung des Ausgangssignals eines Tiefpaßfilters mit einem Abtastintervall gleich dem FFT-Versetzungsintervall NT/8.

Wir erinnern uns daran, daß das FFT-Tiefpaßfilter unter Anwendung einer rechteckförmigen Fensterfunktion den Frequenzgang $NT[\sin(\pi f/f_o)]/(\pi f/f_o)$ hat, der bei den Frequenzen $f_o = 1/NT, 2/NT\ 3/NT, ...$ jeweils eine Nullstelle besitzt (Bild 13.2). Daher soll uns die Tatsache nicht überraschen, daß ein sinusförmiges Eingangssignal der Frequenz $f_o = 2/NT$, wie Bild 3.10 zu entnehmen ist, am Filterausgang gänzlich verschwindet.

Man beachte, daß der Gleichanteil des Eingangssignals die Amplitude 2 hat, das Ausgangssignal jedoch die Amplitude 2NT. Den Skalierungsfaktor NT bezeichnen wir als den Verstärkungsfaktor (Multiplikator) der FFT-Filterbank.

Beispiel 13.2: FFT-Bandpaßfilterung eines Cosinussignals

Wir wollen nun das Konzept der FFT-Bandpaßfilterung auf graphischem Wege weiter erläutern und nehmen an, $y(t)$ sei gegeben durch

(13.27) $y(t) = 2 + \cos(2\pi f't)\qquad f' = 2/NT$

also identisch mit dem Signal aus Beispiel 13.1. Nun wollen wir die FFT-Beziehung Gl. 13.21 für $n = 2$ auswerten. Wir ziehen also das Bandpaßfilter mit der Mittenfrequenz $f_o = 2/NT$ heran. Der Einsatz von Gl. 13.27 in Gl. 13.21 für $n = 2$ liefert

(13.28) $Y(2f_0, t_i) = \int_{-\infty}^{\infty} [2 + \cos(2\pi f'\tau)]w(t_i - \tau)e^{j4\pi f_0(t_i - \tau)}\, d\tau$

Der Einfachheit halber wählen wir für $w(t)$ eine Rechteck-Fensterfunktion. Damit erhalten wir aus Gl. 13.28

(13.29) $Y(2f_0, t_i) = 2\int_{t_i - NT}^{t_i} [e^{j4\pi f_0 t_i}]e^{-j4\pi f_0 \tau}\, dt$

$\qquad\qquad\qquad + \int_{t_i - NT}^{t_i} [e^{j4\pi f_0 t_i} \cos(2\pi f'\tau)]e^{-j4\pi f_0 \tau}\, dt$

(13.30)

$\qquad\qquad = e^{j4\pi f_0 t_i}\int_{t_i - NT}^{t_i} \cos(2\pi f't)[\cos(4\pi f_0 t) - j\sin(4\pi f_0 t)]\, dt$

Wegen $f_o = 1/NT$ erstreckt sich das erste Integral in Gl. 13.29 stets über ein ganzzahliges Vielfache der Schwingungsperiode und verschwindet aus diesem Grund. Das bedeutet, daß der konstante Term von $y(t)$ im Ausgangssignal des Bandpaßfilters mit der Mittenfrequenz $2f_o$ nicht mehr auftaucht. Die Auswertung von Gl. 13.30 für $t_i = NT$, d.h. für die erste FFT der zur Diskussion stehenden FFT-Folge, ergibt

$$
(13.31) \qquad Y(2f_0, NT) = e^{j4\pi f_0(NT)} \int_0^{NT} \cos(4\pi f_0 t)[\cos(4\pi f_0 t) - j\,\sin(4\pi f_0 t)]\,dt
$$

$$
= \int_0^{NT} \cos^2(4\pi f_0 t)\,dt - j \int_0^{NT} \cos(4\pi f_0 t)\,\sin(4\pi f_0 t)\,dt
$$

$$
= \int_0^{NT} \tfrac{1}{2}\,dt + \int_0^{NT} \tfrac{1}{2}\,\cos(8\pi f_0 t)\,dt
$$

$$
-j \int_0^{NT} [\,\tfrac{1}{2}\,\sin(0) + \tfrac{1}{2}\,\sin(8\pi f_0 t)]\,dt
$$

$$
= NT/2
$$

Bild 13.11a veranschaulicht die Auswertung auf graphischem Wege. Gezeigt sind die Position der Fensterfunktion für die erste FFT und die cosinusförmige Impulsantwort des Bandpaßfilters mit der Mittenfrequenz $f = 2f_0$. Dargestellt ist ferner das Ergebnis der Multiplikation dieser Cosinusfunktion mit dem markierten Ausschnitt des Eingangssignals $y(t)$. Die Integration dieses Produktterms liefert schließlich das gesuchte Auswertungsergebnis von Gl. 13.31, das in Bild 13.11d eingezeichnet ist. Das entspre-

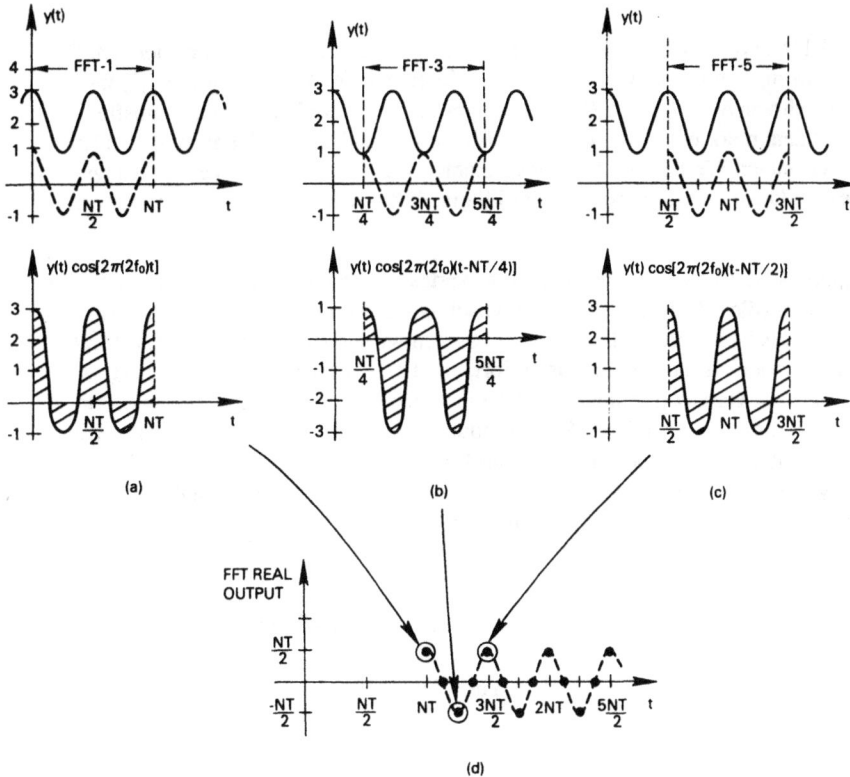

Bild 13-11: Beispiel zur FFT-Bandpaßfilterung eines cosinusförmigen Signals.

chende Ergebnis der Multiplikation mit der zugehörigen Sinusfunktion wird hier nicht angegeben, da es nach der Integration verschwindet. Das Integrationsergebnis $NT/2$ ist gleich dem Abtastwert des Ausgangssignals des FFT-Bandpaßfilters mit der Mittenfreqenz $2f_o$ zum Zeitpunkt $t_i = NT$.

Den Ausgangswert desselben FFT-Bandpaßfilters zum Zeitpunkt $t_i = 9NT/8$ (FFT-2) wollen wir in einem späteren Beispiel (Beispiel 13.3) berechnen. Das FFT-Ergebnis zum Zeitpunkt $t_i = 5NT/4$ (FFT-3 in Bild 13.9 und Bild 13.11b) berechnen wir mit Gl. 13.30 wie folgt:

$$(13.32) \qquad Y(2f_0, 5NT/2) = e^{j2\pi f_0(5NT/4)} \int_{NT/4}^{5NT/4} \cos[2\pi(2f_0)t] \, [\cos(4\pi f_0 t)$$

$$- j \sin(4\pi f_0 t)] \, dt$$

$$= - \int_{NT/4}^{5NT/4} \cos^2(4\pi f_0 t) \, dt$$

$$+ j \int_{NT/4}^{5NT/4} \cos(4\pi f_0 t) \, \sin(4\pi f_0 t) \, dt$$

$$= - NT/2$$

Bild 13.11b zeigt, wie sich dieses Ergebnis auf graphischem Wege gewinnen läßt. Die cosinusförmige Impulsantwort des Bandpaßfilters mit der Mittenfrequenz $2f_o$ erstreckt sich von $NT/4$ bis $5NT/4$. Eine Integration des Produkts dieser Cosinusfunktion und dem markierten Ausschnitt des Eingangssignals liefert den in Bild 13.11d eingezeichneten Wert $-NT/2$. Wieder verzichten wir auf die Angabe des Ausgangswertes der Quadratur-Komponente des Filters, da er nach der Integration verschwindet.

Die graphische Auswertung des Ausgangswertes des FFT-Filters zum Zeitpunkt $t_o = 3NT/2$ ist in Bild 13.11c zu sehen. Analytisch läßt er sich mit Gl. 13.28 errechnen. Das Ergebnis ist in Bild 13.11d zu sehen. Setzen wir die Auswertung von Gl. 13.28 für aufeinanderfolgende Werte von t_1 fort, erhalten wir die in Bild 13.11d dargestellte Wertefolge. Daraus erkennen wir, daß die aufeinanderfolgenden Ausgangswerte des FFT-Bandpaßfilters mit der Mittenfrequenz $2f_0$ Abtastwerte der Cosinusfunktion $\cos[2\pi(2f_0)t]$ sind. Das Abtastintervall des Filter-Ausgangssignals ist gleich dem FFT-Versetzungsintervall $NT/8$. Erwartungsgemäß wird der konstante Term des Eingangssignals von dem FFT-Bandpaßfilter unterdrückt.

Beispiel 13.3: FFT-Mehrkanal-Filterung eines komplexen Signals

$y(t)$ sei wie in früheren Beispielen durch den Ausdruck

$$(13.33) \qquad y(t) = 2 + \cos(2\pi f' t) \qquad f' = 2/NT$$

gegeben. In Beispiel 13.2 haben wir das FFT-Verschiebungsintervall absichtlich so gewählt, daß die Imaginärteile aller FFT-Ergebnisse verschwanden. In diesem Bei-

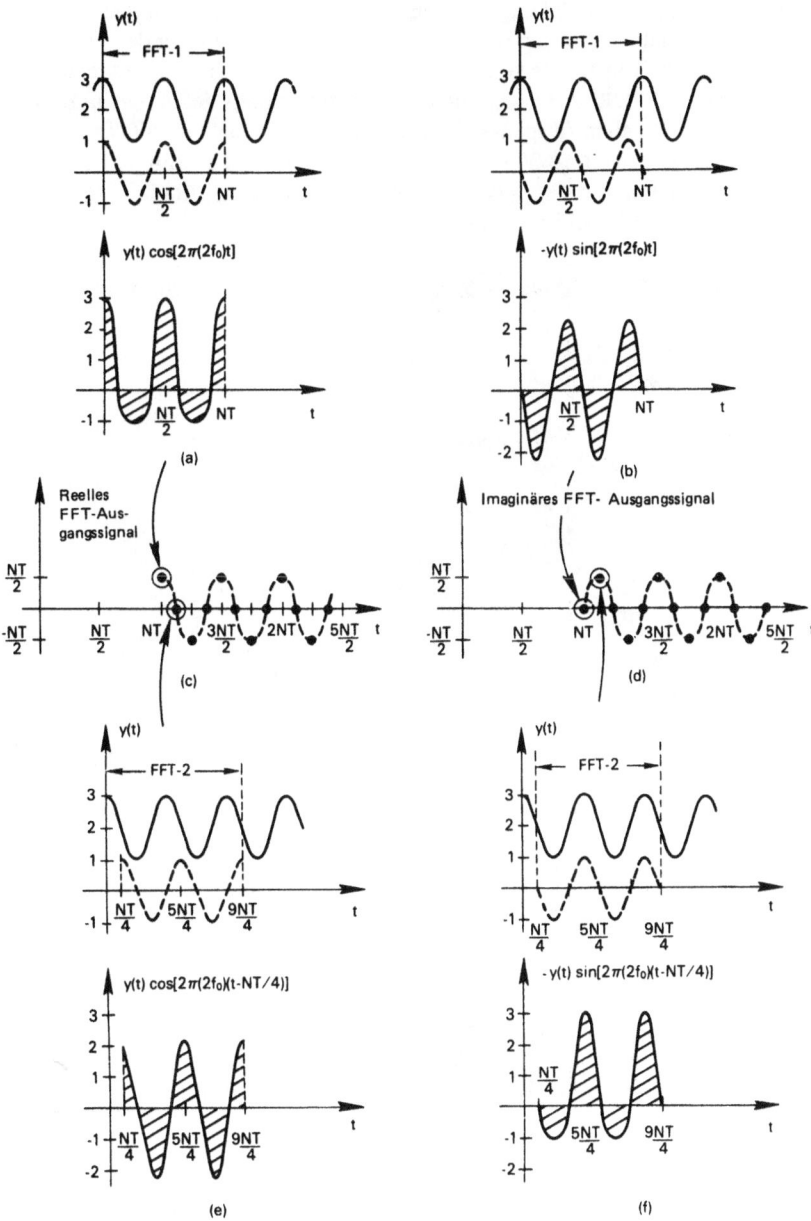

Bild 13-12: Beispiel zur komplexen FFT-Bandpaßfilterung eines komplexen Signals.

spiel lassen wir diese Einschränkung weg und betrachten beliebige komplexe Abtastwerte. Wie in Beispiel 13.2 werten wir Gl. 13.30 auch hier zunächst für den Fall n =
2 und t_i = NT aus. In Bild 13.12a veranschaulichen wir die Auswertung des reellen
Produktterms aus Gl. 13.30. Die Integration dieses Produktterms liefert, wie in Bild
13.12c zu sehen, den reellen Ausgangswert der FFT zum Zeitpunkt t_i =NT. Den imaginären Produktterm von Gl. 13.30 für t_i = NT finden wir in Bild 13.12b. Offensichtlich verschwindet dieser Term nach der Integration und das Imaginärteil des FFT-Ergebnisses ist daher, wie in Bild 13.12d eingezeichnet, gleich Null.

Zur Auswertung von Gl. 13.30 für den Zeitpunkt t_i = $9NT/4$ mit f' = $2/NT$ schreiben
wir

$$
(13.34) \qquad Y(2f_0, 9NT/4) = e^{j2\pi f_0(9NT/4)} \int_{NT/4}^{9NT/4} \cos[2\pi(2f_0)t] \, [\cos(4\pi f_0 t)
$$

$$
- j \sin(4\pi f_0 t)] \, dt
$$

$$
= e^{j9\pi/2} \left[\int_{NT/4}^{9NT/4} \cos^2(4\pi f_0 t) \, dt \right.
$$

$$
\left. - j \int_{NT/4}^{9NT/4} \cos(4\pi f_0 t) \sin(4\pi f_0 t) \, dt \right]
$$

$$
= e^{j9\pi/2} \left[\int_{NT/4}^{9NT/4} \tfrac{1}{2} \, dt \right.
$$

$$
+ \int_{NT/4}^{9NT/4} \tfrac{1}{2} \cos(8\pi f_0 t) \, dt
$$

$$
\left. - j \int_{NT/4}^{9NT/4} \cos(4\pi f_0 t) \sin(4\pi f_0 t) \, dt \right]
$$

$$
= e^{j9\pi/2} \, (NT/2)
$$

$$
= jNT/2
$$

Die graphische Auswertung des reellen Terms von Gl. 13.34 zeigen wir in Bild 13.12e.
Wie Bild 13.12c zu entnehmen ist, verschwindet der reelle Produktterm für t_2 = $9NT/4$
nach der Integration. Die graphische Auswertung des Imaginärteils ist in Bild 13.12f zu
sehen. Die Integration des Imaginärterm liefert den Wert $NT/2$ (Bild 13.12d).

Setzen wir die Auswertung der FFT-Folge für aufeinanderfolgende Werte von t_i fort,
dann erhalten wir eine Folge von komplexen Werten, die sich durch die zwei Kurvenzü-
ge in Bild 13.12c, d repräsentieren lassen. Man beachte, daß die reellen und die imaginären Abtastwertefolge des Filterausgangssignals bis auf eine Verzögerung bzw. eine Phasenverschiebung um 90° identisch sind.

Zusammenfassung

Aus Kapitel 9 wissen wir, daß die FFT die Amplitude einer Sinusfunktion je zur Hälfte einer positiven und einer negativen Frequenz zuordnet. Bei einer Wiederholung der Erörterung von Beispiel 13.2 und 13.3 für die negative Frequenz $-f_o$ würden wir deshalb die gleichen Ergebnisse erhalten wie im Fall der positiven Frequenz f_o. Addieren wir die FFT-Ergebnisse für die positive und die negative Frequenz, dann erhalten wir eine Sinusfunktion mit der Amplitude NT gleich der Amplitude des sinusförmigen Eingangssignals (Eins) multipliziert mit dem Verstärkungsfaktor des FFT-Filterbanks NT. Die Abtastfrequenz der Ausgangssignale der FFT-Filter ist gleich 1/(FFT-Versetzungsintervall).

Wir haben gezeigt, daß jeder FFT-Ausgangswert einen Abtastwert des Faltungsproduktes des Eingangssignals und der Impulsantwort des entsprechenden FFT-Bandpaßfilters darstellt. Die Impulsantwort jedes FFT-Filters ist komplexwertig, da die FFT-Fensterfunktion und damit auch das Eingangssignal einmal mit einer Cosinusfunktion multipliziert wird, um den Realteil des Ausgangswertes zu erhalten, und ein zweites mal mit einer Sinusfunktion, um den zugehörigen Imaginärteil zu gewinnen. Da sich die zwei Impulsantworten jedes Teilfilters der FFT-Filterbank bis auf eine Phasenverschiebung von 90° identisch sind, unterscheiden sich die Ausgangssignale der In-Phase- und der Quadratur-Teilfilter entsprechend auch jeweils lediglich um eine 90°-Phasendrehung.

13.4 Abtastratenänderung bei der FFT-Multikanal-Filterung

Der Übersichtlichkeit halber haben wir in den vorangegangenen Beispielen die Ausgangssignale der einzelnen FFT-Bandpaßfilter absichtlich überabgetastet. Da wir das Verschiebungsintervall der FFT gleich dem Abtastintervall T des Eingangssignals setzten, erhielten wir die abgetasteten Ausgangssignale der einzelnen FFT-Bandpaßfilter ebenfalls mit dem Abtastintervall T. Ein Bandpaßsignal läßt sich jedoch alternativ mit einer Abtastfrequenz fehlerfrei abtasten, die allein von seiner Bandbreite abhängt und nicht von der im Signal vorhandenen höchsten Frequenzkomponente. Die auf dieser Idee basierenden Abtastverfahren werden als *Unterabtastung* oder *Quadraturabtastung* bezeichnet. Beide Verfahren werden in Abschnitt 14.1 und 14.2 ausführlich beschrieben.

In Abschnitt 14.1 werden wir zeigen, daß ein Bandpaßsignal der Bandbreite B_T unter gewissen Einschränkungen mit einer Abtastfrequenz $f_s \geq 2B_T$ unterabgetastet werden darf. Weiterhin werden wir in Abschnitt 14.2 nachweisen, daß sich noch weitere Abtastratenreduktionen durch Darstellung eines Bandpaßsignals in der komplexen Form bzw. der Quadraturform erreicht werden können.

Ein Bandpaßsignal, das durch Frequenzumsetzung oder durch Unterabtastung in Quadraturform (komplexer Form) in die Nullage (Mittenfrequenz bei der Frequenz Null) versetzt wird, läßt sich fehlerfrei mit einer Abtastrate $f_s \geq B_T$ abtasten. Wir können das Unterabtastungs- oder das Quadraturabtastverfahren auf ein Bandpaßsignal nur dann anwenden, wenn wir vor der Abtastung ein Bandpaßfilter zur Unterdrückung des Aliasing-Effekts einsetzen.

Die Stärke des Aliasing-Effekts bei den einzelnen FFT-Bandpaßfiltern wird von der Frequenzcharakteristik der verwendeten Fensterfunktion bestimmt. In den meisten praktischen Anwendungen des FFT-Bandpaßfilterungskonzepts stellt die Wahl der Fensterfunktion einen Kompromiß dar zwischen der Einschwingzeit des Filters einerseits und den gewünschten Frequenzeigenschaften im Durchlaßbereich (geringe Welligkeit) und im Sperrbereich (kleine Nebenzipfel) andererseits. Die Impulsantwort eines Filters basierend auf einer Fensterfunktion mit niedrigen Nebenzipfeln ist im allgemeinen erheblich länger als die eines Filters basierend auf einer Rechteck-Fensterfunktion von näherungsweise gleicher Bandbreite (siehe Bild 9.8a, b). Eine längere Fensterfunktion erhöht jedoch die Punktzahl N der einzelnen FFTs und begrenzt damit möglicherweise die praktische Anwendbarkeit des FFT-Bandpaßfilterungsverfahrens. In der Praxis geht man so vor, daß man zunächst eine Fensterfunktion wählt, die eine annehmbare Bandpaß-Filtercharakteristik liefert. Dann werden die Ausgangssignale der FFT-Bandpaßfilter in das Basisband verschoben, wo schließlich zur Verbesserung der Filtereigenschaften noch ein digitales rekursives Filter eingesetzt wird.

In Bild 13.13 veranschaulichen wir, wie wir die Bandbreite eines FFT-Bandpaßfilters bestimmen können. Das Bild zeigt den Frequenzgang einer willkürlich gewählten Fensterfunktion. Die Intensität der Bandüberlappung wird von den Nebenzipfeln bestimmt. Nehmen wir den im Bild angegebenen Bandüberlappungspegel als zulässig an, dann hat das Ausgangssignal dieses Bandpaßfilters die eingezeichnete *Abtast-Bandbreite* B_T. Die Bandbreite B_T bezeichnet man gelegentlich auch als *Übertragungsbandbreite*. Wir werden diesen Begriff in Abschnitt 14.1 und 14.2 bei der Beschreibung eines Abtastverfahrens für den speziellen Fall der FFT-Bandpaßfilterung gebrauchen.

In Abschnitt 14.1 zeigen wir, daß sich ein Bandpaßsignal durch Unterabtastung in ein äquivalentes Tiefpaßsignal umsetzen läßt. Werden hierbei nur die reellen Ausgangssignale der FFT-Bandpaßfilter herangezogen, dann liefert Gl. 14.1 hierfür die minimale Abtastrate. Die Abtastrate läßt sich aber noch weiter reduzieren, wenn wir gleichzeitig das Unterabtastverfahren und das Quadratur- Abtastverfahren anwenden. Da die FFT-Bandpaßfilter komplexe (Quadratur-) Signale liefern, können wir die Real- und die Imaginärteile der Ausgangssignale der FFT-Bandpaßfilter durch Unterabtastung in die Nullage (d.h. Mittenfrequenz bei $f=0$) verschieben und umgekehrt aus diesen unterabgetasteten Signalen die Originalsignale trotz des durch die Unterabtastung verursachten Aliasing-Effekts fehlerfrei rekonstruieren. Die Unterabtastrate f_s' muß je-

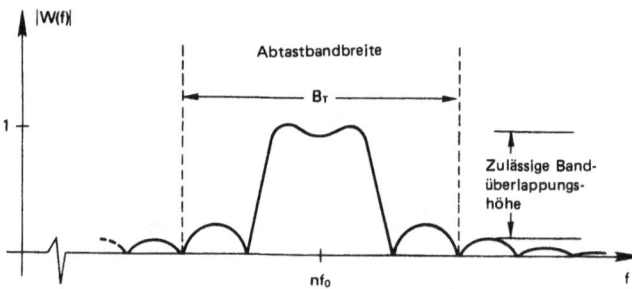

Bild 13-13 Zur Definition der Abtastbandbreite B_T eines Bandpaßfilters.

doch die Bedingung $f_s' > B_T$ erfüllen (Gl. 14.5). Man beachte, daß die Mittenfrequenz jedes FFT-Bandpaßfilters ein ganzzahliges Vielfaches der Frequenz $f_o=$ $1/N\,T$ ist. Nach Abschnitt 14.1 folgt hieraus, daß wir zur Verschiebung der Mittenfrequenz zur Frequenz Null die Abtastfrequenz f_s' derart wählen müssen, daß die Mittenfrequenzen derjenigen FFT-Bandpaßfilter, deren Ausgangssignale unterabgetastet und in die Null-Lage verschoben werden sollen, jeweils ein ganzzahliges Vielfaches von f_s' ist. In den meisten Anwendungen des FFT-Bandpaßfilterungskonzepts hat das FFT-Filter der niedrigsten Frequenzlage die Mittenfrequenz $n\,f_o$ mit n als einer ganzen Zahl. Für die Abtastfrequenz f_s' wählen wir daher ebenfalls ein Vielfaches von f_o d.h. wir setzen $T' = NT/n$. Das Abtastintervall T' für jedes komplexe FFT-Bandpaßfilter muß letztendlich die folgenden Bedingungen erfüllen

(13.35) $T' \leq 1/B_T$

(13.36) $T' = NT/n$ n ganzzahlig

(13.37) $T' = pT$ p ganzzahlig

Gemäß Gl. 13.37 ist das Ausgangsabtastintervall T' gleich einem Vielfachen von T (Abtastintervall des FFT-Eingangssignals) zu wählen. Die Abtastung mit dem Abtastintervall T' wird dadurch verwirklicht, daß wir das Verschiebungsintervall der FFTs der betreffenden FFT-Folge gleich T' setzen.

Die Quadraturabtastung bietet ferner die Möglichkeit, aus den komplexen Abtastwerten, die ein unterabgetastetes und bei der Frequenz Null zentriert liegendes und banddüberlapptes Spektrum repräsentieren, ein reelles Signal zu rekonstruieren. Hierzu multiplizieren wir gemäß Gl. 14.2 dieses komplexe Signal mit der Exponentialfunktion $e^{-j\,2\pi f'\,t}$ mit f' als der frei wählbaren Mittenfrequenz des gewünschten Basisbandsignals. Das Realteil des frequenzverschobenen komplexen Signals liefert das gesuchte Signal. Ein Interpolationsschritt zwecks Erhöhung der Abtastrate konsistent mit der Bandbreite des Basisbandsignals kann als notwendig erscheinen (Abschnitt 14.2).

13.5 FFT-Mehrkanal-Demultiplexverfahren

Eine praktische Anwendung finden die in diesem Kapitel entwickelten Konzepte bei den digitalen Demultiplex-Verfahren von Frequenzmultiplexsignalen. Um das Prinzip des FFT-Demultiplexverfahrens zu erläutern, betrachten wir Bild 13.14a. Die eingezeichneten 4-kHz breiten Teilspektren seien die Spektren einiger Einseitenbandmodulierten Sprachsignale. Unser Ziel ist, nach dem Verfahren der FFT-Bandpaßfilterung die einzelnen Kanäle des Multiplexsignals herauszufiltern und die ursprünglichen Sprachsignale zu rekonstruieren.

Wir wählen die FFT-Parameter derart, daß die Mittenfrequenzen der FFT-Bandpaßfilter jeweils bei einem ganzzahligen Vielfachen der Frequenz $f_o = 2$ kHz liegen.

(13.38) $f_0 = 1/NT = 2$ kHz

Die entsprechende FFT-Filterbank unter Einsatz einer Hanning-Fensterfunktion (Bild 9.8b) sehen wir in Bild 13.14b. Wie gezeigt, ergibt die obige Wahl von f_o Filter mit einer größeren Durchlaßbandbreite als zur Filterung der Einseitenband-Sprachspektren notwendig ist. Mit $f_o = 1$ kHz würden die resultierenden Bandpaßfilter die Sprachspektren in den einzelnen Kanälen erheblich dämpfen. Man beachte, daß einige FFT-Bandpaßfilter überflüssig sind. Wir verwenden nur diejenigen FFT-Bandpaßfilter, die mit den einzelnen Kanälen des Multiplexsignals zusammenfallen. Diese Teilfilter sind im Bild durchgezogen eingezeichnet.

Wir nehmen an, daß das Multiplexsignal mit Hilfe eines Antialiasing-Tiefpaßfilters der Grenzfrequenz 20 kHz bandbegrenzt wurde. Das Abtastintervall des Eingangssignals für die FFT muß die Nyquist-Abtastbedingung

(13.39) $T \leq 1/(2 \times 20 \times 10^3)$

erfüllen. Wollen wir einen Basis-2-FFT-Algorithmus einsetzen dann muß N gleich einer ganzzahligen Potenz von 2 sein. Mit den Parametern

(13.40)
$$f_0 = 2 \text{ kHz}$$
$$N = 32$$
$$T = 1/(64 \times 10^3)$$

werden die in Gl. 13.38 und Gl. 13.39 gestellten Bedingungen erfüllt.

Nehmen wir an, daß eine Dämpfung der Bandüberlappungsfehler um 40 dB für jedes FFT-Bandpaßfilter akzeptabel sei. Bild 9.8b entnehmen wir, daß der zweite Nebenzipfel der Hanning-Fensterfunktion einen Pegel von -41 dB aufweist. Hieraus ergibt sich für jedes Bandpaßfilter, wie in Bild 13.14b ablesbar, eine Abtast-Bandbreite von $B_T =$ 12 kHz. Man beachte, daß der Hauptzipfel und der erste Nebenzipfel der Hanning-Fensterfunktion in die Nachbarkanäle hineinreichen. Dieses *Übersprechen* läßt sich mit Hilfe eines später noch zu besprechenden zusätzlichen Filters eliminieren.

Das Ausgang-Abtastintervall der FFT-Bandpaßfilter T ' muß die Bedingungsgleichungen Gl. 13.35 bis Gl. 13.37 erfüllen:

(13.41)
$$T' \leq 1/(12 \times 10^3)$$
$$T' = 32T/n \qquad n \text{ ganzzahlig}$$
$$T' = pT \qquad p \text{ ganzzahlig}$$

Diese Bedingungen können wir mit T '$= 4T = 1/(16 \times 10^3)$ erfüllen. Jede FFT der betreffenden FFT-Folge wird um 4 Eingangsabtasttakte versetzt. Diese Unterabtastung bzw. Abtastrate-Dezimierung verschiebt die Mittenfrequenzen sämtlicher selektierten FFT-Bandpaßfilter zur Frequenz Null.

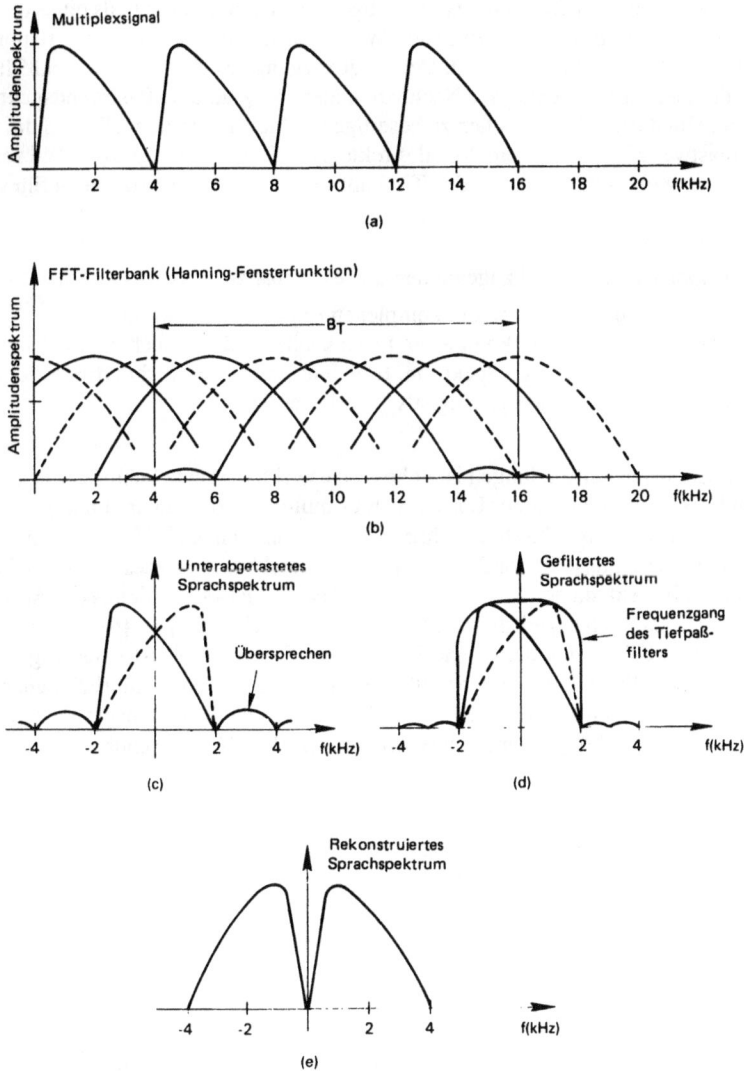

Bild 13-14: a) Spektrum eines Frequenzmultiplex-Signals, b) Frequenzcharakteristik
einer FFT-Filterbank zur Demodulation des Signals aus a),
c) Spektrum des komplex unterabgetasteten Ausgangssignals eines
FFT-Bandpaßfilters, d) Frequenzgang des FFT-Tiefpaßfilters und das
resultierende Sprachspektrum und e) das rekonstruierte Sprachspektrum.

Das Frequenzspektrum des komplex unterabgetasteten Ausgangssignals eines der FFT-Bandpaßfilter ist in Bild 13.14c zu sehen. Wir sehen, daß das Spektrum überlappt ist und eine Bandbreite von 2 kHz aufweist. Der Frequenzgang des Hanning-Bandpaßfilters läßt jedoch Frequenzkomponenten aus Nachbarkanälen im Quadratur-Basisbandspektrum auftreten. Um dieses Übersprechen zu beseitigen, schicken wir die reelle und die imaginäre Abtastwertefolge durch ein digitales rekursives Tiefpaßfilter. Bild 13.14d zeigt den Frequenzgang eines hierzu passenden Tiefpaßfilters sowie das überlappte gefilterte Spektrum ·

Um das Sprachsignal zurückzugewinnen und es hörbar zu machen, multiplizieren wir die komplexen Abtastwerte mit der komplexen Exponentialfunktion $e^{-j2\pi f' t}$ mit $f' = 2$ kHz. Das Realteil des komplexen Produkts liefert das gesuchte Sprachsignal mit dem in Bild 13.14e gezeigten Spektrum. Eine Interpolation ist nicht erforderlich, da die Abtastrate des unterabgetasteten Signals 16 kHz beträgt.

In den praktischen Anwendungen ist hohe Kanalselektivität eine Schlüsselforderung für den Einsatz der FFT bei der Lösung von Demultiplex-Problemen. Im allgemeinen werden für diesen Zweck leistungsfähigere Fensterfunktionen als Hanning-Funktion benötigt. Ferner ist unser besonders einfaches Beispiel bezüglich des Rechenaufwandes sehr ineffizient, da der von uns gewählte Basis-2-FFT-Algorithmus die Ausgangssignale sämtlicher Teilfilter der Filterbank ermittelt. In [2] bis [6] wird die Anwendung der FFT auf das allgemeine Problem der Transmultiplex-Umsetzung von Zeitmultiplex (TDM)- undFrequenzmultiplex (FDM)-Signalen ausführlich behandelt. Unsere Überlegungen sind ebensogut auf Modulation/Demodulationsprobleme nach dem Einseitenband-Frequenzmultiplexverfahren(SSB- FDM) anwendbar.

Aufgaben

13.1 Mit Gl. 13.6 - Gl. 13.8 und Bild 13.3 haben wir das Konzept der FFT-Bandpaß-terbank für $n = 1$ und reelle Funktionen hergeleitet. Man wiederhole die Herleitung   analytisch und grafisch für $n = 2$, $n = 3$ und nur reelle Funktionen.

13.2 Man entwickle analytisch sowie grafisch eine Quadratur-Filterbank für $n = 0, 1$ und 2. Man zeige auf grafischem Wege, weswegen das negative Vorzeichen in Gl. 13.11 in der Faltungsform der Gleichung nicht erscheint.

13.3 Man interpretiere die FFT als eine Bank von Integrier/Abtast-Bandpaßfiltern entsprechend der in Abschnitt 13.1 benutzten Vorgehensweise, hier jedoch für diskrete Signale. Man verwende dabei die Beziehung

$$H(n/NT) = \sum_{k=0}^{N-1} h(kT)e^{-j2\pi nk/N} = h(0)e^0 + h(T)e^{-j2\pi n/N} + \cdots +$$

Sie bringt die diskrete Faltung von $h(kT)$ mit der Folge 1, $e^{-j2\pi n/N}$ ...zum
Ausdruck.

13.4 Man wiederhole die grafische Herleitung von Bild 13.6 jedoch mit einem
cosinusförmigen Eingangssignal der Frequenz 6,75/32 Hz.

13.5 Man wiederhole die analytische Herleitung von Gl. 13.3 - Gl. 13.15 und die
grafische Herleitung von Bild 13.1 - Bild 13.6 unter Berücksichtigung der
Hanning-Fensterfunktion.

13.6 Man wiederhole Beispiel 13.3 unter Beachtung des Signals

$$y(t) = 1 + \cos(2\pi f_0 t) \qquad f_0 = 1/NT$$

13.7 Man setze

$$y(t) = 1 + \cos(2\pi f_0 t) + \sin[2\pi(3f_0)t] \qquad f_0 = 1/NT$$

und leite die Bandpaß-Filtergleichungen sowie die FFT-Ausgangsabtastwerte für
$t_i = NT$.

13.8 Man betrachte

$$y(t) = \cos(2\pi f_1 t) + \sin(2\pi f_2 t)$$

mit $f_1 = 3f_0 + f_0/4$ und $f_2 = 3f_0 - f_0/4$. Für $f_0 = 1/NT$ setze man die FFT zur
Bandpaß-Filterung von $y(t)$ ein.

a) Man diskutiere und skizziere die spektrale Bandüberlappung, die sich aus der
FFT-Bandpaßfilterung und Unterabtastung ergibt.

b) Man argumentiere und weise grafisch nach, warum mit der komplexen Abtastung
trotz Bandüberlappung keine Informationen verloren gehen.

c) Man zeige, wie sich das Ausgangssignal des Bandpaßfilters bei der Mittenfrequenz
$f_0/2$ rekonstruieren läßt.

13.9 Man betrachte das Multiplexsignal

$$y(t) = \sum_{n=1}^{4} \cos[2\pi(f_n + f_n/4)] + \sin[2\pi(f_n - f_n/4)] \qquad f_n = n \text{ Hz}$$

Unser Ziel ist, $y(t)$ mit Hilfe der FFT zu demultiplexen

a) Man skizziere das Spektrum von $y(t)$.

b) Man bestimme alle notwendigen Parameter der in Frage kommenden FFT-Bandpaßfilter. Man diskutiere die getroffenen Annahmen.

c) Man rekonstruiere analytisch jedes durch das Demultipallex-Verfahren gewonnene Signal bei der neuen Mittenfrequenz $f_o/2$. Man erkläre, wie die für die Rekonstruktion gewählte Frequenz die bei der Interpolation zu erfüllenden Forderungen beeinflussen.

Literatur

[1] HARRIS, F., "The Discrete Fourier Transform Applied to Time Domain Signal Processing." IEEE Commun. Mag. (May 1982), Vol.20, No.3, pp.13-22.

[2] GREENSPAN, R.L. and P.H. ANDERSON, "Channel Demultiplexing by Fourier Transform Processing." EASCON '74 Proc. (1974), pp.360-372.

[3] BELLANGER, M.G. and J.L. DAQUET, "TDM-FDM Transmultiplexer: Digital Polyphase and FFT." IEEE Trans. Commun. (September 1974), Vol. Com-22, No.9, pp.1199-1205.

[4] Special Issue on Transmultiplexers. IEEE Trans. Commun. (July 1982), Vol. Com-30, No.7, pp.1457-1656.

[5] Special Issue on TDM-FDM Conversions. IEEE Trans. Commun. (May 1978), Vol. Com-26, No.5, pp 489-741.

[6] SCHEUERMANN, H. and H. GOCKLER, "A Comprehensive Survey of Digital Transmultiplexing Methods." Proc. IEEE (November 1981), Vol.69, No.11, pp.1419-1450.

14. Anwendungen der FFT zur Signalverarbeitung und Systemrealisierung

Die im letzten Kapitel vorgestellten analytischen Konzepte bilden die Basis einer Fülle von Anwendungen der FFT in der Signalverarbeitung geführt. Die FFT ist mittlerweile ein integrales Bestandteil zahlreicher kommerzieller und militärischer Systeme der Signalverarbeitung geworden. Es ist zu erwarten, daß in dem Maße, in dem die spezielle Hardware für die FFT preisgünstiger und leistungsfähiger wird, im gleichen Maße auch das Anwendungsspektrum der FFT in der Signalverarbeitung und Systemrealisierung expandiert. Obwohl es unmöglich ist, hier alle Anwendungsbereiche der FFT aufzuzählen, können wir mit Sicherheit behaupten, daß die auf der FFT basierenden Methoden der Signalverarbeitung auf eine breite Palette wissenschaftlicher Probleme anwendbar sind.

Da sich alle FFT-Anwendungen auf abgetastete Signale beziehen, ist das Konzept der Signalabtastung für die FFT-Anwendungen von zentraler Bedeutung. Aus diesem Grund werden wir im folgenden zunächst einmal die Methoden der Bandpaß- und der Quadratur-Abtastung ausführlich behandeln. Anschließend werden wir ein breites Spektrum von auf der FFT basierenden Verfahren der Signalverarbeitung und der Systemrealisierung vorstellen. Aus Platzgründen ist hier ein tiefgehendes Durchdringen in die einzelnen Anwendungsgebiete leider nicht möglich. Die Themen werden aber so weit behandelt, daß sich der Leser von einer soliden Basis aus selbständig in die Materie weiter vertiefen kann.

14.1 Abtasten von Bandpaßsignalen

Die FFT wird oft zur digitalen Verarbeitung von Bandpaßsignalen herangezogen. Da die Effizienz des Abtastvorgangs in solchen Anwendungen eine besonders wichtige Rolle spielt, leiten wir das *Abtasttheorem für Bandpaßsignale* her. Es handelt sich um einen Spezialfall des in Abschnitt 5.4 Abtasttheorems für Basisbandsignale (Nyquist-Theorem).

Zu diesem Zweck betrachten wir das Signal in Bild 14-1. Die durchgezogene Kurve in Bild 14-1a stellt ein amplitudenmoduliertes Bandpaßsignal dar. Die gestrichelte repräntiert die *Modulation* des Bandpaßsignals also den Informationsinhalt des Bandpaßsignals. Im Bild werden das modulierende Signal zweimal pro Periode, das *Trägersignal* jedoch nur einmal pro Periode abgetastet. Man beachte, daß die Abtastwerte das Modulationssignal vollständig und fehlerfrei repräsentieren, obwohl der Abtastvorgang mit der gewählten Abtastrate den Bandüberlappungseffekt verursacht. Der Deutlichkeit halber wird das Bandpaßsignal in Bild 14-1a synchron

(a)

(b)

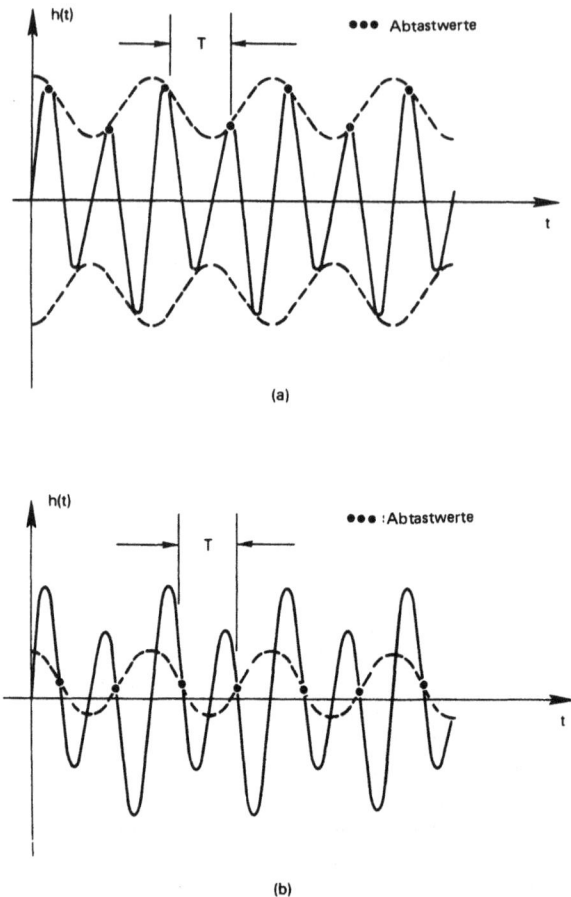

Bild 14-1: Beispiel zur Bandpaßsignal-Abtastung: a) Abtastung synchron zu den Spitzen des Trägersignals, b) der allgemeine Fall.

zu der Maxima des Trägersignals abgetastet. Dies ist aber, wie in Bild 14-1b nachvollziehbar, keine zwingende Forderung des Bandpaßsignal-Abtastverfahrens. Hier tasten wir mit derselben Abtastrate ab wie vorher, jedoch mit einem kleinen Zeitversatz. Die gestrichelte Kurve, die durch die Abtastwerte repräsentiert wird, stellt das Modulationssignal dar.

Ein Bandpaßsignal hat definitionsgemäß ein Spektrum, das außerhalb des Frequenzbereichs $f_l < |f| < f_h$ verschwindet mit f_l als der unteren und f_h als der oberen Grenzfrequenz des Spektrums. Die *(Übertragungs-) Bandbreite* eines Bandpaßsignals ist definiert als $B_T = f_h - f_l$. Nach dem Nyquist-Theorem müssen wir das Bandpaßsignal mindestens mit der Abtastrate $2f_h$ abtasten, wenn wir Bandüberlappungen vermeiden wollen. Aus Abschnitt 5.3 wissen wir, daß ein

Abtastvorgang dazu führt, daß sich das ursprüngliche Spektrum an allen Vielfachen der Abtastfrequenz wiederholt. Wir wollen nun zeigen, daß sich dieser Effekt (Frequenzband-Wiederholung) vorteilhaft zur Abtastung eines Bandpaßsignals mit einer niedrigeren Abtastrate als $2f_h$ (wenn $B_T \ll f_l$) ausnützen läßt. Das Abtasttheorem für Bandpaßsignale besagt, daß sich ein Bandpaßsignal aus seinen Abtastwerten fehlerfrei rekonstruieren läßt, dalls die Abtastfrequenz f_s die Bedingung

(14-1) $\qquad 2f_h/n \le f_s \le 2f_l/(n-1) \qquad 2 \le n \le f_h/(f_h - f_l)$

mit n als einer ganzen Zahl erfüllt. Das Kriterium nach Gl. 14-1 liefert akzeptable Abtastfrequenzen nur für $f_s < 2f_h$ und gewährleistet, daß der Abtastvorgang keine Bandüberlappungen verursacht. Setzen wir n' gleich der größten ganzen Zahl kleiner als $f_h/(f_h - f_l)$, dann erhalten wir aus Gl. 14-1 die kritische, d.h. die kleinste annehmbare Abtastfrequenz $f'_s = 2f_h/n'$ für ein Bandpaßsignal. Ferner folgt mit $n = f_h/(f_h - f_l)$ aus Gl. 14-1: $f_s \ge 2(f_h - f_l) = 2B_T$.

Wir wollen nun das Prinzip der effizienten Abtastung von Bandpaßsignalen mit Hilfe des Faltungstheorems erläutern. Bild 14-2a zeigt ein Bandpaßsignal und Bild 14-2c sein Spektrum. Die Mittenfrequenz des Spektrums liegt bei $8f_o$ und seine Übertragungsbandbreite B_T beträgt $2f_o$. Wir wählen die Abtastfrequenz $6f_o$. Für $n = 3$ erfüllt sie die Bedingung Gl. 14-1 des Bandpaßsignal-Abtasttheorems. Die zugehörige Zeitbereich-Abtastfunktion ist in Bild 14-2b und die entsprechende Frequenzbereich-Abtastfunktion in Bild 14-2d zu sehen.

Eine Multiplikation des Bandpaßsignals von Bild 14-2a mit der Abtastfunktion aus Bild 14-2b liefert das Abtastsignal in Bild 14-2e. Wir erinnern uns an das Faltungstheorem, wonach eine Multiplikation im Zeitbereich einer Faltung im Frequenzbereich entspricht. Demnach bilden wir das Faltungsprodukt der FOURIER-Transformierten des Abtastsignals (Bild 14-2d) und dem Spektrum des gegebenen Bandpaßsignals (Bild 14-2c) und erhalten als Ergebnis die Frequenzfunktion in Bild 14-2f.

Aus Bild 14-2f ist ersichtlich, daß das Teilspektrum mit den Mittenfrequenzen $\pm 2f_o$ identisch ist mit dem ursprünglichen Spektrum mit den Mittenfrequenzen $\pm 8f_o$. Obowhl jenes Teilspektrum durch Abtastung unterhalb der Nyquistrate entstanden ist, weist es keinerlei Informationsverluste verglichen mit dem ursprünglichen Spektrum auf. Auch die Teilspektren in Bild 14-2f mit den Mittenfrequenzen $\pm 4f_o$ und $\pm 10f_o$ sind Produkte einer Abtastung unterhalb der Nyquistrate. Sie können wir jedoch außer acht lassen, da wir mit Hilfe eines Tiefpaßfilters mit einer Bandbreite von $3f_o$ das Originalsignal $h(t)$ bis auf eine Mittenfrequenzverschiebung von $\pm 8f_o$ zu $\pm 2f_o$ fehlerfrei rekonstruieren können.

Die höchste Frequenzkomponente des Bandpaßsignals aus Bild 14-2a liegt bei $9f_o$. Deshalb hätten wir, falls wir nach dem Nyquist-Theorem vorgegangen wären, eine Mindest-Abtastfrequenz von $18f_o$ wählen müssen. Hier aber tasten wir das Signal mit einer Abtastfrequenz von $6f_o$ ohne Informationsverlust ab. Dieses Abtast-Verfahren wird als *Unterabtastung oder Abtastrate-Dezimierung* bezeichnet.

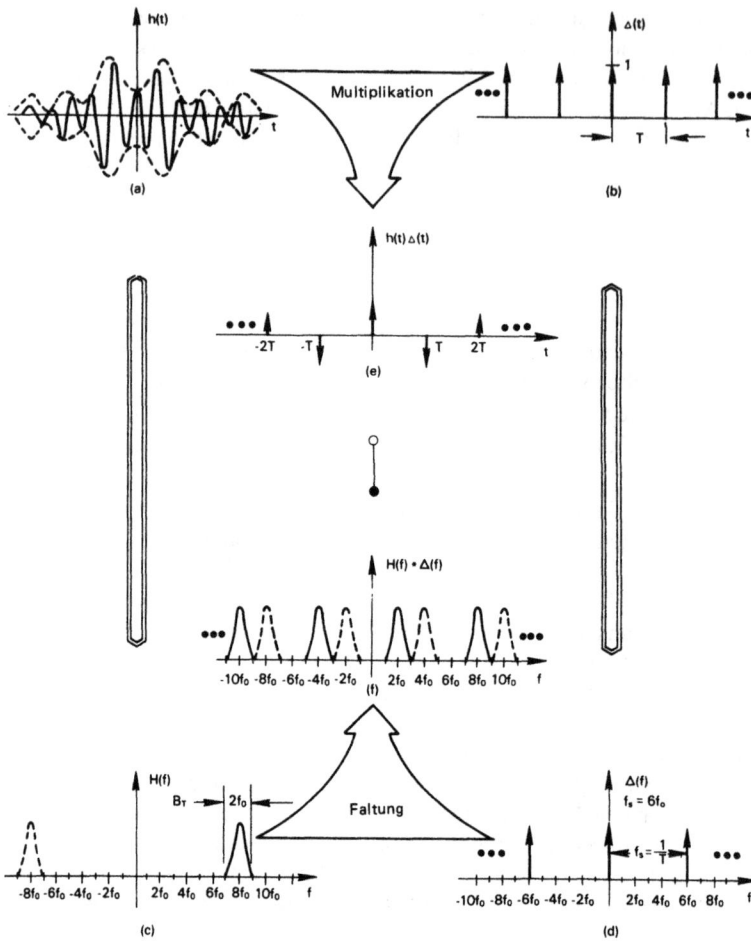

Bild 14-2: Überlappungsfreies FOURIER-Spektrum eines Bandpaßsignals abgetastet mit einer Abtastrate kleiner als das Zweifache der Grenzfrequenz des Signals.

Unterabtasten oder dzimieren können wir weiter mit niedrigeren Abtastraten, solange die Abtastfrequenz f_s die Bedingung Gl. 14-1 des Bandpaßsignal-Abtasttheorems erfüllt.

Graphische Herleitung des Abtasttheorems für Bandpaßsignale

Wir wollen anhand von Bild 14-3 das Abtasttheorem für Bandpaßsignale graphisch herleiten. Bild 14-3a zeigt das Spektrum eines Bandpaßsignals. Die Bandmittenfrequenz des Signals liegt bei $14f_0$ und für die Bandbreite gilt $B_T < 2f_0$ (d.h. die Signalamplitude bei f_h und f_l ist gleich Null). In Bild 14-3b bis Bild 14-3l wird die Frequenzbereich-Faltungsoperation zu Hilfe genommen, um die durch Abtastung des

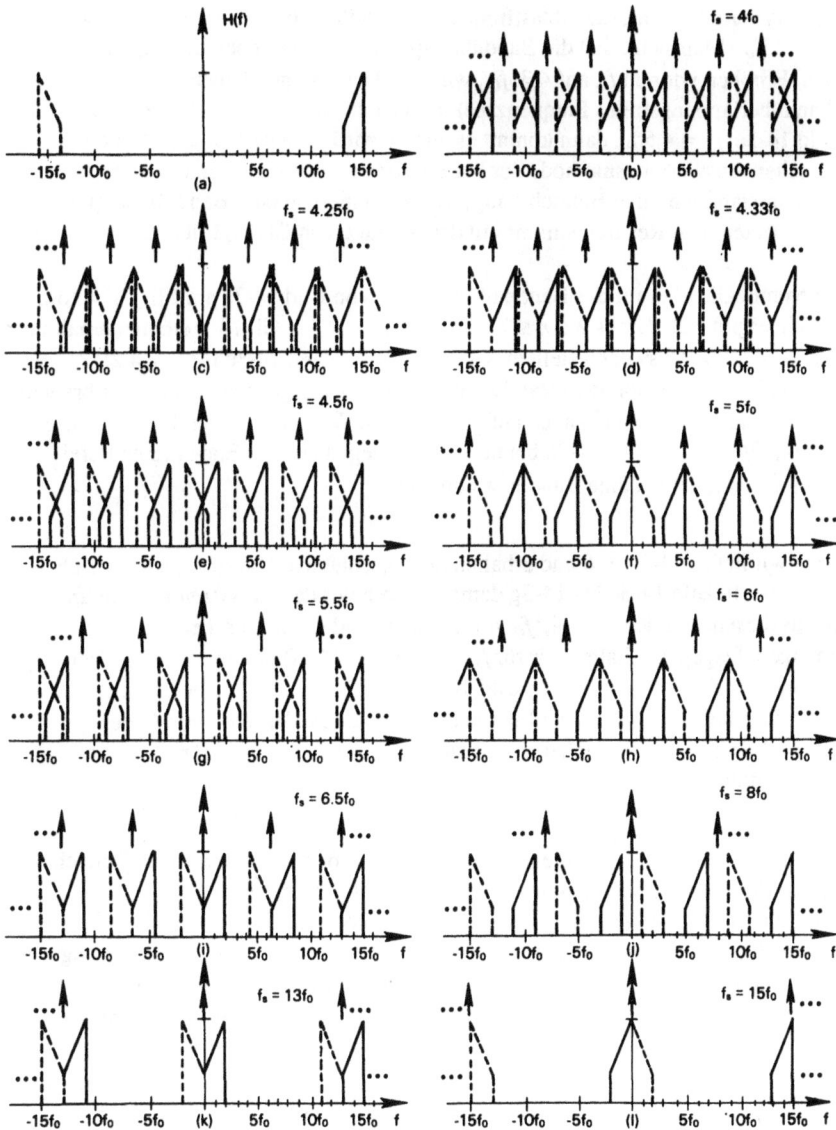

Bild 14-3: Bandüberlapptes FOURIER-Spektrum eines Bandpaßsignals, das mit verschiedenen Abtastraten abgetastet wird.

Bandpaßsignals hervortretenden Effekte zu erklären. Dargestellt werden nur die Frequenzbereich-Abtastimpulsfunktionen und die (bandüberlappten) Frequenzbereich-Faltungsprodukte.

Wegen $B_T < 2f_O$ scheint die Frequenz $f_s = 2B_T = 4f_O$ als Abtastfrequenz geeignet zu sein. Wir sehen jedoch in Bild 14-3b, daß diese Abtastfrequenz zu Bandüberlappungen führt. Das veranlaßt uns, die Abtastfrequenz zu erhöhen. In Bild 14-3c setzen wir daher $f_s = 4,25f_o$. Man sieht, daß die Bandüberlappungen immer noch nicht ganz verschwinden. Erhöhen wir nun f_s auf $4,33f_o$, wie in Bild 14-3d geschehen, gewinnen wir ein bandüberlappungsfreies Frequenzspektrum nach der Abtastung. Setzen wir, wie in Bild 14-3e, $f_s = 4,5f_o$, dann kommt es wieder zur Bandüberlappung. Mit dieser graphischen Auswertungsmethode der Faltungsoperation sind wir in der Lage - zwar etwas umständlich - den Bereich von f_s zu bestimmen, in dem Bandüberlappungen nicht auftreten. Das Resultat stimmt mit der Aussage von Gl. 14-1 überein.

Wir wenden nun Gl. 14-1 auf das Bandpaß-Spektrum von Bild 14-3a an. Mit $f_h = 15f_o$ und $f_l = 13f_o$ ergibt sich daraus $2 \leq n \leq 7$. Wir setzen $n = 7$ in Gl. 14-1 ein und erhalten $4,29f_o \leq f_s \leq 4,33f_o$. Deswegen stellten wir in Bild 14-3c und 14-3e für $f_s = 4,25f_o$ bzw. $f_s = 4,5f_o$ Bandüberlappungen fest. Der durch Gl. 14-1 gegebene Bereich der brauchbaren Abtastfrequenzen läßt sich auch auf graphischem Weg bestimmen. Die Abtastfrequenz $f_s = 4,33f_o$, die in Bild 14-3d benutzt wurde, liegt an einem Ende dieses Bereiches und verursacht daher keine Bandüberlappungen.

Nun setzen wir in Gl. 14-1 $n = 6$ und erhalten den akzeptablen Abtastfrequenzbereich $5f_o \leq f_s \leq 5,2f_o$. In Bild 14-3e bis 14-3g demonstrieren wir den Einsatz von Abtastfrequenzen aus diesem Bereich. $f_s = 4,5f_o$ führt, wie in Bild 14-3e zu sehen, zu Bandüberlappungen. Dagegen erhalten wir für $f_s = 5f_o$ (Bild 14-3f) ein überlappungsfreies Spektrum. $f_s = 5,5f_o$ liefert, wie in Bild 14-3g gezeigt, wieder unannehmbare Ergebnisse. Wie bereits erwähnt, sind wir in der Lage durch Variieren von f_s den durch Gl. 14-1 definierten Bereich der brauchbaren Abtastfrequenzen für $n = 6$ graphisch zu bestimmen.

Bild 14-3h und Bild 14-3i entnehmen wir, daß $6f_o \leq f_s \leq 6,5f_o$ der akzeptable Bereich für $n = 5$ ist. Für $n = 4,3$ und 2 gewinnen wir aus Gl. 14-1 die Bereiche $7,5f_o \leq f_s \leq 8,67f_o$, $10f_o \leq f_s \leq 13f_o$, bzw. $15f_o \leq f_s \leq 26f_o$. Bild 14-3j - Bild 14-3l zeigen die gewonnenen Ergebnisse für jeweils einen günstigen Wert von f_s aus den angegebenen Bereichen. Wie schon mehrfach erwähnt, können wir auch diese aus Gl. 14-1 folgenden Bereiche alternativ nach unserer graphischen Vorgehensweise bestimmen.

Wir machen darauf aufmerksam, daß die Tiefpaß-Teilspektren in Bild 14-3f, 14-3j und 14-3l verglichen mit dem Spektrum aus Bild 14-3a in der spiegelverkehrten bzw. invertierten Lage erscheinen. Diese Eigenschaft gilt für alle aus Gl. 14-1 resultierenden akzeptablen Abtastfrequenzbereiche für geradzahlige Werte von n. Hingegen treten für ungeradzahlige Werte von n die durch die Abtastung entstehenden Teilspektren, wie in Bild 14-3d,h,i,k zu sehen ist, in der ursprünglichen (nichtinvertierten) Lage auf. Ferner stellen wir fest, daß mit f_s als einer akzeptablen Abtastfrequenz auch die Frequenz pf_s, mit p als einer ganzen Zahl, eine akzeptable Abtastfrequenz ist. Zum Beispiel sind mit $f_s = 4,33f_o$ auch $f_s = 8,66$ ~f_o und $f_s = 13 f_o$, wie in Bild 14.3d, 14-3j und 14-3k nachgewiesen, brauchbare Abtastfrequenzen. Der Grund dafür liegt in der Periodizität der Abtast-

Impulsfunktion. Zum Schluß sei darauf hingewiesen, daß die Bestimmung der Abtastfrequenzbereiche, die keine Bandüberlappungen verursachen, keine triviale Angelegenheit ist. Gl. 14-1 und die graphische Methode können hierzu nützlich sein.

Eine alternative Betrachtungsweise des Bandpaß-Abtasttheorems läßt sich aus der Tatsache gewinnen, daß in jedem der in Bild 14-3 untersuchten Fällen das Bandpaß-Spektrum mit der Mittenfrequenz $14f_0$ durch die Unterabtastung bzw. die Abtastraten-Dezimierung auf der Frequenzachse verschoben wird. Diese Art der Interpretation des Bandpaß-Abtastverfahrens als Frequenzverschiebung wollen wir in dem folgenden Beispiel näher untersuchen.

Beispiel 14-1 Unterabtastung: Ein Spezialfall der Frequenzumsetzung

Wir erinnern uns an Beispiel 3-8, mit dem wir gezeigt haben, daß eine Multiplikation einer Funktion $h(t)$ mit einer Sinusfunktion, der Frequenz f_0, eine Frequenzverschiebung (Frequenzumsetzung) um f_0 bewirkt. Gemäß dem Verschiebungstheorem der FOURIER-Transformation ergibt eine Multiplikation mit der Sinusfunktion der Frequenz f_0 eine Verschiebung der Mittenfrequenz f_c der FOURIER-Transformierten $H(f)$ von $h(t)$ zu den beiden Frequenzen $f_0 \pm f_c$. Wie bei der Behandlung von Beispiel 3-8 gezeigt, entsteht eine Frequenzverschiebung deshalb, weil eine Multiplikation im Zeitbereich eine Faltung im Frequenzbereich zur Folge hat. Demgemäß unterzieht sich $H(f)$ einer Faltung mit einem bei $\pm f_0$ auftretenden Impulsfunktionspaar, das die FOURIER-Transformierte der Sinusfunktion repräsentiert. Nach dieser Betrachtungsweise läßt sich Unterabtastung als eine spezielle Art von Frequenzumsetzung interpretieren.

Das in Bild 14-2d bei $\pm 6f_0$ erscheinende Impulsfunktionspaar läßt sich als die FOURIER-Transformierte einer Cosinusfunktion interpretieren. Dementsprechend verschiebt sich nach dem Frequenzverschiebungs-Theorem das Bandpaßspektrum aus Bild 14-2c mit der Bandmittenfrequenz $+8f_0$ zu den neuen Bandmittenfrequenzen $(8-6)f_0$ und $(8+6)f_0$. Ähnlich versetzt sich das Bandpaßspektrum mit der Mittenfrequenz $-8f_0$ zu den neuen Mittenfrequenzen $(-8-6)f_0$ und $(-8+6)f_0$. Das resultierende Spektrum besteht, wie in Bild 14-2d zu sehen, aus den Teilspektren mit den Mittenfrequenzen $\pm 2f_0$ und $\pm 14f_0$.

Nach einer ähnlichen Argumentation führt das bei $\pm 12f_0$ liegende Impulsfunktionspaar, in Bild 14-2d nicht eingezeichnet, zu Frequenzverschiebungen zu den neuen Mittenfrequenzen $\pm(12-8)f_0$ und $\pm(12+8)f_0$. Das verschobene Teilspektrumpaar mit den Mittenfrequenzen $\pm 4f_0$ sehen wir in Bild 14-2d. Man beachte, daß dieses Spektrumpaar eine spiegelverkehrte Orientierung aufweist. Dies rührt daher, daß sich die eine im positiven Frequenzbereich liegende Hälfte des ursprünglichen Bandpaßspektrums zu der Frequenz $-4f_0$ und die andere Hälfte vom negativen Frequenzbereich zu der Frequenz $+4f_0$ verschiebt.

Zusammenfassung

Da Unterabtastung eines Bandpaßsignals eine Frequenzverschiebung des Bandpaßsignals zu niedrigeren Frequenzen bewirkt, läßt sich ein Bandpass-Spektrum durch geeignete Wahl der Abtastfrequenz f_s auf der Frequenzachse verschieben. Bild 14-3 läßt sich die folgende Aussage entnehmen: Wählen wir f_s, bei Erfüllung von Gl. 14-1, so, daß $nf_s = f_l$ ist mit n als einer ganzen Zahl, dann verschiebt sich das Frequenzband $13f_o < f < 15f_o$ zu dem Frequenzband $0 < f < 2f_o$. Das zu diesem verschobenen Spektrum gehörende Signal bezeichnet man als das äquivalente Tiefpaßsignal des ursprünglichen Bandpaßsignals. Die Abtastfrequenzen $4,33f_o$ für $n = 3$, $f_s = 6,5f_o$ für $n = 2$ und $f_s = 13f_o$ für $n = 1$ erfüllen die obige Bedingung. Die entsprechenden graphischen Ergebnisse sind der Reihe nach in Bild 14-3d,i,k zu sehen. In vielen Anwendungen der Signalverarbeitung ist die Tiefpaß-Umsetzung von Bandpaßsignalen eine beliebte Operation. Wir weisen darauf hin, daß eine Abtastfrequenz f_s, die die Bedingung $nf_s = f_h$ erfüllt, ebenfalls ein Bandpaßsignal in ein äquivalentes Tiefpaßsignal umsetzt, dessen Spektrum allerdings, wie in Bild 14-3f,i an einem Beispiel zu sehen ist, in der spiegelbildlichen Lage erscheint.

Es ist ebenso gut möglich, ein Bandpaßsignal derart abzutasten, daß sich dessen Mittenfrequenz zu der Frequenz Null verschiebt. In Bild 14-3 ist ersichtlich, daß sich mit $nf_s = (f_h - f_l)/2$ (d.h. nf_s gleich der Mittenfrequenz des Bandpaßsignals) die Mittenfrequenz des Bandpaßsignals zu der Frequenz Null verschiebt. Eine derart gewählte Abtastfrequenz führt allerdings zur Verletzung von Gl. 14-1 und verursacht stets Bandüberlappungen. In den meisten Fällen ist eine Bandüberlappung ein irre-versibler Vorgang (siehe Aufgabe 14-3). Gleichwohl lassen sich Bandpaßsignale, die zu der Frequenz Null unterabgetastet werden, stets exakt rekonstruieren, falls die Bandpaßsignale gemäß der im nächsten Abschnitt beschriebenen Methode der Quadratur-Abtastung abgetastet werden.

14.2 Quadratur-Abtastung

Für manche FFT-Anwendungen sind die mit handelsüblichen Analog/Digital-Wandlern erreichbaren maximalen Wandlungsraten nicht hinreichend. In solchen Fällen besteht ein Ausweg darin, die Abtastrate zu reduzieren, indem wir das zu verarbeitende Signal in zwei Teilsignale zerlegen bzw. auf zwei Kanäle aufteilen und diese getrennt abtasten. Dieses Abtastkonzept basiert auf dem Prinzip, daß sich jedes beliebige Signal stets durch zwei andere Signale, nämlich seiner *Quadraturkomponenten*, eindeutig repräsentieren läßt. Beide Quadraturkomponenten besetzen jeweils nur ein halb so breites Frequenzband wie das Originalsignal. Deswegen dürfen wir die Quadratursignale mit der halben zur Abtastung des Originalsignals notwendigen Abtastfrequenz abtasten. Im folgenden erläutern wir das Konzept der Quadraturzerlegung und das Quadratur-Abtastverfahren.

Quadratursignale

Zur Erläuterung des Begriffs Quadratursignal betrachten wir Bild 14-4a. Es zeigt ein bandbegrenztes Signal mit der Bandbreite f_h (siehe auch Bild 14-4c). Um die beiden Quadraturkomponenten dieses Signals zu erhalten, müssen wir es einmal mit einer Sinusfunktion und ein zweites Mal mit einer Cosinusfunktion multiplizieren.

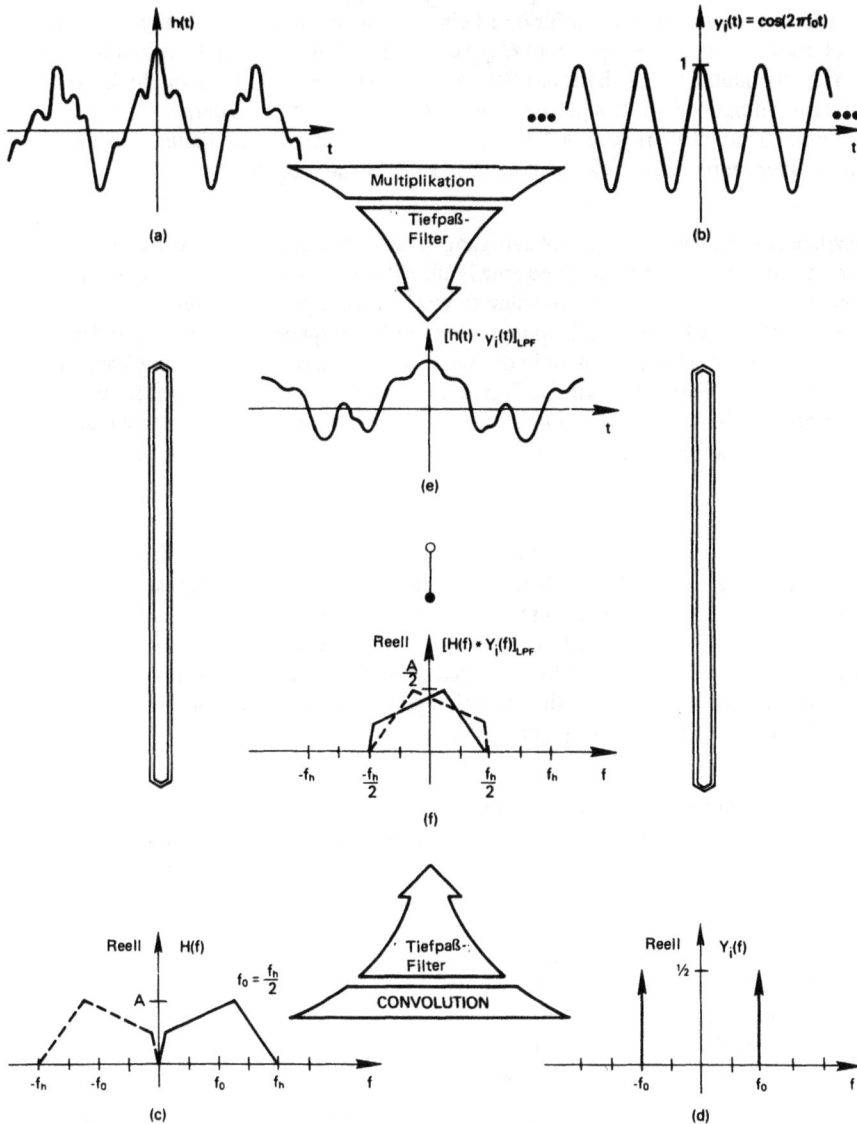

Bild 14-4: FOURIER-Transformierte eines *In-Phase-Signals* (Teilergebnis der Quadratur-Abtastung).

Die hierzu erforderliche Cosinusfunktion $y_i(t)$ ist in Bild 14-4b zu sehen. Wir benutzen hier den Index i um darauf hinzuweisen, daß wir die Cosinusfunktion als die In-Phase-Cosinusfunktion bzw. die Referenz-Cosinusfunktion ansehen. Für die Frequenz f_0 dieser Cosinusfunktion gilt $f_0 = f_h/2$. Sie ist also, wie in Bild 14-4c zu sehen, gleich der Mittenfrequenz des gegebenen bandbegrenten Signals im positiven Frequenzbereich. Eine Multiplikation im Zeitbereich entspricht einer Faltung im Frequenzbereich und wir erhalten als Ergebnis das überlappte Spektrum in Bild 14-4f. Der Einfachheit halber haben wir für $h(t)$ eine symmetrische Funktion eingesetzt, so daß sich für das zugehörige Spektrum $H(f)$ eine reelle Funktion ergibt. Aus gleichem Grund erhalten wir auch für das Faltungsprodukt eine reelle Frequenzfunktion. Es sei darauf hingewiesen, daß das Faltungsprodukt, wie es im Bild dargestellt ist, mittels eines Tiefpaßfilters bereits derart gefiltert worden ist, daß die Faltungsterme mit den Mittenfrequenzen $\pm 2f_0$ nicht mehr in Erscheinung treten.

Der soeben beschriebene Modulationsvorgang verschiebt die Mittenfrequenz des Spektrums aus Bild 14-4c zu der Frequenz Null. Bild 14-4f entnehmen wir, daß das frequenzverschobene Signal eine Bandbreite von $f_h/2$ besitzt. Der Modulationsprozess verursacht jedoch Bandüberlappungen mit der Konsequenz, daß wir wegen der Bandüberlappungsfehler nicht mehr in der Lage sind, das Originalsignal zu rekonstruieren, selbst dann nicht, wenn wir das Signal in Bild 14-4e mit der die Nyquist-Bedingung erfüllende Abtastfrequenz f_h abtasten würden. Um das Signal trotzdem zurückgewinnen zu können, müssen wir auch seine zweite Quadraturkomponente heranziehen.

In Bild 14-5 wiederholen wir die in Bild 14-4 unternommenen Schritte, jedoch mit dem einzigen Unterschied, daß wir hier die in Bild 14-5b angegebene Sinusfunktion zur Multiplikation heranziehen. Filtern wir das Produkt der beiden Signale aus Bild 14-5a und Bild 14-5b mit Hilfe eines geeigneten Tiefpaßfilters, dann erhalten wir das in Bild 14-5e dargestellte Signal. Dieses Signal nennen wir das *Quadratursignal*, da es durch Multiplikation mit einer Sinusfunktion gewonnen wird, die gegenüber der Cosinusfunktion aus Bild 14-4b um 90° außer Phase bzw. in der Quadraturposition ist.

Nach der Anwendung des Frequenz-Faltungstheorems erhalten wir die in Bild 14-5f dargestellte Frequenzfunktion. Die FOURIER-Transformierte der Sinusfunktion ist, wie Bild 14-5d zu entnehmen ist, rein imaginär. Ihre Faltung mit der reellen Frequenzfunktion aus Bild 14-5c liefert daher die in Bild 14-5f gezeigte imaginäre Frequenzfunktion. Wir weisen darauf hin, daß eine der beiden miteinander zu faltendem Funktionen vor der Verschiebung und Multiplikation noch gespiegelt werden muß. Die resultierende Frequenzfunktion hat die Bandbreite $f_h/2$ und ist bandüberlappt. Die Faltungsterme mit der Mittenfrequenz $\pm 2f_0$ wurden durch Filterung mit Hilfe eines passenden Tiefpaßfilters bereits eliminiert.

Die in Bild 14-4e und Bild 14-5e dargestellten Signale werden als das *In-Phase-* bzw. das *Quadratur-Signal* bezeichnet, da ersteres durch Multiplikation mit einer Cosinusfunktion und letzteres durch Multiplikation mit einer Sinusfunktion (mit 90°-Phasenverschiebung gegenüber der Cosinusfunktion) gebildet werden. Den Nutzen des Kon-

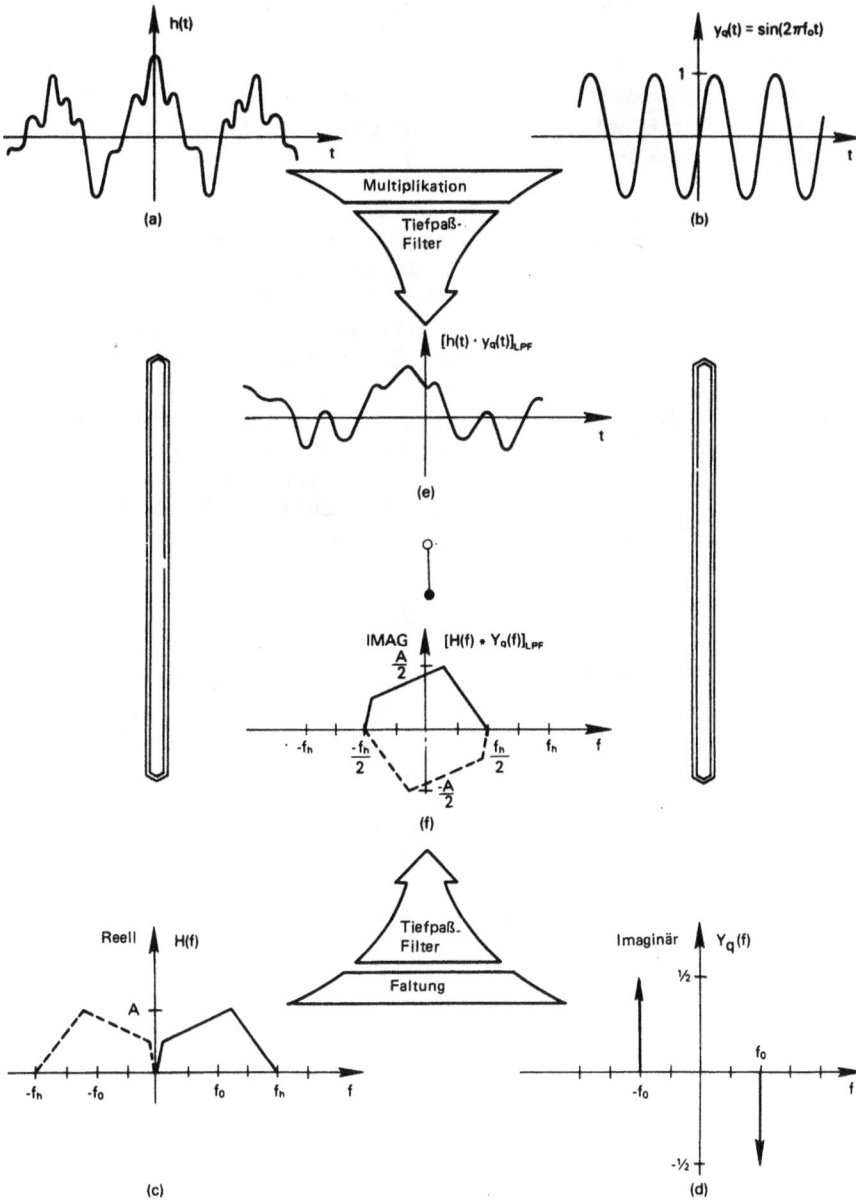

Bild 14-5: FOURIER-Transformierte eines *Quadratur-Signals* (Teilergebnis der Quadratur-Abtastung).

zepts des Quadratursignals macht eine Gegenüberstellung der Frequenzfunktionen aus Bild 14-4f und Bild 14-5f deutlich. Sowohl das In-Phase- wie das Quadratur-Signal besitzt die Bandbreite $f_h/2$. Daher können wir sie gemäß des Abtasttheorems mit der Abtastfrequenz f_h abtasten. In einem späteren Abschnitt werden wir zeigen, daß diese abgetasteten Signale sich derart zusammensetzen lassen, daß ihre Bandüberlappungen wieder aufgehoben werden.

Man beachte, daß die Gesamtzahl der bei der Abtastung der beiden Quadratur-Signale innerhalb eines bestimmten Zeitraums anfallenden Abtastwerte exakt gleich der Anzahl der Abtastwerte ist, die wir bei der Abtastung eines Signals der Bandbreite f_h in der gleichen Zeitspanne erhalten. Mit dem Konzept der Quadratursignale haben wir eine Aufteilung des Originalsignals in zwei Kanäle erreicht, nämlich in einen In-Phase- und in einen Quadratur-Kanal. Daraus ergibt sich der Vorteil, daß beide für die zwei Kanäle eingesetzte Analog/Digital-Wandler mit der halben Geschwindigkeit operieren kann, die der Wandler für die Umsetzung des Originalsignals nach dem Ein-Kanal-Verfahren benötigt. Falls die Arbeitsgeschwindigkeit eines Analog/Digital-Wandlers oder eines digitalen Prozessors Probleme bereitet, weil sie zu langsam sind, dann ist eine Erhöhung der Geschwindigkeit um Faktor 2 von großer praktischer Bedeutung.

Rekombination von Quadratur-Signalen

Eine sorgfältige Kombination der In-Phase- und der Quadratur-Komponente ist erforderlich, um die Bandüberlappungen aufzuheben und das Originalsignal zurückzugewinnen. Bild 14-6 veranschaulicht die bereits beschriebene Methode der Quadratur-Verarbeitung sowie die Art der Kombination von Quadraturkomponenten zur Rückgewinnung des bandbegrenzten reellen Originalsignals $h(t)$. Die Rückgewinnung geschieht dadurch, daß wir den In-Phase-Kanal mit einer Cosinusfunktion der Frequenz f_0 (gleich der Mittenfrequenz des bandbegrenzten Originalsignals) und den Quadratur-Kanal mit einer Sinusfunktion derselben Frequenz multiplizieren, die Produkte aufsummieren und das Ergebnis schließlich mit dem Skalierungsfaktor 2 multiplizieren. Die Funktion der in Bild 14-6 eingezeichneten Blöcke mit der Bezeichnung Interpolation wird später erläutert.

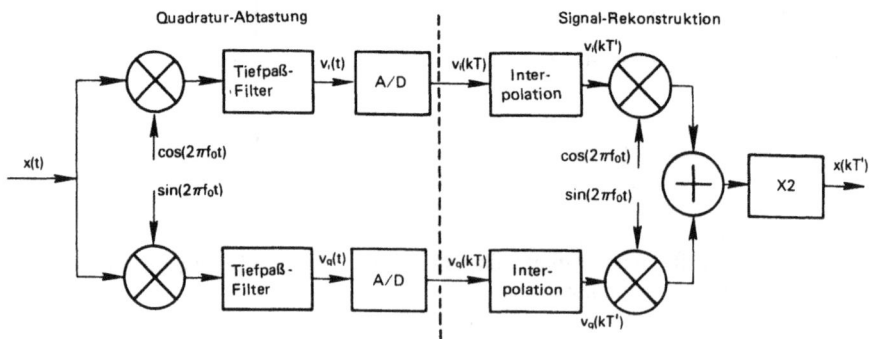

Bild 14-6: Blockdiagramm für Quadratur-Abtastung und Signalrekonstruktion.

Bild 14-7 und Bild 14-8 veranschaulichen die Überlegungen, auf denen die in Bild 14-6 dargestellten Methode der Signalrekonstruktion basiert. In beiden Bildern führen wir die Frequenzbereich-Faltung graphisch aus. Bild 14-7b,c zeigen die FOURIER-Transformierte des In-Phase-Signals bzw. des Cosinussignals. Zwecks Signalrückgewinnung werden die beiden Signale miteinander multipliziert. Die Frequenzbereich-Faltung liefert die in Bild 14-7a dargestellte Frequenzfunktion.

Bild 14-8 stellt im Frequenzbereich die Verhältnisse dar, die sich nach der Multiplikation des Quadratursignals aus Bild 14-5e mit einer Sinusfunktion der Frequenz f_0 ergeben. Die FOURIER-Transformierten des Quadratursignals und des Sinussignals finden wir in Bild 14-8b bzw. Bild 14-8c. Da beide Frequenzfunktionen imaginär sind, liefert ihre Faltung, wie in Bild 14-8a zu sehen, eine reelle Frequenzfunktion. Um die Ergebnisse in Bild 14-8a zu erhalten, müssen wir vor der Faltung eine der beiden Funktionen spiegeln und außerdem die Identitätsgleichung $j^2 = -1$ berücksichtigen.

Nun betrachten wir Bild 14-7a und Bild 14-8a. Beide Frequenzfunktionen sind reell und die Addition dieser Funktionen liefert bis auf den Faktor 2 die ursprüngliche Frequenzfunktion aus Bild 14-4c. Während des gesamten Signal-Rückgewinnungsprozesses sind keine komplexe Terme aufgetreten, da wir ursprünglich von einem reellen bandbegrenzten Spektrum $H(f)$ ausgegangen waren. Formal läßt sich der Prozess der Signalrückgewinnung ausdrücken als die Multiplikation eines abgetasteten komplexen Signals $a + jb$, bestehend aus In-Phase- und Quadratur-Abtastwerten mit der abgetasteten Version der Exponentialfunktion $e^{-j2\pi f_0 t}$. Das gesuchte Signal erhalten wir dann als das Realteil des komplexen Produkts:

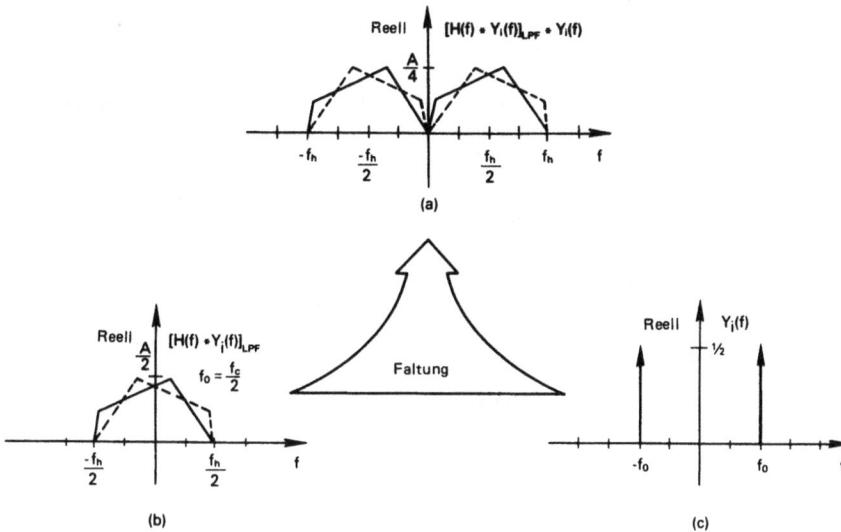

Bild 14-7: Frequenzfunktion, die sich durch Cosinus-Modulation des In-Phasen-Signals ergibt.

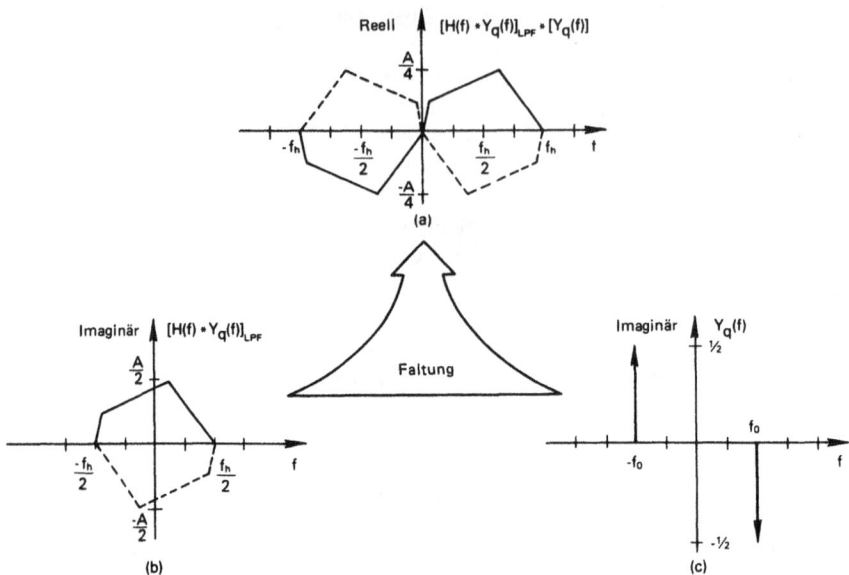

Bild 14-8: Frequenzfunktion, die sich durch Sinus-Modulation des Quadratursignals ergibt.

(14-2) $\text{Real} \{(a + jb)[\cos(2\pi f_0 t) - j \sin(2\pi f_0 t)]\}$

$= \text{Real} \{[a \cos(2\pi f_0 t) + b \sin(2\pi f_0 t)]$

$+ j[-a \sin(2\pi f_0 t) + b \cos(2\pi f_0 t)]\}$

$= a \cos(2\pi f_0 t) + b \sin(2\pi f_0)t$

Die Signalrückgewinnung erfordert eine Aufwärtsumsetzung (Frequenzverschiebung zu höheren Frequenzen) der Quadratursignale. Deswegen muß die Abtastfrequenz erhöht werden, da wir das In-Phase- und das Quadratur-Signal unterabgetastet haben. Hierzu ist eine Interpolation notwendig. Wie bereits bei der Diskussion über das Nyquist-Abtasttheorem festgestellt, liefert eine Interpolation mit der Funktion $\sin(t)/t$ fehlerfrei die gewünschten Ergebnisse. *Das In-Phase- und das Quadratur-Signal müssen vor der Multiplikation mit der komplexen Exponentialfunktion zunächst interpoliert werden.* Für das vorliegende Beispiel müssen wir zwischen je zwei aufeinanderfolgenden Ausgangswerten des Analog/Digital-Wandlers nur einen Wert interpolieren. Die Grenzfrequenz des Signals nach der Multiplikation mit der komplexen Exponentialfunktion, d.h. nach der Frequenzumsetzung, bestimmt die notwendige Anzahl der zu interpolierenden Werte.

Beispiel 14-2 Quadratur-Abtastung eines Bandpaßsignals

In Bild 14-9 zeigen wir als Beispiel ein Bandpaßsignal der Übertragungs-Bandbreite $B_T = f_0$ und der Mittenfrequenz $5f_0$. Die Quadratursignale für dieses Bandpaßsignal erhalten wir, indem wir es einmal mit einer Cosinusfunktion der Frequenz $5f_0$ und ein weiteres Mal mit einer Sinusfunktion derselben Frequenz multiplizieren. Nach einer Tiefpaßfilterung der Ergebnisse erhalten wir für die In-Phase-Komponente

(14-3) $h(t)y_i(t) = \{\cos[2\pi(5f_0 + f_0/2)t] - \frac{1}{2} \cos[2\pi(5f_0 - f_0/2)t]\} \cos[2\pi(5f_0)t]$

$= \frac{1}{2} \cos[2\pi(f_0/2)t] - \frac{1}{4} \cos[2\pi(f_0/2)t]$

und für die Quadraturkomponente

(14-4) $h(t)y_q(t) = \{\cos[2\pi(5f_0 + f_0/2)t] - \frac{1}{2} \cos[2\pi(5f_0 - f_0/2)t]\} \sin[2\pi(5f_0)t]$

$= -\frac{1}{2} \sin[2\pi(f_0/2)t] - \frac{1}{4} \sin[2\pi(f_0/2)t]$

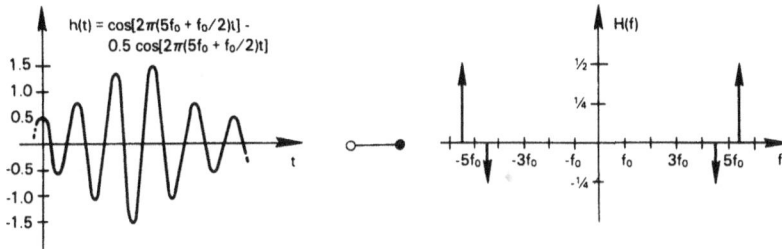

Bild 14-9:   Zeit- und Frequenzbereich-Darstellung des Bandpaßsignals aus Beispiel 14.2.

In Bild 14-10 und 14-11 wenden wir das Frequenzbereich-Faltungstheorem graphisch an, um die Frequenzfunktionen zu erhalten, die von Gl. 14-3 und Gl. 14-4 beschrieben werden. Bild 14-10b,c zeigen die FOURIER-Transformierten des Bandpaßsignals $h(t)$ und der Cosinusfunktion der Frequenz $5f_0$. Faltung der beiden Signale mit anschließender Tiefpaßfilterung des Faltungsprodukts liefert die in Bild 14-10a dargestellte Frequenzfunktion, also die FOURIER-Transformierte der Funktion aus Gl. 14-3. Man beachte, daß diese Frequenzfunktion eine Bandbreite von $f_0/2$ besitzt, und daß es bei ihr Bandüberlappungen aufgetreten sind.

In Bild 14-11 bestimmen wir die Gl. 14-4 entsprechenden Frequenzfunktionen. Faltung der beiden Frequenzfunktionen aus Bild 14-11b,c liefert die in Bild 14-11a dargestellte Quadratur-Frequenzfunktion. Diese Frequenzfunktion hat die Bandbreite $f_0/2$, und auch bei ihr sind Bandüberlappungen entstanden. Man beachte, daß die Addition von Gl. 14-3 und Gl. 14-4 einen einzigen Term ergibt. Dies ist eine mathematische Bestätigung unserer graphisch gewonnenen Ergebnisse bezüglich der Bandüberlappung.

Sowohl das In-Phase-Spektrum von Bild 14-10a wie auch das Quadratur-Spektrum in Bild 14-11a haben eine Bandbreite von $f_0/2$. Es ist daher erlaubt, sie mit der Nyquist-Abtastrate f_0 (anstelle der Nyquistabtastrate $2B_T = 2f_0$ im Fall des ursprünglichen Bandpaßsignals) abzutasten. Zur Rekonstruktion des Originalsignals multiplizieren wir das In-Phase- und das Quadratur-Signal mit der abgetasteten Version der Exponentialfunktion $e^{-j2\pi f't}$, wobei f' für die gewünschte Mittenfrequenz des zu re-

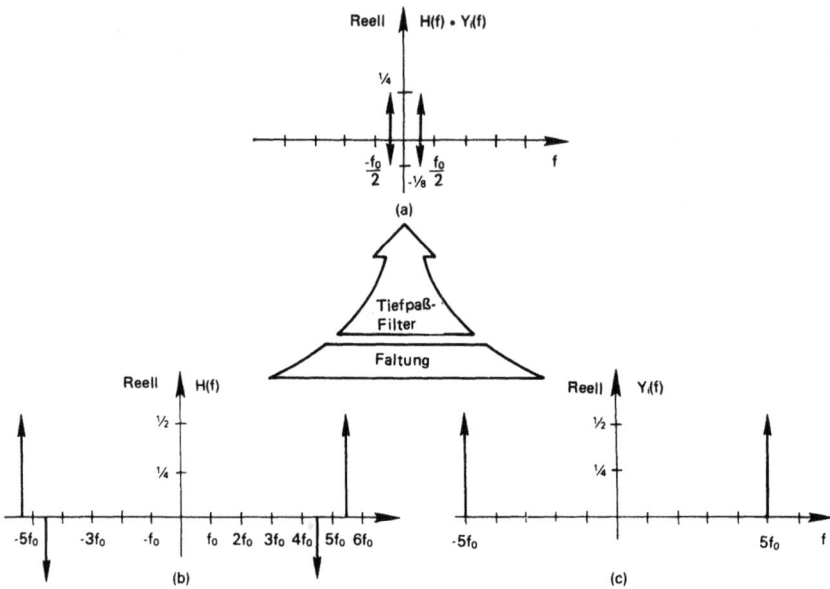

Bild 14-10: FOURIER-Transformierte des Quadratursignals aus Beispiel 14-2.

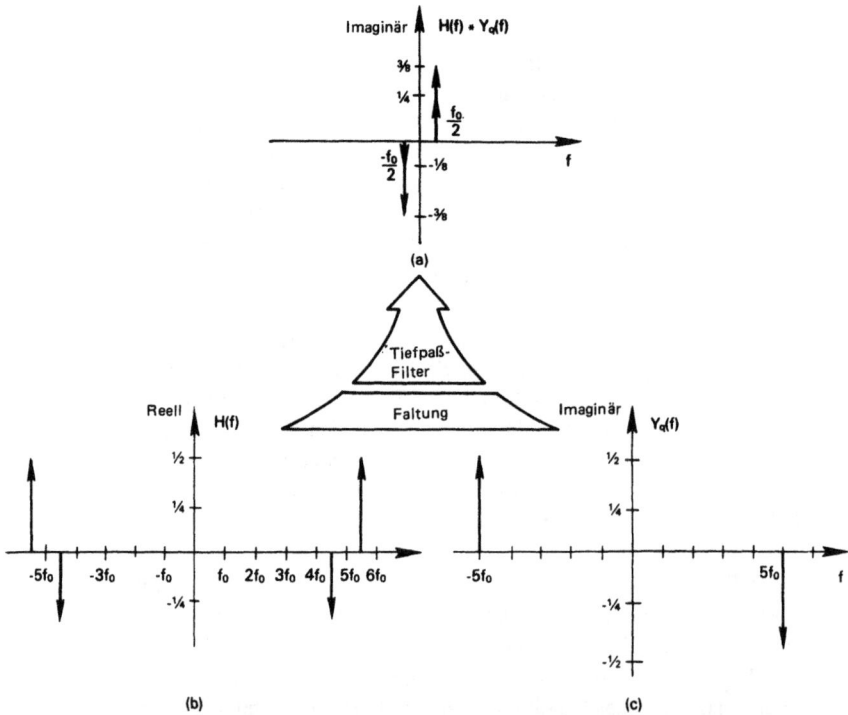

Bild 14-11: FOURIER-Transformierte des In-Phase-Signals aus Beispiel 14-2.

konstruierenden Signals steht. Wir setzen beispielsweise $f' = f_0$. Die Multiplikation mit der komplexen Exponentialfunktion $e^{-j2\pi f_0 t}$ verschiebt das In-Phase- und das Quadratur-Spektrum zu der neuen Mittenfrequenz f_0. Die Grenzfrequenz des versetzten Spektrums liegt damit bei $3f_0/2$. Die Abtastrate des In-Phase- und des Quadratur-Signals aus Gl. 14.3 bzw. Gl. 14.4 müssen wir also um den Faktor 3 erhöhen. Hierzu müssen wir beide Signale vor der Multiplikation noch interpolieren.

Bild 14-12a zeigt die Ergebnisse, die wir nach der Multiplikation des In-Phase-Signals aus Gl. 14-3 mit $r_i(t) = \cos(2\pi f_0 t)$ im Frequenzbereich erhalten. Die entsprechenden Ergebnisse der Multiplikation des Quadratur-Signals aus Gl. 14-4 mit $r_q(t) = \sin(2\pi f_0 t)$ sind in Bild 14-12b zu sehen. Eine Überlagerung der beiden Frequenzfunktionen hebt die unerwünschten Frequenzkomponenten, die durch Bandüberlappung entstanden, wieder auf. Das Ergebnis $H'(f)$ in Bild 14-12c stimmt mit dem ursprünglichen Spektrum bis auf die Unterschiede überein, daß die Mittenfrequenz von $H'(f)$ bei f_0 liegt und daß diese Funktion noch mit dem Faktor 2 multipliziert werden muß.

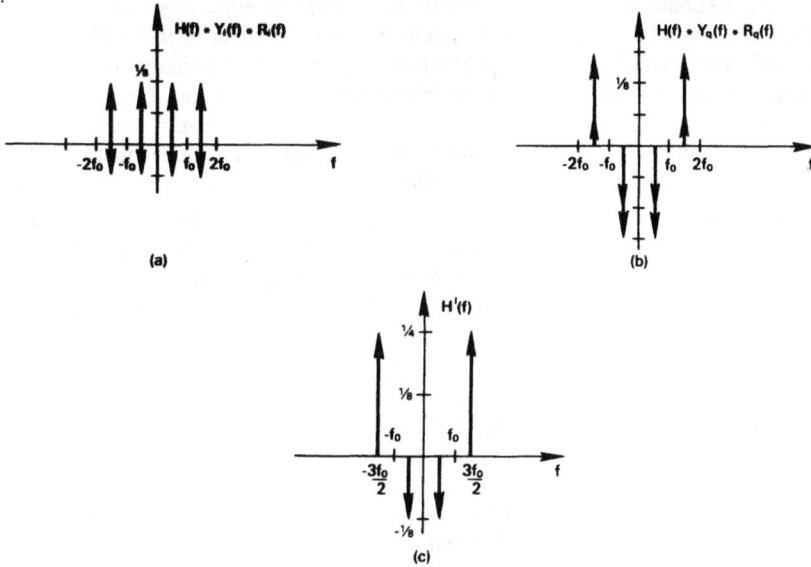

Bild 14-12: Frequenzfunktion für Beispiel 14-2. a) Cosinus-Modulation des In-Phase-Signals, b) Sinus-Modulation des Quadratur-Signals und c) Überlagerung der Signale aus a) und b).

Zusammenfassung

Wir haben gezeigt, daß die Methode der Quadratur-Abtastung auf Basisband- und Bandpaß-Signale anwendbar ist. Wird die Mittenfrequenz eines Basisband- oder Bandpaß-Signals der Bandbreite B_T durch Quadratur-Umsetzung zu der Frequenz

Null versetzt, dann kann jedes der beiden Quadratursignale ohne Informationsverlust mit einer Abtastfrequenz, die die Bedingung

$$(14\text{-}5) \qquad f_s \geq B_T$$

erfüllt, abgetastet werden.

Zur Rückgewinnung des Originalsignals müssen wir die Quadraturkomponenten entsprechend der in Bild 14-6 veranschaulichten Methode rekonstruieren. Gemäß Gl. 14-5 gestattet die Quadratur-Abtastmethode, einen Analog/Digital-Wandler mit der halben Wandlungsgeschwindigkeit einzusetzen. Für die mit großen Schritten voranschreitenden Technik der digitalen Signalverarbeitung, stellt sich die Arbeitsgeschwindigkeit von Analog/Digital-Wandlern oft als ein begrenzender Faktor dar.

Aus Kapitel 13 wissen wir bereits, daß die Real- und Imaginärteile von FFT-Ergebnissen in der Quadratur-Relation zueinander stehen, d.h. komplexe Wertepaare bilden. Daher können wir das FFT-Bandpaßfilterkonzept als einen Spezialfall der Quadraturabtastung betrachten, da die beiden Ausgangssignale eines jeden FFT-Bandpaßfilters ein Quadratur-Signalpaar bilden. Daraus folgt, daß sich diese Quadratursignale ohne die Gefahr unaufhebbarer Bandüberlappungen durch Unterabtastung zur Frequenz Null verschieben lassen. Daß dies möglich ist, rührt daher, daß die beiden Prozesse Quadratur-Frequenzverschiebung zur Frequenz Null und Abtastung vertauschbar sind. Bei der Quadraturabtastung erzeugen wir zunächst zwei zueinander im Quadratur-Verhältnis stehende Signale der Mittenfrequenz Null und dann tasten wir sie ab, während wir bei der FFT-Bandpaßfilterung zunächst die Abtastwerte der Quadratur-Ausgangssignale der FFT-Bandpaßfilter ermitteln und dann durch Unterabtastung eine Mittenfrequenz-Verschiebung zur Frequenz Null vornehmen.

14.3 Signaldetektion mit Hilfe der FFT

Eine wichtige Anwendung der FFT ist Signaldetektion. Die Wiedergewinnung eines durch Rauschen verdeckten schmalbandigen Signals ist ein immer wiederkehrendes Problem der Signalverarbeitung, z.B. in der Telekommunikation-, Schall- und Radartechnik. In diesem Abschnitt wollen wir anhand einiger Beispiele diese grundlegende signalanalytische Anwendung der FFT behandeln. Ferner werden wir auf die Anwendung der FFT zur Realisierung von "zugeschnittenen" Filtern (matched filters) eingehen.

Signaldetektion durch Steigerung des Auflösungsvermögens der FFT

Bild 14-13a zeigt ein im Rauschen völlig untergegangenes abgetastetes sinusförmiges Signal. Von dem Sinussignal ist nichts zu erkennen, wir sehen nur das Rauschsignal. Der Signalrauschabstand beträgt -12dB. Allein durch Anschauung der Signalabtastwerte werden wir darin nie ein Sinussignal entdecken können.

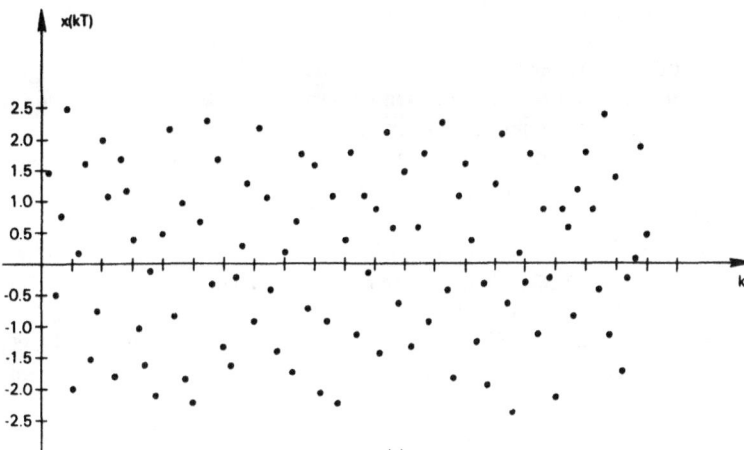

(a)

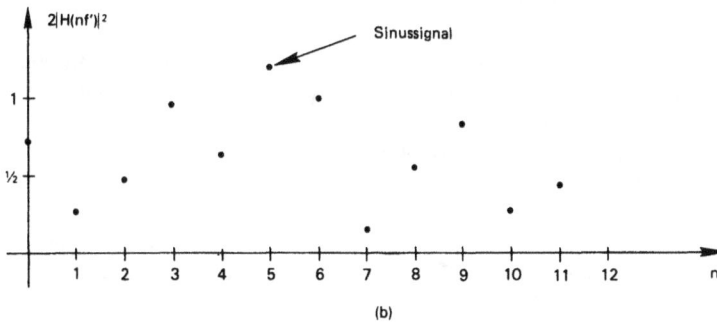

(b)

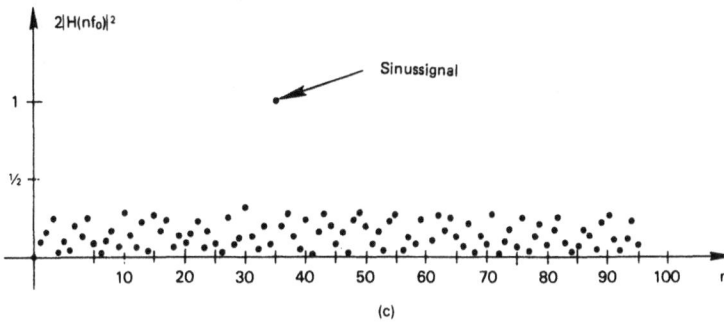

(c)

Bild 14-13: Beispiel eines im Rauschen verdeckten Signals mit $S/N = -12$ dB:
a) Zeitbereich-Darstellung, b) FFT-Spektrum des Signals mit
$N = 64$ und c) FFT-Spektrum des Signals mit $N = 512$.

Wir wissen, daß die Energie eines Sinussignals, im Frequenzbereich betrachtet, konzentriert in einem sehr schmalen Band erscheint, während sich die eines Rauschsignals auf dem gesamten Frequenzbereich verteilt. Wenn wir also das Signal in Bild 14-13a einer FFT unterziehen, können wir erwarten, daß im FFT-Ergebnis die Energie des Sinussignals auf einigen wenigen benachbarten Frequenzpunkten konzentriert auftreten. Wir erinnern uns daran, daß sich die N FFT-Ergebnisse, wie in Abschnitt 13 gezeigt wurde, als Ausgangswerte von $N/2$ Bandpaßfiltern interpretieren lassen.

Bild 14-13b zeigt die FFT-Ergebnisse für das Signal aus Bild 14-13a. In diesem Beispiel, mit $N = 64$, stellen die 32 in Bild 14-13b eingezeichneten Punkte die Leistungen der Ausgangssignale der FFT-Bandpaßfilter dar. Die Leistungswerte werden als Quadratsummen der Real- und Imaginärteile der Ausgangssignale der einzelnen Filter berechnet. Um auch den Ergebnissen für die negativen Frequenzen Rechnung zu tragen, haben wir die Leistungswerte für positive Frequenzen mit Faktor 2 multipliziert. Obwohl derjenige Punkt im Bild, der das Sinussignal repräsentiert, einen größeren Wert aufweist als die anderen Punkte, dennoch wird der Betrachter diesen Punkt kaum für den Repräsentanten eines Sinussignals halten wollen.

Um das Vorhandensein eines Sinussignals mit einer größeren Sicherheit feststellen zu können, müssen wir die Energie des Rauschsignals auf eine größere Anzahl von Frequenzpunkten verteilen. Daher erhöhen wir die Punktzahl N auf 512 und zeigen in Bild 14-13c die 256 Ergebnisse einer 512-Punkte-FFT. Nun ist im Rauschspektrum ein Sinussignal klar identifizierbar.

Die in Bild 14-13c erzielte Verbesserung des Signal-/Rausch-Verhältnisses läßt sich nach folgender Überlegung auch quantitativ erfassen. Die Leistung des Rauschsignals verteilt sich gleichmäßig auf 256 Punkten. Das Rauschsignal wird von 256 Bandpässen gefiltert und die anteilige Rauschleistung desjenigen Bandpaßfilters, das auch das Sinussignal umfaßt, erreicht nach Erhöhung der Punktzahl auf 512 den Wert $10\log(1/256) = -24$ dB. Die Leistung des Sinussignals ist jedoch nach wie vor konzentriert in einem einzigen Bandpaßfilter und bleibt daher unverändert. Mit einem ursprünglichen Signal/Rauschabstand von beispielsweise -18 dB erhalten wir für den Signal/Rauschabstand am Ausgang des das Sinussignal umfassenden FFT-Bandpaßfilters den Wert -18 dB - (-24 dB) = 6 dB. Der im Bild 14-13c das Sinussignal repräsentierende Punkt liegt klar erkennbar über dem Rauschleistungsniveau.

FFT-Mittelung

Die im vorigen Abschnitt besprochene Verbesserung des Signal/Rauschabstands läßt sich nicht unbegrenzt weiterführen. In manchen Fällen ist die FFT-Punktzahl und damit auch die Anzahl der FFT-Bandpaßfilter wegen der begrenzten Speicherkapazität von Computern limitiert. Ein weiterer Begrenzungsfaktor ist darin zu sehen, daß auch die Energie des Nutzsignals wegen dessen endlichen Bandbreite auf mehrere FFT-Bandpaßfilter verteilt. In derartigen Fällen läßt sich die Signal-Detektionsfähigkeit durch Mittelung von Leistungswerten über mehrere aufeinanderfolgende FFTs steigern. Die Mittelwertbildung glättet die Folge der Leistungswerte und dämpft hohe Amplitudenausschläge, die fälschlicherweise als sinusförmige Nutzsignale interpretiert werden können.

In Bild 14-14a zeigen wir das 512-Punkte-FFT-Spektrum eines Sinussignals, das noch tiefer im Rauschen vergraben ist als das Sinussignal im vorausgegangenen Beispiel. Das periodische Nutzsignal ist nicht erkennbar. Es sei nun angenommen, daß die FFT-Punktzahl von $N = 512$ aus irgendwelchen Gründen nicht erhöht werden kann. Dann ist die Mittelung der FFT-Ergebnisse von mehreren aufeinanderfolgenden Signalsegmenten der genannten Länge eine geeignete Lösung des Problems.

Das über 64 Signalsegmente gemittelte FFT-Spektrum ist in Bild 14-14b zu sehen. Das Rauschspektrum ist nun stark geglättet und das Signal ragt über dem Rauschpegel heraus. Es sei betont, daß wir hierbei die Ausgangsleistungswerte der einzelnen FFT-Filter über mehrere Segmente gemittelt haben. Die Phase des Sinussignals wurde dabei als unbekannt angenommen und daher außer acht gelassen.

Die mathematische Analyse der in Bild 14-14a veranschaulichten Methode zur Verbesserung des Signal/Rauschabstands ist sehr aufwendig [9] und [21]. Es läßt sich zeigen, daß für Signal/Rauschabstände kleiner als 30 dB, die Mittelung eine Verbesserung um $1{,}5\log_2(Q)$ mit sich bringt, mit Q als der Anzahl der Mittelungen. Für Signal/Rauschabstände größer als 30 dB nähert sich der Grad der Verbesserung dem Wert $3{,}0 \log_2 Q$.

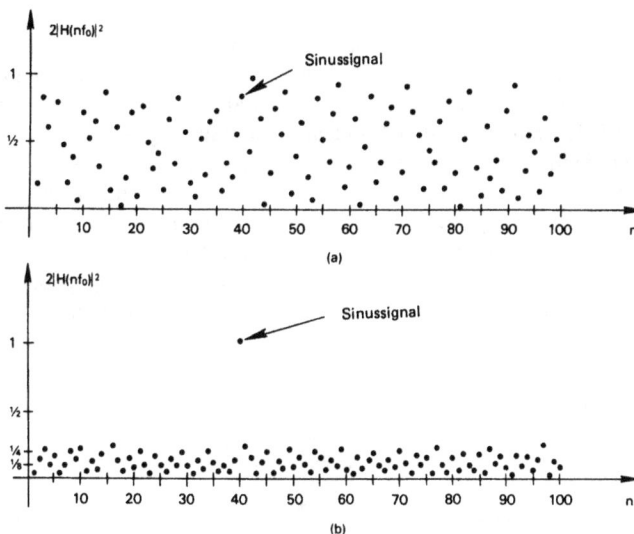

Bild 14-14: Beispiel eines im Rauschen verdeckten Signals mit $S/N = -24$ dB:
a) FFT-Spektrum des Signals mit $N = 512$ und b) gemitteltes Spektrum über 64 aufeinanderfolgende 512-Punkte-FFTs.

Der Pegel des in Bild 14-14a dargestellten Signals liegt 24 dB unter dem Rauschpegel. Die Zahl der aufeinanderfolgenden gemittelten FFT-Durchläufe ist $64 = 2^6$ und die FFT-Punktzahl $N = 512$. Die Mittelung liefert also eine Verbesserung um $1,5\log_2$ $(2^6) = 9$ dB. Gemäß der Überlegungen, die zu Bild 14-13c geführt haben, liefert eine 512-Punkte-FFT eine Verbesserung des Signal/Rauschverhältnisses um 24 dB. Folglich ergibt sich für den Signal/Rauschabstand nach der Mittelung insgesamt der Wert $24 + 9 - 24 = 9$ dB, was dazu führt, daß sich das Signal wie in Bild 14-14b zu sehen, deutlich aus dem Rauschen hervorhebt.

Die behandelten Beispiele für die Anwendungen der FFT zur Signaldetektion mögen als zu simpel erscheinen. Es läßt sich aber zeigen, daß sich der optimale Detektor für schmalbandige Signale mit zufälligen Phasen, unbekannten Frequenzen und konstanten Amplituden prinzipiell aus einer Bandpaßfilterbank und einem nachfolgeschalteten Schwellwertdetektor zusammensetzt.

Realisierung "zugeschnittener" Filter mit Hilfe der FFT

Ein "zugeschnittenes" Filter ist ein System, das in der Lage ist, den Signal/Rauschabstand eines von einem weißen Gaußschen Rauschen überlagerten Empfangssignals zu maximieren. Mathematisch ausgedrückt, ist die Übertragungsfunktion eines zugeschnittenen Filters gegeben durch $S*$ (f), mit $S(f)$ als der FOURIER-Transformierten des empfangenen Signals $s(t)$ und $(*)$ als dem Symbol für das Konjugiert-Komplexe. Da die FFT Operationen im Frequenzbereich erleichtert, lassen sich mit ihrer Hilfe zugeschnittene Filter mit hoher Arbeitsgeschwindigkeit im Frequenzbereich realisieren.

Bild 14-15 veranschaulicht das Konzept eines Systems zur Realisierung eines zugeschnittenen Filters mit Hilfe der FFT. Das empfangene Signal wird mittels der FFT in den Frequenzbereich transformiert und mit der abgespeicherten Konjugiert-Komplexen der FOURIER-Transformierten des idealen Empfangssignals multipliziert. Eine inverse FFT liefert dann das Ausgangssignal des gewünschten zugeschnittenen Filters. Dieses Signal wird schließlich mit einem Schwellenwert verglichen um festzustellen, ob das gesuchte Signal im Empfangssignal vorhanden ist oder nicht. Der optimale Detektor für einen durch ein weißes Rauschen gestörten phasenmodulierten sinusförmigen Impuls besteht aus einem Satz von zugeschnittenen Filtern jeweils angepaßt auf die In-Phase- und Quadratur-Komponenten des Signals. Aus diesem Grund kann die FFT für Radar-Signalverarbeitung eingesetzt werden.

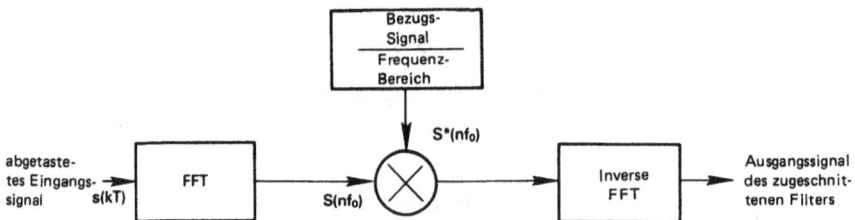

Bild 14-15: Blockdiagramm der FFT-Implementierung von "zugeschnittenen" Filtern.

Der wichtigste Vorteil der Realisierung von zugeschnittenen Filtern mit der FFT liegt vielleicht in der Flexibilität, die dieses Konzept bietet. Signalform-Variationen lassen sich einfach durch entsprechende Einstellung der FFT-Koeffizienten verwirklichen. Vorstellbar ist durchaus ein System, bei dem das Signal und somit auch das zugeschnittene Filter sehr schnell variiert werden können.

14.4 Cepstrum-Analyse mit der FFT: Beseitigung von Echos und Mehrweg-Empfangsstörungen

Die auf der Cepstrum-Analyse basierenden Verfahren der Signalverarbeitung sind von beachtlicher Nützlichkeit [2], [3]. Ihnen liegt die Überlegung zugrunde, daß sich anhand der FOURIER-Transformierten des Logarithmus der FOURIER-Transformierten eines Signals gewisse Störkomponenten, z.B. Rauschsignale, unerwünschte Signalanteile usw. isolieren lassen. Die Anwendung der Cepstrum-Analyse ist sehr vielfältig. Als Beispiel seien genannt Rauschunterdrückung bei Sprachsignalen, Ultraschall-Echobeseitigung, Behebung von Mehrwege-Empfangsstörungen in der Funktechnik, Bildverarbeitung, Unterdrückung von Mehrfach-Reflektionen in der Seismologie etc. Da die Cepstrum-Analyse generell eine Mischung aus Erfahrung und Wissenschaft darstellt, halten wir es für sinnvoll, das Verfahren anhand typischer Beispiele zu erläutern. In diesem Abschnitt wollen wir die Anwendung der FFT-Cepstrumanalyse zur Beseitigung von Mehrwege-Empfangsstörungen und Echos aus einem gestörten Signal behandeln [12].

Echounterdrückung und Beseitigung von Mehrwege-Empfangsstörungen

Wir nehmen an, ein empfangenes Signal $s_r(t)$ sei durch die Beziehung

(14-6) $\quad s_r(t) = s(t) + a_0 s(t + \tau_l)$

gegeben, wobei $s(t)$ das gesendete bzw. das gesuchte Signal und $s(t + \tau_l)$ ein Echosignal oder ein Mehrwege-Empfangssignal bedeutet. Die Konstante a_0 stellt einen Dämpfungsfaktor für die Echo- bzw. Mehrwege-Signalkomponente bezogen auf das Signal dar. Bilden wir die FOURIER-Transformierte von Gl. 14-6 und berechnen anschließend ihren Logarithmus, erhalten wir

$$
\begin{aligned}
(14\text{-}7) \quad \log S_r(f) &= \log[S(f) + a_0 S(f) e^{j2\pi f \tau_l}] \\
&= \log[S(f)(1 + a_0 e^{j2\pi f \tau_l})] \\
&= \log S(f) + \log(1 + a_0 e^{j2\pi f \tau_l}) \\
&= \log S(f) - \sum_{n=1}^{\infty} (-1)^n (a_0^n/n) e^{j2\pi f \tau_l}
\end{aligned}
$$

Der zweite Term in Gl. 14-7 wurde durch eine Reihenentwicklung gewonnen. Die FOURIER-Transformation angewandt auf Gl. 14-7 liefert

(14-8) $$C[\log S_r(f)] = C[\log S(f)] - \sum_{n=1}^{\infty} (-1)^n (a_0^n/n)\delta(\tau - n\tau_l)$$

wobei $C [\ ]$ die FOURIER-Transformation symbolisieren soll. Die FOURIER-Transformierte des Logarithmus einer Frequenzfunktion bezeichnet man als *Cepstrum*. Der erste Term auf der rechten Seite von Gl. 14-8 ist das Cepstrum des gesendeten bzw. des gesuchten Signals. Der zweite Term stellt eine Folge von Impulsfunktionen dar.

Die Cepstrum-Analyse setzt also Echo- bzw. Mehrwege-Empfangssignale in eine Folge von äquidistanten Impulsfunktionen um. In Bild 14-16a zeigen wir das Cepstrum eines ungestörten Signals und in Bild 14-16b das Cepstrum desselben Signals, jedoch überlagert von mehreren unerwünschten Mehrwege-Empfangssignals ein. Theoretisch können wir zur Wiedergewinnung des ungestörten Sendesignals die Echo- und Mehrwege-Signale beheben, indem wir die Impulsfunktionen aus dem Cepstrum beseitigen und dann den Vorgang in umgekehrter Richtung wiederholen.

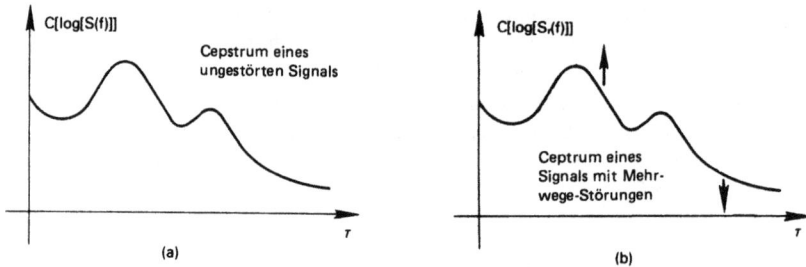

Bild 14-16: Zur Demonstration des Sachverhalts, daß die Cepstrumanalyse Mehrwege-Empfangssignale als Impulsfunktionen identifiziert.

Beseitigung von Echos und Mehrwege-Empfangsstörungen mit Hilfe der FFT

In Bild 4-17 zeigen wir anhand eines Blockschaltbildes, wie die Cepstrum-Analyse in der Praxis zu verwirklichen ist. Der Block mit der Bezeichnung LOG_e steht für Logarithmierung zu Basis e angewandt auf die Real- und Imaginärteile der im vorausgegangenen Block gewonnenen FFT-Ergebnisse. Da diese Ergebnisse von der Form $R(nf_0) + jI(nf_0)$ sind, lautet die entsprechende Beziehung

$$
\begin{aligned}
(14\text{-}9) \quad \log_e[R(nf_0) + jI(f_0)] &= \log_e\{[R^2(nf_0) + I^2(nf_0)]^{1/2}e^{j\theta_n}\} \\
&= \log_e[R^2(nf_0) + I^2(nf_0)]^{1/2} + \log_e e^{j\theta_n} \\
&= \log_e[R^2(nf_0) + I^2(nf_0)]^{1/2} + j\theta_n
\end{aligned}
$$

mit

(14-10) $\theta_n = \tan^{-1}[I(nf_0)/R(nf_0)]$

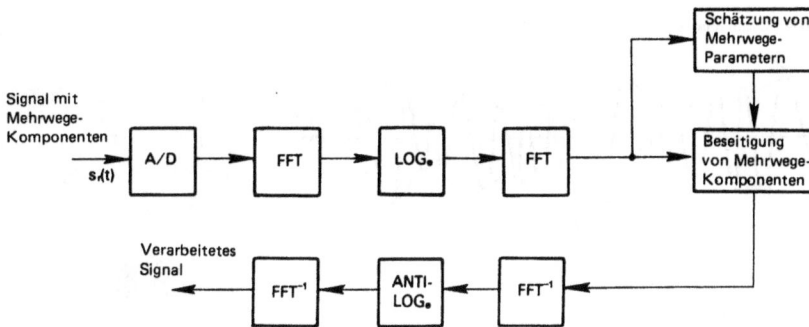

Bild 14-17: Blockdiagramm der Cepstrumanalyse zur Beseitigung von Echo- und Mehrwege-Empfangskomponenten.

Die Realteile der Logarithmuswerte legen wir im für die Realteile der Eingangswerte der FFT vorgesehenen Feld ab und die Imaginärteile der Logarithmuswerte im Feld der zugehörigen Imaginärteile. Die sich anschließende FFT liefert eine Folge der sogenannten *Quefrequenzen* nach Gl. 14-8. Da aber die FFT implizit zeitbegrenzte Signale voraussetzt, erhalten wir $\sin(\tau)/\tau$-Funktionen statt der Impulsfunktionen in Gl. 14-8. Diese unerwünschten Funktionen können wir interaktiv oder automatisch mit Hilfe eines Computerprogramms identifizieren und beseitigen. In Bild 14-18 zeigen wir die Ergebnisse einer Implementierung des in Bild 14-17 veranschaulichten Verfahrens der FFT-Cepstrumanalyse. Bild 14-18a zeigt ein Sendesignal ohne Echos und Mehrwege-Empfangsstörungen und Bild 14-18b stellt dasselbe Signal dar jedoch gestört durch Echos und Mehrwege-Empfangssignale. Die Ergebnisse der Cepstrumanalyse des gestörten Signals nach Gl. 14-8 mit Hilfe der FFT ist in Bild 14-18c zu sehen. Die bei τ_l auftretende $\sin(\tau)/\tau$-Funktion ist eine Störkomponente. In Bild 14-18d beseitigen wir die Echo-Impulsfunktion. Die Operationsfolge: inverse FFT, Antilogarithmierung und inverse FFT liefert schließlich das in Bild 14-18e gezeigte rekonstruierte Signal.

14.5 Entfaltung mit Hilfe der FFT

Bei der Diskussion über Filterentwurf mit Hilfe der FFT in Kapitel 12 gingen wir von der Annahme aus, daß wir stets in der Lage sind, die Impulsantwort eines gewünschten nichtrekursiven Filters zu berechnen. Für das Filterentwurfsproblem, das auf das Entfaltungskonzept beruht, trifft diese Annahme jedoch nicht zu und wir müssen die in Kapitel 12 beschriebenen Verfahren entsprechend modifizieren. Im vorliegenden Kapitel wollen wir ein Verfahren zum Entwurf von digitalen Entfaltungsfiltern mit Hilfe der FFT vorstellen. Das Verfahren eignet sich für ein breites Spektrum von Anwendungsgebieten: Spreizung von Spektren in der Spektographie, Quellenlokalisierung in der Erdölsuche, seismologische Suchverfahren in der Geophysik, Kontrastverschärfung in der Optik und Rekonstruktion von Signalen, die von frequenzselektiven Filtern linear verzerrt wurden [2], [10] und [12].

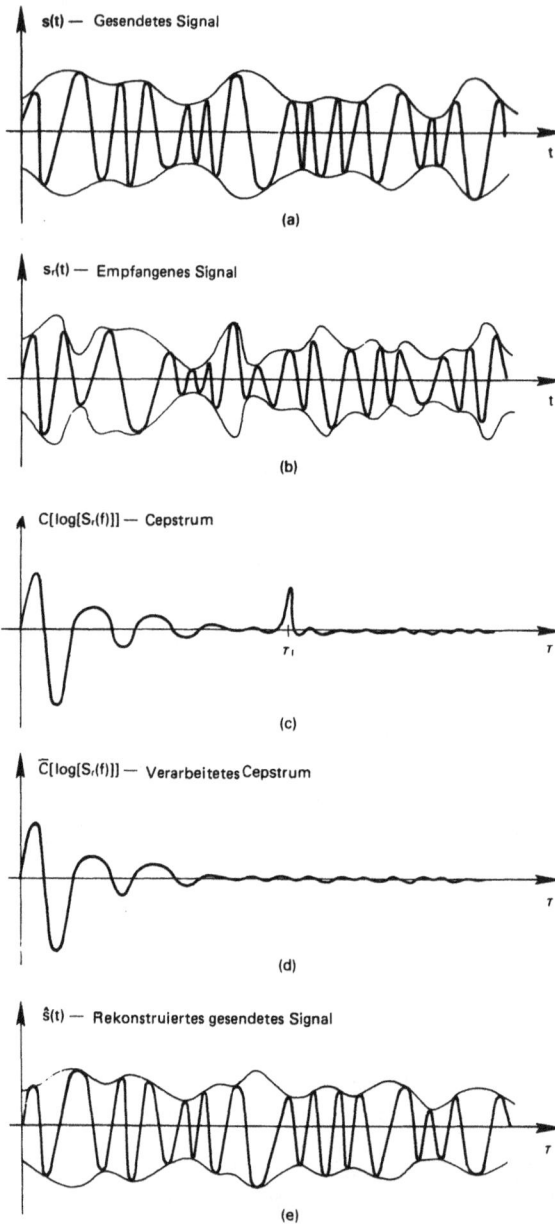

s(t) — Gesendetes Signal

(a)

$s_r(t)$ — Empfangenes Signal

(b)

$C[\log[S_r(f)]]$ — Cepstrum

(c)

$\bar{C}[\log[S_r(f)]]$ — Verarbeitetes Cepstrum

(d)

$\hat{s}(t)$ — Rekonstruiertes gesendetes Signal

(e)

Bild 14-18: Anwendungsbeispiel für das Blockdiagramm von Bild 14-17.

Das Entfaltungsproblem

Anhand von Bild 14-19 wollen wir das Entfaltungsproblem erläutern. Durchläuft ein Signal ein Filter mit einer Bandbreite kleiner als die des Signals, kommt es zu Verbreiterung bzw. "Verschmierung" des Signals am Filterausgang. Die unerwünschten Signalverzerrungen lassen sich in manchen Fällen durch Modifikation des Filters selbst beheben. Eine alternative Vorgehensweise zur Wiederherstellung des Signals ist die Anwendung einer geeigneten mathematischen Methode auf das Ausgangssignal des Filters. Da das Ausgangssignal eines Filters sich als das Faltungsprodukt des Eingangssignal und der Impulsantwort des Filters beschreiben läßt, wird ein solches mathematisches Verfahren zur Kompensation der Faltungsoperation als *Entfaltung* bezeichnet.

Mathematisch läßt sich ein Entfaltungsproblem wie folgt formulieren. Wir erinnern uns an Beispiel 4-4, mit dem wir gezeigt haben, daß sich ein lineares System anhand des Faltungsintegrals

$$(14\text{-}11) \qquad y(t) = \int_{-\infty}^{\infty} x(\tau)h(t - \tau)\, d\tau$$

vollständig beschreiben läßt mit $x(t)$ als dem Eingangssignal, $h(t)$ als der Impulsantwort und $y(t)$ als das Ausgangssignal des Systems. Für die vorliegende Diskussion nehmen wir an, daß die Impulsantwort des Systems bekannt sei. Mit der Annahme $h(t)$ und das Ausgangssignal $y(t)$ seien bekannt, besteht die Aufgabe nun darin, $x(t)$ zu bestimmen. Gemäß dem Faltungstheorem transformieren wir Gl. 14-11 in den Frequenzbereich und erhalten

$$(14\text{-}12) \qquad Y(f) = X(f)H(f)$$

Die Übertragungsfunktion $R(f)$ des idealen inversen Filters finden wir, indem wir Gl. 14-12 nach $X(f)$ auflösen.

$$(14\text{-}13) \qquad X(f) = [1/H(f)]Y(f) = R(f)Y(f) \qquad R(f) = 1/H(f)$$

Entsprechend erhalten wir im Zeitbereich

$$(14\text{-}14) \qquad x(t) = r(t) * y(t)$$

Die Bedeutung des Begriffs *Entfaltungsfilter* dürfte hiermit nun klar geworden sein. Theoretisch sind wir also in der Lage, das Signal $x(t)$ exakt wiederherzustellen. Praktische Erwägungen erlauben uns jedoch, wie in der folgenden Diskussion gezeigt wird, lediglich eine Schätzung $\hat{x}(t)$ für $x(t)$ zu erreichen.

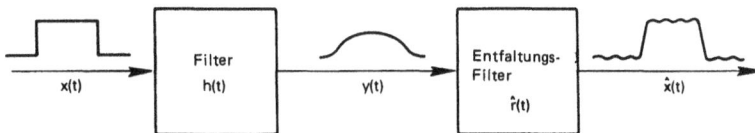

Bild 14-19: Graphische Darstellung des Entfaltungsproblems.

Entwurf von Entfaltungsfiltern mit Hilfe der FFT

Entsprechend Gl. 14-13 wird das inverse Filter im Frequenzbereich als
$R(f) = 1/H(f)$ definiert. Somit haben wir hier mit dem Entwurf eines im
Frequenzbereich spezifizierten digitalen Filters mit Hilfe der FFT zu tun. Hierbei
stellt sich uns jedoch eine Schwierigkeit entgegen, nämlich, daß $H(f)$ im
allgemeinen mit wachsender Frequenz gegen Null tendiert und $R(f)$ aus diesem
Grund mit steigender Frequenz gegen Unendlich strebt. Wir würden daher
normalerweise keine brauchbaren Ergebnisse erhalten, würden wir diese
Frequenzfunktion abtasten und dann hieraus die zeitbegrenzte Impulsantwort $r(t)$
des inversen Filters berechnen.

Eine naheliegende Lösung dieses Problems ist die Multiplikation der
Frequenzfunktion $1/H(f)$ mit einer rechteckförmigen Begrenzungsfunktion $W(f)$.
Die resultierende Frequenzfunktion verschwindet dann für alle Frequenzen größer als
eine Grenzfrequenz f_c. Scheinbar liefert diese Vorgehensweise eine Lösung des
Problems, indem sie es möglich macht, die diskrete inverse FOURIER-
Transformation auf $W(f)/H(f)$ anzuwenden. Aus früheren Ausführungen wissen
wir aber, daß eine scharfe Begrenzung im Frequenzbereich Welligkeiten im
Zeitbereich erzeugt. Deshalb müssen wir für $W(f)$ eine Funktion einsetzen, die in
Richtung einer bstimmten Frequenz f_c allmählich gegen Null strebt und für $f > f_c$
den Wert Null annimmt. Als eine gute Lösung hierfür bietet sich die Hanning-
Fensterfunktion an. Bild 14-20 veranschaulicht das erwähnte Modifikationskonzept
im Frequenzbereich.

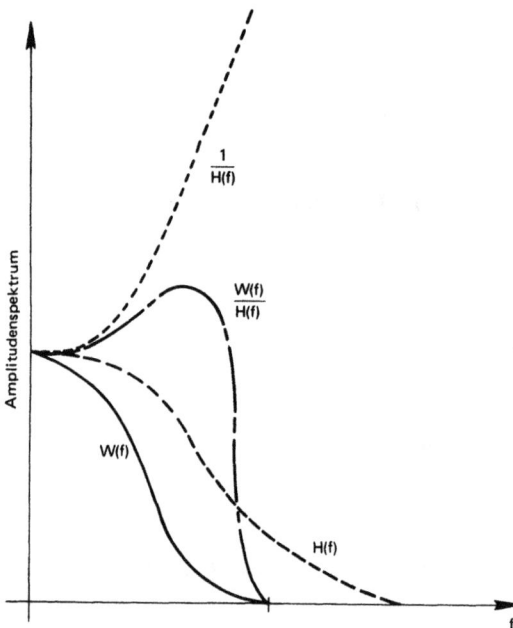

Bild 14-20: Modifikation des Frequenzgangs eines inversen Filters mit Hilfe einer
            Fensterfunktion.

Die gewünschte Frequenzbereich-Approximation erhalten wir durch folgende Änderung von Gl. 14-13

(14-15) $\quad \hat{X}(f) = [W(f)/H(f)]Y(f) = R(f)Y(f)$

mit $W(f)$ als der Fensterfunktion und

(14-16) $\quad R(f) = W(f)/H(f)$

Die Approximation gemäß Gl. 14-15 stellt eine Beziehung für die inverse Filterung dar, die wir mit Hilfe der FFT implementieren können. Man beachte, daß $R(f)$, wie in Kapitel 12 diskutiert, die Charakteristik eines gewünschten Filters im Frequenzbereich repräsentiert.

Implementierung des FFT-Entfaltungsverfahrens

Um den Entwurf von Entfaltungsfiltern zu erklären, nehmen wir an, daß die Impulsantwort eines physikalisch nichtrealisierbaren Systems durch die Funktion

(14-17) $\quad h(t) = \frac{1}{2}\alpha e^{-\alpha t}$

gegeben sei. Diese Impulsantwort ist repräsentativ für Systemimpulsantworten, die wir bei vielen praktischen Problemen der Signal-Restaurierung vorfinden. Für die FOURIER-Transformierte von $h(t)$ erhalten wir

(14-18) $\quad H(f) = 1/[1 + (2\pi f/\alpha)^2]$

Der analytische Ausdruck der Übertragungsfunktion des gesuchten inversen Filters unter Einbeziehung der Hanning-Fensterfunktion lautet

(14-19) $\quad R(f) = \dfrac{\frac{1}{2} + \frac{1}{2}\cos(\pi f/f_c)}{\alpha^2/[\alpha^2 + (2\pi f)^2)]} \qquad -f_c \le f \le f_c$

$\qquad\qquad\quad = 0 \qquad\qquad\qquad\qquad\quad f > f_c$

Diese Frequenzfunktion tasten wir nun ab und entwerfen mit den Abtastwerten ein Filter mit Hilfe der FFT nach dem in Kapitel 12 beschriebenen Filterentwurfsverfahren. Es sei darauf hingewiesen, daß hierbei zur Vermeidung von Randeffekten sorgfältig vorzugehen ist.

Um zu zeigen, wie gut Signale mit Hilfe des FFT-Entfaltungsverfahrens restauriert werden können, konstruieren wir ein Signal, zusammengesetzt aus mehreren Gauß-Funktionen. Dieses Signal und dasjenige, das sich durch Faltung dieses Signals mit der Impulsantwort aus Gl. 14-17 ergibt, sind in Bild 4-21a zu sehen. Auf das Faltungs-Ausgangssignal ist nun das inverse Filter nach Gl. 14-19 anzuwenden.

Bild 14-21b zeigt das Ergebnis der Entfaltung in Abhängigkeit von f_c. Da der
Parameter f_c die Breite der Frequenzbereich-Fensterfunktion bestimmt, stellen wir
fest, daß mit Vergrößerung von f_c die Abweichungen des entfalteten Signals von
dem Eingangssignal geringer werden. Für praktische Zwecke kann das
Eingangssignal als vollständig restauriert angesehen werden. Die maximal
erreichbare Restaurierungsgüte ist grundsätzlich durch Anwesenheit von Rauschen
im Signal begrenzt.

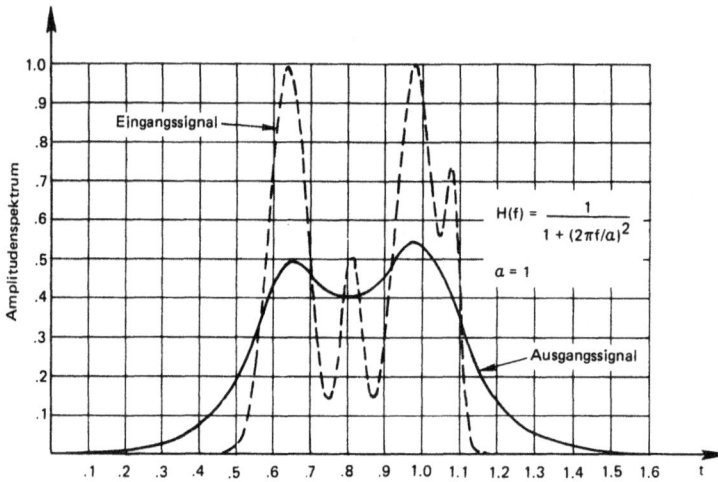

(a)

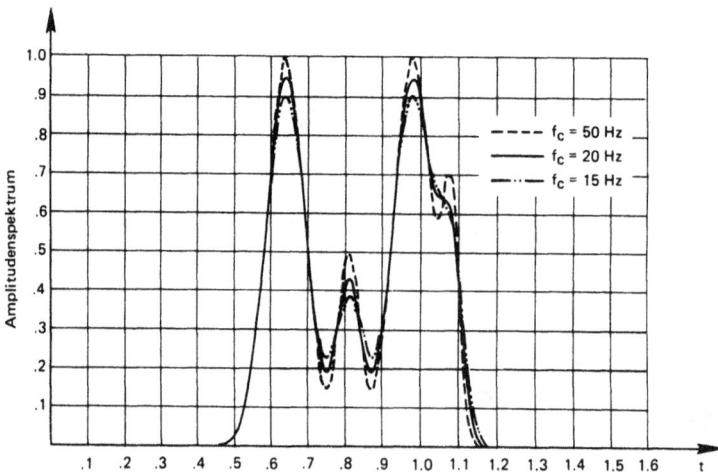

(b)

Bild 14-21: Beispiel zum Entfaltungsverfahren: a) Ein und Ausgangssignal des Tiefpaßfilters und b) Ergebnisse der Entfaltung als Funktion der
Begrenzungsfrequenz f_c.

Falls wir annehmen müssen, daß das Signal und das Rauschen hinsichtlich ihrer statistischen Merkmale, die für die Anwendung leistungsfähigerer Entfaltungsverfahren notwendig sind, nicht erfaßbar sind, können wir dennoch mit dem hier beschriebenen Verfahren experimentieren. Wir verringern f_c so lange, bis wir gerade noch annehmbare Ergebnisse erhalten. Wird der Impulsantwort oder dem Ausgangssignal ein Rauschsignal mit einem hohen Pegel überlagert, dann ist eine Entfaltung mit akzeptabler Genauigkeit im allgemeinen nicht erreichbar. Das in diesem Abschnitt beschriebene Entfaltungsverfahren muß modifiziert werden, falls die Filterfunktion für $f < f_c$ Nullstellen hat (siehe Aufgabe 14-17). Silverman beschreibt in [22] ein theoretisch genaueres aber auch etwas aufwendigeres FFT-Entfaltungsverfahren.

14.6 Entwurf von Antennen mit Hilfe der FFT

Die FOURIER-Transformation wurde schon sehr früh als ein nützliches Hilfsmittel für die Entwicklung von Antennen erkannt. Die Anwendung war jedoch auf die Fälle beschränkt, in denen das FOURIER-Integral mit Hilfe der klassischen Methoden auswertbar war. Seitdem der FFT-Algorithmus zur Verfügung steht, lassen sich die auf der FOURIER-Transformation basierenden Analyseverfahren erheblich effizienter verwirklichen.

In diesem Abschnutt behandeln wir die notwendigen Grundlagen für die Anwendung der FFT zum Entwurf von Antennen. Wir beschränken uns dabei auf eindimensionale Aperturen. Da Antennen aber im allgemeinen als zweidimensionale Objekte betrachtet werden, scheint unsere Methode für den genannten Zweck nicht ganz geeignet zu sein. Sie liefert dennoch brauchbare Ergebnisse für eine Vielzahl von Antennentypen, deren Richtcharakteristiken sich als Produkt von Richtcharakteristiken eindimensionaler Aperturen darstellen lassen. Ferner läßt sich die Analogie zwischen der Antennencharakteristik und der FOURIER-Transformation im eindimensionalen Fall einfacher herleiten. Die Ergebnisse sind leicht auf den zweidimensionalen Fall erweiterbar.

In diesem Abschnitt behandeln wir die notwendigen Grundlagen für die Anwendung der FFT zum Entwurf von Antennen. Wir beschränken uns dabei auf eindimensionale Aperturen. Da Antennen aber im allgemeinen als zweidimensionale Objekte betrachtet werden, mag unsere Methode für den genannten Zweck nicht ganz geeignet zu erscheinen. Sie liefert dennoch brauchbare Ergebnisse für eine Vielzahl von Antennentypen, deren Richtcharakteristiken sich als Produkt von Richtcharakteristiken eindimensionaler Aperturen darstellen lassen und wo räumliche Verteilungen durch Rotation zweidimensionaler Muster entstehen, die ihrerseits auf eindimensionale Aperturen zurückgeführt werden können. Ferner läßt sich die Analogie zwischen der Antennencharakteristik und der FOURIER-Transformation im eindimensionalen Fall einfacher herleiten. Die Ergebnisse sind leicht auf den zweidimensionalen Fall erweiterbar.

FOURIER-Transformationsbeziehung zwischen der Apertur-Feldverteilung und der Fernfeldverteilung einer Antenne

Man betrachte die in Bild 14-22 dargestellte Verteilung des elektrischen Feldes über einer Apertur der Breite a. Diese Feldverteilung stellt ein einfaches Modell für die herkömmliche *Horn-Antenne* oder eine einfache *Dipol-Antenne* dar. Wie gezeigt, verschwindet das elektrische Feld auf der leitenden Fläche und nimmt eine konstante Stärke über der Öffnung der Horn-Antennen bzw. längst der Dipol-Antenne an.

Die Fernfeldverteilung in Abhängigkeit von dem Winkel θ bezogen auf die Senkrechte zur Aperturfläche läßt sich durch die folgende Beziehung [1], [13] beschreiben:

$$(14\text{-}20) \qquad E(\theta) = \int_{-\infty}^{\infty} E(x)e^{-j2\pi x[\sin(\theta)]/\lambda} \, dx$$

mit

$E(x)$: Feldstärkeverteilung über der Apertur (Volt/Meter)

$E(\theta)$: Fernfeldverteilung (Volt)

θ : Richtung des Antennenfeldes bezogen auf die Senkrechte
      zur Aperturfläche (Grad)

Betrachten wir die Streckenvariable x der Apertur in Analogie zur Zeitvariable t und die Richtungsfunktion $\sin(\theta)/\lambda$ in Analogie zu der Frequenzvariable f, dann läßt sich Gl. 14-20 als eine FOURIER-Transformationsbeziehung interpretieren.

Die Analogie zwischen der Frequenzvariablen f und der Funktion $\sin(\theta)/\lambda$ bedarf einer Erläuterung, da f jeden Wert im Bereich $-\infty$ bis $+\infty$ annehmen kann, die Variable θ hingegen eine periodische Variable ist mit der Periode 0 bis 2π. Die FOURIER-Transformationsbeziehung nach Gl. 14-20 ist also über einen endlichen Bereich der Variablen θ eindeutig definiert. Das Problem, wie die Antennen-Feldverteilung als eine FOURIER-Transformationsbeziehung zu interpretieren ist, wollen wir nachfolgend anhand eines Beispiels näher erläutern.

Beispiel 14-3 Berechnung des Antennen-Fernfelds mit Hilfe der FOURIER-Transformation

Wir betrachten als Beispiel die in Bild 14-22 dargestellte Aperturverteilung des elektrischen Feldes $E(x)$. Die Aufgabe sei, die zugehörige Fernfeldverteilung mit Hilfe der FOURIER-Transformation gemäß Gl. 14-20 zu bestimmen und mit den Ergebnissen der herkömmlichen FOURIER-Transformation zu vergleichen unter der Annahme, daß Bild 14-22 ein Zeitsignal darstellt, d.h. für den Fall, daß wir die Variable x als eine Zeitvariable t interpretieren.

Als ersten Schritt berechnen wir die FOURIER-Transformierte der in Bild 14-22 dargestellten Funktion

$$(14\text{-}21) \qquad E(f) = \int_{-\infty}^{\infty} E(t)e^{-j2\pi ft} \, dt = \int_{-\infty}^{\infty} E_0 e^{-j2\pi ft} \, dt$$

$$(14\text{-}22) \qquad = E_0 \, [\sin(\pi af)]/\pi af$$

Erwartungsgemäß erhalten wir für den Impuls die $\sin(f)/f$-Funktion aus Gl. 14-22. Bild 14-23a zeigt dieses Ergebnis für $a = 1$.

Um die gewünschte Antennen-Fernfeldverteilung zu bestimmen, benutzen wir Gl. 14-20 zusammen mit Bild 14-22:

Bild 14-22: Apertur-Verteilung des
elektrischen Feldes einer
eindimenionalen Antenne.

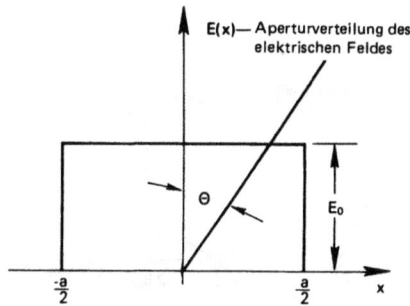

$$(14\text{-}23) \qquad E(\theta) = \int_{-\infty}^{\infty} E_0 e^{-j2\pi x[\sin(\theta)]/\lambda} \, dx$$

$$(14\text{-}24) \qquad\qquad = E_0 \frac{\sin\{\pi a[\sin(\theta)]/\lambda\}}{\pi a[\sin(\theta)]/\lambda}$$

Für die graphische Darstellung der Feldverteilung müssen wir die Apperturbreite a der Antenne und die Betriebsfrequenz der Antenne miteinander verknüpfen. Wir setzen $a = 2\lambda$ und erhalten mit dieser Annahme aus Gl. 14-24 die in Bild 14-23b gezeigte Feldverteilung.

Nun vergleichen wir die aus Gl. 14-22 und Gl. 14-24 gewonnenen Ergebnisse (siehe Bild 14-23a, Bild 14-23b) miteinander. In Bild 14-23a ist die Frequenzfunktion für sämtliche Frequenzwerte von $-\infty$ bis $+\infty$ definiert. (Die Funktionswerte für negative Frequenzen sind jedoch der Einfachheit halber nicht angegeben, da sie sich einfach durch Spiegelung der Funktionswerte für positive Frequenzen ergeben.) Im Gegensatz zu Bild 14-23a ist die Fehlverteilung in Bild 14-23b periodisch mit der Periode -90° bis +90°. Damit wir die beiden Ergebnisse miteinander vergleichen können, müssen wir offensichtlich die FOURIER-Transformierte aus Bild 14-23a im Frequenzbereich abschneiden, um sie zu der Frequenzfunktion in Bild 14-23b konvertieren zu können. Die Abschneidefrequenz und den Konvertierungsfaktor bestimmen wir, indem wir die Definitionsgleichungen Gl. 14-21 und Gl. 14-23 einander gegenüberstellen. Daraus erhalten wir die Beziehungen

$$(14\text{-}25) \qquad\qquad \begin{aligned} x &= t \\ [\sin(\theta)]/\lambda &= f \end{aligned}$$

und können hiermit Bild 14-23a in Bild 14-23b überführen. Den gewünschten Wert für θ erhalten wir aus der Beziehung

$$(14\text{-}26) \qquad \theta = \sin^{-1}(f\lambda)$$

Da θ innerhalb einer Periode maximal den Wert 90° annimmt, errechnet sich der Maximalwert von f (d.h. die Abschneidefrequenz) aus der Beziehung $f\lambda = 1$. Wir erinnern uns daran, daß in Bild 14-23b $\lambda = a/2$ und in Bild 14-23a $a = 1$ gesetzt wurde. Infolgedessen erhalten wir $\lambda = 1/2$ und hiermit für die Abschneidefrequenz den Wert 2 Hz. Zur Konvertierung von Bild 14-23a zu Bild 14-23b brauchen wir demzufolge lediglich den Hauptzipfel und den ersten Nebenzipfel aus Bild 14-23a zu berücksichtigen und die Abzissenvariable θ gemäß Gl. 14-26 zu bestimmen. In Bild 12-23a,b haben wir mehrere konvertierte Werte durch Markierungen hervorgehoben. Wie gezeigt schneiden wir die FOURIER-Transformierte aus Gl. 14-23a bei $f = 2$ Hz ab.

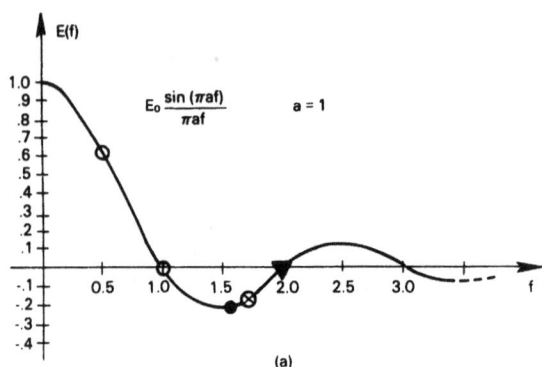

(a)

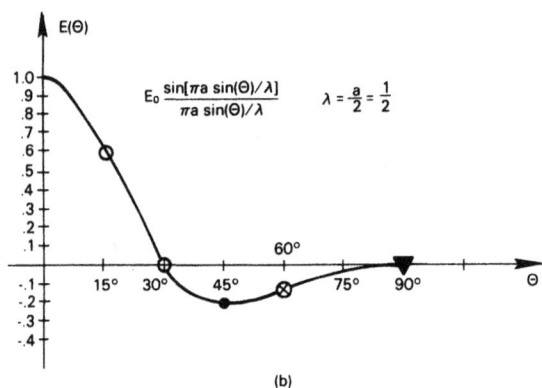

(b)

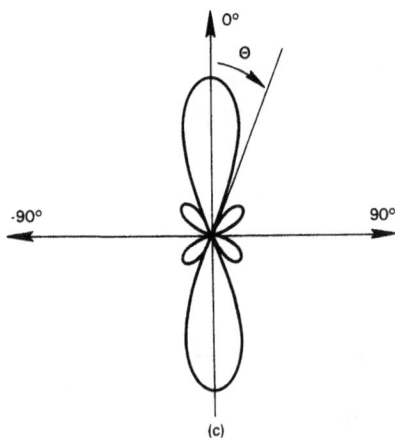

(c)

Bild 14-23: a) FOURIER-Transformierte des Zeitsignals aus Bild 14-22,

b) Antennen-Fernfeldverteilung für die Apertur-Feldverteilung aus Bild 14-22 und

c) Polarkoordinaten-Darstellung der Funktion aus b).

Die Ergebnisse aus Bild 14-23b zeigen wir in Bild 14-23c in einem konventionellen Polarkoordinatensystem. Man beachte, daß sich die Ergebnisse für Winkel außerhalb des Bereichs ± 90° periodisch wiederholen. Dies folgt aus unserer Annahme, daß die Apertur-Feldverteilung aus Bild 14-22 zugleich die Feldverteilung in jeder beliebigen um die Abzisse gedrehten Ebene darstellt. Die Strahlungscharakteristik ist daher erwartungsgemäß symmetrisch.

Berechnung der Strahlungscharakteristiken von Antennen mit Hilfe der FFT

Um die Strahlungsmuster von Antennen mit Hilfe der FFT berechnen zu können, wenden wir die bereits besprochenen Überlegungen an. Das bedeutet, wir betrachten die Apertur-Feldverteilung einer Antenne als eine Zeitfunktion, wenden die FFT auf diese Funktion an und führen schließlich eine geeignete Abzissenskalierung gemäß Gl. 14-26 durch.

In Bild 14-24a zeigen wir als Beispiel eine Aperturverteilung der elektrischen Feldstärke konstanter Amplitude und alternierender Phase. Sie liegt symmetrisch bezüglich des Ursprungs. Bei der Anwendung der FFT müssen wir darauf achten, daß wir die Symmetrie-Eigenschaft beibehalten, was sich dadurch erreichen läßt, daß wir die gegebene Feldverteilung wie in Bild 12-24b abtasten. Dabei haben wir die Notwendigkeit berücksichtigt, daß die abgetastete Funktion, auf die die FFT anzuwenden ist, periodisch sein muß. Die Zahl der der Funktion hinzuzufügenden Nullen hängt direkt von dem gewünschten FFT-Frequenzauflösungsmaß ab, mit dem wir die Nebenzipfel-Charakteristik des gegebenen Antennen-Strahlungsmusters erfassen wollen.

Bild 14-24c zeigt die FFT-Ergebnisse für die abgetastete Apertur-Feldverteilung aus Bild 14-12b. Die Ergebnisse müssen nun, wie in Beispiel 14-3 gezeigt, konvertiert bzw. winkeltransformiert werden. Nehmen wir an, daß die Variable in Bild 14-24a in Metern gemessen wird, und daß wir das Strahlungsmuster für die Wellenlänge λ = 1/2 m bestimmen wollten. Aus Gl. 14-26 ergibt sich dann für die Abschneidefrequenz der Wert 2 Hz. Wir transformieren bzw. konvertieren die FFT-Ergebnisse aus Bild 14-24c gemäß Gl. 14-26 und erhalten die in Bild 14-24d angegebenen Ergebnisse. Konvertiert werden die FFT-Ergebnisse nur für den Bereich $0 \le f \le$ 2 Hz. Wie im vorangegangenen Beispiel erhalten wir das Strahlungsmuster für Winkel außerhalb des Bereichs (-90°, +90°) einfach durch periodische Fortsetzung des Strahlungsmusters über diesen Bereich. Das entsprechende Diagramm in Polarkoordinaten ist in Bild 14-24e zu sehen.

Wir erinnern uns daran, daß je kleiner die Wellenlänge verglichen mit der Apertur-breite, um so schmaler wird der Hauptzipfel und um so größer die Zahl der Nebenzip-fel. Um diesen Effekt zu demonstrieren, konvertieren wir die FFT-Ergebnisse aus Bild 14-24c für die Wellenlänge λ = 1/5 m. Aus Gl. 14-26 ergibt sich für die Ab-schneidefrequenz der Wert 5 Hz. Das ensprechend konvertierte Polardiagramm zei-gen wir in Bild 14-24f.

Wir haben eine einfache Anwendung des FFT auf das Antennenproblem behandelt. Un-sere Methode verlangt die Konversion des das Fernstrahlungsfeld beschreibende Integral

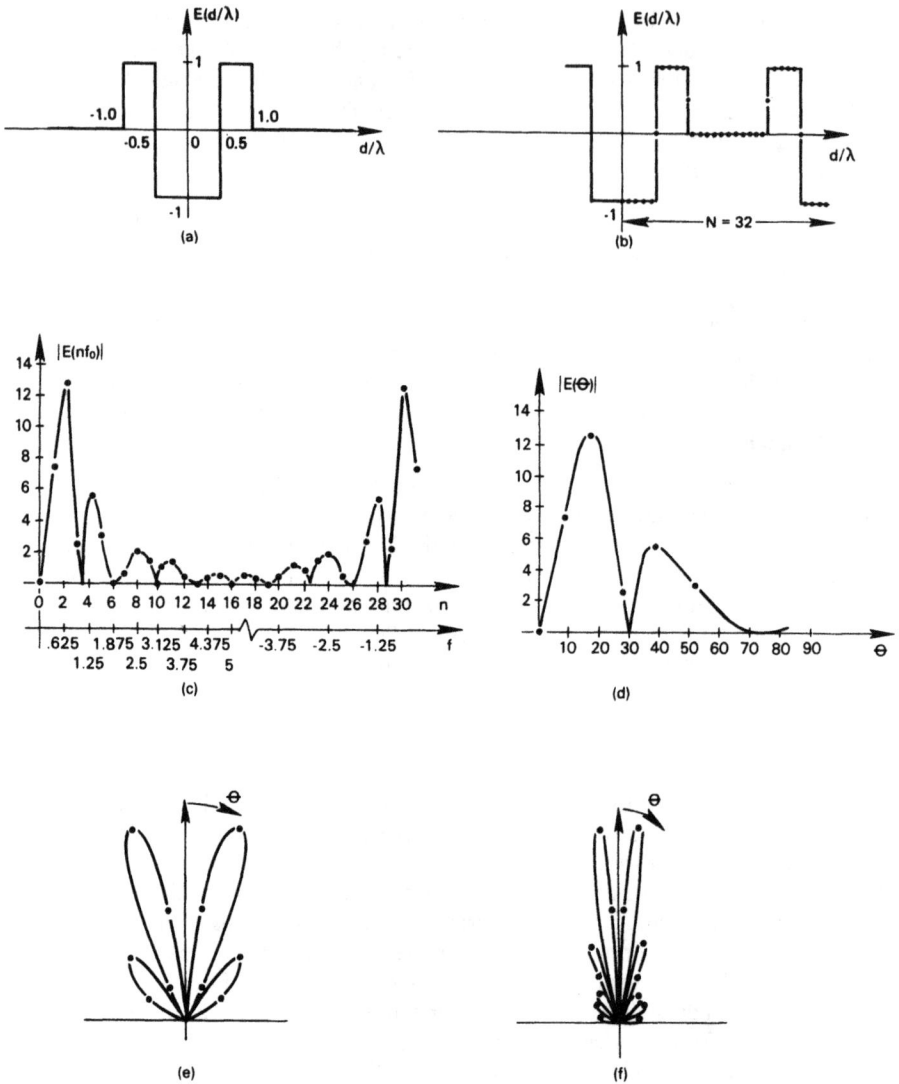

Bild 14-24: a) Apertur-Feldverteilung einer eindimensionalen Antenne, b) abgetastete Apertur-Feldverteilung aus a) für die FFT-Anwendung, c) FFT-Ergebnisse für die abgetastete Apertur-Feldverteilung aus b), d) Winkeltransformation der FFT- Ergebnisse aus c) mit $\lambda = 0{,}5$ m, e) Polardarstellung der Ergebnisse aus d) mit $\lambda = 0{,}5$ m und f) Polardarstellung der Ergebnisse aus d) mit $\lambda = 0{,}2$ m.

aus Gl. 14-26 zu einem FOURIER-Integral. Eine ausführliche Beschreibung der von uns angesprochenen Methode ist in [25] zu finden. Die hier gewonnenen Ergebnisse lassen sich auch zur Analyse zweidimensionaler Antennenaperturen verwenden. In [5] und [14] wird das Strahlungsmuster von Reflektorantennen mit Hilfe der FFT und unter Einsatz eines sin(u)/u-Abtastverfahrens berechnet. In [7], [20] wird zur Lösung der Probleme von Aperturfeldern und Ver- teilungen von induzierten Stromdichten für Draht-, Maschendrahtantennen und rechteckigen Plattenantennen die FFT mit der Methode des konjugierten Gradienten kombiniert.

14.7 Auf der FFT basierende Phasen-Interferometer

Mit Hilfe der FFT lassen sich Phasenmeßgeräte realisieren, die auf dem Interferometerprinzip basieren. Man sei daran erinnert, daß die Phasendifferenz der Empfangssignale zweier um den Abstand d räumlich getrennt angebrachten Sensoren (Antennen) gemäß folgender Beziehung zur Bestimmung des Ankunftswinkels einer ankommenden Welle benutzt werden kann. (Siehe Bild 14-25):

(14-27) $\theta = \sin^{-1}(\lambda\phi/2\pi d)$

mit

θ : Ankunftswinkel

λ : Signalwellenlänge

Φ : Phasendifferenz

d : Antennenabstand

Gl. 14-27 bringt das klassische Phaseninterferometer-Prinzip zur Bestimmung der Ankunftswinkel einer planaren Welle zum Ausdruck. Wir wollen nur den Einsatz der FFT in Phaseninterferometer-Meßsystemen behandeln.

FFT-Phaseninterferometer

Bild 14-25 zeigt das Funktionsprinzip eines FFT-Phasen-Interferometer-Systems zur Bestimmung von Ankunftswinkeln planarer Wellen. Das Ausgangssignal jedes Sensors bzw. jeder Empfangsantenne wird mit Hilfe eines Analog/Digital-Wandlers (A/D) abgetastet und digitalisiert. Wir wenden dann die FFT auf die Abtastwerte an. Mit den Real- und Imaginärteilen der einzelnen FFT-Spektrallinien bestimmen wir gemäß der Beziehung

$$(14\text{-}28) \qquad \theta_n = \tan^{-1}\left[\frac{\text{Re Ausgang}(R_n)}{\text{Im Ausgang }(I_n)}\right] \qquad n = 0, 1, \ldots, N/2$$

die Phase θ_n des Ausgangssignals jedes FFT-Filters. Gl. 14-28 wird auf die FFT-Ergebnisse beider Kanäle angewandt. Durch eine einfache Subtraktion der Phasen der einzelnen FFT-Filterausgangssignale erhalten wir die Phasendifferenz Φ_n.

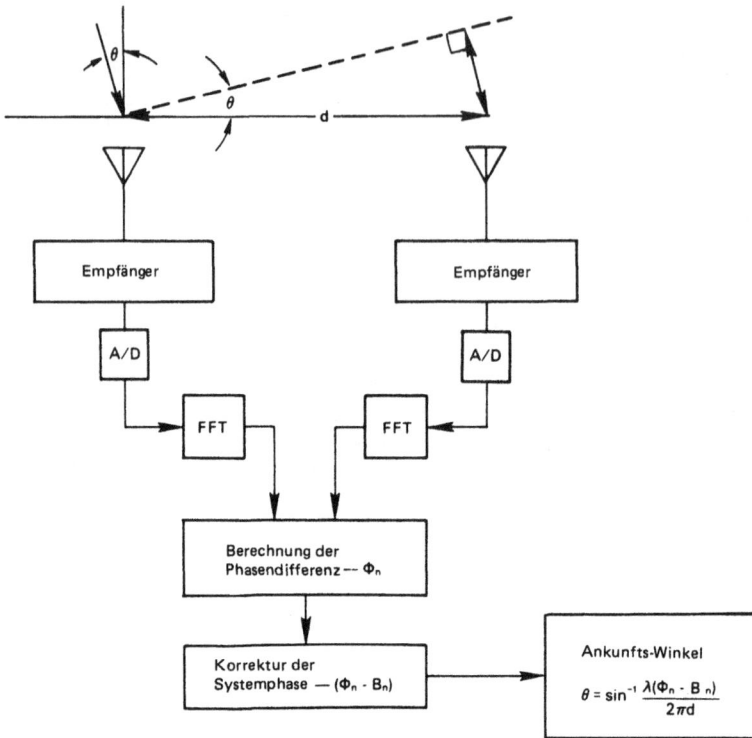

Bild 14-25: Blockdiagramm des FFT-Phaseninterferometers.

Der nächste Schritt ist die Korrektur der Systemphasen. Sie ist die einzige praktische Maßnahme, die bei der Anwendung der FFT auf das Phaseninterferometerproblem zusätzlich zu berücksichtigen ist. Der Genauigkeit eines Richtungsdetektionssystems setzt der differentielle Phasenfehler der beiden Kanäle Grenzen. Systemingenieure sind bemüht, die beiden Kanäle, vom Sensoreingang bis zum Empfängerausgang, vollkommen symmetrisch zu bauen. In der Praxis treten dennoch Phasenfehler auf. Daher ist eine Kalibrierung oft notwendig, um die gewünschten Genauigkeitsanforderungen zu erreichen.

Mit der FFT-Implementierung haben wir die Möglichkeit, das System gleichzeitig bei allen Frequenzen im Durchlaßbereich des Empfängers zu kalibrieren. Zu diesem Zweck können wir beispielsweise ein Breitbandsignal in senkrechter Richtung zum Sensorfeld senden. Im Idealfall sollten dann zwischen den beiden Kanälen keine Phasendifferenzen auftreten. Erscheinen in den entsprechenden FFT-Frequenzzellen der Kanäle dennoch Phasendifferenzen, dann ist dieser Effekt auf Systemfehler zurückzuführen. Wir können aber die Fehler in den einzelnen Frequenzzellen als System-Phasenkorrekturterme abspeichern und gegebenfalls zur Phasenkorrektur heranziehen. Die Systemkalibrierung läßt sich beliebig oft wiederholen.

Den Ankunftswinkel können wir für jede FFT-Frequenzzelle bestimmen. Ist die Signalbandbreite größer als die FFT-Bandbreite, dann liefern die benachbarten FFT-Zellen identische Ergebnisse. Man beachte, daß das beschriebene Konzept auch die Ankunftswinkel von mehreren Wellen liefern kann, falls sich deren Frequenzen nicht gegenseitig überlappen.

Phasenmessung in Anwesenheit von Interferenzstörungen

Ein weiterer Vorteil eines FFT-Interferometers besteht in der Möglichkeit der Beseitigung von Interferenzstörungen. Ein konventionelles Phasenmeßsystem ist normalerweise angepaßt auf die Nutzsignalbandbreite und liefert fehlerhafte Meßwerte, wenn ein Störsignal irgendwo in diesem Frequenzband auftaucht. Bei dem FFT-Meßverfahren wird das Empfangssignal in die Ausgangssignale eines Filterbanks aus schmalbandigen Filtern zerlegt. Die Phasendifferenzen aller dieser Filterausgangssignale werden über der gesamten Signalbandbreite errechnet. In den meisten Fällen wird das Störsignal unter einem anderen Winkel als das zu messende Nutzsignal empfangen. Infolgedessen wird man in dem Phase/Frequenz-Diagramm zwei gerade Linienstücke sehen, eine für das gewünschte Signal und die andere für das Störsignal. Von den seltenen Fällen abgesehen, in denen das Störsignal das Nutzsignal im Frequenzbereich völlig überlappt, läßt sich der Ankunftswinkel des Nutzsignals nach diesem Verfahren fehlerfrei ermitteln.

Auf der FFT basierendes Einzelimpuls-Richtung-Detektionssystem

Die FFT läßt sich ebenso gut in einem Richtung-Detektionssystem mit Einzelimpulsen einsetzen, das nach dem Amplituden-Vergleichsverfahren arbeitet. Ein Vergleich der Amplituden der einzelnen FFT-Filterausgänge liefern hierzu die geeigneten Meßwerte. Man beachte, daß sich die FFT-Frequenzzellen wie im Falle des Interferometers auch hier in einfache Weise kalibrieren lassen.

14.8 Auf der FFT basierendes Ankunfts-Zeitdifferenz-Meßsystem

Die präzise Messung der Differenz von Ankunftszeiten eines schmalbandigen Signals, empfangen von zwei räumlich getrennten Sensoren ist ein ausgezeichnetes Anwendungsbeispiel für die FFT. Hierfür lassen sich zwar auch analoge Korrelatoren einsetzen, die begrenzte Systemungenauigkeit schränkt ihren Anwendungsbereich jedoch stark ein. In diesem Abschnitt wollen wir die Anwendung der FFT auf das Problem der Ankunftszeitdifferenz-Messung diskutieren.

Problemstellung

Die Anwendung der FFT auf das Problem der Ankunftszeitdifferenz-Messung basiert auf den klassischen Korrelationsmethoden. Gemäß Kapitel 4 ist das Korrelationsprodukt eines Signals $s_1(t)$, das zum Zeitpunkt t_0 bei einem Sensor ankommt, und einer verzögerten Version desselben Signals s_2 (t), das zu einem späteren Zeitpunkt $t_o + \tau$ einen zweiten Sensor erreicht, gegeben durch die Beziehung

$$(14\text{-}29) \qquad z(\tau) = \int_{-\infty}^{\infty} s_1(t)s_2(t + \tau)\, dt$$

Definitionsgemäß mißt die Korrelationsfunktion den Ähnlichkeits- bzw. den Korrelationsgrad zwischen einem Signal und einer verzögerten Version desselben. Deswegen nimmt die Funktion in Gl. 14-29 ihren Maximalwert bei demjenigen Wert der Verschiebungsvariablen τ an, der gleich der Differenz der Ankunftszeiten des Signals bei den beiden Sensoren ist. Den Wert von τ_{max}, bei dem die Korrelationsspitze auftritt, wollen wir nun durch Anwendung der FFT auf das diskrete Faltungstheorem bestimmen, das in Abschnitt 7.4 behandelt wurde.

Messung von Ankunftszeitdifferenzen mit Hilfe der FFT

Bild 14-26 zeigt das grundlegende Verfahren zur Messung von Ankunftszeitdifferenzen mittels der FFT. Wie gezeigt, erreichen das Signal s_1 (t) und sein verzögertes Duplikat s_2 (t) die beiden räumlich getrennten Sensoren mit der Zeitdifferenz τ. Die Ausgangssignale der beiden Sensoren werden mittels eines Analog/Digital-Wandlers abgetastet und Hilfe eines FFT-Programms transformiert. Zur Vermeidung von Randeffekten müssen die abgetasteten Signale nach Kapitel 7 mit einer Anzahl von Nullen erweitert werden. Mit den FFT-Ergebnissen bilden wir das Kreuzkorrelationsprodukt S_1 (f) S^*_2 (f), wobei S'^*_2 (f) die Konjugiert-Komplexe von $/S_2$ (f) bedeutet. Die resultierende komplexe Funktion wird als *Kreuzspektrum* bezeichnet. Es setzt sich, wie in Bild 14-26 zu sehen, aus einem Amplituden- und einem Phasenspektrum zusammen. Die inverse FFT liefert die gewünschte Kreuzkorrelationsfunktion. Die Kreuzkorrelationsfunktion erreicht ihr Maximum erwartungsgemäß bei τ_{max}.

Obwohl das beschriebene Verfahren einfach und geradlinig ist, stoßen wir dabei doch auf ein Problem bei der Bestimmung des Maximalwerts der Kreuzkorrelationsfunktion. Die zeitliche Auflösung der Kreuzkorrelationsfunktion wird durch das Abtastintervall, mit dem s_1 (t) und s_2 (t) abgetastet werden, bestimmt. Mit T_s als diesem Abtastintervall, ist die Zeitauflösung der Kreuzkorrelationsfunktion ebenfalls gleich T_s. Das ist für viele praktische Anwendungen oft nicht ausreichend. Daher müssen wir zur Bestimmung von τ_{max} zwischen den Abtastwerten der Kreuzkorrelationsfunktion interpolieren. Solange die Nyquist-Bedingung bei der Abtastung der Eingangssignale eingehalten wird, läßt sich die kontinuierliche Kreuzkorrelationsfunktion theoretisch vollständig rekonstruieren.

Messung der Ankunftszeitdifferenz mit Hilfe des FFT-Phasengangs

Alternativ läßt sich die Ankunftszeitdifferenz aus der Steigung des Phasengangs ermitteln. Aus Bild 14-26 ist zu ersehen, daß die Steigung des Phasengangs gleich $2\pi\,\tau_{max}$ ist. Dies folgt aus dem Zeitverschiebungstheorem (Abschnitt 3.4). Daher

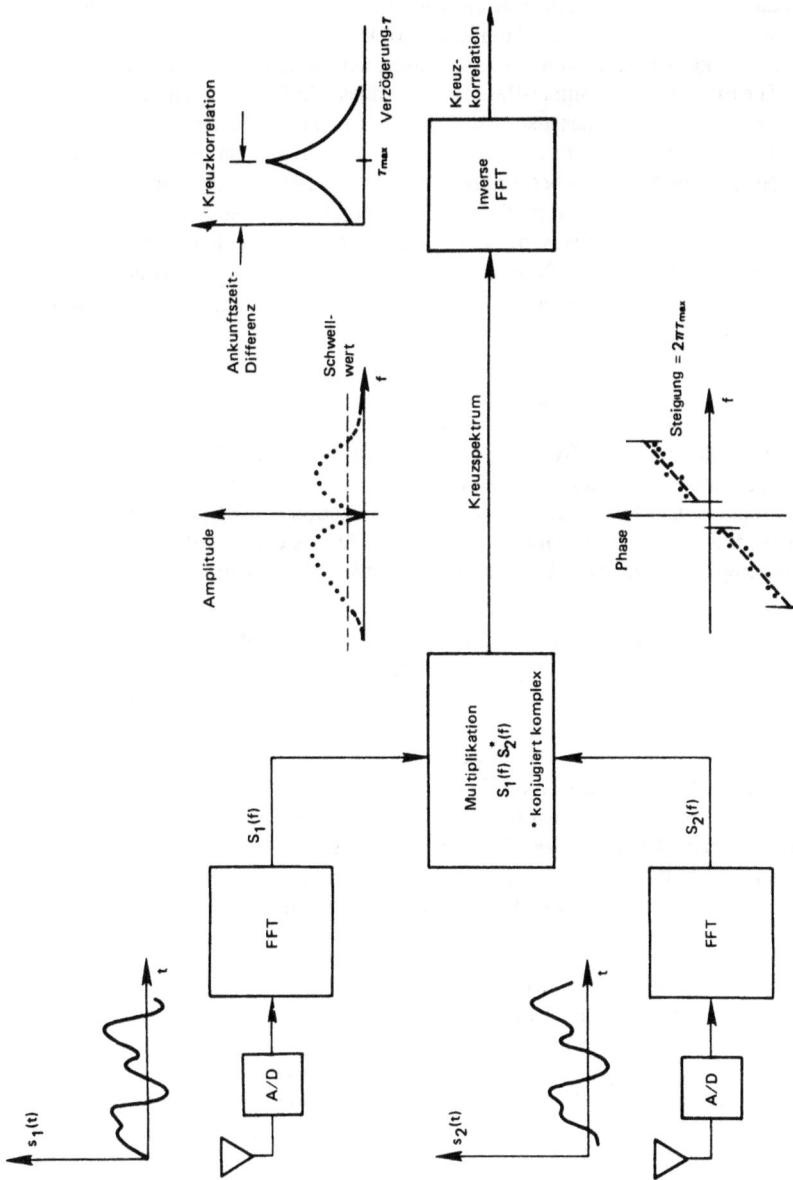

Bild 14-26: Blockdiagramm für Ankunftszeitdifferenz-Messung mit der FFT.

versuchen wir, um einen zuverlässigen Schätzwert für τ_{max} zu erhalten, einfach die Steigung des Phasenspektrums abzuschätzen statt zwischen den Abtastwerten der Kreuzkorrelationsfunktion zu interpolieren. Es gibt mehrere Verfahren zum Schätzen von Steigungen. Ein Verfahren, das auf Minimierung des gewichteten quadratischen Fehlers basiert und sich auf den Amplitudengang des Kreuzspektrums (Bild 14-26) bezieht, scheint hierfür besonders geeignet zu sein. Dieses Verfahren erlaubt, die FFT-

Frequenzzellen mit höchstem Signal-Rausch-Verhältnis am stärksten zu gewichten. Tatsächlich ist ein Verfahren, das die Amplitudenwerte der Frequenzzellen mit niedrigen Kreuzspektrumwerten von dem Schätzwert der Steigung fernhält, am günstigsten. Zur Erhöhung des Signal-Rausch-Abstandes können wir auch über mehrere aufeinanderfolgende Phasenspektren mitteln. Ein auf der FFT basierendes System zur Messung von Ankunftszeitdifferenzen läßt sich in gleicher Weise, wie in dem vorausgegangenen Abschnitt beschrieben, kalibrieren. Man beachte, daß das Phasenspektrum identisch Null sein muß, falls die beiden Eingangssignale keine Verzögerung gegeneinander aufweisen. In diesem Fall ist jede Abweichung von Null auf differentielle Phasenfehler des Systems zurückzuführen. Diese Kalibrierungswerte können abgespeichert und später zur Korrektur von gemessenen Phasenspektren herangezogen werden.

14.9 Systemsimulation mit Hilfe der FFT

Um die Leistungsfähigkeit eines Systems genau vorausberechnen zu können, ist es oft notwendig, Simulationsverfahren zur Überprüfung der Einhaltung von Entwurfskriterien einzusetzen. In der Radar-, Kommunikations- und Sonartechnik sowie in der Bildverarbeitung wird meist die FFT zum Zweck der digitalen Simulation herangezogen mit dem Ziel, Hardware-Entwurfskosten zu reduzieren.

Die Klasse der Systeme, auf die FFT-Simulationsverfahren anwendbar ist, umfaßt derartige Systeme, die sich anhand ihrer Übertragungsfunktionen charakterisieren lassen. Der Grund hierfür liegt darin, daß die FFT immer jeweils einen Block von Daten verarbeitet. Ebensogut lassen sich solche Systeme in einfacher Weise simulieren, deren Nichtlinearitäten sich im Zeitbereich beschreiben lassen. Die FFT ist deswegen so attraktiv für Systemanalytiker, weil sie die Simulationsarbeit in erheblichem Maße erleichtert. Wie wir in Kapitel 12 gesehen haben, lassen sich Systemfunktionen, ausgehend von Spezifikationen im Zeitbereich oder im Frequenzbereich, mit Hilfe der FFT implementieren. Das besagt, daß Beziehungen, mit denen Systemhardware-Entwickler vertraut sind, direkt in die Simulation einbezogen werden können.

Um die Leistungsfähigkeit der FFT-Simulationsmethoden zu demonstrieren, wollen wir nachfolgend die Anwendung der FFT zur Schätzung der Leistungsfähigkeit eines Radars in einer speziellen Umgebung diskutieren. Dieses Problem ist mit Hilfe der herkömmlichen analytischen Verfahren im allgemeinen nicht in den Griff zu bekommen. Es ist charakteristisch für das klassische Thema der Hintergrundstörung sowie für Probleme der elektronischen Abwehr (ElM) und Gegenabwehr (EKCM). In erweiteter Form läßt sich das Simulationsverfahren auch auf kompliziertere Signalverarbeitungssysteme in der Radartechnik wie z.B. zugeschnittene Filter, Doppler-Filter, Optimal-Signal- und Chirp-Signal-Generator sowie auf Phased-Array-Antennensysteme anwenden.

Simulation von Radarsystemen mit der FFT

Bild 14-27 zeigt das vereinfachte Blockdiagramm eines Radar-Empfängers. Der Mischer zusammen mit dem Lokal-Oszillator verschieben das empfangene Hochfrequenzsignal in eine Zwischenfrequenzlage (ZF), wo es verstärkt und gefiltert wird. Anschließend detektiert der Detektor das pulsmodulierte Signal. Das Ausgangssignal des Detektors wird dann von dem Videoverstärker verstärkt. Die Zielobjekt-Entfernung wird schließlich von dem Videoprozessor errechnet. Die Leistungsfähigkeit des Radars in einer gestörten Umgebung (Clutter-Umgebung) wird in erster Linie von der des eingesetzten Videoprozessors bestimmt.

Das klassische Problem der Radar-Systemanalyse liegt darin, herauszufinden, wie weit sich die von dem Videoprozessor durchgeführte Entfernungsberechnung in Abhängigkeit von der Charakteristik des Eingangsrauschens verschlechtert. Der Verschlechterungsgrad wird üblicherweise anhand der Größen Detektion-Wahrscheinlichkeit und Falschalarm-Wahrscheinlichkeit quantitativ erfaßt. Im Falle von Empfangsrauschen mit einer Gauß-Verteilung sind geschlossene Ausdrücke für die System-Leistungsmerkmale bekannt. Besteht das Rauschsignal aus einem Störsignal mit einer spezifizierten Modulation-Charakteristik, dann ist eine Simulation zur Erfassung der Systemleistung-Verminderung erforderlich. In derartigen Fällen bietet sich eine FFT-Simulation mit dem in Bild 14-27 gezeigten Blockschaltbild als ein kostengünstiges Verfahren zur Erfassung der Systemleistung an.

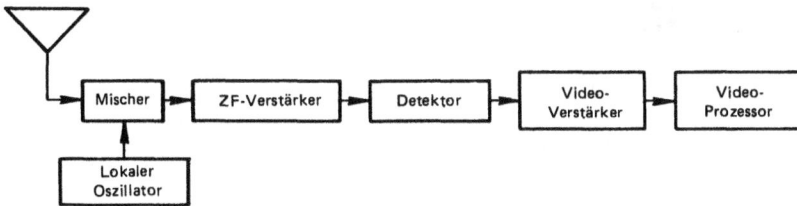

Bild 14-27: Vereinfachtes Blockdiagramm eines Radarempfängers.

Bild 14-28 zeigt ein für die Simulation bestimmtes Radar-Modell und ein entsprechendes Blockdiagramm für die FFT-Simulation. Das Empfangssignal wird simuliert in Form eines abgetasteten gepulsten Zwischenfrequenzsignals überlagert von einem Störsignal. Den Zwischenfrequenz- und den Video-Verstärker (-Filter) simulieren wir anhand der Abtastwerte ihrer Übertragungsfunktionen in der Weise, wie wir in Kapitel 12 diskutiert haben.

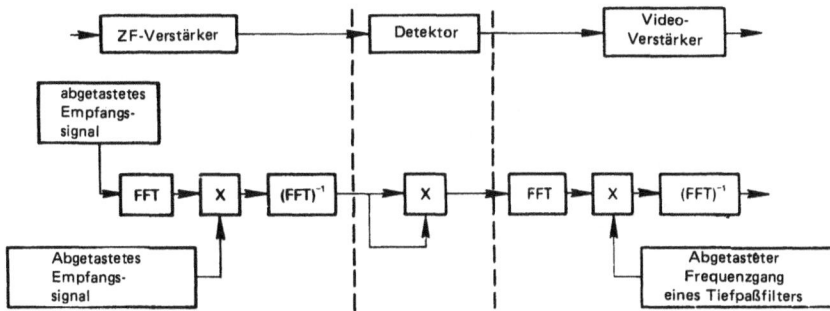

Bild 14-28: FFT-Simulationsmodell eines Radarempfängers.

Bei dem Zwischenfrequenz-Verstärker gehen wir davon aus, daß er aus einer Kettenschaltung von Butterworth-Filtern besteht. Ihre Mitten- und Grenzfrequenzen werden zur Erzielung einer hohen Steilheit der Übertragungsfunktion entsprechend eingestellt. Die entsprechenden analogen Filterübertragungsfunktionen tasten wir im Frequenzbereich ab. Eine Filteroperation in der Zwischenfrequenzlage führen wir aus, indem wir die FFT auf das abgetastete Eingangssignal anwenden, die Ergebnisse mit der abgetasteten Übertragungsfunktion des Zwischenfrequenzfilters multiplizieren und das Produkt zwecks Gewinnung des Ausgangssignals des Zwischenfrequenzfilters mit Hilfe der inversen FFT in den Zeitbereich zurücktransformieren.

Die nichtlineare Operation der quadratischenPegeldetektion simulieren wir durch Quadrieren des Ausgangssignals des Zwischenfrequenzfilters. Der Video-Verstärker (-Filter) wird in gleicher Weise wie der Zwischenfrequenz-Verstärker nachgebildet. Für das Videofilter nehmen wir ein 3-poliges Butterworth-Tiefpaßfilter an und simulieren dieses durch Frequenzbereichabtastung. Das resultierende Video-Ausgangssignal kann als ein Indikator für die Leistungsfähigkeit des Empfängers in Anwesenheit von Störsignalen herangezogen werden.

FFT-Simulationsergebnisse für ein Radarsystem

Um zu demonstrieren, welche Art von Signalen wir mit der besprochenen Simulationsmethode erhalten, überlagern wir dem in Bild 14-29 dargestellten Eingangssignal ein Rauschsignal mit einer Gauß-Verteilung. Bild 14-30a zeigt eine Schätzung des Leistungsspektrums des Eingangssignals, die mit Hilfe der FFT unter Einsatz einer Hanning-Fensterfunktion berechnet wurde. In Bild 14-30b sehen wir das in ähnlicher Weise berechnete Leistungsspektrum des Zwischenfrequenzsignals. In Bild 14-30c sehen wir das detektierte Video-Ausgangssignal. Erzeugen wir mit der Simulation eine Folge von Video-Ausgangssignalen, die jeweils von einem abgetasteten Rauschsignal überlagert sind, dann können wir die statistischen System-

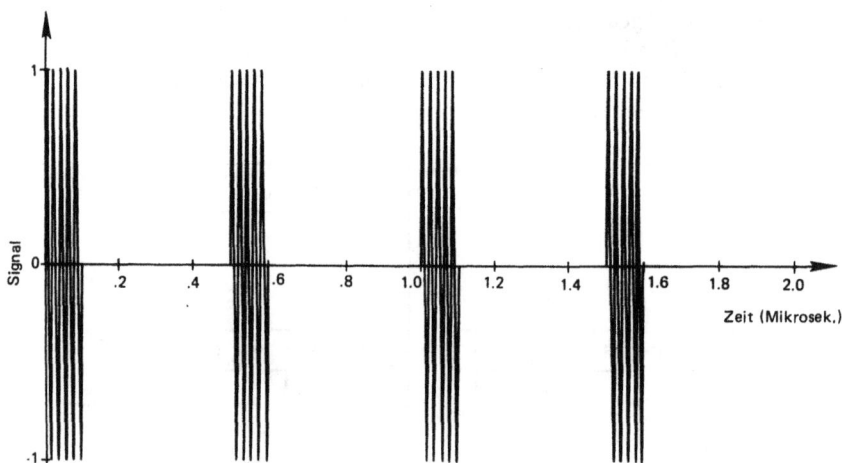

Bild 14-29: Eingangssignal für eine FFT-Radarsystem-Simulation.

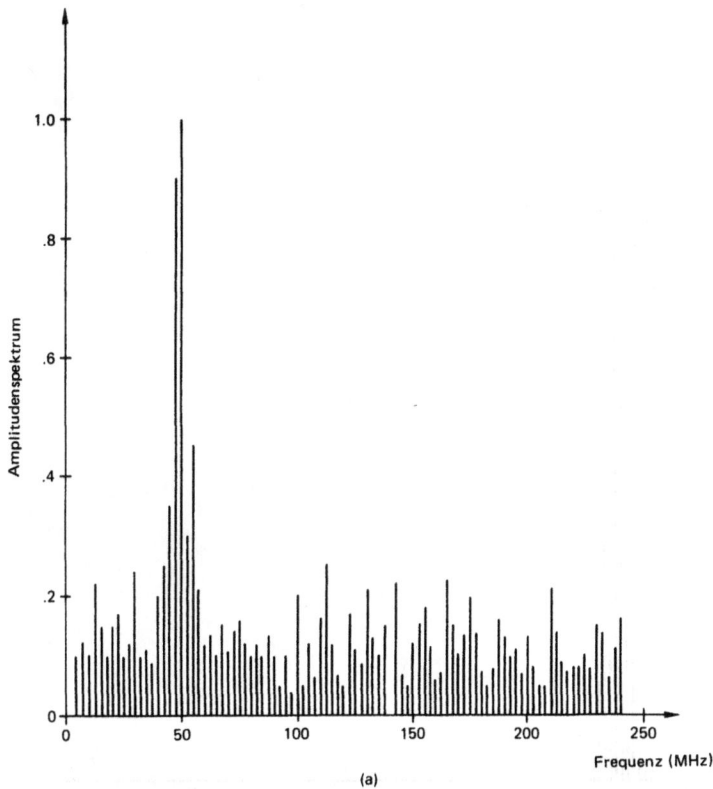

(a)

Bild 14-30: Ergebnisse einer FFT-Radarsystem-Simulation: a) Leistungsspektrum des
verrauschten Eingangssignals, b) Spektrum des Zwischenfrequenz-Signals
und c) detektiertes Video-Ausgangssignal.

Parameter wie z.B. Detektions-Wahrscheinlichkeit, Falschalarm-Wahrscheinlichkeit,
Fehlerrate etc. in Abhängigkeit von den Charakteristiken des Störsignals und von den
Parametern des Videoprozessors bestimmen.

Simulation von Kommunikationssystemen

Die FFT-Simulationsmethoden sind problemlos auch auf Kommunikationssysteme
anwendbar. Ein allgemeines Problem der Datenübertragungstechnik ist die Schätzung
der Intensität der Intersymbol-Interferenz in Abhängigkeit von Rauschpegel,
Datenrate, Übertragungsbandbreite, Steilheit des Sendefilters und System-
Synchronisationsparametern. Ähnlich wie in der Radar-Technik können wir auch hier
mit Hilfe einer FFT-Simulation die Wahrscheinlichkeit der fehlerfreien Dekodierung
einer gesendeten Information in Abhängigkeit von jedem beliebigen die
Systemleistung beeinträchtigenden Faktor bestimmen. Die FFT-Simulationsverfahren

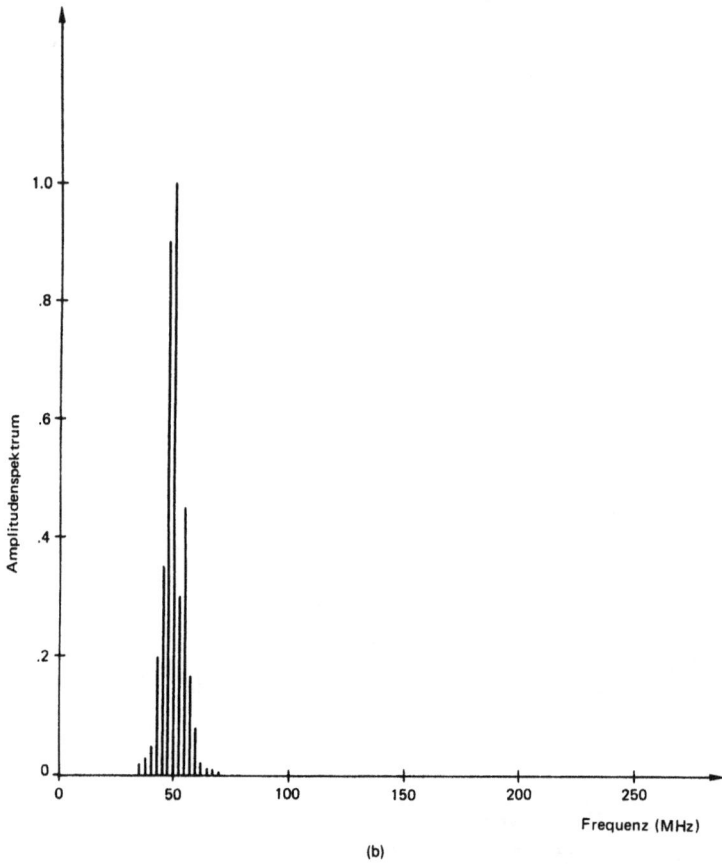

(b)

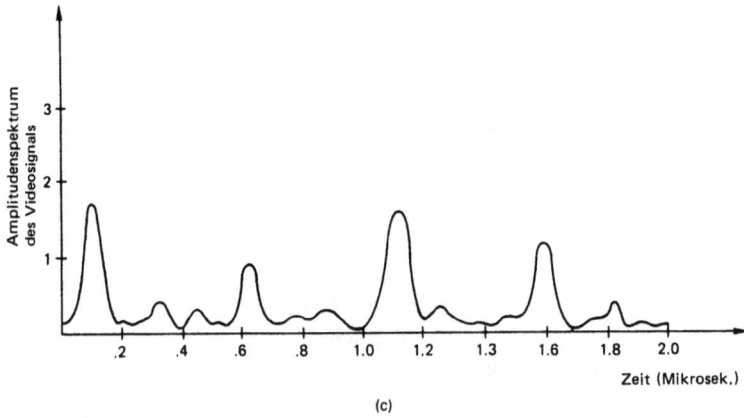

(c)

Bild 14-30: (Fortsetzung).

für Kommunikationssysteme erlauben die Berücksichtigung auch derjenigen realen Einflußfaktoren, die mit den herkömmlichen Methoden der Analyse geschlossener Systeme nur schwer erfaßbar sind.

14.10 Berechnung von Leistungsspektren mit Hilfe der FFT

Die Messung von Leistungsspektren ist eine schwierige Angelegenheit und gibt oft Anlaß zu Mißverständnissen. In der Forschung und Entwicklung setzt man gern die FFT zur *Schätzung* des Leistungsspektrums abgetasteter Signale, da sie in einfacher Weise Informationen über Frequenz und Amplitude liefert. Ist das zu untersuchende Signal periodisch oder deterministisch, dann ist eine korrekte Interpretation von FFT-Ergebnissen mit großer Wahrscheinlichkeit möglich. Repräsentieren die Signale jedoch Zufallsprozesse, dann sind zur Schätzung des Leistungsspektrums statistische Methoden heranzuziehen. In diesem Abschnitt behandeln wir die Grundlagen der Theorie der Schätzung von Leistungsspektren, führen die zugehörige Terminologie ein und beschreiben einige auf der FFT basierende Verfahren zur Berechnung von Leistungsspektren. Wie später gezeigt wird, sind diese auf der FFT beruhenden Verfahren für sich genommen unproblematisch und geradlinig. Die statistische Interpretation der Ergebnisse kann jedoch oft Schwierigkeiten bereiten. Eine ausführliche Behandlung der statistischen Schätzverfahren würde unseren Diskussionsrahmen aber sprengen.

Schätzung des Korrelationsspektrums

Wir nehmen an $x(t)$ sei eine Zufallsfunktion der Zeit. Im Gegensatz zu deterministischen Funktionen, lassen sich die zukünftigen Werte einer Zufallsfunktion nicht exakt im voraus bestimmen. Es kann jedoch davon ausgegangen werden, daß der Wert der Zufallsfunktion zu einem Zeitpunkt t_1 ihren Wert zu einem späteren Zeitpunkt t_2 beeinflussen kann. Dieser statistische Sachverhalt läßt sich anhand der *Autokorrelationsfunktion*

(14-30) $$\phi(\tau) = \lim_{L \to \infty} 1/L \int_{-L/2}^{L/2} x(t)[x(t + \tau)]\, dt$$

zum Ausdruck bringen. Die spektrale Leistungsdichtefunktion $\Phi(f)$ und die Autokorrelationsfunktion $\phi(\tau)$ bilden ein FOURIER-Transformationspaar:

(14-31) $$\phi(\tau) = \int_{-\infty}^{\infty} \Phi(f)e^{j2\pi f\tau}\, df \quad \circ\!\!-\!\!\bullet \quad \Phi(f) = \int_{-\infty}^{\infty} \phi(\tau)e^{-j2\pi f\tau}\, d\tau$$

Für $\Phi(f)$ werden verschiedene Bezeichnungen verwendet: Leistungsdichtespektrum, Spektraldichte und spektrale Leistungsdichtefunktion. Wie in der Literatur üblich, werden wir auch hier diese Begriffe als Synonyma benutzen. Setzen wir in Gl. 14-30 und Gl. 14-31 $\tau = 0$, dann erhalten wir

(14-32) $$\int_{-\infty}^{\infty} \Phi(f)\, df = \phi(0) = \int_{-\infty}^{\infty} x^2(t)\, dt$$

Die rechte Seite der Gleichung drückt die gesamte Energie oder die gesamte Leistung des Zufallssignals aus (siehe Abschnitt 2.4), so auch die linke Seite. Da das Integral über $\Phi(f)$ die gesamte Signalleistung zum Ausdruck bringt, hat sich für $\Phi(f)$ der Begriff *spektrale Dichtefunktion bzw. Leistungsdichtespektrum* generell durchgesetzt.

Ist die Autokorrelationsfunktion eines Zufallssignals bekannt, dann können wir das zugehörige Leistungsdichtespektrum mit Hilfe der FOURIER-Transformation unmittelbar berechnen. Im allgemeinen jedoch müssen wir zuerst $\Phi(\tau)$ bestimmen. Hierfür scheint Gl. 14-30 besonders geeignet zu sein. Sie verlangt allerdings, daß $x(t)$ für $-\infty < t < \infty$ bekannt ist In der Praxis ist $x(t)$ jedoch nur in einem begrenzten Intervall bekannt. Wir müssen daher $\Phi(\tau)$ auf der Basis einer begrenzten Datenmenge *schätzen*. Eine sehr oft verwendete Schätzfunktion für $\Phi(\tau)$ist definiert durch die Beziehung

(14-33) $$\hat{\phi}(\tau) = \frac{1}{L - |\tau|} \int_0^{L - |\tau|} x(t)x[(t + |\tau|)]\, dt \qquad |\tau| < L$$

wobei angenommen wird, daß $x(t)$ nur über einen Bereich der Länge L bekannt ist.

Da $\overset{\wedge}{\Phi}(\tau)$, wie aus Bild 14-31 ersichtlich, für $\tau > L$ nicht definiert ist, multiplizieren wir beide Seiten von Gl. 14-33 mit einer Fensterfunktion, die in dem Bereich, in dem die rechte Seite von Gl. 14-33 definiert ist, ungleich Null und ansonsten identisch Null ist. Die Fensterfunktion $w(\tau)$ wird als *Korrelation-Fensterfunktion* bezeichnet, da wir unsere Beobachtung von $\Phi(\tau)$ als eine Art Schauen durch das Fenster $w(\tau)$ interpretieren können. Die modifizierte Autokorrelationsfunktion $w(\tau)\Phi(\tau)$ ist nun für sämtliche Werte definiert. Demzufolge existiert auch ihre FOURIER-Transformierte. Damit erhalten wir mit Gl. 14-31 eine Schätzfunktion für das Leistungsspektrum:

(14-34) $$\hat{\Phi}_c(f) = \int_{-\infty}^{\infty} w(\tau)\hat{\phi}(\tau)e^{-j2\pi f\tau}\, d\tau$$

mit $w(\tau) = 1$ für $|\tau| < L$ und $w(\tau) = 0$ sonst. $\overset{\wedge}{\Phi}_c(f)$ wird normalerweise als *Korrelations-Schätzfunktion* oder auch als *Verzögerung-Multiplikation-Schätzfunktion* des Leistungsspektrums bezeichnet. In der Literatur nennt man das beschriebene Verfahren der Spektrumanalyse oft Blackman-Tukey-Verfahren [27].

Schätzung des Leistungsspektrums mit Hilfe des Periodogramms

Eine alternative Berechnungsmethode für das Korrelationsspektrum ist die direkte Schätzung des Leistungsspektrums mit Hilfe des Periodogramms, das wie folgt definiert ist:

(14-35) $$\hat{\Phi}_p(f) = (1/L) \left| \int_0^L x(t)e^{-j2\pi ft}\, dt \right|^2$$

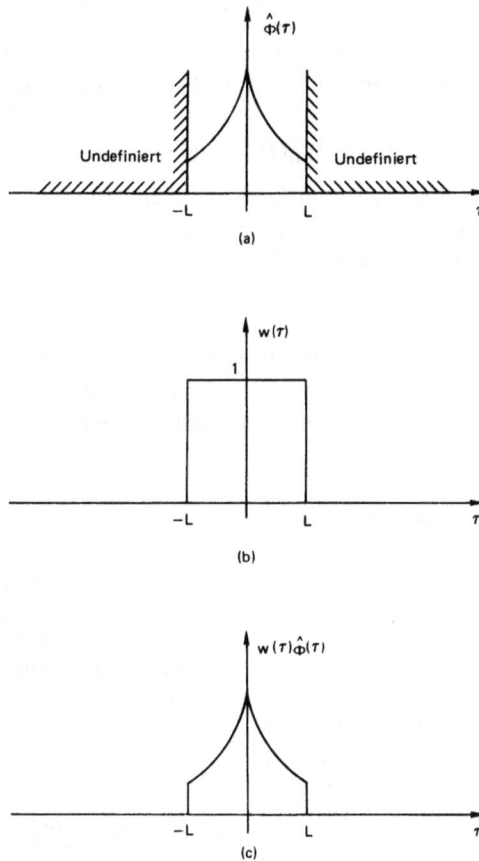

Bild 14-31 : Graphische Darstellung der bei der Schätzung des Korrelationsspektrums verwendeten Fensterfunktion.

Der Index p soll darauf hinweisen, daß es sich um Schätzung des Leistungsspektrums mit Hilfe des Periodogramms handelt. Da Gl. 14-35 die Form einer FOURIER-Transformierten über ein begrenztes Intervall hat, können wir die FFT zur Berechnung der Spektrum-Schätzfunktion heranziehen.

Obwohl das Periodogramm und die Korrelationsspektrum-Schätzfunktion der Form nach unterschiedlich sind, stellen sie theoretisch unter gewissen Bedingungen äquivalente Beziehungen dar. Es läßt sich zeigen [28], daß

$$(14\text{-}36) \qquad \hat{\Phi}_p(f) = \int_{-L/2}^{L/2} (1 - |\tau|/L)\hat{\phi}(\tau)e^{-j2\pi f\tau}\, d\tau$$

Die inverse FFT-Transformation angewandt auf Gl. 14-36 liefert

$$(14\text{-}37) \qquad \hat{\phi}_p(\tau) = (1 - |\tau|/L)\hat{\phi}(\tau) \qquad |\tau| < L$$

Ersetzen wir im Ausdruck für die Verzögerung-Multiplikation-Schätzfunktion für des Leistungsspektrums die rechteckförmige Fensterfunktion durch eine dreieckförmige Fensterfunktion (Bartlett-Fensterfunktion), dann wird die Äquivalenz der beiden Schätzverfahren sofort ersichtlich. Nach dem Faltungstheorem folgt aus Gl. 14-36:

(14-38) $\hat{\Phi}_p(f) = W_B(f) * \hat{\Phi}_c(f)$

wobei $W_B(f)$ das Spektrum der Bartlett-Fensterfunktion darstellt. Demnach ist die Periodogramm-Schätzfunktion identisch mit dem Faltungsprodukt der Korrelationsspektrum-Schätzfunktion und der Frequenzbereich-Bartlett-Fensterfunktion.

Die Korrelationsspektrum-Schätzfunktion benutzt implizit die Rechteckfensterfunktion und die Periodogramm-Schätzfunktion die Dreieckfensterfunktion. In der Praxis jedoch setzen wir, wie wir gleich erläutern werden, bei keinem der genannten Schätzverfahren explizit eine Fensterfunktion ein.

Spektrale Fensterfunktionen

Im vorausgegangenen Abschnitt haben wir gezeigt, daß die Korrelationsspektrum- und die Periodogramm-Schätzfunktion jeweils implizit eine Frequenzbereich-Fensterfunktion benutzen. Bei der Lösung von Schätzproblemen versucht man üblicherweise eine Schätzfunktion zu finden, deren Mittelwert (Mittelung über viele Schätzungen) gleich der zu schätzenden Größe ist. Es läßt sich zeigen [28], daß der statistische Mittelwert der Korrelationsspektrum- und der Periodogramm-Schätzfunktion gleich dem Faltungsprodukt des tatsächlichen Spektrums und der Frequenzbereich-Fensterfunktion ist:

(14-39) $\text{Mittel}[\hat{\Phi}_c(f)] = \text{Mittel}[\hat{\Phi}_p(f)] = W(f) * \Phi(f)$

Deshalb würde der Schätzwert des Leistungsspektrums nur dann im Mittel mit dem tatsächlichen Wert des Spektrums übereinstimmen, wenn die Frequenzbereich-Fensterfunktion eine Deltafunktion wäre, d.h. falls die Länge des angenommenen Deltasatzes unendlich groß wäre. Ist der Mittelwert nicht exakt gleich dem tatsächlichen Wert, dann sprechen wir von einem *fehlerbehafteten* Schätzwert.

Aus den früheren Diskussionen über Fensterfunktionen für die FFT (Abschnitt 9.2) wissen wir, daß die Einzelheiten eines Spektrums durch Glättung mit Hilfe einer breiten spektralen (Frequenzbereich-) Fensterfunktion verloren gehen können. Anders ausgedrückt, die aus der Faltung mit einer spektralen Fensterfunktion resultierende Glättung verursacht Schätzfehler bei denjenigen Spektralkomponenten, die sich in unmittelbarer Nähe eines Spitzenwertes im Spektrum befinden. Man könnte also meinen, eine schmale Fensterfunktion sei immer von Interesse. Dies trifft aber nicht immer zu, da je schmäler die spektrale Fensterfunktion um so größer wird die Varianz des Schätzwertes [27], [28]. Diese Aussage läßt sich auch intuitiv bestätigen; denn die Varianz des Schätzwertes einer Summe von mehreren Zufallsvariablen ist offensichtlich geringer als die Varianz einer einzigen Zufallsvariablen. Um die Varianz gering zu halten, müssen demnach das

Spektralfenster, das gemäß der Faltungsoperation nach Gl. 14-39 einen Mittelwert über benachbarte Schätzwerte bildet, hinreichend breit sein. In der Spektrumanalyse wird die Bandbreite einer Frequenzbereich-Fensterfunktion anhand des Ausdruckes

$$(14\text{-}40) \qquad \text{Bandbreite}(BW) \ = \ 1 \bigg/ \left\{ \int_{-\infty}^{\infty} W^2(f) \, df \right\}$$

definiert. Die Bandbreite einer spektralen Fensterfunktion bestimmt das Auflösungsvermögen sowie die Varianz des Schätzwertes. Die Suche nach einem annehmbaren Kompromiß zwischen möglichst geringer Varianz und möglichst hohem Auflösungsvermögen (Maß für Originaltreue) bildet das Kernproblem der Theorie der Leistungsspektrum-Schätzung. Wir wollen hier einer Schlußfolgerung von Jenkins [28] zustimmen, daß jedes apriorische Optimalitätskriterium, das eine zu rigorose mathematische Formulierung für die Kompromißlösung verlangt, für die Praxis nutzlos ist. Ein nützlicherer und flexiblerer Weg ist der der experimentellen Leistungsspektrum-Schätzung, der einem erlaubt, aus den gegebenen Daten schrittweise die geeignete Bandbreite des Spektralfensters zu bestimmen. Nachdem wir im folgenden ein FFT-Verfahren zur Berechnung von Leistungsspektren beschrieben haben, wollen wir als nächstes ein derartiges experimentelles Schätzverfahren vorstellen.

Schätzung des Leistungsspektrums mit Hilfe des geglätteten FFT-Periodogramms

Die dem Periodogramm zugrundeliegende spektrale Fensterfunktion ist von der Form $[\sin(f)/f]^2$. Dies folgt aus unseren Überlegungen, die zu Gl. 14-38 führten, womit wir zeigen konnten, daß die Periodogramm-Schätzfunktion unter Einsatz der Dreieck- oder Bartlett-Fensterfunktion äquivalent ist mit der Korrelationsspektrum-Schätzfunktion. Gemäß den Ausführungen in Abschnitt 9.2 zeigt die Bartlett-Fensterfunktion verglichen mit anderen Fensterfunktionen stärkere Nebenzipfel.

Jones [29] hat aber nachgewiesen, daß man mit dem $[\sin(f)/f]^2$-Spektralfenster durch Mittelung (Glättung) benachbarter Spektrum-Schätzwerte dennoch sehr gute Periodogramm-Schätzwerte erhält. Für den geglätteten Periodogramm-Schätzwert (sp) gilt die Beziehung

$$(14\text{-}41) \qquad \hat{\Phi}_{sp}(f) \ = \ W_D(f) * \hat{\Phi}_p(f)$$

mit $W_D(f)$ als der Frequenzbereich-Rechteckfensterfunktion, erstmals vorgeschlagen von Daniel [28]

$$(14\text{-}42) \qquad \begin{aligned} W_D(f) &= 1/(\beta f_0) & -\beta f_0/2 &\leq f \leq \beta f_0/2 \\ &= 0 & \text{sonst.} \end{aligned}$$

Der Parameter βf_0 bestimmt den Frequenzbereich, über dem das Periodogramm gemittelt wird ($f_0 = 1/L$). Somit ergibt sich die dem geglätteten Periodogramm zugrundeliegende Fensterfunktion aus Mittelung über eine passende Anzahl von im Abstand von $f_0 = 1/L$ auseinanderliegenden $[\sin(f)/f]^2$-Spektralfenstern. Bild 14-32

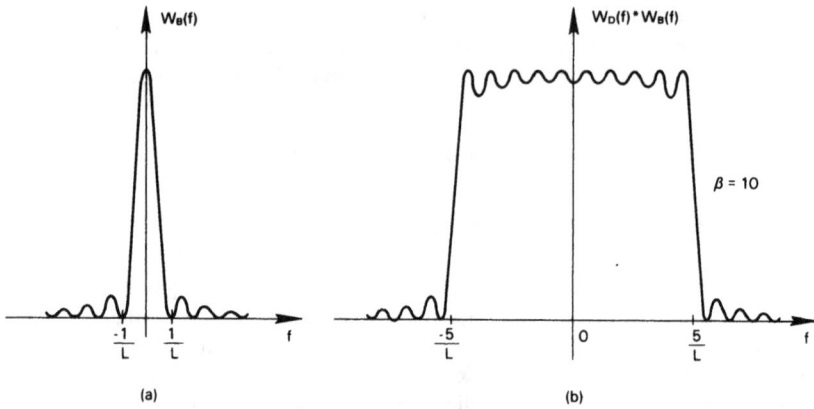

(a)   (b)

Bild 14-32: a) Spektrale Fensterfunktion des Periodogramms und b) geglättetes
Spektralfenster für $\beta = 10$.

zeigt das $[\sin(f)/f]^2$-Periodogramm-Spektralfenster und das Spektralfenster des
geglätteten Periodogramms für $\beta = 10$. Letzteres ergibt sich durch eine Mittelung
über 10 benachbarte Periodogramm-Spektralfenster. In Bild 14-33 wird die
Fensterfunktion des geglätteten Periodogramms mit der Hanning- und der Parzen-
Fensterfunktion unter der Annahme gleicher Bandbreite verglichen. Spektralfenster
gleicher Bandbreiten erzeugen Spektralschätzwerte gleicher Varianzen. Die
Bandbreite oder das Auflösungsvermögen des geglätteten Periodogramms ist
gegeben durch β/L. In Bild 14-34 geben wir die einzelnen Schritte zur Berechnung

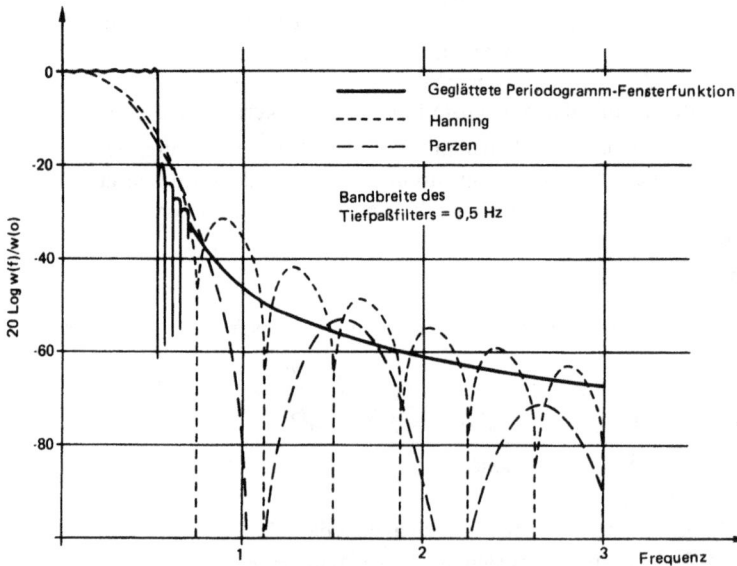

Bild 14-33: Vergleich der geglätteten Periodogramm-Fensterfunktion mit der Hanning-
und Parzen-Spektralfensterfunktion gleicher Bandbreite.

1. Man taste $x(t)$ im Bereich $0 \le t \le L$ ab:

$$x(kT) = x(t)\,|_{kT} \qquad k = 0, 1, \dots, N - 1$$

2. wende die FFT auf $x(kT)$ an:

$$X(nf_0) = \sum_{k=0}^{N-1} x(kt)e^{-j2\pi nk/N}$$

$$f_0 = 1/NT$$

3. berechne das Periodogram von $X(nf_0)$:

$$\hat{\Phi}_p(nf_0) = (T/N)\{\mathrm{Re}^2[X(nf_0)] + \mathrm{Im}^2[X(nf_0)]\}$$

4. berechne das geglättete Periodogramm:

$$\hat{\Phi}_{sp}(0) = 2/\beta \sum_{n=0}^{\beta/2-1} \hat{\Phi}_p(nf_0)$$

$$\hat{\Phi}_{sp}(\beta f_0/2) = 1/\beta \sum_{n=\beta/2}^{3\beta/2-1} \hat{\Phi}_p(nf_0)$$

$$\hat{\Phi}_{sp}(3\beta f_0/2) = 1/\beta \sum_{n=3\beta/2}^{5\beta/2-1} \hat{\Phi}_p(nf_0)$$

$$\vdots$$

Bild 14-34: Algorithmus zur Schätzung des geglätteten Periodogramms mit Hilfe der FFT.

des geglätteten Periodogramms mit Hilfe der FFT an. Man beachte, daß dabei über Gruppen von jeweils β FFT-Schätzwerten gemittelt wird, mit der Ausnahme, daß die erste Gruppe nur $\beta/2$ Terme umfaßt.

Experimentelles Verfahren zur FFT-Spektralanalyse

Eine praktische Vorgehensweise bei der Schätzung von Leistungsspektren ist die schrittweise Verkleinerung der Spektralanalyse-Bandbreite. Sie ermöglicht die signifikanten Merkmale des Spektrums im Verlauf der Analyse zu erfassen. Am Anfang der Spektralanalyse wählt man eine große Analysenbandbreite, was zur Verdeckung der Feinstruktur des Spektrums führen kann. Auf der anderen Seite erzeugt eine große Bandbreite stabile Schätzwerte (d.h. solche mit geringen Varianzen). Verkleinern wir die Analysenbandbreite schrittweise, dann treten immer mehr spektrale Details in Erscheinung. Die Anwendbarkeit dieser Methode ist dadurch begrenzt, daß aufgrund der Instabilität (d.h. großer Varianz) der Schätzwerte Probleme bei der Interpretation auftreten können.

Um das Konzept der spektralen Bandbreitenverkleinerung näher zu erläutern, erzeugen wir zunächst Abtastwerte eines Zufallsprozesses ($T = 0,1$ s) mit einem noch unbekannten Leistungsspektrum. Unser Ziel sei, aus den gegebenen Daten den tatsächlichen Verlauf des Leistungsspektrums möglichst genau zu bestimmen. Bild 14-35 zeigt die Schätzwerte des Spektrums, die nach dem in Bild 14-34 angegebenen Verfahren für $N = 64$, $BW = 0,8$, $0,4$ und $0,2$ Hz berechnet wurden. Nach einer Verkleinerung der Bandbreite von 0,8 auf 0,4 Hz tauchen im Spektrum mehrere Überhöhungen auf. Eine weitere Verringerung der Bandbreite auf 0,2 Hz führt zur Betonung dieser Überhöhungen. Bevor wir zu der Überzeugung gelangen, daß diese Höcker auch die tatsächlichen Überhöhungen des unbekannten Spektrums repräsentieren, müssen wir erst einmal zeigen, daß sie nicht aufgrund der Instabilität unserer Schätzwerte entstanden sind. Um dies festzustellen, nehmen wir den statistischen Begriff *Vertrauensintervall* zur Hilfe.

In Bild 14-35 haben wir für jede gewählte Bandbreite das 90%-Vertrauensintervall der Schätzwerte eingetragen. Da wir hier eine logarithmische Amplitudenskala verwenden, gelten die angegebenen Vertrauensintervalle für alle geschätzten Spektralwerte des Leistungsspektrums. Der Begriff Vertrauensintervall (Variationsbereich der Amplitude) ist im folgenden Sinne zu interpretieren: An jeder beliebigen Frequenz liegt der Wert des tatsächlichen Spektrums mit einer Wahrscheinlichkeit von 90% im angegebenen Intervall. Daher ist das Vertrauensintervall ein Maß für die statistische Varianz der Schätzwerte, *unter der Voraussetzung, daß die spektrale Schätzung nicht fehlerbehaftet ist.* Wir wissen bereits, daß mit großen spektralen Bandbreiten Schätzfehler möglich sind. Zur Bestimmung des Vertrauensintervalls *in* Abhängigkeit von der Bandbreite dienen die in Bild 14-36 angegebenen Kurven. Um sie verwenden zu können, müssen wir zunächst den Parameter $\eta = 2L\,(BW)$ berechnen, mit $L = NT$ als der Länge des aufgenommenen Datensatzes. Den Parameter η bezeichnet man als *Zahl der Freiheitsgrade* und läßt sich als die Zahl der Zufallsvariablen, die quadriert und aufsummiert werden, interpretieren. Intuitiv erwarten wir, daß sich die Varianz einer Summe von Zufallsvariablen mit Erhöhung der Anzahl der aufsummierten Variablen verringert. Also je größer die Zahl der Freiheitsgrade, um so geringer die Varianz der spektralen Schätzwerte.

Für die Schätzwerte, die wir mit einer Bandbreite von 0,8 Hz gewonnen haben, erhalten wir $\eta = 2 \times 0,1 \times 64 \times 0,8 = 10,24$. Damit entnehmen wir der oberen und der unteren Grenzkurve des Diagramms aus Bild 14-36 die Werte 2,2 bzw. 0,58. In Bild 14-35 haben wir diese Grenzwerte anhand eines vertikalen Linienstücks gekennzeichnet. Da das Vertrauensintervall für alle Frequenzen gilt, verschieben wir dieses Linienstück entlang unserer Schätzkurve, bis zu der Frequenz 0,4 Hz, bei der der Spitzenwert des Spektrums erscheint und stellen fest, daß das Vertrauensintervall des Spektrums so groß ausfällt, daß wir in diesem Fall nicht von statistisch signifikanten Resultaten sprechen können. Um zu zuverlässigen Ergebnissen zu gelangen, müssen wir versuchen das Vertrauensintervall zu verkleinern.

Zur Steigerung der Zuverlässigkeit unserer Schätzung vergrößern wir die Anzahl N der Signalwerte. Damit erhöht sich auch die Anzahl η der Freiheitsgrade der Schätzung entsprechend. In Bild 14-37 zeigen wir das geschätzte Leistungsspektrum mit $N = 512$, BW $= 0,8$ Hz, $0,4$ Hz und $0,2$ Hz und stellen fest, daß die im vorherigen Bild beobachteten

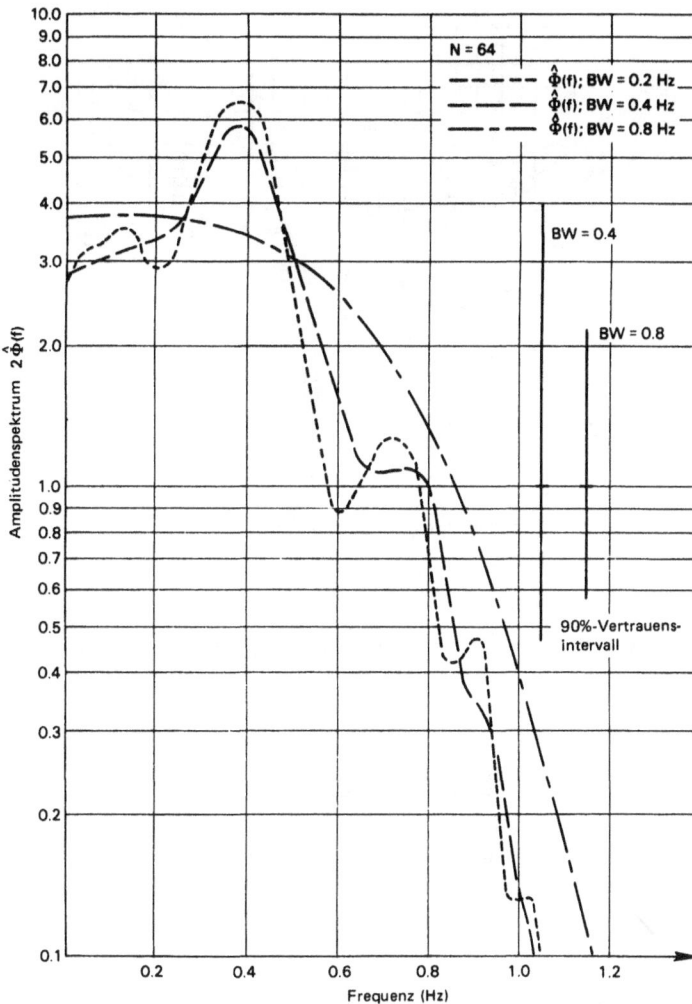

Bild 14-35: Geschätztes Spektrum mit $N = 64$

Überhöhungen nun erheblich anders aussehen. Dies ist ein Beweis dafür, daß jene Überhöhungen auf statistische Instabilitäten zurückzuführen sind. Man beachte, daß die Schätzwerte im tieferen Frequenzbereich mit Verringerung der Bandbreite kleiner werden. Diese Beobachtung legt den Schluß nahe, daß breitere Spektralfenster in diesem Frequenzbereich Schätzfehler verursachen. Der gleiche Effekt ist auch im oberen Frequenzbereich (0,8 Hz bis 1,2 Hz) zu beobachten. Im mittleren Bereich von 0,3 Hz bis 0,6 Hz stellen wir aber einen entgegengesetzten Effekt fest: Mit Verringerung der Bandbreite des Spektralfensters vergrößert sich die geschätzte Amplitude. Diese Trendbeobachtung liefert einen Indiz für die Existenz eines Maximums in diesem

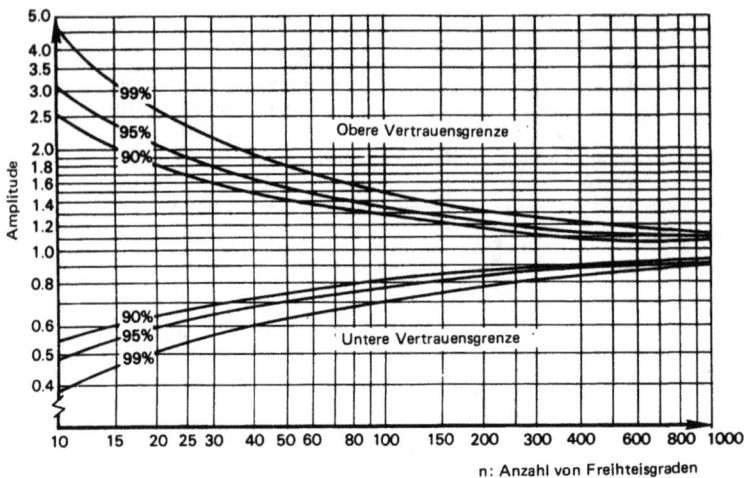

Bild 14-36: Diagramm für Vertrauensgrenzen als Funktion der Zahl von
Freiheitsgraden η .

Frequenzbereich. Wir weisen darauf hin, daß die Breite des 90%-Vertrauensintervalls immer noch größer ist als der Variationsbereich des Spitzenwertes, den wir zu erfassen versuchen.

In Bild 14-38 wiederholen wir unsere Schätzung mit $N = 2048$ und stellen einen eindeutigen Trend in Richtung eines Spitzenwertes im Spektrum ungefähr bei 0,5 Hz fest. Mit $BW = 0,4$ Hz ist der Verlauf der Schätzwerte relativ glatt, was den geschätzten Spitzenwerten ein gewisses Maß an Glaubwürdigkeit verleiht. Die Schätzung mit $BW = 0,2$ Hz steht wegen der beachtlichen Schwankungen auf einer niedrigeren Glaubwürdigkeitsstufe. Für $BW = 0,2$ Hz und $BW = 0,4$ Hz beobachten wir im Bereich 0,0 Hz bis 0,2 Hz praktisch keine und im Bereich 0,3 Hz bis 0,6 Hz nur sehr geringe Veränderungen des Schätzwertes und stellen fest, daß die spektralen Schätzwerte mit BW = 0,4 Hz im tieferen Frequenzbereich den kleinsten Fehler aufweist. Eine ähnliche Argumentation zeigt, daß dies auch für den höheren Frequenzbereich zutrifft. Die Schätzwerte haben auch ein sehr schmales Vertrauens-intervall. Wir erinnern uns daran, daß das Vertrauensintervall Fehlerfreiheit der Schätzfunktion voraussetzt. Daher können wir nicht behaupten, daß die Schätzung mit $BW = 0,8$ Hz die *beste* sei. Aufgrund dieser Beobachtungen kommen wir zu dem Ergebnis, daß unsere Spektralschätzung mit $BW = 0,4$ Hz einen tatsächlichen Spitzenwert schätzungsweise bei der Frequenz 0,5 Hz liefert. In Bild 14-38 zeigen wir auch den tatsächlichen Verlauf des Spektrums. Wir haben gezeigt, daß wir in der Lage sind, das Spektrum zuverlässig zu schätzen.

Zusammenfassung

In der Literatur finden wir eine Vielzahl von Methoden zur Berechnung des Leistungsspektrums. Das Blackman-Tukey-Verfahren wird tradiotionell am

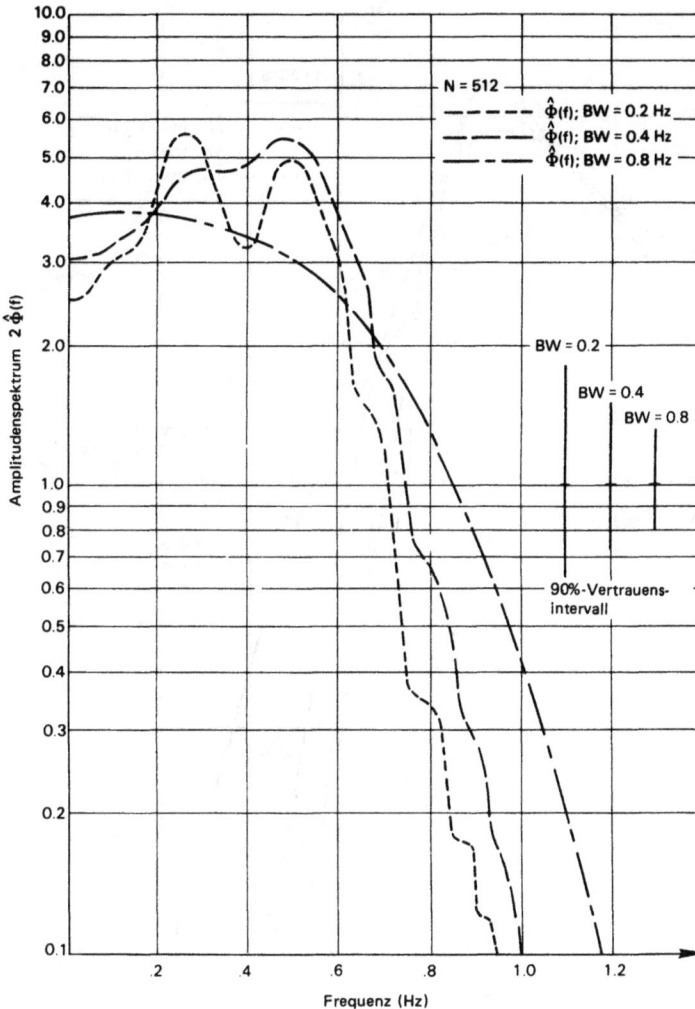

Bild 14-37: Geschätztes Spektrum mit $N = 512$.

häufigsten angewendet. Die auf dem Periodogramm basierenden Schätzverfahren liefern Ergebnisse, die genauso gut oder sogar noch besser sind als diejenigen, die nach anderen Verfahren erreicht werden. Auch rechentechnisch gesehen sind sie effizienter. Wie oben dargelegt, ist die Anwendung der FFT auf Spektrumanalyse eine relativ komplexe Angelegenheit. In erster Linie handelt es sich dabei um ein Problem der statistischen Schätzung. So lange wir die Möglichkeit haben, die Länge des Datensatzes zu vergrößern, gewinnen wir Schätzwerte mit immer geringeren Schwankungen. In der Praxis treten jedoch Probleme dann auf, wenn wir mit einer ungenügenden Anzahl von Daten arbeiten müssen. Dann kann sich die Aufgabe der Spektrumanalyse sehr schnell zu einer *Mischung aus Kunst und Wissenschaft* verwandeln. Mit der FFT ist es relativ einfach schnell eine Spektralschätzung

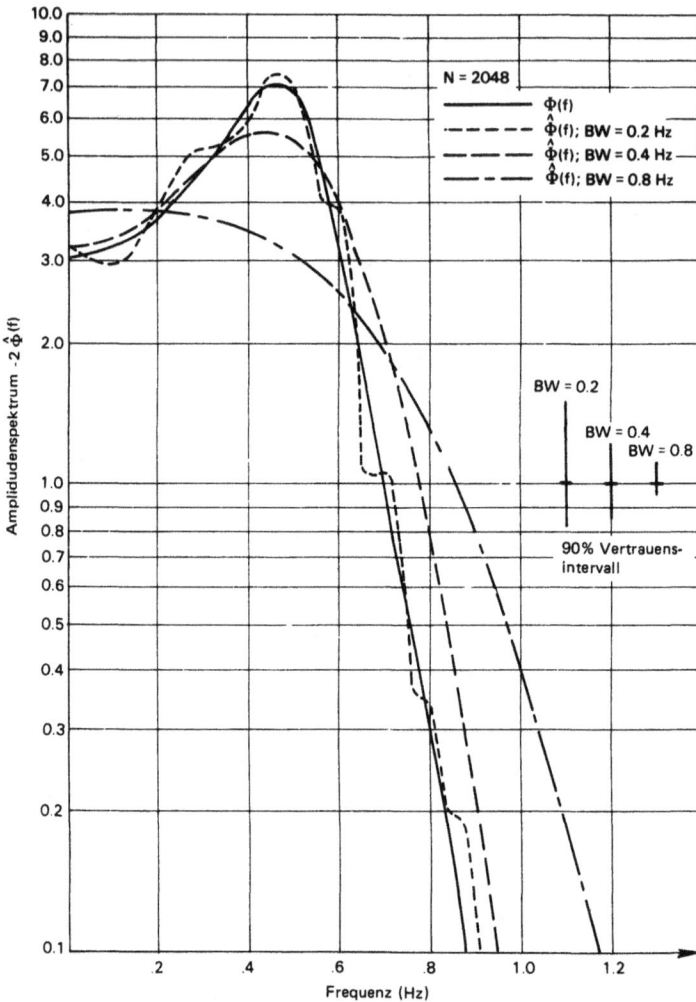

Bild 14-38: Geschätztes Spektrum mit $N = 2048$.

durchzuführen. Aus diesem Grund möchten wir den Leser darauf aufmerksam machen, daß er diesen Abschnitt nur als eine Einleitung in das Gebiet der Spektralschätzung betrachtet. Die Interpretation von FFT-Ergebnissen ist der Schlüssel zu dem Problem der Spektralschätzung.

Wir weisen darauf hin, daß in der Literatur eine intensive Diskussion über die Wahl der optimalen Fensterfunktion geführt wird. In vielen praktischen Fällen der Spektralanalyse spielt die Wahl der Fensterfunktion jedoch eine untergeordnete Rolle verglichen mit der eigentlichen Aufgabe der korrekten Interpretation eines geschätzten Spektrums. Die Literaut umfaßt auch Abhandlungen über die Anwendung von Signal-Fensterfunktionen beim Periodogramm-Verfahren. Sie werden dazu benutzt, um die Nebenzipfel der Bartlett-Fensterfunktion, die dem

Periodogramm-Verfahren implizit zugrunde liegt, abzuschwächen. Aus der statistischen Sicht ist dieser Weg nicht ganz unproblematisch, es sei denn, daß das Hintergrund-Rauschsignal gegenüber den zu erfassenden deterministischen Signalkomponenten eine geringe Rolle spielt.

Welch beschreibt in [32] ein spektralanalytisches Verfahren, nach dem das zu untersuchende Signal in Segmente unterteilt und für jedes Segment ein Periodogramm berechnet wird. Zur Varianzverminderung bei den einzelnen Frequenzpunkten wird dann über mehrere Periodogramme gemittelt. Der Anwendbarkeit dieses Verfahrens setzt die Nebenzipfel-Charakteristik der Bartlett-Spektralfensterfunktion jedoch Grenzen und man verwendet zur Verbesserung der Fensterfunktion-Charakteristik üblicherweise Signal-Fensterfunktionen. Weitere spektralanalytische Anwendungen der FFT finden sich in [30], [31] und [33].

14.11 Strahlbündelung mit Hilfe der FFT

Bild 14-39 zeigt das Prinzip der konventionellen Verzögerungs-Summation-Methode zur Strahlbündelung in der Radar-, Kommunikations- und Sonartechnik sowie für seismologische Anwendungen. Eine Planarwelle, die unter dem Winkel θ ein Sensor-Feld mit dem Abstand d zwischen je zwei benachbarten Sensorelementen erreicht, erfährt von jedem Sensor aus gesehen eine Verzögerung um τ zum benachbarten Sensor. Wollen wir die Ausgangssignale aller Sensoren phasenrichtig kombinieren, dann müssen wir die eintretenden Verzögerungen kompensieren. Die Beziehung zwischen dem Abstand d von je zwei benachbarten Sensoren und der Verzögerungszeit τ ist gegeben durch

$$(14\text{-}43) \qquad \tau = (d/c)\,\cos(\theta)$$

mit c als der Ausbreitungsgeschwindigkeit der Wellenfront. Damit wir die Sensorausgangssignale für eine unter dem Winkel θ ankommende Welle überlagern können, muß das Ausgangssignal des m-ten Sensors um

$$(14\text{-}44) \qquad m\tau = (md/c)\,\cos(\theta)$$

verzögert werden, wobei der Ankunftswinkel θ und die Sensoranordnung wie in Bild 14-39 definiert sind. Signalrekombination oder räumliche Strahlbündelung läßt sich dann durch eine kohärente (In-Phase-) Addition der verzögerten Sensorausgangssignale erreichen:

$$(14\text{-}45) \qquad y(t) = \sum_{m=0}^{M-1} x_m(t - m\tau)$$

wobei wir von einer Anordnung mit M Sensoren ausgehen. Der Hardwareaufwand einer Realisierung der Radarstrahlbündelung mit analogen Verzögerungsleitungen wächst mit steigender Zahl der Feldsensoren rapid. Sollten digitale Verzögerungsketten eingesetzt werden, dann müssen die Sendor-Ausgangssignale mit einer viel höheren Abtastrate als der Nyquistrate abgetastet werden, um eine Nebenzipfel-Verschlechterung der Strahlungscharakteristik bei schmalbandigen linearen Sensorfeldern in Grenzen zu halten. Mit Hilfe der FFT ist es möglich, das

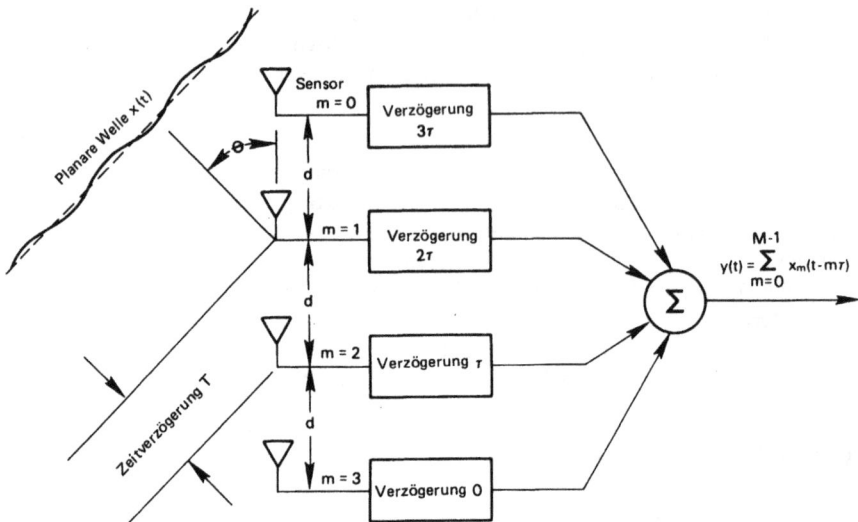

Bild 14-39: Herkömmliche Verzögerung-Summation-Methode der Strahlbündelung.

Äquivalente einer Zeitverzögerung im Frequenzbereich zu realisieren. In diesem Abschnitt behandeln wir die Anwendung der FFT auf das Problem der Strahlbündelung für räumlich verteilte Strahler. Dabei halten wir uns an den Ausführungen in [19], [34].

Frequenzbereich-Beziehungen für Einzelstrahl-Systeme

Nach dem Zeitverschiebungstheorem (Abschnitt 3.5) entspricht eine Verschiebung τ im Zeitbereich einer Multiplikation mit $e^{-j2\pi f\tau}$ im Frequenzbereich. Demnach folgt aus Gl. 14-45

$$(14\text{-}46) \qquad y(t) = \sum_{m=0}^{M-1} x_m(t - m\tau) \quad \circ\!\!-\!\!\bullet \quad Y(f) = \sum_{m=0}^{M-1} X_m(f)e^{-j2\pi f m\tau}$$

Der Ausdruck auf der rechten Seite ist die Frequenzbereich-Beziehung für die Überlagerung von M Sensorsignalen mit entsprechenden Verzögerungen. Diese Beziehung verlangt, daß wir die FOURIER-Transformierten der Ausgangssignale sämtlicher Sensoren berechnen, sie mit $e^{-j2\pi m\tau}$ multiplizieren und alle Ergebnisse aufsummieren. Die inverse FOURIER-Transformation liefert schließlich $y(t)$.

Man beachte, daß Gl. 14-46 nur für einen Wert des Parameters τ gilt, d.h. für die Ausrichtung des Sensorfeldes unter dem in Gl. 14-43 angegebenen Winkel θ.

Frequenzbereich-Beziehungen für Mehrstrahl-Systeme

Nehmen wir an, wir wollten die erforderlichen Verzögerungen für eine Kombination von M Sensoren für unterschiedliche Strahlungswinkel θ_i gleichzeitig implementieren. Hierzu müssen wir für jeden Wert τ_i , verbunden mit der Strahlrichtung θ_i, die Frequenzbereich-Summation-Beziehung aus Gl. 14-46 auswerten. Um M Strahlen unterschiedlicher Ausrichtungen zu bilden, definieren wir eine Folge von Verzögerungen τ_i gemäß der Beziehung

$$(14\text{-}47) \qquad \tau_i = i(d/M) \qquad i = 0, 1, \ldots, M-1$$

mit d als dem Abstand zwischen je zwei benachbarten Sensoren und M als der Zahl der Sensoren. Der der Verzögerungszeit τ_i entsprechende Strahlungswinkel τ_i läßt sich nach Gl. 14-43 wie folgt bestimmen:

$$(14\text{-}48) \qquad \theta_i = \cos^{-1}(c\tau_i/d) = \cos^{-1}(ic/M)$$

Damit erhalten wir für die rechte Seite von Gl. 14-46

$$(14\text{-}49) \qquad Y_i(f) = \sum_{m=0}^{M-1} X_m(f)e^{-j2\pi f(mid/M)}$$

Entsprechend Gl. 14-49 müssen wir die FOURIER-Transformierte des Ausgangssignals jedes Sensors berechnen, für jede Strahlrichtung θ_i sie mit der Exponentialfunktion $e^{-j2\pi f(mid/M)}$ multiplizieren und dann alle Ergebnisse aufsummieren. Die inverse Transformation liefert schließlich für jede Strahlrichtung θ_i die zugehörige Zeitfunktion. Die Berechnung von $X_m(f)$ und $Y_i(f)$ läßt sich einfach als ein Problem der zweidimensionalen FFT formulieren.

Sensorfeld-Verarbeitung mit Hilfe der zweidimensionalen FFT

Wir tasten das Ausgangssignal $x_m(t)$ jedes Sensors mit der Abtastperiode T ab und erhalten die Abtastwerte $x_m(kt)$ mit $k = 0, 1, \ldots, N\text{-}1$. Dann berechnen wir mit der FFT für jeden Sensor die FOURIER-Transformierte.

$$(14\text{-}50) \qquad X_m(nf_0) = \sum_{k=0}^{N-1} x_m(kt)e^{-j2\pi(kT)(nf_0)} \qquad n = 0, 1, \ldots, N-1$$

$$f_0 = 1/NT$$

Ersetzen wir die kontinuierliche Variable f in Gl. 14-49 durch nf_0, dann erhalten wir aus Gl. 14-49 nach Substitution gemäß Gl. 14-50 die Beziehung

$$(14\text{-}51) \qquad Y(i, nf_0) = \sum_{m=0}^{M-1} \left\{ \sum_{k=0}^{N-1} x_m(kt)e^{-j2\pi(kT)(nf_0)} \right\} e^{-j2\pi f(mid/M)}$$

Die zweidimensionale FFT-Beziehung nach Gl. 14-51 stellt eine Funktion von Strahlindex i und der Frequenz nf_0 dar. Eine zweidimensionale inverse FFT liefert dann für jede Strahlrichtung θ_i die entsprechende Zeitfunktion. Die digitale Methode der Strahlbündelung mittels der FFT eignet sich insbesondere für Sensorfelder mit einen großen Anzahl von Sensoren.

Zusammenfassung

Wir haben Beziehungen für lineare Sensorfelder mit M Elementen hergeleitet. Die Methode läßt sich aber auch für kreisförmige, zylindrische und spärische Anordnungen erweitern. Nebenzipfel von Strahlcharakteristiken lassen sich mittels Gewichtsfunktionen minimieren. Es ist auch möglich, adaptive Entwurfsverfahren anzuwenden, bei denen die Ausgangssignale der Sensoren unter Berücksichtigung der aktuellen Empfangsdaten bewertet werden.

Aufgaben

14-1 Man betrachte die in Bild 14-40 dargestellten Bandpaßsignale. Ähnlich wie im Fall von Bild 14-3, bestimme man graphisch und analytisch den Bereich der akzeptablen Abtastfrequenzen, die eine bandüberlappungsfreie Abtastung der Bandpaßsignale gestatten. Was läßt sich über die Orientierung des Spektrums sagen?

14-2 Man betrachte das in Bild 14-41 angegebene Spektrum eines Bandpaßsignals und bestimme graphisch diejenige Abtastfrequenz, die die Mittenfrequenz des Spektrums zu f_0 verschiebt. Gibt es andere Abtastfrequenzen, die zum selben Resultat führen?

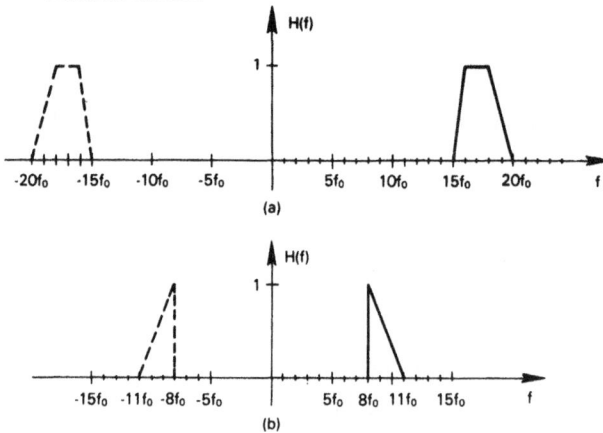

Bild 14-40: Bandpaßsignal für Aufgabe 14.1.

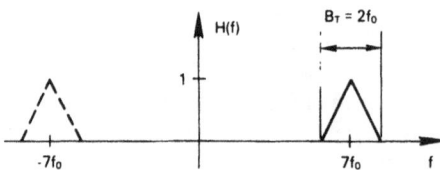

Bild 14-41: Bandpaßsignal für Aufgabe 14.2.

14-3 Man gebe für die Frequenzfunktion aus Bild 14-42 eine Unterabtastfrequenz an, die die Mittenfrequenz des Spektrums zur Frequenz Null verschiebt und veranschauliche die Ergebnisse graphisch. Was sind Ihre Folgerungen?
Hinweise: Man berücksichtige die Methode der Doppelseitenband-Amplitudenmodulation.

14-4 Man nehme an, daß die Frequenzfunktion aus Bild 14-42 das Ergebnis einer Einseitenband-Modulation eines Sprachsignals sei, die das Sprachspektrum wie gezeigt invertiert und demonstriere graphisch wie man durch Unterabtastung das Signal gleichzeitig demodulieren und das Spektrum invertieren kann. Die Ergebnisse sollen mit denen von Bild 13-14e identisch sein.

Bild 14-42: Frequenzfunktion für Aufgabe 14.4.

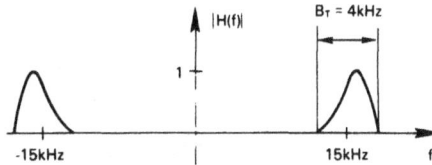

14-5 Man wiederhole die analytischen und graphischen Herleitungen aus Beispiel 14-2 mit $h(t)$ gegeben durch

$$h(t) = \cos[2\pi(5f_0 + f_0/2)t] - \tfrac{1}{2}\,\sin[2\pi(5f_0 + f_0/2)t]$$

14-6 Gegeben sei ein Bandpaßsignal mit der Mittenfrequenz $16f_0$ und der Bandbreite $B_T = 3f_0$. Wie groß ist die maximale Abtastfrequenz für die In-Phase- und Quadraturkomponente, falls man das Quadratur-Abtastverfahren anwendet. Man beschreibe den notwendigen Interpolationsschritt, falls das Signal bei der Mittenfrequenz $5f_0$ rekonstruiert werden soll.

14-7 Man betrachte die Frequenzfunktionen aus Bild 14-43 als Spektren von schmalbandigen Signalen, die nach dem Quadratur-Abtastverfahren abzutasten sind. Ähnlich wie in Bild 14-4 und Bild 14-5 leite man graphisch die FOURIER-Transformierten der aus der Quadratur-Abtastung resultierenden In-Phase- und Quadraturkomponente her. Mit welchen Abtastraten lassen sich in jedem einzelnen Fall Bandüberlappungen vermeiden? Ähnlich wie in Bild 14-7 und Bild 14-8 zeige man graphisch, daß durch die Quadraturabtastung keine Informationen verloren gehen, obwohl sie zu Bandüberlappungen führt. Man gebe auch an, wie weit die Abtastfrequenz in jedem einzelnen Fall erhöht werden muß, um die abgetasteten Signale bei der Mittenfrequenz $2f_0$ zu rekonstruieren.

14-8 Man nehme an, daß für das in Bild 14-44 gezeigte schmale Frequenzband eine sehr feine Frequenzauflösung gewünscht sei. Ferner gehe man davon aus, daß wegen der begrenzten Speicherkapazität nicht möglich sei, die gewünschte Frequenzauflösung über den gesamten Frequenzbereich des Signals zu erreichen. Man benutze das Konzept der Frequenzumsetzung gefolgt von einer Tiefpaß-Filterung, um das geforderte höhere FFT-Frequenzauflösungsvermögen dennoch zu erzielen (Zoom-FFT [24]).

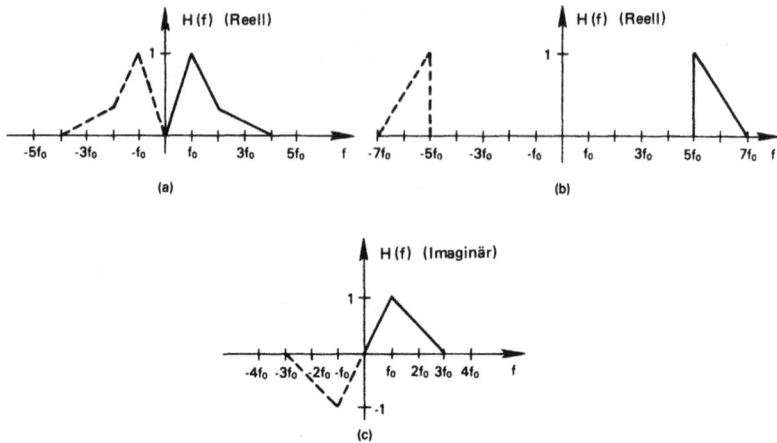

Bild 14-43: Frequenzfunktion für Aufgabe 14.7.

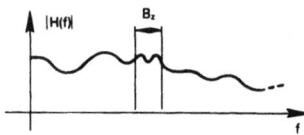

Bild 14-44: Frequenzfunktion für
Aufgabe 14-8.

14-9   Ein sinusförmiges Signal sei mit einem Signal-Rauschabstand von $S/N = -20$ dB
von einem Rauschsignal überdeckt. Man bestimme die erforderlichen Parameter
der FFT, falls zum Nachweis der Anwesenheit des Signals ein Signal-Rauschabstand von $S/N = +10$ dB verlangt wird.

14-10   Ein schmalbandiges Signal der Bandbreite BW_s sei in einem Breitband-Rausch-
signal der Bandbreite BW_n vergraben. Man bestimme den mit Hilfe von FFT-
Methoden maximal erzielbaren Verarbeitungsgewinn.

14-11   Man nehme an, die FFT-Punktzahl sei systembedingt auf 512 begrenzt und bestimme die Anzahl der auseinanderfolgenden FFTs, deren Ergebnisse aufsummiert werden müssen, um einen Signal-Rausch-Abstand größer als 6 dB zu erreichen.

14-12   Man erläutere, wie das Signal aus Aufgabe 14-11 zu verarbeiten ist, falls
$S/N = -55$ dB und die Frequenz des sinusförmigen Signals bekannt sei.

14-13   Man implementiere mit Hilfe der FFT das in Bild 14-15 angegebene Blockdiagramm eines "zugeschnittenen" Filters. Man wähle verschiedene Signale und
berechne das jeweilige Ausgangssignal des zugeschnittenen Filters. Sollten
diese Signale als Radarsignale verwendet werden, dann untersuche man sie
bezüglich der Reichweitenauflösung und Detektionwahrscheinlichkeit.

14-14 Ein Empfangssignal sei gegeben durch

$$s_r(t) = s(t) + a\, s(t + \tau_1)$$

mit

$$s(t) = \cos(2\pi f_0 t) \qquad f_0 = 1\ \text{Hz}$$

$$a = -0.9$$

$$\tau_1 = 0.75$$

Das Ziel sei, die Echokomponente $a\, s\,(t + \tau_1)$ mit Hilfe des Cepstrum-Verfahrens zu beseitigen.

a) Man berechne das Cepstrum von $s\,(t)$ mit der FFT

b) Man berechne das Cepstrum von $s_r\,(t)$ mit der FFT

c) Man implementiere das Blockdiagramm aus Bild 14-17 und vergleiche die Ergebnisse mit dem unter a) berechneten Signal.

14-15 Bei einer Entfaltung nach Gl. 14-13 ist $r\,(t)$ die Impulsantwort des inversen Filters. Was ergibt sich theoretisch aus der Faltung von $r\,(t)$ mit $h\,(t)$? Was folgt, wenn eine Hanning-Fensterfunktion gemäß Gl. 14-16 eingesetzt wird?

14-16 Entfaltungen lassen sich theoretisch fehlerfrei ausführen. Man beschreibe die praktischen Faktoren, die die Erreichbarkeit der idealen Ergebnisse begrenzen.

14-17 Man entwickle ein Verfahren zum Entwurf eines Entfaltungsfilter, mit der Annahme, daß $H\,(f)$ Nullstellen besitzt, z.B. $H\,(f) = \sin(f)/f$. Hinweis: Man verwende eine Hanning-Fensterfunktion, wobei die Abschneidefrequenz f_c mit der ersten Nullstelle von $H\,(t)$ zusammenfällt. Man benutze eine zweite Hanning-Fensterfunktion für den Bereich zwischen der ersten und der zweiten Nullstelle von $H\,(f)$. Man setze den Vorgang für die Signalrestaurierung so weit wie nötig fort.

14-18 Man wiederhole Beispiel 14-3 für die Fälle $a = 4\,\lambda$ und $a = \lambda/2$. Was läßt sich hinsichtlich der Beziehung zwischen den Parametern a und λ folgern?

14-19 Was sind die Auswirkungen einer Erhöhung der Anzahl der verschwindenden Abtastwerte in Bild 14-24b?

14-20 Unter Anwendung der in Abschnitt 14.6 entwickelten Methoden berechne man die Fernfeldverteilung für jede der in Bild 14-45 dargestellten Apertur-Feldstärkeverteilung. Man stelle die Ergebnisse graphisch dar.

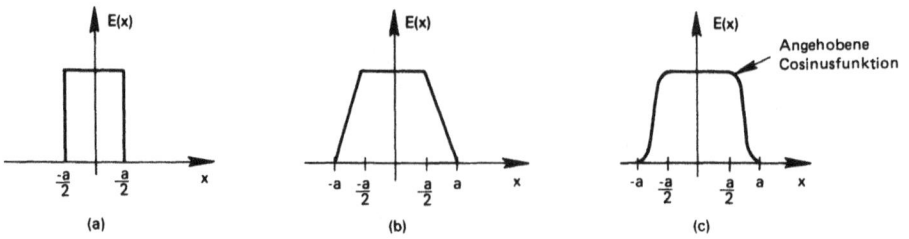

Bild 14-45: Apertur-Feldverteilung für Aufgabe 14.20.

14-21 Gl. 14-27 bestimmt den Ankunftswinkel einer Wellenfront. Was sind die Auswirkungen, wenn wir für einen festen Wert von d den Parameter
$\lambda = x_0$, $2\lambda_0$ $\lambda_0 4$, ... setzen? Was ergibt sich für die Beziehung zwischen dem
Parameter d und λ ?

14-22 Für eine praktische Implementierung von Gl. 14-27 ist die Messung des Parameters Φ beim Vorhandensein von Rauschen notwendig. Was sind die Folgen
bei einer derartigen Messung, wenn man

a) d für einen festen Wert von λ erhöht,

b) λ für einen festen Wert von d erhöht?

Was ist die optimale Beziehung zwischen den Parametern d und λ bei
Anwesenheit von Rauschen?

14-23 Man nehme an, ein auf dem FFT-Phaseninterferenzprinzip basierendes Rich-
tung-Detektionssystem werde bei Anwesenheit von Rauschen zur Messung im
Wellenlängenbereich von λ_0 bis $10\lambda_0$ eingesetzt.. Unter Einbeziehung von
Aufgabe 14-21 und 14-22 schlage man eine Systemlösung vor, die genaue
Phasendifferenzmessungen im angegebenen Wellenlängenbereich gestattet
(Hinweis: Man verwende ein Mehrfach-Antennensystem).

14-24 Man modifiziere Bild 14-25 derart, daß nur diejenigen FFT-Frequenzzellen in
die Phasendifferenzberechnung eingehen, deren Signal-Rausch-Verhältnis einen
gewissen voreingestellten Schwellwert übersteigt.

14-25 Wie läßt sich bei einem auf der FFT basierenden System zur Messung von Ankunftszeitdifferenzen feststellen, welche der beiden Signale $s_1 (t)$, $s_2 (t)$ zuerst
ankommt?

14-26 **Man beweise, daß die Steigung des Phasenganges des Kreuzleistungsspektrums
(Bild 14-26) gleich der Ankunftszeitdifferenz multipliziert mit 2π ist.**

14-27 Zur Schätzung der Steigung des Phasenganges in Bild 14-26 wurde eine auf
dem minimalen mittleren gewichteten Fehlerquadrat basierende Methode vorgeschlagen. Auf welche Parameter sollen sich die Gewichtsfaktoren beziehen?

14-28 Man konzipiere eine FFT-Simulationsmethode zur Leistungsbeurteilung eines Radarsystems, das ein speziell konstruiertes Sendesignal und einen Signalprozessor zur Implementierung des zugeschnittenen Filters verwendet. Was ist an der Simulation zu ändern, wenn der Radar in Anwesenheit eines bekannten Störers betrieben wird?

14-29 Man setze $N = 512, BW = 0,1, 0,3, 0,9$ Hz und bestimme für die einzelnen Fälle mit $T = 0,1$ sec das 90%- und das 95%-Vertrauensintervall.

14-30 Man berechne die spektrale Fensterfunktion des geglätteten Periodogramms für $\beta = 5, 10, 20, 50$ und stelle die Ergebnisse im logarithmischen Maßstab graphisch dar. Man zeige, daß die Fensterfunktionen näherungsweise rechteckförmig sind und daß die Nebenzipfel mit einer Steigung von 6 dB/Oktave abfallen. Man beachte, daß die anfängliche Abfallrate der Nebenzipfel eine Funktion von β ist.

Literatur

[1] BALANIS, A.C., Antenna Theory, Analysis and Design. New York: Harper & Row, 1982.

[2] KEMERAIT, R.C. and D.G. CHILDERS, "Signal Detection and Extraction by Cepstrum Techniques". IEEE Trans. Info.Theory (November 1972), Vol. IT-18, No. 6, pp. 745-759.

[3] BOGERT, B.P., M.J. HEALY and J.W. TUKEY, "The Quefrequency Analysis of Time Series for Echo; Cepstrum, Pseudo Autocovariance, Cross Cepstrum and Saphe Cracking". In M. Rosenblatt, ed., Time Series Symposium, pp. 201-243, New York: Wiley, 1963.

[4] BROSTE, N.A., "Digital Generation of Random Sequences". IEEE Trans. Auto. Cont. (April 1971), Vol. AC-16, No. 2, pp. 213-214.

[5] BUCCI, O.M. and D.M. GUISEPPE, "Exact Sampling Approach for Reflector Antenna Analysis". IEEE Trans. Ant. Prop. (November 1984), Vol. AP-32, No. 11, pp. 1259-1262.

[6] CARSON, C.T., "The Numerical Solution of Waveguide Problems by Fast Fourier Transform". IEEE Trans. Micro. Theory Tech. (November 1968), Vol. 16, No. 11, pp. 955-958.

[7] CHRISTODOULOU, C.G. and J.F. Kauffman, "On the Electromagnetic Scattering from Infinite Rectangular Grids with Finite Conductivity". IEEE Trans. Ant. Prop. (February 1986), Vol. AP-34, No. 2, pp. 144-154.

[8] CROCHIERE, R.E. and L.R. RABINER, Multirate Digital Signal Processing. Englewood Cliffs, NJ: Prentice-Hall, 1983.

[9] HELSTROM, C.W., Statistical Theory of Signal Detection. New York: Pergamon, 1960.

[10] HUNT, B.R., "Application of Constrained Least Squares Estimation to Image Restoration by Digital Computers". IEEE Trans. Comput. (September 1973), Vol. C-22, No. 9, pp. 805-812.

[11] JERRI, A.T., "The Shannon Sampling Theorem - Its Various Extensions and Applications: A Tutorial Review". Proc. IEEE (November 1977), Vol. 65, No. 11, pp. 1565-1569.

[12] JONES, W.R., "Precision FFT Correlation Techniques for Nondeterministic Waveforms". IEEE EASCON Conv. Rec. (Oktober 1974), pp. 375-380.

[13] KRAUS, J.D., Antennas. New York: McGraw-Hill, 1950.

[14] LAM, P.T., S. LEE, C.C. HUNG and R. ACOSTA, "Stategy for Reflector Pattern Calculation: Let the Computer Do the Work". IEEE Trans. Ant. Prop. (April 1986), Vol. AP-34, No. 4, pp. 592-595.

[15] LINDEN, D.A., "A Discussion of Sampling Theorems". Proc. IRE (July 1959), Vol. 47, No. 7, pp. 1219-1226.

[16] NAGAI, K., "Measurement of Time Delay Using the Time Shift Property of the Discrete Fourier Transform (DFT)". IEEE Trans. Acoust. Speech Sig. Proc. (August 1986), Vol. ASSP-34, No. 4, pp. 1006-1008.

[17] OPPENHEIM, A.V., Application of Digital Signal Processing. Englewood Cliffs, NJ: Prentice-Hall, 1978.

[18] RABINER, L.R. and B. GOLD, Theory and Application of Digital Signal Processing. Englewood Cliffs, NJ: Prentice-Hall, 1975.

[19] RUDNICK, P., "Digital Beamforming in the Frequency Domain". J. Acoust. Soc. America (November 1969), Vol. 46, No. 5, pp. 1089-1090.

[20] SARKAR, T.K., E. ARVAS and S.M. RAO, "Application of FFT and the Conjugate Gradient Method for the Solution of Electromagnetic Radiation from Electrically Large and Small Concucting Bodies". IEEE Trans. Ant. Prop. (May 1986), Vol. AP-34, No. 5, pp. 635-640.

[21] SCHWARTZ, MISCHA and L. SHAW, Signal Processing. New York: McGraw-Hill, 1975.

[22] SILVERMAN, H.F. and A.E. PEARSON, "On Deconvolution Using the Discrete Fourier-Transform". IEEE Trans. Audio and Electroacoust (April 1973), Vol. AU-21, No. 2, pp. 112-118.

[23] WILLIAMS, J.R. and G.G. RICKER, "Signal Detectability Performance of Optimum Fourier Receivers". IEEE Trans. Audio and Electroacoust (Oktober 1972), Vol. AU-20, No. 4, pp. 264-270.

[24] YIP, P.C.Y., "Some Aspects of the Zoom Transform". IEEE Trans. Comput. (March 1976), Vol. C-25, No. 3, pp. 287-296.

[25] MCDOUGAL, J.R., L.C. SURRATT and J.F. STOOPS, "Computer Aided Design of Small Superdirective Antennas Using Fourier Integral and Fast Fourier Transform Techniques". SWIEECO Rec. (1970), pp. 421-425.

[26] BRAULT,J.W. and O.R. WHITE, "The Analysis and Restoration of Astronomical Data via the Fast Fourier Transform". Astronomy and Astrophysics (July 1971), Vol. 13, No. 2, pp. 169-189.

[27] BLACKMAN, R.B. and J.W. TUKEY, Measurement of Power Spectra. New York: Dover, 1959.

[28] JENKINS, G.M. and D.G. WATTS, Spectral Analysis and its Applications. San Francisco: Holden Day, 1968.

[29] JONES, R.H., "A Reappraisal of the Periodogram in Spectral Analysis". Technometrics (November 1965), Vol. 7, No. 4, pp. 531-542.

[30] BINGHAM, C., M.D. GODFREY and J.W. TUKEY, Modern Techniques of Power Spectrum Estimation". IEEE Trans. Audio Electroacoust (June 1967), Vol. AU-15, No. 2, pp. 55-66.

[31] HINICH, M.J. and C.S. CLAY, "The Application of the Discrete Fourier Transform in the Estimation of Power Spectra, Coherence and Bispectra of Geophysical Data". Rev. Geophysics (August 1968), Vol. 6, No. c, pp. 347-362.

[32] WELCH, P.D., "The Use of Fast Fourier Transform for the Estimation of Power Spectrum: A Method Based on Time Averaging Over Short, Modified Periodograms". IEEE Trans. Audio Electroacoust. (June 1967),Vol. AU-15, No. 2, pp. 70-74.

[33] CHILDERS, D.G., (ed.), Modern Spectrum Analysis. New York: IEEE Press, 1978.

[34] WILLIAMS, J.R., "Fast Beam-Forming Algorithm". J. Acoust. Soc. America (1968), Vol. 44, No. 5, pp. 1454-1455.

Anhang

Die Deltafunktion: eine Distribution

Die Deltafunktion $\delta(t)$ ist ein sehr wichtiges mathematisches Instrument für die diskrete und kontinuierliche FOURIER-Analyse. Ihre Anwendung vereinfacht viele Herleitungen, die ansonsten komplizierte und langwierige Überlegungen erfordern würden. Obwohl das Konzept der Deltafunktion zur Lösung vieler Probleme korrekt angewendet wird, ist der Ausgangspunkt bzw. die Definition der Deltafunktion, aus der Sicht der konventionellen Mathematik bedeutungslos. Zu einer sinnvollen Definition der Deltafunktion gelangen wir, wenn wir die Deltafunktion nicht als eine normale Funktion ansehen, sondern als ein Konzept innerhalb der Distributionen-Theorie.

Den Ausführungen von PAPOULIS [1, Anhang I] und GUPTA [2, Kapitel 2] folgend, beschreiben wir eine einfache und trotzdem exakte Theorie der Distributionen. Aus dieser allgemeinen Theorie leiten wir dann einige spezielle Eigenschaften der Deltafunktion zur Unterstützung der Ausführungen von Kap. 2 ab.

A-1 Definitionen der Deltafunktion

Normalerweise wird die Deltafunktion (δ-Funktion) definiert durch den Ausdruck

(A-1) $$\delta(t - t_0) = 0 \qquad t \neq t_0$$

(A-2) $$\int_{-\infty}^{\infty} \delta(t - t_0)\, dt = 1$$

Das heißt, wir definieren die δ-Funktion als eine Funktion, die an ihrer Auftrittsstelle undefiniert ist und sonst den Wert Null hat, mit der spezifischen Eigenschaft, daß die Fläche unterhalb der Funktion gleich eins ist. Offensichtlich ist es nicht sehr leicht, eine Deltafunktion als ein physikalisches Signal zu erklären. Wir können uns jedoch die Deltafunktion als einen Impuls mit einer sehr großen Impulshöhe, einer sehr kurzen Impulsdauer und der Fläche eins vorstellen.

Man beachte, daß wir die Deltafunktion bei dieser Interpretation als Grenzwertfunktion einer Folge von Funktionen (e.g. von Impulsen) konstruieren können, deren Höhe fortlaufend steigt, deren Dauer sich jedoch gleichzeitig in der Weise verringert, daß die Fläche unter den Funktionen konstant bleibt. Das ist eine alternative Definition der -Funktion. Man betrachte die in Bild A-1a dargestellte Funktion. Die Fläche ist gleich eins, und wir können damit die δ-Funktion formal definieren durch

(A-3) $$\delta(t) = \lim_{a \to 0} f(t, a)$$

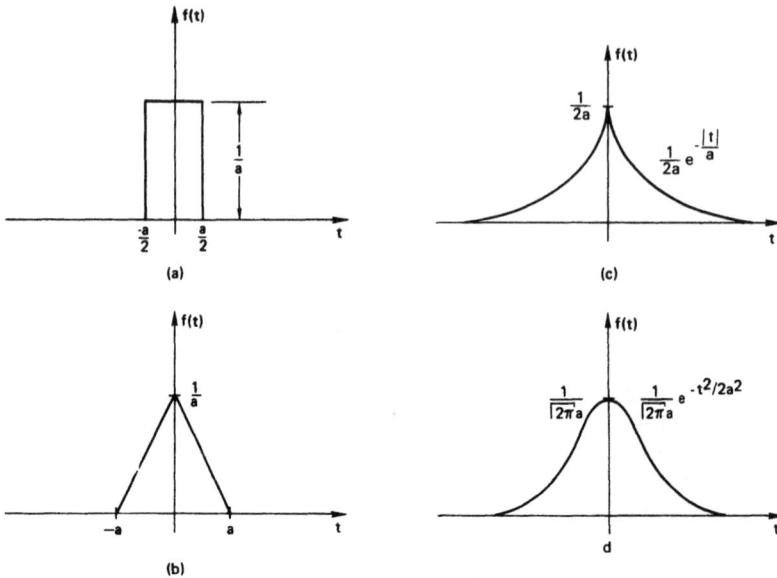

Bild A-1: Repräsentationsmöglichkeiten der δ-Funktion.

In gleicher Weise erfüllen die in Bilder A-1b,c,d dargestellten Funktionen Gln. (A-1) und (A-2) und lassen sich daher zur Definition der Deltafunktion heranziehen.

Aus diesen Definitionen lassen sich die verschiedenen Eigenschaften der Deltafunktion direkt ableiten. Diese Definitionen sind jedoch im streng mathematischen Sinn bedeutungslos, wenn man $\delta(t)$ als eine gewöhnliche Funktion ansieht. Mit der Definition der Deltafunktion als eine verallgemeinerte Funktion bzw. eine Distribution lassen sich jedoch die mathematischen Schwierigkeiten beheben.

A-2 Distributions-Konzepte

Die Theorie der Distributionen ist eine abstrakte und vage Theorie und i.a. bedeutungslos für praktisch engagierte Wissenschaftler, die eine Beschreibung physikalischer Größen mit anderen Mitteln als mit den gewöhnlichen Funktionen nicht gern akzeptieren. Wir können jedoch dagegen argumentieren, daß die Darstellung physikalischer Größen durch gewöhnliche Funktionen lediglich eine nützliche Idealisierung und tatsächlich fragwürdig ist. Um diesen Punkt zu erläutern, betrachten wir das in Bild A-2 angegebene Beispiel.

Wie gezeigt, ist hier die physikalische Größe V eine Spannungsquelle. Üblicherweise nehmen wir an, daß $v(t)$ eine wohl definierte Funktion der Zeit ist und daß ihre Werte sich durch Messung ermitteln lassen. Aber wir wissen andererseits, daß es in der Tat kein Voltmeter gibt, das die Werte von $v(t)$ exakt wiedergeben kann. Trotzdem bestehen wir darauf, daß wir die physikalische Größe V durch eine wohl definierte Funktion $v(t)$ darstellen, obwohl wir $v(t)$ nicht exakt messen können. Die naheliegende Frage ist, auf welcher Basis wir denn die Spannung V durch eine wohl definierte Funktion beschreiben wollen, wenn wir diese Größe doch nicht messen können?

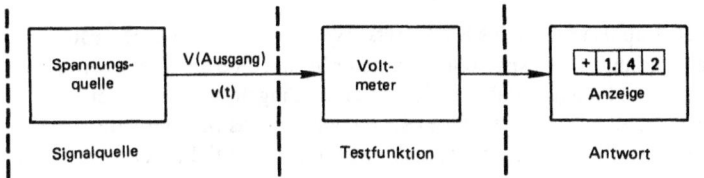

Bild A-2: Physikalische Interpretation einer Distribution.

Eine sinnvollere Art der Interpretation der physikalischen Größe V ist, diese mit Hilfe ihrer Wirkung zu definieren. Um diese Interpretationsart zu verdeutlichen, beachte man, daß im vorigen Beispiel die physikalische Größe V das Voltmeter veranlaßt, als Antwort auf $v(t)$ eine Zahl anzuzeigen. Für jede Änderung von V wird eine andere Zahl als Antwort ausgegeben. Wir erfassen nie $v(t)$, sondern nur die von $v(t)$ erzeugten Antworten des Voltmeters; daher kann die Signalquelle nur durch die Gesamtheit dieser Antworten charakterisiert werden.

Es ist denkbar, daß es keine gewöhnliche Funktion $v(t)$ gibt, die die Spannungsgröße V repräsentiert. Da andererseits die Antworten oder die Zahlenwerte trotzdem gültig sind, müssen wir annehmen, daß es eine Quelle V gibt, die sie erzeugt, und daß diese Antworten oder Zahlenwerte die einzigen Mittel zur Charakterisierung der Quelle sind. Wir zeigen nun, daß diese Zahlenwerte die Größe V tatsächlich als eine Distribution beschreiben.

Eine Distribution oder eine verallgemeinerte Funktion ist ein Prozeß der Zuordnung einer Antwort oder eine Zahl

(A-4) $R[\phi(t)]$

zu einer beliebigen Funktion $\phi(t)$. Die Funktion $\phi(t)$ wird als *Testfunktion* bezeichnet, ist stetig, außerhalb eines endlichen Intervalls identisch Null und besitzt stetige Ableitungen beliebig hoher Ordnung. Die Zahl, die durch die Distribution $g(t)$ der Testfunktion $\phi(t)$ zugeordnet wird, ist definiert durch

(A-5) $$\int_{-\infty}^{\infty} g(t)\phi(t)\, dt = R[\phi(t)]$$

Die linke Seite von (A-5) hat im Sinne der konventionellen Integration keinen Sinn und ist im Grunde durch die Zahl $R[\phi(t)]$ definiert, die von der Distribution $g(t)$ bestimmt wird. Wir versuchen nun, diese mathematischen Aussagen anhand des vorherigen Beispiels zu erläutern.

Mit Bezug auf Bild A-2 stellen wir fest, daß, vorausgesetzt das Voltmeter stelle ein lineares System dar, die Ausgangsfunktion zur Zeit t_0 durch das Faltungsintegral

$$\int_{-\infty}^{\infty} v(t)h(t_0 - t)\, dt$$

gegeben ist mit $h(t)$ als Impulsantwort des Meßgeräts. Wenn wir $h(t)$ als eine Testfunktion ansehen (Begründung: Jedes spezielle Voltmeter besitzt eine unterschiedliche interne Charakteristik und reagiert daher auf das gleiche Eingangssignal mit einem ihm spezifischen Ausgangssignal; deswegen sagen wir, daß das Meßgerät die Distribution $v(t)$ *testet* bzw. *abfühlt*), dann erhält das Faltungsintegral die Form

(A-6) $$\int_{-\infty}^{\infty} v(t)\phi(t,t_0)\, dt = R[\phi(t,t_0)]$$

Somit ist die Antwort auf ein festes Eingangssignal V eine von der Systemfunktion $\Phi(t, t_0)$ abhängige Zahl R.

Wenn wir (A-6) als konventionelles Integral interpretieren und wenn diese Integralgleichung wohl definiert ist, dann können wir sagen, daß die Spannungsquelle durch die gewöhnliche Funktion $v(t)$ beschrieben wird. Aber es ist möglich, wie bereits erwähnt, daß (A-6) von keiner gewöhnlichen Funktion erfüllt wird. Da jedoch die Antwort $R[\Phi(t, t_0)]$ existiert, müssen wir annehmen, daß eine Spannungsquelle V existiert, die diese Antwort erzeugt, und daß man sie mit Hilfe der Distribution (A-6) charakterisieren kann.

Zur Interpretation der Distributionstheorie wurden in der vorangegangenen Diskussion der Einfachheit halber physikalische Messungen als Modell benutzt. Nun werden wir, von der Definition (A-5) ausgehend, die Eigenschaften einer speziellen Distribution, nämlich der δ-Funktion, beschreiben.

A-3 Eigenschaften der Distributionstheorie

Die Deltafunktion δ(t) ist eine Distribution, die der Testfunktion $\Phi(t)$ den Wert $\Phi(0)$ zuweist:

(A-7) $$\int_{-\infty}^{\infty} \delta(t)\phi(t)\, dt = \phi(0)$$

Es sei nochmals darauf hingewiesen, daß die Beziehung (A-7) als Integral keinen Sinn hat, aber das Integral sowie die Funktion δ(t) durch die Zuweisung von (0) zu der Funktion $\Phi(t)$ definiert sind.

Nun beschreiben wir die nützlichen Eigenschaften der Deltafunktion.

Ausblendeigenschaft (Siebeigenschaft)

Die Funktion $\delta\,(t - t_0\,)$ ist definiert durch

(A-8) $$\int_{-\infty}^{\infty} \delta(t - t_0)\phi(t)\,dt = \phi(t_0)$$

Diese Eigenschaft besagt, daß die δ-Funktion jeweils den Wert der Funktion $\Phi\,(t\,)$ an der Stelle annimmt, an der die Deltafunktion auftritt. Die Bezeichnung *Ausblendeigenschaft* bzw. *Siebeigenschaft* rührt daher, daß wir mit einer kontinuierlichen Variation von t_0 jeden Wert der Funktion $\Phi\,(t\,)$ ausblenden können. Dies ist die wohl wichtigste Eigenschaft der δ-Funktion.

Skalierungseigenschaft

Die Distribution $\delta\,(at\,)$ ist definiert durch die Gleichung

(A-9) $$\int_{-\infty}^{\infty} \delta(at)\phi(t)\,dt = \frac{1}{|a|}\int_{-\infty}^{\infty} \delta(t)\phi\left(\frac{t}{a}\right)\,dt$$

die sich durch eine einfache Substitution der unabhängigen Variablen beweisen läßt. Somit ist $\delta\,(at\,)$ gegeben durch

(A-10) $$\delta(at) = \frac{1}{|a|}\delta(t)$$

Multiplikation einer Deltafunktion mit einer gewöhnlichen Funktion

Das Produkt einer δ-Funktion und einer gewöhnlichen Funktion $h\,(t\,)$ ist definiert durch

(A-11) $$\int_{-\infty}^{\infty} [\delta(t)h(t)]\phi(t)\,dt = \int_{-\infty}^{\infty} \delta(t)[h(t)\phi(t)]\,dt$$

Wenn $h\,(t\,)$ an der Stelle $t = t_0$ kontinuierlich ist, gilt

(A-12) $$\delta(t_0)h(t) = h(t_0)\delta(t_0)$$

Im allgemeinen ist das Produkt zweier Distributionen undefiniert.

Faltung

Der Ausdruck für die Faltung zweier Deltafunktionen lautet

(A-13)
$$\int_{-\infty}^{\infty} \left[\int_{-\infty}^{\infty} \delta_1(\tau)\delta_2(t - \tau) \, d\tau \right] \phi(t) \, dt$$

$$= \int_{-\infty}^{\infty} \delta_1(\tau) \left[\int_{-\infty}^{\infty} \delta_2(t - \tau)\phi(t) \, dt \right] d\tau$$

Hieraus folgt

(A-14)
$$\delta_1(t - t_1) * \delta_2(t - t_2) = \delta[t - (t_1 + t_2)]$$

δ-Funktionen als verallgemeinerte Grenzwertfunktion

Man betrachte die Folge der Distributionen $g_n(t)$. Wenn es eine Distribution $g(t)$ gibt, so daß für jede Testfunktion $\Phi(t)$ gilt

(A-15)
$$\lim_{n \to \infty} \int_{-\infty}^{\infty} g_n(t)\phi(t) \, dt = \int_{-\infty}^{\infty} g(t)\phi(t) \, dt$$

dann sprechen wir von $g(t)$ als Grenzwertfunktion von $g_n(t)$:

(A-16)
$$g(t) = \lim_{n \to \infty} g_n(t)$$

Wir können auch eine Distribution als eine verallgemeinerte Grenzwertfunktion einer Folge $f_n(t)$ von gewöhnlichen Funktionen definieren. Man nehme an, $f_n(t)$ sei von der Art, daß der Grenzwert

$$\lim_{n \to \infty} \int_{-\infty}^{\infty} f_n(t)\phi(t) \, dt$$

für jede beliebige Testfunktion existiert. Dieser Grenzwert ist dann eine Zahl, die von $\Phi(t)$ abhängt und daher eine Distribution $g(t)$ definiert mit

(A-17)
$$g(t) = \lim_{n \to \infty} f_n(t)$$

wobei der Grenzübergang im Sinne der Gl. (A-15) zu interpretieren ist. Wenn (A-17) als eine gewöhnliche Grenzwertfunktion existiert, wird damit eine äquivalente Funktion definiert, vorausgesetzt, daß wir die Reihenfolge des Grenzübergangs und der Integration in (A-15) vertauschen können. Auf diesen Argumenten beruht, daß die herkömmlichen Grenzwertüberlegungen bezüglich Distributionen, wenn auch unhandlich, mathematisch korrekt sind.

Die δ-Funktion läßt sich also als eine verallgemeinerte Grenzwertfunktion einer Folge von gewöhnlichen Funktionen mit der Bedingung

$$(\text{A-18}) \qquad \lim_{n \to \infty} \int_{-\infty}^{\infty} f_n(t) \phi(t) \, dt = \phi(0)$$

definieren. Wenn (A-18) erfüllt ist, gilt:

$$(\text{A-19}) \qquad \delta(t) = \lim_{n \to \infty} f_n(t)$$

Alle in Bild A-1 dargestellten Funktionen erfüllen (A-18) und definieren im Sinne der Gl. (A-19) die Deltafunktion. Eine andere wichtige Funktionalform, die die δ-Funktion definiert, ist

$$(\text{A-20}) \qquad \delta(t) = \lim_{a \to \infty} \frac{\sin at}{\pi t}$$

Mit (A-20) läßt sich die Beziehung

$$(\text{A-21}) \qquad \int_{-\infty}^{\infty} \cos(2\pi f t) \, df = \int_{-\infty}^{\infty} e^{j 2 \pi f t} \, df = \delta(t)$$

nachweisen [PAPOULIS, S. 281], die sich bei der Auswertung spezieller FOURIER-Transformationen als besonders nützlich erweist.

Zweidimensionale Deltafunktionen

Die zweidimensionale Deltafunktion δ (x,y) ist definiert als eine Distributionsfunktion, die der Testfunktion Φ (x,y) die Zahl Φ $(0,0)$ zuweist:

$$(\text{A. 22}) \qquad \int_{-\infty}^{\infty} \int_{-\infty}^{\infty} \delta(x,y) \phi(x,y) = \phi(0,0)$$

Aus dieser Definition können wir die nützlichen Eigenschaften der zweidimensionalen Deltafunktionen herleiten. Insbesondere läßt sich das Verschiebungstheorem, das für die Herleitung des zweidimensionalen Abtasttheorems eine Schlüsselrolle spielt, wie folgt formulieren:

$$(\text{A. 23}) \qquad \int_{-\infty}^{\infty} \int_{-\infty}^{\infty} \delta(x - x_0, y - y_0) h(x,y) \, dx \, dy = h(x_0, y_0)$$

Literatur

[1] PAPOULIS, A., The Fourier Integral and Its Applications. 2d ed. New York: McGraw-Hill, 1984.

[2] GUPTA, S.C., Transform and State Variable Methods in Linear Systems. New York: Wiley, 1966.

[3] BRACEWELL, R.M., The Fourier Transform and Its Applications. 2d rev. ed. New York: McGraw-Hill, 1986.

[4] LIGHTHILL, M.J., An Introduction to Fourier Analysis and Generalized Function. New York: Cambriidge University Press, 1959.

[5] ARSAC, J., Fourier Transforms and the Theory of Distributions. Englewood Cliffs, NJ: Prentice-Hall, 1966.

[6] ZEMANIAN, A.H., Distribution Theory and Transform Analysis. New York: McGraw-Hill, 1965.

Bibliographie

Es gibt eine Fülle von Veröffentlichungen zur FFT und deren Anwendungen. Es war also eine Auswahl zu treffen, die zu diesem Buch einen möglichst direkten Bezug hat. Für weitergehende Informationen sei der Leser auf die großen Datenbanken verwiesen.

Mikroprozessorgesteuertes, direktionales Ultraschall-Doppler-System mit integrierter Fouriertransformation (FFT). Blazek, V.; Fortschrittberichte VDI, 20 (1991).

Mikroprozessorgesteuertes, direktionales Ultraschall-Doppler-System, mit integrierter Fouriertransformation (FFT). Blazek, V.; u.a., Fortschrittberichte VDI, 20 (1991).

Nutzung der Fouriertransformation als Basisalgorithmus für die Datenvorverarbeitung in der automatischen EEG-Analyse. Witte, H.; u.a., Medizintechik Bd. 3 (1990).

Bildverarbeitung, Fourier-Analyse von Bildsequenzen in der kardiologischen Diagnostik. Kindler, M.; Biomed.Technik Bd. 10 (1986).

Datenverarbeitung in der FT-IR-Spektroskopie, Teil 1: Datenaufnahme und Fourier-Transformation. Herres, W.; Gronholz, J.; CAL (1984).

Die schnelle Fouriertransformation (FFT) in der Signalanalyse und Methoden zu ihrer Verbesserung. Gola, K.; TH Zwickau Bd. 17 (1991) 3.

Vielseitige FFT-Analyse. Der Versuchs- und Forschungsingenieur, Bd. 22 (1989) 3.

FFT checkt Maschinen. Vierdt, M.; E.J. Bd. 22 (1987) 20.

Mathematische Erfassung beliebiger Kurven durch eine Fourier-Reihe. Sauer, H.-G.; Sauer, R.; Technica Bd. 36 (1987) 9.

Fast-Fourier-Transformation. Dynamische Analyse an Werkzeugmaschinen. E.I. Bd. 19 (1987) 2.

Fourier-Akustik - eine neuartige Vorgehensweise bei der Lösung von Schallfeldproblemen. Fleiser, H.; Stuttgart 1985.

System zur Schallintensitätsmessung mittels Fourieranalysator. Jansen, U.; Industrie-Anzeiger Bd. 108 (1986) 20.

Entwicklung und Anwendung eines an die Diskrete-Fourier-Transformation angepassten Algorithmus zur Bestimmung der modalen Parameter linearer Schwingungssysteme. Bauchard, D.; Bochum (1984) 2.

Einsatz eines Fourier-Rechners zu Strukturuntersuchungen mit Hilfe der Modalanalyse. Frank, P.; Geissler, P.; VDI Berichte (1983).

Der Einfluß des Fourierspektrums auf die Schwinungsamplituden zeitvarianter Systeme. Eicher, N.; Forsch. im Ingenieurwesen Bd. 46 (1982) 4.

Fourier-Methode in der Bauelemente-Simulation. Axelrad, V.; TU München A.f.E. Bd. 45 (1991) 6.

Digitale Filterung zweidimensionaler, äquidistanter Messwerte mit gleitender Fourier-Reihe. Koch, A.; Scheffler, R.; TM Bd. 58 (1991) 10.

FFT-Modifikationen inclusive Anpassung der Frequenzanalyse an den Datensatz. Hilsmann, J.; Junkermann, M.; EJ Bd. 26 (1991) 17.

Die Fouriertransformation in der Bildverarbeitung. Tesche, T.; Mikroprozessortechnik Bd 5 (1991) 10.

Platzsparende FFT-Analyse. M.u.T. (1991) 31.

Implementierung von FFT-Algorithmen auf DSP-Mehrprozessorsystemen. Foerster, J.; T.M. Bd. 58 (1991) 3.

FFT-Analysatoren im Vergleich. Messtechnik (1991) 3.

Details sichtbar gemacht. Neue Wege in der Frequenzanalyse durch interpolierende FFT. Hilsmann, J.; Hahn, J.; Messtechnik (1991) 1.

Das ganze Spektrum - leicht durchschaubar. Spektralanalyse mit Fast-Fourier-Transformation. Lattka, A.-L.; Messtechnik (1991) 1.

Numerische Effekte der diskreten Fourier-Transformation. Bittner, H.; MSR Bd. 33 (1990) 11.

Fehler bei der Realisierung der Schnellen Fouriertransformation (FFT). Gewe, S.; Nachrichtentechnik Elektronik Bd 40 (1990) 7.

Algorithmen und Architekturen der diskreten Fouriertransformation zur schnellen Faltung reeller Signale. Storn, R.; Stuttgart Diss. (1990).

FFT. Schnelle Fourier-Transformation (6. Aufl.). Brigham, E-O.; München (1996).

Die Bedeutung der Bewertungsfunktion bei der FFT-Analyse. Kauper, A.; Elektronik Entwicklung Bd. 25 (1990) 5.

Korrelationsempfang von spread-spectrum-Signalen durch Zerlegung nach DFT-Eigenvektoren. Li, D.; Forschungsbericht Kaiserslautern (1989).

Komponentenfehlerdetektion mittels Fourier-Analyse im Zustandsraum. Ding, X.; Frank, P-M.; at Bd . 38 (1990) 4.

Berechnung von Oktav- oder Terzspektren aus FFT-Schmalbandspektren. Hojbjerg, K.; DAGA 1989 Duisburg.

Die Fouriertransformation in der Bildverarbeitung. 2. Teil. Mueller, R-H-G.; Elektronik Bd. 39 (1990) 4.

Die Fouriertransformation in der Bildverarbeitung. 1. Teil. Mueller, R-H-G.; Elektronik Bd. 62 (1990) 2.

FFT in der Sendermessung. Teil 2. Buesel, C.; Funkschau Bd. 62 (1990) 2.

FFT in der Sendermesstechnik. Service für TV-Sender/-Umsetzer. Teil 1. Buesel, C.; Hischmann, Rankweil-Brederis, A.; Funkschau Bd. 61 (1990) 1.

Frequenzanalyse durch FFT. Der FFT-Analysator und seine Fehlerquellen. Schnorrenberg, W.; Elektronik Bd. 38 (1989) 26.

Was ist FFT-Signalanalyse ? Bach, W.; Elektronik Heute (1989) II.

Digitale Analyse analoger Messsignale mit Hilfe der Fourier- und Hartley-Transformation. Kuipers, U.; Bonfig, K-W.; MessComp 1989 Tagungsband.

Übersicht zur Spektralanalyse mit der diskreten Fouriertransformation. Bomm, H.; Nachrichtentechnik Elektronik Bd. 38 (1988) 4.

Laplace- und Fourier-Transformation. 4. Aufl. Föllinger, O.; Hüthig (1986).

Fehler bei der messtechnischen Anwendung der diskreten Fouriertransformation zur Spektralanalyse. Bomm, H.; Krambeer, H.; Ilmenau (1987) 1.

Grundlagen der Spektralanalyse mit diskreter Fouriertransformation. Teil 5. Kress, D.; Thomae, R.; Nachrichtentechnik Elektronik Bd. 37 (1987) 9.

Grundlagen der Spektralanalyse mit diskreter Fouriertransformation. Teil 4. Kress, D.; Thomae, R.; Nachrichtentechnik Elektronik Bd. 37 (1987) 6.

Synthese von Dolph/Tschebyschew-Gruppenstrahlern unter Benutzung der diskreten Fourier-Transformation. Schlüter, H.; MSR Bd. 30 (1987) 9.

Marktübersicht: FFT-Analysatoren. Elektronikschau Bd. 63 (1987) 9.

Grundlagen der Spektralanalyse mit diskreter Fouriertransformation. Teil 3. Kress, D.; Thomae, R.; Nachrichtentechnik Elektronik Bd. 37 (1987) 5.

Probleme der Signalfensterung bei der schnellen Fourier-Transformation. Gola, K.; MSR Bd. 30 (1987) 7.

Grundlagen der Spektralanalyse mit diskreter Fouriertransformation. Teil 1. Kress, D.; Thomae, R.; Nachrichtentechnik Elektronik Bd. 37 (1987) 2.
Geräusche künstlich erzeugt. MuT (1987) 18.

Die Fourier-Transformation in der Signalverarbeitung. Kontinuierliche und diskrete Verfahren der Praxis. Achilles, D.; (1985) Springer.

Fourier-Analyse mit gleitendem Fenster (Kurzzeit-Fourier-Analyse). Hardtke, H-J.; Thao, L-H.; MSR Bd. 29 (1986) 4.

Anwendung der Fourier-Transformations-Technik zur Schallfeldanalyse. Reibold, R.; Molkenstruck, W.; DAgA (1985).

Schnelle Fourier-Transformation mit Methoden der zyklischen Faltung. Harms, L.; Nachrichtentechnik Elektronik Bd. 35 (1985) 11.

Diskrete Fourier-Transformation mit dem Zellermatrix-Prozessor. Cotton, J-M.; Masterson, G-E.; Elektrisches Nachrichtenwesen Bd. 59 (1985) 3.

Methoden der Fourier-Transformation über endlichen abelschen Gruppen zur Anwendung in der Digitalen Bildverarbeitung. Pichler, F.; Tagungsband, Aachen (1984).

FFT-Technik auf breiter Basis. Bach, W.; Elektronik Bd. 33 (1984) 23.

Ein Koeffizientenbestimmungsverfahren für die numerische Fourier-Transformation mit aequidistanter Abtastung. Teil 1: Verfahrensherleitung, wenn die natürliche Spline-Interpolationsfunktion beliebiger Ordnung verwendet wird. El-Adaway, H.; NTZ-Archiv Bd. 6 (1984) 8.

Netzwerkanalyse auf der Grundlage der Trapezregel der Diskreten Fourier-Transformation. Müller, G.; Nachrichtentechnik Elektronik Bd. 34 (1984) 4.

Laplace- und Fourier-Transformation. 3. erw.Aufl. Föllinger, O.; Frankfurt (1982).

Verallgemeinerung und Vergleich der Verfahren der numerischen Fourier-Transformation mit aequidistanter Abtastung. El-Adaway, H.; NTZ-Archiv Bd. 5 (1983) 10.

Adaptive Entzerrung von Datenübertragungskanälen durch verallgemeinerte Fourier-netzwerke. Münch, Ch.; Diss. Kaiserslautern.

Vergleich der verschiedenen Definitionen des Faltungsintegrals und Schwierigkeiten bei deren Anwendung. Woschni, E-G.; Woschni, H-G.; MSR Bd. 25 (1982) 3.

Fourier-Syntesizer. Fleschhut, M.; Elektronik Bd. 30 (1981) 22.

Fourier-Transformierte der Spline-Interpolationsfunktion beliebiger Ordnung, Koeffizientenbestimmung der verallgemeinerten Impulsmethode. El-Adaway, H.; NTZ-Archiv Bd 3 (1981) 6.

Messtechnische Anwendung der schnellen Fourier-Transformation (FFT). 3. Teil: Beschreibung der Anwendung. Azizi, S-A.; NTZ Bd. 34 (1981) 5.

Messtechnische Anwendung der schnellen Fourier-Transformation (FFT). 2. Teil: Schnelle Fourier-Transformation. Azizi, S-A.; NTZ Bd. 34 (1981) 4.

Messtechnische Anwendung der schnellen Fourier-Transformation (FFT). 1. Teil: Diskrete Fourier-Transformation. Azizi, S-A.; NTZ Bd. 34 (1981) 3.

Auswertung der Fourier-Integrale von an nicht aequidistanten Stützstellen diskret beschriebenen Funktionen. El-Adaway, H.; NTZ-Archiv Bd. 3 (1981) 2.

Prozessorstrukturen für die quantisierte Fourierformation. Sandau, R.; Nachrichtentechnik Elektronik Bd. 39 (1989) 5.

Diskrete Fouriertransformation und digitale Signalverarbeitung. Förster, J.; Mikroprozessortechnik Bd. 3 (1989) 8.

Digitale Messwertverarbeitung. B) Darstellung und Analyse digitaler Signale. Algorithmen für FFT und IFFT. Best, R.; tm Bd 56 (1989) 6.

Echtzeit-Fouriertransformation mit SAW-Chirp. Spektrometern. Hartogh, P.; Hartmann, G-K.; Kleinheubacher Berichte (1988).

Die Fast-Fourier-Transformation - für die Videomesstechnik wiederentdeckt. Fischer, W.; Fernseh- und Kinotechnik Bd. 42 (1988) 5.

Fast-Fourier-Transformation zur Struktur- und Schwingungsanalyse. EEE Bd. 26 (1983) 12.

Universelles 3D-Grafikprogramm in einer Anwendung zur 2-dimensionalen schnellen Fourier-Transformation. Bachmann, B.; Mikroprozessortechnik Bd. 2 (1988) 2.

Eine neue Beschreibungsform dynamischer Systeme mittels verallgemeinerter Fourier-reihen. Franke, D.; at Bd. 36 (1988) 2.

Schnelle Hartley- und reelle Fourier-Transformations-Algorithmen. Meckelburg, H-J.; Licka, D.; Kleinheubach Bd. 30 (1987).

Maschinenüberwachung mit FFT. Lebitsch, F.; Elektronik Informationen Bd. 19 (1987) 2.

Einführung in die FFT-Analyse. Teil 3. Winter, W.; Design + Elektronik (1987) 2.

Messtechnische Anwendungen der schnellen Fouriertransformation. Thomae, R.; Boehme, N. ; WB Leipzig (1986) 2.

Hochpräzise Übertragungsfunktionsmessung mit FFT-Digitalanalysator. Elektronik Informationen Bd. 17 (1985) 7.
Zahlentheoretische Algorithmen zur Implementation der zyklischen Faltung. Herms, D.; Messelektronik Rostock (1983).

Verbinden von Experiment und Computer: Rauschunterdrückung durch schnelle Fourier-Transformation (FFT). Liscouski, J-G.; CAL (1985) 2.

Verfahren der schnellen Fourier-Transformation. Beth, T.; Teubner (1984).

Fourier-Transformation für Praktiker. Heertsch, A.; Mikro- und Kleincomputer (1984) 4.

Fourier-Analyse und -Synthese. Sarnow, K.; MC (1984) 1.

Nachrichtentechnik 4, Arbeitsblatt 7: Diskrete Fourier-Transformation. Achilles, D.; NTZ Bd. 35 (1982) 3.

Schnelle Faltung von Bildern. Pichler, F.; Mustererkennung Ramsau (1981).

Die endliche Fourier- und Walsh-Transformation mit einer Einführung in die Bildverarbeitung: eine anwendungsorientierte Darstellung mit FORTRAN 77-Programmen. Niederdrenk, K.; Vieweg (1982).

Die schnelle Fourier-Transformation auf einem Baumrechner. Dietrich, R.; Univ.Karlsruhe (1982).

Effektivitätserhöhung der schnellen Fourier-Transformation großer Datenmassive. Herrmann, K.; Nachrichtentechnik Elektronik Bd. 31 (1981) 10.

Erkennung und Vermessung von Konturen mit Hilfe der Fouriertransformation. Arbter, K.; DFVLR Köln (1981).

Varianten von Fourierprozessoren zur Echtzeitanalyse von Signalen. Rebel, B.; Nachrichtentechnik Elektronik Bd. 31 (1981) 3.

Fourier-und Laplacetransformation: Theorie und Anwendungen in der Elektrotechnik. Hotop, H-J.; Oberg, H-J.; Wißner 1996.

Fourier-Analysis, Fourier-Reihen, Fourier- und Laplacetransformation. Glatz, G.; 1996.

Vektorielle Fourieroptik und fourieroptische Realisierung zellularer neuronaler Netzwerke. Frühauf, N.; 1996 Diss.

Schnelle Fourier-Transformation. Brigham, B.O.; 6.Aufl. Oldenbourg 1995.

Integralrechnung. Fouriersche Reihen. Wörle W.; ua.; 4. Aufl. Oldenbourg 1994.

Aufgabensammlung System- und Signaltheorie. Mildenberger, O.; Vieweg 1994.

Auswertung von Meßsignalen mit Hilfe der Fast Fourier-Transformation. Kirchner, M.; Stuttgart 1994 Diplomarbeit.

Ein Beitrag zur rechnergestützten Bestimmung von Überschwingungen. Wieder- und Mittelspannungsnetzen. Michel, M.; 1993 Diss.

Codekonstruktionen mit modifizierter mehrdimensionaler DFT. Liesenfeld, B.; Düsseldorf 1993.

Zweidimensionale schnelle Fourier-Transformation auf massivparallelen Rechnern. Bücker, M.; Jülich 1993.

Wechselströme, Drehstrom, Leitungen. Anwendungen der Fourier- , der Laplace- und der Z-Transformation. Clausert, H.; Wiesemann, G.; 6. Aufl. München 1993.

Systemdynamik und Reglerentwurf: ein Zugang über verallgemeinerte Fourier-Reihen. Franke, D.; u.a.; München 1993.

Laplace- und Fourier-Transformation. Föllinger, O.; 6.Aufl. Heidelberg 1993.

Fourieroptik. Stößel, W.; Berlin 1993.

Chow-Motive von abelschen Schemata und die Fouriertransformation. Künnemann, K.; Münster 1992.

Schnelle Fouriertransformation langer reeller Signale für ein Planeten-Infrarotspektrometer. Rostock 1992 Diss.

Experimente der ein- und zweidimensionalen Mikrowellen-Fourier-Transform-Spektroskopie zur Untersuchung von Rotationsspektren und Rotationsrelaxation. Nicolaisen, H-W.; Kiel 1992 Diss.

Moderne Methoden in der Mikrowellen-Spektroskopie. Grabow, U.; Kiel 1992 Diss.

Ultraschall-Fouriertransformations-Spektroskopie zur Untersuchung von Polymersystemen. Lellinger, D.; Leuna, Merseburg 1992 Diss.

Ein kompaktes Fourier-Spektralphotometer für das nahe Infrarot und Sichtbare. Zeidler, M.; Aachen 1992 Diss.

Linear temperaturprogrammierte Pyrolyse-Fourier-Transformations-Infrarotspektrometrie von Poly(vinylketon)en. Peine, A.; Köln 1992 Diss.

Zeitreihenanalyse mit anharmonischer Fourieranalysis. Zhou, X.; Marburg 1992 Diss.

Fourieranalyse auf kompakten unitären Supergruppen. Hüffmann, A.; Köln 1992 Diss.

Untersuchungen von unpolaren Molekülen mit der Mikrowellen-Fourier-Transform-Spektroskopie. Meyer, V-T.; Kiel 1992 Diss.

Entwicklung eines Fourierspektrometers mit rotierendem Retroreflektor. Haschberger, P.; München 1992 Diss.

Polarisations-Fourier-Transform-Infrarot- und Laserspektroskopie am Physisorbat: Kohlenmonoxid-NaCl (100)-Spaltfläche. Suhren, M.; Hannover 1992 Diss.

Laplace-, Fourier- und Z-Transformation. Stopp, F.; Stuttgart 1992.

Untersuchungen an Borverbindungen mit Hilfe der Mikrowellen-Fouriertransform-Spektroskopie. Vormann, K.; Kiel 1991 Diss.

Fourier-Transform Spektroskopie an Verbindungshalbleitern. Fuchs, F.; Freiburg 1991 Diss.

Existenz und effiziente Konstruktion schneller Fouriertransformationen überauflösbarer Gruppen. Baum, U.; Bonn 1991 Diss.

Halbleiteruntersuchungen mit dem DLTFS-(deep-level-transient Fourier spectroskopy-) Verfahren. Weiss, S.; Kassel 1991 Diss.

Mikrowellen-Fouriertransform-Spektroskopie im Frequenzbereich 26.4 - 40. GHz und ihre Anwendung auf molekülphysikalische Fragestellungen. Keussen, Chr.; Kiel 1991 Diss.

Fourier-Akustik in der Anwendung: Schallfeld eines Lautsprecherpaares. Fleischer, H.; Neubiberg 1990.

Anwendungen der schnellen Fouriertransformation und der quadratischen Programmierung bei der Interpretation von Schwerefeldern. Berlin 1990 Diss.

Entwicklung und Aufbau eines Prozessors zur Durchführung der schnellen Fourier-Transformation (FFT). Dinter, W.; Heidelberg 1990 Diss.

Modifizierte diskrete Fouriertransformation und schnelle Algorithmen. Steidl, G.; Rostock 1990 Diss.

Affininvariante Fourierdeskriptoren ebener Kurven. Arbter, K.; Hamburg 1990 Diss.

Algorithmen und Architekturen der diskreten Fouriertransformation zur schnellen Faltung reeller Signale. Storn, R.; Stuttgart 1990 Diss.

Strukturerkennung von Kettengewirken durch digitale Auswertung der optischen Fouriertransformierten. Karl-Marx-Stadt 1989 Diss.

Ein numerisches Verfahren zur Analyse von Linienspektren bei unbekanntem Linienprofil mit Hilfe der Fourier-Integraltransformation in Kopplung mit der Methode der kleinsten Fehlerquadrate. Damarowski, M.; Hamburg 1989 Diss.

Simulation des stationären und transienten Verhaltens allgemeiner eindimensionaler Halbleiterstrukturen mit der Fouiermethode. München 1989 Diss.

Mehrdimensionale lineare Systeme: Fourier-Transformation und delta-Funktionen. Bamler, R.; Berlin 1989.

Fourier-Akustik: Beschreibung der Schallstrahlung von ebenen Schwingern mit Hilfe der räumlichen Fourier-Methode. Fleischer, H.; VDI 1988.

Klassische Fourier-Integraloperatoren und ihre funktorielle Beschreibung. Malv, R.; Mannheim 1988 Diss.

Identifikation dynamischer Systeme. Isermann, R.; 1988.

Halbleiter-Modellierung mitder Fourier-Methode. Akselrad, V.; München 1987 Diss.

Photoakustische Untersuchungen mit einem Fourier-Spektralphotometer. Brunn, J.; Aachen 1987 Diss.

Mathematische Methoden in der Systemtheorie: Fourieranalysis. Babovsky, H.; Stuttgart 1987

Anwendung der Fouriertransformationstechnik auf chromatographische Analysenprobleme. Weber, G.; Bochum 1986 Diss.

Fourier-Analyse von Biosignalen. Kindler, M.; Giessen 1985.

Integralgleichungen und Fourier-Methoden zur numerischen konformen Abbildung. Berrut, J-P.; Zürich 1985 Diss.

Die Fourier-Transformation in der Signalverarbeitung: kontinuierliche und diskrete Verfahren der Praxis. Achilles, D.; Berlin 1985.

Beiträge zur Mikrowellen-Fouriertransform-Spektroskopie. Bestmann, G.; Kiel 1984 Diss.

Die endliche Fourier- und Walsh-Transformation mit einer Einführung in die Bildverarbeitung. Niederdrenk, K.; Braunschweig 1984.

Verfahren der schnellen Fourier-Transformation. Beth, T.; Stuttgart 1984.

Adaptive Entzerrung von Datenübertragungskanälen durch verallgemeinerte Fouriernetzwerke. Kaiserslautern 1982 Diss.

Nullstellenbestimmung bei Polynomen und allgemeinen analytischen Funktionen als Anwendung der schnellen Fouriertransformation. Geiger, P.; Zürich 1981 Diss.

Aufbau eines Mikrowellen-Fouriertransform-Spektrometers zur Anwendung bei der quantitativen Gasanalyse. Degen, W.; Tübingen 1984 Diss.

Fourieranalyse von Schwingungen mittels zeitlich modulierter Holographie am Modell des menschlichen Trommelfells. Siegel, C.; München 1980 Diss.

Grundlagen und Grenzen der Fourier-Optik. Pietzsch, K.; Braunschweig Diss.

Fehlerquellen und spezielle Meßverfahren in der Fourierspektroskopie. Müller, W-R.; Aachen 1978 Diss.

Die Nonstandardtheorie als Alternative zur Fouriertransformation bei der Lösung gemischter Randwertprobleme. Sommer, H-J.; Darmstadt 1977 Diss.

Fourier-Analysis mit Anwendungen auf Grenzwertprobleme. Spiegel, M.R.; Düsseldorf 1976.

Eine Anwendung der Fouriertransformation auf gewisse Eigenwertprobleme bei gewöhnlichen Differentialgleichungen. Ripka, W.; Basel 1975 Diss.

Fourierreihen und Randwertaufgaben. Williams, W.E.; Weinheim 1974.

Fourier-Optik und Holographie. Menzel, E.; u.a.; Wien 1973.

Schnelle Hartley-Transformation: eine reellwertige Alternative zur FFT. Bracewell, N.; München 1990.

Fehler in der DFT und FFT: neue Aspekte in Theorie und Anwendung. Ulrich; Habil.-Schr. 1982.

Vergleich: Terz- und Oktavanalyse über digitale Filter und über FFT. Müller, J.; Der Versuchs- und Forschungsingenieur, Bd. 28 (1995) 4.

Möglichkeiten eines modernen Korrelators. Sewerin, P.; Das Gas- und Wasserfach. ausgabe Gas, Erdgas Bd. 136 (1995) 4.

Akustische Qualitätskontrolle von Kfz-Getrieben mit umdrehungssynchroner Ordnungsanalyse. Lewien, T.; MessComp 94.

Störschwingungen mit der Modalanalyse aufspüren. Schindler, J.; Müller, J.; Messtechnik (1993) 2.

Rechnergestützte Signalanalyse zur Schwingungsmessung. Krapf, K-G.; Wölfel Meß-systeme Software, Hoechberg, D.

Die schnelle Fouriertransformation. TU Zwickau 1991.

Platzsparende FFT-Analyse. Markt und Technik (1991) 31.

Phasen-Doppler Velocimeter auf Halbleiterbasis mit FFT-Signalverarbeitung zur Analyse von Ein- und Mehrphasenströmungen. Schöne, F.;u.a.; Fachtagung Meßtechnik 1990.

Vorbeugende Instandhaltung von Maschinen. Schwingungsmessungen und Frequenzanalysen liefern Ausfallprognosen. Schwarz, H-J.; Meßtechnik (1990) 7.

Erkennung akuter Abstoßungsreaktionen mit Fourier-Transformation des Oberflächen-EKG im Langzeitverlauf nach Herztransplantation. Reith, R.; u.a.; Zeitschrift für Kardiologie, Bd. 80 (1991) 4.

Echtzeit-Verarbeitung und Klassifikation von Meßsignalen mit DSP-Systemen. Bender, A.; MessComp 95.

Einige neuere Aspekte der Analyse und Prädiktion von Zeitreihen. Hofmann, H.; u.a.; PTB-Seminar 1995.

Scharfe Bitmaps. Bildverarbeitung mittels Fouriertransformation. Tilli, T.; DOS International (1995) 7.

Messung kleinster Wechselspannungen durch Fourieranalyse. Bachmair, H.; PTB-Bericht 1994.

Marktübersicht: FFT-Analysatoren. Markt und Technik (1995) 4.

Softwarekonfigurierbare Meßtechnik-Hardware. Metzger, K.; Scholz, P.; Elektronik Industrie, Bd. 25 (1994) 9.

Einblicke ins Frequenzspektrum. Keller, A.; Elektronikpraxis, Bd. 29 (1994) 12.

Vergleichende Bewertung der Chrip-z-Transformation (CZT) und der Fast-Fourier-Transformation. Pfeiffer, W.; Scheuerer, F.; Elektrie, Bd. 47 (1993) 10.

Praktischer Einsatz der Gabor Transformation in der Meß- und Prüftechnik. Jamal, R.; Griemert, R.; MessComp 93.

Echoentzerrung für Multiträger-Datenübertragungsverfahren. Wu, C.; Fortschrittberichte VDI, Reihe 9 (1993) 156.

Hochdynamische Trackingfilter. Schwingungstechnik. Elektronik Journal, Bd. 28 (1993) 13.

Zeitdiskrete Signalverarbeitung. Oppenheim, A-V.; Schafer, R-W.; München, Wien: R. Oldenbourg Verlag 1992.

Fourierspektrometer mit rotierendem Retroreflektor. Haschberger, P.; Konferenzbericht, 6. Meßtechnisches Symposium, Dresden.

Terz-/Oktav- und FFT-Analyse unter Windows. Schalldruck- und Schallleistungsmessung. Reichert, B.; Messtechnik (1992) 7.

Geräuschanalyse mit dem PC. Grüner, T.; Meßtechnik (1992) 5.

Entwicklung und Aufbau eines Prozessors zur Durchführung der schnellen Fourier-Transformation. Dinter, W.; Uni Heidelberg 1990 Diss.

FFT-Modifikationen inclusive. Anpassung der Frequenzanalyse an den Datensatz. Hilsmann, J.; Junkermann, M.; Elektronik Journal, Bd. 26 (1991) 17.

FFT-Implementierungen auf programmierbaren Signalprozessoren. Meyer, R.; Schwarz, K.; Mikroelektronik 1991.

Platzsparende FFT-Analyse. Markt und Technik (1991) 31.

Schnelle Alternative. Geschwindigkeiten per Transputer und FFT-Prozessor in Echtzeit messen. Elektronikpraxis, Bd. 26 (1991) 14.

Implementierung von FFT-Algorithmen auf DSP-Mehrprozessorsystemen. Förster, J.; u.a.; Technisches Messen, Bd. 58 (1991) 3.

Details sichtbar gemacht. Neue Wege in der Frequenzanalyse durch interpolierende FFT. Meßtechnik (1991) 1.

Das ganze Spektrum - leicht durchschaubar. Spektralanalyse mit Fast-Fourier-Transformation. Lattka, A-L.; Meßtechnik (1991) 1.

Sachregister

Fensterfunktionen 276
FFT 257
inverse FFT 277
Korrelation 285, 289
Periodizität 272
Faltung und Korrelation 280

www.ingramcontent.com/pod-product-compliance
Lightning Source LLC
Chambersburg PA
CBHW081036220326
41598CB00038B/6897